电气设备试验及故障处理实例
（第二版）

单文培　王　兵　齐　玲　主　编
王　伟　单欣安　罗　忠　王红才　副主编

中国水利水电出版社
www.waterpub.com.cn

内 容 提 要

本书是根据国家及行业最新的相关标准、规程和当前电气设备的技术发展实际精心编写而成。本书内容新颖、言简意赅、图文并茂、深入浅出，再版时又增加了80余例工程实例，同时介绍了国内外的新技术与新试验设备，具有很强的实用性。

全书共分二十二章，内容包括：高压电气设备试验的基本知识、发电机定子绕组试验、发电机转子绕组试验、发电机特性试验及参数测定、励磁机及永磁机试验、异步电动机试验、电力变压器试验、互感器试验、高压断路器试验、电力电缆试验、电力电容器试验、高压绝缘子和套管试验、避雷器试验、接地装置试验、架空线路试验、电瓷防污、电气绝缘安全工具与防护用具试验、油中溶解气体色谱分析、红外线测温新技术、电除尘器试验、电气设备在线监测新技术、常用仪器仪表。另外，在附录中还介绍了介质损耗角、直流电阻、绝缘电阻等的温度换算参考值。

本书可供电厂（变电站）、泵站、机械、冶金、石化、轻工等从事电气设备安装、运行、试验、维护与管理的工程技术人员查阅使用，也可供大中专院校、职业技术学院相关专业师生学习、参考。

图书在版编目（CIP）数据

电气设备试验及故障处理实例 / 单文培，王兵，齐玲主编. -- 2版. -- 北京：中国水利水电出版社，2012.6（2022.8重印）
ISBN 978-7-5084-9865-2

Ⅰ. ①电… Ⅱ. ①单… ②王… ③齐… Ⅲ. ①电气设备－试验②电气设备－故障修复 Ⅳ. ①TM64

中国版本图书馆CIP数据核字（2012）第123632号

书　　名	电气设备试验及故障处理实例（第二版）
作　　者	单文培　王兵　齐玲　主编
出版发行	中国水利水电出版社 （北京市海淀区玉渊潭南路1号D座　100038） 网址：www. waterpub. com. cn E - mail：sales@mwr. gov. cn 电话：(010) 68545888（营销中心）
经　　售	北京科水图书销售有限公司 电话：(010) 68545874、63202643 全国各地新华书店和相关出版物销售网点
排　　版	中国水利水电出版社微机排版中心
印　　刷	清淞永业（天津）印刷有限公司
规　　格	184mm×260mm　16开本　35.5印张　842千字
版　　次	2006年2月第1版　2006年2月第1次印刷 2012年6月第2版　2022年8月第3次印刷
印　　数	4501—5500册
定　　价	138.00元

《电气设备试验及故障处理实例（第二版）》 编委会名单

主　编：单文培　王　兵　齐　玲

副主编：王　伟　单欣安　罗　忠　王红才

参　编：王智园　李永忠　黄自强　李建平　宋莲花
　　　　周灵桂　朱　丽　赵舆明　刘　强　曾冠杰
　　　　邱玉林　黄　燕　王福媛　吴成林　徐桂珍
　　　　黄洪生　谢敏文　林立清　邹言云　晏贡全
　　　　汤小君　彭汐单　邱春莲　杜小勇

第二版前言

本书 2006 年出版后，重印两次，读者反映本书工程实例较多，每个试验均从试验方法、试验步骤、试验标准、试验设备的选择，试验中注意事项、试验结果分析、评估及经验交流等方面做了详细介绍。使读者从中汲取经验教训。对高压电气设备试验中的疑难问题与故障处理方法也进行了介绍。

本书第一版是依据 GB 50150—1991《电气装量安装工程　电气设备交接试验标准》、DL/T 596—1996《电力设备预防性试验规程》与 Q/CSG 1007—2004《电力设备预防性试验规程》为依据编写，现在有 GB 50150—2006《电气装置安装工程　电气设备交接试验标准》，DL/T 474—2006《高压输变电设备的绝缘配合》，国家电网公司《变电设备在线监测系统技术导则》、DL/T 664—2008《带电设备红外诊断技术应用导则》等新的标准、规范、规程、导则进行编写。保留第一版的优点，为了更加突出工程实例特点，又收录了近几年 80 余工程实例、分布在各章中，增加了在线监测、红外线测温技术，电除尘器试验，常用仪器仪表使用等 4 章内容。电气绝缘安全工具防护用具试验中增补了绝缘服试验，绝缘垫试验，使本书内容更符合电力工业当前发展需要。附录保留第一版部分内容，电气图形与文字符号采用最新版资料。

本书编写过程中查阅了大量文献、资料、国家及行业新标准、规程规范与导则（参见参考资料），并参考和引用了许多单位与个人的研究成果与试验数据，由于篇幅限制，不能一一列举，仅在此向他们表示衷心的感谢。

本书由于编者水平限制，加上修改时间较紧，难免存在缺点与疏漏之处，欢迎广大读者与专家批评指正。

编者

2012 年 1 月于南昌

第一版前言

近几年，国家就电力体制改革出台了新的政策与举措，为电力工业的迅速发展创造了良好的环境。加上长江三峡水电站等大型机组不断投产，将我国电网电压提高到 500kV 等级，对推进我国西电东送、改善全国电力供需矛盾具有重要的战略意义。同时，在电气设备高压试验中，广大电力职工积累了许多宝贵的经验，如在线监测、带电测试、红外测温等。

2004 年发布了 Q/CSG 10007—2004《电力设备预防性试验规程》，电力设备预防性试验工作必将按新规程进一步深入开展，这就要求高压试验工作者不断提高试验技术，研究新的测试方法与装置，正确地分析试验中出现的异常现象，对被试电气设备作出正确综合判断测试结果，保证电气设备在电力系统中安全运行，为我国经济建设提供可靠的能源。本书就是为此目的而编写的。

本书的内容来源于试验实践，又以服务高压电气试验为目的。在编写过程中以 GB 50150—1991《电气装置安装工程电气设备交接试验标准》、Q/CSG 10007—2004《电力设备预防性试验规程》、GB/T 311.1—1997《高压输变电设备的绝缘配合》等新的国家标准与行业规程为依据，结合编者从事机电安装总监理工程师的实践，每个问题从概述、试验方法与步骤、试验标准、试验设备的选择、注意事项、试验结果分析与评估及经验交流等方面来阐明。为使读者汲取经验教训，本书还列举了许多工程实例，力求较全面地介绍高压电气设备试验中的疑难问题与故障处理方法，并介绍当前试验的新技术、新方法与装置。关于高深理论分析问题并未详细赘述。

在本书编写过程中查阅了大量文献、资料、国家及行业新标准、规范与规程，并参考和引用了许多单位与个人的研究成果与试验数据，由于篇幅限制，不能一一列举，仅在此向他们表示衷心的感谢。

本书由单欣安（江西省南昌县供电局）编写第二章的第一节～第三节，第三章的第一节与第二节，第六章的第一节～第四节，第七章的第一节与第二节，第九章的第一节与第二节，第十章的第一节，第十三章的第一节，并担任副主编；王兵（江西省南昌洪城水业股份有限公司）编写第六章的第六节～第九节，第七章的第三节～第五节，第八章的第一节与第二节，第十章的第二节，第九章的第一节与第二节，第十四章的第一节与第二节，并担任副主编；刘茂福（江西省南昌县供电局）编写第十五章的第一节，第十六章的第一节与第二节；段平鑫（江西省南昌县供电局）编写第十五章的第二节，附录九；吴成林（江西水电学校）编写第一章的第一节与第三节；徐桂珍（江西水电学校）编写第五章的第一节，第十一章的第二节；刘洪林（江西水电学校）编写第九章的第一节；肖海平（江西水电学校）编写第十三章的第一节；黄荣贵（江西水电学校）编写第十四章的第一节；罗忠、聂建清（江西水电学校）分别编写附录一，附录二；陈家瑂、柯磊（均为江西电力职业技术学院）分别编写第十五章的第五节、第十二章的第一节；单文培（原江西水电学校）编写各章的提纲与其余各章节内容，最后负责统稿工作，并担任本书主编；王智园和黄燕担任绘图工作。

由于编者水平有限，加上时间较紧，本书难免存在缺点与疏漏之处，欢迎读者与专家批评指正。

编者

2005 年 8 月

目　录

第一章 高压电气设备试验的基本知识

第一节 高压试验的基本任务

电力生产的特点是发、供、用电同时完成，任何一个环节发生故障都会使用户停电，给工农业生产与人民生活带来损失，对科技试验（例如航天发射载人卫星）带来严重损失，为此电力生产必须安全第一。

电力系统内的发、供、用电设备除了长期在额定电压下运行之外，还必须具备在过电压下的绝缘强度。过电压是指超过正常运行电压，它是电气设备或保护设备损坏的电压升高。在电力系统各种事故中，很大一部分是由于过电压造成设备的绝缘损坏引起的。当绝缘有缺陷时，若不及时排除，最终将导致设备损坏，而高电压试验的目的就是通过一定的手段，依靠仪器设备，采用模拟的方法检验电气设备绝缘性能的可靠程度。

电气设备的绝缘缺陷大致分为两类：一类是整体性缺陷，如绝缘老化变质、受潮和脏污等使绝缘性能普遍下降；另一类是局部缺陷，如绝缘局部损伤、受潮和存在气泡等局部性缺陷。不论何种绝缘缺陷，都能通过电气设备预防性试验检查出来。电气设备的绝缘经过一定时间运行后，都要进行定期试验，它是保证电气设备安全运行的重要措施。通过试验掌握电气设备绝缘变化规律，及时发现缺陷进行相应的维护与检修，以免设备绝缘在额定电压与过电压的作用下击穿而造成事故。绝缘预防性试验起着预防绝缘事故的作用。

电气设备的绝缘预防性试验一般分为绝缘性能的特性试验和绝缘强度试验两种。前者又称非破坏性试验，是指在较低电压作用下或用其他不会损伤绝缘的办法，从不同角度对绝缘的各种特性进行试验。例如绝缘电阻试验、泄漏电流试验与介质损耗因数试验等。制造厂对设备的绝缘进行质量监督，发现生产中的缺陷，同时掌握电气设备的绝缘特性。在运行单位，对绝缘进行维护管理（电气设备长期运行，绝缘会吸潮与老化），做到防患于未然，并通过各种试验取得有价值的技术数据。后者又称破坏性试验，是对电气设备的绝缘在较高电压作用下的一种耐压试验。例如直流耐压试验与交流耐压试验等。其目的是检验电气设备的绝缘在规定电压与时间下是否具有规定水平以上的绝缘强度。这种试验能将危害性较大的集中性的缺陷暴露出来，又是一种对绝缘有损伤性的试验，应慎重进行。

各种电气设备的绝缘缺陷通过不同的试验能够充分暴露出来。高压电气设备的试验是判断设备能否投入运行、预防设备绝缘损坏及保证安全运行的重要措施。电气设备因绝缘结构、绝缘材料及使用条件等差异而各不相同，要根据被试物的种类进行相应的高压试验。为了获得可靠的试验结果，要尽量采用正确的试验技术，严格按照 Q/CSG 10007—2004《电力设备预防性试验规程》的规定，认真仔细地做好电气设备预防性试验，发现绝缘缺陷与薄弱环节；严格把住交接验收质量，按照 GB 50150—2006《电气装置安装工程电气设备交接试验标准》执行。不使带有绝缘缺陷的设备投入运行，减少设备绝缘损坏事故，不断提高设备的可靠性，确保安全发电。

第二节　绝缘劣化或损坏的主要原因

高压电气设备的运行条件比较恶劣，绝大部分安装在室外，受环境影响较大，致使电气设备的绝缘成为薄弱环节，容易损坏。电力系统中的事故很大一部分就是由于设备绝缘损坏造成的。

造成绝缘劣化或损坏的原因很多，归纳起来主要有化学、温度、机械与电气四种。

一、化学原因

电气设备的绝缘均为有机绝缘材料（如橡胶、塑料、纤维、沥青、油、漆、蜡）和无机绝缘材料（如云母、石棉、石英、陶瓷、玻璃）组成。这些在户外工作的绝缘材料长期地耐受着日照、风沙、雨雾、冰雪等自然因素的侵蚀，在高原工作的电气设备经常受温度、气压、气温的变化对绝缘产生的影响；在含有化学腐蚀性气体环境下工作的电气设备应有对各种有害气体的抵御能力。电气设备在长期运行中，在这些因素作用下，绝缘材料将引起一系列的化学反应，使绝缘材料的性能与结构发生变化，降低了绝缘的电气与机械性能。

二、温度原因

温度升高是造成绝缘老化的重要因素。电气设备的过负荷、短路或局部介质损耗过大引起的过热都会使绝缘材料温度大大升高，可能导致热稳定的破坏，严重时造成绝缘的热击穿。

电气设备在运行中，由于负荷的变化和冷却介质温度的脉动，使绝缘的温度产生非常有害的频繁变化。电气设备中广泛应用的有机绝缘材料，在长期温度脉动作用下会引起绝缘介质弹性疲劳和纤维折断，而使绝缘材料老化。

电气设备的绝缘是各种不同的材料做成的，它们各自的膨胀系数和导热系数不同。当温度发生剧烈变化时，会使绝缘龟裂、折断或密封不良。绝缘材料常与金属材料紧密结合在一起，由于两者的热膨胀系数相差甚大，当温度发生变化时，在绝缘材料的内部或两者的结合面处将产生很大应力，引起绝缘的损坏。

三、机械原因

电气设备的绝缘除了承受电场作用外，还要受到外界机械负荷、电动力和机械振动等作用。输电线的绝缘子起绝缘作用，还长期承受导线拉力的作用。隔离开关支柱绝缘子在分合闸操作时需承受扭曲力矩的作用。断路器的绝缘拉杆在分合闸操作时，承受很大的冲击力的作用，在外界机械力与电动力作用下，会造成绝缘材料裂纹，使绝缘的电气性能大大降低，甚至造成重大事故。

四、电气原因

绝缘的作用是将电位不等的导体分隔开，绝缘的好坏也就是电气设备耐受电压的强弱。各种电压等级的电气设备都需要具有相应耐电压的能力，电气设备的绝缘强度应保证绝缘在最大工作电压持续作用下与超过最大工作电压一定值的短时过电压作用下，都能安全运行。

第三节　对试验人员的基本要求

一、认真细致地做好电气设备的绝缘预防性试验工作

Q/CSG 10007—2004《电力设备预防性试验规程》中规定的试验项目、周期与标准是我国电力工业近半个世纪经验的积累与总结，对预防性试验具有重要的指导意义，必须认真执行。

在试验项目的选择上应尽量全面，以防带有严重绝缘缺陷的设备投入运行。

由于电气设备的运行条件不同，绝缘的劣化速度也不一样。例如：经常操作的断路器需每年检修；在正常运行的变压器能在 5～10 年内安全运行；由浸胶云母做成的发电机定子绕组绝缘，由于绝缘本身不均匀与运行中振动等因素的影响，必须每年进行一次交流耐压试验。

二、提高分析判断能力

试验结果是分析判断的依据，正确地运用试验标准判断绝缘的优劣，估计出绝缘缺陷发展的趋势与严重程度，也是一件重要的工作。

一般地说，如果各项试验结果都能满足预防性试验规程的规定，则可以认为试验结果基本正确，电气设备绝缘良好，可投入运行。但是，个别项目的试验结果达不到规程的要求，或者此设备没有标准可供参考时，可按下列原则进行分析比较。

（1）调查检修与运行情况。在设备检修过程中发现了哪些缺陷，已经处理了多少，还有什么缺陷未消除。了解设备在运行过程中的负荷变化、温度、周围环境与异常情况资料，这些资料对试验结果的分析判断有参考意义。

（2）与历次试验结果比较。电气设备几乎每年都要进行预防性试验。若在运行中没有发现什么异常情况，则试验结果也应大致相同，特别是与上次试验结果比较更应相近。若两次试验结果相差过大，又超过标准很多时，而试验方法、接线与试验仪表没有问题，则说明绝缘存在缺陷。

（3）同一设备相间比较。同一设备三相之间绝缘状况应该比较接近，如果有一相的试验结果与其他两相的不同，且超过一半以上时，可能该相绝缘有问题。

（4）同类型电气设备比较。同类型电气设备由于结构相同，其绝缘性能也应近似。同类型电气设备试验结果相差较大，通过互相比较就可以发现问题。为了便于比较，两次试验都应在条件相近的情况下进行。

三、参加交接验收试验

交接验收试验是对电气设备制造质量、安装质量与施工工艺进行一次全面的检查，也是今后电气设备运行、检修与试验的依据，各项试验结果都要满足 GB50150—2006 的规定。

四、认真分析绝缘事故

经过绝缘预防性试验的电气设备虽然能够发现大部分绝缘缺陷，但限于所用试验方法的灵敏度与绝缘缺陷的性质，有些隐形缺陷问题，还得靠运行的连续观测与设备的检修解体检查才能发现，因此，电气设备在运行中还会发生事故。

通过对绝缘事故的细致调查、分析、归纳，找出原因，提出防止的对策，坚决杜绝类似事故再次发生。

五、注意资料积累

技术资料是掌握电气设备运行情况，分析绝缘劣化趋势，总结电气设备运行、检修与试验的依据。对每个电气设备都应建立台账，包括产品制造说明书、交接验收记录、各次预防性试验记录与历次试验报告。

更主要的是对技术资料进行系统周密的分析，以摸清绝缘变化规律，指导电气设备安全经济运行与合理的检修工艺，使试验结果更能反映设备实况。

第二章　发电机定子绕组试验

第一节　绕　组　的　干　燥

一、概述

电机绕组的绝缘在长期存放、长期停机以及在运输安装过程中均有受潮的可能。受潮可以分为两种情况：一种是绕组绝缘表面受潮；另一种是绝缘内部受潮。后者是由于绝缘在毛细管的作用下，水分浸到绝缘体内所造成的。两种受潮都使得绕组的绝缘电阻大为降低。必须经过干燥，除去潮气，使绝缘电阻上升。

若绝缘只是表面受潮，当空气干燥时，只要温度一升高，绝缘电阻就会上升；若是内部受潮，则需要经过较长时间的加温干燥，绝缘电阻才能上升。

在 GB 50170—2006《电气装置安装工程旋转电机施工及验收规范》中规定：新装电机的绝缘电阻或吸收比应符合现行国家标准 GB 50150—2006，当不符合时，应对发电机进行干燥。

对于环氧粉云母绝缘的定子绕组，温度在 $10\sim40℃$ 情况下，同时满足下列两个条件时，发电机可不经过干燥而直接进行交、直流耐压试验。

（1）测得的绝缘电阻吸收比 $R_{60}/R_{15}\geqslant1.6$。

（2）定子绕组绝缘电阻在常温下不低于其额定电压每千伏 $1M\Omega$。如果不满足上述条件，则应进行干燥。对转子绕组绝缘电阻值不宜低于 $0.5M\Omega$，否则也应进行干燥。

二、两种直流干燥电源

1. 直流电焊机

（1）电焊机的选用。感应电动机为动力带动直流电焊机。电焊机外特性 $U=f(I)$ 在端电压变化不大的范围内，可使负荷保持恒定，从而保证电焊机并联运行的稳定性，并按外特性的陡度来分配负荷。不同型号、不同容量的电焊机的外特性曲线是不同的，它们并列后，彼此间会产生极不均匀的负荷分配，易使个别电焊机因过负荷而烧毁。为避免此情况，应尽量选用同型号、同容量的电焊机并列。实践证明，同型号、同容量的电焊机并列能很稳定地运行。

（2）电焊机并列操作及注意事项。

1）根据计算准备好电焊机。为了并联运行的稳定，电焊机的主励磁线圈采用他励方式，由另外的直流电源（如硅整流装置）并联供电。每台电焊机的交、直流侧都有分开关，而且交流侧应有总开关。每台电焊机的直流侧应装一块电流表，并应有一块总电流的电流表；交流侧可公用一块钳形电流表，以便在运行中加以监视。

2）各电焊机的引线应该尽量短，并有足够大的截面，以防导线过负荷，并减少电压降。

3）分别启动各台电焊机组，检查转动方向及直流输出端的极性是否正确，磁场调节电阻调试应正常。

4）合总电源开关，依次启动各台机组。若是串联、并联接线方式，则应先把机组串联起来，然后再并联。每台电焊机应在电压相差不大的范围内并入直流母线。

5）全部电焊机并列完毕，应调节磁场电阻，使各机组输出的电流均匀，并以钳形电流表测量各台电焊机的交流侧电流及总交流电流，以监视有无负荷分配不均、相间电流不平衡等异常现象。

6）当加至最大试验电流之后，要密切监视各机组的电流及总电流，并保持其稳定。试验完毕，可依次降下各台机的电流。停机时应先断直流侧开关，再分别切断各台机组的交流电源。

7）运行中如有交流侧熔断器熔断，使一台电焊机失去交流电源、直流电源受到扰动时，应立即切断异常机组的交直流开关。各台机组的交流侧熔丝应按 1.5～2 倍额定电流选择，接线应牢靠，以免因接触不良发热而熔断。

8）当发生特殊异常现象时，需立即断电停机，不允许在直流侧关联的条件下切断任意一台机组的交流电源。

2. 大电流硅整流器

实际运用的有两种方案：一种是采用低压大电流整流变压器与大功率硅整流装置配套组成的装置；另一种可控硅与二极管组成的整流桥，直接将 380V 交流电整流为所需的直流电。

三、干燥方法及注意事项

1. 外加直流干燥法

在工地组装的水轮发电机，当定子线圈全部下线完毕，并且安放就位之后（转子未吊入之前），应进行一次交直流耐压试验。耐压前，如果绝缘电阻值及吸收比不符合要求，则应进行干燥，此时可采用外加直流法干燥。

（1）定子三相绕组可以按相或按分支串联接线（视电源及电机情况而定）。串接时的跨接线以连接方便为原则，不必考虑绕组中原来的电流方向。

（2）通入绕组的最大电流可以按相或按分支额定电流的 60％ 考虑来选择电源。

（3）加温过程中，线圈的最高温度：以酒精温度计测量时，不应超过 70℃；以检温计测量时，不应超过 85℃，温度应逐步升高，在 40℃ 以下，每小时温升不超过 5～8℃。以酒精温度测线圈及铁芯表面温度，以检温计测铁芯槽内温度，两种测量可以互相校对，取多个测温点的平均值。

（4）每 4～8h 用兆欧表测三相绕组对机壳的总绝缘电阻一次，读出 R_{15} 及 R_{60}，算出吸收比，并根据当时的温度折算为 75℃ 的绝缘电阻值。测量绝缘电阻时，应停止外加电源，注意勿将电焊机或整流装置的绝缘电阻测进去。

（5）为了使温度能够均匀地上升，应采取适当的保温措施。若水轮发电机定子已经放在机坑，应用棉被或石棉布将机坑进人门等处密封，防止温度对流。必要时在定子下部均匀设置若干个安全电炉，以辅助加热，温升可以通过改变绕组外加电流的大小及增减电炉的数目来调节。

（6）当达到前述条件时，干燥即可结束。

（7）干燥完毕，降温的速度也不宜太快，每小时按 10℃ 速率控制。

2. 三相短路干燥法

将发电机三相短路，短路点直接接在发电机出口，也可在出口断路器外侧。机组以额定转速运转，转子绕组加励磁电流，定子绕组电流随之上升，利用发电机自身电流产生热量对绕组进行干燥。为了升温的需要，空气冷却器应不给冷却水。发电机开始升流加温时，起始电流不超过定子额定电流的 50% 为宜，最大短路电流不超过定子绕组的额定电流。在干燥过程中，升（降）温率要求与外加直流干燥法的要求相同。测绝缘电阻时，在降下定子电流，跳开灭磁开关后测定，也可在不降电流的情况下测定。后一情况要采用带电作业措施。

对发电机进行短路干燥与测定发电机的短路特性可结合进行。

四、关于环氧粉云母绝缘的干燥问题

采用沥青云母带浸胶绝缘的发电机，在受潮时，不仅表面受潮，而且内部受潮，加温干燥往往要较长时间。

对于环氧粉云母绝缘的发电机，由于其具有加热固性的特点，在线圈制造过程中已固化成型，潮气不易浸入绝缘内部，受潮主要表现为表面受潮。

根据大量工程实践得知这种绝缘的发电机，只要略一加温度，泄漏电流大大下降，绝缘电阻与吸收比大大提高。因此，对表面受潮的环氧粉云母绝缘的电机，可采用简单的干燥法，温度不必过高，时间也不宜过长。例如用热风吹，灯泡（或安全电炉）烤及稍加电流等方法，加热到 40～60℃ 时，一般只要几个小时，即可除去表面潮气，完成干燥的任务。

例：一台 75000kW，电压为 13.8kV，采用环氧粉云母绝缘的水轮发电机，在未经干燥时（29℃）测 U 相 $R_{15}=30M\Omega$，$R_{60}=48M\Omega$，吸收比 $R_{60}/R_{15}=1.60$；干燥后（37℃）U 相 $R_{15}=150M\Omega$，$R_{60}=500M\Omega$，$R_{60}/R_{15}=3.33$。干燥前，U 相加电压 34.5kV 时，60s 时泄漏电流为 $1350\mu A$；干燥后仅有 $47\mu A$，减少了近 28 倍。干燥加温时间用了 10h。证明干燥与否对绝缘电阻、吸收比、泄漏电流的影响很大。

第二节　定子绕组直流电阻的测定及绕组焊接头的检查

一、概述

定子绕组的总体直流电阻由绕组铜导线的电阻、焊接头电阻和引出连线电阻三部分组成。直流电阻的大小与电机的型号和容量有关。对于某一台发电机而言，线圈及引出线的长度均已固定不变，则绕组的直流电阻也不应变化（随温度变化除外），所以绕组总体直流电阻的变化一般是焊接头电阻变化的反映。

发电机在交接及大修时，在受严重的大电流冲击后，必须进行绕组直流电阻的测量。GB 50150—2006 与 Q/CSG 10007—2004 中规定：各相或各分支绕组的直流电阻在校正了由于引线长度不同而引起的误差后，相互间差别以及与初次（出厂或交接时）测量值比较，相差不大于最小值的1.5%（水轮发电机为1%），定子绕组直流电阻应在冷状态下测量，测量时绕组表面温度与周围空气温差应在$\pm 3^{\circ}\mathrm{C}$范围内，超过标准者应查明原因。

有的运行机组当相间直流电阻差别达$1\%\sim 1.5\%$时，应检查定子线圈接头脱焊。因此，当运行机组定子绕组相（或分支）间直流电阻的差与历年相对变化大于1%时，应该引起注意。

二、直流电阻的测量方法

新安装的发电机在定子线圈全部连接完毕以及运行机组在大修之后，均应在线圈表面温度与周围空气温度相差不超过$\pm 3^{\circ}\mathrm{C}$的实际状态下测量绕组的整体直流电阻。

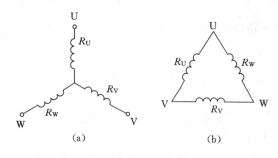

图 2-1　定子绕组直流电阻测定

(a) Y 接法直流电阻的测定；(b) △ 接法直流电阻的测定

当定子绕组的各相或分支的始末端单独引出时，应该分别测量各相或各分支的直流电阻值。如果定子绕组只引出 3 个出线端，无法单独测量各相的直流电阻，可以测量每两个出线端间的电阻值，然后根据绕组不同接线方式（Y 或 △）计算出各相的直流电阻。

对 Y 接法的定子绕组 [图 2-1 (a)] 从各引出端测得电阻分别为

$$R_{\mathrm{UV}}=R_{\mathrm{U}}+R_{\mathrm{V}}$$
$$R_{\mathrm{VW}}=R_{\mathrm{V}}+R_{\mathrm{W}}$$
$$R_{\mathrm{WU}}=R_{\mathrm{W}}+R_{\mathrm{U}}$$

解上列方程组得各相的电阻值为

$$R_{\mathrm{U}}=(R_{\mathrm{UV}}+R_{\mathrm{UW}}-R_{\mathrm{VW}})/2$$
$$R_{\mathrm{V}}=(R_{\mathrm{UV}}+R_{\mathrm{VW}}-R_{\mathrm{WU}})/2$$
$$R_{\mathrm{W}}=(R_{\mathrm{VW}}+R_{\mathrm{WU}}-R_{\mathrm{UV}})/2$$

对 △ 接法的定子绕组 [图 2-1 (b)]，由各引出端测得的电阻分别为

$$R_{\mathrm{UV}}=(R_{\mathrm{V}}+R_{\mathrm{W}})R_{\mathrm{U}}/(R_{\mathrm{U}}+R_{\mathrm{V}}+R_{\mathrm{W}})$$
$$R_{\mathrm{VW}}=(R_{\mathrm{U}}+R_{\mathrm{W}})R_{\mathrm{V}}/(R_{\mathrm{U}}+R_{\mathrm{V}}+R_{\mathrm{W}})$$
$$R_{\mathrm{WU}}=(R_{\mathrm{U}}+R_{\mathrm{V}})R_{\mathrm{W}}/(R_{\mathrm{U}}+R_{\mathrm{V}}+R_{\mathrm{W}})$$

解上述方程组得各相的电阻值为

$$R_{\mathrm{W}}=\frac{1}{2}\left[\frac{4R_{\mathrm{UV}}R_{\mathrm{VW}}}{R_{\mathrm{UV}}+R_{\mathrm{VW}}-R_{\mathrm{WU}}}-(R_{\mathrm{UV}}+R_{\mathrm{VW}}-R_{\mathrm{WU}})\right]$$
$$R_{\mathrm{U}}=\frac{1}{2}\left[\frac{4R_{\mathrm{VW}}R_{\mathrm{WU}}}{R_{\mathrm{VW}}+R_{\mathrm{WU}}-R_{\mathrm{UV}}}-(R_{\mathrm{VW}}+R_{\mathrm{WU}}-R_{\mathrm{UV}})\right]$$
$$R_{\mathrm{V}}=\frac{1}{2}\left[\frac{4R_{\mathrm{WU}}R_{\mathrm{UV}}}{R_{\mathrm{WU}}+R_{\mathrm{UV}}-R_{\mathrm{VW}}}-(R_{\mathrm{WU}}+R_{\mathrm{UV}}-R_{\mathrm{VW}})\right]$$

将直流电阻换算到$75^{\circ}\mathrm{C}$时的数值

$$R_{75} = R_t[1 + \alpha(75° - t)] \qquad (2-1)$$

式中 R_t——温度为 $t℃$ 时电阻值，Ω；

α——电阻温度系数（铜 $\alpha = 0.00425$；铝 $\alpha = 0.00438$）。

直流电阻的测量方法主要有以下两种。

1. 电桥法

由于电机定子绕组的直流电阻很小而精度要求又高，宜采用灵敏度及精确度均高的双臂电桥，零点指示采用光照反射检流计，精度为 0.05 级。如国产 QJ_{19}、QJ_{44} 型电桥。

应用双臂电桥测量直流电阻时，除尽量减少引线带来的附加电阻外，标准电阻选择是否适当，对测量的精确度影响较大。因为标准电阻值决定了试验电流的大小。若标准电阻选择偏大，则由于试验电流太小，会降低试验的灵敏度；反之，若标准电阻选择偏小，因为试验电流太大，也会由于发热使测量误差增大，甚至烧坏标准电阻。测量时，必须按照各仪器的有关说明书正确运用与调整。

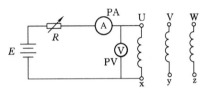

图 2-2 用电压表、电流表测量
绕组的直流电阻

2. 电压表电流表法（直接降压法）

采用电压表、电流表测绕组直流电阻的接线如图 2-2 所示。所用电压表与电流表的精度应不低于 0.5 级，量程的选择应使表计的指针处在 $\frac{2}{3}$ 的刻度左右。试验电源采用放电容量大的蓄电池组（6V 或 12V）、直流电焊机或硅整流器（要求脉动系数较小的）。测量时电压、电流应同时读数。

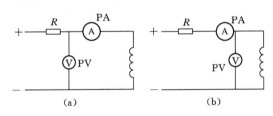

图 2-3 用 V、A 表测量绕组的直流
电阻的两种方法

（a）测大电阻时接线；（b）测小电阻时接线

每一绕组或分支电阻最好在三种不同电流下测量，取其平均值。每个测量值与平均值相差不得大于 1%，测量电流应不超过绕组额定电流的 20%，通电时间应尽量缩短，以免由于绕组发热而影响测量的准确度。

如图 2-3（a）所示，电压表所测的电压是被试绕组的电压降与电流表电压降之和，所以被测电阻为

$$R_x = \frac{U}{I} - r_A \ (\Omega) \qquad (2-2)$$

式中 U——电压表的读数，V；

I——电流表的读数，A；

r_A——电流表的内阻，Ω。

如图 2-3（b）所示，电流表所测到的电流是流进被试绕组的电流与流进电压表的电流之和，故被测电阻为

$$R_x = \frac{U}{I - \dfrac{U}{r_v}} \ (\Omega) \qquad (2-3)$$

式中　r_v——电压表的内阻，Ω。

当使用外附分流器的电流表时，为了减少测量误差，用与分流器原配的专用测量线。电压表的引线也不宜过长，否则表计读数将比实际电压低，使计算所得直流电阻将偏小，增加测量的误差，影响测量的准确度。

测量时应注意以下几点。

（1）为提高测量准确度，可将三相绕组串联，通以同一电流，分别测各相的电压降。

（2）为减少因测量仪表不同而引起误差，每次测量采用同一电流表、电压表或电桥。

（3）由于定子绕组的电感很大，防止由于绕组的自感电势损坏表计，待电流稳定后再接入电压表或检流计。在断开电源前应先断开电压表或检流计。

（4）测量时，电压回路的连线不允许有接头，电流回路要用截面足够的导线，连接必须良好。

（5）准确地测量绕组的温度。

三、定子绕组焊接头的检查方法

检查定子绕组接头质量的方法是采用压降法与接头发热试验法，采用涡流探测法效果不甚理想。

1. 直流电阻分段比较法

在定子绕组总体直流电阻的测量中，如发现某相（或某分支）的直流电阻出现异常，首先应检查试验接线是否正确、测量方法是否合乎要求、计算有无问题，必要时作核对性的测量，在完全肯定测量结果正确后，才怀疑到被测线圈可能存在接头不良或匝间短路等问题，再设法寻找并处理。直流电阻分段比较法是将有怀疑的一相或分支等分成两段，测量其电阻，然后将电阻大的一段再分段测量比较，如此继续下去最后可找到不良焊接头的部位。电阻的测量可用电压表电流表或电桥法。

注意以下两点。

（1）被分割的两段的线圈与接头数目必须相等。

（2）测量时可剥开测量点焊接头的绝缘或选择适当地点钻孔刺针。

对大型水轮发电机而言，由于定子绕组并联支路数目较多，线圈的接头也较多，个别接头电阻发生增大甚至严重恶化，对该相绕组的总体直流电阻增长不显著，即使有很小变化，也易被测量的误差所掩盖，用测量绕组整体直流电阻方法来发现绕组接头问题是不行的。对新安装的大中型水轮发电机定子线圈的接头，常需进行单独的试验检查。

2. 焊接头直流电阻测量法

（1）测量法。测量接头的直流电阻可以采用直流压降法或双臂电桥法。实践证明采用前者比较简便。在工地下线的水轮发电机定子绕组接头，在焊接完毕未包绝缘之前，使用此法更方便，因此它应用较广。

当采用压降法测试时，可用直流电焊机或其他直流电源在定子绕组中通入 20％ 左右的额定电流，使接头上能产生几毫伏的压降。由于接头的电阻值很小，一般只有几微欧，要用灵敏度比较高的毫伏表或电位差计来测量接头上的压降，然后根据欧姆定律求出电阻值。

若焊接头已包绝缘，则用钻孔刺针方法测量（测量完好将绝缘修补好）。如接头尚未包绝缘或接头的绝缘已剥开，则可在等长度的地方多测几点，对重点怀疑的接头可对线圈导线逐股进行测量，取其平均值。

（2）测量结果的判断。焊头质量好坏及变化能反映在焊头直流电阻的大小及变化上，但由于许多原因，如接头的整形、焊料，焊接工艺不可能十分一致，加上测量误差，在同一台发电机上，质量合格的焊接头的直流电阻不尽相同，反映在测试数值上呈分散性。良好的焊接头电阻小于同长度导线的电阻值，互相比较无显著差别。

第三节　定子绕组绝缘电阻和吸收比或极化指数测量

绝缘电阻吸收比和极化指数是表征绝缘特性的基本参数之一，在对定子绕组绝缘测试中，绝缘电阻吸收比与极化指数的测量是检查绝缘状况最简便而常用的非破性试验方法。

电力设备的绝缘是由各种绝缘构成的，通常把作用于电力设备绝缘上的直流电压与流过其中稳定的体积泄漏电流之比定义为绝缘电阻。电力设备的绝缘电阻高表示其绝缘良好，绝缘电阻下降，表示其绝缘已经受潮或发生老化和劣化，所以测量绝缘电阻可及时发现设备绝缘是否整体受潮、整体劣化和贯通性缺陷。

对电容量比较大的电力设备，在用兆欧表测其绝缘电阻时，把 60s 与 15s 时绝缘电阻读数比值称为吸收比

$$K = R''_{60} / R''_{15} \tag{2-4}$$

测量吸收比可判断电力设备的绝缘是否受潮，因为绝缘材料干燥时，泄漏电流成分很小，绝缘电阻由充电电流所决定。在摇到 15s 时，充电电流仍比较大，这时的绝缘电阻 R''_{15} 较小；摇到 60s 时，充电电流已接近饱和，绝缘电阻 R''_{60} 就较大，所以 K 就较大。吸收比 K 试验适用于电机电容量较大的设备。对电容量很小的电力设备就不做吸收比试验。

极化指数是 10min 绝缘电阻值与 1min 绝缘电阻值之比，在反映定子绕组绝缘受潮程度及判断绝缘是否干燥等方面均优于吸收比。Q/CSG 10007—2004 对 200MW 及以上机组推荐测量极化指数。对水内冷发电机定子绕组在通水情况下用专用兆欧表，同时测量汇水管及绝缘引水管的绝缘电阻。

测量时，对于额定电压为 10000V 以上的电机应使用电压为 2500V、量程不低于 10000MΩ 的兆欧表；对于额定电压为 3000V 以及以上者，采用电压为 2500V 或 5000V 兆欧表；500～3000V 以下者，采用 1000V 兆欧表；500V 以下者，采用 500V 兆欧表。数字式液晶显示兆欧表优先采用。摇动兆欧表的手柄时，应保持恒速（一般在 125±25r/min 范围内）。

一、试验接线及步骤

正常试验时，应测量被测相对地及其他两相的绝缘电阻，试验接线如图 2-4（a）所示；当为了判明故障，需要测量被试相单独对地的绝缘电阻，可按图 2-4（b）接线；当需要测两相间的绝缘电阻时，可按图 2-4（c）接线，图中 Q 为电力开关。

试验步骤如下。

（1）发电机本身不带电，端口出线必须与连接母线及其他设备断开。

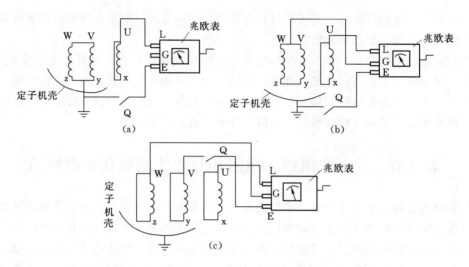

图 2-4　发电机定子绕组绝缘电阻测量接线图

（a）正常试验时；（b）测被试相单独对地的绝缘电阻时；（c）测两相间的绝缘电阻时

（2）测量前对被测绕组接地，使它充分放电，放电时间不少于 5min。

（3）测量前应检查摇表（兆欧表）的好坏。将摇表摇至额定转速（125r/min），指针应指在"∞"位置。再轻轻摇动摇表，将摇表两根测量线瞬间短路一下，指针应在"0"位置。

（4）将被试设备接地线接在摇表"E"接线柱上，被试设备的引出线接在摇表"L"接线柱上。

（5）测量时，待兆欧表摇到额定转速，表针指向"∞"后，再合上开关 Q，并启动秒表，记录时间，读取 15s、60s 的绝缘电阻值。读数完毕，断开开关 Q，停止摇动兆欧表。

（6）为了消除电机引出线套管表面泄漏电流的影响，除擦拭干净之外，必要时可用软铜线缠绕一圈，再接到兆欧表的屏蔽端子 G 上。

（7）记录试验条件下的温度、湿度。在热态下做试验时，应记录各有代表性处的温度，并取其平均值。

（8）测量完毕或倒线时，将所试相接地放电（2～3min）。

二、注意事项

（1）将兆欧表放置在远离大电流导体或磁场干扰的地方，避免环境对测量结果带来的影响。

（2）兆欧表应水平放置平稳，高度合适，便于操作。选择电压、量程及容量合适的兆欧表，准备好安全工具（如绝缘鞋、手套、放电棒等）。

（3）测试前要用干燥、清洁的柔软布擦去被试物表面的污垢。

（4）测量完毕，应先将被试物的引线与兆欧表的"L"端断开，再停止兆欧表手柄的摇动。否则，表计指针向刻度"∞"方向冲击。这是被试物在测量中所储存的电荷经兆欧表的电流回路反向泄放所致，严重时可损坏兆欧表。

（5）兆欧表"L"端子及"E"端子的引出线不要靠在一起。如"L"端子引出线必须经其他支持物（绝缘良好的支承物）才能与被试物接触。如被试物可能产生表面泄漏电流时，应加屏蔽接于兆欧表的屏蔽端子"G"上。

（6）测量发电机的某相绕组对地绝缘，其他非被试相应接地。

（7）在测量过程或被试设备未充分放电前，切勿用手触及被试设备与兆欧表的接线端子，也不要进行拆线工作。

（8）测量前后，将被试物对地充分放电，时间至少 1min。大中型水轮发电机放电时间不少于 5min。

三、影响绝缘电阻的因素

1. 湿度影响

发电机的绝缘的吸潮量随空气相对湿度变化而变化。当空气中的相对湿度增大时，绝缘物由于毛细管的作用而吸收水分较多，致使导电率增加，降低了绝缘电阻。这种现象对表面泄漏电流影响更大。绝缘受潮现象在发电机绕组端部表现得较为明显。因为在绕组端部连接的地方是在槽部下线后用蜡布带和云母包扎的，未经真空浸胶处理，容易受潮。在晴天中午试验时，测得的绝缘电阻值显著提高。

经验指出：发电机绕组受潮不甚严重时，绝缘电阻与吸收比虽然降低，但很少影响其击穿强度，因为水分很难浸入绝缘内部，只能浸入表面几层；当发电机由于长途运输与长期停机而受潮较严重时，必须经过干燥处理后才能进行其他试验。

2. 温度影响

定子绕组的绝缘电阻值受温度的影响是相当明显的。例如有些材料当温度从 25℃升高到 100℃时，绝缘电阻值会改变十万倍。绝缘电阻测量必须在相近的温度、湿度等试验条件下进行比较才有意义。试验时最好在相同温度下测量，若不能满足此条件，应将不同温度下测得的绝缘电阻值换算到同一温度（对发电机以 75℃为标准）下进行比较。

对于发电机 B 级绝缘时换算式为

$$R_{75} = \frac{R_t}{\alpha^{(75-t)/10}} \tag{2-5}$$

$$R_{75} = R_t K_{tB} \tag{2-6}$$

$$K_{tB} = 1/[2^{(75-t)/10}]$$

式中　R_{75}——换算为温度为 75℃时所测得的绝缘电阻，MΩ；

　　　R_t——温度为 t℃时所测得的绝缘电阻，MΩ；

　　　t——测量时的温度，℃；

　　　K_{tB}——B 级绝缘材料绝缘电阻的温度变换系数，见表 2-1。

对于发电机 A 级绝缘时，其换算公式为

$$R_{75} = 10^{a(t-75)} R_1 \tag{2-7}$$

式中　R_{75}——换算到温度为 75℃时的绝缘电阻值，MΩ；

　　　R_1——温度为 t_1℃时测得绝缘电阻值，MΩ；

　　　α——绝缘材料的温度系数，对 A 级绝缘，$\alpha = \frac{1}{40} = 0.035$。

表 2-1　　　　　　　　　　　B 级绝缘材料绝缘电阻的温度变换系数

温度（℃）	K_{tB}	温度（℃）	K_{tB}	温度（℃）	K_{tB}	温度（℃）	K_{tB}
5	0.008	24	0.029	43	0.109	62	0.406
6	0.008	25	0.031	44	0.117	63	0.436
7	0.009	26	0.034	45	0.125	64	0.467
8	0.010	27	0.036	46	0.134	65	0.500
9	0.010	28	0.039	47	0.144	66	0.534
10	0.011	29	0.041	48	0.154	67	0.574
11	0.012	30	0.044	49	0.165	68	0.616
12	0.013	31	0.048	50	0.177	69	0.660
13	0.014	32	0.051	51	0.189	70	0.707
14	0.015	33	0.054	52	0.203	71	0.758
15	0.016	34	0.058	53	0.218	72	0.812
16	0.017	35	0.063	54	0.233	73	0.870
17	0.018	36	0.067	55	0.250	74	0.933
18	0.019	37	0.072	56	0.268	75	1.00
19	0.021	38	0.077	57	0.287	76	1.072
20	0.022	39	0.083	58	0.308	77	1.149
21	0.024	40	0.088	59	0.330	78	1.231
22	0.025	41	0.095	60	0.353	79	1.320
23	0.027	42	0.102	61	0.379	80	1.414

3. 绝缘物中剩余电荷对绝缘电阻与吸收比测量的影响

发电机进行绝缘电阻测量或直流耐压以后，必须充分放电。如果不放电或放电不充分，不仅直接影响绝缘电阻与吸收比的测量结果，而且会影响人身与试验设备的安全。要发电机定子绕组经直流耐压试验或测量绝缘电阻后，其放电时间应不少于 5min。

四、试验结果的分析判断

由于绝缘电阻值的大小与多种因素有关，难以作出统一的规定，根据相关规定，当接近工作温度时，电机的绝缘电阻的最低值不应低于由下式计算出来的绝缘电阻值

$$R = \frac{U_n}{1000 + \dfrac{S_n}{100}} \quad (\text{M}\Omega) \tag{2-8}$$

式中　R——绝缘电阻，$\text{M}\Omega$；

$\quad\quad U_n$——电机绕组的额定电压，V；

$\quad\quad S_n$——电机额定视在功率，kVA。

式（2-8）仅考虑了发电机的容量与电压，是个极粗略的数值，只能作为对一台发电机的基本要求。

对所测得的绝缘电阻值与吸收比应进行纵横比较分析，即本次试验结果与历次试验记录的比较、各相间互相比较、与同类发电机比较以及各个试验项目的综合比较。表 2-2、表 2-3 中给出了绝缘电阻与吸收比的参考值。

表 2-2				发电机定子绕组的绝缘电阻参考值					
温度（℃）	10	15	20	25	30	35	40	45	50	55
绝缘电阻（MΩ）	42	32	24	18	13	10	7.5	5	4	1

表 2-3		6kV 及以下发电机吸收比的参考值				
温度（℃）	10	20	30	40	50	60
吸收比 K	1.69	1.58	1.43	1.30	1.17	1.04

在 GB 50150—2006 与 Q/CSG 10007—2004 标准与规程中作如下规定。

（1）各相绝缘电阻的不平衡系数不应大于 2（不平衡系数为最小一相的 R_{60} 除最大一相的 R_{60}）。

（2）沥青浸胶及烘卷云母绝缘分相测得的吸收比不小于 1.3 或极化指数不小于 1.5；对环氧粉云母绝缘吸收比不小于 1.6 或极化指数不小于 2.0，水内冷发电机的吸收比和极化指数自行规定。测量的汇水管与引水管的绝缘电阻应符合厂家的规定。

（3）对于不同温度下测得的绝缘电阻值需进行比较时，对于 B 级绝缘、A 级绝缘材料分别按式（2-5）～式（2-7）进行计算，换算为 75℃时绝缘电阻进行比较。吸收比与极化指数不作温度换算。

（4）若绝缘电阻降低至初次（交接或大修时）测得结果的 1/5～1/3 时，应查明原因，设法清除。

五、教训

在表面无屏蔽措施的兆欧表摇测绝缘电阻时，在摇测过程中，表面玻璃用手擦拭出现分散性很大的测量结果，原因是手擦拭表面玻璃，会因摩擦起电而产生静电荷，对表针偏移产生影响，使测量结果不准。处理办法：在表壳玻璃上设一段铜导线，它可消除静电荷对指针的引力。

第四节　定子绕组直流耐压及泄漏电流试验

直流耐压试验与泄漏电流的测量从试验的目的来说有所不同，前者是试验绝缘的抗电强度，在较高的直流电压下发现绝缘的缺陷；后者是根据分阶段测得的泄漏电流，了解绝缘的状态。他们所用的设备和采用的方法无区别。在发电机试验中，直流耐压与泄漏电流的测定是结合起来同时进行的。

测定泄漏电流的原理与兆欧表测绝缘电阻的原理相同，只是由于测量泄漏电流时所施加的直流电压较兆欧表的额定电压高，使绝缘本身的弱点容易显示出来。测量中采用的微安表的准确度较兆欧表高，加上可以随时监视泄漏电流数值的变化，所以它发现绝缘的缺陷较测量绝缘电阻更为有效。

经验证明：测量泄漏电流能发现电力设备绝缘贯通的集中缺陷、整体受潮或有贯通的部分受潮以及一些未完全贯通的集中性缺陷、开裂、破损等。

一、直流耐压试验的主要特点

（1）直流耐压试验是用较高的直流电压来测量绝缘电阻，同时在升压过程中监测泄漏电流的变化，可从电压与电流的对应关系中判断绝缘状况，有助于及时发现绝缘缺陷，由于试验电压比较高，因此比用兆欧表测量绝缘电阻能更有效地发现一些尚未完全贯通的集中性缺陷。

（2）在进行直流耐压试验时，定子绕组端绝缘的电压分布较交流耐压时高，直流耐压试验更易于检查出端部的绝缘缺陷。

（3）在直流耐压试验时，由于在直流下没有电容电流，只需供给绝缘的泄漏电流，要求试验电源容量很小，故试验设备轻便，便于现场使用。

（4）直流耐压试验对绝缘的损伤比较小，当外施直流电压较高，以至于在气隙中发生局部放电后，放电所产生的电荷在气隙里的场强减弱，从而抑制了气隙内的局部放电过程，因此直流耐压试验不会加速绝缘老化。

（5）直流耐压试验对绝缘的考验不如交流耐压试验接近实际运行状况。

二、试验接线

直流耐压及泄漏电流的试验接线如图 2-5 所示。如果发电机的容量较大，但现场又有条件，最好采用图 2-5（a）的试验接线，即微安表接在高压侧，并加以屏蔽。这样可避免强电场杂散电流的影响，测量的泄漏电流较准确，但要求微安表对地要有良好的绝缘，微安表的表头及引至被试发电机的高压线都必须加以屏蔽。在试验过程中短接微安表或切换微安表的量程时，需要用具有足够绝缘水平的绝缘拉杆进行操作，这给读数带来不方便；也可用新型的具有遥控切换量程功能的微安表。

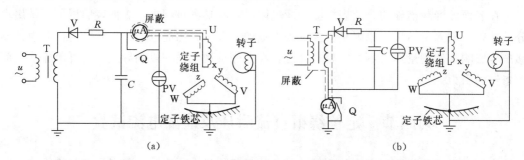

图 2-5　直流耐压及泄漏电流测量试验

（a）微安表接在高压侧；（b）微安表接在低压侧

R—限流电阻，用以限制被试绕组击穿，一般每伏选 5Ω；Q—短路开关；C—稳压电容，其值一般小于 0.1μF，耐压强度大于承受最大直流试验电压，电容量大的发电机可略去；PV—高压直流电压测量表计，静电电压表 1.0~1.5 级；V—高压硅堆，主要技术参数有额定整流电流、正向压降、反峰电压、反向平均电流、过载电流等；μA—微安表

微安表接在低压侧时，由于微安表处在低电位，因此读数安全，切换量程方便，但高压引线对地的杂散电流将流过微安表，故泄漏电流值可能偏大，给测量带来一定的误差。为此，在试验前，按试验要求空载分段加压，读取各分段空载泄漏电流，并在测试时对应电压下的泄漏电流值中分别扣除，以便求得被试绕组真正的泄流电流值。为了保证输出直

流电压波形的平稳，在测量空载泄漏电流时应加大稳压电容值，一般应大于 $0.5\mu F$。

直流试验电压的测量方法通常有以下三种。

（1）用静电电压表测量。采用适当量程的高压静电电压表，直接测量被试绕组所承受的试验电压，如图 2-5 所示。

（2）用高电阻串联微安表测量。高电阻串联微安表测直流高压示意图如图 2-6 所示。测量原理是被测直流电压，加在已知高电阻 R 上，通过 R 的电流将流过微安表。根据 R 的数值，即可算出不同的被测电压下，流过 R 的电流大小，可根据微安表指示的电流值来表示被测直流电压的数值。测量时，可将微安表满刻度直接换算成相应的电压刻度，一般 R 取 10 $\sim 20 M\Omega/kV$，微安表 $0\sim 5\mu A$（或 $0\sim 100\mu A$）。电阻 R 可用金属膜电阻或碳膜电阻串联组成，其数值要求稳定，单个电阻的容量不少于 $1W$。

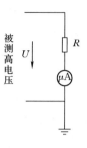

图 2-6　高电阻串联微安表测直流高压示意图

（3）在试验变压器低压侧测量，试验变压器低压侧所测电压按下式可求出被试绕组上所加高压直流电压值

$$U_s=\sqrt{2}KU$$

式中　U——试验变压器低压侧测量电压，V；

　　　K——试验变压器的变比；

　　　U_s——被试绕组上的直流试验电压，V。

这种测量方法在被试绕组泄漏电流小、电容量大、高压输出直流电压脉动很小时，方宜使用。

三、试验方法

（1）试验前将套管表面擦干净，并用软铜线缠绕几圈，接至屏蔽线的屏蔽芯子上，使表面泄漏电流不经过微安表。

（2）为了检查试验设备的绝缘是否良好，接线是否正确，在试验前要分段空升加压，段数与每段维持时间和带被试物时相同，读取各段泄漏电流。如果在最大试验电压时，泄漏电流只有 $1\sim 2\mu A$，则可忽略不计。如果微安表读数较大时，在正式测试时，在对应的分段泄漏电流内将其扣除。

（3）上述空升无误后，接上被试物开始试验。试验电压应分段（$0.5U_N$、$1U_N$、$1.5U_N$、$2U_N$、$2.5U_N$、$3U_N$ 等）升高，每一阶段应停留 1min，记录微安表的泄漏电流值。必要时，可在最高试验电压下停留 2min，分别读取 1min、2min 的泄漏电流。

（4）试验电压的升压速度在试验电压的 40% 以前可任意，其后的升压速度必须均匀，约每秒 3% 的试验电压。在保持规定的电压与时间之后，应在 5s 内将电压均匀降低到试验电压的 25% 以下，迅速将电压降为零，打开电源开关，记下温度。

（5）每次试验前后，均需用串有约 $10M\Omega$ 电阻（或用潮湿的树枝）的地线放电，然后再用地线直接接触放电。

四、注意事项

（1）试验时要特别注意试验电压的稳定问题。发电机定子绕组绝缘好像一个电容量很大的电容器，当电源电压波动时，就可能出现充电、反充电现象，于是微安表就缓慢地摆动起来，严重时无法读表。遇到这种情况，就要在调压器前接稳压器，电压的平稳度最好在 95％以上。

（2）试验回路应加装过流保护装置，防止击穿短路，烧坏试验设备与扩大被试物的损坏程度。

（3）氢冷电机必须在充氢气纯度为 96％以上或排氢后且含氢量在 3％以下时进行试验，严禁在置换氢气过程中试验。

（4）水内冷电机试验时，宜采用低压屏蔽法。汇水管直接接地者，应在不通水和引水管吹净条件下进行试验。冷却水质应透明纯净，无机械混杂物，导电率在水温 25℃时要求：对于开启式水系统不大于 $5.0 \times 10^2 \mu s/m$；对于独立的密闭循环水系统为 $1.5 \times 10^2 \mu s/m$。

五、影响因数

（1）湿度的影响。如果空气潮湿，绕组端部绝缘表面及发电机出线套管端头对地通过潮湿的空气的泄漏电流是无法消除的。试验最好在晴朗干燥的天气进行，并应考虑到湿度的影响。

（2）温度的影响。同绝缘电阻试验一样，温度对泄漏电流的影响较大，温度每增高 10℃，发电机的泄漏电流可按增加 0.6 倍估算，或按下式进行换算

$$I_{75} = 1.6^{\frac{(75-t)}{10}} I_t \quad （\mu A） \tag{2-9}$$

式中　　I_t——当温度为 t℃时，测得的泄漏电流值，μA；

　　　　t——试验时被试品的温度，℃；

　　　　I_{75}——75℃时的泄漏电流值，μA。

（3）表面泄漏的影响。当定子绕组端部绝缘表面被运行中的发电机漏油而油污后，泄漏电流大大增加。因此，必须将绝缘表面的油污擦干净。

六、试验结果的分析判别

（1）绝缘正常时，泄漏电流随试验电压成比例地上升。绝缘不良时，泄漏电流在某一试验电压下急剧增加，当超过 20％时，应注意分析原因。

（2）三相绝缘正常时，其泄漏电流应是平衡的。在规定的试验电压下，各相泄漏电流的差别不应大于最小值的 50％；最大泄漏电流在 $20\mu A$ 以下，各相间差别与出厂试验值（或历次试验结果）比较不应有明显差别。

（3）绝缘正常时，泄漏电流不随时间的延长而增长；绝缘不正常时，泄漏电流随时间的延长而增加。

（4）在试验时，如果微安表有周期性的剧烈摆动，则说明绝缘有问题。有贯穿性缺陷时，缺陷部位在槽口附近。

（5）如果在热状态下测得的各相泄漏电流不平衡程度较大，而在常温下，则基本平衡或不平衡程度较小时，说明绝缘有隐形缺陷。运行中应加强监视，缩短试验周期，争取尽早将缺陷检查出来。

（6）如果试验结果不符合要求，应尽可能找出原因，并将其消除，但不能投入运行。

七、故障处理实例

江西省某水电站，发电机型号为 SF 3200—48/4250，容量 3200kW，电压 6.3kV，＃1 机组于 1999 年 12 月 29 日发电机定子绕组经过烘干后，测量吸收比为

$$U_{相}：K_{U}=\frac{R_{60}}{R_{15}}=\frac{2000MΩ}{750MΩ}≈2.67$$

$$V_{相}：K_{V}=\frac{2000MΩ}{750MΩ}≈2.67$$

$$W_{相}：K_{W}=\frac{2000MΩ}{750MΩ}≈2.67$$

吸收比均大于 1.6（环氧树胶绝缘），对发电机定子绕组做直流耐压与泄漏试验其结果如表 2-4 所示。

表 2-4　　　　　　　　发电机定子绕组直流耐压与泄漏试验结果

试验电压 相　序	3kV （1min）	6kV （1min）	9kV （1min）	12kV （1min）	15kV （1min）	18.9kV （1min）	18.9kV （10min）
U 相泄漏电流（μA）	3.8	6.8	10.8	13	47.8	74	78.7
V 相泄漏电流（μA）	3.9	6.9	9.7	12.3	17.6	19.5	19.5
W 相泄漏电流（μA）	2.9	4.1	5.4	11.5	15.5	18.6	20.4

根据 GB 50150—2006 标准规定：各相泄漏电流的差别不应大于最小值的 50%，当最大泄漏电流在 20μA 以下，各相间差值与出厂试验值比较不应有明显差别。制造厂——重庆水轮机厂说："按机械部试验标准，水轮发电机容量在 10000kW 以下者不做直流耐压与泄漏试验。"向有关专家请教，均说没有碰到此现象，设备按 GB 50150—2006 标准为不合格，不能投入运行。

当时任机电总监理的本书主编经过反复查找资料，均无此类似情况，认为水轮发电机放在机坑内，机坑内有水蒸气存在，定子绕组经烘干，吸收比达标，水蒸气会渗入定子绕组，造成如此故障，于是决定 2000 年 2 月 24 日 9 时开始对该发电机定子绕组加直流电压，经过 7 天整烘干后，慢慢降温，于 3 月 2 日 17 时，室温为 12℃，定子槽口处温度为 20℃，用兆欧表测得 U、V、W 三相吸收比均为 $\frac{3000MΩ}{1000MΩ}=3$，大于 1.6（环氧树胶绝缘标准）。再做直流耐压试验，如表 2-5 所示。

表 2-5　　　　　　　　发电机定子直流耐压与泄漏试验结果

试验电压 相　序	3kV （1min）	6kV （1min）	9kV （1min）	12kV （1min）	15kV （1min）
U 相泄漏电流（μA）	0.8	1.9	2.2	3.2	11.7
V 相泄漏电流（μA）	0.9	1.8	2.0	3.1	10.5
W 相泄漏电流（μA）	1.1	1.9	2.7	4.2	8.8

从表 2-4 知，9kV 下各相泄漏电流开始出现差值较大，而从表 2-5 知 9kV 时各相泄漏电流相差较小，15kV 时各相最大与最小值只相差 2.9μA，完全符合 GB

50150—2006《电气装置安装工程电气设备交接试验标准》，考虑很短时间做了两次直流耐压试验，应按 DL/T 596—1996《电力设备预防性试验规程》标准执行就未做 18.9kV 电压试验。

第五节　定子绕组交流耐压试验

一、工频耐压试验的特点

工频耐压试验的主要优点是试验电压与工作电压的波形、频率一致，作用于绝缘内部的电压分布及击穿特性与发电机运行状态相同。所以工频耐压试验对发电机主绝缘的考验更接近运行实际，可以通过该试验检出绝缘在工作电压下的薄弱点，如定子绕组槽部或槽口的绝缘弱点更容易暴露。可以鉴定电气设备的耐电强度，判断电气设备能否继续运行。因此，工频耐压试验是发电机绝缘试验中的重要项目之一。

工频耐压试验有一重要的缺点，即对固体有机绝缘，在较高的交流电压作用时，会使绝缘中一些弱点更加发展（在耐压试验中还未导致击穿），这些工频耐压试验本身会引起绝缘内部的累积效应（每次试验对绝缘所造成的损伤迭加起来的效应）。恰当确定试验电压值是一个重要的问题。所施加的试验电压要求能有效地发现绝缘中的缺陷，又要避免试验电压过高引起绝缘内部的损伤，要考虑运行中绝缘变化，由运行经验决定。

二、试验电压选择

试验电压的选择原则有以下几方面。

（1）新安装发电机交流耐压试验所采用电压按 GB 50150—2006 标准执行（见表 2-6）；现场组装的水轮发电机定子绕组工艺过程中的绝缘交流耐压试验，应按 GB 8564—2003《水轮发电机组安装技术规范》的有关规定进行（见表 2-7）；水内冷电机在通常情况下进行试验，水质应合格；氢冷电机必须在充氢前或排氢后且含氢量在 3% 以下时进行试验，严禁在置换过程中进行。

表 2-6（a）　　　　　　　　定子绕组交流耐压试验电压

容　　量 （kW）	额 定 电 压 （V）	试 验 电 压 （V）
10000 以下	36 以上	$1.5U_N+750$
10000 及以上	3150~6300	$1.875U_N$
	6300 以上	$1.5U_N+2250$

注　U_N 为发电机额定电压（V）。

表 2-6（b）　　　　　水轮发电机定子绕组交流耐压试验电压（整体）

容　　量 （kVA）	额 定 电 压 （kV）	试 验 电 压 （kV）
10000 以下	10.5 及以下	$2U_N+1.0$
10000 以上	6.0 以下	$2.5U_N$
	6.0~18.0	$2U_N+3.0$

表 2-7　　　　　　　水轮发电机定子线圈安装工艺过程交流耐压试验

绕组型式	试 验 阶 段	容 量　　　　（kVA）		
		10000 以下	10000 以上	
		额 定 电 压 （kV）		
		10.5 以下	6.0 以下	6.0～18.0
		试 验 标 准 （kV）		
圈式	嵌 装 前	$2.75U_N$	$2.75U_N$	$2.75U_N+2.5$
	嵌 装 后（打完槽楔）	$2.5U_N$	$2.5U_N+2.5$	$2.5U_N+2.5$
条式	嵌 装 前	$2.75U_N$	$2.75U_N$	$2.75U_N+2.5$
	下层线圈嵌装后	$2.5U_N+0.5$	$2.5U_N+1.0$	$2.5U_N+2.0$
	上层线圈嵌装后（打完槽楔）	$2.5U_N$	$2.5U_N+0.5$	$2.5U_N+1.0$

注　U_N 为发电机额定线电压，kV。

（2）运行中当电网发生单相接地时，非故障相电压升高至线电压，因此工频试验电压应高于线电压。

（3）不考虑大气过电压作用。运行经验表明：目前我国的大气过电压保护水平已经能够防止大气过电压对发电机的侵袭。

（4）在大多数情况下，操作过电压幅值不超过 3 倍额定相电压值，约为（1.5～1.7）U_n。

根据我国电机绝缘水平的实际情况，及运行经验，在选择预防性耐压数值时，考虑到既不会使良好绝缘因试验所造成的积累效应而损坏，又能有效地发现发电机的局部缺陷。Q/CSG 10007—2004 中规定：大修前或局部更换定子绕组并修好后试验电压为运行 20 年以上不与架空线路直接连接者为（1.3～1.5）U_N，运行 20 年以上与架空线路直接连接者为 $1.5U_N$。运行 20 年及以下者为 $1.5U_N$（U_N 为额定电压）长期经验证明，大多数发电机按照通过（1.3～1.5）U_N 工频耐压试验后，能保证两次大修之间的安全运行。

交流电机全部更换定子绕组时的交流试验电压见 Q/CSG 10007—2004 附录 D。

三、工频耐压试验接线

发电机定子绕组绝缘工频耐压试验接线如图 2-7 所示。

试验变压器必须满足试验电压的要求，并能提供试验时所需的电流。试验电流的估算式为

$$I_c = \omega C_x U_s = 2\pi f C_x U_s \quad (\text{mA}) \qquad (2-10)$$

式中　I_c——被试发电机的电容电流，mA；

　　　C_x——被试发电机的电容，分相试验时即为每相绕组的电容，μF；

　　　f——电源频率，50Hz；

　　　U_s——试验电压，kV。

试验变压器可根据在试验电压下绕过被试发电机绕组的电容电流来计算，即

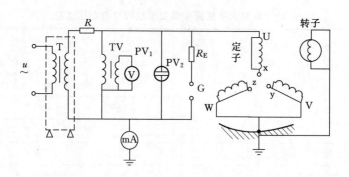

图 2-7　发电机定子绕组绝缘工频耐压试验接线图

T—试验变压器；TV—测量用电压互感器；PV_1—TV 二次侧电压表；

PV_2—静电电压表；G—保护球隙

$$S = \omega C_x U_s^2 = 2\pi f C_x U_s^2 \times 10^{-3} \quad (\text{kVA}) \qquad (2-11)$$

原苏联对低速水轮发电机

$$3C_x = KS^{3/4} / (U_N + 3600) n^{1/3} \quad (\mu\text{F}) \qquad (2-12)$$

式中　C_x——发电机定子绕组每相对地电容，μF；

$\quad$ S——发电机容量，kVA；

$\quad$ U_N——发电机额定相间电压，V；

$\quad$ n——发电机转速，r/min；

$\quad$ K——与绝缘等级有关的系数，对于 B 级绝缘，当温度 25℃时，$K = 40$。

对高速的汽轮发电机

$$3C_x = 2.5KS / \sqrt{U_N(1 + 0.08U_N)} \quad (\mu\text{F}) \qquad (2-13)$$

式中　C_x——发电机定子绕组每相对地电容，μF；

$\quad$ S——发电机容量，MVA；

$\quad$ U_N——发电机额定相间电压，kV；

$\quad$ K——系数，当温度为 15～30℃时，$K = 0.0187$。

美国通用电气公司采用的公式与式（2-13）基本一致，只是分子 2.5 改用 3.0。关于系数 K：当采用整块转子时，$K = 0.0187$；对于无阻尼绕组的凸极发电机 $K = 0.0347$；对于有阻尼绕组的凸极发电机 $K = 0.0317$。

实践证明以上经验公式计算值一般偏大。原水电建设总局曾推荐另一种计算方法，它考虑了发电机的结构尺寸、绝缘材料及冷却方式等因素，应该比式（2-13）进步，现介绍供参考。

$$3C_x = \varepsilon_r z(2h_n + b_n) l / 36\pi d \times 10^5 \quad (\mu\text{F}) \qquad (2-14)$$

式中　ε_r——介电常数：云母 $\varepsilon_r = 6 \sim 7$；沥青 $\varepsilon_r = 2.5 \sim 3$；环氧粉云母带 $\varepsilon_r = 5.5$；

$\quad$ z——定子槽数；

$\quad$ h_n——定子槽高，cm；

b_n——定子槽宽，cm；

　　l——定子铁芯长度，cm；

　　d——电机线圈绝缘单面厚度，cm。

　　保护电阻 R 用以限制发电机绝缘击穿时的电流一般选用 $1.0\Omega/\text{V}$；保护球隙 G 的铜球放电电压一般整定在试验电压的 $110\%\sim115\%$。球隙保护电阻 R_E 可按 $0.5\sim1.0\Omega/\text{V}$ 考虑。R_E 的作用是防止球隙击穿后，产生过电压对被试物绝缘击穿，它还保护球面不被击穿后短路电流烧坏。

四、试验电压测量

　　(1) 用静电电压表在高压侧直接测量试验电压。如图 2-7 所示，可直接读取试验电压值。由于静电电压表是依靠电场力工作的，电荷对此空间电场的影响很明显，在使用中应予以注意。

　　(2) 用电压互感器测量高压侧试验电压，如图 2-7 所示。电压互感器是变比与角差都很精确的降压变压器，将二次侧测得的电压乘以电压互感器的变比，就可以得到一次侧高压试验电压值。这种测量方法方便可靠，是发电机工频耐压试验中常用的测量电压的方法。

五、试验步骤

　　(1) 工频耐压试验前，应测量发电机定子绕组的绝缘电阻，若有严重受潮或严重缺陷时，应在缺陷清除后进行耐压试验。

　　(2) 检查所有试验设备，仪表等应选择正确，接线无误。

　　(3) 试验变压器在空载条件下调整保护球隙，使其放电电压为试验电压的 $110\%\sim115\%$，然后升至试验电压下维持 1min，无异常情况即降电压为零，切断电源开关。

　　(4) 经过限流电阻在高压侧短路，调试过电流保护动作的可靠性，过电流保护一般整定为试验电压下被试绕组电容电流的 150% 左右。

　　(5) 将试验变压器高压侧引线接到被试发电机绕组上，检查调压器应在零位，然后合上电源，开始升压，升压速度在 40% 试验电压以内可迅速升压，以后升压速度应保持均匀，一般为 20s 左右升到试验电压（或每秒 3% 试验电压）。当电压升至试验电压后，开始计时，并读取电压及电容电流值，持续 1min 后，迅速降压到零，拉开电源，将被试绕组接地放电。

　　(6) 试验过程中，如发现下列不正常现象时，应立即切断电源，停止试验，并查明原因。

　　1) 电压表指针摆动很大，电流表指示急剧增加。

　　2) 被试发电机内有放电声或发现绝缘有烧焦味、冒烟等。

六、工频耐压试验应注意事项

　　(1) 试验电压必须在高压侧测量，为测量被试绕组上所加的实际电压值，测量表计应接在高压回路内，限流电阻之后，以消除电阻上压降所产生的误差。

　　(2) 试验电压波形应是正弦的，为了减小波形畸变的影响，试验电源应尽量采用线电压。

　　(3) 应有可靠的过压与过电流保持装置。

　　(4) 在试验过程中，避免产生电压谐振，产生较高的过电压，使被试物击穿。

七、试验结果的分析判断

（1）被试物一般经过交流耐压试验，在持续的1min内不击穿为合格，反之为不合格。被试物是否击穿，可按下述各种情况进行判断。

1）根据表计指示情况进行分析。若电流表突然上升，则表明被试物已击穿。

当被试物的容抗 x_C 与试验变压器的漏抗 x_L 之比等于或大于2时，虽然被试物已击穿，但电流表的指示不会发生明显的变化，有时电流表的指示反而会减小。这是因为被试物击穿后，x_C 被短路，回路总电抗只由 x_L 决定。因此被试物是否确实击穿，不能只由电流表的指示来决定。

在高压侧测量被试物的试验电压时，若被试物击穿，其电压表指示要突然下降；当在低压侧测量被试物的试验电压时，电压表的指示也要变化，但有时很不明显，要注意观察。

2）根据试验接线的控制回路的情况进行分析。若过电流继电器动作，使接触器跳闸，则说明被试物已被击穿。

3）根据被试物异常情况进行分析。在试验过程中，如果被试物发出响声、冒烟、焦臭、跳火以及燃烧等，一般都是不允许的，经查明这种情况确实来自被试物的绝缘部分，则可认为被试物存在问题或已击穿。

（2）在试验过程中，若由于湿度、温度或表面脏污等引起表面滑闪或空气放电，则不应认为不合格。应在经过清洁干净等处理后，再进行试验。若非由于外界因素影响，而是由于瓷件表面釉层损伤或老化等引起（如加压后，表面出现局部火红，便是如此），则应认为不合格。

（3）如果被试物是有机绝缘材料制成的，如绝缘工具等，在做完耐压试验后，应立即用手触摸，如普遍或局部过热情况，可认为绝缘不良，应处理后再试验。

（4）在开始试验时，试验人员一律不得吸烟，以免引起误判断。

（5）在升压过程中，电流下降，而电压基本上不变，这是电源容量不够，改用大电源后便可解决。

八、水内冷发电机的工频耐压试验

1. 试验接线

当汇水管不直接接地时，水内冷发电机交流耐压试验接线如图2-8所示。

2. 试验要求

（1）直接水冷的定子绕组在通水情况下进行试验时，要在冷却水循环状态下才能进行工频耐压试验。在不通水情况下，严禁未将水吹干净就进行工频耐压试验，因为这种情况能使潮湿的绝缘引水管内壁发生闪络。

（2）通水试验必须保证水质合格。

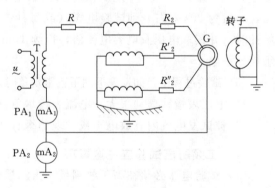

图2-8 水内冷发电机工频耐压试验接线图

PA$_1$—毫安表测量被试绕组电容电流及流经汇水管电流之和；PA$_2$—毫安表测量被试绕组电容电流

九、经验教训

（1）绝不允许突然对试验物加试验电压值，或在较高电压时突然切断电源，以免在被试物上造成破坏性的暂态过电压。

（2）对发电机定子绕组进行耐压试验时，必须拆除测量装置线路。耐压试验的目的主要是考核绕组的绝缘强度。被试设备施高几千伏以上高压，显然测温装置线路的绝缘不能承受上述高的电压，同时耐压试验中感应的静电，可能导致测温装置线路损坏。

十、工频谐振耐压试验

在发电机单机容量不断提高，定子绕组对地电容不断增大的情况下，用常规法进行工频耐压试验时，因其电容电流很大，所需的工频试验变压器与调压器的容量就很大，这不仅使设备笨重、运输困难，而且所需大容量的试验电源在现场也难以解决，给现场进行工频耐压试验带来很大困难，若采用工频谐振的试验方法，将解决这些问题。这里仅介绍串联谐振法。

1. 基本原理

采用最广泛的是工频调感方式，其原理接线如图 2-9（a）所示。L 为可变高压电抗器；C_x 为被试发电机绕组对地电容，调节 L 值使 $\omega L = \dfrac{1}{\omega C_x}$ 时，此时回路即处于串联谐振状态，在输入电压 U 较低时，在回路产生较大的电流，使被试绕组两端产生较高电压 U_c，由图 2-9（b）等值电路可得 $U_c = I X_c = (U/R) X_c = (U/R) X_L$，令 $Q = X_L/R = X_c/R$ 为谐振品质因数，则绕组两端电压 $U_c = QU$，$Q \gg 1$，Q 为串联谐振回路放大倍数。

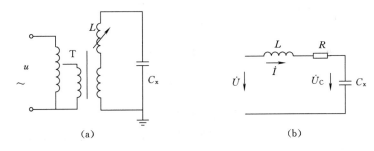

（a）   （b）

图 2-9 串联谐振接线图
（a）原理接线图；（b）等值电路图

2. 试验方法

试验接线完毕后，先调节调压器使试验变压器输出较小的电压，再调节串联电抗器改变电感量，使电抗器的感抗逐渐接近被试绕组容抗，当 $X_L = X_c$ 时，即达到串联谐振时，输出电压 U_c 最大，再调节调压器，使 U_c 电压升到所示的耐压值。

3. 主要优缺点

（1）串联谐振时耐压试验可大大减小所需试验电源的容量，一般为常规工频耐压试验所需试验电源容量的 $1/Q$，试验变压器与调压器等设备体积与质量可大为降低，便于现场使用。

（2）当被试绕组在试验过程中发生击穿时，谐振条件被破坏，与常规工频耐压试验相比故障点的短路电流由于受到电感的限制作用将大为减小，可以避免当绕组绝缘击穿时，故障点流过较大的短路电流而烧损铁芯等部件。

（3）试验电压波形正弦性好，串联谐振回路中，在谐振条件下，电源波形中 50Hz 基波分量得到明显提高，其他谐波分量在被试绕组两端显著地被衰减，被试绕组上电压波形正弦性好。

（4）进行常规工频耐压试验时，在被试绕组发生击穿，常发生暂态过电压现象。而串联谐振耐压试验时，被试绕组发生击穿后，因谐振条件破坏，电压将明显下降，不可能发生暂态过电压。

（5）串联谐振耐压试验时，输出电压可能上升很快，Q 值越大上升越快，因此输出电压的稳定度较差。

第六节　定子绕组端部手包绝缘施加直流电压测量其表面对地电压及泄漏电流试验

国产 200～300MW 水氢冷却方式的汽轮发电机定子绕组端部手包绝缘，常因包扎工艺不良，整体性能差。在运行条件较差（如机内脏污，氢气湿度大）的情况下，发生短路事故。为保证发电机的安全运行，除不断改善发电机的运行条件外，定子绕组端部手包绝缘施加直流电压测量其表面对地电压及泄漏电流值，是检查该部位绝缘状况较为有效的测试手段。该方法可以发现交、直流耐压试验时所不能发现的隐患，而且方法简单、易于现场推广。

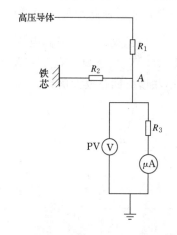

图 2-10　等值电路图

R_1—被测部位绝缘体的电阻；R_2—被测部位绝缘体对地（铁芯）表面电阻；

R_3—绝缘杆内与微安表串联的电阻；

PV—静电电压表；μA—微安表

一、测试原理

测量绕组端部接头（包括引水管锥体绝缘）、过渡引线并联块及手包绝缘引线接头处的表面对地电压及泄漏电流试验的等值电路，如图 2-10 所示。A 点为检测部位。正常情况下，绝缘的体积电阻远远大于其表面电阻，当 A 处绝缘存在缺陷时，体积电阻 R_1 减小，R_1 上的电压降也减小，使得该处对地电压增高，流过微安表的泄漏电流也增大。在理想情况下，当 $R_2 \rightarrow \infty$ 时，A 点表面对地电位应趋近于零，即静电电压表读数应趋近于零；当 $R_2 \rightarrow 0$ 时，即铜导线已露出，该点表面对地电压应等于外施试验电压值。因此，可通过试验时所测的某处绝缘表面对地电压的高低与泄漏电流的大小来判断该部位的绝缘状况。

二、测量方法

（1）制作绝缘测杆。如图 2-11 所示，杆内装有多个串联电阻元件，电阻总值为 100MΩ，每个电阻

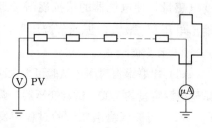

图 2-11　绝缘测杆示意图

容量按 $1\sim2W$ 选择，绝缘杆需留有一定的安全长度。由于绝缘测杆用于高压带电测量，使用前应对其进行耐压试验鉴定。

（2）试验中对水质的要求及试验接线同定子绕组的直流耐压试验。

（3）试验前应对绕组端部表面绝缘部位进行清扫，以消除由于表面脏污和表面电阻低对测量结果的影响，所测部位应包一层铝箔纸或导电布，加压前应先测量所测部位的绝缘电阻，即图 2-10 中的 R_1 及 R_2 值。测量 R_1 时，将定子绕组接到兆欧表接地端，包铝箔处接兆欧表的相线端；测量 R_2 时，铝箔接到兆欧表的相线端，铁芯接到接地端，定子绕组不接地。

（4）如试验设备容量足够，试验时可对三相绕组一起加压。直流试验电压值选择为一倍额定电压，必要时，可根据现场情况适当提高试验电压进行测量。

（5）测量时必须执行高压带电作业的安全措施，绝缘测杆内 $100M\Omega$ 电阻的一端与接地的微安表串联（量程可选 $100\sim150\mu A$），另一端与金属材料制成的探针相连，试验时金属探针同时并接静电电压表，见图 2-11。

（6）当定子绕组施加直流电压后，移动测杆分别记录所测部位的静电电压表及微安表的指示值。

三、测试要求

根据 $Q/CSG\ 10007$—2004 规定，其测试要求如下。

（1）直流试验电压值为 U_N（设备额定电压）。

（2）测试结果一般不大于下列值：

1）手包绝缘引线接头，汽轮机侧隔相接头为 $20\mu A$；$100M\Omega$ 电阻上的电压降值为 $2000V$。

2）端部接头（包括引水管锥体绝缘）和过渡引线并联块为 $30\mu A$；$100M\Omega$ 电阻上的电压降值为 $3000V$。

本项试验适用于 200MW 及以上的国产水氢透平型发电机；可在通水条件下进行试验，以发现定子接头漏水缺陷，必要时，如水轮发电机和 200MW 及以下透平型发电机在出现三相直流泄漏电流不符合下列规定；各相泄漏电流的差别不应大于最小值的 100%；最大泄漏电流在 $20\mu A$ 以下者；相间差别与历次试验结果不应有明显变化；泄漏电流不随时间的延长而增大时，可利用此方法查找缺陷。

四、现场检测实例

某电厂 4 号发电机为 QFSN—200 型，哈尔滨电机厂生产，额定电压 15.75kV，1994年大修期间对定子绕组端部进行检测，实测结果见表 2-8。

表 2-8　　　　　　　　实　测　结　果

被测接头编号 （励磁侧）	测量部位表面对地电压值（V）	测量部位的泄漏电流值（μA）	被测接头编号 （励磁侧）	测量部位表面对地电压值（V）	测量部位泄漏电流值（μA）
23	1000	26	33	1500	26
25	7500	88	39	8500	106

续表

被测接头编号 （励磁侧）	测量部位表面对 地电压值（V）	测量部位的泄漏 电流值（μA）	被测接头编号 （励磁侧）	测量部位表面对 地电压值（V）	测量部位泄漏 电流值（μA）
28	9400	120	41	10000	128
29	9000	112	44	5000	62
31	1000	20			

五、测量中存在的一些问题

该法能有效地发现交、直流耐压试验时所不能发现的隐患，特别是对发电机端部绝缘缺陷的检验针对性强，操作简便，结果直观可靠。但对下层线棒及绑绝缘垫块覆盖的部位，探针无法接触到，所以此类地方如有缺陷，将无法检测到。

第七节 定子绕组槽部防晕层对地电位测量

一、测量目的

随着机组运行时间的增加，定子槽楔松动，防晕层损坏以及运行中检温元件电位升高等缺陷有所增多，当发生上述现象时，应对定子绕组槽部表面对地电位进行检查，以确定表面防晕层有无损伤及防晕层与定子铁芯的接触情况。

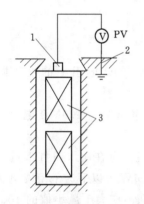

图 2-12 定子绕组槽部防晕层对地电位测量
1、2—金属探针；3—定子绕组

二、测量方法

抽出转子后，对定子绕组施加额定交流相电压，用高内阻电压表测量绕组表面对地电压值，其测量接线如图 2-12 所示。测量可在通风沟处进行，也可在退出槽楔后进行。

三、标准

根据 Q/CSG 10007—2004 规定，定子绕组槽部防晕层对地电位值不大于 10V。有条件时，可用超声法探测槽部放电。

第八节 发电机轴电压测量

一、轴电压测量的重要性及其产生的原因

如发电机空气间隙不均匀，定子周围铁芯接缝配置不对称，当发电机运行时，电机各部磁通不均匀，它与转轴相切割就产生轴电势，在轴电势作用下产生轴电流，当轴承座的绝缘垫与轴瓦处的油膜绝缘被破坏时，就会在轴→轴承→底座回路中流

过交变轴电流，其数值可达几百安培，甚至几千安培，它能损坏转子的轴颈与轴瓦。对于横轴的发电机应将励磁机与机组的基础板之间加以绝缘。对于悬吊式水轮发电机，它的上部导轴承和推力轴承均应用绝缘垫与定子外壳相绝缘。可在推力头与镜板之间加一层绝缘垫，以加强绝缘，可避免轴电流引起损坏事故。在安装与运行中测量检查发电机组的轴承及轴之间的电压与检测轴承座的绝缘状况是十分必要的，产生轴电压的原因有以下几种。

1. 静电效应产生的轴电压

当汽轮机正常运行时，在一定条件下，汽轮机低压缸内的蒸汽与汽轮机叶片相摩擦，在高速旋转的汽轮机转子上产生静电荷，对转子充电而产生轴电压，它可达数百伏，电流很微弱，一般不致引起轴瓦损坏。但这种电荷长期作用下，一旦轴承油膜击穿，也会使轴承、轴瓦损伤。为了消除这个影响，在汽轮机轴上要装接地炭刷，使汽轮机轴上的静电荷经接地炭刷释放，而不通过轴承与轴的其他部位。

2. 发电机磁通不对称引起轴电压的原因

（1）发电机定子与转子不同心，使气隙不均匀。

（2）定子扇形硅钢片接缝不一致，或气隙不相等造成局部磁阻过大。

（3）由于分数槽电机的电枢反应不均匀，引起转子磁通的不对称。

3. 静态励磁脉动分量在大轴上产生高频轴电压

为了消除这种轴电压，在发电机大轴的励磁机侧一端加装 RC 并联电路接地方式，高频轴电压峰值可大大降低。发电机运行时应加强对绝缘垫的监视，并注意清理脏物，防止绝缘垫被金属物短接。

二、轴电压测量

1. 测量方法

轴电压测量接线如图 2-13 所示。测量前将轴上的接地炭刷提起，发电机两侧轴与轴承用铜刷短接，以消除油膜压降。用交流电压表测量发电机转子两端轴上的电压 U_1，然后测量轴承与机座之间的电压 U_2。

2. 测量标准

按照 Q/CSG 10007—2004 要求如下。

（1）汽轮发电机的轴承油膜被短路时，转子两端轴上的电压一般应等于轴承与机座间的电压。

（2）汽轮发电机大轴对地电压一般小于 10V。

（3）水轮发电机不作规定。

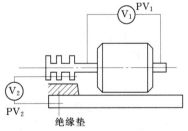

图 2-13 轴电压测量接线图

3. 对测量仪器的要求

（1）测量时采用高内阻（不小于 100kΩ/V）的交流电压表。

（2）由于轴电压的频率范围很宽，可从直流分量到数百甚至数千赫兹交流分量，因此测量轴电压时，应选择频率范围较宽的交流电压表。

第九节　定子绕组绝缘老化鉴定试验方法

一、概述

正确判断老旧发电机定子绕组绝缘的寿命，对电力系统的安全经济运行有很大意义。如能通过一定的鉴定试验，客观而正确地判断定子绝缘老化的程度，对绝缘实属老化又不能安全运行的发电机，应及时更换绝缘，对尚有足够电气与机械强度的绝缘，允许其继续运行，这是一项很重要的工作。

二、外观与解剖检查

1. 外观检查

（1）检查线棒表面防晕层有无损伤。线棒表面是否完整，颜色是否一致。

（2）检查有无电晕腐蚀痕迹。

（3）检查线棒槽口部分有无机械卡伤现象。

（4）检查线棒绝缘表面有无磁性物质（如焊渣、螺丝碎片及小硅钢片头等物），磁性物质在交变磁场中产生振动，使绝缘磨损或形成坑洞等痕迹。

（5）检查线棒绝缘表面通风沟外有无凸起膨胀，用特制的小木锤轻敲绝缘，根据声音不同，判断内部有无脱壳与分层。

2. 解剖检查

解剖检查是用钢锯或电工刀分段割取线棒，检查内部状况，其检查项目有以下几项。

（1）测量线棒截面部分的主绝缘厚度，检查截面上绝缘的完整性。

（2）检查股线间、铜线与主绝缘间、主绝缘层间是否存在间隙、脱壳与分层现象，必要时可用塞尺进行测量。

（3）检查云母绝缘有无因游离放电将云母层腐蚀的现象，特别注意运行中工作电位较高的线棒。

（4）观察铜导线表面有无过热现象。

（5）观察铜导线表面有无粉末性物质。

（6）检查股线是否松散，股线有无磨细，断股与短路等现象，特别注意检查股线换位的地方。

三、同步发电机、调相机定子绕组绝缘老化鉴定试验项目及要求

（1）同步发电机、调相机定子绕组沥青云母和烘卷云母绝缘老化鉴定试验项目与要求，见表2-9。

（2）同步发电机、调相机定子绕组环氧云母绝缘老化鉴定试验项目与要求见表2-10。

鉴定试验时，应首先进行整相绕组绝缘试验，一般可在停机后热状态下进行，若运行或检修中出现击穿，同时整相绕组绝缘试验不合格者，应做单根线棒的抽样试验。

单根线棒抽样试验的数量对于汽轮发电机一般不应少于总数的4%～5%；对于水轮发电机一般不少于总数的1%～2%，但是选取的根数一般不小于6根，选取的部位应以

表 2-9 同步发电机调相机定子绕组沥青云母和烘卷云母绝缘老化鉴定试验项目和要求

项 目	要 求	说 明
整相绕组（或分支）及单根线棒的 tgδ 增量（Δtgδ）	（1）整相绕组（或分支）的 Δtgδ 值不大于下表值 定子电压等级（kV） / Δtgδ（%） 6 / 6.5 10 / 6.5 Δtgδ（%）值指额定电压下和起始游离电压下 tgδ（%）之差值。对于 6kV 及 10kV 电压等级，起始游离电压分别取 3kV 和 4kV （2）定子电压为 6kV 和 10kV 的单根线棒在两个不同电压下的 Δtgδ（%）值不大于下表值 $1.5U_N$ 和 $0.5U_N$ / 相邻 $0.2U_N$ 电压间隔 / $0.8U_N$ 和 $0.2U_N$ 11 / 2.5 / 3.5 凡现场条件具备者，最高试验电压可选择 $1.5U_N$；否则也可选择 $(0.8\sim1.0)U_N$。相邻 $0.2U_N$ 电压间隔值，即指 $1.0U_N$ 和 $0.8U_N$，$0.8U_N$ 和 $0.6U_N$，$0.6U_N$ 和 $0.4U_N$，$0.4U_N$ 和 $0.2U_N$	（1）在绝缘不受潮的状态下进行试验。 （2）槽外测量单根线棒 tgδ 时，线棒两端应加屏蔽环。 （3）可在环境温度下试验
整相绕组（或分支）及单根线棒的第二电流的增加率 ΔI（%）	（1）整相绕组（或分支）P_{i2} 在额定电压 U_N 以内明显出现者（电流增加倾向倍数 $m_2 > 1.6$），属于有老化特征。绝缘良好者，P_{i2} 不出现或在 U_N 以上不明显出现。 （2）单根线棒实测或由 P_{i2} 预测的平均击穿电压，不小于 $(2.5\sim3)U_N$。 （3）整相绕组电流增加率不大于下表值 定子电压等级（kV） / 6 / 10 试验电压（kV） / 6 / 10 额定电压下电流增加率（%） / 8.5 / 12	（1）在绝缘不受潮的状态下进行试验。 （2）按下图作出电流电压特性曲线。 （3）电流增加率 $$\Delta I = \frac{I - I_0}{I_0} \times 100\%$$ 式中 I——在 U_N 下的实际电容电流； I_0——在 U_N 下 $I=f(U)$ 曲线中按线性关系求得的电容电流。 （4）电流增加倾向倍数 $$m_2 = \mathrm{tg}\theta_2 / \mathrm{tg}\theta_0$$ 式中 $\mathrm{tg}\theta_2$——$I=f(U)$ 特性曲线出现 P_{i2} 点之斜率； $\mathrm{tg}\theta_0$——$I=f(U)$ 特性曲线中出现 P_{i1} 点以下的斜率
整相绕组（或分支）及单根线棒之局部放电量	（1）整相绕组（或分支）之局部放电量不大于下表值 定子电压等级（kV） / 6 / 10 最高试验电压（kV） / 6 / 10 局部放电试验电压（kV） / 4 / 6 最大放电量（C） / 1.5×10^{-8} / 1.5×10^{-8} （2）单根线棒参照整相绕组要求执行	
整相绕组（或分支）交、直流耐压试验	应符合 Q/CSG 10007—2004 表 47 中，序号 3、4 有关规定	

注 1. 进行绝缘老化鉴定时，应对发电机的过负荷及超温运行时间，历次事故原因及处理情况，而历次检修中发现的问题以及试验情况进行综合分析，对绝缘运行情况作出评定。

2. 鉴定试验时，应首先做整相绕组绝缘试验，一般可在停机后热状态下进行，若运行或试验中出现绝缘击穿，同时，整相绕组试验不合格者，应做单根线棒的抽样试验，抽样部位以上层线棒为主，并考虑不同电位下运行的线棒，抽样量不作规定。

表 2-10　　　同步发电机、调相机定子绕组环氧粉云母绝缘老化鉴定项目和要求

项　目	要　　　求			说　　　明
1. 测量整相绕组（或分支）及单根线棒的 tgδ 值	(1) 整相绕组（或分支）的 Δtgδ 值和 tgδ$_n$ 值大于或等于下列值			(1) 绝缘在不受潮状态下进行试验。 (2) 槽外测量单个线棒 tgδ$_n$ 值时，线棒两端应屏蔽环，可在环境温度下试验。 (3) 整相绕组的 Δtgδ 值达 3%～4% 时，应加强监视。 (4) 电晕严重的机组（包括无防晕处理的机组），Δtgδ 与 tgδ$_n$ 等值有时会超出表中正常值，鉴定时应注意不要与正常老化机组混淆
	定子电压等级	Δtgδ (%)	tgδ$_n$ (%)	
	(6～15.75) kV	6	7	
	注：Δtgδ 值是指额定电压 U_N 下的 tgδ$_n$ 和起始游离电压下的 tgδ$_0$ 的差值			
	(2) 单线棒的 Δtgδ 值与 tgδ$_n$ 大于或等于下列值			
	定子电压等级 (kV)	Δtgδ (%)	tgδ$_n$ (%)	
		相邻 0.2U_N 电压间隔下的最大差值	0.8U_N 和 2U_N 电压下的差值	在 U_N 下电压下的值	
	6～15.75	2	3	5	
	注：相邻 0.2U_N 电压间隔下的最大差值即 1.0U_N 和 0.8U_N，0.8U_N 与 0.6U_N，0.6U_N 与 0.4U_N 及 0.4U_N 与 0.2U_N 下最大的 tgδ 的差值。			
2. 测量整相绕组（或分支）及单根的电容增加率	(1) 整相绕组（或分支）的电容增加率大于或等于下列值			(1) 绝缘在不受潮状态下进行测量。 (2) 电容增加率用下式计算 $$\Delta C=\frac{C_n-C_0}{C_0}\times100\%$$ 式中　C_n——额定电压下的电容量； 　　　C_0——起始游离电压下的电容值
	定子电压等级 (kV)	电容增加率 (%)		
	6～15.75	8		
	(2) 单根线棒的电容增加率大于和等于下列值			
	定子电压等级 (kV)	电容增加率 (%)		
	6～15.75	10		
3. 测量整相绕组（或分支）及单根线棒的局部放电量	整相绕组或单根线棒的局部放电量大于或等于下列值			(1) 定子绕组端部表面脏污或受潮时，会出现局部放电量偏高的现象。 (2) 局部放电量高达（3～4）×10^{-8}C 时，应引起高度重视并注意历年变化
	定子电压等级 (kV)	在试验电压 $\frac{U_N}{\sqrt{3}}$ 下的最大局部放电量（C）		
	6～15.75	1×10^{-8}		
4. 整相绕组（或分支）及单根线棒的分电强度试验	达不到 Q/CSG 10007—2004 的有关规定			

注　此表摘自 DL/T 492—1992《发电机定子绕组环氧粉云母绝缘老化鉴定导则》。

上层线棒为主，并考虑不同的运行电位。

四、试验方法

1. 试验接线

单根线棒试验时，一般取图 2-14（a）的接线；整相（或分支）绕组试验时，常取图 2-14（b）的接线方式。

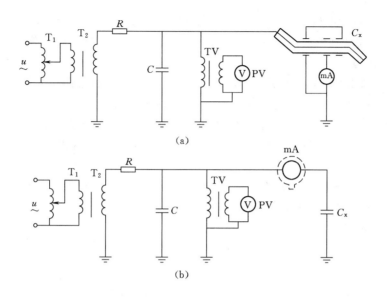

图 2-14 电流—电压特性试验接线

(a) 单根线棒电流—电压特性试验接线；(b) 整相绕组电流—电压特性试验接线

T_1—调压器；T_2—试验变压器；PV—电压表；mA—毫安表；

C_x—被试电容；TV—电压互感器

2. 试验装置的选择与试验中的注意事项

(1) 整相（或分支）绕组试验时，一般把毫安表串接在试验变压器高压侧，而不串接在接地端，避免试验回路中杂散电流给试验带来误差。

(2) 根据预先估算时在最高试验电压下的电容电流值，选适当量程的电压表、电流表，使其在最高试验电压时电压、电流读数尽量接近满刻度，就保证了在测取电流—电压特性的整个过程中，可不更换仪表的量程，从而可光滑地获得 10～15 点读数。若现场无合适量程的电流表，将一只量程较低的电流表与一只量程较高的电流表串联，试验时待电流读数超过低量程的表计后，将其短路，继续在高量程表计上读取数值，这时要求两只电流表必须准确校验过。

(3) 因高压静电电压表刻度粗，读数误差大，不宜用来测量电压，一般采用电压互感器二次侧配以合适量程的电压表。

(4) 为了绘制电流—电压特性曲线，试验时应保证有 10 个以上读数。

为了正确判断发电机定子绕组的老化程度，在单根线棒试验样品选择时，应淘汰在拔出时受机械损伤的线棒。为了避免槽口处机械损伤的影响，试验时可将主电极长度适当缩短，并将原防晕层刮去，线棒主电极两端加包屏蔽环，见图 2-14 (a)。线棒两端不接屏蔽，会造成电流—电压特性畸变，使第二电流急增点 P_{i2} 的确定产生误差。

五、沥青云母绝缘的问题

1. 沥青云母绝缘确定 P_{i2} 的判据

从电流—电压特性曲线上确定 P_{i2} 时，一般可参考下列判据。

(1) 确定单根线棒 P_{i2} 点的条件。

1) 出现 P_{i2} 点的电压 $U_{P_{i2}}$ 约在出现 P_{i1} 点电压 $U_{P_{i1}}$ 的 1.5～2 倍以上。

2) P_{i2} 的电流增加倾向倍数 m_2 值，对于老化或浸渍下充分的线棒为 1.6 以上；对于气隙较小的线棒为 1.3 左右。

3) 从 $U_{P_{i2}}$ 到 $1.25U_{P_{i2}}$（或更高些）范围内，电流—电压特性曲线的斜率不变。

（2）确定各相绕组（或三相绕组一起）P_{i2} 点的条件。

1) 出现 P_{i2} 点的电压 $U_{P_{i2}}$ 约在出现 P_{i1} 点电压 $U_{P_{i1}}$ 的 1.68 倍以上。

2) P_{i2} 点的电流增加倾向倍数 m_2 值，对于老化的绝缘为 1.6 以上（老化越严重，m_2 值越大）。

3) 从 $U_{P_{i2}}$ 到 $1.25U_{P_{i2}}$（或更高些）范围内，电流—电压特性曲线的斜率不变。

2. 沥青云母绝缘 $U_{P_{i2}}$ 与交流瞬时击穿电压的相关性。

$U_{P_{i2}}$ 与交流瞬时击穿电压 U_b 的关系式为：

$$\alpha = \frac{U_b}{U_{P_{i2}}} \tag{2-15}$$

由上式，可根据 α 值在绝缘尚未破坏的条件下，求出瞬时击穿电压值，即

$$U_b = \alpha U_{P_{i2}}$$

式中　α——系数，对于单根线棒取 1.36；对于整相绕组取 1.66；对于一组绕组分为 2～4 个分支者取 2.08；

$\quad\quad U_{P_{i2}}$——实测第二电流急增点的电压值，kV；

$\quad\quad U_b$——交流瞬时击穿电压的预测值，kV。

试验经验表明，由于试验者不同，在绘制电流—电压特性曲线时，易发生作图的随意性，使求取的 P_{i2} 点电压不十分准确，故造成由 $U_{P_{i2}}$ 预测绝缘击穿电压误差很大，因此应引起注意。

六、交流电流法试验（第二急增点 P_{i2}）的数据处理

正确绘制电流—电压特性曲线十分重要，只有作图正确，求取 P_{i2} 才能得到满意的结果。

（1）绝缘内部的气隙是一些无定向分布状态的气隙群，它们的起始放电电压不同，因此 P_{i1} 与 P_{i2} 之间不能用直线相连，应在考虑到曲线趋势与数据误差的情况下，将各点用短直线相连。任意采用直线化的粗糙做法，都会给试验结果造成判断错误。

（2）电流—电压特性必须通过坐标原点。

（3）P_{i2} 点以前曲线多数有一段 m 的"饱和段"。在 P_{i1} 出现前，电流增加倾向倍数为 m，电压继续升高时，由于气隙的相继放电，m 不断增大，但当大部分气隙都进入放电状态后，m 值将达到"饱和值"。在 P_{i2} 出现以前，曲线应有一段斜率不变的直线段。应按照确定 P_{i2} 点的判据在曲线上求得 P_{i2} 点。实践证明，这种作图方法可取满意的结果。

（4）作图时不应将曲线直线化，人为画出第二个拐点，并误认为是 P_{i2}，也不要错误地把 P_{i1} 与 P_{i2} 之间的小气隙放电造成的拐点误认为是 P_{i2}，造成击穿电压预测值偏低。

七、整相绕组的局部放电试验

1. 概述

发电机定子绕组绝缘无论是黑绝缘或是黄绝缘都是采用云母为基本材料的，从耐放电

特性来看优于其他材料，在上千皮库的局部放电作用下，也能保证长期安全运行。但定子绕组绝缘在成型的过程中，不可避免地会掺入气泡，在嵌线过程中，由于紧固程度不同，铁芯槽壁与线棒表面绝缘之间存在或大或小的间隙，在运行电压的作用下气隙都会产生局部放电。运行中定子绕组绝缘的局部放电量是普遍存在的，局部放电对绝缘的破坏作用大都表现为长期的积累作用，即在运行电压长期作用下，局部放电引起绝缘老化现象。测量局部放电量是判断绝缘老化程度的一种手段。

2. 整相（或分支）绕组局部放电量的测量方法

（1）整相绕组局部放电测量接线原理如图 2-15 所示。

（2）测量频率的选择。定子绕组是一个具有分布参数的元件，而且对地电容很大，当绕组绝缘产生局部放电时，其放电脉冲信号中的高频分量沿绕组传播时衰减很大，在首端接收到的放电脉冲中的高频信号只反映靠近首端的一些线圈的放电量。为了较真实地反映整相绕组的局部放电量，希望放电脉冲信号在传播过程中衰减越小越好。由于放电

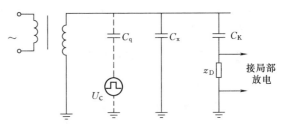

图 2-15　整相绕组局部放电测量接线原理

C_K—耦合电容，通常 $C_x \gg C_K$；z_D—检测阻抗；
C_q，U_C—注入电容与方波发生器输出电压

脉冲的低频分量沿绕组传播时衰减较小，采用对信号较低频率分量相应较好的检测器测定子绕组的局部放电量较合适。根据有关资料介绍，选择 20～30kHz 是较合适的检测频带范围。

（3）在测量局部放电时，其放电量有随时间慢慢变小，最后达到一个稳定值的过程，为了减小测值的误差，在加到试验电压后，停留 15～20min，待放电量达到稳定后再读更为合理。

（4）根据定子绕组绝缘典型局部放电图形的不同，可帮助判断放电的性质。

第十节　大型发电机定子绕组超低频耐压试验问题

一、0.1Hz 交流耐压试验应用的原因

（1）减少试验设备的容量。0.1Hz 耐压试验是在出现大型发电机（数千万瓦以上）的条件下提出来的，对大容量发电机（特别是水轮发电机）进行工频耐压试验，需要数百千伏安的试验变压器和相应的调压器，以及巨大的低压试验电源，这些试验设备笨重，变压器短路容量较大，绝缘击穿时有可能损坏铁芯。0.1Hz 试验设备的容量的减少到工频容量的 1/500 左右，用 3～5kVA 容量的 0.1 赫试验设备解决工频试验容量数百千伏安的试验问题。

（2）绝缘内部电压分布与工频相同，0.1Hz 代替工频耐压试验的主要论据。0.1Hz 电压是一种极低的交变电压，是介于直流与工频交流之间的一种电压，在高压电机迭层复合绝缘中，0.1Hz 与 50Hz 电压在不同介质上的电压分布都按电容分布的，已为国内外大

量实际测量与理论分析所证实。

　　绝缘内部气隙中的游离放电量，理论上 0.1Hz 大约是工频放电量的 1/5000 数量级。我国实测 0.1Hz 为工频放电量的 1/3500 左右。运行经验表明，通过了工频耐压试验，线棒绝缘的电气强度由于游离放电有所降低。造成打一次工频耐压，绝缘电气强度降低一次的现象，由于 0.1Hz 耐压试验时，游离放电量显著减少，基本上对绝缘不起破坏和加速老化的作用，这是 0.1Hz 耐压试验突出的优点。

　　（3）也能发现线圈端部的绝缘缺陷。试验经验表明，直流耐压能发现线圈端部的缺陷，而工频耐压能发现槽部的缺陷。国内外研究表明，0.1Hz 电压在有防晕层的线圈端部表面的电位分布，在接近槽口附近的一段距离内，与施加直流电压时的电位分布基本相同，但在距槽口较远处，0.1Hz 的电位分布曲线介于工频交流与直流耐压的电位曲线之间，说明 0.1Hz 电压也能发现槽口外侧一段距离内缺陷。0.1Hz 电压在绝缘内部的电压分布与工频电压下相同，对线圈端部绝缘缺陷的检出能力与直流耐压接近。

二、0.1Hz 试验电压的选择

　　0.1Hz 击穿电压（有效值）与工频击穿电压（有效值）的比值称为 0.1Hz 等效系数 β。正常绝缘和新绝缘 β 值较高，已明显老化或缺陷的绝缘，β 值小。

　　0.1Hz 耐压试验的目的，在于发现明显老化、有缺陷的绝缘的弱点，β 值较低者，在试验中击穿，正常的或轻微老化的绝缘，β 值较高，在试验中通过。

　　我国采用直流巩固系数 α（直流击穿电压与工频击穿电压有效值之比）值为

$$\alpha=\frac{U_{ZL}}{U_{50(\text{有效值})}}=\frac{2.5U_N}{1.5U_N}=1.67$$

等效系数 β 为

$$\beta=\frac{U_{0.1(\text{峰值})}}{U_{50(\text{峰值})}}=\frac{U_{ZL}}{\sqrt{2}U_{50(\text{有效值})}}=\frac{1.67U_{50(\text{有效值})}}{1.41U_{50(\text{有效值})}}=1.18 \quad (U_{0.1}\approx U_{ZL})$$

式中　　　　　　　U_{ZL}——直流电压，V；

　　　　　　$U_{50(\text{有效值})}$——工频交流电压有效值，V；

　　$U_{50(\text{峰值})}$、$U_{0.1(\text{峰值})}$——工频交流及 0.1Hz 交流电压峰值，V。

　　我国对于环氧粉云母绝缘和沥青云母绝缘的发电机，建议 $\beta=1.15$，美国取 $\beta=1.15$（对运行发电机）；瑞典 $\beta=1.2$（对新电机）；英国 $\beta=1.15$，日本 $\beta=1.15\sim1.2$；国际大电网会议取 $\beta=1.15\sim1.2$。0.1Hz 耐压时间与工频一样都是 1min。

三、0.1Hz 试验设备

　　我国先后采用过差频法（转盘式），近似三角波法，调幅—机械整流法和调幅—硅堆整流法产生 0.1Hz 近似正弦形电压的设备，下面介绍在水电厂应用的调幅—硅堆整流法产生 0.1Hz 近似正弦形电压的设备，其原理接线如图 2-16 所示。

　　图 2-16 中调压器 T_1 用来调整试验电压，电动调压器 T_2 是电刷接触式旋转型调压器，配以单相 40W 异步电动机，通过两级蜗杆减速器，得到 10r/s 的转速，经过正弦机构连杆与齿轮传动，使调压器作往复旋转，输出包络线为 0.1Hz 正弦形的电压。此

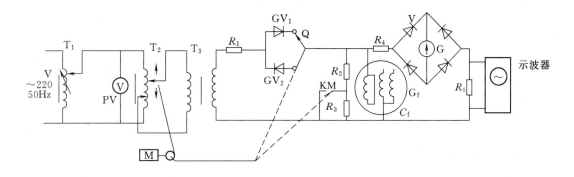

图 2-16　0.1Hz 交流耐压试验装置原理接线图

T_1—调压变压器 3kVA；T_2—调压变压器 3kVA（调幅用）；M—电动机及减速器；R_1—电阻 30kΩ；

R_2、R_3—放电电阻箱（分别为 300kΩ、3.5MΩ）；R_4、R_5—分压器（分别为 330MΩ、150kΩ）；Q—高压开关；

KM—短路接触器；V—整流桥；G—检流计；G_f—被试发电机定子绕组；GV_1、GV_2—高压硅堆

（2DL100/0.015）；T_3—升压变压器 3～5kVA，50kV/200V

电压经升压变压器 T_3 升高后，电压波形保持不变，幅值增大，经高压硅 GV_1 整流，向被试发电机 G 定子绕组充电，使电机绕组上的电压按 0.1Hz 包络线缓慢上升到最大值。由于试验是电容性的，在 0.1Hz 电压下降的 1/4 周期中，必须及时对地将电机绕组对地电容 C_f 中的电荷释放掉，才能保证半波下降部分接近正弦波。为此设置了放电电阻 R_2 与 R_3，在电压处于峰值附近时，由于正弦电压下降速度较慢，放电电阻可大些，但电压接近零值时，正弦电压下降陡度大，放电电阻就要小些，故采用分段短路接触器 KM，在电压下降到达适当时刻，合上 KM 将一部分电阻短路，电压过零后，KM 即分开。

输出电压过零值时，高压开关 Q 切换到 GV_2，使 C_f 以反极性充电，再重复上述半波的充放电过程，形成反极性的 0.1Hz 半波。高压开关 Q 与短路接触器 KM 的动作均由电动调压器上的微动开关接点来控制。

0.1Hz 试验电压是用 330MΩ 的电阻分压器 R_4 通过桥式硅整流器测量的，表计用 $59C_2$—A 型 100μA 电流表、指针能很好地随 0.1Hz 电压的瞬时值而缓慢变动，方便读出电压峰值。在 R_4 下端串接一个 150kΩ 电阻 R_5，供电子示波器或其他慢扫描示波器观察电压波用。

此设备的 0.1Hz 最高输出电压，当 C_f=1.5mF 时为 40kV（峰值）；当 C_f=0.6mF 时为 50kV，经过现场使用，输出频率较稳定，噪声较小。能满足使用要求。

四、应用实例

某台 10.5kV、41.25MW，运行 22 年的水轮发电机定子云母烘卷绝缘，用直流，0.1Hz 及 50Hz 交流电压进行击穿试验的试验结果。

表 2-11 可知，0.1Hz 电压检出端部绕组绝缘缺陷的效果近似于直流电压，检出槽部和槽口绕组绝缘缺陷的效果略优于直流电压而稍逊色于 50Hz 交流电压，所以可用 0.1Hz 交流耐压代替直流与交流 50Hz 耐压。

表 2-11　　　　　　　　　　　　　　　绝缘击穿数量与击穿率

击穿部位	50Hz 电压	直流电压	0.1Hz 电压
端部	16/12.7	27/21.4	23/18.2
槽部	10/7.9	4/3.2	7/5.6
槽口	16/12.9	11/8.7	12/9.5

注　分子为击穿数量；分母为击穿率。

五、存在问题和前景

综上所述，目前对于 0.1Hz 电压下电机绝缘介质特性，等效系数、试验电压标准及有关试验的原则问题已经基本解决。0.1Hz 耐压试验逐步采用。我国有的水电厂，采用 3 种耐压试验方法并行的作法，即先做 0.1Hz，再做直流，最后做工频交流；有部分机组只做 0.1Hz 及直流耐压；有的电厂只做 0.1Hz 耐压试验，直流及工频耐压试验全部取消，目的是摸索经验以利提高。

总的看来，0.1Hz 耐压试验在我国得到应用，尚存在一些问题有待解决。

（1）0.1Hz 耐压试验是一项新技术有待进一步积累实践经验。

（2）目前我国尚未制定试验标准（GB 50150—2006，Q/SCG 10007—2004 均缺试验标准）。

（3）试验电压波形和试验设备尚未定型，有待进一步完善与确定。

这些问题都要在大量的现场试验中积累经验，逐步解决。

0.1Hz 耐压试验是一项有前途的预防性试验项目，随着大容量发电机组不断出现，它的独特的优点逐步取得人们的信任。在大型发电机方面将取代工频耐压试验，甚至可同时取代直流耐压试验，它将扩大应用到其他大电容试品方面。

第十一节　经　验　交　流

一、绝缘电阻问题

（1）测量电力设备的绝缘电阻时要记录测量时的温度。电力设备的绝缘材料都在不同程度上含有水分和溶解于水的杂质（如盐类、酸性物质等）构成电导电流。温度升高，会加速介质内部分子和离子的运动，水分和杂质沿电场两极方向伸长而增加导电性能。因此温度升高，绝缘电阻就按指数函数显著下降。例如，温度升高 10℃，发电机的 B 级绝缘电阻下降 1.9～2.8 倍；变压器 A 级绝缘电阻下降 1.7～1.8 倍。受潮严重的设备，其绝缘电阻随温度的变化更大。因此摇绝缘电阻时，要记录环境温度。若从运行中停下，绝缘未充分冷却的设备，还要记录绝缘内的真实温度，以便将绝缘电阻换算到同一温度进行比较和分析。

（2）兆欧表的额定电压要与被测电力设备的工作电压相适应。绝缘材料的击穿电场强度与所加电压有关，若用 500V 以下的兆欧表测量额定电压大于 500V 的电力设备的绝缘电阻时，则测量结果可能有误差；同理，若用额定电压太高的兆欧表测量低压电力设备的绝缘电阻时，则可能损坏绝缘，因此，兆欧表的额定电压与被测电力设备的工作电压要相适应。

（3）有些高压兆欧表（如额定电压为 2500V，量限为 10000MΩ）为什么在表壳玻璃上有段铜导线。

该铜导线的作用是消除静电荷对指针的引力，在修理中要特别注意，不要随意拆除。

（4）用表面无屏蔽措施的兆欧表摇测绝缘电阻时，在摇测过程中不能用布或手擦拭表面玻璃。

如果用布或手擦拭表面玻璃，则会因摩擦起电而产生静电荷，对表针偏移产生影响，使测量结果不准确。而静电荷对表针的影响还与表针的位置有关，因此，用手或布擦拭无屏蔽措施的兆欧表的表面玻璃时，会出现分散性很大的测量结果。

（5）用兆欧表测量绝缘电阻时，摇 10min 的测量结果准，还是摇 1min 的测量结果准。

当直流电压作用绝缘介质时，在其中流过几何电容电流、吸收电流和电导电流，随着加压时间的增长，这三种电流的总和下降，最后稳定为电导电流。由电导电流（体积）所决定的电阻即是绝缘电阻，当稳定到电导电流的过程就是绝缘吸收过程。这一过程的完成决定于时间常数 $\tau = RC$（R 为试品等值电阻；C 为试品等值电容）。加压时间越长，吸收过程完成得越彻底，也就是流过试品的电流越接近于电导电流，因此，加压时间越长，测量的绝缘电阻越准。但对一般试品，加压 1min 后，吸收过程已基本完成，相应的绝缘电阻已基本代表了试品的绝缘状况，所以一般规定 1min 的绝缘电阻为试品的绝缘电阻值。但对某些大电容试品，如电力电缆、并联电容器、大型发电机、大型变压器等，由于试品电容量大且多为复合介质，极化（吸收）过程往往 1min 不能完成，所以宜测量 10min 的绝缘电阻。

（6）采用兆欧表测量时，外界电磁场干扰引起误差的原因，如何消除。

在现场，有时使用兆欧表在强磁场附近或在未停电的设备附近测量绝缘电阻，由于电磁场干扰也会引起很大测量误差。

引起误差的原因如下。

1）磁耦合。由于兆欧表没有防磁装置，外磁场对发电机里的磁钢和表头部分的磁钢的磁场都会产生影响。当外界磁场强度为 5Oe（奥斯特）时，误差为 ±0.2%，外界磁场愈强，影响愈严重，误差愈大。

2）电容耦合。由于带电设备和被试设备之间存在耦合电容，将使被试品中流过干扰电流。带电设备电压越高，距被试品越近，干扰电流越大，因而引起的误差也越大。

消除外界电磁场干扰的办法如下。

1）远离强电磁场进行测量。

2）采用高电压级的兆欧表，例如使用 5000V 或 10000V 的兆欧表进行测量。

3）利用兆欧表的屏蔽端子 G 屏蔽。

4）选用抗干扰能力强的兆欧表。除 ZC—30 型兆欧表抗扰能力较强外，中国科技大学生产的 GZ—5A 2500/5000 兆欧表的抗干扰能力也较强，它与美国希波公司指针式高压兆欧表相近。

（7）用兆欧表测量大容量绝缘良好设备的绝缘电阻时，其数值越来越高。

实质上，用兆欧表测量绝缘电阻是给绝缘物上加一个直流电压，在此电压作用下，绝缘物中产生一个电流 i，所测得的绝缘电阻 $R_j = \dfrac{U}{i}$。

由研究和试验分析得知，在绝缘物上加直流后，产生的总电流 i 由三部分组成，即电导电流、电容电流和吸收电流。测量绝缘电阻时，由于兆欧表电压线圈的电压是固定的，而流过兆欧表电流线圈的电流随时间的延长而变小，故兆欧表反映出来的电阻值越来越高。

设备容量越大，吸收电流与电容电流越大，绝缘电阻随时间升高的现象就越显著。

(8) 要测量电力设备的吸收比。对电容量比较大的电力设备，在用兆欧表测其绝缘电阻时，把绝缘电阻在两个时间下读数的比值称为吸收比。按规定吸收比是指 60s 与 15s 时绝缘电阻的读数的比值，表示为

$$K = R''_{60} / R''_{15}$$

测量吸收比可以判断电力设备的绝缘是否受潮，这是因为绝缘材料干燥时，泄漏电流成分很小，绝缘电阻由充电电流所决定。在摇到 15s 时，充电电流仍比较大，于是这时的绝缘电阻 R''_{15} 就比较小；根据绝缘材料的吸收特性摇到 60s 时，充电电流已较接近饱和，绝缘电阻 R''_{60} 就比较大，吸收比就比较大。而绝缘受潮时，泄漏电流分量就大大增加，随时间变化的充电电流影响就比较小，这时泄漏电流与摇的时间没有什么关系，R''_{60} 和 R''_{15} 就很接近，换句话说，吸收比就降低了。

这样，通过所测得的吸收比的数值，可以初步判断电力设备的绝缘受潮。

吸收比试验适用于电机和变压器等电容量较大的设备，其判据是：如绝缘没有受潮，$K \geqslant 1.3$。而对于容量很小的设备（如绝缘子），摇绝缘电阻又需几秒钟的时间，绝缘电阻的读数即稳定下来，不再上升，没有吸收现象。因此，对电容量很小的电力设备，不用做吸收比试验。

测量吸收比时，应准确或自动记录 15s 与 60s 的时间，若记录时间有误差，导致 K 变大或变小，准确度较差。

对大容量试品，国内外有关规程规定可用极化指数 R_{10min} / R_{1min} 来代替吸收比试验。

(9) 通水时，测量水内冷发电机定子绕组对地绝缘电阻，必须使用水内冷电机绝缘测试仪，而不用普通的兆欧表。

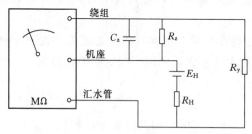

图 2-17　通水时测量水内冷发电机定子绕组对地绝缘电阻的等值电路

MΩ—水内冷电机绝缘测试仪；C_z—绕组对地等值电容；R_z—绕组对地绝缘电阻；R_y—绕组与进出汇水管之间的电阻；R_H—汇水管对地等值电阻（包括水阻）；E_H—汇水管与外接水管间的极化电势

使用水内冷电机绝缘测试仪（简称专用兆欧表）测试通水时水内冷发电机定子绕组对地绝缘电阻的等值电路图如图 2-17 所示。

因为在通水情况下，R_y 很小，要求兆欧表输出功率大，用普通兆欧表，一是要过载，同时兆欧表输出电压降低太多，引起很大测量误差，只有在绕组内部彻底吹水后，方可使用普通兆欧表。另外，在通水情况下，汇水管与外接水管之间将产生一极化电势，不采取补偿措施将不能消除该电势与汇水管与地之间的电流对测量结果的影响，专

用兆欧表（如 ZC—37 型兆欧表）不但功率大，同时有补偿回路而且测量电路输入端接地，适用于在通水情况下测试水内冷发电机的绝缘电阻。

（10）在 Q/CSG 10007—2004 中规定吸收比和极化指数不进行温度换算。

由于吸收比与温度有关，对于良好的绝缘，温度升高，吸收比增大；对于油或纸绝缘不良时，温度升高，吸收比减小，若知道不同温度下的吸收比，则就可以对绕组的绝缘状况进行初步分析。

对于极化指数而言，绝缘良好时，温度升高，其值变化不大。

由于上述在 Q/CSG 10007—2004 中规定，吸收比和极化指数不进行温度换算。

（11）兆欧表与被试品间的连线不能绞接或拖地。兆欧表与被试品间的连线应采用厂家为兆欧表配备的专用线，而且两根线不能绞接或拖地，否则会产生测量误差。为保证测量的准确性，应采用绝缘电阻高的导线作为连接线，否则会引起很大误差。

二、泄漏电流与直流耐压试验问题

（1）为什么要测量电力设备的泄漏电流。测量电力设备的泄漏电流与测量其绝缘电阻的原理相同，只是由于测量泄漏电流时所施加的直流电压较兆欧表的额定输出电压高，测量中所采用的微安表的准确度较兆欧表高，加上可以随时监视泄漏电流数值的变化，所以它发现绝缘的缺陷较测量绝缘电阻更为有效。

经验证明，测量泄漏电流能发现电力设备绝缘贯通的集中缺陷、整体受潮或有贯通的部分受潮，以及一些未完全贯通的集中性缺陷，如开裂、破损等。

（2）采用高值电阻和直流电流表串联的方法测量直流电压时的要求。

根据国家标准 GB 311—2002《高压输变电设备的绝缘配合》和电力行业标准 DL 474—1992《现场绝缘试验实施导则》等，采用高值电阻与直流电流表串联的方法测量直流高电压的要求如下。

1）为测得直流高电压的平均值，应采用反映平均电流的不低于 0.5 级的磁电式仪表。

2）直流电压平均值的测量误差不大于 3%。

3）高值电阻的阻值在工作电压和温度范围内应足够稳定，其误差不大于 1%。

4）在全电压时流过电阻的电流应小于 0.5mA，以防止泄漏电流与电晕电流影响测量准确度。

（3）校核直流试验电压测量系统的方法。为了减小或消除直流试验电压测量系统的测量误差，在 ZBF 24002—1990《现场直流和交流耐压试验电压测量装置（系统）的使用导则》中规定对直流试验电压测量系统的参数应每年校验一次，校验用的测量系统或仪表的误差应不大于 0.5%，并在去现场试验前，应该用下列任一种方法进行校核。如果校核结果不满足要求，则应用误差不大于 0.5% 的系统或仪表再校验一次。

1）对比法。这种方法是用误差不大于 1% 的直流测量系统，在全电压下，与待校核的测量系统对比，两测量系统之间的相对误差应不大于 1%。

2）伏安特性法。这种方法是用误差不大于 1% 的直流电压测量系统和直流电流表，在 25%、50%、75% 和 100% 的工作电压下测定高阻器的伏安特性，由伏安特性确定电阻值，与以往的校验数值比较，其阻值的变化值应不大于 1%。如高阻器的阻值呈非线性，则电阻分压器的分压比或高阻器的电阻值应采用与试验电压对应的数值。

3）电桥法。这种方法是用误差不大于1％的电桥校核高阻器的电阻值，与以往的校验数值比较，其变化值应不大于1％。因为测量直流电压用的高阻器的电阻值很大，所以一般只能进行元件的校核，而不能进行整个高阻器的校核。

（4）直流试验电压测量系统误差来源，用什么方法减小或消除。

现场直流试验电压测量系统误差的可能来源如下。

1）高阻器的电阻值变化引起的误差：

a. 电阻元件发热。测量直流试验电压用的高阻器采用的电阻元件一般是体积小、功率小，当其中通过电流的时间较长时，可能使其发热而改变其电阻值引起测量误差。

b. 支架绝缘电阻低。由于单个电阻元件的电阻值很大，而支架材料本身的绝缘电阻较低，或者支架受不良的气象条件和保存条件的影响，而使绝缘电阻降低，这就相当于电阻元件的两端并联一个高值电阻，引起高阻器的参数变化，导致分压比变化。因此，测量直流试验电压用的高阻器的电阻元件的功率不能太小，其支架应进行防止表面泄漏的处理，使其绝缘电阻应足够大。

c. 高压端电晕放电。在高阻器的高压端和靠近高压端的电阻元件，由于处于高电位而发生电晕放电，电晕放电不仅会损坏电阻元件（特别是薄膜电阻的膜层），使之变质，而且也相当于在电阻元件上并接一个高值电阻，而使高阻器的电阻值发生变化，引起测量误差。因此，应避免高阻器高压端及其附近发生电晕放电。

为减小或消除因高阻器阻值发生变化引起的测量误差，通常采取的措施如下。

a. 选用温度系数小，容量大的电阻元件。可用于高阻器的国产电阻元件有三种类型，即碳膜电阻，金属膜电阻和绕线电阻。碳膜电阻的温度系数最大，其值为 $-1000 \text{ppm}/℃$，精密金属膜电阻的温度系数约为 $\pm(10\sim100) \text{ppm}/℃$，而精密的绕线电阻的温度系数最小，其值不大于 $\pm10 \text{ppm}/℃$，一般仅为 $\pm1\sim5 \text{ppm}/℃$。例如 ZGS 型试验器选用的是高精度金属电阻，满足测量要求。根据对测量系统准确度的要求，尽量选用温度系数小的电阻元件，以减少发热造成的电阻值变化。另外，选择电阻元件容量大一些，也有利于减小温升。

b. 选用优质绝缘材料，并对其表面进行处理。为减小绝缘支架漏电引起的测量误差，应选用绝缘电阻大的绝缘材料，使支架的绝缘电阻比高阻器的电阻大好几个数量级。例如 ZGS 型试验器高压电阻杆内充特殊绝缘胶，收到良好效果。

c. 采用高压屏蔽电极或强迫均压措施。为减小电晕放电的影响，除宜将流过高阻器的电流 I_1 适当选得大一些外，还可以在高阻器高压端装设可使整个结构的电场比较均匀的金属屏蔽罩，强迫均压。

d. 将电阻元件置于充油或充气的密封容器中，使流过高电阻元件的正常电流足够大，以减少误差电流的相对影响，而且可以增强散热，降低温升以及提高起始电晕电压。

2）高阻器绝缘套筒的结构不合理引起的误差。为了便于使用和保存，高阻器应放在绝缘套筒里。绝缘套筒外表面暴露在空气中容易脏污，导致泄漏电流增大。为了使绝缘套筒的泄漏电流不流过测量仪表，在绝缘筒的下端应装设屏蔽电极，高阻器的低压端子与绝缘套筒的屏蔽电极分开，屏蔽电极接地或接在测量仪表的屏蔽罩上，高阻器的低压端接在测量仪表上，绝缘筒最好不分段，如果要分段，则两段的连接器最好用绝缘材料制成，不用金属连接器。

3）直流电阻分压器与周围带交流电压的导体之间的耦合电容电流引起的误差。如果有交流高压导体存在而引起的耦合电容电流的干扰，用电阻分压器和低压有效值电压表的测量系统测量直流试验电压加在被试设备上的实际电压值可能低于标准中规定的电压值，这样就可能使不合格的被试设备通过试验。

为了减小或消除这种误差，可以采取远离交流高压导体和选用高阻器与微安表串联的测量系统进行测量，这种测量系统不受外界电磁场的影响，这也是行业标准 ZBF 24002—1990 中首先推荐用高阻器与微安表串联的测量系统直流试验电压的原因，在 ZGS 型试验中也采用这种测量系统。

（5）在直流高压试验中，脉动因数如何计算其允许值。根据国家标准 GB/T 3113—2002《高电压试验技术》规定，在输出工作电压下直流电压的脉动因数 S 为

$$S = \frac{U_{max} - U_{min}}{2U_d} \times 100\%$$

式中 U_{max}——直流电压的最大值；

  U_{min}——直流电压的最小值；

  U_d——直流电压的平均值。

S 的允许值小于 3%。

（6）在直流高压试验中，如何选择保护电阻器。为了限制试品放电时的放电电流，保护硅堆、微安表及试验变压器高压侧保护电阻器的电阻值为

$$R = (0.001 \sim 0.01)\frac{U_d}{I_d} \ (\Omega)$$

式中 U_d——直流试验电压值，V；

  I_d——试品电流，A。

当 I_d 较大时，为了减少 R 发热，可取式中较小的系数，R 的绝缘管长度应能耐受幅值为 U_d 的冲击电压，并留有适当裕度，表2-12列出不同试验电压下，电阻器表面绝缘长度的最小值。

高压保护电阻器通常采用水电阻器，水电阻管内径一般不小于12mm。采用其他电阻材料时应注意防止匝间放电短路。

表 2-12　高压保护电阻器的参数

直流试验电压 （kV）	电阻值 （MΩ）	电阻器表面绝缘 长度不小于 （mm）
60 及以下	0.3～0.5	200
140～160	0.9～1.5	500～600
500	0.9～1.5	2000

（7）直流耐压试验后，如何进行放电。试验完毕，首先切断高压电源，一般需待试品上的电压降至 1/2 试验电压以下，将被试品经电阻接地放电，最后直接接地放电。对于大容量试品，如大电机、长电缆、电容器等，需放电 5min 以上，以使试品上的充电电荷放尽。另外，对附近电力设备有感应静电电压的可能时，也应予以放电或事先短接。经过充分放电后才能接触试品。对于在现场组装的倍压整流装置，要求对各级电容器逐级放电后才能进行更改接线或结束试验，拆除接线。

对发电机，电力电缆、电容器、变压器等，必须先经适当的放电电阻对试品进行放电。如果直接对地放电，可能产生频率极高的振荡过电压，对试品绝缘有危害。放电电阻视试验电压高低和试品的电容而定，必须有足够的电阻值和热容量。通常采用水电阻，电阻值大致上可为每千伏 $200\sim500\Omega$。放电电阻器两极间的有效长度可参照高压保护电阻器的长度 l 选用。放电棒的绝缘部分的长度应符合安全规程的规定，并不小于放电电阻器的有效长度。

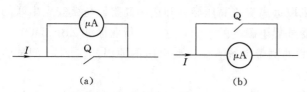

图 2-18 短路开关和微安表的接线
(a) 正确接线；(b) 不正确接线

(8) 图 2-18 为泄漏电流试验中的短路开关和微安表的接线，按图 2-18 (b) 接线容易烧坏微安表。

按图 2-18 (b) 接线时，即使 Q 处于闭合位置，由于引线电阻及开关 Q 触头的接触电阻的压降作用在微安表上，可能将微安表烧坏。

例如，有一块微安表，量程为 $5\mu A$，内阻为 2000Ω，接触电阻 R_1 与引线电阻 R_2 之和 $R_1+R_2=0.1$ (Ω)，当开关 Q 处于闭合位置，流过开关的电流为 1A，这时，在 R_1 与 R_2 上压降为 $\Delta U=1\times0.1=0.1V$，这个电压降作用在微安表两端，使微安表中流过电流为 $I_{\mu A}=\dfrac{0.1}{2000}=0.5\times10^{-4}$ (A) $=50\mu A\gg5\mu A$，所以会将微安表烧坏。

若按图 2-18 (a) 接线可以消除引线压降的影响，作用于微安表上的电压降低，从而流过微安表中的电流减小，保证了微安表的安全。

(9) 在电力设备额定电压下测出的泄漏电流换算成绝缘电阻时，与兆欧表测量的数值较相近，但当高出额定电压较多时，往往不一致。

电力设备的绝缘在干燥的状态和接近额定的工作电压下，其泄漏电流值与电压成正比例，此时的绝缘电阻为常数，故在试验方法和仪器准确的条件下，测出的泄漏电流换算成绝缘电阻与兆欧表测得的数值较相近。但当试验电压高于试品额定电压较多时，由于绝缘表面粗糙和污秽，使端部泄漏，电晕等随着电压的升高而显著增加，此时绝缘电阻已非常数，故由泄漏电流换算出的绝缘电阻值就会低于兆欧表的测量值。

(10) 在分析泄漏电流测量结果时，应考虑那些可能影响测量结果的外界因素。

在分析泄漏电流测量结果时，应考虑的外界影响因素主要有以下几种。

1) 高压引线及端头对地电晕电流。

2) 空气湿度，试品表面的清洁程度。

3) 环境湿度，试品湿度。

4) 试验接线，微安表位置。

5) 强电场干扰、地网电位的干扰。

6) 硅堆的质量。

(11) 在 Q/CSG 10007—2004 中要突出测量发电机泄漏电流的重要性。

Q/CSG 10007—2004 规定，在发电机的预防性试验中要测量其定子绕组的泄漏电流并进行直流耐压试验。改变了过去提法。这是因为通过测量泄漏电流能有效地检出发电机主绝缘受潮和局部缺陷，特别是能检出绕组端部的绝缘缺陷。对直流试验电压作用下的击穿部位进行检查，均可发现诸如裂纹、磁性异物钻孔、磨损、受潮等缺陷或制造工艺不良现象。例如：某发电机前次试验 U、V、W 三相泄漏电流分别为 $2\mu A$、$2\mu A$、$6\mu A$，后又发展为 $2\mu A$、$2\mu A$、$15\mu A$，W 相与前次比较有明显变化。经解体检查发现：泄漏电流显著变化的 W 相线棒上有一铁屑扎进绝缘中。

为了突出测量泄漏电流对判断绝缘性能的重要性，Q/CSG 10007—2004 对原来的提法（1985 年版规程）进行了修改。

测试时的试验电压，在小修时或大修后将原来的 $(2.0\sim2.5)U_N$ 改为 $2.0U_N$ 这是因为华北的一些电厂反映 $2.5U_N$ 值偏高，而且小修时目前采用 $2.0U_N$ 试验电压要求后也未出现问题，故 Q/CSG 10007—2004 规定在小修后采用 $2.0U_N$ 试验电压。

（12）影响发电机泄漏测试准确性的因素。影响发电机泄漏电流测试准确性的主要因素有：

1）测试接线的影响。测试时，微安表应接在高电位处，并对出线套管表面加以屏蔽，以消除表面泄漏电流和杂散泄漏电流的影响。

2）应在停机后清除污秽前的热状态下进行测试。因为绕组温度在 $30\sim80\text{℃}$ 的范围内，其泄漏电流的变化较为明显。如有可能，在发电机冷却过程中，在几种不同温度下进行测试，其结果对分析非常有益。

在交接时或发电机处于备用状态时，可在冷状态下进行测试。由于温度对泄漏电流值影响较大，所以应在相近的温度下进行测试。对不同温度下的测试结果进行比较时，应进行温度换算。

3）交流与直流耐压顺序的影响。经验表明，在同一温度下，交流耐压前后的直流泄漏电流测试结果是有差别的，在绝缘受潮情况下，差别更加明显，但这种差别没有规律，有的变大，有的变小，每相变化情况也不一致。目前，一般先做直流耐压试验，再做交流耐压试验。在必要情况下，也可以在交流耐压前后各进行一次直流耐压，以利于分析。

4）发电机绕组引出线端子板的影响，经验表明，发电机绕组引出线端子板对测试结果也往往会产生影响，尤其在环境较潮湿时更严重。因此，可以采取烘干、拆除等措施，以排除影响。

5）中断试验的影响。应尽量避免在试验过程中中断试验，因为如果在短期内重新升压试验，即使经过了放电，也会使泄漏电流有所变化。

（13）对发电机泄漏电流。在规定的试验电压下，测得的泄漏电流值应符合下列规定。

1）各相泄漏电流的差别不应大于最小值的 100%（交接时为 50%），最大泄漏电流在 $20\mu A$ 以下时，相间差值与历次测试结果比较，不应有显著的变化。

例如某发电厂 13.8kV、72MW、TS845/159—40 型水轮发电机，大修前，在 $2.5U_N$ 下测得 U、V、W 三相泄漏电流分别为 $65\mu A$、$6600\mu A$、$4000\mu A$，计算得相间泄漏电流差别分别为

$$\Delta I_1 = \frac{6600-65}{65} \times 100\% = 10053.8\% \gg 100\%$$

$$\Delta I_2 = \frac{4000-65}{65} \times 100\% = 6053.8\% \gg 100\%$$

可见 V、W 相绕组绝缘有严重问题。分析原因是：①该发电机曾在线棒端部表面不恰当地喷涂半导体漆层，降低了它的绝缘性能；②V、W 相绕组的线棒端部锥形接缝处裂纹受潮，引起泄漏电流明显增加。

大修后，三相泄漏电流基本平衡。

2）泄漏电流不应随时间的延长而增大。例如，某发电厂 10.5kV、100MW、QFN—100—2 型汽轮发电机，小修时，定子绕组在 $2.0U_N$ 的直流试验电压下，测得三相泄漏电流不平衡。其中 W_2 支路经 40s 后，泄漏电流由 $20\mu A$ 突增至 $80\mu A$，说明该发电机绝缘有缺陷。在大修分解试验中，发现 W_2 支路 3 号槽下线棒泄漏电流为 $96\mu A$，经检查，该线棒在励磁机侧距槽口 220mm 处有豆粒大的一块修补充填物，附近绝缘已变色；5 号槽下线棒泄漏电流为 $26\mu A$，经检查，线棒在励磁机侧距槽口 320mm 处绝缘内嵌有一段长 5mm、$\phi 1mm$ 的磁性钢丝；4 号槽上线棒抬出后整体断裂，经检查是制造上遗留缺陷，更换线棒后，三相泄漏电流平衡。

3）泄漏电流随电压不成比例地显著增长。例如：某发电机 U 相在 $2.0U_N$ 和 $2.5U_N$ 相邻电压阶段的泄漏电流分别为 50 和 $75\mu A$。计算得试验电压和泄漏电流的增长率分别为

$$\Delta U = \frac{2.5 - 2}{2} \times 100\% = 25\%$$

$$\Delta I = \frac{75 - 50}{50} \times 100\% = 50\%$$

可见，泄漏电流的增长率较试验电压的增长率大 1 倍，检查发现其绝缘受潮。

4）任一级试验电压稳定时，泄漏电流的指示不应有剧烈摆动。如有剧烈摆动，表明绝缘可能有断裂性缺陷。缺陷部位一般在槽口或端部靠槽口，或出线管有裂纹。

（14）发电机泄漏电流异常的常见原因。发电机泄漏电流异常的常见原因如表 2 - 13 所示，可供分析判断时参考。

表 2 - 13　　　　　　　　　引起泄漏电流异常的常见原因

故　障　特　征	常　见　故　障　原　因
在规定电压下各相泄漏电流均超过历年数据的一倍以上，但不随时间延长而增大	出线套管脏污、受潮；绕组端部脏污、受潮，含有水的润滑油
泄漏电流三相不平衡系数超过规定，且一相泄漏电流随时间延长而增大	该相出线套管或绕组端部（包括绑环）有高阻性缺陷
测量某一相泄漏电流时，电压升到某值后，电流表指针剧烈摆动	多半在该相绕组端部，槽口靠接地处绝缘或出线套管有裂纹
一相泄漏电流无充电现象或充电现象不明显，且泄漏电流数值较大	绝缘受潮、严重脏污或有明显贯穿性缺陷
充电现象还属正常，但各相泄漏电流差别较大	可能是出线套管脏污或引出线和焊接处绝缘受潮等缺陷
电压低时泄漏电流是平衡的，当电压升至某一数值时，一相或二相的泄漏电流突然剧增，最大与最小的差别超过 30%	有贯穿性缺陷，端部绝缘有断裂；端部表面脏污出现沿面放电；端部或槽口防晕层断裂处气隙放电，绝缘中气隙放电

续表

故 障 特 征	常 见 故 障 原 因
常温下三相泄漏电流基本平衡，温度升高后不平衡系数增大	有隐形缺陷
绝缘干燥时，泄漏电流不平衡系数小，受潮后不平衡系数大大增加	绕组端部离地部分较远处有缺陷
绝缘受潮后，泄漏电流不平衡系数减小	在离地部分较近处（如槽部、槽口等）或端部相间交叉处有绝缘缺陷
三相泄漏电流不平衡，但能通过工频耐压试验	大多在绕组端部离地部分较远处有绝缘缺陷

三、测量介质损耗因数 tgδ

（1）绝缘电阻较低，泄漏电流较大而不合格的试品，在进行介质损耗因数 tgδ 测量时不一定很大，有时还可能合格。

绝缘电阻较低，泄漏电流较大而不合格的试品，一般表明在被试的并联等值电路中某一部分绝缘较低。并联等值电路的介质损耗因数 tgδ 测量时，其值介于并联电路中最大与最小介质损耗因数支路的值之间。且主要反映体积较大或电容较大部分。只有当绝缘较低部分的体积或电容很大时，实测 tgδ 值才较大并反映出不合格值。当绝缘较低部分体积很小时，测得整体（全部并联支路）的 tgδ 值不一定很大，且有可能小于 Q/CSG 10007—2004 规定值。

（2）用 tgδ 值进行绝缘分析时，要求 tgδ 值不应有明显的增加和下降。

绝缘的 tgδ 值是判断设备绝缘状态的重要参数之一。当绝缘有缺陷时，有的使 tgδ 值增加，有的却使 tgδ 值明显下降。

在这种情况下，若再测量电容量，则有助于综合分析，发现受潮。另外，若绝缘中存在的局部放电缺陷发展到在试验电压下完全击穿并形成短路时，导电的离子杂质增加，也会使 tgδ 值明显下降。因此现场用 tgδ 值进行电力设备绝缘分析时，要求 tgδ 值不应有明显的增加和下降，即要求 tgδ 值在历次试验中不应有明显的变化。

（3）在测量电力设备绝缘的介质损耗因数 tgδ 时，一般要求空气的相对湿度小于 80%。

测量电力设备绝缘的 tgδ 时，一般使用 QS₁ 型西林电桥。如测量时空气相对湿度较大，会使绝缘表面有低电阻导电支路，对 tgδ 测量形成空间干扰。这种表面低电阻的泄漏，对 tgδ 的影响，因不同试品，不同接线而不同。一般情况下，正接线时有偏小的测量误差；而反接线时则有偏大的测量误差。由于加装屏蔽环会改变测量时的电场分布，因此不易加装屏蔽环。为保证测量 tgδ 的准确度，一般要求测量时相对湿度不大于 80%。

（4）目前现场测量介质损耗因数 tgδ 的仪器主要有以下两类。

1）传统的仪器。它包括 QS₁ 型平衡电桥和 M 型不平衡电桥。在测试程序复杂，操作工作量大，自动化水平低，易受人为因素影响等不足。

2）自动测量仪。随着微电子技术和电子计算机的广泛应用，介质损耗测量技术有很大提高。有的将介质损耗因数 tgδ 的测量问题转化为电压与电流之间的夹角的测量，通过微机的运算处理给出 tgδ 值；有的采用微电脑异频测量，直接显示测量结果。这类测量仪器有：WJC—1 微电脑绝缘介质损耗测量仪，GCJS—2 智能型介损测量仪，WG—25 微电脑异频介损测量仪，GWS—1 光导微机介质损耗测试仪，便携式数字介质损耗测试仪，BM3A 抗干扰测试仪和 DTS 系列抗干扰介质试验器等。

（5）在电场干扰下测量电力设备绝缘的 tgδ，其干扰电流是怎样形成的。

在现场预防性试验中，往往是部分被试设备停电，而其他高压设备和母线则带电，因此停电设备与带电母线（设备）之间存在着耦合电容。如果被试设备通过测量线路接地，那么沿着它们之间的耦合电容电流便通过测量回路。若把被试设备以外的所有测量线路都屏蔽起来，这时从外部通过被试设备在测量线路中流过的所有电流之和称为干扰电流。因此，干扰电流是沿着干扰元件与测量线路相连接的试品间的部分电容电流的总和。

干扰电流的大小及相位取决于干扰元件和被试设备之间的耦合电容，以及取决于干扰元件上的电压的高低和相位。干扰电流的数值可利用 QS₁ 电桥进行测量。

干扰电流实际上在大多数情况下是由一个最靠近被试设备的干扰元件，例如一带电母线或邻近带电设备所产生的，但也必须计及所有干扰元件的影响。因为总干扰电流是由各个干扰源的各自干扰电流所组成，而次要干扰元件能通过被试设备的干扰电流有不同的数值和相位。由此可知，干扰电流是一个相量，它有大小与方向，当被试设备确定和运行方式不变的情况下，干扰电流的大小和方向即可视为不变。

（6）用 QS₁ 型西林电桥测量电力设备绝缘的 tgδ 时判别有无电场干扰的简便方法。

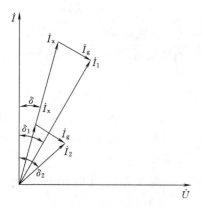

图 2-19　电场干扰相量图

在变电站中测量高压电力设备绝缘介质损耗因数 tgδ 时，一般使用 QS₁ 型西林电桥。由于部分停电，测量时往往有电场干扰。现场可用下述简便方法判断有无电场干扰。

用 QS₁ 型电桥测量绝缘的 tgδ 试验电压一般为 10kV。当在 10kV 电压下电桥平衡时，先不减小检流计（平衡指示器）的灵敏度，而缓缓降低试验电压，观察电桥检流计光带是否展宽。如果展宽，一般认为有明显的电场干扰，其原理分析如图 2-19 所示。

10kV 电压下流过试品的工作电流为 $\dot{I}_x$，设干扰电流为 $\dot{I}_g$，则流过电桥的测量电流 $\dot{I}_1 = \dot{I}_g + \dot{I}_x$，测得的试品电容量和介质损耗因数分别为 C_1、tgδ₁。当试验电压降为 $\dot{U}/2$ 时，流过试品的工作电流为 $I_x/2$，而干扰电流仍为 $\dot{I}_g$。则此时流过电桥的测量电流 $\dot{I}_2 = \frac{1}{2}\dot{I}_x + \dot{I}_g$，测得的试品电容量和介质损耗因数分别为 C_2、tgδ₂。现场测量时，在不同电压下，只有 $C_1 \neq C_2$、tgδ₁＝tgδ₂，tgδ₁≠tgδ₂、$C_1 = C_2$ 或 $C_1 \neq C_2$ 且 tgδ₁≠tgδ₂ 时，电桥光带都将有明显的变化。故当降低试验电压，发现光带明显展宽时，则可认为有电场干扰，应使用"倒相法"或"移相法"进行电场干扰下的介质损失测量，并通过计算求出试品的真实介质损耗因数 tgδ。此时计算不同试验电压下的电容量与介质损耗因数应基本一致。

当然，如果电力设备内部有绝缘缺陷，当试验电压变化时，光带也会发生明显变化。

但此时在不同电压下用"倒相法"或"移相法"测量与计算出的试品电容量与介质损耗因数将是不同的。因此，可以方便地鉴别出是电场干扰还是绝缘内部存在缺陷。

（7）用倒相法消除电场干扰如何计算及注意的问题。

消除电场干扰对测量 $tg\delta$ 准确度影响的方法有屏蔽法、移相法和倒相法，其中现场使用最普遍的是倒相法。

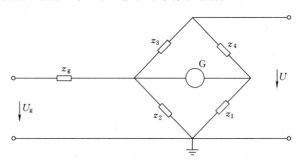

图 2-20　有电场干扰时测量 $tg\delta$ 的等值电路

U—试验电压；U_g—干扰电压；z_2—被试品；

z_1、z_3、z_4—电桥各臂参数；z_g—干扰源与被试品间的阻抗

用 QS_1 型西林电桥测量 $tg\delta$ 时，在外界电场干扰下的等值电路（以最常用的反接线方式为例）如图 2-20 所示。

现场测量 $tg\delta$ 时，由于安全距离的要求使 $z_g \gg z_2$，由此可用叠加原理得出在电场干扰下的电桥平衡方程式

$$\frac{z_4}{z_1 z_3} - \frac{1}{z_2} = \frac{\dot{U}_g}{\dot{U} z_g} \tag{2-16}$$

由式（2-16）知，在电场干扰下的电桥平衡方程式出现 $\dfrac{\dot{U}_g}{\dot{U} z_g}$ 项。如果干扰源电压 $\dot{U}_g = 0$ 或干扰源距离试品相当远，即 $z_g \to \infty$ 时，$\dfrac{\dot{U}_g}{\dot{U} z_g} = 0$，此时式（2-16）变成 $\dfrac{z_4}{z_3} = \dfrac{z_1}{z_2}$，即为无干扰的电桥平衡式。

倒相法是在试验电源电压为 $\dot{U}$ 时调整电桥使其平衡（此时调整臂参数的 z_{41}、z_{31}），由式（2-16）得

$$\frac{z_{41}}{z_1 z_{31}} - \frac{1}{z_2} = \frac{\dot{U}_g}{\dot{U} z_g} \tag{2-17}$$

倒换试验电源极性后，再一次调整电桥使其平衡（此时调整臂参数为 z_{42}、z_{32}），由式（2-16）又有

$$\frac{z_{42}}{z_1 z_{32}} - \frac{1}{z_2} = \frac{\dot{U}_g}{\dot{U} z_g} \tag{2-18}$$

式（2-17）与式（2-18）相加后，消去 $\dfrac{\dot{U}_g}{\dot{U} z_g}$ 得出

$$\frac{z_{41}}{z_{31}} + \frac{z_{42}}{z_{32}} = 2\frac{z_1}{z_2} \tag{2-19}$$

常用的计算公式为

$$tg\delta_x = \frac{tg\delta_1 + tg\delta_2 \dfrac{R_{31}}{R_{32}}}{1 + \dfrac{R_{31}}{R_{32}}} \tag{2-20}$$

49

$$C_x = \frac{1}{2} C_N R_4 \left(\frac{1}{R_{31}} + \frac{1}{R_{32}} \right) \tag{2-21}$$

式（2-21）是由式（2-19）在略去二次微量 $\mathrm{tg}^2\delta$ 项（当测得的 $\mathrm{tg}\delta_1$ 与 $\mathrm{tg}\delta_2$ 不大于 20% 时是可以的）后得出的。

式（2-21）也可写成常见的形式

$$\mathrm{tg}\delta_x = \frac{C_1 \mathrm{tg}\delta_1 + C_2 \mathrm{tg}\delta_2}{C_1 + C_2} \tag{2-22}$$

式中 $\mathrm{tg}\delta_x$——被试品的介质损耗因数；

C_1、$\mathrm{tg}\delta_1$——倒相前（即第一次测量）所测得的被试品的电容值与 $\mathrm{tg}\delta$ 值；

C_2、$\mathrm{tg}\delta_2$——倒相后（即把单相电源的两线互调位置）所测得的被试品的电容值和 $\mathrm{tg}\delta$ 值。

其中 C_1 及 C_2 为

$$C_1 = C_N \frac{R_4}{R_{31}} \tag{2-23}$$

$$C_2 = C_N \frac{R_4}{R_{32}} \tag{2-24}$$

式中 R_{31}——倒相前电桥平衡时，盘面上的 R_3 值记做 R_{31}；

R_{32}——倒相后（即电源翻转 $180°$）电桥平衡时盘面上的 R_3 值记做 R_{32}。

利用式（2-22）进行计算时，应注意当倒相前后两次测量结果为正值时，分子的符号取加号，即 $C_1 \mathrm{tg}\delta_1 + C_2 \mathrm{tg}\delta_2$。当两次测量出现一正一负时，分子的运算符号应取减号，即对电桥盘面上的 $-\mathrm{tg}\delta$ 必须经过换算，然后才能按式（2-22）进行计算。$-\mathrm{tg}\delta$ 的换算公式按下式进行

$$\mathrm{tg}\delta = \omega(R_3 + P)(-C_4) \times 10^{-6} \tag{2-25}$$

式中 $\mathrm{tg}\delta$——换算后的试品真实 $-\mathrm{tg}\delta$ 值；

$-C_4$——当实行 $-\mathrm{tg}\delta$ 测量时，电桥平衡后，电桥盘面上的 $-\mathrm{tg}\delta$ 值。

将 $-C_4$（盘面上的 $-\mathrm{tg}\delta$ 值）经式（2-25）进行换算，然后将换算后的值代入式（2-22）（取减号）进行计算，以求试品真实的 $\mathrm{tg}\delta$ 值。

在实行 $-\mathrm{tg}\delta$ 测量时，电桥灵敏度较低，因此，当出现较大的 $-\mathrm{tg}\delta$ 时，应利用选相倒相法进行测量，以谋求较小的 $-\mathrm{tg}\delta$ 值，同时必须仔细测量。

电场干扰下测量 $\mathrm{tg}\delta$，在相同的干扰下采用不同的试验接线，干扰电流在桥路中的分配也不相同，正接线受到的影响小，反接线影响大，所以凡能采用正接法测量的设备均应用正接线测量，以减小误差。

（8）用 QS$_1$ 型西林电桥测量试品介质损耗因数时，若测量结果为 $-\mathrm{tg}\delta$，不一定表明试品介质损耗很小。

用 QS$_1$ 型西林电桥测量 $\mathrm{tg}\delta$ 时，出现 $-\mathrm{tg}\delta$ 值的原因主要有：在潮湿天气条件下瓷套表面凝结水膜，加接保护环，套管内部油质劣化，套管抽压小套管绝缘电阻降低，试验装置屏蔽不完善等，在试品内部或测试电路中形成三端 T 形网络、电场的干扰以及标准电容介质损耗大于试品介质损耗或者三种影响同时存在所引起。而试品出现 $-\mathrm{tg}\delta$ 时是没有

物理意义的。因此，当出现－tgδ时，必须查明原因，消除－tgδ的测量值。

四、交流耐压试验问题

1. 对电力设备做交流耐压试验的原因及特点

交流耐压试验是鉴定电力设备绝缘强度最有效和最直接的方法。

电力设备在运行中，绝缘长期受着电场、温度和机械振动的作用会逐渐发生劣化，其中包括整体劣化和部分劣化，形成缺陷。例如由于局部地方电场比较集中或者局部绝缘比较脆弱，就存在局部的缺陷。各种预防性试验方法，各有所长，均能分别发现一些缺陷，反映出绝缘的状况，但其他试验方法的试验电压往往都低于电力设备的工作电压，作为安全运行的保证还不够有力。直流耐压试验虽然试验电压比较高，能发现一些绝缘的弱点，但是由于电力设备的绝缘大多数都是组合电介质，在直流电压的作用下，其电压按电阻分布，所以交流电力设备在交流电场下的弱点使用直流作试验就不一定能够发现，例如发电机的槽部缺陷在直流下就不易被发现。交流耐压试验符合电力设备在运行中所承受的电气状况，同时交流耐压试验电压一般比运行电压高，因此通过试验后，设备有较大的安全裕度，这种试验已成为保证安全运行的一个重要手段。

但是，由于交流耐压试验所采用的试验电压比运行电压高得多，过高的电压会使绝缘介质损失增大，发热、放电、会加速绝缘缺陷的发展，因此，从某种意义上讲，交流耐压试验是一种破坏性试验。

在进行交流耐压试验前，必须预先进行各项非破坏性试验，如测量绝缘电阻、吸收比、介质损耗因数tgδ、直流泄漏电流等，对各项试验结果进行综合分析，以决定该设备是否受潮或含有缺陷。若发现已存在问题，需预先进行处理，待缺陷消除后，方可进行交流耐压试验，以免在交流耐压试验过程中发生绝缘击穿，扩大绝缘缺陷，延长检修时间，增加检修工作量。

2. 耐压试验时，电力设备绝缘不合格的原因

耐压试验时，电力设备绝缘不合格的可能原因有以下几点。

（1）绝缘性能变坏。如变压器油中进入水分，固体绝缘受潮，绝缘老化等，都会导致绝缘性能下降，在耐压试验时可能不合格。

（2）试验方法和电压测量方法不正确。例如，在进行发电机定子绕组耐压试验时，未将非被试绕组短接接地，非被试绕组可能对地放电，误判为不合格。再如，试验大容量试品时，仍在低压侧测量电压，由于容升效应，实际加在被试品上的电压超过试验电压，导致被试品击穿，误判为不合格。

（3）没有正确地考虑影响绝缘特性的大气条件。由于气压、温度和湿度对火花放电电压及击穿电压都有一定的影响，若不考虑这些因素就可能导致设备不合格的结论。

3. 对被试设备进行耐压试验前要做的准备

试验前要充分利用其他测试手段进行检测，如测量绝缘电阻和吸收比、测量直流泄漏电流、测量介质损耗因数tgδ和绝缘油试验，并参照以往的测量结果进行综合分析。如发现试品不能承受规定的试验电压值，就要查原因并排除后才能进行试验。例如因外绝缘受潮、有污垢，可去潮烘干，擦拭干净后再进行耐压实验；绝缘油也可以进行滤油处理，并静置一定时间，待气泡消失后才能进行耐压试验。

对带绕组的被试品用外施电压法进行耐压试验前，要把各绕组头尾相连，再根据试验需要接线。

4. 耐压试验时对升压速度的规定

除对瓷绝缘开关类的试品不作规定外，其余试品做耐压试验时应从低电压开始，均匀地比较快地升压，但必须保证能在仪表上准确读数。当升至试验电压 75% 以后，则以每秒 2% 的速率上升至 100% 试验电压，将此电压保持规定时间，然后迅速降压到 1/3 试验电压或更低，才能切断电源。直流耐压试验后还应用放电棒对滤波电容器和试品放电。绝不允许突然加压或在较高电压时突然切断电源，以免在试验变压器和被试品上造成破坏性的暂态过电压。

5. 在交流耐压试验中要测量试验电压的峰值

在交流耐压试验和其他绝缘试验中，规定测量试验电压峰值的主要原因有以下几点。

（1）波形畸变。近年来，用电单位投入了许多非线性负荷，增大了谐波电流分量，使地区电网电压波形发生畸变的问题越来越严重。进一步发现高压试验变压器等设备，由于结构与设计问题，也引起高压试验电压波形发生畸变。例如交流高压试验变压器铁芯饱和，使激磁电流出现明显的三次谐波，试验电压出现尖顶波，特别是近年来国内流行的体积小、重量轻的轻型变压器，铁芯用得小、磁密选得高，使输出电压波形畸变更严重；又如某些阻抗较大的移圈调压器和部分磁路可能出现饱和的感应调压器，也使输出电压波形发生畸变。试验电压波形畸变对试验结果带来明显的误差和问题，为了保证试验结果正确，对高压交流试验电压的测量，应按国家标准 GB 311.3—2002《高电压试验技术》和电力行业标准 DL 474.1～6—2006《现场绝缘试验实施导则》的规定，测量其峰值。

（2）电力设备绝缘的击穿或闪络、放电取决于交流试验电压峰值。在交流耐压试验和其他绝缘试验时，被试电力设备被击穿或产生闪络，放电，通常主要取决于交流试验电压的峰值。这是由于交流电压波形在峰值时，绝缘中的瞬时电场强度达到最大值，若绝缘不良，一般都在此时发生击穿或闪络、放电。这个现象已为实践和理论研究所证实，而且对内绝缘击穿和外绝缘的闪络，放电都是如此。交流高电压试验常遇到试验电压波形畸变的情况，因此形成了交流高电压，试验电压值应以峰值为基准的理论基础。

基于上述原因，GB 311.3—2002 中规定：试验电压值是指峰值除以 $\sqrt{2}$。试验电压的波形应接近正弦，两个半波完全一样，且峰值和方均根（有效值）之比应在 $\sqrt{2}\pm0.07$ 的范围内。它是以测量交流电压的峰值作为基础的，国际标准 IEC60—2—73 和美、德、英、日及原苏联等国的标准均作内容基本相同的规定。

在 DL 474.1～6—1992 中也规定测量交流电压的峰值，除以 $\sqrt{2}$ 作为试验电压值，以此来消除由于电压波形畸变引起的测量误差。

目前，国内已有精度为 0.5 级的 PZP1 型交流峰值电压表等，其输入阻抗较高，可与试验变压器测量线圈等配套使用。

6. 对电力设备进行耐压试验时，必须拆除与其相关联的电子线路部件

对电力设备进行耐压试验的目的主要是考核电力设备的绝缘强度。试验时，按 Q/CSG 10007—2004 规定在被试设备加一定数值的交流或直流试验电压，低者几千伏，高者几百千伏。显然，目前电子线路中的电路板及多数的电子元器件的绝缘都不能承受上述高

的电压，同时，耐压试验中所感应的静电，可能导致如 MOS 等电子元件损坏。在电力设备进行耐压试验前，必须拆除与其相关联的电子线路及其电子线路的部件。

7. 在工频耐压试验中，被试品局部击穿，有时会产生过电压，需要限制过电压

若被试品是较复杂的绝缘结构，可认为是几个串联电容，绝缘局部击穿就是其中一个电容被短接放电，其等值电路如图 2-21 所示。

图 2-21 中 E 为归算到试验变压器高压侧的电源电势；L 为试验装置漏抗。当一个电容击穿，它的电压迅速降到零，无论此部分绝缘强度是否自动恢复，被试品未击穿部分所分布的电压已低于电源电势，电源就要对被试品充电，使其电压再上升。这时，试验装置的漏抗和被试品电容形成振荡回路，使被试品电压超过高压绕组的电势。电路里接有保护电阻，一般情况下，可限制这种过电压。但试验装置漏抗很大

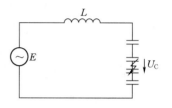

图 2-21　绝缘局部击穿示意图

时，就不足以阻尼这种振荡。这种过电压一般不高，但电压等级较高的试验变压器绝缘裕度也不大，当它工作在接近额定电压时，这种过电压可能对它有危险，甚至击穿被试品。一般被试品并联保护球隙，当出现过电压时，保护球隙击穿，限制电压升高。

8. 工频耐压试验时的试验电压，要从零升起，试毕又应将电压降到零后再切断电源

工频耐压试验时，电压若不是由零逐渐升压，而是在试验变压器初级绕组上突然加压，这时将由于励磁涌流而在被试品上出现过电压。若在试验过程中突然将电源切断，对于小电容量试品，会由于自感电势而引起过电压。因此对试品做工频耐压试验时，必须通过调压器逐渐升压或降压。

9. 在工频耐压试验中可能产生的过电压

对这个问题可以从稳态过程及过渡过程两个方面来分析。

从稳态方面来看，一般被试品均为电容性负荷，负荷的电容性电流流经变压器和调压器的漏抗在漏抗上造成的压降，使得被试品上的试验电压高于电源电压，即所谓容升现象。克服这种现象的方法是在高压侧直接测量电压。

如果变压器和调压器的漏抗较大，甚至有可能与被试品的容抗形成工频基波串联谐振，被试品将出现很高的过电压，对被试品造成严重的威胁。为防止这种过电压可增大回路阻尼或改变回路的参数。

从过渡过程方面来看，下列情况会产生过电压。

（1）对初级绕组突然加压，而不是由零电压逐渐升高。

（2）尚有较高电压时突然将电源切断，而不是均匀退降到零再切断电压。

以上两种情况均会在被试品上造成过电压，这是不允许的。

对于（1），通过控制电路来闭锁，防止非零电压突然加压；对于（2），应严格执行正确操作方法来避免。

（3）被试品突然击穿。这是经常遇到的，是不可避免的。如试验变压器出线端直接与被试品相接，则被试品突然击穿时，试验变压器出线端电位立即强迫为零，这就等于在试验变压器出线端突然作用一个波前极陡的冲击电波，其峰值与被试品击穿瞬时试验电压的瞬时值相等，而极性相反。使试验变压器绕组纵绝缘上产生危险的过电压。防止的办法是在试验变压器出线

端与被试品之间串接一适当电阻值的保护电阻。短时间内，绝大部分电压降落在保护电阻上。

10. 50Hz 交流耐压试验的持续时间

Q/CSG 10007—2004 规定 50Hz 交流耐压试验的试验电压持续时间为 1min，而在产品出厂试验中允许将该时间缩短为 1s。

电力设备耐压试验要规定耐压时间，这是因为绝缘材料的击穿电压大小与加压时间有关，时间越长，交流电压使绝缘材料由于介质损耗而产生的热量增加而击穿电压降低。Q/CSG 10007—2004 规定试验电压持续时间为 1min，这样既可能将设备存在的绝缘弱点暴露出来，也不会因时间过长而引起不应有的绝缘损伤或击穿。但产品出厂检查中，为提高试验速度，允许将持续时间缩短至 1s，但必须把试验电压提高 25%。

五、其他试验

（1）用双臂电桥测量电阻时，按下测量按钮的时间不能太长。

双臂电桥的主要特点是可以排除接触电阻对测量结果的影响，常用于对小阻值电阻的精确测量。正因为被测电阻的阻值较小，双臂电桥必须对被测电阻通以足够大的电流才能获得较高的灵敏度，以保证测量精度。所以，在被测电阻通电截面较小的情况下，电流密度就较大，如果通电时间过长就会因被测电阻发热而使其电阻值变化，影响测量准确性。另外，长时间通以大电流还会使桥体的接点烧结而产生一层氧化膜而影响正常测量。在测量前应对被测电阻的阻值有一估计范围，这样可缩短按下测量时间。

（2）在电力设备预防性试验中，要在进行多个项目试验后进行综合分析判断。

目前，对电力设备预防性试验的各种方法很难根据某一项试验结果就作出结论。另外，电力设备的绝缘运行在不同条件时，缺陷的发展趋势也有差异。因此应根据多个项目的试验结果并结合运行情况，历史试验数据作出综合分析，才能对绝缘状况及缺陷性质得出科学的结论。

第十二节　故障处理实例

一、水内冷发电机定子绕组绝缘电阻三相不平衡

某电厂一台汽轮发电机，型号为 QFSN—200—2，额定功率为 200MW，定子绕组水内冷。在预防性试验中发现三相绝缘电阻不平衡；U 相为 750MΩ；V 相为 50MΩ；W 相为 750MΩ。按照 DL/T 596—1996《电力设备预防性试验规程》规定，各相或各分支绝缘电阻的差值不应大于最小值的 100%。现为（750−50）/50=14 倍，明显不合格，然后做直流耐压试验，在直流电压加到 10kV 时，发电机靠汽轮机侧上部定子下层线棒有火花，立即停止试验。经解体检查发现相邻 5 根线棒有一道长约 150mm，深 7mm，宽 5mm 的硬伤。决定更换新线棒，经处理后测绝缘电阻为：U 相 750MΩ，V 相 1000MΩ，W 相 1000MΩ，互差（1000−750）/750=0.33，合格。

二、绝缘电阻过低——定子线棒接地故障

某厂一台 125MW 双水内冷发电机，型号为 QFS—125—2，13.8kV，125MW。在小修做直流耐压试验时，在定子绕组通水情况下发电机绝缘电阻过低（U 相 20MΩ，V 相

1.5MΩ，W 相 1.2MΩ），当直流耐压加到 5kV 时，U 相泄漏电流已大于 1500μA，W 相大于 300μA。停止向 U 相、W 相加电压。V 相 5kV 时泄漏电流为 30μA，10kV 时 2min 后为 20μA，15kV 时电源跳闸。

决定将定子绕组吹干水后再做直流耐压试验。吹气约 40h 后，用 2500V 兆欧表测绝缘电阻得：U 相 2000MΩ，V 相 0MΩ，W 相 2000MΩ。用 M—14 万用表测 V 相绝缘电阻为 110kΩ。检查定子端部未见异常。决定采用对 V 相直流升压寻找故障点，升至 4kV 时，在汽轮机侧槽口处有焦味和烟雾，停止升压。抽转子检查，发现靠汽轮机侧第 17 槽上层线棒距槽口约 10cm 处有一道较细白色线条痕迹。为此，又对 V 相加电压，当电压升至 600V 时，发现白色线条痕迹烧红并由线槽延伸至定子铁芯接地。原因是环氧浸透不够，并有气孔，运行中长期受油污侵蚀，导致该处绝缘薄弱。处理后再进行吹水试验，测得绝缘电阻：U 相 600MΩ，V 相 600MΩ，W 相 1000MΩ，做直流耐压试验合格。

三、扣除引线电阻的计算

有一台发电机，容量为 7500kVA，双星形接线，共 6 个分支绕组，在表 2 - 14 中列出了环境温度为 15℃时的实测电阻值，引线的长度和引线电阻及扣除引线电阻后的各分支绕组电阻。

$$R = \rho_t L / S$$
$$\rho_t = \rho_0 (235 + t) / 235$$

式中　L——引线长度，m；

　　　S——引线截面，mm^2；

　　　ρ_t——t 温度下的电阻率；

　　　ρ_0——铜在 0℃时的电阻率，$\rho_0 = 0.01647 (\Omega \cdot mm^2)/m$。

表 2 - 14　　　　　　　　　　　　实测电阻值

相别	实测电阻（Ω）	引线长度（m）	引线电阻（Ω）	扣除引线电阻后的分支绕组电阻（Ω）
U_1	0.004425	0.89	0.0000259	0.004399
U_2	0.004455	5.30	0.000154	0.004396
V_1	0.004575	5.85	0.000170	0.004405
V_2	0.00452	2.90	0.0000845	0.004435
W_1	0.00452	2.54	0.000074	0.004446
W_2	0.004575	4.57	0.000133	0.004442

从表 2 - 14 可知，相互间差别为 [(0.004446 - 0.004396)/0.004396]×100% = 1.13% 小于 DL/T 596—1996 要求的 1.5% 值（汽轮发电机）。

四、用逐段分割法寻找缺陷

某台发电机型号为 QF—12—2，容量 12000kW，在出厂时三相直流电阻相差均在 1.5% 以内，1992 年因 V 相直流电阻大而处理了不良接头。在一次出口短路后，测得三相直流电阻 $R_U = 5984\mu\Omega$，$R_V = 6131\mu\Omega$，$R_W = 5964\mu\Omega$，$\Delta R = 2.8\%$，不合格，V 相电阻最大。为此，用逐段分割法进行查找。

该发电机每相绕组有 2 个极相组，每个极相组有 8 个绕圈，共 16 根线棒。用 QF—44 电桥先测 U 相直流电阻。用橡皮锤依次敲击 V 绕组的鼻部接头和引出线及极相组连线接头，观察电桥指针的变化，未发现问题。将 V 相的两个极相组的连线的中间剥开绝缘（见图 2-23 中 P 点）测量极相组的直流电阻为：$R_{V1} = 3034\mu\Omega$，$R_{V2} = 3160\mu\Omega$，互差 $\Delta R = 4.1\%$，将 V_2' 与 V_2 的接头处绝缘剥开，发现 V_2 处接头银焊料不满、V_2' 处接头并头套与铜连接板间银焊缝全长有裂纹，绝缘内层发黑。对缺陷进行处理后，V 相电阻仍大于 U 相、W 相，对 V 相绕组所有引出线接头和极相组连接接头测接触电阻，均在 $10\sim16\mu\Omega$ 之间，相差不大。用电桥直接测两极相组两端，得 $R_{V1} = 2849\mu\Omega$，$R_{V2} = 2962\mu\Omega$，$\Delta R = 3.96\%$。将第二极相 8 个线圈分为两部分（如图 2-23 所示），测得 $R_{V2}' = 1425\mu\Omega$；$R_{V2}'' = 2340\mu\Omega$。

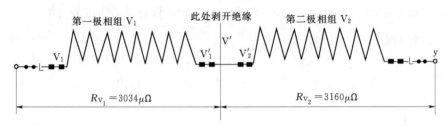

图 2-22　V 相绕组连接图

●—螺栓连接板；■—柳接或焊接；∟—直角板焊接

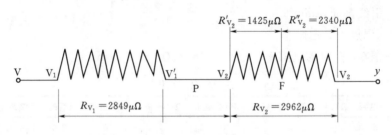

图 2-23　V 相绕组测量电阻

由测量值可见，问题出在 $F-V_2$ 段，为了减小测量误差，对线棒端头的股线（共 22 股）用软铜线捆绑，并用铜板加螺栓夹紧。

接着做接头发热试验，（通入 800A 直流约 2h15min）测鼻部绝缘表面温度，互差约 4℃，不足以显示接头缺陷。

最后决定用针状细杆逐股测量，由 $R_{V1} = 2849\mu\Omega$ 可得，每股线电阻为 $r_{(8)} = 2849 \times 22\mu\Omega = 62678\mu\Omega$。4 个线圈串联时，$r_{(4)} = 31339\mu\Omega$（每根股线），为简化步骤，从等值电

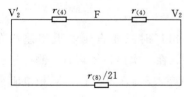

图 2-24　股线等值电路

路图 2-24 上可计算得：$r_{(F-V_2)} = r_{(4)} // \left[r_{(4)} + \dfrac{r_{(8)}}{21}\right] = 16381\mu\Omega$，若被测股线已断开，则 $[r_{(F-V_2)}]' = r_{(4)} + r_{(8)}/21 = 34323.6\mu\Omega$；若其他股线断开一根，则 $[r_{(F-V_2)}]' = r_{(4)} // [r_{(4)} + r_{(8)}/20] = 16415.6\mu\Omega$，断开股线的阻值比完好的要大。根据上述方法，最后查出断股

的接头位于 V 相第二极相组的第 6 个线圈汽轮机侧鼻部。该接头有 1 股导线已开焊（约 1mm 宽的缝），经补焊后测得：

$R_U = 5927\mu\Omega$；$R_V = 5989\mu\Omega$；$R_W = 5902\mu\Omega$；$\Delta R = 1.47\%$

按 DL/T 596—1996 要求应小于 1.5%，合格。

五、空冷发电机三相泄漏电流不平衡

某发电厂空冷发电机，TS845/159—40 型，72MW，13.8kV。在大修前，在 $2.5U_N$ 下测 U、V、W 三相泄漏电流分别为 $65\mu A$、$6600\mu A$、$4000\mu A$，计算互差，得：

$$\Delta I_1 = [(6600 - 65)/65] \times 100\% = 10053.8\% \gg 100\%$$

$$\Delta I_2 = [(4000 - 65/)65] \times 100\% = 6053.8\% \gg 100\%$$

分析原因如下

（1）该发电机曾在线棒端部表面不恰当地喷涂半导体漆层，降低了绝缘性能。

（2）V、W 相绕组线棒端部表面锥体接缝处裂纹受潮，引起泄漏电流明显增加。

在大修中，对上述部位进行了处理，三相泄漏电流基本平衡。

六、泄漏电流随时间而增大

某发电厂汽轮发电机，QFN—100—2 型，100MW，10.5kV。

在小修时按 DL/T 596—1996 要求做 $2.0U_N$ 直流耐压，测得三相泄漏电流不平衡。W_2 分支在 40s 后，泄漏电流由 $20\mu A$ 增至 $80\mu A$。在大修中进行分解试验，发现 W_2 分支 3 号槽下层线棒泄漏电流为 $96\mu A$，检查发现该线棒在励磁机侧距槽口 220mm 处有豆粒大的一块修补填充物，附近绝缘已变色。5 号槽下层线棒泄漏电流为 $26\mu A$，检查发现线棒在励磁机侧距槽口 320mm 处绝缘内嵌有一段长 5mm，$\phi1mm$ 的磁性钢丝；4 号槽上层线棒抬出后整体断裂，属于制造缺陷。

在更换线棒后，三相泄漏电流平衡。

七、泄漏电流随电压不成比例显著增加

某台发电机，U 相在 $2.0U_N$ 和 $2.5U_N$ 的电压阶段的泄漏电流分别为 $50\mu A$ 和 $75\mu A$，计算得试验电压和泄漏电流的增长率为：

$$\Delta U = [(2.5 - 2)/2] \times 100\% = 2.5\%$$

$$\Delta I = [(75 - 50)/50] \times 100 = 50\%$$

可见，泄漏电流的增长率较试验电压的增长率大 1 倍，经检查发现其绝缘受潮。经处理后问题解决。

八、水内冷发电机局部更换定子绕组

某电厂一台发电机型号为 QFSN—200—2，200MW，15.57kV，在进行局部更换定子绕组时，对新线棒进行交流耐压试验，试验过程如下：

（1）拆除故障线圈后，留在槽中的老线圈进行交流耐压试验电压为 27.6kV[$0.8 \times (2U_N + 3.0)$]，试验合格。

（2）线圈下线前，试验电压为新线棒 45.8kV（$2.75U_N + 2.5$），旧线棒 35.35kV，但其中有一根新线棒在 40kV 时被击穿，重新更换后试验合格。

（3）下层线圈下线后，试验电压为 31kV[0.75×(2.5U_N+2.0)]试验合格。

（4）上层线圈下线后，打完槽楔与下层线圈同试，试验电压为 30.3kV[0.75×(2.5U_N+1.0)]，试验合格。

（5）电机装配后，分相试验电压为 23.6kV（1.5U_N），试验合格。

以上整个过程的试验电压值参照 DL/T 596—1996 中有关于整台条式线圈（在电厂修理）的试验电压而制定的。

九、定子绕组全换绕组交流耐压

有一台 25000kW 汽轮发电机（空冷），由于运行年久，定子绕组绝缘老化，进行将旧绝缘全换为新绝缘线棒工作，换线过程中按 DL/T 596—1996 规定的不分瓣定子条式线圈的试验电压进行交流耐压试验，（额定电压为 10.5kV）。

（1）线圈绝缘后，下线前，2.75U_N+6.5=35.375kV，试验合格。

（2）下层线圈下线后，采用每班下线台做一次交流耐压试验。2.5U_N+4.5=26.7kV，其中有一个班下的线棒有一根被击穿，部位在槽口，原因是下线时因线棒形状较差，被硬卡伤。

（3）上层线圈下线后，打完槽楔后测交流耐压，因每班只能下若干个线棒，故仅试上层线棒，2.5U_N+4.0=26.65kV。试验合格。

（4）上层线圈全下完，打完槽楔后与下层线棒同试。2.5U_N+4.0=26.65kV。试验合格。

（5）焊好并头，装好连线，引线甩好绝缘。2.25U_N+4.0=24kV，试验合格。（分相）。

（6）电机装配后（分相）2.0U_N+3.0=23.1kV，试验合格。

十、0.1Hz 试验发现绝缘缺陷

某电厂对其水轮发电机进行 0.1Hz 试验。试验采用调幅机械整流式 0.1Hz 高压发生器装置，其接线如图 2-25 所示。试验电压峰值 U'_{max} 按下式计算：

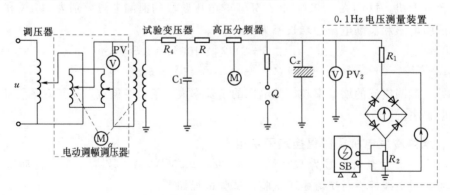

图 2-25　调幅机械整流式 0.1Hz 高压发生器

$$U'_{max}=\sqrt{2}\beta k U_N$$

式中　U'_{max}——0.1Hz 试验电压峰值，kV；

k——试验电压倍数，一般取 $1.3\sim1.5$；

β——0.1Hz 和 50Hz 试验电压的等效系数，一般为 $1.15\sim1.2$；

U_N——定子额定电压，kV。

试验两台机组结果如下：

(1) 型号 TS854/156—40，72.5MW，13.8kV。

由 $U'_{max}=\sqrt{2}\beta k U_N$ 可计算得试验电压峰值为 $U'_{max}=\sqrt{2}\times1.15\times1.5\times13.8\text{kV}=33.6\text{kV}$。该发电机定子绕组绝缘为环氧粉云母带，试验结果是该机绝缘良好。

(2) 型号 TS550/80—26，12.5MW，6.3kV，试验电压峰值为 $U'_{max}=\sqrt{2}\beta k U_N$。

$U'_{max}=\sqrt{2}\times1.15\times1.5\times6.3\text{kV}=15.4\text{kV}$。该发电机定子绕组绝缘为沥青云母带，试验结果是 U、V 相正常，W 相在 48s 时击穿，击穿点绝缘流胶，分层。

十一、全换定子绕组——槽部防晕层对地电位测试

对某电厂一台汽轮发电机组（50MW，10.5kV）全换绕组后进行了测量防晕层对地电位试验。该机定子绕组原为老式的云母绝缘；在更换绕组时采用了环氧 B 级粉云母带绝缘，在防晕措施方面，线棒的槽部采用石棉带并绕，并刷 5/50 环氧半导漆，在端部采用玻璃丝带 1/2 绕，并刷 5145 醇酸半导漆。下线后在各线棒和槽壁之间加填 $0.2\sim0.5\text{mm}$ 的半导体绝缘板，槽楔及线圈对铁芯及铁圈间采用半导体垫条。在下线后打槽楔之前进行了表面电位测试，该机铁芯全长 3760cm，共 108 个槽，将铁芯沿轴向分为 10 点，共测量 1080 点，定子绕组施加额定电压 10.5kV，测试结果如下：①表面电位<5V 的共占 75%；②表面电位<1V 的共占 25%；③表面电位 5V 和 10V 之间的占 5%。对其中几个接近 10V 的进行了进一步的加塞半导体绝缘板处理，处理后再测时全部在 6V 以下。

十二、水路堵塞，端部振动

某电厂一台 800MW 发电机，在 2003 年 10 月 10 日在运行中发生跳闸事故，在靠励磁机侧 H1A 引线鼻端烧损，通过热水流试验，发现该机 56.15 号线棒固有频率接近 100Hz，原因是水路堵塞，端部振动。

十三、端部接头和过渡引线并联块

某电厂 200MW 发电机对定子绕组端部手包绝缘施加直流试验时，发现 V 相头，尾两个过渡并联块和 U 相尾过渡引线并联块电压均超过 DL/T 596—1996 要求，励磁机侧 49 号槽鼻部的引水管锥体绝缘处电压也超标。解体检查发现绝缘填充不实。

十四、鼻端绝缘盒外侧的手包绝缘和内侧与线圈主绝缘搭接处

某电厂 200MW 发电机；在预试中发现 50 处（先 102 个绝缘盒）泄漏电流超标，解体检查发现环氧泥与手包绝缘固化不良，更换绝缘材料处理后，泄漏电流均在 $5\mu A$ 以下。

十五、靠套管的手包绝缘处

某电厂 200MW 发电机测试发现套管箱内共 6 处泄漏电流达 $30\mu A$ 以上，最大到 $150\mu A$，扒开绝缘发现手包绝缘已进油并有电晕放电所形成的炭黑。

十六、引线套管手包绝缘固化

某电厂（100MW）及某电厂（100MW）测试发现分别有 5 处（共 12 个引线套管）泄漏电流超标和七处泄漏电流超标；最大到 $100\mu A$。检查发现是手包绝缘固化不良导致，处理后均下降到小于 $4\mu A$。

第三章　发电机转子绕组试验

第一节　绝缘电阻的测量

用兆欧表对发电机转子绕组绝缘电阻测定是判定绝缘状况最简单的办法。新装机组交接时，运行机组在大修中转子清扫前、后以及小修时均应进行绝缘电阻的测量。对于转子额定电压在 200V 以下的，用 1000V 兆欧表进行测量；对于转子额定电压在 200V 以上的，采用 2500V 兆欧表进行测量。

对于单个磁极运到现场之后，首先要进行外观检查及全面的清扫。最好能用干燥的压缩空气，将磁极四周的污垢吹净，然后再进行绝缘电阻的测量。测量时，电压应加在磁极线圈与磁极铁芯之间，其值无规定，一般不应低于 5MΩ。各磁极之间的绝缘电阻值不应有很大的差别。集电环的绝缘电阻值也不应低于 5MΩ。整体转子绕组的绝缘电阻值，GB 50150—2006 标准与 Q/CSG 10007—2004 均规定不小于 0.5MΩ。水内冷转子绕组的绝缘电阻不小于 5kΩ（在室温下）。

如果绝缘电阻值太低，则应进行干燥。干燥时用外加直流电流、直流电焊机或硅整流装置均可。通入转子电流按额定电流的 60%～70% 考虑。绕组表面温度不应超过 80℃。为了能使绕组的温度升上去，应采取适当的保温措施。转子绕组加温干燥可以与转子磁极热打键结合进行。

加温干燥后，在温度不变的条件下，绝缘电阻稳定 3h 以上不再变化，并且其值大于 0.5MΩ 即可认为干燥。

对于运行的机组，为了监视转子绕组及励磁回路绝缘变化情况，常用高内阻直流电压表测定滑环对地电压，然后按下式来确定励磁回路的绝缘电阻值

$$R = R_{\mathrm{V}}\left(\frac{U}{U_1 + U_2} - 1\right) \times 10^{-6} \qquad (3-1)$$

式中　R——绝缘电阻，MΩ；

R_{V}——直流电压表的内阻，Ω，其内阻应不小于 10^5Ω；

U——正负滑环间的电压，V；

U_1——正滑环对地的电压，V；

U_2——负滑环对地的电压，V。

当计算值小于 0.5MΩ 时，应查明原因进行处理，并予以消除。当定子绕组绝缘电阻已合要求，而转子绕组的绝缘电阻值不低于 2kΩ（75℃ 时），或在 20℃ 时不小于 20kΩ 允许发电机投入运行。

第二节 交流耐压试验

交流耐压是检查转子绕组绝缘缺陷的有效方法。转子绕组交流耐压试验交接时应符合 GB 50150—2006 规定。

（1）整体到货的水轮发电机转子，试验电压为额定电压的 7.5 倍，且不应低于 1200V。

（2）工地组装的水轮发电机转子，其单个磁极耐压试验应按制造厂规定进行。组装后的交流耐压试验，应符合下列规定。

1）额定励磁电压为 500V 及以下，为额定励磁电压的 10 倍，并不应低于 1500V。

2）额定励磁电压为 500V 以上，为额定励磁电压的 2 倍加 4000V。

表 3-1　发电机转子绕组大修时和更换绕组交流耐压试验（Q/CSG 10007—2004）

项 目	试验电压（V）	说 明
水轮发电机和汽轮发电机的转子全部更换绕组并修好后	额定励磁电压 500V 及以下者为 $10U_N$，但不低于 1500V；500V 以上者为：$2U_N+4000V$	1. 汽轮发电机转子拆卸套箍只修理端部绝缘时，可用 2500V 兆欧表测绝缘电阻代替。
水轮发电机转子大修时及局部更换绕组并修好后	$5U_N$，但不低于 1000V，不大于 2000V	2. 汽轮发电机转子若在端部有铝鞍，则在拆卸套箍后作绕组对铝鞍的耐压试验。试验时将转子绕组与轴连接，在铝鞍上加电压 2000V。
汽轮发电机转子局部修理槽内绝缘后及局部更换绕组并修好后	$5U_N$，但不低于 1000V，不大于 2000V	3. 全部更换转子绕组工艺过程中试验电压值按厂家规定

表 3-2　水轮发电机转子部件耐压标准（GB 8564—2003）　　　　单位：V

项 目		交 流 耐 压 标 准
单个磁极	挂装前	$10U_N+1500$，但不低于 3000
	挂装后	$10U_N+1000$，但不低于 2500
集电环、引线、刷架		$10U_N+1000$，但不低于 3000

注 U_N 为额定励磁电压，V。

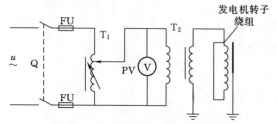

图 3-1　转子绕组交流耐压试验接线图
Q—电源开关；T_1—调压变压器；T_2—试验变压器；
FU—熔断器；PV—电压表

（3）汽轮发电机转子绕组不进行交流耐压试验可采用 2500V 兆欧表测量绝缘电阻来代替。

发电机转子检修时，交流耐压试验标准按 Q/CGS 10007—2004 规程执行，即表 3-1 与表 3-2（GB 8564—2003《水轮发电机组安装技术规范》）所示。

试验接线如图 3-1 所示。试验时间为 1min，在加压过程中，如不发生放电、闪络和击穿，则认为绝缘合格。试验中注意事项可参考第二章交流耐压试验中有关内容。

第三节 直 流 电 阻 测 定

通过直流电阻的测定，可以发现磁极线圈匝间严重的短路及磁极接头接触电阻恶化等缺陷，交接时及大修后均应作直流电阻的测量。

测量转子绕组的直流电阻应在冷状态下进行。测量时绕组表面温度与周围空气温度之差应在±3℃的范围内。测量数值与产品出厂数值换算至同温度下的数值比较，其差值不应超±2%；若差值在－2%以下，则可能有匝间短路；若差值在＋2%以上，则可能是接头开焊或接触不良。水轮发电机转子绕组应对各磁极绕组进行测量，当误差超过规定时，还应对各磁极绕组间的连接点电阻进行测量。

在转子组装过程中，磁极未挂装前，应对单个磁极线圈的直流电阻进行测量，以便在挂装磁极之前及时发现问题并予以处理。在整个转子组装完毕之后，要对转子绕组的整体直流电阻及单个磁极线圈进行测量。对于同匝数的磁极线圈其直流电阻相互比较差值应小于5%。对于阻值过小的磁极线圈应结合其他试验（例如交流阻抗与功率损耗试验）来综合分析是否存在匝间短路，并设法消除。

直流电阻的测量用不低于0.5级的双臂电桥测量直流电阻或直流压降法测直流电阻。后者运用较普遍，图3-2所示是以直电焊机为电源，采用压降法测量转子绕组直流电阻接线图。

绕组通入电流以不超过额定电流的20%为宜，测量应迅速，以免由于绕组发热而影响测量的准确度。

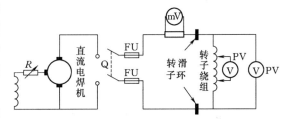

图3-2 用压降法测转子绕组直流电阻

测量压降的电压表（或毫伏表）应装二只专门的探针，并以一定的压力接触磁极的引线。试验进行时，电源由滑环处引入，并维持电流为一定值，然后以探针分别测量各磁极线圈及整个转子绕组上的压降，这样可根据欧姆定律算出电阻。按式（2-1）折算为75℃时的直流电阻值。

第四节 磁极接头接触电阻的测定

在机组安装过程中，磁极线圈连接完毕，且未包绝缘之前，应进行接头接触电阻的测量，以检查接头的安装工艺与焊接质量是否合乎要求。

接触电阻的测量方法多采用压降法。其试验接线及所用设备与测量磁极线圈直流电阻相同，这两项测量试验可以结合起来进行。

为了测量得比较准确，接头部位要取相等的长度，用探针测量各接头的压降时，每个接头应调换探针位置多测几点，取其平均值，然后根据欧姆定律计算出各磁极接头的接触电阻值。

　　由于接头电阻呈现分散性，对接头的接触电阻并无具体规定。一般地说，接头电阻值应不超过相同长度磁极引线的电阻值。各接头电阻相互比较也不应相差过大（例如超过1倍），对于电阻过大的个别接头应查明原因并予以消除。

第五节　工频交流阻抗的测定

　　转子的磁极线圈若在匝间短路，造成整个发电机转子磁力的不平衡，使机组振动增大，甚至可能造成转子过电流及降低无功出力。

　　磁极线圈交流阻的测量在一定程度上能反映出线圈匝间短路的存在，因为短路电流在短路匝中所产生的去磁作用将使故障磁极的交流阻值下降，电流值增大。通过这项测量可以大致判别故障点的所在。用此法对磁极进行检查时，可以及时发现由于施工中不慎将焊锡等导电物质掉入磁极线圈中所造成的局部短路。

　　磁极线圈交流阻抗的测量应在磁极挂装在磁轭上，磁极线圈的接头已连接完毕，但绝缘尚未包扎之前进行。试验前应用干燥的压缩空气将磁极线圈逐个清扫干净，并拿开一切杂物。

　　试验电压可用行灯变压器或交流电焊机等降压设备对单个磁极线圈加压，测每个磁极线圈的交流阻抗，如图3-3所示。

　　如果转子线圈对地绝缘良好，也可将380/220V交流电源直接由滑环处加入，将所有磁极线圈均通入电流，然后用带探针的电压表可测量转子整体绕组及每个磁极线圈上的压降，如图3-4所示。

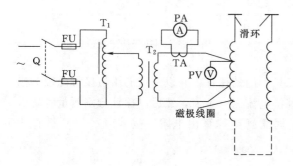

图3-3　单个磁极线圈交流阻抗测定
T_1—调压变压器；T_2—试验变压器；TA—电流互感器；
PA—电流表；PV—电压表；Q—电源开关；
FU—熔断器

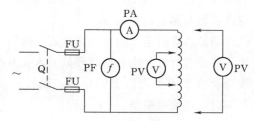

图3-4　测量转子绕组整体及单个
磁极线圈的交流阻抗
f—频率表；PA—电流表；PV—电压表；
Q—电源开关；FU—熔断器

　　测量时转子应处于静止状态。如果转子已吊入定子腔内，则定子回路应断开，所加的电压一般不超过转子的额定电压。测量时最好接入频率表，因为阻抗与频率有关。

　　无论是整体交流阻抗或单个磁极的交流阻抗，均根据测得的电流及电压用交流电路的欧姆定律进行计算

$$Z = \frac{U}{I} \quad (\Omega) \tag{3-2}$$

式中 Z——交流阻抗，Ω；

$\quad I$——流经磁极线圈的电流，A；

$\quad U$——单个磁极线圈或整个转子绕组上的电压，V。

磁极线圈的交流阻抗一般无规定标准，而是互相间进行比较。如果某磁极的交流阻抗值偏小很多，就说明该磁极线圈有匝间短路的可能。短路匝的去磁作用，往往会引起相邻磁极交流阻抗值下降，引起错误的判断。根据已有的经验，在同样的测试条件与环境下，当某一个磁极线圈交流阻值较其他大多数正常磁极线圈的平均阻抗值减小 40% 以上时，就说明此磁极线圈有匝间短路的可能，而相邻磁极的阻抗值下降一般不会超过 25%。如果有必要，可测量磁极线圈匝间交流电压分布曲线，当发现匝间电压有明显降低点时，即为短路匝的所在处。

实例：某电厂 #3 机转子匝间短路，用电压分布法测出数值如表 3-3。

表 3-3　　　　　　　　　磁极电压分布（通入 10A 交流时）

磁 极 编 号		4	3	2	1	总 计
电压降（V）	正常时	22.1	22.7	22.1	21.9	88.8
	故障时	20	22.5	20.5	12.3	75.3

从表 3-3 知，总电压降减少 15.6%；1 号磁极电压降比正常值下降 44%，明显反映该磁极存在匝间短路，将磁极更换后，电压分布正常。

第六节　转子绕组接地故障点的寻找方法

转子绕组在运行中或耐压试验中被击穿时，接地故障点用下述方法进行寻找。

一、重复加压观察法

当故障点接地电阻较大（一般经空气隙击穿时），则常以重复加压的办法，由观察人员听放电声，看烟雾及弧光，以发现故障磁极的所在位置。

二、电流烧穿法

当故障点接地电阻不大，但又非金属性接地时，常可用交流电烧穿法观察冒烟部位，所加电流可以较大。在加电流过程中仍未发现故障点，则可将其烧穿为金属性接地，再以下法寻找。

三、直流电压表法

当发生金属性接地时，可以用直流电压表来寻找。试验接线如图 3-5。利用直流电焊机或整流器为直流电源，由滑环处加入电流，分别测量正滑环对地、负滑环对地的电压分别为 U_1 与 U_2 按式（3-3）算出接地点与正滑环间的距离占整个转子绕组距离的百分比 K，以判定接地点的大概部位。然后由此部位，用同一块电压表，由转子磁极之间接头处，依次测量对地电压的极性。当连续两测点间接地电压指示反向时，则说明接地点处于此两接头间所包括的磁极内。要查明故障磁极内接地点具体部位时，也可应用此法依次测量每匝对地电压，当两匝电压指示反向时，则说明故障点在此两匝间，再测量该匝各点对地的电压为零处，即为接地点部位。

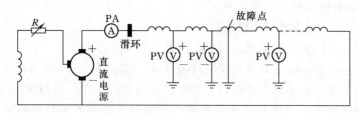

图 3-5　用直流电压表法寻找故障点

$$K = \frac{U_1}{U_1 + U_2} \times 100\% \qquad (3-3)$$

故障处理实例：有一台 15000kW 水轮发电机的转子，共有 14 对磁极，在磁极引线全部连接完毕之后，用 500V 兆欧表测量其绝缘电阻为 0.15MΩ，于是对转子绕组进行干燥。电源用两台 26kW 的直流电焊机串联供电，电流 190～250A，由 1 号与 28 号磁极引线加入，经 37h 干燥后，测转子绕组的绝缘电阻仍为 0.15MΩ，说明绝缘存在问题。采用测量线圈对地电压的办法以判明故障点，仍用直流电焊机对转子绕组通电，用万用表测负极（28 号磁极）对地电压为 70V 左右，正极（1 号磁极）对地电压接近零，说明故障点在 1 号磁极附近。测 2 号磁极引线对地电压为 0.8V，测 1 号磁极对地电压电压表反转；断开 2 号与 3 号磁极间的接头测绝缘电阻，1～2 号绝缘电阻为 0.15MΩ；3～28 号绝缘电阻为 10MΩ。再断开 1 号与 2 号磁极间的接头，测绝缘电阻，1 号为 0.15MΩ，2 号为 500MΩ。说明问题出在 1 号磁极。将该磁极吊拔出来，经检查原来线圈与铁芯之间有电焊渣及铁屑，导致绝缘下降（但不是直接接地）。经处理之后，再挂装在磁轭上，在打完磁极键后，测得绝缘电阻为 60MΩ，与其他所有磁极连接起来，总的绝缘电阻为 10MΩ，符合 GB 50150—2006 与 Q/CSG 10007—2004 的要求。

第七节　故障处理实例

一、发电机转子绕组的绝缘电阻下降的处理

某电厂水内冷发电机 QFSN—200—2 型，容量 200MW，额定励磁电压 455V，额定励磁电流 1763A。冷却方法，定子绕组水冷，转子绕组氢冷。自 1996 年 7 月～2000 年 6 月，该机转子绕组的绝缘电阻逐年下降，其测试值见表 3-4。

表 3-4　　　　　　　　　　　　转子绕组绝缘电阻测试值

年　份	1996	1997	1998	1999	2000
绝缘电阻（MΩ）	2000	1200	100	4.5	2.0

注　使用仪器为 ZC25—4 型 1kV 兆欧表。

2000 年 3 月后，多次发生转子一点接地，接地电阻为 0.5MΩ 左右，由于接地电阻较高，又测量其转子正、负数对地电压，以判断接地点测试数据见表 3-5。

表 3-5   转子正、负极对地电压测试数据

日期（月.日）	U_+ （V）	U_- （V）	U_{+-} （V）	R （MΩ）	备注
3.28	55	0	300	2.5	使用内阻 500kΩ 电压 500V 的万用表
8.12	75	0	300	1.5	

由测试数值判断接地点位置在负极侧。同年 9 月又进行不同转速下的绝缘电阻测试，其数据见表 3-6。

表 3-6   不同转速下的绝缘电阻测试数据

转速（r/min）	0	500	800	1000	2000	3000
绝缘电阻（MΩ）	1.5	1.7	1.5	1.2	1.0	0.6
转速（r/min）	2300	2000	1800	600	250	4
绝缘电阻（MΩ）	0.6	0.75	0.8	1.1	1.2	1.25

数据表明转速上升时绝缘电阻下降，可见绝缘电阻值与转速有关。

2001 年 1～3 月进行了跟踪测量，其接地电阻稳定在 0.7MΩ 左右，因此可判定该机转子绕组接地点在负极侧，接地性质为动态高阻接地。

二、双水内冷发电机转子线圈一点接地的处理

某电厂一台双水内冷发电机，QFSS—200—2 型，200MVA，其转子线圈为水冷，励磁机侧（入水侧）有 16 根不锈钢引水管，汽轮机侧（出水侧）有 15 根不锈钢引水管。引水管装在管槽内，里端与线圈的空气导线连接，外端与绝缘引水管相等，构成转子线圈冷却水通路，其连接示意图如图 3-6 所示。

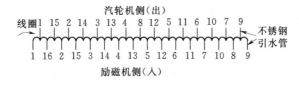

图 3-6 水冷转子线圈与不锈钢引水管连接示意图

1986 年 12 月大修后做起机前试验，先在通水情况下测转子线圈绝缘电阻为 4kΩ。后测零转速下交流阻抗，当加电压到 32V 时，电流急剧上升。立即停止试验，再测转子线圈绝缘电阻已为零，认定是金属性接地。为查找接地点，先在转子线圈上加直流电源，测内滑环（正）对地电压 U_{+e} 为 10.06V、外滑环（负）对地电压 U_{-e} 为 11.35V，用常用公式 $I_{-e} = \dfrac{U_{+e}}{U_{-e}+U_{+e}} \times 100\%$，根据线圈总长度，计算出接地点在励磁机侧第 4 槽。拔下励磁机侧水护环，在引水管上侧对地电压，最低的是 6 号管（0.78V）和 12 号管（0.82V），其余在 4V 以上，可以断定接地点在 6 号、12 号引水管之间的线圈上和汽轮机侧 5 号引水管上（见图 3-6），拔下汽轮机侧水护环，加直流电压汽轮机侧引水管对地电压，其数据见表 3-7。

表 3 - 7　　　　　　　　　　　　汽轮机侧引水管对地电压

水管号	9	10	11	12	13	8	7	6	5	4
电压（V）	7	4.36	1.539	1.484	6.48	2.97	5.75	2.99	0.064	4.382

　　由表 3 - 7 可见，5 号管电压最低，相邻管电压逐次升高。将 5 号管向里侧敲打时，接地现象便消失，绝缘电阻为 100kΩ，向外侧敲打时，绝缘电阻降到 4kΩ。取出槽内的全部 7 块槽楔，靠里边的第 7 号槽楔的前端斜坡处有明显放电烧伤痕迹。处理后，绝缘电阻上升到 200kΩ，升速和定速时均为 150kΩ，接地故障已消除。

　　从上述可见，由于转子电路和水路是用水盒焊接在一起，焊接处压降比导线本身大得多，且导线总长度误差大，加上测试误差，故用直流压降法计算误差较大，本例是用引水管分点测对地电压来定接地点的。

三、匝间短路的预防性试验

　　某厂一台水氢冷发电机，WT335—083—AF_3 型，313MW，15kV，转子电压为 311V，转子电流为 3875A。在大修中测转子绕组直流电阻下降了 3.1%，见表 3 - 8。

表 3 - 8　　　　　　　　　　转子绕组直流电阻历年测试值

试 验 年 份	1978	1979	1980	1983	1988
直流电阻（Ω）	0.0616	0.0615	0.0615	0.0619	0.0589
与出厂时比较的变化率（%）	+1.41	+1.18	+1.28	+1.96	-3.10

　　此外，转子交流阻抗及功率损耗也发生了显著变化（见第四章）。根据变化情况可以初步认定转子绕组存在匝间短路现象，但在当时还不具备处理条件，并缺乏综合试验数据，决定继续运行，加强监视，增强检测手段，缩短检测周期，1990 年进行了处理。

四、用交流耐压判定接地故障点

　　某电厂一台 200MW 发电机（水氢冷却方式）其励磁电压为 455V，由绝缘电阻及交流阻抗及损耗试验得判定该机转子绕组接地点在负极侧，接地性质为动态高阻抗接地，但未发现有匝间短路。在对转子绕组做交流耐压试验时，当试验电压加至 1800V 时，发现负极滑环侧有放电声，同时有烟雾。用 1000V 兆欧表测绝缘电阻为 10MΩ，判断接地点在转子负极滑环引线及导电螺钉处，解体检查发现导电螺钉紧力不够，其硅橡胶密封套已过热变形，结合面已碳化，有明显的放电痕迹。导电螺钉经金属垫圈与大轴构成接地点，从而造成高阻接地。

第四章　发电机特性试验及参数测定

第一节　发电机空载特性试验

一、概述

发电机的空载运行工况是指发电机处于额定转速，在励磁绕组中通入一定的励磁电流，而定子绕组中的电流为零时的运行状态。此时励磁绕组中电流产生的磁通可分为气隙主磁通与漏磁通两部分。主磁通通过空气隙与定子绕组相交链，并在定子绕组中产生感应电势 E，漏磁通只与励磁绕组交链。

在这种条件下，定子绕组的感应电势 E 与其端电压 U 相等，即 $U=E$。设 I_E 表示励磁电流，W 表示匝数，则 $I_E W$ 代表励磁绕组中的安匝数。因为 W 匝数一定，则主磁通 ϕ 及其在定子绕组中的感应电势 E 就取决于励磁绕组电流的大小和励磁回路的饱和程度。在空载试验后，取励磁电流为横坐标，取端电压为纵坐标，即得到关系曲线 $U=f(I_E)$。

发电机在空载运行条件下，其端电压与励磁电流的关系曲线 $U=f(I_E)$ 称为发电机空载特性曲线。空载特性曲线不仅表示了感应电势 E 与励磁电流 I_E 的关系，同时也表示了气隙主磁通 ϕ 与励磁电流 I_E 的关系。

空载特性曲线常用标幺值来表示，选定子额定电压 U_N 为电压基准值，对应于定子额定电压的励磁电流 I_{ED} 为电流基准值。

空载特性曲线是发电机的最基本特性之一，也是决定发电机参数及运行特性的重要依据之一。它配合短路特性，可求出发电机的电压变化率 $\Delta U\%$，纵轴同步电抗 X_d，短路比 K 与负载特性等。在做此特性试验的同时，还可以检查发电机三相电压的对称性和进行定子绕组匝间绝缘试验。

二、试验接线

发电机空载特性试验接线如图 4-1 所示，交流电压表 0.5 级三只；直流毫伏表根据分流器配套要求选择量程，0.5 级以上；分流器 FL 根据发电机励磁电流选择 0.2 级一只；转速表一只，或数字频率表测量；电压互感器一组。励磁机磁场开关 QF_{M1}，发电机磁场开关 QF_{M2}，灭磁电阻 R_m，短路开关 Q。励磁调节器 TK。

三、试验步骤

（1）将电压自动励磁调整装置置于手动位置，强励、强减装置退出工作，将差动、过流及接地保护投入工作。

（2）启动机组，且保持以额定转速运转。

（3）发电机在空载状态下合上磁场开关（灭磁开关），慢慢调节励磁电流，升压至

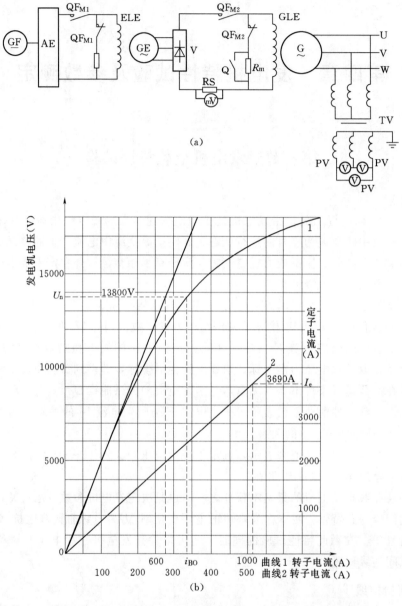

图 4-1　发电机空载特性接线图及空载特性和短路特性曲线图

(a) 发电机空载特性试验接线图；(b) 发电机空载特性和短路特性曲线图

1—空载特性；2—短路特性

GF—副励磁机；AE—励磁调节器；QF$_{M1}$—励磁机磁场开关；ELE—励磁机转子绕组；

GE—励磁机定子；QF$_{M2}$—发电机磁场开关；R$_m$—灭磁电阻；Q—短路开关；

RS—标准分流器；G—发电机定子；TV—电压互感器；

GLE—发电机转子绕组；PV—电压表

50％U_N 附近，用相序表测量电压互感器二次电压回路的相序，用三只电压表检查三相电压是否平衡，并巡视发电机及其母线设备是否有异常，同时注意机组的振动、轴承温度和励磁机电刷的工作情况是否正常。如无问题，则继续升压至额定值（若用磁场变阻调压时，在其工作空载位置作记号），在电压为额定值时，测量发电机的轴电压。

（4）慢慢降低电压至零。每降低额定电压值的 10%～15% 时，记录一次各表计的读数（降压过程中可取 10 个点）。

（5）逐渐升高电压至额定值，每升高额定电压值的 10%～15%，记录各表计读数一次（在升压曲线上也取 10 个点）。在接近饱和时，可多读几点。

（6）如果空载特性与匝间耐压试验一起进行，可将励磁电流一直升到额定值，此时定子电压可能为 $(1.2～1.3)U_N$（相当 $1.3U_N$ 下的层间耐压试验），停留 5min，记录此时定子电压，转子电流及转速，并测量发电机的轴电压。

（7）减少励磁电流，降低定子电压。当定子电压降至近于零时，再切断灭磁开关，保持发电机为额定转速下，在定子绕组出线端测量定子绕组的残余电压值。

四、注意事项

（1）在录取特性曲线的上升与下降部分时，励磁电流只能向一个方向调节，不得中途返回。否则由于磁滞回线的影响使测量结果产生误差。

（2）电压表应尽量使用同一型号电压表进行测量。励磁电流的调节应缓慢地进行，调到各点的数值时，待表针指针稳定后再读数，并要求所有表针都同时读取。

（3）测量定子绕组的残压时，灭磁开关在断开位置，测量者要戴绝缘手套并利用绝缘棒进行测量，使用的仪表应是多量程高内阻的交流电压表。

（4）试验过程中，应派人在发电机附近监视。当发电机有异常现象时，应立即跳灭磁开关，停止试验，查明原因。

五、试验结果分析

（1）将各仪表读数换算成实际值，其中定子电压应取三相电压的平均值。

（2）在试验中，若转速不是额定值，则应将所测定子电压换算至额定转速时的电压值，其换算公式为

$$U=U'\frac{n_n}{n'} \quad 或 \quad U=U'\frac{f_n}{f'} \tag{4-1}$$

式中　U——换算至额定转速下的定子电压，V；

　　U'——试验时实测定子电压，V；

　n_n、n'——发电机额定转速与试验转速，r/min；

　f_n、f'——发电机额定频率与试验频率，Hz。

（3）根据整理的数据，在直角坐标中绘出发电机空载特性曲线。由于铁芯磁带的影响，电压上升曲线与下降曲线是不重合的；通常取其平均值，绘制曲线，此曲线就是发电机空载特性曲线。

（4）将空载特性曲线的直线部分延长，即得到发电机的气隙线。

（5）确定额定电压下的励磁电流。作一条 $U=U_n$ 与横坐标平行的直线与空载特性曲线相交，交点的横坐标值即为励磁电流。

（6）在匝间耐压试验时，若定子电压突然下降或发电机内部冒烟或有焦臭味者，都说明定子绕组匝间绝缘有损坏。

（7）将绘制的空载特性曲线与出厂和历年试验数据比较不应超出测量误差范围。如绘

制的曲线比历年数据降低很多，即说明转子绕组可能有匝间短路故障。

实例 1：一台 $P_n=75000\text{kW}$，$U_n=13.8\text{kV}$，$I_n=3690\text{A}$，$n=136.4\text{r/min}$ 水轮发电机空载特性实测数值见表 4-1 和表 4-2。

表 4-1　　　　　75000kW 水轮发电机空载特性（电压上升时）

项目 \ 序号		1	2	3	4	5	6	7	8	9	10	11	12	13
定子电压（V）	实测值	1520	3500	5100	5500	6900	8300	9650	11000	12600	13900	15400	16800	17900
	换算至 50Hz 时	1520	3510	5100	5480	6890	8280	9630	1090	12620	13900	14900	16230	17300
转子电流（A）		60	140	200	220	278	340	410	484	584	682	784	980	1264

表 4-2　　　　　75000kW 水轮发电机空载特性（电压下降时）

项目 \ 序号		1	2	3	4	5	6	7	8	9	10
定子电压（V）	实测值	16800	15200	13100	12400	11000	9600	8140	6900	4700	2060
	换算为 50Hz 时	16280	15290	13160	12420	11050	9630	8140	6900	4710	2063
转子电流（A）		980	836	620	572	490	416	342	294	190	74

第二节　发电机短路特性试验

一、概述

短路特性是发电机三相对称稳定短路、发电机处于额定转速下的定子电流与转子电流的关系曲线。通过这一特性的测量，可以检查定子三相电流的对称性，并结合空载特性用来求取发电机的参数，它是电机的重要特性之一。

新安装的发电机，其三相短路特性试验可在励磁系统已经调试完毕后进行。若发电机受潮，绝缘电阻及吸收比不符合要求，也可先进行短路干燥，待绝缘合格后再进行有关的试验。

二、试验接线与仪表

发电机稳定性短路特性试验接线如图 4-2 所示。使用仪表有交流电流表 0.5 级，0～5A 三只，测转子电流的毫伏表，最好接到 0.2 级标准分流器上。如果没有标准分流器，可以利用装在励磁回路中原有的分流器，但此时应将配电盘上的转子电流表解开，以免影响测量的结果。

三、试验方法及步骤

（1）在发电机出线端或出口断路器外侧，将定子绕组三相用铝排或粗铜线短路起来，按图 4-2 接好表计，并投入过电流保护并作用于信号，强行励磁停用，磁场变阻器放在最大位置。

（2）启动机组达额定转速，并保持恒定。

（3）合上励磁开关 QF_{M1}，当短路点在出口断路器外侧时，必须同时合上断路器。

（4）调节磁场变阻器，增加励磁电流，每增加 10%～15% 额定定子电流时，同时读

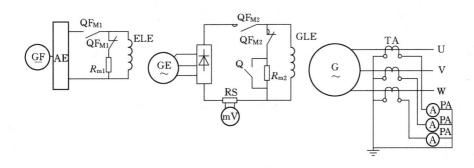

图 4-2　发电机三相短路特性试验接线图

GF—副励磁机；AE—励磁调节器；QF$_{M1}$—励磁机励磁开关；R_{m1}、R_{m2}—灭磁电阻；ELE—励磁
机转子绕组；GE—励磁机定子；QF$_{M2}$—发电机励磁开关；Q—短路开关；GLE—发电机
转子绕组；G—发电机定子；RS—标准分流器；TA—电流互感器；PA—电流表

取两次表计数值，一直增加至定子额定电流时为止。新安装的机组要做过流试验或整定继电保护时，则可以超过额定值，其最大值按制造厂规定。

（5）调节磁场变阻器，降低励磁电流，按照上述各点读表（如果三相电流平衡，可只读一只交流电流表的值），使定子电流降为零，断开灭磁开关，停止机组运转。

四、注意事项

（1）三相短路线应尽量装在接近发电机引出线端，且要在发电机断路器内侧与电流互感器之间，以免在试验过程中断路器突然断开，引起发电机过电压，损坏绝缘。如果在发电机出口装设短路线不方便，或要结合其他试验（如电压恢复法试验），则可以将短路线接在断路器外侧，但必须将断路器操作机构锁住，或将操作保险取掉，防止断路器在试验过程中自行跳闸。

（2）三相短路线的截面应按发电机额定电流选择，尽量采用铜排或铝排，应接触良好，防止由于接触电阻过大，发热而损坏设备。

（3）励磁电流的调节应该平稳缓慢地进行，达到预定数值时，应等指针稳定后，再对各表计同时读数。

（4）在试验中，当励磁电流升至额定值的 15％～20％时，应检查三相电流的对称性。如不平衡严重，应立即断开灭磁开关并查明原因。

（5）为了校验试验正确性，在调节励磁电流下降过程中，可按上升各点进行读数记录。

（6）在试验时，如果想同时校核配电盘上表计，在各点读数的同时，读取配电盘上表计的数值。

五、试验结果分析

（1）将各仪表读数换算成实际值，定子电流取三相的平均值。

（2）将整理的数值，在坐标纸上绘成曲线。由于此时发电机工作在非饱和状态，所以特性曲线为通过原点的直线。

（3）若是交接试验，应将曲线与制造厂曲线相比较，若是预防性试验，应与历次试验结果相比较。如果对应于相同定子电流，转子电流增大很多，则转子绕组有匝间短路的可能。

实例 2：一台 $P_n=75000kW$，$U_n=13.8kV$，$I_n=3690A$，$n=136.4r/min$ 水轮发电机的短路特性试验见表 4-3。

表 4-3   75000kW 水轮发电机短路特性试验数据

转子电流（A）	0	250	300	350	450	500
定子电流（A）	0	1800	2155	2520	3230	3650

第三节 同步电抗测量

一、基本概念

同步电抗是同步发电机的主要参数。以同步旋转的发电机定子绕组的稳态磁链所决定的电抗叫同步电抗（X_d 与 X_q）。其中纵轴同步电抗 X_d 是相对由于定子电流所建立的磁场与发电机磁极轴线相重合的电抗；横轴同步电抗 X_q 是相当于定子电流所建立的磁场垂直磁极轴线的电抗。

同步电机的参数决定了同步电机的基本运行特性，而且对电力系统运行有较大的影响。一般对于新机型电机的基本参数，除进行理论计算外，还需通过试验进行测定。

二、从空载特性和短路特性确定 X_d 及短路比 K_c

将发电机空载特性与短路特性绘在图 4-3 中，同步电抗为某一励磁电流 I_E 下的激磁电动势 E_0 与相应的短路电流 I 之比，即

$$X_d=\frac{E_0}{I} \tag{4-2}$$

因为短路试验时磁路为不饱和，所以这里的激磁电动势 E_0 应从气隙线上查出，如图 4-3 所示，求出的 X_d 值为不饱和值。

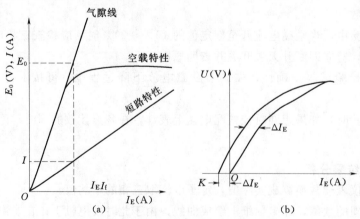

图 4-3 发电机空载特性与短路特性

（a）X_d 的确定；（b）校正后的空载特性曲线

X_d 的饱和值与主磁路的饱和情况有关。主磁路的饱和程度取决于实际运行时作用在主磁路上的合成磁动势，因而取决于相应的气隙电动势。如果不计漏阻抗压降，则可近似地认为取决于电枢的端电压。正常运行时，同步电机的端电压变化不大，所以通常用对应于额定电压时的 X_d 值作为其饱和值。为此，从空载曲线上查出对应于额定电压时的励磁电流 I_{E0}，再从短路特性上查出与该励磁电流相对应的短路电流 I'，如图 4-4 所示，这样即可求出 $X_{d(饱和)}$ 的近似值

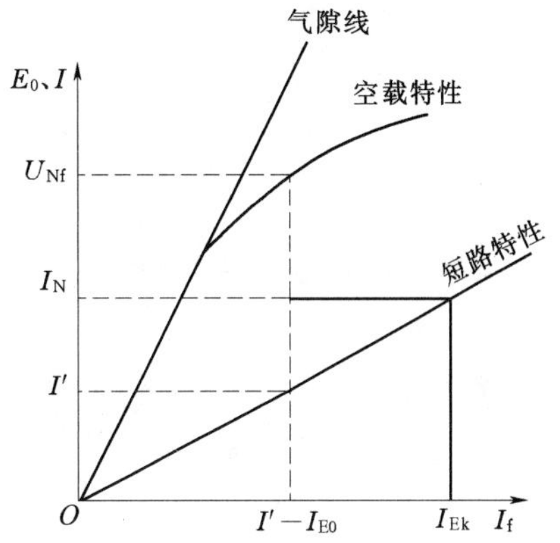

$$X_{d(饱和)} = \frac{U_{N\phi}}{I'} \qquad (4-3)$$

式中 $U_{N\phi}$——额定相电压，V。

图 4-4 X_d（饱和）和短路比的确定

短路比 K_c 是指产生空载额定电压所需励磁电流 I_{E0} 与产生三相短路时额定电流所需励磁电流 I_{Ek} 之比，即

$$K_c = \frac{I_{E0}(U=U_{N\phi})}{I_{Ek}(I=I_N)} \qquad (4-4)$$

从图 4-4 可知，$\dfrac{I_{E0}}{I_{Ek}} = \dfrac{I'}{I_N}$，$I'$ 为与 I_{E0} 对应的短路电流，于是式（4-4）可改写为

$$K_c = \frac{I'}{I_N} = \frac{I'}{U_{N\phi}} \cdot \frac{U_{N\phi}}{I_N} \approx \frac{z_b}{X_{d(饱和)}} = \frac{1}{X_{d(饱和)}^*} \qquad (4-5)$$

式中 z_b——阻抗基值，$z_b = \dfrac{U_{N\phi}}{I_N}$；

$X_{d(饱和)}$——对应于额定电压处直轴（纵轴）同步电抗饱和值；

$X_{d(饱和)}^*$——纵轴（直轴）同步电抗饱和值的标幺值。

短路比是直轴同步电抗饱和值的标幺值的倒数，短路比大，即 X_d^*（饱和）小，则负载变化时发电机的电压变化较小，并联运行时发电机的稳定度也较高；电机气隙较大，转子的额定励磁安匝和用铜量增大，电机造价高。反之，短路比小，则电压调整率较大，稳定度较差，电机造价低。汽轮发电机 K_c 一般为 0.5～0.7；水轮发电机 K_c 一般为 0.9～1.4，个别大的有 1.9。

实例 3：有一台 25000kW，10.5kV（星形联结），$\cos\varphi_N = 0.85$（滞后）的汽轮发电机，从其空载、短路试验中得到下列数据。从空载特性上查得：线电压 $U_L = 10.5kV$ 时，$I_{f0} = 155A$；从短路特性上查得：$I = I_N = 1718A$ 时，$I_{Ek} = 280A$；从气隙线上查得：$I_f = 280A$ 时，$U_L = 22.4kV$；试求同步电抗和短路比。

解：从气隙线上查出，$I_E = 280A$ 时，励磁电动势 $E_0 = \dfrac{22400}{\sqrt{3}} = 12930V$；在同一励磁电流下，由短路特性查出，短路电流 $I = 1718A$；所以同步电抗为 $X_d = \dfrac{E_0}{I} = \dfrac{12930}{1718} = 7.528$（$\Omega$）

用标幺值计算时

$$E_0^* = \frac{E_0}{U_{N\phi}} = \frac{22.4}{10.5} = 2.133$$

$$z^* = 1$$

$$X_d^* = \frac{E_0^*}{I^*} = \frac{2.133}{1} = 2.133$$

从空载和短路特性可知

$$I_{E0} = 155\text{A}, \quad I_{Ek} = 280\text{A}$$

短路比为

$$K_c = \frac{I_{E0}}{I_{Ek}} = \frac{150}{280} = 0.5536$$

同步电抗的饱和值的标幺值为 X_d^*（饱和）$\approx \dfrac{1}{K_c} = \dfrac{1}{0.5536} = 1.806$

实例 4：由实例 1 水轮发电机（$P_N = 75000\text{kW}$）空载特性与短路特性得：水轮发电机额定电压 U_N 时需要励磁电流 $i_{E0}' = 560\text{A}$。空载电压需要励磁电流为 $i_{E0} = 670\text{A}$。三相短路时产生定子额定电流需要励磁电流 $i_{Ek} = 517\text{A}$，求 X_d 及短路比。

解：

$$X_d^* = \frac{i_{Ek}}{i_{E0}'} = 517/560 = 0.923 \text{（不饱和值）}$$

$$X_d^* = \frac{i_{Ek}}{i_{E0}} = 517/670 = 0.772 \text{（饱和值）}$$

短路比：

$$K_O = i_{E0}/i_{Ek} = 670/517 = 1.296\text{（饱和值）}$$

$$K_O' = i_{E0}'/i_{Ek} = 560/517 = 1.033\text{（不饱和值）}$$

注意事项：发电机空载运行时，由于转子磁极的剩磁，在定子绕组上感应的电压称为残压。若此电压较高时，会使空载特性曲线不通过坐标原点，而与纵坐标相交，此时，应将空载特性曲线的直线部分延长交横坐标于 K 点，K_O 的绝对值即为校正量 ΔI_e，将空载特性曲线沿横轴方向水平移动 ΔI_e，得到通过坐标原点 O 的校正后的空载特性曲线如图4-3（b）所示。

三、用转差法测定 X_d 与 X_q

1. 试验方法

励磁绕组开路，转子以接近同步转速旋转（其转差率小于 1%），在定子绕组上施加三相对称交流低压电源（额定电压 3kV 以上的发电机一般接入 220～500V 的电源）。此时由于转子结构不对称，电抗在纵轴与横轴之间周期地变化。由于转子滑差很小，转子绕组又开路，则转子阻尼绕组中只有极小的电流，它对电枢磁通影响很小。因此，认为定子电流是由同步电抗 X_d 与 X_q 所决定的。

汽轮发电机中，$X_d = X_q$；水轮发电机中，因为 $X_d > X_q$ 在定子磁通轴线与磁极轴线重合时，磁通最大，电抗 X_d 最大，定子电流最小，线路压降最小，端电压则为最大，故

$$X_d = \frac{U_{max}}{I_{min}} \tag{4-6}$$

当定子磁通轴线与转子 q 轴垂直时，磁通最小，电抗最小，定子电流最大，端电压则为最小，故

$$X_q = \frac{U_{min}}{I_{max}} \tag{4-7}$$

式中　U、I——单相值。

用小转差法测出 X_d，X_q 的试验接线如图 4-5 所示。由于试验在低电压下进行，故测出的 X_d 与 X_q 均是不饱和值。

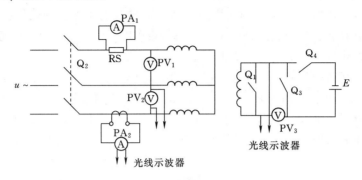

图 4-5　用转差法测量发电机 X_d、X_q 两试验接线

2. 试验步骤

(1) 按接线图将电压表、电流表及光线示波器接入回路中。

(2) 将励磁绕组开关 Q_1 短路，将被发电机驱动与同步转速非常接近的转速，即转差率在 1% 左右的转速下运行。

(3) 测定绕组剩磁电压值。

(4) 合上开关 Q_2，在定子绕组上通入与转子旋转方向相同的相序的频率的三相对称低电压（约 $2\%U_N \sim 5\%U_N$）。

(5) 断开转子绕组的短路开关 Q_1；合上电压表开关 Q_3。

(6) 待转速稳定后，启动光线示波器，录取转差试验中的定子绕组中电流与电压波形图以及转子绕组端电压波形图，同时读下各表计的数值。

(7) 测试完毕后，合上 Q_1 断开 Q_2 与 Q_3。

3. 参数 X_d^*、X_q^* 的计算

$$X_d = \frac{U_{max}}{\sqrt{3}I_{min}}; \qquad X_d^* = \frac{X_d}{U_N/I_N} = \frac{U_{max}}{I_{min}} \cdot \frac{I_N}{U_N} \qquad (4-8)$$

$$X_q = \frac{U_{min}}{\sqrt{3}I_{max}}; \qquad X_q^* = \frac{X_q}{U_N/I_N} = \frac{U_{min}}{I_{max}} \cdot \frac{I_N}{U_N} \qquad (4-9)$$

现代同步电机的标幺值的参数：汽轮发电机 $X_{d(不饱值)}^* = 0.90 \sim 2.5$；$X_q^* = 0.9X_d^*$ 水轮发电机 $X_{d(不饱值)}^* = 0.65 \sim 1.60$；$X_q^* = 0.40 \sim 1.0$；凸极同步电动机 $X_d^* = 1.5 \sim 2.2$，$X_q^* = 0.95 \sim 1.4$。

4. 注意事项

(1) 试验时要使滑差尽可能小，以便尽量减少过渡情况，尤其只使用仪表测量时，更应注意这一点，否则，交流仪表指示值追随不上测量值的变化，将使试验计算值 X_d 小于实际值，而 X_q 值大于实际值。

(2) 在拍摄波形与读表计时，励磁绕组应开路，以免在它内部感应出对磁通起阻尼作用的电流。但在定子绕组接入电源或从电源断开时，励磁绕组应该直接短路或经放电电阻短路，（也可以利用灭磁开关），以免由于瞬变（过渡）过程在励磁绕组引起过电压而损坏

励磁绕组。

（3）根据实测，大中型汽轮发电机与水轮发电机的残余电压值约为额定电压的 $1\%\sim$ 1.5%，故额定电压为 $3\sim15.75kV$ 的电机，一般应接入 $220\sim380V$ 的三相对称交流电源。若定子残压大于试验电压的 30% 时，则应设法提高试验电压。否则残压将影响试验的准确度，残压的存在将在各极间交替产生去磁与助磁作用，使定子电流最小值与最大值均出现大小不一的两个数值，而且两个数值都不是真正的数值。

为了修正残压带来误差，首先应根据示波图求出电流与电压的最大，最小的平均值。

$$I_{min \cdot p} = (I_{min1} + I_{min2})/2; \qquad I_{max \cdot p} = (I_{max1} + 2I_{max2})/2$$
$$U_{min \cdot p} = (U_{min1} + U_{min2})/2; \qquad U_{max \cdot p} = (U_{max1} + U_{max2})/2$$

当残压影响较大时，要对 $I_{max \cdot p}$ 进行校正

$$I_{max \cdot J} = \sqrt{I_{max \cdot p}^2 - \left(\frac{U_C}{\sqrt{3}X_d}\right)^2}$$

式中　U_C——定子线匝间残压，V；
　　　　X_d——用空载短路法求得的不饱和值，Ω。

$$X_d = \frac{U_{max1} + U_{max2}}{\sqrt{3}\ (I_{min1} + I_{min2})} \tag{4-10}$$

$$X_q = \frac{U_{min1} + U_{min2}}{\sqrt{3}\sqrt{\left(\dfrac{I_{max1} + I_{max2}}{2}\right)^2 - \left(\dfrac{U_C}{\sqrt{3}X_d}\right)^2}} \tag{4-11}$$

$$X_d^* = \frac{\sqrt{3}I_N X_d}{U_N} = \frac{U_{max \cdot p} I_N}{I_{min \cdot p} U_N} \tag{4-12}$$

$$X_q^* = \frac{\sqrt{3}I_N X_q}{U_N} = \frac{U_{min \cdot p} I_N}{I_{max \cdot J} U_N} \tag{4-13}$$

式中　U_{max1}、U_{max2}、U_{min1}、U_{min2}——相邻两个定子电压的最大值和最小值。

（4）为了消除残压对测量结果的影响，试验前将残压降到最低，常用的方法（见图 4-5）是用容量足够的蓄电池经开关 Q_4 与转子绕组极性相反连接，将 Q_1、Q_2、Q_3 开关全断开，使发电机空转，合上蓄电池开关 Q_4，由定子电压表观察定子残压，若逐渐降低，则表明 E 去磁的方向正确。一般将残压降至 $5\sim8V$ 即可。

（5）当定子电源开断时，或转差率瞬时增大时，在转子绕组两端可能产生很高电压，为此应注意开关断开次序。开关 Q_1 在外加电源投入，并测量时才可断开；在 Q_1 断开后才能合上开关 Q_3，以防烧坏电压表；在断开电源时，要先合上 Q_1，断开 Q_3，然后再断开电源开关 Q_2。

（6）有阻尼的发电机不应采用转差法来测同步电抗。

四、用闪光灯法测量汽轮发电机 X_d（饱和值）

试验前在被试发电机转轴与轴承盖交接处分别划一道白线，将移相器接到被试发电机定子绕组出线端上电压互感器二次侧，移相器输出端接一只闪光灯。

试验时被试发电机与电网并列运行，将发电机负荷降为零，用闪光灯照到白线处调节移相器的移相角度 δ_1，使转轴上白线与轴承盖上白线对齐。然后逐渐增加发电机负荷，使其在确定工况运行，此时再调节移相器，使转轴上白线与轴承盖上白线重新对齐。记录移相器角度 δ_2，

同时测量定子线电压 U，定子电流 I 与功率因数角 φ，则纵轴同步电抗饱和值按下式计算

$$X_{\mathrm{d}} = \frac{U}{\sqrt{3} I} \big[\mathrm{tg}(\varphi + \delta_1 - \delta_2)\cos\varphi - \sin\varphi \big] \tag{4-14}$$

上述移相器前后二次测量角度差 $(\delta_1 - \delta_2)$，就是发电机在额定工况下的功角。

五、试验方法比较

（1）利用空载、短路特性曲线测定 X_{d} 较为简单，结果也较正确。

（2）利用转差法测定较为简单，但在测量过程中易产生较大误差。

（3）闪光灯法只用于汽轮发电机，测量过程中要测量功角 δ 与功率因数角 φ，试验较复杂其测量精度受 δ 与 φ 测量准确度的影响。

实例 5： 水轮发电机型号为 TSS854/90—40，$P_{\mathrm{N}} = 72500\mathrm{kW}$，$U_{\mathrm{N}} = 13800\mathrm{V}$，$I_{\mathrm{N}} = 3570\mathrm{A}$，采用低转差法求 X_{d} 及 X_{q}。

解： 在放大的示波图上，电流的比例尺为 $100\mathrm{A}/14.6\mathrm{mm}$，由示波图上量得 $I_{\mathrm{min}1} = 17.3\mathrm{mm}$；$I_{\mathrm{min}2} = 19.8\mathrm{mm}$，$I_{\mathrm{min} \cdot \mathrm{p}} = (I_{\mathrm{min}1} + I_{\mathrm{min}2})/2 = 18.55\mathrm{mm}$；$I_{\mathrm{min} \cdot \mathrm{p}} = 18.55 \times \frac{100}{14.6} = 127.1$（A）；$I_{\mathrm{max}1} = 23.8\mathrm{mm}$；$I_{\mathrm{max}2} = 24\mathrm{mm}$；$I_{\mathrm{max} \cdot \mathrm{p}} = (I_{\mathrm{max}1} + I_{\mathrm{max}2})/2 = 23.9\mathrm{mm}$；$I_{\mathrm{max} \cdot \mathrm{p}} = 23.9 \times \frac{100}{14.6} = 163.7\mathrm{A}$。由于试验电源容量较大，故电压的幅值基本不变，即 $U_{\mathrm{max}} = U_{\mathrm{min}} = 408\mathrm{V}$；于是有 $X_{\mathrm{d}}^* = \frac{U_{\mathrm{max}} I_{\mathrm{N}}}{I_{\mathrm{min} \cdot \mathrm{p}} U_{\mathrm{N}}} = \frac{408 \times 3570}{127.1 \times 13800} = 0.83$；在不考虑校正时，$X_{\mathrm{q}}^* = \frac{U_{\mathrm{min}} I_{\mathrm{N}}}{I_{\mathrm{max} \cdot \mathrm{p}} U_{\mathrm{N}}} = \frac{408 \times 3570}{163.7 \times 13800} = 0.645$。考虑残压影响进行校正时，$I_{\mathrm{max} \cdot \mathrm{J}} = \sqrt{163.7^2 - \left(\frac{31}{\sqrt{3} \times 1.97}\right)^2} = 162\mathrm{A}$。该机的定子残压为 $U_{\mathrm{C}} = 31\mathrm{V}$，根据空载与短路特性，求得 $X_{\mathrm{d}}^* = 0.882$，$X_{\mathrm{d}} = 1.97\Omega$，则

$$X_{\mathrm{qJ}}^* = \frac{U_{\mathrm{min}} I_{\mathrm{N}}}{I_{\mathrm{max} \cdot \mathrm{J}} U_{\mathrm{N}}} = \frac{408 \times 3570}{162 \times 13800} = 0.652。$$

本次测试中，滑差 $S = 0.9\% < 1\%$，故由转差法所产生误差对于 X_{d} 小于 10%，对于 X_{q} 小于 5%，试验时残压数为 $\frac{31}{13800} = 0.23\%$，故由残压引起的误差也甚小，从校正 X_{q} 前后之比，$\frac{X_{\mathrm{q}}}{X_{\mathrm{qJ}}} = 99.2\%$，即可证明。

第四节　定子漏电抗 X_σ 的测定

测定发电机定子漏抗的方法较多，如特性曲线测定法，矢量图测定法和静态测定法（取出转子与不取出转子）等。其中静态测定一般被广泛采用，下面我们介绍取出转子静态测法。

一、试验接线

试验接线如图 4-6 所示。试验时，定子绕组通入低压三相交流电源。在定子膛内安放一测量线圈 CL，其长度等于铁芯总长 L，宽度 τ 等于一个极距，线圈的有效边固定在槽楔上，线圈的端部沿径向尽可能弯成 $90°$ 的角，并沿定子铁芯的半径拉至电机的轴线，以减少漏磁通的感应。

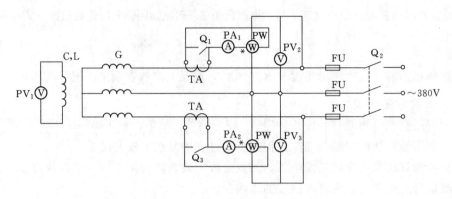

图 4-6　定子漏抗测试接线图

测量线圈的电压采用高内阻电压表（如真空管电压表）测量，功率采用低功率因数的瓦特表测量。

二、注意事项

（1）试验电流较大时，应采用空气开关控制试验电源。

（2）测量线圈必须安放平稳牢固，两根引出线应绞合在一起引出，以免端部漏磁的影响。

（3）测量定子绕组电压的电压表应直接接到发电机引出线端头，且接触要良好，电压表的量程先放在最大位置，然后逐档调节。试验时，表计应远离电磁场，以免影响测量效果。

（4）接通电源前，应用短路刀闸 Q_1、Q_3 将电流互感器二次侧短接，以免合电源时电流过大，损坏仪表。

（5）试验前，对试验电源容量要进行初步估算，以确定电流互感器的变比与电源线的容量：

$$I = \frac{U}{\sqrt{3}(x_\sigma + x_b)} \tag{4-15}$$

式中　U——试验电压，V；

I——试验时通入电流，A；

x_b——基波磁势在定子内圆中的磁通所决定的电抗，Ω；

x_σ——漏抗的实际值（可按标幺值 $0.11\sim0.15$ 估算），Ω。

三、试验结果整理

（1）求 x 值。由测得定子绕组各电量，根据欧姆定律

$$z = \frac{U}{\sqrt{3}I}(\Omega)，\quad r = \frac{P}{3I^2}(\Omega)；\quad x = \sqrt{z^2 - r^2}(\Omega) \tag{4-16}$$

式中　U——线电压，V，取三相的平均值；

I——线电流，A；

P——三相总功率，W。

（2）求 x_b 值。有两种方法可用。

1）根据试验数据求得

$$x_b = \frac{U_K}{I} \cdot \frac{W_1 K_{W1}}{W_K}(\Omega) \tag{4-17}$$

式中 U_K——测量线圈中感应电压，V；

       I——试验时定子电流，A；

     W_K——测量线圈匝数；

     W_1——定子绕组每相串联匝数；

   K_{W1}——定子绕组的绕组系数。

当定子绕组为分数槽时，测量线圈两有效边的宽度可选包括极距以内最大的整数槽 N 加以修正得出

$$x_b = \frac{U_K}{I} \times \frac{W_1 K_{W1}}{W_K \sin\left(\dfrac{N}{3q} \times \dfrac{\pi}{2}\right)} \quad (\Omega) \qquad (4-18)$$

式中 q——每极每相的分数槽数；

     N——每极每相的整数槽数。

2）用计算法求得

$$x_b = \frac{15 W_1^2 K_{W1}^2 L f}{p} \times 10^{-8} \quad (\Omega) \qquad (4-19)$$

$$K_{W1} = K_p K_y$$

式中 f——电源的频率，Hz；

     p——磁极对数；

     L——定子铁芯总长度，cm；

   K_{W1}——定子绕组的绕组系数；

    K_p——分布系数，式中 $K_p = \dfrac{\sin q\dfrac{\alpha}{2}}{q\sin\dfrac{\alpha}{2}}$；

    K_y——短距系数，$K_y = \sin\dfrac{\beta\pi}{\alpha}$；

     q——每极每相槽数，$q = \dfrac{z_1}{2mp}$；

     α——相邻两槽之角差，$\alpha = \dfrac{2mp}{z_1}$；

     β——短距角度，$\beta = \dfrac{y}{\tau}$；

     y——定子绕组节距；

     τ——极距，$\tau = \dfrac{z_1}{2p}$；

    z_1——定子槽数；

     m——定子绕组相数。

（3）求漏抗值 x_σ

$$x_\sigma = x - x_b \qquad (4-20)$$

用标幺值表示 $\qquad\qquad\qquad x_\sigma^* = \sqrt{3} I_N x_\sigma / U_N$

实例 6：某水轮发电机，型号为 BTC 1260/200—60，$P_N = 150000\text{kW}$，$U_N = 15750\text{V}$，

$I_N = 6480A$，采用取出转子静测法测漏抗。

解：试验容量的估算

$$I = \frac{U}{\sqrt{3}\ (x_\sigma + x_b)}$$

式中，x_σ^* 按 0.15 考虑，则 $x_\sigma = 0.21\Omega$，电源电压 U 取 380V。

$$x_b = \frac{15}{p}(W_1 K_{w1})^2 Lf \times 10^{-8} = \frac{15}{30} \times (66 \times 0.9465)^2 \times 200 \times 50 \times 10^{-8} = 0.195\Omega$$

其中

$$K_p = \frac{\sin\left(3.3 \times \dfrac{18.2}{2}\right)}{3.3\sin\dfrac{18.2}{2}} = \frac{\sin30°}{3.3\sin9.1°} = 0.958$$

$$K_y = \sin\frac{1.11 \times 180}{2} = \sin100° = 0.988$$

故

$$K_{w1} = K_p K_y = 0.958 \times 0.988 = 0.946$$

则

$$I = \frac{380}{\sqrt{3}\ (0.21 + 0.195)} = 542\ (A)$$

所需电源的容量 $S = \sqrt{3}UI = 1.73 \times 380 \times 542 = 357\ (kVA)$

（4）试验数据。$U = 361.3V$（三相平均值）；$I = 510.5A$（三相平均值）；$P = 3700kW$（三相总功率）；$U_k = 20.4V$（测量线圈总匝数 $W_K = 14$ 匝）。

（5）计算 x 值。$z = \dfrac{U}{\sqrt{3}I} = \dfrac{361.3}{1.73 \times 510.5} = 0.4086\ (\Omega)$；$r = \dfrac{P}{3I^2} = 3700/3 \times 510.5^2 = 0.004732\ (\Omega)$；$x = \sqrt{z^2 - r^2} = \sqrt{0.4086^2 - 0.004732^2} = 0.4085\ (\Omega)$。

（6）计算 x_b 值。$x_b = \dfrac{U_K W_1 K_{w1}}{IW_K \sin\left(\dfrac{N}{3q} \cdot \dfrac{\pi}{2}\right)} = \dfrac{204}{510.5} \times \dfrac{60 \times 0.9465}{14\sin\left(\dfrac{10}{3 \times 3.3} \times \dfrac{180}{2}\right)} = 0.1785\ (\Omega)$。

（7）漏抗 x_σ 的计算值。$x_s = x - x_b = 0.4085 - 0.1785 = 0.23\ (\Omega)$；$x_\sigma^* = \dfrac{\sqrt{3}I_n}{U_n}x_\sigma = \dfrac{1.732 \times 6480}{15750} \times 0.23 = 0.164$。

第五节　次暂态（超瞬变）电抗 x_d'' 与 x_q'' 的静测法

若发电机定子绕组的任意两相接入单相交流电源，而转子绕组短路，则此时静止的电机与运行的变压器状态相似，其中定子绕组相当于原边，转子纵轴绕组相当于副边。

根据图 4-7 等值电路可知：x_d'' 就是考虑到阻尼绕组和励磁绕组反磁势作用后的变压器短路电抗。因此在定子绕组测出的电抗就是次暂态电抗。同时由于原边与副边磁通的耦合，此电抗将随转子的转动而改变，这时漏磁通及定子与转子互感的分布符合于突然短路的情况，这就提供了发电机可以在静止状态下，测量 x_d'' 与 x_q'' 的论据。

用静测法测得的电抗值为不饱和值，它又分任意转子位置静测法与转子转动测量两种方法。

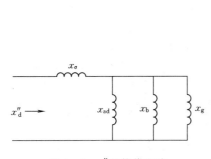

图 4-7 x_d'' 的等值电路

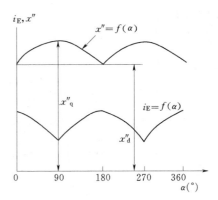

图 4-8 x'' 及转子电流 i_E 对转子
转角 α 的关系曲线

一、任意转子位置静测法

由于转子结构的不对称，电枢反应对应于不同转子位置，其次暂态电抗值是不同的。x_d'' 与 x_q'' 是两个极限数值，而转子位于其他位置时的 x'' 值则在某一平均值按照转子磁极轴线与定子绕组磁势轴线的夹角呈余弦变化，如图 4-8 所示。如向定子绕组 UV、VW、WU 分别施加交流电压。若单相脉振磁通轴线与磁极轴线相重合，由于阻尼绕组与励磁绕组的阻尼作用，定子绕组感抗是 x_d''。同样当单相脉振磁通轴线与磁极轴线垂直时，定子绕组感抗是 x_q''。由于施加在定子绕组两相上的电压所产生磁通的轴线是任意位置，则由定子电流、电压、功率所求得的电抗可由下式表示

$$x_{UV}''=x_p''-\Delta x''\cos2\alpha$$
$$x_{VW}''=x_p''-\Delta x''\cos2(\alpha-120°)$$
$$x_{WU}''=x_p''-\Delta x''\cos2(\alpha-240°)$$

式中 α——定子 UV 相绕组磁势轴线与转子磁极轴线的夹角。

解上列方程组得感抗的平均值为

$$x_p''=\frac{1}{3}(x_{UV}''+x_{VW}''+x_{WU}'') \tag{4-21}$$

$$\Delta x''=\frac{2}{3}\sqrt{x_{UV}''(x_{UV}''-x_{VW}'')+x_{VW}''(x_{VW}''-x_{WU}'')+x_{WU}''(x_{WU}''-x_{UV}'')} \tag{4-22}$$

由此即求出参数

$$x_d''=x_p''\mp\Delta x'' \ (\Omega) \tag{4-23}$$
$$x_q''=x_p''\pm\Delta x \ (\Omega)$$

在一般情况下 $x_q''>x_d''$，有时有阻尼绕组的电机会出现 $x_d''>x_q''$。为了判断是 $x_d''>x_q''$ 还是 $x_d''<x_q''$，可以在每次测量时读取转子电流。由于脉振磁通轴线越接近磁极轴线，转子绕组中电流越大，因此，可根据每次试验时转子电流的大小来判断其对应阻抗的大小。如果三个阻抗数值中的最大值对应于测得的三个转子电流数值的最小值时，取上面的符号，

即 $x_q'' > x_d''$；如果三个阻抗数值中的最大值对应于测得的三个转子电流数值的最大值，则取下面符号，$x_d'' > x_q''$。

1. 试验接线

试验接线如图 4 - 9 所示。

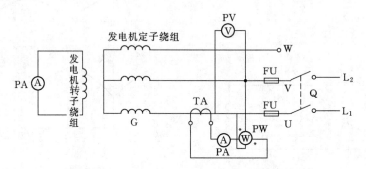

图 4 - 9　用静测法求 x_d'' 及 x_q'' 试验接线

2. 试验步骤

(1) 试验电源容量的估算：试验时发电机所表现的阻抗 z 可按发电机基准阻抗 z_n 的 15% 估计，即 $z = 0.15 z_n$ （Ω）

其中

$$z_n = \frac{U_n}{\sqrt{3} I_n} \ (\Omega)$$

$$I = \frac{U}{2z} \ (A)$$

$$S = \frac{U^2}{2z} \times 10^{-3} \ (kVA)$$

式中　U——试验电源电压，V；

I——试验时通入定子绕组的电流，A；

S——试验所需的电源，kVA。

(2) 按图 4 - 9 接入所选用的仪表。

(3) 在转子静止情况下，以单相低压交流电源，分别通入定子绕组的 UV、VW、WU 各相，并同时读取和记录各次的电压、电流、功率与转子电流。

3. 注意事项

(1) 对于水轮发电机，试验时电流允许较大（允许达到额定值），可以直接加入 380V 的交流电源，但试验应尽快地进行，以免阻尼绕组及磁极的极靴过热。

(2) 试验时要保证转子不动。

(3) 试验电压表的接线应接在引出线的端点，并接触良好，以免产生误差。

(4) 试验时，电源设备、开关、导线等的容量应足够。

(5) 试验时使用的表计尽量远离大电流与强磁场。

4. 试验数据的整理，用一个实例加以说明

实例 7：水轮发电机 $U_n = 10500V$，$I_n = 1272A$，用静测法测 x_d'' 与 x_q''，试验数据如表 4 - 4 所示。

表 4 - 4　　　　　　　　　　　　　静 测 法 试 验 数 据

相　别	U（V）	I（A）	P（W）	i_B（A）
UV	354.8	200	3245	12
VW	352.0	204	2822	18
WU	352.0	194	3626	1

解：根据试验数据计算

$$z_{UV} = \frac{U_{UV}}{2I_{UV}} = \frac{354.8}{2 \times 200} = 0.8875 \text{（Ω）}$$

$$z_{VW} = \frac{U_{VW}}{2I_{VW}} = \frac{352}{2 \times 204} = 0.8625 \text{（Ω）} \qquad z_{WU} = \frac{U_{WU}}{2I_{WU}} = \frac{352}{2 \times 194} = 0.907 \text{（Ω）}$$

$$r_{UV} = \frac{P_{UV}}{2I_{UV}^2} = \frac{3245}{2 \times 200^2} = 0.0406 \text{Ω} \qquad r_{VW} = \frac{P_{VW}}{2I_{VW}^2} = \frac{2822}{2 \times 204^2} = 0.0339 \text{（Ω）}$$

$$r_{WU} = \frac{P_{WU}}{2I_{WU}^2} = \frac{3626}{2 \times 194^2} = 0.0482 \text{（Ω）}$$

$$x_{UV}'' = \sqrt{z_{UV}^2 - r_{UV}^2} = \sqrt{0.8875^2 - 0.0406^2} = 0.8865 \text{（Ω）}$$

$$x_{VW}'' = \sqrt{z_{VW}^2 - r_{VW}^2} = \sqrt{0.8625^2 - 0.0339^2} = 0.862 \text{（Ω）}$$

$$x_{WU}'' = \sqrt{z_{WU}^2 - r_{WU}^2} = \sqrt{0.907^2 - 0.0482^2} = 0.906 \text{（Ω）}$$

$$x_p'' = \frac{1}{3}(x_{UV}'' + x_{VW}'' + x_{WU}'') = 0.8848 \text{（Ω）}$$

$$\Delta x'' = \frac{2}{3}\sqrt{x_{UV}''(x_{UV}'' - x_{VW}'') + x_{VW}''(x_{VW}'' - x_{WU}'') + x_{WU}''(x_{WU}'' - x_{UV}'')} = 0.0258 \text{（Ω）}$$

由计算值得知，z_{WU} 最大，但对应的转子电流最小，故式（4 - 23）中符号取上面的，即

$$x_d'' = x_p'' - \Delta x'' = 0.8590 \text{（Ω）}$$

$$x_q'' = x_p'' + \Delta x'' = 0.9106 \text{（Ω）}$$

标幺值

$$X_d''^* = \frac{x_d''}{\dfrac{U_n}{\sqrt{3} I_n}} = \frac{0.8590}{4.766} = 0.18$$

$$X_q''^* = \frac{x_q''}{\dfrac{U_n}{\sqrt{3} I_n}} = \frac{0.9106}{4.766} = 0.191$$

二、转子转动测量法

利用盘车装置使转子慢速转动一个极距，在不同的角度下测量通入定子绕组中的各电量。其原理试验接线及所用仪表完全与任意转子位置静测法一样。不同之处是，只需通入任意两相（例如 U，V 相）即可，不需按 UV，VW，WU 相轮流通入。

先在定子上装一个有适当刻度的弧形标尺，并应预先知道每一极距相当于标尺的分度数。另外在转子上装一指针，当转子转动一个角度时，指针应能清楚地指出偏转的度数。当电枢磁势的轴线与转子纵轴重合时，在转子回路中电流最大；当它与转子横轴重合时，电流最小（水轮发电机实际为零）。

当转子偏转不同的角度 α 时，依次读取定子电流、电压、消耗功率及转子电流，这样至少需读完一个磁极的读数。当外加电压不变，两电流最大时，即相当于 x''_d 的位置；两电流最小时，相当于 x''_q 的位置。在试验中应该找出这两点。

对每一组读数，按以下公式计算 x'' 之值

$$x''=\frac{\sqrt{U^2 I^2 - P^2}}{2I^2} \tag{4-24}$$

根据计算值，可以作出 $x''=f(\alpha)$ 的关系曲线，如图 4-8 所示。在所绘的 $x''=f(\alpha)$ 曲线中，电抗值中最小值为 x''_d，电抗值中最大值为 x''_q，即：$x''_d=x''_{min}$；$x''_q=x''_{max}$。

三、对本试验方法的评价

静测法的优点是可以直接由仪表读数，通过计算求得 x''_d 与 x''_q。所需的试验设备简单，试验容量不大，试验结果的整理与分析简单，受谐波的影响小，试验准确度较高。转子静测法与转子动测法结果相近，对于大型水轮发电机来说，用静测法的优点更为突出，因此，在现场进行 x''_d 与 x''_q 的测定时，本法优先采用。

第六节　低电压突然三相短路试验求取参数

低压三相突然短路法是将发电机励磁并以同步转速旋转。当定子电压升到额定电压的 25% 左右时，用对冲击电流有足够稳定度的断路器在其出口实行三相突然短路，用示波器录取在这种状态下的三相定子电压、电流与转子电流的波形。根据示波图进行分析，求出发电机的纵轴电抗 X''_d、X'_d、X^*_d 与时间常数 T''_d、T'_d 及 T_d。

一、试验接线

试验接线如图 4-10 所示。当三相突然短路时，短路电流的最大值可接下式估算

$$i_{max} \approx \frac{2\sqrt{2}U^*_0}{X''^*_{dsj}} I_n \quad (\text{A}) \tag{4-25}$$

式中　U^*_0——突然短路前，空载时定子电压值（标幺值）；

$\quad\quad X''^*_{dsj}$——超变电抗的设计值（标幺值）；

$\quad\quad I_n$——电机额定电流，A。

试验所用表计及示波器的振子可参照上述计算值进行选择。

二、试验步骤

(1) 接图 4-10 接入测量仪表与仪器。

(2) 启动机组达额定转速，并维持恒定。

(3) 合上灭磁开关 QF_M，调节励磁电流，使发电机升压到 25% U_N 左右。

(4) 启动示波器，联动合上发电机出口断路器 QF，录取短路过程中的各电量至定子电流稳定时为止。录波速度 100mm/s。

(5) 待短路电流稳定后，打开电流表的短路刀闸 Q，读取电流稳定值。

(6) 将磁场变阻器调至最大，断开灭磁开关 QF_M 及出口断路器 QF。

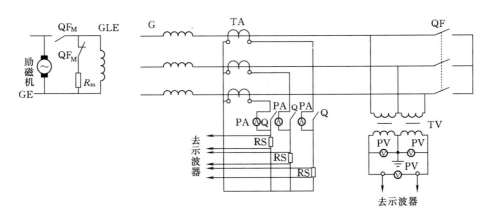

图 4-10　三相突然短路试验接线图

三、注意事项

（1）发电机到短路点的距离应尽可能短，短路线截面积应足够，连接要可靠。

（2）试验前应校验所用断路器合闸同时性，使其相间差最小。

（3）录取定子电流波形的振子最好接到分流器 RS 上。若用 TA 电流互感器测量，则二次侧所接负载应尽量小，不致通过大电流而饱和。

（4）试验前需将示波器的振子选择适当，并根据预算的电流电压值，调整示波器电阻箱分流电阻及串联电阻。试验前需进行示波器操作检查，确保正常，以免漏拍。

（5）解除断路器和灭磁开关的连锁装置，退出复励、强励与自动励磁装置（电压校正器），调压用手动，有关的保护（例如低电压过电流保护）应暂时停用。

四、试验结果整理

（1）将录波形图放大并按标准波形的比例确定其实际值的大小。

（2）测量每一个电流波的峰值，将所测得之值绘制电流、时间曲线（等分坐标，纵坐标为电流，横坐标为时间），作出三相电流的外包络线，如图 4-11 所示（示意图）。

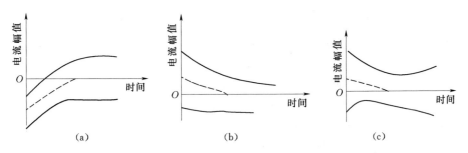

图 4-11　短路电流外包络线及其平均值

（a）U 相；（b）V 相；（c）W 相

（3）根据各相电流的上下包络线，其纵坐标代数和的一半即为定子电流非周期分量 i_{u-}，如图 4-11 中电流的上、下包括线的中线即是。横坐标上某时刻与此曲线的距离就是该时刻非周期分量的大小。由于各相中非周期分量的起始值各不相同，因而需对三相分别求出。

（4）从电流波形的外包络线中减去非周期分量的起始值，即得定子电流的周期分量，然后绘制周期分量与时间变化的曲线。

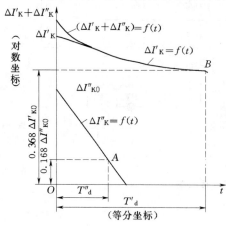

图 4-12　$\Delta I'_\text{K}+\Delta I''_\text{K}$ 与时间的关系曲线

（5）用三相电流周期分量的平均值减去短路电流的稳定值，此差值即为短路电流的瞬变分量 $\Delta I'_\text{K}$ 与超瞬变分量 $\Delta I''_\text{K}$ 之和。

（6）将（5）所得数值绘在横坐标为时间（等分坐标），纵坐标为电流（对数坐标）的半对数坐标纸上，所得曲线为 $\Delta I''_\text{K}+\Delta I'_\text{K}$ 与时间关系曲线。

（7）将曲线的直线部分延长与纵坐标相交，交点所对应的电流值，即 $\Delta I'_\text{K}$，再将曲线与 $\Delta I'_\text{K}$ 直线间的差值，描绘于同一坐标纸上，即得到 $\Delta I''_\text{K}$ 对时间的变化曲线，其与纵坐标交点即为 $\Delta I''_\text{K}$，如图 4-12 所示。

（8）计算 X^*_d，X'^*_d，X''^*_d，按下面公式进行

$$X^*_\text{d}=\frac{U^*_0}{I^*_\text{K}} \tag{4-26}$$

$$X'^*_\text{d}=\frac{U^*_0}{I^*_\text{K}+\Delta I'^*_\text{K0}} \tag{4-27}$$

$$X''^*_\text{d}=\frac{U^*_0}{I^*_\text{K}+\Delta I'^*_\text{K0}+\Delta I''^*_\text{K0}} \tag{4-28}$$

式中　U^*_0——突然短路前定子绕组空载电压（标幺值）；

I^*_K——稳态短路电流（标幺值）；

$\Delta I'^*_\text{K0}$，$\Delta I''^*_\text{K0}$——短路开始时，短路电流的瞬变分量及超瞬变分量（标幺值）。

（9）按最大可能非周期分量求 X''_d。

1）将突然三相短路的三相非周期分量分别绘制于半对数坐标纸上，并外延至与纵轴相交得出 3 个起始值：I''_uU、I''_uV、I''_uW。

2）将三相非周期分量绘成 3 个互相成 60°角的矢量图，如图 4-13 所示。其中最大一个矢量应在中间，通过各矢量的终端作一根垂直于本身的垂线，三根垂线近似相交于一点 M；如果三根垂线不交于一点，而成一个小三角形时，则应取此三角形的中点作为 M 点。由 3 个矢量的公共起点 O 到 M 点连成 OM，则 OM 即为最大可能非周期分量的起始值。

$$X''^*_\text{d}=\frac{U^*_0}{OM} \tag{4-29}$$

式中　OM——最大可能的非周期分量起始值的标幺值。

（10）求时间常数 T''_d、T'_d 及 T_a。

1）求纵轴超瞬时间常数 T''_d。在 $\Delta I''_\text{K}=f(t)$ 的曲

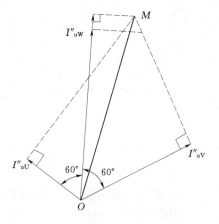

图 4-13　求电流的最大可能
非周期分量图

线上作纵坐标值等于 $0.368\Delta I''_\mathrm{K}$ 的横轴平行线，交曲线于 A 点，则 A 点的横坐标时间值即为 T''_d，如图 4-12 所示。

2）求纵轴瞬变时间常数 T'_d。在 $\Delta I'_\mathrm{K}=f(t)$ 的曲线上作纵坐标值等于 $0.368\Delta I'_\mathrm{K}$ 的横坐标平行线，交曲线于 B 点，则 B 点的横坐标时间值即为 T'_d，如图 4-12 所示。

3）求非周期分量衰减时间常数 T_a。根据步骤（9）所绘制的定子非周期分量 i_{u-} 与时间的关系曲线 $i_{u-}=f(t)$ 上，分别作纵坐标值等于 $0.368I''_\mathrm{uU}$、$0.368I''_\mathrm{uV}$ 及 $0.368I''_\mathrm{uW}$ 的平行线与各自曲线分别交于 C、D、E 三点，该三点的横坐标值的时间值，即为各相非周期分量衰减的时间常数 T_uU、T_uV 及 T_uW，如图 4-14 所示，取其平均值即得 T_a。

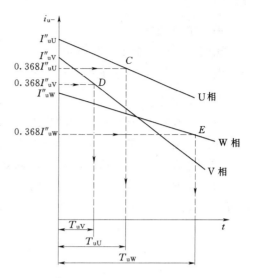

图 4-14　电流的非周期分量与
时间关系曲线图

$$T_\mathrm{a}=\frac{1}{3}(T_\mathrm{uU}+T_\mathrm{uV}+T_\mathrm{uW}) \tag{4-30}$$

五、对本试验方法的评价

采用突然短路法能同时测定发电机纵轴的各项参数，是求取发电机的瞬变参数最直接的方法。发电机进行突然短路有一定的危险性，在现场采用时往往有一定困难。例如，短路时要求断路器三相应同时短路，否则会影响短路电流数值及曲线的准确度；示波器要接在无感分流器上测量才较准确。而现场也往往不具备此条件，加上分析试验结果很费时间，一般情况下采用较小。

突然短路法，在制造厂进行定型试验时可作为基本方法。在验收试验中，根据国家标准的要求需对电机的强度进行校核时，可用此法测定参数。在准备大修前需进行电机参数的测定，也可考虑采用此法。

第七节　用电压恢复法求取参数

当三相短路突然拉开之后，定子电流及电枢反应突然减少至零。由于励磁绕组的磁链不能突然增加，故定子电压也不能突然增至稳定值。同时，在励磁绕组中将产生负的非周期分量电流来保持其磁链不发生突变。此电流将以励磁绕组本身的时间常数衰减至零，相应的定子电压也将按此时间常数升至其稳定值。

用示波器录下在短路切除、电压恢复过程中的各电量，便可求取发电机的瞬变及超瞬变参数 X''_d、X'_d 及 T''_d、T'_d。

试验分两次进行。第一次录取电压恢复曲线的开始部分，即 50% 的额定电压值，录波速度为 $100\sim250\mathrm{mm/s}$；第二次录取电压恢复的全部过程，即 100% 额定电压值，录波速度为 $50\sim100\mathrm{mm/s}$。

一、试验接线

该试验接线如图 4-15 所示。采用电压继电器 KV_1、KV_2，中间继电器 KM，示波器，电流表 PA，电压表 PV，毫伏表 mV 及分流器 RS。

二、试验步骤

（1）试验前应先校验示波器的振子，测电压的振子一只按 U_N/K_{TV}（K_{TV} 为电压互感器的变比）调整。另一只按 $50\%U_N/K_{TV}$ 调整。为了在电压达预定值时跳开灭磁开关，KV_1 应调整在 $100\%U_N$ 动作，KV_2 应调整在 $50\%U_N$ 动作。

（2）按图 4-15 接入测量仪器、表计，并将发电机出口断路器 QF 的外侧进行三相对称短路。

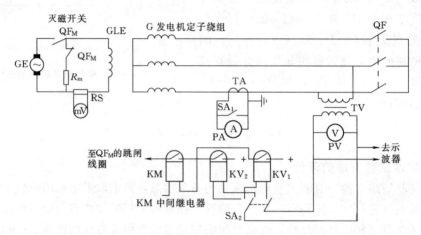

图 4-15 电压恢复法求电机参数试验接线图

（3）启动机组达额定转速并保持恒定。

（4）合上灭磁开关 QF_M，调节磁场电阻，使发电机转子电压升至额定值。启动示波器，录取标准波形，并同时读取定子电压表与转子电流表数值，将磁场电阻调至最大位置，断开灭磁开关。

（5）合上发电机出口断路器及灭磁开关，调节磁场电阻至上述记下的空载额定电压时的把手位置。

（6）投入电压继电器 KV_1 及按 $100\%U_N$ 校验的示波器振子，启动示波器，联动跳开发电机出口断路器 QF，录取发电机定电压恢复的全过程。当电压恢复到 $100\%U_N$ 时，KV_1 动作，自动跳开灭磁开关。

（7）调节磁场电阻，使发电机定子电压为额定电压的 50%，启动示波器，录取标准波形，并同时读取定子电压及转子电流值。

（8）将磁场电阻退回最大位置，跳开灭磁开关。

（9）合上发电机出口断路器与灭磁开关，调节磁场电阻，使定子电流至额定值 I_n。

（10）投入电压继电器 KV_2，读取定子电流、电压及转子电流值，启动示波器并联动跳开发电机出口断路器，录取定子电压起始部分的波形。当定子电压恢复到额定电压的 50% 时，电压继电器 KV_2 动作，自动跳开灭磁开关 QF_M。

（11）将磁场电阻调至最大位置，解开断路器外侧三相短路线。

三、注意事项

（1）试验前必须检验断路器三相触头合闸时的同时性，应尽可能使其相间差减至最小，以免电机中的磁场因两相短路的存在而影响起始瞬间电压的恢复值，降低测量结果的准确性。

（2）录波图中定子电压的偏幅应考虑当电压恢复终止时的波形，在毛玻璃上偏幅尽量为最大。

（3）水轮发电机的短路比一般大于1。在录取定子电压恢复的全过程中，定子电流将出现过电流，要求试验从速进行。

（4）试验前应解除断路器与灭磁开关的连锁装置，退出强励、复励及自动励磁装置（电压校正器），调压手动投入过电压保护，动作于转子回路灭磁开关 QF_M 及励磁回路灭磁开关。断路器合闸后，将合闸回路的熔断器拔去，防止重合。

（5）录取定子电压恢复的全过程时，必须检查转子电流表读数，确认无误后才能断开断路器 QF。

（6）试验时，只能以调节励磁机并激回路来控制发电机的励磁电流，不能在发电机的转子回路中串电阻，否则将影响到 T_d' 值。

（7）当发电机与变压器组成单元接线且其中无断路器时，可以在变压器高压侧断路器短路下进行。在这种情况下，如在定子端上存有某一起始电压，不会降低试验的正确性，只需将高压侧所测定的试验数据减掉电压起始值即可。

四、试验数据整理

（1）将两次所录的波形放大，按波形和一定的时间间隔量取定子电压的幅值，并列表。

（2）在电压恢复法中，线电压的增长过程与突然短路试验时的短路电流的衰减过程相似。但是在电压恢复法中，电压瞬变分量的衰减速度，较超瞬变分量的衰减速度小得很多。可以将测量结果直接绘制到直角等分坐标纸上。横坐标为时间，纵坐标为电压，这样便可以得到 $50\%U_N$ 与 $100\%U_N$ 的电压恢复曲线，如图 4-16 与图 4-17 所示。

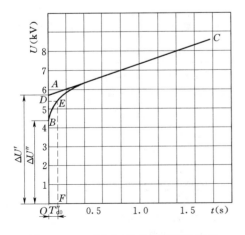

图 4-16　$50\%U_N$ 的电压恢复过程图

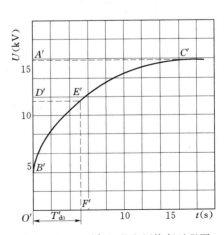

图 4-17　$100\%U_N$ 的电压恢复过程图

（3）由电压恢复曲线的起始部分（图4-16）可以求得 X_d''，X_d' 和 T_d''，T_{d0}''：

1）电压恢复曲线的开始部分弯曲，后半部近似为一直线。该曲线的起始部分与纵相相交于 B 点，则 OB 所决定数值即 $\Delta U''$。

2）将后半部直线部分延长交纵轴于 A 点，则 OA 所决定数值即 $\Delta U'$。

3）按下式计算 X_d'' 及 X_d'

$$X_d''=\Delta U''/\sqrt{3}\,I_K \tag{4-31}$$

$$X_d'=\Delta U'/\sqrt{3}\,I_K \tag{4-32}$$

式中　I_K——断路器断开前瞬间的短路电流值。

4）求定子绕组开路时的纵轴超瞬变时间常数 T_d''。由 O 点在纵坐标轴上取 $OD=\Delta U'-0.368$ $(\Delta U'-\Delta U'')$ 得 D 点，由 D 点作曲线直线部分的平行线，交曲线于 E 点，由 E 点作横轴的垂线，交横轴于 F 点，则 OF 所代表的数值即 T_{d0}''，由于 T_{d0}'' 是定子绕组开路时求得的，与定子绕组短路时的纵轴超瞬变时间常数 T_d'' 不同，其相互关系由式（4-33）决定

$$T_d''=T_{d0}''\frac{X_d''}{X_d'}=T_{d0}''\frac{\Delta U''}{\Delta U'} \tag{4-33}$$

（4）由电压恢复全过程曲线（图4-17）可以求得 T_{d0}' 和 T_d'，具体作法如下。

1）设电压恢复后稳定电压为 U_0（纵坐标上 $O'A'$），曲线与纵轴相交点为 B'，在不考虑超瞬变分量时，$O'B'$ 所决定的数值即为 $\Delta U'$，因而可计算出 0.368 $(U_0-\Delta U')$。

2）由纵坐标上的 A' 点向下量取 0.368 $(U_0-\Delta U')$ 得 D' 点，由 D' 点作横轴的平行线，交曲线于 E' 点，过 E' 点作横轴的垂直线得 F' 点，则 $O'F'$ 所代表的时间即为定子绕组开路时，纵轴瞬变时间常数 T_{d0}'。该时间常数与突然短路法求得的时间常数 T_d' 不同，其相互关系为

$$T_d'=T_{d0}'\frac{X_d'}{X_d}=T_{d0}'\frac{\Delta U'}{E_0} \tag{4-34}$$

式中　E_0——当发电机为空载额定电压时，其励磁电流对应于空载特性曲线直线延长部分的电压值。

实例8：型号为 TS1280/180—60 的水轮发电机，$P_n=150000\text{kW}$，$U_N=15750\text{V}$，$I_n=6470\text{A}$，用电压恢复法测 X_d''，X_d' 及 T_{d0}''，T_{d0}'。

$50\%U_N$ 与 $100\%U_N$ 的电压恢复示波图如图4-18所示，根据示波图将电压幅值与时间的关系列于表4-5及表4-6中。

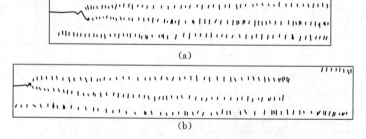

（a）

（b）

图4-18　电机三相稳态短路切除后电压恢复波形图

（a）$50\%U_n$ 的电压恢复起始部分；（b）$100\%U_n$ 的电压恢复起始部分

波形图中电量自上而下的排列顺序为：定子电压；工频时间波

表 4-5 　　　　　　　　　　　　　　**50%U_N 的电压恢复曲线数据表**

周期数	0	1	4	7	9	19	29	39	49	59	69	79	89
时间（s）	0.00	0.02	0.08	0.14	0.18	0.38	0.58	0.78	0.98	1.18	1.38	1.58	1.78
半波幅值（mm）	8.7	9.5	10.4	11.0	11.3	12.5	13.3	14.2	14.7	15.5	16.0	16.5	17.0
定子电压（V）	4380	4790	5240	5550	5700	6300	6700	7160	7400	7810	8070	8320	8570

表 4-6 　　　　　　　　　　　　　　**100%U_N 的电压恢复数据表**

周期数	时间（s）	半波幅值（mm）	定子电压（V）	周期数	时间（s）	半波幅值（mm）	定子电压（V）
0	0.0	8.6	4330	250	5.0	22.7	11430
10	0.2	10.9	5500	300	6.0	24.5	12330
20	0.4	12.0	6050	350	7.0	26.0	13100
30	0.6	12.8	6350	400	8.0	27.2	13680
40	0.8	13.4	6755	500	10.0	29.1	14620
50	1.0	13.9	7010	600	12.0	30.2	15200
100	2.0	16.8	8450	700	14.0	31.1	15650
150	3.0	18.5	9300	800	16.0	31.3	15780
200	4.0	20.5	10320	900	18.0	31.5	15880

根据表列数据作图。如图 4-16 及图 4-17 所示。

由图 4-16 可以求得 $\Delta U''=\overline{OB}=4380$（V）；　　　$\Delta U'=\overline{OA}=5800$（V）。

已知 $I_K=I_n=6470$（A），则 $X''_d=\dfrac{\Delta U''}{\sqrt{3}I_K}=\dfrac{4380}{\sqrt{3}\times6470}=0.391$（Ω）

$$X'_d=\frac{\Delta U'}{\sqrt{3}I_K}=\frac{5800}{\sqrt{3}\times6470}=0.518（\Omega）$$

$$X''^{*}_d=\frac{1.73\times6470}{15750}\times0.391=0.278；\quad X'^{*}_d=\frac{1.73\times6470}{15750}\times0.518=0.368$$

由图 4-16 中还可以求得 $OD=\Delta U'-0.368（\Delta U'-\Delta U''）=5277V$，$T''_{d0}=0.1s$，则

$$T''_d=T''_{d0}\frac{X''_d}{X'_d}=0.1\times\frac{0.391}{0.518}=0.0755（s）$$

在图 4-17 中，$\overline{O'A}=U_N=15750$（V），$\overline{O'B'}=\Delta U'=4330$（V），则

$$\overline{O'D'}=0.632(U_N-\Delta U')+\Delta U'=0.632\times(15750-4330)+4330=11547（V）$$

由图 4-17 中可得 $T'_{d0}=\overline{O'F}=5.15$（s），由该机组空载特性求得 $E_0=17800V$，则

$$T'_d=T'_{d0}\times\frac{\Delta U'}{E_0}=5.15\times\frac{4330}{17800}=1.25（s）$$

五、对电压恢复法的评价

用电压恢复法求取电机参数对电机没有危险，试验结果的分析也较简单，也能测得较多参数，不需要繁多的辅助设备。缺点是无法测量定子非周期分量的时间常数 T_u。这种方法比起突然短路法来说简便易行，故可作为测量超瞬电抗的主要方法之一加以选用。

第八节　负序电抗 x_2 及负序电阻 r_2 的测定

在同步发电机正向同步旋转，励磁绕组短接定子交流绕组端头加上一组对称的负序电压，使定子绕组中流过负序电流时，同步发电所表现的电抗就称为负序电抗。

负序电抗的标幺值大致为：汽轮发电机负序电抗的平均值为 0.155；装有阻尼绕组的水轮发电机负序电抗的平均值为 0.24；无阻尼绕组的水轮发电机负序电抗的平均值为 0.42。

负序电抗的测定方法较多，常用的有以下 3 种。

一、计算法

如果已经用前述方法求得了 X_d'' 及 X_q''，对于汽轮发电机则可按下式计算得 x_2

$$x_2 = \frac{X_\mathrm{d}'' + X_\mathrm{q}''}{2} \tag{4-35}$$

对于水轮发电机（特别是无阻尼绕组水轮发电机）

$$x_2 = \sqrt{X_\mathrm{d}'' X_\mathrm{q}''} \tag{4-36}$$

这种简单的计算方法所得结果，对于生产实际来说是足够精确的，应当优先采用此法。

二、两相稳态短路测定法

（1）试验接线如图 4-19 所示。

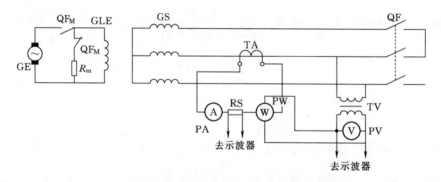

图 4-19　两相稳定短路法测负序电抗接线图

（2）试验步骤。

1）按图 4-19 接入仪表仪器，在断路器外侧将两相短路。

2）断路器 QF 与灭磁开关 $\mathrm{QF_M}$ 在断开位置，磁场电阻置最大位置。

3）启动机组达额定转速，并保持恒定。

4）合上断路器 QF，再合上灭磁开关 $\mathrm{QF_M}$，增加励磁电流，使发电机定子电流（即两相短路）约为 $(15\sim20)\% I_\mathrm{n}$。

5）记上各表计的读数。如果要考虑由于负序磁场使电压、电流波形发生畸变而需要进行校正时，则在读取表计的同时应用示波器录取电压、电流波形图。

6）降下励磁电流，断开灭磁开关及断路器。

（3）注意事项。

1）由于负序电流将导致水轮发电机转子阻尼绕组及磁极的整块极靴发热。因此试验电流应限制在额定电流的 $20\%I_n$ 以内，持续时间不超过 5min。如果试验未完，则应将电流降下，断开断路器，待发电机冷却一段时间后，再继续试验。

2）试验时，因两相短路，磁路不均匀，易引起振动。试验过程中应密切监视机组的振动情况。

3）退出强励、复励及自动励磁装置（电压校正器），调压手动；差动保护停用。解除灭磁开关与断路器的连锁装置。

4）试验前需检查励磁机变阻器在最大位置，合上灭磁开关时的电压；是否可能使发电机的短路电流超过 $20\%I_n$。若有可能超过，则在励磁机的励磁绕组回路内串联附加电阻。

5）对于转子为绑线式汽轮发电机不宜作此项试验。

（4）试验结果的整理。

1）在不考虑高次谐波所造成的误差时，根据测得两相短路电流 I_{K2}，被短路的两相与开路一相间的电压 U_{K2}，以及相应上述电流与电压的功率 P，可按下式进行计算。

$$z_2 = \frac{U_{K2}}{\sqrt{3}I_{K2}} \ (\Omega) \tag{4-37}$$

$$x_2 = P/\sqrt{3}I_{K2}^2 \ (\Omega) \tag{4-38}$$

$$r_2 = \sqrt{z_2^2 - x_2^2} \ (\Omega) \tag{4-39}$$

如果在图 4-19 中接入无功功率表，则

$$r_2 = \frac{Q}{\sqrt{3}I_{K2}^2} \ (\Omega) \tag{4-40}$$

负序参数的标幺值分别为

$$z_2^* = \frac{\sqrt{3}I_n}{U_n}z_2$$

$$x_2^* = \frac{\sqrt{3}I_n}{U_N}x_2$$

$$r_2^* = \frac{\sqrt{3}I_n}{U_N}r_2$$

2）如果把高次谐波所造成的误差考虑进去，则需进行修正。

①在正弦电压，非正弦电流下的修正系数［加符号（2）］。

$$\left.\begin{array}{l} U^{(2)} = \dfrac{1-b^2}{\sqrt{1+6b^2+b^4}} \\ P^{(2)} = (1-b^2)/(1+b^2) \end{array}\right\} \tag{4-41}$$

则
$$z_2^{(2)} = z_2 U^{(2)} ; x_2^{(2)} = x_2 P^{(2)} \tag{4-42}$$

②在正弦电流，非正弦电压下的修正系数［加符号（～）］。

$$U^{(\sim)} = (1+b^2)/\sqrt{(1+6b^2+b^4)}; \quad P^{(\sim)} = 1 \tag{4-43}$$

则
$$z_2^{(\sim)} = z_2 U^{(\sim)} ; x_2^{(\sim)} = x_2 P^{(\sim)} \tag{4-44}$$

上述式中的系数 b 有两种常用的求法。

（a）柯斯琴柯计算法。

$$b=(\sqrt{X_q''}-\sqrt{X_d''})/(\sqrt{X_q''}+\sqrt{X_d''}) \qquad (4-45)$$

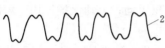

图 4-20　两相稳态短路的波形图

1—短路相与开路相间的电压；
2—短路的两相电流

（b）利用示波图根据电工专业标准分析，b 为电流的三项谐波振幅与基波振幅的比。

实例 9：某水轮发电机，型号为 TSS854/90—40，$P_n=72500\text{kW}$，$U_N=13.8\text{kV}$；$I_n=3570\text{A}$。采用两相稳态短路法求负序阻抗，试验接线如图 4-19 所示，示波图如图 4-20 所示。表计读数为：$U_{K2}=897\text{V}$；$I_{K2}=935\text{A}$；$P=840000\text{W}$。

在不考虑高次谐波时

$$z_2=\frac{U_{K2}}{\sqrt{3}I_{K2}}=\frac{897}{\sqrt{3}\times935}=0.553 \quad (\Omega)$$

$$x_2=P/\sqrt{3}I_{K2}^2=840000/\sqrt{3}\times935^2=0.555 \quad (\Omega)$$

$$z_2^*=\sqrt{3}I_n z_2/U_N=\sqrt{3}\times3570\times0.553/13800=0.247$$

$$x_2^*=\sqrt{3}I_n x_2/U_N=\sqrt{3}\times3570\times0.555/13800=0.248$$

考虑高次谐波的影响进行修正，计算数据列于表4-7中。

表 4-7　　　　　　　考虑高次谐波的影响进行修正后的负序参数

校 正 法	校 正 系 数				负 序 参 数			
	$U^{(2)}$	$P^{(2)}$	$U^{(\sim)}$	$P^{(\sim)}$	$z_2^{(2)}$ (Ω)	$x_2^{(2)}$ (Ω)	$z_2^{(\sim)}$ (Ω)	$x_2^{(\sim)}$ (Ω)
柯斯琴柯计算法	0.981	0.995	0.998	1	0.543	0.553	0.552	0.555
电工专业标准波形分析法	0.971	0.990	0.984	1	0.538	0.548	0.546	0.555

由表 4-7 可见，利用计算法与波形分析法所得误差甚微（在 2％以下）而直接采用计算法即可，不用麻烦的波形分析法。

（5）对本试验方法的评价。本方法不需外部电源，结果可以从表计读数直接求得，比较简便。对于无阻尼的水轮发电机，由于受同步磁场高次谐波的影响，容易产生误差，故需进行校正。

三、异步制动测定法（又称反向同步旋转测定法）

在定子绕组接入三相交流 380V 低电压电源，并使转子以同步转速与定子旋转磁场反向旋转的制动状态下，也可以求得负序参数，此时转子绕组应短路闭合。

（1）试验接线如图 4-21 所示。

（2）试验步骤。

1）按图 4-21 接好试验接线、接好仪表。

2）启动机组达额定转速，并维持恒定。

3）定子绕组加 380V 反相序的电源。调节外施电压，使定子电流为 $0.15I_n$ 左右。

4）由表计读取线电压 U、线电流 I 及输入功率 P。

5）断开外加电源，停机。

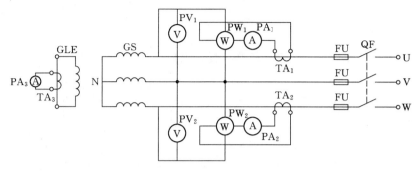

图 4-21 异步制动测定负序参数

（3）注意事项。

1）试验时转子绕组必须短路，否则，在转子绕组的两端将感应出危险的高电压，而且电机正常工作时，转子绕组是通过励磁机电枢绕组而闭路的，也近似于短路情况。

2）由于负序电流将使转子的阻尼绕组及整块极靴强烈地发热，因此试验应快速进行。

（4）试验结果的整理。根据实测的不同相的电压，电流（取平均值）及输入总功率，按下式进行计算

$$z_2 = U/\sqrt{3} I \tag{4-46}$$

$$r_2 = P/3I^2 \tag{4-47}$$

$$x_2 = \sqrt{z_2^2 - r_2^2} \tag{4-48}$$

（5）对本试验方法的评价。此法的优点是：简单，进行试验时，可以直接由表计读数计算而得的电机的负序参数。

缺点是：负序电流可能使转子过热；测量结果在很大程度上受残压的影响；若被试发电机剩磁电压超过电源电压值的 30%，则试验前应将转子去磁；在不对称转子的电机里，出现较强的三次谐波电流，它将导致表计指针的振荡；需用外加电源。

第九节　零序参数的测定

在同步发电机正向同步旋转，励磁绕组短接，定子绕组上加一组对称的零序电压，（三相电压数值相等，相位一致）时，同步发电机所表现的电抗称为零序电抗。

由于零序电流基本不产生基波旋转磁场，零序磁场只是漏磁场，因此零序电抗属于漏抗的性质。所以零序阻抗 z_0 的大小与转子结构无关，零序电阻则近似等于定子电阻。

零序电抗的测量方法有多种，但常用方法有下述两种。

一、外加电源测定法

将定子三相绕组串联或并联，并将转子绕组短接，使发电机转子无励磁。然后在定子绕组通入工频交流单相电压。（220V 或 380V），使流入的零序电流数值等于（5%～25%）额定定子电流，便可在同步电机内部建立零序磁场，借此可测得零序电抗。试验可在电机旋转或静止状态下进行，也可将转子取出后进行。

1. 试验接线

定子绕组串联时试验接线如图 4-22 所示；定子绕组并联时，试验接线如图 4-23

所示。

2. 试验步骤

（1）按图 4-22 或图 4-23 接好线路，在发电机定子回路中接入表计。

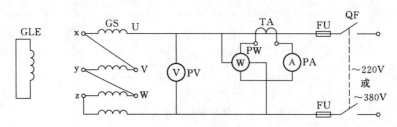

图 4-22 三相绕组串联测零序电抗接线图

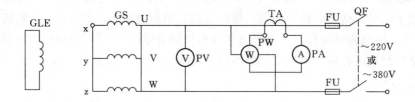

图 4-23 三相绕组并联测零序电抗接线图

（2）当发电机定子绕组中性点可以打开时，应接成三相串联；当中性点无法打开时，可接成并联，并将转子绕组在滑环处短路，务必使各相中所产生的电流方向一致。

（3）使发电机转子以额定转速旋转或使转子静止不动。

（4）合上电源开关，在定子绕组上施加工频的单相电压，待表稳定后，同时读取各电量 U、I、P。

（5）为准确起见，可重复测量 2~3 次，取平均值。

3. 注意事项

（1）定子绕组施加试验电压可根据现场条件来确定，或加 220V，或加 380V。试验电流一般取额定电流值的 5%~25%，可得准确的结果。

（2）电压表应直接接在发电机引出端，避免导线的电压降低，引起测量误差，转子绕组的短路线要牢靠，截面要足够。

（3）在电源电压水平相等条件下，采用串联接线的电流将小于并联接线的 9 倍，这点对于功率较小的电源来说很重要。串联接法时，各相的电流均相等，故串联接线较并联接线优越，应优先采用；只有电机的中性点无法打开时，才采用并联接线方式。

（4）试验电源的容量可根据零序电抗的设计值或按 $X_0^* = 0.1$ 标幺值近似计算。

串联接线时

$$S = \frac{U^2}{3X_0^*\left(\dfrac{U_N}{\sqrt{3}I_n}\right)} \times 10^{-3}(\text{kVA}) \tag{4-49}$$

并联接线时

$$S = \frac{3U^2}{X_0^* \left(\dfrac{U_N}{\sqrt{3} I_n} \right)} \times 10^{-3} \quad (\text{kVA}) \tag{4-50}$$

式中　S——试验电源的容量，kVA；

　　　X_0^*——估计的零序电抗标幺值；

U_N、I_n——机组的额定电压、额定电流，V、A；

　　　U——所加试验电压值，V。

4. 试验结果的整理

（1）串联接线时

$$z_0 = U/3I \quad (\Omega) \tag{4-51}$$

$$r_0 = P/3I^2 \quad (\Omega) \tag{4-52}$$

$$x_0 = \sqrt{z_0^2 - r_0^2} \quad (\Omega) \tag{4-53}$$

（2）并联接线时

$$z_0 = 3U/I \quad (\Omega) \tag{4-54}$$

$$r_0 = 3P/I^2 \quad (\Omega) \tag{4-55}$$

$$x_0 = \sqrt{z_0^2 - r_0^2} \quad (\Omega) \tag{4-56}$$

零序电抗标幺值　　　　$$x_0^* = \frac{\sqrt{3} I_n}{U_N} x_0$$

实例 10：水轮发电机 $P_n = 150000\text{kW}$，$U_N = 15750\text{V}$，$I_n = 6480\text{A}$。采用定子绕组三相串联，外加单相交流电的静测法测电机的零序参数。测量及计算结果列于表 4-8 中。

表 4-8　　　　　　　　　　零序参数测量及计算结果

次数	输入电压 (V)	输入电流 (A)	输入功率 (W)	z_0 (Ω)	r_0 (Ω)	x_0 (Ω)	x_0^*
1	72	105.4	700	0.2277	0.0210	0.2267	0.162
2	105.5	154.4	1500	0.2275	0.0210	0.2267	0.162
3	136.0	198.4	2500	0.2285	0.0210	0.2275	0.162
平均值	—	—	—	0.2279	0.0210	0.2270	0.162

5. 对本试验方法的评价

测量方法较简单，测量精度也较高，故采用串联接法的外加电源法可作为测量零序参数的基本方法。其缺点是需要有外加电源。

二、两相对中性点短路法

将发电机两相对中性点稳定短路，测量其电流、电压及功率值，由所测量各量来求零序参数。

根据对称分量分析得 $\dot{U}_V = 0$，$\dot{U}_W = 0$，$\dot{I}_U = 0$

$$\dot{U}_0 = \frac{1}{3}(\dot{U}_U + \dot{U}_V + \dot{U}_W) = \frac{1}{3}\dot{U}_U$$

则
$$\dot{U}_U = 3\dot{U}_0 = 3\dot{I}_0 z_0$$

所以
$$z_0 = \frac{\dot{U}_U}{3\dot{I}_0} \qquad (4-57)$$

由 $\dot{I}_0 = \frac{1}{3}(\dot{I}_u + \dot{I}_v + \dot{I}_w) = \frac{1}{3}(\dot{I}_v + \dot{I}_w) = \frac{1}{3}\dot{I}_z$ 得

$$\dot{I}_z = 3\dot{I}_0 \qquad (4-58)$$

以式（4-58）代入式（4-57）得

$$z_0 = U_U/I_z (\Omega) \qquad (4-59)$$
$$r_0 = P/I_z^2 (\Omega) \qquad (4-60)$$
$$x_0 = \sqrt{z_0^2 - r_0^2} = \sqrt{\left(\frac{U_U}{I_z}\right)^2 - \left(\frac{P}{I_z^2}\right)^2}\ (\Omega) \qquad (4-61)$$

式中　z_0——零序阻抗，Ω；

$\quad\quad r_0$——零序电阻，Ω；

$\quad\quad x_0$——零序电抗，Ω；

$\quad\quad I_z$——中性的电流，A；

$\quad\quad P$——试验时测得功率，W；

$\quad\quad U_U$——试验时开路相对中点电压，V。

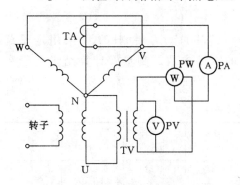

图 4-24　两相对中性点短路法
试验接线图

1. 试验接线（如图 4-24 所示）

2. 试验步骤

（1）按图 4-24 接好线，将电机任意两相对中性点稳定短路，接入试验表计。

（2）启动机组达额定转速，并维持恒定。

（3）合上灭磁开关，调节励磁电流使通过中点连线的电流为 $(5\sim25)\% I_n$ 读取各表计的读数。

（4）减少励磁电流跳开灭磁开关，停机。

3. 注意事项

（1）由于本试验使发电机带不对称负荷，要密切监视机组的温升及振动情况。

（2）由于定子负序磁场的存在，电流及电压的波形发生畸变，特别是对无阻尼绕组的水轮发电机，如对测量精度要求较高，需要用示波器录取电流、电压波形，以便对表计读数进行校正。

（3）试验时需加的励磁电流很小，为避免中线电流过大，应事先估计 I_z 的大小，必要时可在励磁回路中串联附加电阻。

（4）自动励磁调整装置切除，手动调电压。

（5）由于短路的功率因数很低，故功率表应采用低功率因数（$\cos\varphi=0.1$）的瓦特表。

4. 试验结果整理

（1）不考虑高次谐波的影响时，可用式（4-59）～式（4-61）计算零序参数。

（2）考虑高次谐波造成的误差，则需进行修正。

$$z_0 = \frac{U_U}{I_z} U_z \qquad (4-62)$$

$$r_0 = \frac{P}{I_z^2} P_z \qquad (4-63)$$

$$x_0 = \sqrt{\left(\frac{U_U}{I_z}\right)^2 - \left(\frac{P}{I_z^2} P_z\right)^2} \qquad (4-64)$$

式中 U_z、P_z——电压及功率的修正系数。

1）柯斯琴柯计算公式

$$U_z = \frac{1-b_z^2}{\sqrt{1+b_z^2+b_z^4}} \qquad (4-65)$$

$$P_z = \frac{1-b_z^2}{1+b_z^2} \qquad (4-66)$$

式中

$$b_z = \frac{\sqrt{x_q'' + \frac{1}{2}\dfrac{x_d'' x_q''}{x_0}} - \sqrt{x_d'' + \frac{1}{2}\dfrac{x_d'' x_q''}{x_0}}}{\sqrt{x_q'' + \frac{1}{2}\dfrac{x_d'' x_q''}{x_0}} + \sqrt{x_d'' + \frac{1}{2}\dfrac{x_d'' x_q''}{x_0}}} \qquad (4-67)$$

式（4-67）中 x_0 为用外加电源测量法所测之值。

2）根据电工专业标准对示波图进行分析法。

$$U_z = \frac{\sqrt{1+b_{3z}^2+b_{5z}^2+b_{7z}^2}}{\sqrt{1+c_3^2+c_5^2+c_7^2}} \qquad (4-68)$$

$$P_z = \frac{1+b_{3z}^2+b_{5z}^2+b_{7z}^2}{1+c_3 b_{3z}+c_5 b_{5z}+c_7 b_{7z}} \qquad (4-69)$$

式中 b_{3z}、b_{5z}、b_{7z}——中线电流三次，五次，七次谐波的振幅与前一次谐波振幅之比；

c_3、c_5、c_7——开路相对中点电压的三次，五次，七次谐波振幅与前一次谐波振幅之比。

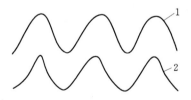

图 4-25 两相对中点短路示波图
1—开路相对中点电压；2—中线电流

实例 11：水轮发电机 $P_n = 150000\text{kW}$，$U_N = 15750\text{V}$，$I_n = 6480\text{A}$，采用两相对中点短路法测零序参数，其示波图见图 4-25 所示，实测及不经校正的计算数据如表 4-9 所示，把高次谐波造成的误差考虑进去，校正后零序参数如表 4-10 所示（以上表中第三组实测数据校正）。

表 4-9 两相对中点短路法求零序参数实测数据及计算

次 数	U_z	I (A)	P_z	z_0 (Ω)	r_0 (Ω)	x_0 (Ω)	x_0^*
1	290.5	1010	26700	0.288	0.026	0.287	0.205
2	415.0	1430	55200	0.290	0.027	0.289	0.206
3	440.0	1510	62200	0.291	0.027	0.290	0.207

表 4 - 10 对高次谐波影响进行修正后的零序参数

校正系数	z_0（Ω）	r_0（Ω）	x_0（Ω）	x_0^*
$b_z = 0.01964$ $U_z = 0.99501$ $P_z = 0.99923$	0.290	0.027	0.289	0.206
$U_z = 1.0745$ $P_z = 1.0$	0.302	0.027	0.301	0.214

5. 对本试验方法的评价

此法不需要外部电源，不考虑高次谐波影响时，可从表计直接读数求得，考虑高次谐波影响，特别对无阻尼的水轮发电机，校正计算较麻烦，故一般在现场采用较少。

第十节　发电机灭磁时间常数测定

发电机在运行中如发生突然短路或断路器跳闸甩负荷后，即进入暂态过程，此时定子电压、电流都按一定的规律变化。反应定子电压与电流的转子回路磁链也将按同一规律变化。通过发电机灭磁时间常数试验可以研究与分析这种暂态变化规律，可以求取助磁绕组的时间常数与阻尼绕组的时间常数。

根据试验结果，可以通过计算求得当定子绕组开路时的阻尼绕组时间 T_{1d0} 以及励磁绕组的时间常数 T_{Ld0}。

一、灭磁时间常数的测定

通常使用的方法有两种：示波器法及电气秒表法。

（一）示波器法

1. 试验接线

试验接线如图 4 - 26 及图 4 - 27 所示。分别接上电压互感器 TV，电压表 PV 三只；电流互感器 TA，电流表 PA 三只；401 型电气秒表，电压继电器 KV 与电流继电器 KA 等。

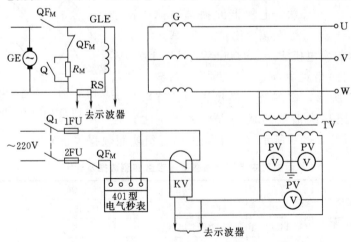

图 4 - 26　测量定子绕组开路时的灭磁时间常数接线图

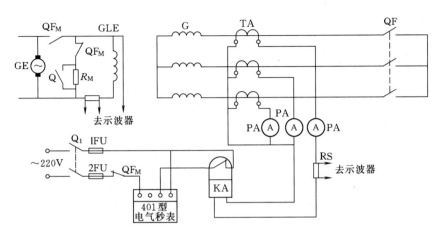

图 4 - 27　测量定子绕组短路时的灭磁时间常数接线图

2. 试验步骤

（1）测量发电机定子绕组开路，转子绕组经灭磁电阻短接时的灭磁时间常数 T_{01}，按下述步骤进行。

1）按图 4 - 26 接入示波器及试验表计，电压继电器及电气秒表暂不投入。

2）启动机组达额定转速，并保持恒定。

3）发电机出口断路器及灭磁电阻 R_M 的短路开关 Q 打开。

4）合上灭磁开关，调节励磁电流，使发电机定子电压达额定值，启动示波器录取标准波形，同时记录各表计读数。

5）投入示波器和灭磁开关的联动刀闸，维持定子电压为额定值。启动示波器并联动跳开灭磁开关，录取发电机的定子电压、转子电流及电压波形（录波速度可取 50mm/s）。

6）测量发电机的残余电压。

（2）测量发电机定子绕组开路，转子绕组经短路开关 Q 短路的灭磁时间常数 T_{02}，按下述步骤进行。

1）将灭磁电阻 R_M 的短路开关 Q 投入。

2）其余步骤同（1），求出灭磁时间常数 T_{02}。

（3）测量发电机定子绕组短路，转子绕组经灭磁电阻短接的灭磁时间常数 T_{K1}，按下述步骤进行。

1）按图 4 - 27 接入试验表计及示波器，电流继电器及电气秒表暂不投入。

2）发电机转速维持额定。

3）灭磁电阻 R_M 的短路开关 Q 打开。

4）合上发电机出口断路器，使发电机定子绕组三相对称稳定短路。

5）合上灭磁开关 QF_M，调节转子电流使发电机定子电流达到额定值，启动示波器录取标准波形，同时记录各表计的读数。

6）维持定子电流为额定，启动示波器并联动跳开灭磁开关，录取发电机定子电流、转子电流及电压波形（录波速度可取 100mm/s）。

（4）测量发电机定子绕组短路、转子绕组经短路开关 Q 短接的灭磁时间常数 T_{K2}，按下述步骤进行。

1）将灭磁电阻的短路开关 Q 合上。

2）其余步骤同（3），求出灭磁时间常数 T_{K2}。

3．注意事项

（1）发电机出口断路器与灭磁开关的连锁装置解除，调压手动、自动励磁装置退出工作。

（2）灭磁电阻的短路开关 Q 接触应良好，连接导线应采用较大的截面，且不宜过长。

（3）转子回路引线绝缘应足够，以免造成转子回路接地，试验前应以 $1000\sim2500\rm V$ 的摇表检查绝缘。

（4）在水轮发电机上，当断开励磁电流时，转子电压瞬间将由正变为负的最大值，其值约为起始正值的 $3\sim5$ 倍，要选用适当的振子，并调整好起始振幅，使负的最大值不要超出胶卷之外。

（5）示波器应使用系统电源。

（6）在测量发电机三相短路的灭磁时间常数时，短路导线的截面应足够，接触要良好。

（7）本试验可以和测量发电机的空载及短路特性结合进行。

4．试验结果整理

（1）将所录取的示波图加工放大。

（2）将放大波形按标准波形的比例和一定的时间间隔量取定子电压（或电流）值，画在直角坐标的纵轴上，横轴为时间 t。对应于 $R_M\neq0$ 及 $R_M=0$ 两种情况，分别作出定子绕组开路及短路时的灭磁曲线 $U=f(t)$ 及 $I=f(t)$，参见图 4-30 及图 4-31。

（3）在纵坐标上，自 $0.368U_N$（或 $0.368I_n$）作横轴平行线交曲线于 A 点与 B 点，则 A 点横坐标值为 T_{01}（T_{K1}），B 点横坐标值为 T_{02}（T_{K2}）。

实例 12：某水轮发电机 $P_n=15000\rm kW$，$U_N=10.5\rm kV$，$I_n=1032\rm A$，用示波法求该电机的灭磁时间常数。

在定子绕组开路及定子绕组短路两种状态下所拍摄的灭磁波形如图 4-28 及图 4-29 所示。

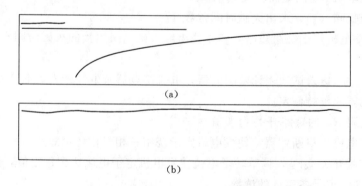

(a)

(b)

图 4-28　定子绕组开路时的灭磁波形图

（a）转子绕组经灭磁电阻接时；（b）转子绕组经短路开关 K 直接短路时

图中电量排列的顺序自上而下分别为：

转子电压；转子电压零线；定子电压；工频时间波

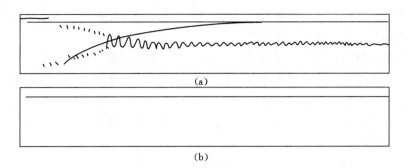

图 4-29 定子绕组短路时的灭磁波形图

(a) 转子绕组经灭磁电阻短接时；(b) 转子绕组经短路开关 K 直接短路时

图中电量排列顺序自上而下分别为：

转子电压；转子电压零线；定子电流；工频时间波

根据对示波图的分析，可以求得在不同情况下的 4 条灭磁曲线，分别画于图 4-30 及图 4-31 上。

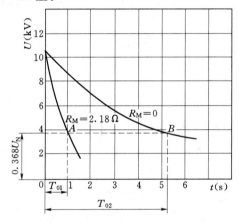

图 4-30 定子绕组开路时的灭磁曲线图

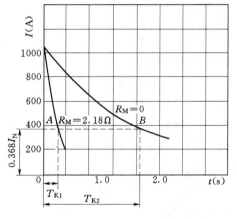

图 4-31 定子绕组短路时的灭磁曲线图

由图 4-30 可以求得（$0.368U_N = 386V$）

$$T_{01} = 0.99 \text{（s）}$$
$$T_{02} = 5.23 \text{（s）}$$

由图 4-31 可以求得（$0.368I_N = 380A$）

$$T_{K1} = 0.255 \text{（s）}$$
$$T_{K2} = 1.65 \text{（s）}$$

（二）电气秒表法

1. 试验接线

试验接线如图 4-26 及图 4-27 所示（不接示波器）。

2. 试验步骤

（1）测量发电机定子绕组开路、转子绕组经灭磁电阻短接的灭磁时间常数 T_{01}，按下述步骤进行。

1）按图 4-26 接入试验仪表和返回电压整定为 $0.368U_N$ 的电压继电器及电气秒表。

2）启动机组达额定转速，并维持恒定。

3）发电机出口断路器和灭磁电阻的短路开关 Q 都处于断开位置。

4）合上灭磁开关 K，调节转子电流使发电机定子电压到额定值，记下表计读数。

5）合电秒表电源开关 Q_1，断开灭磁开关 QF_M，由它的辅助接点启动电气秒表，直至定子绕组电压降到 $36.8\%U_N$ 时，电压继电器的常闭接点返回，电气秒表停止走动，读取电气秒表的指示值。

6）重复上述步骤，进行三次，取三次读数的平均值，即为灭磁时间常数 T_{01}。

7）测定子绕组残余电压值。

（2）测量发电机定子绕组开路、转子绕组经短路开关 Q 短接的灭磁时间常数 T_{02}，其步骤如下。

1）将灭磁电阻经短路开关 Q 短接。

2）其余步骤同（1），求时间常数 T_{02}。

（3）测量发电机定子绕组短路、转子绕组经灭磁电阻短接的灭磁时间常数 T_{K1}，其操作步骤如下。

1）按图 4-27 接入试验表计和返回电流整定为 $0.368I_n$ 的电流继电器及电气秒表。

2）发电机维持额定转速。

3）打开灭磁电阻的短路开关 Q。

4）合上发电机的出口断路器，使发电机定子绕组三相对称稳态短路。

5）合上灭磁开关，调节励磁电流，使发电机定子绕组电流达额定值。

6）合电气秒表电源开关 Q_1，断开灭磁开关，联动启动电气秒表，至定子电流降至 $0.368I_N$ 时，电流继电器返回，接点闭合，电气秒表停止走动，读取电气秒表的指示值。

7）重复上述步骤，进行三次，取所测时间的平均值，即为时间常数 T_{K1}。

（4）测量发电机定子绕组短路，转子绕组经短路开关 Q 短接的灭磁时间常数 T_{K2}。

1）将灭磁电阻的短路开关 Q 闭合。

2）其余步骤同（3），求出灭磁时间常数 T_{K2}。

3. 注意事项

（1）试验前必须校准电压（电流）继电器的返回值，电秒表动作正确。

（2）由于定子绕组短路时的灭磁时间常数很小（在 1s 以下），当电机采用新型自动灭磁接线时，开路与短路灭磁时间常数更小（在 0.5s 以下）。因此，采用电气秒表法测量的结果误差较大，应改用示波器法。

（3）采用上述试验接线时电气秒表指示的时间为

$$t = t_{TV} + T_0 \quad \text{或} \quad t = t_{TA} + T_K$$

式中　t_{TV}（t_{TA}）——低电压（或低电流）继电器的动作时间。

由上式知，所测的灭磁时间常数比实际大，若精度要求较高，可先测定继电器的动作时间 t_{TV}（或 t_{TA}），然后由电气秒表的读数减去此值进行修正。

（4）本试验可结合测量电机的空载、短路特性，同时进行。

二、对残压的影响进行修正

上述介绍的两种方法所测得的灭磁时间常数，都忽略了灭磁后定子绕组残压的影响，因此存在着一定的误差，这种误差在工程应用上可不予考虑，允许直接采用上述测量结果。若对测量精度要求较高，则需要把残压的影响考虑进去予以校正。校正时根据下述方法进行。

当定子绕组开路时

$$U_{(t)} = (U_Q - U_z)e^{-t/T_0} + U_z$$

式中 U_Q——灭磁开始时的定子电压值，V；

$\quad\quad U_z$——灭磁结束后的残余电压，V；

$\quad\quad t$——从灭磁开始至终止的时间，s。

当 $t = T_0$ 时

$$U_{(t=T_0)} = (U_Q - U_z)e^{-1} + U_z$$

由于 U_z 一般较小，可略去不计，则

$$U_{(t=T_0)} = U_Q e^{-1} = 0.368 U_Q$$

因此灭磁时间常数 T_0，即等于发电机的定子电压从起始值降至 $36.8\% U_Q$ 时所需时间。

当定子绕组短路时

$$I_{(t)} = I_Q e^{-t/T_K}$$

式中 I_Q——灭磁开始时的定子电流，A。

当 $t = T_K$ 时，则

$$I_{(t=T_K)} = I_Q e^{-1} = 0.368 I_Q$$

灭磁时间常数 T_K，即等于发电机的定子电流从起始值降至 $36.8\% I_Q$ 时所需时间。

实例 13： 型号为 TS—1280/180—60 的水轮发电机，$P_n = 150000$kW，$U_N = 15.75$kV，$I_n = 6470$A，在空载额定电压情况下，跳开灭磁开关，同期电阻延时 0.5s 投入，对转子绕组进行灭磁。由灭磁波形图分析得到，当定子电压由起始值（$U_Q = U_N$）降为 $0.368 U_N = 5800$V，历时 0.5s，灭磁后的定子残压 $U_z = 226.3$V。

$$U_{(t)} = (U_Q - U_z)e^{-t/T_0} + U_z$$

$$5800 = (15750 - 226.3)e^{-0.5/T_0} + 226.3$$

$$5800 - 226.3 = 15523.7 e^{-0.5/T_0}$$

$$e^{-0.5/T_0} = \frac{5573.7}{15523.7} = 0.358$$

$$e^{0.5/T_0} = \frac{1}{0.358} = 2.79$$

$$\frac{0.5}{T} = \ln 2.79 = 1.025$$

$$T_0 = 0.488 \ (s)$$

即定子绕组开路，转子绕组经同期电阻闭合时的灭磁时间常数，当不考虑残压影响时为 0.5s，考虑残压的影响为 0.488s。

第十一节 发电机定子铁芯损耗试验

一、概述

发电机定子铁芯损耗试验是检查定子铁芯绝缘情况的有效方法。若铁芯内有短路存在，则在交变磁通通过时，将使涡流损失增大，局部过热，加速铁芯绝缘和定子线圈绝缘老化，严重时可造成铁芯绕组烧伤和线圈击穿。在交接时或定子绕组发生故障、定子铁芯受到损伤时，或运行中发现有局部高温处以及大修检查中怀疑铁芯绝缘有短路时，应进行此项试验。

若制造厂家已进行过此项试验且有记录，在运输过程中没有受到损伤，则在交接时可以不做此项试验。

在工地组装的水轮发电机分瓣定子如需进行此项试验，应于定子铁芯组装完毕、合缝处线圈未嵌入之前进行。利用专门缠绕的励磁线圈通以工频交流电，在铁芯内部造成交变的磁通（接近饱和状态），使铁芯中绝缘劣化部分产生较大的涡流，温度很快升高，然后用温度表（最好红外热像仪）测出各部分温升。同时，利用功率表测出励磁时的损耗。计算出铁芯单位重量所损耗的功率。根据上述两项测量结果与标准进行比较，来判断定子铁芯有无故障。

根据 GB 50150—2006 与 Q/CGS 10007—2004 的规定，在磁通密度为 1T 下持续试验时间为 90min，当各点温度按 1T 磁通密度折算时，铁芯齿部的最高温升不超过 45℃；各齿的最大温差不超过 30℃，新机的铁芯齿部温升不应超过 25℃，温差不超过 15℃；在磁通密度为 1.4T 时持续时间为 45min。对于直径较大的水轮发电机试验时，应校正由于磁通密度分布不均匀所引起的误差。1T 时单位损耗不大于 1.3 倍参考值。硅钢片的单位损耗见表 4-11。

表 4-11　　　　　硅钢片的单位损耗（Q/CSG 10007—2004 表 D.6）

硅钢片品种	代　号	厚　度（mm）	单位损耗（W/kg）	
			1T 下	1.5T 下
热轧硅钢片	D21	0.5	2.5	6.1
	D22	0.5	2.2	5.3
	D23	0.5	2.1	5.1
	D32	0.5	1.8	4.0
	D32	0.35	1.4	3.2
	D41	0.5	1.6	3.6
	D42	0.5	1.35	3.15
	D43	0.5	1.2	2.90
	D42	0.35	1.15	2.80
	D43	0.35	1.05	2.50

硅钢片品种		代　号	厚　度 (mm)	单位损耗（W/kg）	
				1T 下	1.5T 下
冷轧硅钢片	无取向	W21	0.5	2.3	5.30
		W22	0.5	2.0	4.7
		W32	0.5	1.6	3.6
		W33	0.5	1.4	3.3
		W32	0.35	1.25	3.1
		W33	0.35	1.05	2.70
	单取向	Q3	0.35	0.7	1.60
		Q4	0.35	0.6	1.40
		Q5	0.35	0.55	1.20
		Q6	0.35	0.44	1.10

二、定子铁芯有效断面积及励磁线圈的计算

1. 定子铁芯有效断面积的计算

定子铁芯的轴向有效长度

$$l = K(l_1 - nl_2) \, (\text{cm})$$

式中　l_1——定子铁芯的长度（包括通风沟及铁片间的绝缘材料），cm；

　　　l_2——通风沟的高度，cm；

　　　n——通风沟的数目；

　　　K——铁芯的叠压系数，一般取 0.90～0.95，冷轧硅钢片取 0.95。

定子铁芯齿背高度为

$$h = \left(\frac{D_1 - D_2}{2}\right) - h_1 \, (\text{cm})$$

式中　D_1——定子的有效铁芯外径，cm；

　　　D_2——定子的有效铁芯内径，cm；

　　　h_1——定子铁芯棱齿高度，cm。

定子有效铁芯断面积为

$$S = lh \, (\text{cm}^2) \tag{4-70}$$

2. 励磁线圈匝数计算

$$W = \frac{U}{4.44 f S B} \times 10^4 = 45 \frac{U}{SB} \, (\text{匝}) \tag{4-71}$$

式中　B——定子铁芯磁通密度，T；

　　　U——励磁线圈的外加电压，V；

　　　f——电源频率，50Hz。

若计算出来的匝数不是整数，应取其近似的整数值。

忽略励磁线圈在机身和压板中的漏磁以及导线本身的有效损失（一般不超过 2%）的情况下，励磁线圈通过的电流约为

$$I=\frac{\sum iW}{W} \text{（A）} \tag{4-72}$$

式中　$\sum iW$——总安匝数，$\sum iW=\tau D_{av}iW$；

$\qquad D_{av}$——定子铁芯平均直径，cm，$D_{av}=D_1-h$；

$\qquad iW$——定子铁芯单位长度所需的安匝数，由铁芯材料性质决定。

对于单位铁损 $\Delta P_{10}=1.8W/kg$ 的合金钢，$iW=2\sim2.7$ 安匝/cm。现代大型水轮发电机定子铁芯采用高硅合金钢，根据实践经验 $iW=1.5\sim1.8$ 安匝/cm，一般可选取 $1.5\sim2.0$ 安匝/cm。

根据估算的励磁电流及所取电压（380V 或 220V）即可大致算出电源侧所需变压器的容量及励磁线圈导线应有的截面。

实例 14： 有一台 TS900/95—56 型的水轮发电机容量为 36000kW，铁芯数据：$l_1=95cm$；$l_2=1cm$；$n=17$；$h_1=14.8cm$；$D_1=900cm$；$D_2=842cm$，$K=0.95$，试估算所需电源的容量。

解：（1）铁芯有效长度

$$l=K(l_1-nl_2)=0.95(95-17\times1)=74.1 \text{（cm）}$$

（2）铁芯齿背高度

$$h=\left(\frac{D_1-D_2}{2}\right)-h_1=\left(\frac{900-842}{2}\right)-14.8=14.2 \text{（cm）}$$

（3）铁芯有效断面积

$$S=lh=74.1\times14.2=1052 \text{（cm}^2\text{）}$$

试验电源采用 380V，试验时磁通 B 取 1T，则励磁线圈的匝数为

$$W=\frac{45U}{SB}=\frac{45\times380}{1052\times1}=16.2 \text{（匝）}$$

电源线路压降按 20% 考虑，实际选用 13 匝。

（4）铁芯平均直径

$$D_{av}=D_1-h=900-14.2=885.8 \text{（cm）}$$

（5）单位长度安匝计算时，取 $iW=1.6$ 安匝/cm，因此铁芯所需的总安匝数为

$$\sum iW=\pi D_{av}iW=3.14\times885.8\times1.6=4450 \text{（安匝）}$$

（6）励磁线圈通过的电流约为

$$I=\frac{\sum iW}{W}=\frac{4450}{13}=342 \text{（A）}$$

（7）需用电源视在功率为

$$S=380\times342=130 \text{（kVA）}$$

一般供电变压器都为三相，其低压侧额定电压为 400V，故试验时所用变压器的容量不得小于下面计算的数值

$$S=\sqrt{3}U_nI=1.73\times400\times342=236.9 \text{（kVA）}$$

三、试验接线、操作和测量

1. 试验接线

铁芯试验应在转子不在定子膛内的情况下进行。定子绕组用不小于 $50mm^2$ 截面的导

线接地后，选择额定电流为 $1.5\sim2$ 倍励磁电流的绝缘完好的导线（不可用金属外皮导线或铠装电缆），将励磁线圈 W_1 缠绕于铁芯圆周的某一侧。为使测量准确，应加装测量线圈 W_2，它的匝数应根据功率表电压线圈的允许电压决定，并用较细的绝缘导线在与励磁线圈垂直处，绕于定子有效铁芯上（应不包括机座），该处的磁通密度应大致为平均值。然后，按图 4-32 接好所有仪表，并仔细检查接线。

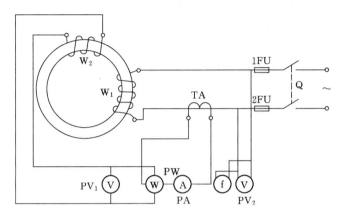

图 4-32　定子铁芯试验接线图

2. 操作与测量

（1）在定子铁芯上下端的背部及齿部各放一温度计，（最好用红外热像仪测温），读出铁芯的初温，并记录室内温度。温度计可用热电偶温度计或酒精温度计，也可利用测水轮发电机轴承的数字温度计（在机组测温屏上），不可用水银温度计。

（2）合上电源开关 Q，加入励磁电流，开始试验。

（3）电源接通后，各仪表指示值应与估算值无大差别。试验开始 10min 以后，用手触摸定子铁芯各部分，检查各部分温度，检出齿部与背部的最热点与最冷点，加装上温度计。

（4）在整个试验过程中，应随时检查各部发热情况，如发现有新的过热处，应立即再装上温度计，如发现有冒烟或发热现象应立即停止试验，并对冒烟或发热处作好标记。

（5）每隔 10min 读取一次各表计数值及温度值。

（6）试验持续 90min，经过 10 次左右的记录即可切断电源，结束试验。

（7）通电后，如发现平均磁通密度 B 不符合要求，需要改变励磁线圈的匝数时，新的励磁电流 I_2 按下式估算

$$I_2 \approx \left(\frac{W_1}{W_2}\right)^2 I_1 \qquad\qquad (4-73)$$

式中　W_1、I_1——改变前的励磁线圈的匝数及电流；

　　　W_2、I_2——改变后的励磁线圈的匝数及电流。

3. 注意事项

（1）励磁线圈必须绝缘良好，避免因导线绝缘不良时对地短路的电弧烧坏铁芯。

（2）制定专门安全措施，防止金属工具、杂物等落入发电机中，并严防触电或烫伤事故（如两手不能同时触摸铁芯的上下两端等）。

（3）试验时除用手摸温度外，还应该仔细地眼观耳听，以发现铁芯松动和通风沟中残

存有金属杂物或固定螺栓不够紧等隐患。

四、试验结果的整理与判断

1. 单位铁损的计算

(1) 试验时的实际磁通密度

$$B = \frac{45U_2}{W_2 S} \quad (\text{T}) \qquad (4-74)$$

式中　W_2——测量线圈的匝数；

　　　U_2——测量线圈测得的电压，V。

(2) 定子铁芯的有效重量

$$G = \pi D_{av} S \times 7.8 \times 10^{-3} = 24.5 D_{av} S \times 10^{-3} \quad (\text{kg}) \qquad (4-75)$$

式中　7.8——铁的比重，单位是 g/cm³。

(3) 折算到 1T 时的功率损耗

$$P_{10} = P \left(\frac{1}{B}\right)^2 \quad (\text{W}) \qquad (4-76)$$

式中　P_{10}——换算到 1T 的功率损耗，W；

　　　P——实测的功率损耗，W；

　　　B——实际磁通密度，T。

(4) 折算到 1T 时的单位铁损

$$\Delta P_{10} = \frac{P_{10}}{G} \quad (\text{W/kg}) \qquad (4-77)$$

2. 最高齿温差的换算

$$\Delta t = (t_1 - t_2) \left(\frac{1}{B}\right)^2 \quad (\text{℃}) \qquad (4-78)$$

式中　t_1——最高齿温,℃；

　　　t_2——最低齿温,℃。

3. 最高铁芯温升的换算

$$\Delta Q_{10} = (t_1 - t_0) \left(\frac{1}{B}\right)^2 \quad (\text{℃}) \qquad (4-79)$$

式中　t_0——铁芯的初始温度,℃；

　　　t_1——最高齿温。

4. 判断标准

在铁芯试验中发生下列情况之一者，即认为铁芯不合格（折算到 1T）。

(1) 在 90min 的试验中，铁芯齿的最高温（ΔQ_{10}）不超过 45℃，（新机及运行 20 年以下者，一般不超过 25℃）。

(2) 在 90min 的试验中，各棱齿间的最大温差（Δt_{10}）不超过 30℃（新机及运行 20 年以下者，一般不超过 15℃）。

(3) 经过计算得到的单位铁损（ΔP_{10}）应该小于表 4-11 所规定的数值。若不知道硅钢片的品种，则以厂家提供的数据为准。

五、故障处理实例

江西省某水电站#1发电机（重庆厂编号96—53）SF3200—48/4250型一台，定子分瓣运到现场后，发现在一瓣定子铁芯断面下侧槽口背部有一碰伤处，从图纸上定位是合缝槽的285槽背部，碰伤处长为50mm，宽面为14mm，窄面为6mm，深度为9mm，由于碰伤部位叠片间绝缘漆皮破坏，成片间短路状态。在发电机运行情况下会产生涡流，使局部铁芯温度升高，危害发电机安全运行，必须处理此缺陷。将碰伤卷在一起的定子铁芯叠片分开，消除其短路状态，要恢复叠片到原有水平是做不到的，只能细心处理使它得到改善。为了判断处理故障的效果，在现场作定子铁芯损耗试验。目的是测量发电机铁芯损伤处发热点温度。

试验设备：用截面70mm²长300m绝缘铝线在铁芯上绕37匝，通入交流电流110A，电流互感器300/5A一台，标准电流表（0.2级量程0～5A）一块，在故障点放1号温度计（机组测温屏上的数字温度表0～200℃），在故障相邻部位槽口底分别放2、3号温度计（数字温度计）作比较用，在213槽口底放温度计4号，自动空气开关300A两块。试验记录如表4-12所示。

表4-12 　　　　定子铁芯测量温度记录（1999年11月11日晚）　　　　单位：℃

时间(h：min) \ 测温点	1	2	3	4
19：30（起始时间）	19.5	19.2	20.3	19.5
19：40	20.5	20.4	21.2	20.4
19：50	22.1	22.0	22.7	22.0
20：00	23	23	23.7	23.2
20：10	23.8	23.8	24.7	24.3
20：20	24.5	24.7	25.8	25.5
20：30	25.3	25.6	26.8	26.6
20：40	25.9	26.3	27.8	27.7
20：50	26.4	27.2	28.8	28.9
21：00（终止时间）	26.8	27.7	29.5	29.7
温 升	7.3	8.5	9.2	10.2

要求最高温升不超过45℃，相互温差不超过30℃，以上测量数值符合要求。故障点1号温升比其他点低，原因是1号温度计放在铁芯外圆侧，空气冷却较良好。由试验结果证明把碰损后的硅钢片翻回来处理方法已清除缺陷。

第十二节　发电机定子绕组极性测定与绕组相序检查

一、发电机定子绕组极性的测定

发电机尤其是大中型发电机的三相绕组，极性一般不会弄错，如果在安装中需要检查的话，采用下面介绍的方法。

如图4-33所示，在任一相绕组上接2～6V蓄电池及开关Q，其他两相连接两个直流检流计或毫伏表。

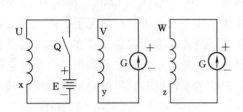

图4-33　检查定子绕组的极性

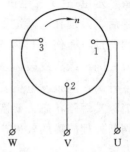

图4-34　按绕组排列
情况确定发电机的相序

当开关Q合闸时，毫伏表指针向左侧摆动（反起），则连接在毫伏表正极的线端与连接在电池正极的线端为同极性。

二、发电机定子绕组相序的检查

相序一致是发电机之间或发电机与电网并网运行的必要条件之一。若相序不对，在并联瞬间，机组受到极大的电流冲击和电磁力的作用而受损伤。

发电机定子绕组的相序有下列方法。

1．根据厂家图纸和观察发电机定子绕组的实际排列来决定

如图4-34所示，当发电机的旋转方向为已知，则转子的磁通先切割绕组1；然后切割绕组2；最后切割绕组3。这样就可定1为U相、2为V相、3为W相。也可以定2为U相、3为V相、1为W相，或3为U相、1为V相、2为W相。

2．用直流感应法决定

按图4-35进行接线。电源为4～6V蓄电池，不要用干电池以免由于转子剩磁的影响而得不出正确的结果。

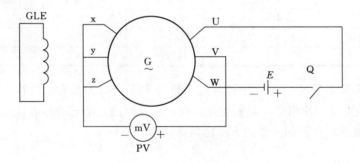

图4-35　发电机定子绕组相序试验接线图

接好线后，合上开关Q，然后用天车或盘车装置按机组的旋转方向慢慢转动转子，此时毫伏表的指针向右侧摆动（正起）比原来的指示大时，则接电池正极的引出端为U相；接电池负极为W相；接毫伏表正极为V相。若毫伏表向左侧摆动（反起），则将电池两端互换一下，然后再按上法决定。

3. 用相序表决定

发电机启动后，在转子与励磁回路断开的情况下，利用定子残压在发电机的出口（一次侧）用相序表检测电机的相序。对于高压发电机（对地电压超过250V），为了防止灭磁开关误合闸产生危及人身安全的高电压，测量时应戴绝缘手套或站在绝缘平台上。先用电压表测量定子绕组的相间和各相对中性点的残压值，一般不超过200V，然后再用相序表来检查相序。

也可先将电压表和相序表接在机端电压互感器用的隔离开关后面，并放在绝缘平台上，然后将隔离开关合闸，即可由相序表测出相序。

由于此法简单易行，而且准确，在机组启动前，用此法检查相序。

4. 用亮灯法决定

当电机的残压小于40V时，普通相序表可能无指示，可用亮灯法测定相序，接线如图4-36所示。u'与w'为低压（36V以下）作业灯泡，v'为自耦变压器，当作电感线圈用，通电时如果灯u'比灯w'亮，则电源为正相序；如果灯w'比灯u'亮，则电源为反相序。如果已知电源为正相序，电感线圈在V相上，则灯亮的一相为U相，灯暗的为W相。

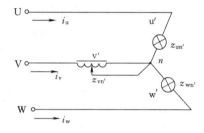

图4-36　用亮灯法测定相序的接线图

第十三节 经 验 交 流

一、定子铁芯齿损伤——做铁芯试验检查

某电厂一台发电机 QFSS—300—2 型（300MW；双水内冷），在停机检查时，发现定子汽轮机侧铁芯表面有若干被硬物打成的大小不一的凹坑，硅钢片齿表面被打变形，倒向通风沟。为此，决定做定子铁芯试验。

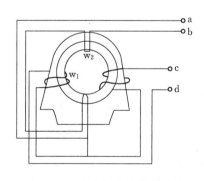

图4-37　发电机定子铁芯试验

试验接线采用图4-37所示的方式接线，电源用两台 1250kVA 变压器，磁通密度按 1T 考虑，H_0 取 0.5A/cm。试验结果如下：①磁通密度实际值为 1.0209T；②最高齿温升（换算至1T）为 25K；③最高齿温差（换算至1T）为 25K；④试验持续时间为 90min。可见，最高齿温差已超标（15K），对热点处理后，再次试验结果如下：①磁通密度实际值为 1.0209T；②最高齿温升（换算至1T）为 17K；③最高齿温差（换算至1T）为 13K；④试验持续时间为 90min。由此结果可知，处理后缺陷已消除。

二、测试结果在测量误差范围内

某电厂125MW双水内冷发电机，QFS—125—2 型，额定励磁电压为 265V，额定励磁电流为 1650A，转速为 3000r/min。在交接试验时进行了转子交流阻抗和损耗的测试。测试数值见表4-13，将测试数据与出厂数据（见表4-14）作比较，得出结果是：在测量误差范围内无显著变化。

表 4-13　　　　　不同转速下的转子交流阻抗和损耗测试数据

转速（r/min）	电压（V）	电流（A）	阻抗（Ω）	损耗（W）
0	140	22.3	6.28	1950
513	140	23.3	6.00	2160
1020	140	23.9	5.86	2220
1550	140	23.8	5.88	2220
2000	140	23.8	5.88	2230
2500	140	23.7	5.91	2220
3000	140	23.7	5.91	2220
转速（r/min）	电压（V）	电流（A）	阻抗（Ω）	损耗（W）
0	140	21.4	6.54	2120
500	140	22.4	6.25	2000

表 4-14　　　　　　制 造 厂 测 试 数 据

转速（r/min）	电压（V）	电流（A）	阻抗（Ω）	损耗（W）
0	140	20.5	6.83	1960
500	140	21.5	6.51	2070
1000	140	22.25	6.29	2090
1500	140	22.35	6.26	2070
2000	140	22.35	6.26	2080
2500	140	22.25	6.29	2064
3000	140	21.1	6.33	2050
转速（r/min）	电压（V）	电流（A）	阻抗（Ω）	损耗（W）
0	140	20.1	6.96	1970
500	140	21.9	6.39	2060

三、交流阻抗减小，有匝间短路征兆

某电厂 100MW 发电机，SQF—100—2 型，双水内冷，转子电压 245V，转子电流为 1398A，转速为 3000r/min。

该发电机 1982 年投产，1988 年大修中发现交流阻抗静态值减小，而随转速的升高又逐渐正常。针对此情况决定进行动态交流阻抗跟踪测试，其结果见表 4-15。

表 4-15　　　　　　交流阻抗（膛外、静态、未通水）

日期（年.月.日）	U_2（V）	I_2（A）	W_2（W）	z_2（Ω）	温度（℃）
1984.8.8	170	13.50	1410	12.593	20
1986.9.2	170	13.38	1410	12.706	19
1988.8.2	170	14.70	1575	11.565	26
1990.8.10	170	16.36	1760	10.391	29
1992.8.7	170	16.10	1728	10.599	25
1994.7.26	170	16.24	1736	10.465	23

从表 4－15 中可见，1994 年测得的电流及交流损耗分别比 1984 年的增加了 20.30％及 23.12％，而交流阻抗却下降了 20.33％。再测直流电阻 1994 年比 1984 年也下降了 3.26％。故初步认定该转子绕组存在匝间短路征兆。对不同转速下的交流阻抗数据（见表 4－16）进行分析，可以看出其匝间短路是动态的。即低转速时有匝间短路，随着转速升高逐渐好转，到 3000r/min 时基本消失。根据运行情况振动值未超标，说明在静态和低转速下有轻度匝间短路，决定加强监视，停机检修时进行检测。

表 4－16　　　　　　　　　　　　动 态 交 流 阻 抗

日期(年.月.日)	转速（r/min）	U_2（V）	I_2（A）	W_2（W）	z_2（Ω）
1984.8.18	0	170	11.79	1410	14.42
	1000	170	12.08	1453	14.08
	2000	170	12.35	1494	13.77
	3000	170	12.42	1515	13.68
1986.9.19	0	170	11.78	1380	14.44
	1000	170	12.05	1410	14.08
	2000	170	12.30	1443	13.82
	3000	170	12.38	1461	13.74
1988.9.6	0	170	13.2	1560	12.88
	1000	170	12.3	1440	13.82
	2000	170	12.39	1470	13.72
	3000	170	12.38	1470	13.73
1990.9.7	0	170	15.02	1760	11.32
	1000	170	15.48	1804	10.98
	2000	170	15.20	1820	11.18
	3000	170	12.32	1456	13.8
1991.9.24	0	170	16.96	1740	10.02
	1000	170	16.80	1756	10.12
	2000	170	15.90	1620	10.69
	3000	170	13.52	1520	12.57
1992.9.10	0	170	14.96	1728	11.36
	1000	170	15.24	1772	11.16
	2000	170	15.02	1784	11.32
	3000	170	12.20	1424	13.93
1993.8.7	0	170	17.00	1720	10.00
	1000	170	15.98	1570	10.71
	2000	170	15.80	1600	10.76
	3000	170	13.64	1580	12.46
1994.8.19	0	170	14.90	1728	11.41
	1000	170	13.70	1580	12.41
	2000	170	13.80	1600	12.32
	3000	170	13.20	1592	12.88

此外，配合功率表相量投影法试验时，也发现有匝间短路现象。

四、交流阻抗不随转速而变化——稳定性短路

某厂一台 300MW 发电机，在 1988 年 7 月发电机大修时，做转子的常规预防性试验，发现转子交流阻抗及功率损耗分别为 2.19Ω 及 12640W，较 1979 年试验结果，交流阻抗减少 20.4％ 功率损耗增长了 30.0％。转子直流电阻也下降了 3.1％。初步认定发电机转子绕组存在匝间短路现象，但尚未得出定论，在 1988～1990 年间，缩短试验周期进行测试，其结果见表 4－17 及表 4－18。

表 4－17　　　　　　　　交流阻抗及损耗历年试验数据

试验年份	1979	1980	1983	1988	1989
损耗 P（W）	9720	9700	9984	12640	13120
变化率 ΔP％		−0.2	+2.7	+30.0	+35
阻抗（Ω）	2.75	2.72	2.70	2.19	2.10
变化率 ΔZ（％）		−1.1	−1.8	−20.4	−23.6

表 4－18　　　　　　　不同转速下交流阻及损耗（1989 年）

转速（r/min）	400	700	1700	2300	3000
阻抗 Z（Ω）	1.98	2.06	2.07	2.09	2.05
损耗 P（W）	17760	11680	11600	11600	11700

从表 4－17 及表 4－18 中可见，1979～1989 年间，交流阻抗是逐年减小，而损耗却逐年增加；在不同转速下的交流阻抗随转速的变化不大，说明转子绕组短路为稳定性短路。

五、在测量误差范围内

某电厂一台 125MW 发电机（双水内冷），QFS—125—2 型，13.8kV，6150A，3000r/min。

空载特性试验数据（见表 4－19），将此结果与出厂时的试验数据（见表 4－20）比较，得出结论，误差在测量误差范围内。

表 4－19　　　　　　　　　空载特性试验数据

I_E（A）	604	580	524	484	444	386	349	270	196
U_{UV}（V）	14350	13870	12834	12006	11040	9729	8832	6900	5037
U_{VW}（V）	14350	13870	12903	12075	11040	9729	8801	6900	5037
U_{WV}（V）	14350	13870	12903	12075	11109	9756	8860	6941	5037

表 4－20　　　　　　　　　制 造 厂 出 厂 数 据

I_E（A）	964	616	470	390	330	294
U_{UV}（V）	18000	13800	10800	8980	7640	6980
U_{VW}（V）		13780				
U_{WU}（V）		13780				

空载曲线如图 4-38 所示。

六、转子绕组有匝间短路

某电厂 313MW 发电机（水氢冷却方式），定子电压 15kV，定子电流 14170A，3000r/min。

在用直流电阻和交流阻抗法初步认定有匝间短路后，又做了空载和短路试验。从图 4-39 所示试验曲线可以看出，空载电流较过去增长了 180A，即增长了 14.5%，空载曲线是下降的，说明转子有匝间短路的可能。

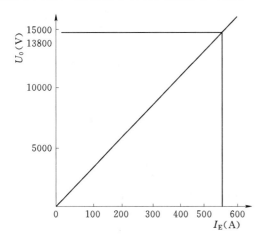

图 4-38 发电机空载特性曲线

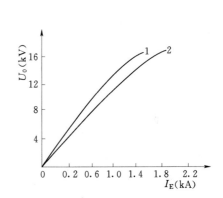

图 4-39 发电机空载曲线

1—1983 年的空载曲线；

2—1988 年的空载曲线

为了进一步确定缺陷，又做了探测线圈试验，证实了匝间短路的存在。

七、在测量误差范围以内

某电厂一台 125MW 发电机，QFS—125—2 型，额定电压 13.8kV，额定电流 6150A，3000r/min，额定励磁电压 265V，额定励磁电流 1650A，双水内冷。在做交接试验时进行短路试验，测得数据见表 4-21；将此结果与出厂试验数据（表 4-22）比较，得出结论。

表 4-21　　　　　　　　　　交 接 试 验 数 据

I_{GE}（A）	386	594	723	890	1025	1120	1276
$I_{g(U)}$—U	2180	3200	3840	4800	5600	6160	7040
$I_{g(U)}$—V	2180	3200	3840	4800	5600	6160	7040
$I_{g(U)}$—W	2180	3200	3840	4800	5600	6160	7040

注　I_{GE} 为励磁电流；I_g 为定子相电流。

表 4-22　　　　　　　　　　制 造 厂 数 据

I_{GE}（A）	406	676	850	1014	1094	1160	1256
$I_{g(U)}$—U	2248	3840	4792	5672	6096	6520	7056
$I_{g(U)}$—V					6160		
$I_{g(U)}$—W					6144		

误差在测量误差范围之内。

按测量数据绘制的短路特性如图 4-40 所示。

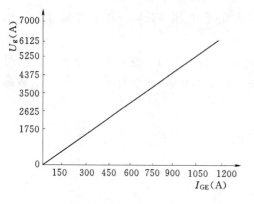

图 4-40　发电机短路特性曲线

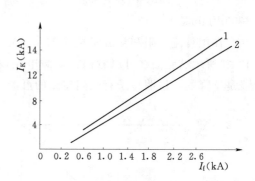

图 4-41　短路曲线

1—1983 年的短路曲线；2—1988 年的短路曲线

八、转子绕组有匝间短路

某电厂一台 313MW 发电机，定子电压 15kV，定子电流为 14170A，转子电压 311V，转子电流 3875A，水氢气冷却。在发现转子直流电阻下降，交流阻抗减小，接着又做了空载和短路试验。从短路试验得知，短路励磁电流较过去增加了 150A，短路曲线下移了，如图 4-41 所示，说明有匝间短路。

用探测线圈法也进一步证实了存在匝间短路。

九、全换定、转子绕组，并加以改造

温升试验接线如图 4-42 所示。

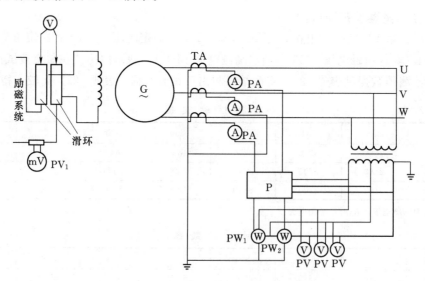

图 4-42　温升试验接线图

PA—电流表；PV—电压表；PW₁、PW₂—单相瓦特表；P—功率因数表；PV₁—毫伏表

某电厂对一台 50MW 发电机进行了全换定、转子绕组，并加以了适当的改造。改造后进行了温升试验，试验结果表明改造的效果良好。不但提高了安全性，且降低了温升。在试验中还采用了带电测温。定子绕组的温升曲线如图 4-43 所示；转子绕组的温升曲线如图 4-44 所示。

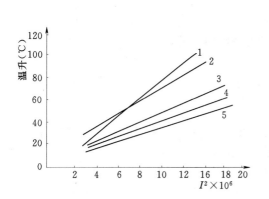

图 4-43 定子绕组温升曲线

1—改造前铜温升；2—改造前带电测温温升；
3—改造后带电测温温升；4—改造前检测
温计温升；5—改造后检温计温升

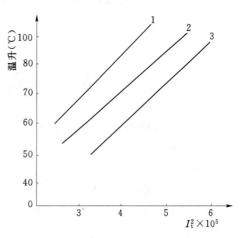

图 4-44 转子绕组温升曲线（额定电流 635A）

1—改造前转子绕组温升；2—定子改造后转子绕组
温升；3—定子转子改造后，转子绕组温升

第五章 励磁机及永磁机试验

第一节 直流励磁机试验

一、绝缘电阻的测定与工频耐压试验

1. 绝缘电阻的测定

测量各绕组及刷架对机壳及其相互间的绝缘电阻。用 1000V 或 2500V 兆欧表在冷态下进行测量。励磁绕组与电枢的绝缘电阻一般不应低于 0.5MΩ。

电枢回路各部分（电枢绕组、换向极绕组、补偿绕组、串激绕组、并激绕组与他激绕组）对机壳（磁极铁芯）的绝缘电阻应分别进行测定。应测量电枢绕组对轴和金属绑线的绝缘电阻。如果电枢回路各绕组在电机内部相连接，仅有两个引出端时，则允许测量所有绕组对机壳的绝缘电阻。在测量绑线绝缘电阻时，电枢绕组应连同铁芯一起接地。

绝缘电阻的测定应在交流耐压试验前进行。

2. 绕组工频交流耐压试验

励磁绕组对机壳和电枢绕组对轴的交流耐压试验电压交接时为 $1.5U_n + 750(V)$，并不应小于 1200V。大修时为 1000V，持续时间为 1min。对 100kW 以下不重要的直流电机电枢绕组对轴的交流耐压可用 2500V 兆欧表试验代替。

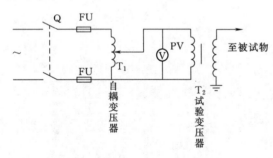

图 5-1 交流耐压试验接线图

试验接线如图 5-1 所示。T_1 为自耦变压器，T_2 为试验变压器。由于励磁机各绕组对机壳的电容量很小，也可用变比合适的电压互感器代替。

当电枢绕组的绝缘电阻较低时，进行交流耐压试验应慎重，最好先查明原因，处理后再进行耐压试验，以免击穿后修理工作量大。

磁场变阻器的耐压试验，可随同励磁回路进行，试验电压为 1000V，持续时间为 1min。

二、测量励磁绕组的直流电阻

测量绕组的直流电阻的目的是检查绕组本身及焊接部分是否良好，有无层间短路或断线等现象。测量励磁绕组的直流电阻值与制造厂试验数值或以前测得值比较，其差不应大于 2%。对 100kW 以下的不重要的电机根据实际情况规定。电枢绕组片间的直流电阻相互间的差值不应超过正常最小值的 10%，由于均压线或绕组结构而产生的有规律的变化

时，应在各相应的片间进行比较判断。当发现所测得的电阻值相差过大时，应该再复测一次，如仍然不变，则应寻找原因，并设法消除。焊接不良的地方应重新焊接，然后再进行测量。对波绕组或蛙绕组应根据在整流子上实际节距测量电阻值。

绕组的直流电阻可以在冷态下测定，假设电机各部分的温度和周围空气温度相差不超过±3℃时，则所测电机绕组的电阻可作为冷态电阻。绕组表面温度可用酒精温度计或水银温度计。对于周围有交变磁场或运动磁场的设备，最好用酒精温度计，因为水银感应涡流，从而使读数偏高。直流电阻测定方法有以下几种。

1. 单臂或双臂电桥法

励磁机的并激线圈和他激线圈电阻值较大，一般大于 1Ω，可用单臂电桥测定。而串激线圈、换向极线圈及补偿绕组、电枢绕组与整流子片间电阻，由于阻值较小，应该用双臂电桥进行测定。

2. 电压表电流表（直流压降）法

用蓄电池或整流电源作为直流电源。被测电阻应与一可变电阻 R 相串联，后者用来调节回路中的电流值，试验接线如图 5-2 所示。

测量时，被测绕组中的电流数值不应大于绕组额定电流的 20%，同时要尽快读出表计读数，以免因绕组发热而影响测量的准确性。电流表与电压表的读数应由两个人同时读数，根据读数按欧姆定律求得被测电阻值

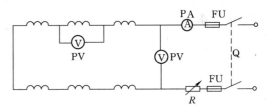

图 5-2 测量磁极线圈电阻

$$R_x = \frac{U}{I} \ (\Omega) \tag{5-1}$$

为了测量准确，每一电阻可以在不同电流下测量三次，取其平均值。由于所测绕组有较大电感，在调整电流改变表计量程时，应先断开仪表的接线，以免线圈的自感电势损坏表计。

测磁极线圈电阻时（图 5-2），电流由磁极线圈引出端子加入。当测量线圈总直流电阻时，电压表接入总引入端。测量每个磁极线圈电阻时，电压表接至被测磁极线圈的两端。

当采用电压表电流表法测量整流片间电阻时，按图 5-3 所示方法进行。在开始测量时，在第一片整流子上做记号，然后沿电机转动方向对每一片整流子进行顺序编号，在 1～2 片间通入 5～10A 的电流，同时测量压降，则电阻用 $R=U/I$ 的公式计算，然后测量 2～3，3～4，…之间的电阻。

测量时，应先通入电流，待电流表有指示并稳定后再接入电压表；断开时，先拿开电压表，再断开电源开关。

实例：某水电厂一台水轮发电机的励磁机容量为 735kW，带有均压线，在某次大修中测量整流片间直流电阻不呈有规律变化，如图 5-4 虚线所示曲线，查出了不良焊接头，经处理后，整流片间直流电阻为图 5-4 实线所示曲线，整流片间电阻值恢复了原有规律变化。

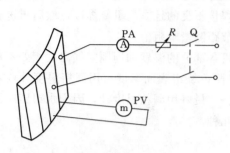

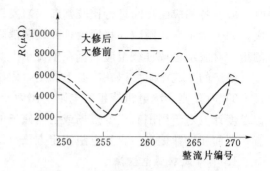

图 5-3　测量整流子片间直流电阻　　　　图 5-4　整流片间电阻的变化规律

直流电阻值偏大除了线圈整流片焊接不良，还可能是由于均压线断线或焊接不良所致。为判断均压线是否断线，可补充进行电枢绕组整流片之间交流阻抗的测定。当均压线断线后，交流阻抗将显著增大。试验时电枢绕组通入 2~5A 交流电流，用低量程电压表测量，测量时电流大小应固定不变，以便比较。

三、各线圈的极性及其连接正确性的检查

检查磁极极性的目的是检查磁极线圈的绕制、装配及相互间的连接是否正确，检查的方法有以下几种。

1. 观察法

观察电流在该线圈内环绕磁极流动的方向，可用右手螺旋定则确定该磁极的极性，这是检查接线是否正确的最简单方法。

2. 磁针法

悬吊在细软线上的磁针靠近磁极时，磁针的南极被电极吸引的为电机北极。

3. 试验线圈法

试验线圈用细漆包线缠绕多匝，贴在一片薄硬纸板或塑料板上构成，线圈二端接一块灵敏的磁电式仪表将线圈贴近磁极表面，然后迅速拉开，记住表计指针偏转方向。试验线圈总是以同一边对着磁极面未检查相邻磁极的极性时，若表计的指针偏转方向相反，则线圈的连接是正确的。

4. 感应法

并激绕组 F_1F_2 经过刀开关 QS 接入 4~6V 直流电源 E，利用毫伏表逐个检查串激绕组各线圈 C_1C_2 的极性，如图 5-5 所示。检查时，可将并激绕组 F_1F_2 中的电流接通或切断，如果串激绕组的全部线圈接线是正确的，则其极性应当一致。若开关 QS 合闸时，毫伏表的指针向右偏转，则断开 QS 时应向左偏转。

在励磁机中主磁极与换向极沿着电枢旋转方向排列顺序，为 N－s－S－n（大写字母 N，S 表示主磁极，小写字母表示换向极）。

用感应法检查电枢绕组与换向极绕组连接的正确性的试验接线图如图 5-6 所示。电源用 1.5~3V 电池，在与换向极绕组相连的电刷上接毫伏表的正端，负端接至另一电刷处。当闭合 QS 瞬间，若毫伏表向左摆，则连接正确；若毫伏表向右摆，则连接错误。

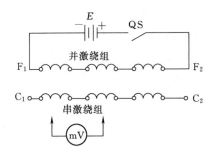

图 5-5 用感应法检查串激线圈的极性

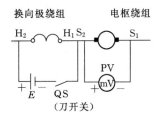

图 5-6 用感应法检查电枢绕组与换
向极绕组连接的正确性

5. 交流阻抗法

试验接线如图 5-7 所示。试验时，先将 12V 的交流电通入换向极与电枢回路，如图 5-7（a）所示。测量回路的全部阻抗 z_Σ（$=U/I$），然后分别加到换向极绕组与电枢绕组，如图 5-7（b）、（c）所示。测量换向极绕组的阻抗为 z_H，电枢绕组的阻抗为 z_S，若测量结果 $z_\Sigma < z_H + z_S$，则绕组的连接是正确的，因为它们所产生的磁通方向相反；若 $z_\Sigma > z_H + z_S$，则绕组的连接不正确，因为它们的磁通方向相同。

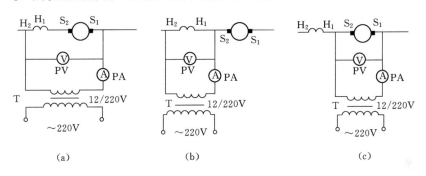

图 5-7 用交流阻抗法检查电枢绕组与换向极绕组连接的正确性

四、电刷中性线位置测定与调整

整流子换向情况的好坏，是直流电机运行中很重要的问题。

对于直流机的整流换向情况，要求电刷位置不变，从空载到额定负荷范围内工作时，不发生火花，而且整流子及电刷表面不应有所损坏。当短路过负荷时，也不应发生具危险性的火花，以致损坏整流子与电刷。

为了避免换向过程中产生火花，电刷应置于中性线上，所以在励磁机安装完毕后必须仔细调整电刷装置，使它满足上述要求。

当电刷处于中性线上时，在主磁极励磁绕组与电枢绕组之间相当于一个变压器，电势应等于零，利用这一原理，可以用下面的方法可确定电刷中心线的位置。

1. 直流感应法

接线如图 5-8 所示。试验时，电枢静止，在任意两正负电刷间接入毫伏表（其他电刷拔下），以 1.5V 电池 1～2 节，给主磁极的励磁绕组通以冲击的直流电，调整 R 即

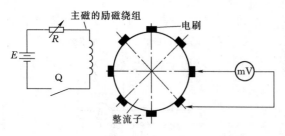

图 5-8　调整电刷至中性线位置的接线图

可改变冲击电流值的大小。当电刷在中性线位置时，表计指针将没有或只有很小的偏转。当电刷不在中性线的位置时，接通电源将引起表针向一侧偏转，切断电源时，表针向另一侧偏转。当切断电源时，偏转比较清晰，故可以切断电源操作为准。偏转角度越大，说明电刷偏离中性线越远。依次测试各对电刷，若表针偏转值较大，且各对电刷所得结果相同，则说明整个电刷支架皆偏离中性线位置。当个别相邻电刷间指示相反，则说明刷架距离不等，使个别电刷不居于中性线位置。

调整时，先将电刷放在主磁极中心的对面，并将刷架固定，在断开开关的瞬间，记住仪表偏转方向和数值。然后将电刷向任一边移动，重新读表计的偏转方向和数值。若偏转方向不变，而偏转数值变小，则应当继续向同一方向移动，直至表计偏转最小为止。若表计偏转反向，则说明电刷移动过多，必须小心地把它移回来。调整完毕，拧紧电刷架螺钉后，应再试验一次，防止在固定电刷架时，位置又有变化。

在做此项试验时，应注意使充电电流所产生的磁极极性与剩磁方向一致，避免因反极性而使主极失磁。

在进行上述试验时，电刷放在整流子上，此时毫伏表读数误差的大小与电刷和整流片间的接触好坏有直接关系。为避免这一缺点，可以将电刷提起，直接在整流片上测量。测量时，在刷握下面等于一个极距的两整流片上用探针接入毫伏表，用同样方法找出中性线的位置。

2. 交流感应法

试验时，将 110～220V 交流电压，直接加到主磁极并激绕组上，用真空管电压表在正负电刷间测量感应电压。试验时，不必交替切断或接通电源就可以稳定地读取感应电压值。此时，同样是把电刷调整到感应电压最小的位置。进行试验时，电刷可以不提起。这个方法优点是电源容易得到，读数稳定，分析判断比较方便，易于掌握。

五、无火花区域试验

直流电机的无火花换向区域是指电机在发电机方式运转时，将电机的负载电流自空载调至 $125\% I_n$（额定值），在每一电枢电流下，改变换向极绕组中的电流，求出它的上限与下限，在此两限值间电机能保持黑暗换向，以这些电流为界限的区域称为"无火花换向区域"。

试验的目的是确定换向极作用的强弱，根据试验结果调整换向极磁路上的气隙，达到改善换向的目的。

电机在出厂时，一般已做过此项试验，只要将电刷中性线位置调好，运行时不会产生换向问题，此项试验可以不做。如果机组运行时换向火花大，且又排除了机械、化学方面的原因，例如整流子偏心、表面不平、气隙不均匀、主极和换向极的装配不对称、电刷牌号混乱和选择不当、电刷压力不合适、电刷跳动、接触不良、整流子表面不清洁、表面的氧化亚铜薄膜遭到破坏等，则可以考虑进行此试验。

1. 试验方法

图 5-9 所示是以水阻为负载的试验接线，试验时，机组保持额定转速，采用对换向极 H_1、H_2 外馈电流法进行。外馈电流由直流电焊机提供。励磁机的负载为水电阻 R_S，水电阻的容量应能满足最大电流的要求。水箱的容积可以按下面的经验公式进行计算。设发电机转子绕组的额定电压 U_{Gn}，额定电流为 I_{Gn}，则水电阻的容量 $P=U_{Gn}I_{Gn}$ 所需水箱容积为

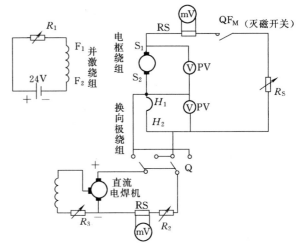

图 5-9　无火花区域试验接线图

$$V=860P\times0.25\times10^{-3}\bigg/\left[\frac{2}{3}\times(80-t)\right] \qquad (5-2)$$

式中　P——水电阻容量，kW；

　　　　t——室温，℃；

　　　　80——最高水温不超过 80℃。

水电阻的调节范围应能满足电流从 25% I_{Gn} 到 100% I_{Gn} 的要求。若励磁机电压维持额定，则 $R_{max}=U_{Gn}/0.25I_{Gn}(\Omega)$；$R_{min}=U_{Gn}/I_{Gn}(\Omega)$。

为了调节方便，励磁机采用外加直流的他激方式。试验应从被试电机空载开始，当电机空载时，合上外馈电源开关 Q，正向通入电流调节直流电焊机的电流（调 R_2、R_3），至电刷出现火花为止，读取 $+\Delta I_H$；减小电流，将 Q 切到另一侧时，通入反向电流，重复调节直流电焊的电流，至出现火花为止，读取 $-\Delta I_H$，降下外馈电流。

合上灭磁开关 QF_M，带上负载，调节磁场电阻 R_1，使负载 R_S 上的压降尽可能接近转子额定励磁电压，调整水电阻 R_S，使负载电流（也就是电枢电流）为 I_{S1}，重复上述对换向极外馈电流的步骤，记录在 I_{S1} 下的 $\pm\Delta I_H$。调整 R_S 使 I_S 为不同值（每隔 25% 额定电流取一读数），直至稍大于转子的额定电流为止，分别记下各负载电流下的 $+\Delta I_H$ 和 $-\Delta I_H$。

2. 无火花换向区域曲线的形状

根据试验数据，绘制换向极外馈电流的上限值与下限值对电枢电流 I_S 的曲线，即无火花区域曲线。作无火花区的平均线即 $+\Delta I_H$ 与 $-\Delta I_H$ 的代数平均值对 I_S 的曲线（图中虚线）。该曲线偏离横轴的大小即代表换向极磁势的强弱，可能有三种情况出现。

（1）如平均线与横轴近似重合，如图 5-10 所示，则表明换向极的磁势大小合适。

（2）如平均曲线向上偏斜，如图 5-11 所示，则表明换向极磁势偏弱，应减小换向极磁路的气隙。

（3）如平均曲线向下偏斜，如图 5-12 所示，则表明换向极磁势偏强，应增加换向极磁路气隙。

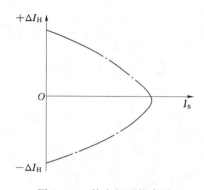

图 5-10　换向极磁势合适

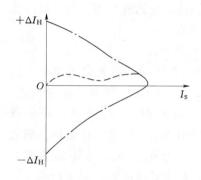

图 5-11　换向极磁势偏弱

按照无火花换向区域平均线的弯曲形状，可以确定电机的补偿作用是否良好。电机补偿得越好，平均线越接近于直线。在没有补偿绕组的电机中，无火花换向区域曲线常有如图 5-13 的形状。当电枢电流较小时，凸向上面；而当电枢电流较大时，则凸向下面。这表明在无补偿绕组的电机中，有时并不能保证在一切负载下都具有同样可靠的换向。这时换向极的磁势应调整得保证在转子额定电流下有良好的换向。

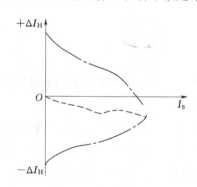

图 5-12　换向极磁势偏强

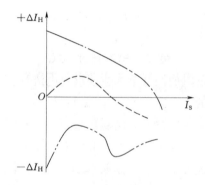

图 5-13　无火花换向区域平均曲线

3. 换向极补偿程度的改变

换向极补偿程度的改变，可以通过增减换向极绕组匝数或更换换向极铁芯与机座间的 E 形垫片来达到。一般采用由绝缘纸垫改为硅钢片，即减小了气隙，补偿作用增强。合适的换向极气隙可以通过下列经验公式求得

$$\delta' = \frac{\delta}{1 + \dfrac{\Delta I_H}{I_S} \times \dfrac{K}{(K-1)}} \tag{5-3}$$

式中　δ——调整前的气隙；

　　　δ'——调整后的气隙；

　　　I_S——电枢电流；

　　　ΔI_H——对应于某一电枢的外馈电流代数平均值；

　　　K——换向极磁化力对电枢反应磁化力之比，由下式决定

$$K = \frac{8pa(W_H + W_{BC})}{Na_H} \tag{5-4}$$

式中 a——电枢绕组并联支路对数；

         p——磁极对数；

    W_H——一个换向极绕组的匝数；

   W_{BC}——补偿绕组匝数；

     N——电枢绕组导体总数；

   a_H——换向极与补偿绕组并联支路数。

无论机组大小，系数 K 一般约在 1.15～1.3 之间。公式（5-4）只适用于间隙变动范围在 $\pm20\%$ 以内；若间隙变动范围超过 $\pm20\%$ 时，采用连续近似计算法。

4．无火花换向区域的宽度

在每一负载电流下，如无火花换向区域的宽度越大，则无火花换向越可靠、稳定。无火花换向区域的宽度与很多因素有关。如换向极极靴的宽度、电刷的牌号、电刷弹簧的压力、电刷与整流子的表面接触情况等。如果当电枢电流增加时，无火花换向区域的宽度迅速地减少到零，则应检查电机是否有机械方面的毛病，例如电刷跳动等。

5．注意事项

（1）外馈电流正负极性必须记录清楚。

（2）观察火花人员，必须各次观察标准一致，尤其不得以个别电刷火花状况代表一般。

（3）考虑到火花消失时的电流总比实际产生时的电流低，所以每一试验必须做几次。

（4）每次读取产生火花电流值的时间应尽量缩短，因为整流子上长期有火花会破坏氧化膜，影响试验准确度。

（5）当以水电阻为负载时，调整中应防止短路，以免引起励磁机过载。

实例：某水轮发电机的励磁机，型号为 BBC 285/32—16，容量 735kW，电压 400/800V，电流为 1750A，转速 100r/min，励磁方式为自并激。该机自安装完毕投入试运行期间，整流情况不佳，当带 45% 额定转子电流时，电刷冒火严重，且火花呈刷状向前飞溅。经初步处理，整流子车圆，冒火现象虽有好转，但仍未消除，远不能满足满负荷运行的要求，因而进行了无火花区域试验，以找出电刷冒火的原因。

试验采用负载法进行。试验前，将励磁机主极的自并激线圈改由蓄电池供电。换向极线圈由直流电焊供电（图5-9），励磁极的负载采用 4 根截面为 185mm² 长度为 100m 的绝缘铝线组合而成（两根串联后再并联），其电阻值为 0.05Ω，试验时，换向极的气隙为 11.21mm。试验测量记录见表 5-1。根据表 5-1 中数据绘制无火花运行区域曲线如图 5-14 所示。

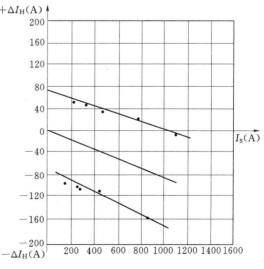

图5-14 无火花运行区域曲线

从曲线中可以分别得到各种不同电枢电流下外馈电流的平均值代入式（5-3），可以求得换向极气隙的校正值。从电枢电流等于900A时的情况进行计算。$I_s=900A$，$\Delta I_H=-80A$（取 $K=1.25$），则

$$\delta'=\frac{\delta}{1+\dfrac{\Delta I_H}{I_s}\cdot\dfrac{K}{(K-1)}}=\frac{11.21}{1+\dfrac{-80\times1.25}{900(1.25-1)}}=20.18\text{ (mm)}$$

需调整值　　　　　$\Delta\delta=\delta'-\delta=20.18-11.21=8.97\text{ (mm)}$

表 5-1　　　　　　　　　　　　　　　　无火花区域试验记录

次　数	电枢电流 I_s (A)	外　馈　电　流　(A)		换向极线圈上的电压 (V)	电枢电压 (V)
		$+\Delta I_H$	$-\Delta I_H$		
1	0	76.0		+0.6	250
	0		77.5	−0.6	250
2	210	56.0		+2.0	48
	150		90.6	+0.5	30
3	300	44.6		—	70
	300		107.0	+2.8	70
4	450	36.3		+3.5	—
	445		110.5	+2.5	112
5	730	16.3		+5.7	205
	730		138.0	+4.2	195
6	895	0.0		+6.5	330
	850		152.0	+5.3	270

显然，气隙的校正值已超过原间隙的 20%，因此需要采用连续近似法予以计算。运用三极近似法计算如下

$$\Delta I_{H_1}=\Delta I_{H_2}=-27(A)\ ;\quad \Delta I_{H_3}=-26(A)$$

$$(\Delta I_{H_1}+\Delta I_{H_2}+\Delta I_{H_3})=-80(A)$$

$$\delta'_1=\frac{\delta}{1+\dfrac{\Delta I_{H_1}K}{I_s(K-1)}}=\frac{11.21}{1+\dfrac{-27\times1.25}{900\times(1.25-1)}}=13.2\text{ (mm)}$$

$$\delta'_2=\frac{\delta'_1}{1+\dfrac{\Delta I_{H_2}K}{I_s(K-1)}}=\frac{13.2}{1+\dfrac{-27\times1.25}{900\times(1.25-1)}}=15.5\text{ (mm)}$$

$$\delta'_3=\frac{\delta'_2}{1+\dfrac{\Delta I_{H_3}K}{I_s(K-1)}}=\frac{15.5}{1+\dfrac{-26\times1.25}{900\times(1.25-1)}}=18.0\text{ (mm)}$$

气隙调整量

$$\Delta\delta'=\delta'_3-\delta=18.0-11.21=6.79\text{ (mm)}$$

按同样的计算方法，可以求出在电枢电流为 600A，300A 时的气隙调整，见表 5-2。

表 5 - 2 气隙调整量

换向极原有平均气隙 δ (mm)	电枢电流 I_S (A)	外馈电流平均值 ΔI_H (A)	计算系数 K	求得新间隙 δ' (mm)	调整数值 $\Delta\delta$ (mm)
11.21	300	—27	1.25	18.2	6.99
11.21	600	—53	1.25	18.1	6.89
11.21	900	—80	1.25	18.0	6.79

试验结果表明，换向极补偿作用过强，是该电机电刷下冒火花的主要原因，需要增大换向极的气隙。根据上述计算的调整量为 6～7mm。由于试验时受到作为负载的铝导线容量的限制，未能作到额定负荷，故计算的结果还应在满负荷的运行下考核，必要时再作适当的调整，以期达到无火花运行的目的。

六、录制励磁机的特性曲线

励磁机的空载特性与负载特性是发电机励磁系统及自动励磁调节装置计算的主要技术资料。同时它也是励磁机工作情况的判据，故在交接及大修中更换过电枢绕组、改动过气隙或磁极绕组时，均应测录这两个特性。

1. 空载特性的测定

空载特性是指 $n=n_N=$ 常值，$I=0$ 时，电枢的空载端电压与励磁电流 I_f 的关系 $U_0=f(I_f)$。

图 5 - 15 表示试验的接线图。试验时，保持转速 $n=n_N$，发电机空载，此时端电压 $U_f=E_0$，调节电阻值大小来调节励磁电流 I_f，使空载电压 $U_0=(1.1～1.3)U_N$，然后 I_f 逐步回降到 0，再将 I_f 反向，并逐步反向增加 I_f，直到反向的 U_0 与正向的 U_0 相等为止。每次记录 I_f 和相应的 U_0 值。绘制上升与下降的特性曲线，在两者之中求得平均曲线，即为励磁机空载特性曲线。

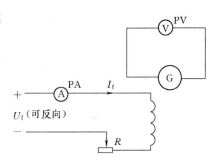

图 5 - 15 空载试验接线图

实例：励磁机容量为 440kW，额定电压为 350V，表 5 - 3 与表 5 - 4 为试验数据，强励顶值电压 550V，强励顶值电流 77.6A。

表 5 - 3 励磁机空载特性试验数据 （电压上升时）

电枢电压（V）	11	18	40	80	120	160	220	240	280	320	330	450
励磁电流（A）	0	0.8	4.6	8.5	11.6	14.9	19.2	22.6	26.7	30.8	32.6	43.2

表 5 - 4 励磁机空载特性试验数据 （电压下降时）

电枢电压（V）	430	405	370	340	310	280	220	160	110	80	50	13
励磁电流（A）	41.8	37.5	33.4	29.9	26.3	23.2	18.3	12.4	8.4	6.0	3.3	0

试验所测得的结果与制造厂出厂试验资料比较，应在测量误差范围以内，稳定系数一

般应大于1.17。

2. 励磁机负载特性的测定

在额定转速下，励磁机以发电机转子绕组为负载时的励磁电流与电枢电压的关系曲线，这一特性可与同步发电机空载特性同时录制。上例中励磁机负载特性试验实测值如表5-5所示。

表5-5   励磁机负载特性试验数据

电枢电压（V）		13.8	42	54	66	79.2	93	108	128.4	148.8	171	214.8	278.4
励磁电流（A）	自励分量	0.08	1.67	2.00	2.34	2.84	3.24	3.84	5.50	9.00	10.40	18.00	29.5
	他励分量	0	3.20	3.65	4.60	5.33	6.35	7.35	8.15	8.15	8.75	8.75	8.75

七、励磁机额定电压增长速度的测量

励磁机额定电压增长速率是表示发电机强励效果大小的一个指标，增长速率越高，强励的效果越好。对新机的电压增长率有一定的要求，测定它是为了判断是否达到设计要求，在有条件时，交接试验中应考虑进行此项试验。

试验时，励磁机空载，维持转速为额定值，调节磁场变阻器，使其端电压等于发电机转子额定电压值，然后将励磁回路中所有外接电阻短路（可以用强励接触器，也可另接短路闸刀）。同时用示波器摄录励磁电枢电压的增长波形，直到电压稳定为止。如果试验仅为了测定励磁电压增长速率，则示波时间只要稍大于0.5s即可。

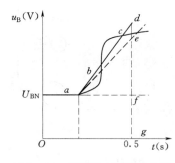

图5-16 励磁机电压增长曲线

试验结果整理如下。

首先需将所录波形包括标准波进行放大，并按标准波形的比例在坐标纸上画出，纵坐标为电枢电压 u_B，横坐标为时间 t，如图5-16所示，图中 U_{BN} 为转子额定电压。

在时间 $t=0.5s$ 作垂线 dg，然后作曲线 $abce$ 的等效直线 ad，使三角形 adf 的面积等于四线 $abcef$ 所包含的面积，则0.5s内励磁机额定电压的平均增长速率为

$$\left(\frac{du_B}{dt}\right)_{0.5}=2\frac{df}{af} \tag{5-5}$$

额定电压增长速率，对于额定功率为4000kVA及以下的水轮发电机，每秒不小于发电机集电环上额定电压的1.3倍；对于额定功率为4000kVA以上的水轮发电机，每秒不小于发电机集电环上额定电压的1.5倍。

第二节 交流励磁机的特点与试验项目

一、交流励磁机的特点

工频交流励磁机与主机组同轴，与主机具有相同的极数，它就是一台同步发电机。由于它的负载是经可控硅整流的转子绕组，为了保证换流电抗等电气参数，减少运行时的振

动与噪音，它与一般的同步发电机相比较，具有如下特点。

1. 换流电抗 X_K^* 应小于 0.15

在三相桥式整流电路中，桥臂的 6 组可控硅是轮流导电的。由于发电机的转子绕组是电感性质，当第二组可控硅导通时，第一组可控硅不可能完全关闭，在两组可控硅换流过程中，相当于电机两相短路，这时电机所表现出来的电抗称为换流电抗以 x_K 表示，其数值大小为

$$x_K = \frac{x_d'' + x_2}{2} \qquad (5-6)$$

式中　x_d''——交流励磁机的超瞬变电抗；

　　　x_2——交流励磁机的负序电抗。

由于在可控硅换流中，相当于电机两相短路，在电压波形上，产生相对于换流位置上有 6 个缺口。换流缺口的宽度与深度和负载的大小及交流励磁机换流电抗 x_K 的大小及阻尼系统的大小有关。换流电抗大，换流缺口大。为了减少换流缺口的宽度与深度，一般要求 $X_K^* < 0.15$。

2. 设计时采用较低的电磁负荷

用 TS 425/125—12 型 40000kW 的水轮发电机提供励磁电流的交流励磁机与容量为150000kW 水轮发电机的电磁负荷设计数据相比来说明这个问题，如表 5-6 所示。

表 5-6　　　　　　　　　　　　交流励磁机与水轮发电机电磁参数比较表

电 磁 参 数	交流励磁机 $P_N=300\text{kW}$;　$U_N=220\text{V}$　$I_N=1310\text{A}$;　$\cos\varphi=0.6$	水轮发电机 $P_N=150000\text{kW}$;　$U_N=15750\text{V}$　$I_N=6470\text{A}$;　$\cos\varphi=0.85$
定子线负荷（A/cm）	313	676
定子绕组电流密度 J_a（A/mm²）	3.7	2.9
定子 1/3 齿高处磁密 B_z（G）	11550	16400
定子轭磁密 B_a（高斯）	9210	13500
气隙磁密 B_δ（高斯）	6150	7370
极身根部磁密 B_m（高斯）	10310	14000
定子温升 θ_D（℃）	30.8	75.5
转子温升 θ_z（℃）	63.0	76.8

3. 采用较大的容量

与采用直流励磁机相比，交流励磁机的容量要适当放大。例如 TS 425/125—12 型40000kW 水轮发电机的额定励磁容量为 135kW，若采用直流励磁机的容量约为 168kW，而采用交流励磁机容量为 300kW（$\cos\varphi=0.6$），交流励磁机容量是相应的直流励机容量的 1.9 倍，是发电机励磁容量的 2.2 倍。交流励磁机的经济性能较差，但是，较低的电磁负荷与适当放大交流励磁机的容量保证了换流电抗值小于 0.15，并使定子、转子温升较低。从运行经验看，容量裕度取 2 倍左右较合适。

4. 采用较强的转子阻尼系统

交流励磁机的转子为叠片式凸极转子，纵轴阻尼为每个转子磁极上有 8 根 ϕ11mm 的阻尼条，横轴阻尼为磁极端部的短路环。阻尼条截面的选择，应保证获得最好的正弦波有利。

5. 应有较高的电压顶值

交流励磁机作为发电机的励磁电源，在设计时必须考虑强行励磁时的要求，电压要与强行励磁时的顶值电压相当。与一般交流发电机相比，交流励磁机的电压顶值较高。

二、交流励磁机的试验项目

交流励磁机实际上是一台容量比主发电机容量为小的低电压的同步发电机，在交接或大修时应进行下述项目的试验：

（1）测量定子、转子绕组的绝缘电阻。容量在 500kW 以上者，应加测吸收比。

（2）测量定子、转子绕组的直流电阻。

（3）定子绕组的极性检查（交接时进行）。

（4）定子、转子绕组的交流耐压试验。

（5）测量空载特性曲线与短路特性曲线。

（6）励磁电压顶值与励磁机电压增长速率的测量，此项试验可与励磁系统的试验结合进行。

（7）电机参数的测定（必要时进行）。

上述各项试验的标准，应根据电机的电压高低与容量大小，参照 GB 50150—2006 与 Q/CSG 10007—2004 中有关规定执行。关于试验方法，在本书各章中已作了说明。

第三节　永磁机试验

永磁机在交接时，应进行以下项目的试验（感应式永磁机）。

一、绝缘电阻的测量

永磁机的额定电压一般为 220V 或 110V，测量时应采用 1000V 兆欧表。主、副绕组及充磁绕组对地绝缘电阻，应分别进行测量。绝缘电阻不应低于 0.5MΩ。

二、绕组的直流电阻

用电桥法或直流压降法均可以，所测电阻值相互间差别不超过最小值的 2%。实测直流电阻与制造厂（或以前测得）数值相比较不应用显著差别。

三、绕组交流耐压试验

试验电压为出厂试验电压的 75%，耐压时间 1min。

四、绕组极性检查

对于感应式永磁发电机而言，因为是单相的，而且主、副绕组所用导线的直径不一，并分别处于两段铁芯上，容易识别，故不要进行极性测定。

对于三相凸极式永磁发电机，其绕组至少有 3 个，一般为 6 个。为了进行正确的连接，必须进行极性的检查，即使各线端有标号，也应进行检查。

检查极性时，应尽量利用线端的标号。如果永磁机有 3 个绕组，则可将 3 个绕组按照线端的标号，连接成开口三角形，如图 5-17 所示。在开口处接一电压表，用手扳动永磁机的转子绕组，将感应电压，若连接正确，电压表只有微小的摆动，甚至看不出摆动；若

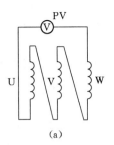

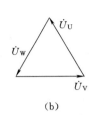

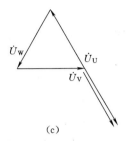

图 5-17 三角形接线及压相量图

(a) 接线图；(b) 接线正确时相量图；(c) 接线错误时的相量图

有一相反接，则电压表摆动幅度较大。从图 5-17 的相量图知，当接线正确时，在开口三角形处只出现三次谐波电压，它比基波小很多；若一相反接，则在开口三角形处为 2 倍相电压。若三绕组接成星形（图 5-18），可用 3 只电压同时检查三相线电压的对称性；若有一个绕组接反，电压就不对称，两个电压表的指示为另一电压表指示的 $\sqrt{3}$ 倍。若测得 $U_{UV} = U_{WU} = \sqrt{3}U_{VW}$，则 U 相绕组反接。

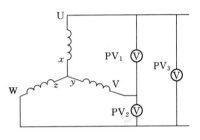

图 5-18 星形接线

五、空载特性的测量

永磁式发电机的空载电势 E_0 与转速 n 成正比，空载曲线 $E_0 = f(n)$ 是一条直线。

一台型号为 YFG 56/2×10—96 感应式永磁机的空载特性试验记录见表 5-7，特性曲线如图 5-19 所示。

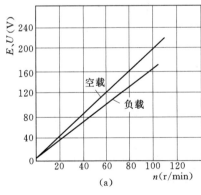

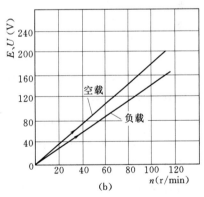

图 5-19 永磁机空载特性及负载特性曲线图

(a) 主绕组；(b) 副绕组

表 5-7　　　YFG 56/2×10—96 型感应式永磁机空载特性试验数据表

转速（r/min）	23	39	52	63	76	89	100	116
主绕组电势（V）	45	76	102	123	147	175	195	228
副绕组电势（V）	38.5	65.5	89.5	107.6	129.0	129.0	171.0	199

六、负载特性的测量

永磁发电机的副绕组是转速继电器的电源，它是通过端电压 U 来控制转速继电器动作的。当转速超过 $140\% n_N$ 时，端电压上升到一定数值，超过转速继电器的整定值，该继电器动作；当转速下到 $35\% n_N$ 时，端电压下降到低速继电器的整定值，则低速继电器启动，使制动器动作。因此要求永磁机的端电压 U 与转速 n 基本上成正比关系，即 $U = f(n)$ 基本为一直线。以 YFG 56/2×10—96 为例，得表 5-8 负载特性的实测记录。进行试验时，负载为滑线电阻，阻值保持不变，改变转速，测定子绕组的端电压 U 及负载电流 I 的特性曲线如图 5-19 所示。

表 5-8　　　　　YFG 56/2×10—96 感应式永磁机负载特性试验数据表

转　速（r/min）		24	40	51	63.5	77.5	90	108	114.5
主绕组	U（V）	45.5	73.0	93.0	113.5	138.2	158.4	188.8	198.0
	I（A）	0.51	0.95	1.21	1.50	1.81	2.10	2.50	2.64
副绕组	U（V）	41.3	67.2	85.5	105.8	129.5	150.0	181.0	191.0
	I（A）	0.21	0.33	0.41	0.51	0.61	0.70	0.85	0.89

第四节　故障处理实例

一、绝缘电阻下降

某厂有一台直流电机 E2—92 型，75kW，220V、385A。采用滑动轴承。由于周围环境较潮湿，加上轴承漏油及电刷炭粉的积储，测电枢绕组的绝缘电阻过低（<0.3MΩ），通过清扫后，绝缘电阻升至 20MΩ，但运行一段时间后绝缘电阻又降至<0.3MΩ；再清扫后升至 10MΩ，如此反复，以致不能靠清扫来解决，决定进行彻底处理。先用汽油清洗，主要部位是换向器侧支架绝缘表面和电枢绕组引线表面，然后用干净压缩空气吹净残存汽油，并进行干燥浸漆处理。干燥温度为 110～120℃，时间为 5～15h；浸漆时，分数段浸于漆槽中，每浸一段为 15min，温度为 60～70℃。然后进行滴漆，不少于 30min，同时用甲苯擦净各部分附着的清漆。浸漆后再进行干燥，初期 80℃，后期 120℃。直至绝缘电阻稳定结束。最后在外表面喷灰磁漆防油。

此外，对周围环境加通风装置，对滑动轴承进行改造加装了防油装置。

经过彻底处理后，该电机的绝缘电阻就一直良好。

二、测电枢的换向片间直流电阻

某电厂一台励磁机，100kW，250V，400A。单波绕组。在预防性试验中测换向片间直流电阻时发现有一片为 0.00092Ω；而正常值为 0.008249Ω（根据单波绕组特点测量相隔两个极距的两换向片间的直流电阻），检查外观发现该片表面有发黑的痕迹。从直流电阻看互差为 11.5%，已超标（10%）。为此进行了进一步检查。通过测量升高片连接线头间电阻确定了升高片开焊缺陷，进行重焊后问题解决。

三、无火花换向试验

按 DL/T 596—1996《电力设备预防性试验规程》要求，大修时先调整碳刷中心位置，必要时可做无火花换向试验。所谓必要时是指在正常化检查合格条件下，尚未解决换向火花问题时。

有一台 BT—75—3000 励磁机，经多次大修后，换向火花日益严重，经正常化检查基本合格，仅极距偏差稍有超过，为此进行无火花换向试验。试验接线如图 5 - 20 所示。

在图 5 - 20 中，刀开关的额定电流为 30A，蓄电池为 12V，附加电流调整电阻为 0～4Ω，30A，补充馈入电流表量程 0～ 50A（用毫安表配分流器），换向极绕组电压表 7.5V，以同步发电机转子绕组 GLE 作负载，可以继续对外供电。

当励磁机带负载后，使负载电流为 200A，此时换向火花为 $1\frac{1}{2}$ 级。馈入反向

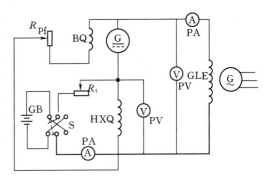

图 5 - 20 无火花试验接线图
S—双掷双极刀开关；GB—蓄电池；R_{pf}—磁场调整电阻；
R_t—附加电流调整电阻；BQ—并激绕组；
GLE—同步发电机转子绕组；HXQ—换向极绕组

附加电流，换向极绕组电压表指示减小，当反向附加电流从 3A 变化至 25A 时，火花变化是有的突然减小，有的突然增大。作正向调整也是如此。经分析，该机大修时为了满足换向气隙偏差不超过 ±5%，对极下垫片作了不适当的调整，使磁性和非磁性垫片混乱，造成有的超前，有的延滞换向。

停机后，对各垫片进行测量，并将所有非磁性垫片在各换向极下均调至 2.7mm，用磁性垫片调整使各向极下气隙均为 5mm。

调整后做试验，电流为 200A，馈入附加电流前，换向火花为 $1\frac{1}{2}$ 级。正馈入附加电流，6.5A 时火花减小，9A 时无火花，19A 时出现初次火花。

当负载电流为 240A 时，正向附加电流为 12～22.5A 时，无火花。在负载 200A 时，无火花换向区域平均线偏离横坐标轴为 $\Delta I_{200}=\dfrac{9+19}{2}=14\text{A}$，气隙改变值 $\Delta\delta_K/\delta_K=\Delta I/I=14/200=7\%$；在负载电流 240A 时，$\Delta I_{240}=\dfrac{12+22.5}{2}=17.25\text{A}$，$\Delta\delta_K/\delta_K=17.25/240=7.19\%$。取 240A 为基准，调整垫片。

该励磁机的换向极气隙由两部分组成，其中 δ_{K1} 为换向极铁芯与电枢表面间空气隙，δ_{K2} 为换向极铁芯与机座间的非磁性垫片厚度，故 $\delta_K=\delta_{K1}+\delta_{K2}=5+2.7=7.7\text{mm}$，而 $\Delta\delta_K=7.19\times7.7=0.55\text{mm}$，为此，将各极下抽取 0.5mm 非磁性垫片（$\Delta I$ 为正向时，气隙减小）并换上 0.5mm 磁性垫片。经调整后，全部电刷火花已完全消灭。

四、直流发电机特性试验

某厂一台励磁机（直流发电机）型号为 BT—120—3000（120kW，3000r/min，额定

电压230V，额定电流520A）。在某年因运行中电刷振动冒火，为此做了各种电气试验，包括空载、负载与外特性试验等。

空载特性试验数据见表5-9。

表5-9　　　　　　　　　　　　空 载 试 验 数 据

空载电压 U（V）	20	50	80	100	140	170	200	220	240	260	280	300
空载电流（上升）I（A）	0.38	1.2	2.08	3.2	3.6	4.5	5.4	6	6.7	7.5	8.5	9.6
空载电流（下降）I（A）	0.26	1.0	1.75	2.5	3.4	4.2	5.0	5.7	6.2	7.1	8.2	9.35

根据上述数据绘制的特性曲线如图5-21所示。

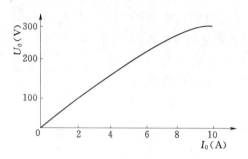

图5-21　空载特性曲线

负载特性试验数据见表5-10。

表5-10　　　　　　　　　　　　负 载 试 验 数 据

电流（A）	0	100	200	300	400	500
电压（V）	196	193	190	189	187	180

励磁电压变化率为　　$\Delta U \% = \dfrac{196-180}{196} \times 100\% = 8.16\%$

外特性试验数据见表5-11。

表5-11　　　　　　　　　　　　外 特 性 试 验 数 据

负载电流（A）	0	100	200	300	400	500
励磁电压（V）	196	195	192	187	185	176

电压下降率为　　$\Delta U \% = \dfrac{196-176}{196} \times 100\% = 10.2\%$

以上试验与历次试验比较合格。

同时，又做了定、转子直流电阻，整流片间电阻；定子绕组的交流阻抗和电压降（分转子抽出前后），却未发现问题，最后在拆对轮时发现间隙变大（0.16mm）而松动，镶套处理。

五、测量蛙式绕组的直流电阻

有一台直流电机，其电枢绕组由蛙绕组构成，其参数为：槽数 $Z=46$；换向片数 $k=$

92；叠绕组部分的换向片节距 $y_k=1$；第一节距 $y_1=22$，第二节距 $y_2=21$；波绕组部分的换向片节距 $y_k=45$，第一节距为 $y_1'=24$，第二节距 $y_2'=21$，具体接线如图 5-22 所示。

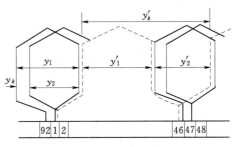

图 5-22 蛙式绕组接线图

分别测量叠绕组和波绕组的直流电阻。测量结果如下：

(1) 叠绕组部分从 1～92 号的直流电阻为 0.000898～0.000909Ω。

(2) 波绕组部分从 1～46 号的直流电阻为 0.000909～0.000913Ω。

由上述数据计量得互差：

$$\Delta R_1 = \frac{(0.000909-0.000898)}{0.000898} = 1.2\%$$

$$\Delta R_2 = \frac{(0.000913-0.000909)}{0.000909} = 0.44\%$$

由 DL/T 596—1996 "预防试验规程" 要求，相互间差值不超过最小值的 10%，故合格。

第六章 异步电动机试验

第一节 绝缘电阻的测定及交流耐压试验

一、绝缘电阻的测定

绕组对机壳及绕组互相间的绝缘电阻，用兆欧表进行测量。对于额定电压在 1000V 以下电动机，用 1000V 的兆欧表；1000V 及以上的电动机，用 2500V 的兆欧表进行测量。

测量绝缘电阻时，如果各相绕组的始末端均引出机壳外，则应分别测量每相绕组对机壳的绝缘电阻，并测量其相间绝缘电阻。如果各相绕组在电机内部连接成星形或三角形时，则允许测量所有绕组对机壳的绝缘电阻。

GB 50150—2006 规定对于额定电压为 1000V 以下者（Q/CSG 10007—2004 规定，对于额定电压为 3000V 以下者），常温（室温）下不应低于 0.5MΩ；对于额定电压为 1000V 及以上（规程为 3000V 及以上）在运行温度时的绝缘电阻值，定子绕组不应低于每千伏 1MΩ。转子绕组不应低于每千伏 0.5MΩ（GB 50150—2006 的规定），而 Q/CSG 10007—2004 规程规定不应低于 0.5MΩ。线绕式电动机的绝缘电阻应对定子绕组及转子绕组分别进行测量。对 500kW 及以上的电动机，应测量吸收比（或极化指数）。沥青浸胶及烘卷云母绝缘吸收比不小于 1.3 或极化指数不小于 1.5；环氧粉云母绝缘吸收比不小于 1.6 或极化指数不应小于 2.0。

二、交流耐压试验

在绝缘电阻合格之后，需作定子绕组的工频交流耐压试验。各绕组在电机内部连接好的，只作绕组对地的耐压；各相绕组在外部连接时，分别作各相对地的耐压试验，并将其他两相同时接地。

对于 380/220V 三相电动机定子绕组的耐压试验电压为 1000V，时间 1min。Q/CSG 10007—2004 规程指示，低压和 100kW 以下不重要的电动机，交流耐压试验可用 2500V 兆欧表测量代替。

对于高压电动机定子绕组耐压试验电压，应符合表 6-1。

表 6-1　　　　　　　　　　电动机定子绕组交流耐压试验电压

额定电压（kV）	3	6	10
试验电压（kV）	5	10	16

绕线式电动机的转子绕组交流耐压试验，试验电压应符合 Q/CSG 10007—2004 与 GB 5015—2006，见表 6-2。

定子绕组检修时，按 Q/CSG 10007—2004 规程为：大修时不更换或局部更换定子绕组后试验电压为 $1.5U_N$，但不低于 1000V；全部更换定子绕组后试验电压为（$2U_N+$

1000）V，但不低于1200V；更换定子绕组时工艺过程中的交流耐压试验按厂家规定。

表6-2　　绕线式电动机转子绕组的交流耐压试验（Q/CSG 10007—2004）试验电压

项　　目 ＼ 转子工况	不可逆式	可逆式	说　　明
大修不更换转子绕组或局部更换转子绕组后	$1.5U_K$，但不小于1000V	$3.0U_K$，但不小于2000V	1. 绕线式电机已改为直接短路启动者，可不做交流耐压试验。 2. U_K 为转子静止时，在定子绕组上加额定电压在滑环上测得的电压
全部更换转子绕组后	$2U_K+1000V$	$4U_K+1000V$	
交接试验标准	$1.5U_K+750$	$3.0U_K+750$	

注　U_K 为转子静止时在定子绕组上施加额定电压，转子绕组开路时测得电压。

第二节　绕组直流电阻的测量

测量绕组直流电阻的目的是为了检查各回路的完整性与接头的焊接状态，并为研究电动机的特性提供确切的电阻数据。对于鼠笼式电动机，只需检查定子绕组每相直流电阻。对于绕线式电动机，除测量绕组每相直流电阻之外，还需测量转子绕组的直流电阻以及启动装置的电阻值。

测量的方法可用电桥法或用电流表电压表法。采用后一种方法时，应采用电压稳定的直流电源，测量时的电流不应大于被测绕组额定电流的20％，以免温度升高，影响测量值的准确。

定子绕组的电阻，应在电动机出线端上进行测量。如果电动机每相绕组有始、末端引出线，最好是测量每相绕组的电阻。绕线式电动机转子绕组的电阻应尽可能在绕组与滑环的连接柱上测量，否则即在滑环上测量。

当电动机只有3个引出端（无论是星形或三角形接法）时，不能分别测量各相的电阻，则可轮流测出各出线间的电阻，并利用式（6-1）进行换算。对星形接线的电动机如图6-1所示。

$$\left.\begin{aligned}R_U&=\frac{R_{UV}+R_{WU}-R_{VW}}{2}\ (\Omega)\\[6pt]R_V&=\frac{R_{UV}+R_{VW}-R_{WU}}{2}\ (\Omega)\\[6pt]R_W&=\frac{R_{VW}+R_{WU}-R_{UV}}{2}\ (\Omega)\end{aligned}\right\}\qquad(6-1)$$

若所测得 $R_{UV}=R_{VW}=R_{WU}$，则每相电阻也相等，$R_U=R_V=R_W=\frac{1}{2}R_{UV}$。

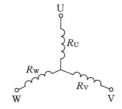

图6-1　Y接法电阻测定

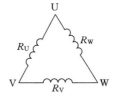

图6-2　△接法电阻测定

若定子绕组接成三角形，如图6-2所示，由各引出端测量的结果为 R_{UV}、R_{VW}、

R_{WU}，可以写出

$$R_{\mathrm{UV}}=\frac{R_{\mathrm{U}}(R_{\mathrm{V}}+R_{\mathrm{W}})}{R_{\mathrm{U}}+R_{\mathrm{V}}+R_{\mathrm{W}}}$$
$$R_{\mathrm{VW}}=\frac{R_{\mathrm{V}}(R_{\mathrm{U}}+R_{\mathrm{W}})}{R_{\mathrm{U}}+R_{\mathrm{V}}+R_{\mathrm{W}}}$$
$$R_{\mathrm{WU}}=\frac{R_{\mathrm{W}}(R_{\mathrm{V}}+R_{\mathrm{U}})}{R_{\mathrm{U}}+R_{\mathrm{V}}+R_{\mathrm{W}}}$$

解上列方程组，求得各相相电阻值

$$R_{\mathrm{U}}=\frac{1}{2}\left[\frac{4R_{\mathrm{VW}}R_{\mathrm{WU}}}{R_{\mathrm{VW}}+R_{\mathrm{WU}}-R_{\mathrm{UV}}}-(R_{\mathrm{VW}}+R_{\mathrm{WU}}-R_{\mathrm{UV}})\right]$$
$$R_{\mathrm{V}}=\frac{1}{2}\left[\frac{4R_{\mathrm{WU}}R_{\mathrm{UV}}}{R_{\mathrm{WU}}+R_{\mathrm{UV}}-R_{\mathrm{VW}}}-(R_{\mathrm{WU}}+R_{\mathrm{UV}}-R_{\mathrm{VW}})\right] \qquad (6-2)$$
$$R_{\mathrm{W}}=\frac{1}{2}\left[\frac{4R_{\mathrm{UV}}R_{\mathrm{VW}}}{R_{\mathrm{UV}}+R_{\mathrm{VW}}-R_{\mathrm{WU}}}-(R_{\mathrm{UV}}+R_{\mathrm{VW}}-R_{\mathrm{WU}})\right]$$

如果 $R_{\mathrm{UV}}=R_{\mathrm{VW}}=R_{\mathrm{WU}}$，则各相的电阻也相等，即 $R_{\mathrm{U}}=R_{\mathrm{V}}=R_{\mathrm{W}}=\frac{3}{2}R_{\mathrm{UV}}$。

有时为了比较同型电动机的情况，以及计算上需要，可用式（6-3）将直流电阻换算到 75℃时的电阻数值。

$$R_{75}=R_{\mathrm{t}}[1+\alpha(75-t)] \qquad (6-3)$$

式中　　R_{t}——温度为 t℃时的电阻值，Ω；

　　　　α——电阻温度系数，Ω/℃；对铜导线 $\alpha=0.00425$，铝导线 $\alpha=0.00438$。

对于额定电压在 1000V 以上或 100kW 以上（Q/CSG 10007—2004 规程为 3kV 及以上或 100kW 及以上）的电动机各相绕组直流电阻值相互差别不应超过其最小值的 2%；中性点未引出者，可测量线间电阻，其相互差别不应超过其最小值的 1%，否则需找出原因，加以处理，并应注意相间差别的历年相互变化。

第三节　定子绕组极性检查试验

一、试验目的

电动机定子绕组若不按正确的极性连接，就不能产生旋转磁场，而且电动机还容易被损坏。为了正确地将定子绕组连接成星形或三角形，必须知道每相绕组的始端、末端的极性。一般电动机始端与末端均有符号表示，如无符号或为了校准而需要检查时，必须进行极性检查试验。

二、试验方法

1. 直流感应法

用一直流电源（干电池或蓄电池）施加到电机的某一相定子绕组上，则在该相中将流通一脉冲电流。由于互感作用，在任意两相定子绕组中将产生感应电势。若在该两相上接入检流计或普通直流毫安表，其表针就会偏转，根据脉冲电流与感应电流的方向，就可检查各绕组的极性。

试验接线如图6-3所示。在合上开关Q瞬间，脉冲电流通过绕组Ux，并在绕组Vy、Wz中产生感应电势，由此产生的直流电流使毫安表偏转，根据感应原理，感应出来的电流方向与电源电流方向相反。若仪表指针向正方向偏转，则接仪表"＋"端与电源"＋"极的绕组端头为同极性；若仪表指针反向偏转，则接仪表"－"端与接电源"＋"极绕组端头为同极性。应注意，在开关Q打开瞬时，仪表指示的感应电流的方向应与上述情况相反。

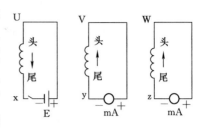

图6-3　直流感应法测极性
试验接线图

2. 外加交流电压法

(1) 绕组头尾无标号。将任意两相绕组串联后接至交流220V电源上，第三相接电压表或灯泡HL，见图6-4 (a)，如果电压表指示较大（几十伏到几百伏）或灯泡HL亮，说明第Ⅰ、Ⅱ两相是反极性相连接，如图6-4 (a) 所示；如果加上电压后，电压表指示很小（一伏到几伏），或灯泡HL不亮，说明第Ⅰ、Ⅱ两相是同极性相连接，见图6-4 (b) 所示。用同样方法可以决定第Ⅲ相的极性。

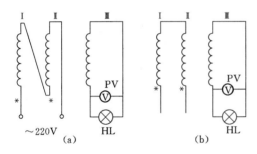

图6-4　外加交流电压测量极性接线图
(a) Ⅰ、Ⅱ两相反性连接；
(b) Ⅰ、Ⅱ两相同极性连接

图6-5　外加交流电压测极性接线图

注意事项：①绕线型电动机转子绕组开路时，感应电压可达200V左右，应适当选择表计；②20kW以上的鼠笼型电动机或转子绕组短路的绕线型电动机，感应电压虽然有几十伏，但一次电流可达几十安培，应选择适当电源与调压器的容量。

表6-3　　　　　　　　　　U相加上电压U后，测得线间电压（倍数）

电 机 型 式	U_{UV}	U_{WU}	U_{VW}
鼠笼型	1.0U	1.0U	0
绕线型	1.5U	1.5U	0

(2) 绕组头尾有标号。如果绕组头尾有标号，则可按图6-5的接线检查标号是否正确。测量时先将三相尾端连在一起，然后在任意一相（如U相）上加交流电压U，再分别测量3个线间电压U_{UV}、U_{VW}与U_{WU}，若x、y、z确是同极性，测U相外电压时，所测的结果应符合表6-3的规律。

第四节　电动机空载试验

一、试验目的

异步电动机的空载试验是在定子外施额定频率的电压、转子不带负载的空载运转状态下进行。

空载试验的目的是：通过空载试验测取电动机的空载电流及空载损耗，求取异步电动机的空载特性曲线 $I_0 = f(U_0)$，取得作圆图所需的部分数据；检查气隙、绕组参数与铁芯质量是否正常；检查三相空载电流的平衡度，并算出其功率因数。

二、试验电源

要求外加三相电压对称，波形畸变率小于 5%，温升试验时小于 2.5%，频率与额定频率相差不超过 ±1%。

三、被试电动机应具备的条件

（1）电动机定子、转子绕组接线正常，绝缘电阻合格。

（2）电气回路连接正确、牢固，一次回路工频耐压试验合格。

（3）电动机转子旋转灵活，无摩擦现象，无异常声音。

（4）电动机各部件完好无损。

四、试验接线与试验步骤

（1）按图 6-6 接好试验接线；扳动转子后能自由转动数圈，无碰击声。

（2）使电动机处于空载，合上仪表的短路开关 SA，以避免表计受启动电流的冲击。接通电源开关 Q，在电动机定子绕组上加上三相对称的额定频率与额定电压的交流电源。先将电动机空载运行一段时间，使电动机的机械损耗达到稳定状态。型式试验中电动机的空载时间大致为：10kW 以下，20~

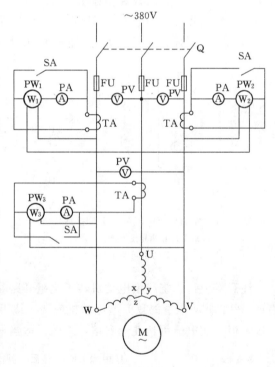

图 6-6　电动机空载试验接线图

30min；10~100kW，30~40min；100kW 以上 40~80min。检查试验中电动机空转时间可适当缩短，约为上述时间的一半。GB 50150—2006 试验标准规定电动机空载转动检查的运行时间可为 2h，Q/CSG 10007—2004 规程为空转检查的时间一般不小于 1h。

（3）当电动机运转稳定后，打开 SA 开关，读取各相的电流、线间电压及功率的数值。取三相电流的平均值即为电动机的空载电流 I_0，功率表 W_1 与 W_2 的读数的和（$P_1 + P_2$）即为电动机空载损耗 P_0。

（4）如果要录取电动机的空载特性，则需要用调压器对电动机供电。电压应以

（110％～130％）U_N 为最大值开始，逐渐降低电压，测量在不同电压下的电流与功率，直做到尽可能低的数值为止。一般为额定电压的（20％～25％）U_N 以下，测得 7～9 点，根据测得的各项数值，在同一直角坐标纸上分别作出 $I_0 = f(U_0)$，$P_0 = f(U_0)$；$\cos\varphi_0 = f(U_0)$ 的曲线，如图 6-7 所示。作图用标幺值较为方便。

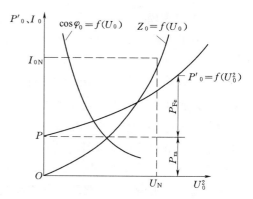

图 6-7　电动机空载特性曲线、$\cos\varphi_0 = f(U_0)$ 及机械损耗图

（5）上述测量试验结束时，应立即使转子停转，并测定子绕组的直流电阻，以便计算电动机铜耗。

五、试验结果的计算

（1）试验时的电压应为额定电压。如与额定电压值有偏差，可按线性比例换算为额定电压时的空载电流与空载损耗功率，即

$$I_{0N} = \frac{U_N}{U_0} I_0 \tag{6-4}$$

$$P_{0N} = \left(\frac{U_N}{U_0}\right)^2 P_0 \tag{6-5}$$

式（6-4）和式（6-5）中　U_N——额定电压，V；

$\quad\quad\quad\quad\quad\quad U_0$——试验时空载电压值，V；

$\quad\quad\quad\quad\quad\quad I_0$——试验时空载电流值，A；

$\quad\quad\quad\quad\quad\quad P_0$——试验时空载功率值，W。

额定电压下的功率因数

$$\cos\varphi_0 = P_{0N} / \sqrt{3} I_{0N} U_N \tag{6-6}$$

（2）求得的空载损耗 P_0 中，包括定子绕组铜损 P_{0Cu}，铁损 P_{Fe} 及机械损耗 P_m 三部分。其中前两项都与外施电压大小有关，而机械损耗 P_m 仅与转速有关。为了分离铁耗与机械损耗，应从空载损耗 P_0 减去铜损 P_{0Cu}，剩下的即是铁损与机械损耗之和，即

$$P_0' = P_0 - P_{0Cu} = P_{Fe} + P_m \tag{6-7}$$

铜损 P_{0Cu} 计算：当定子绕组连成 Y 形时

$$P_{0Cu} = 3 I_0^2 R \tag{6-8}$$

当定子绕组连接成 △ 形时

$$P_{0Cu} = I_0^2 R \tag{6-9}$$

式中　I_0——电动机空载三相电流平均值，A；

$\quad\quad R$——空载试验所测得的定子三相直流电阻的平均值，Ω。

由于铁损 P_{Fe} 近似与外施电压平方成正比，而机械损耗 P_m 在任何电压下都不变，因此作出曲线 $P_0' = f(U_0^2)$。延长曲线的直线部分与纵坐标交于 P 点（见图 6-7）。当 $U_0 = 0$ 时，$P_{Fe} = 0$，则 $P_0' = P_m$，因此 $\overline{OP}$ 的大小即为电动机的机械损耗 P_m。

六、注意事项

（1）为了使试验结果准确，必须力求电源电压对称稳定，尤其对容量较小的电动机，往往因为接入每相中测量仪表的不同而破坏三相电压对称，导致空载损耗的增大，这时考虑接入第三只功率表 W_3，其电流线圈接入 V 相，电压线圈跨接 U、W 两相，它的读数记下乘以 $\sqrt{3}$，则所得的数为无功功率 $Q=\sqrt{3}UI\sin\varphi$。

（2）加于电动机端上的三相电压不对称，将使三相电流不平衡。但是三相电流不对称也可能是由于电动机本身原因造成的。如每相匝数不同、有短路存在，或定子、转子间的空气间隙不均匀等。为了区别其原因，可将受试电动机的各相进行换接。如果由电动机内部原因引起的，则最大电流将不会随着换线而转移至另一相上。如果随着电源线的换接，最大电流也随着转移，则这种电流的不平衡是由于外部电源所造成。

（3）电动机在运转中声音应均匀一致，同时应注意轴承温度不得超过 70℃。轴承温度过高的原因有以下几种：

1）滚珠轴承中黄油太多，使润滑不良。

2）转子与轴承中心不正。

3）轴承盖装得太紧或轴承间隙过小。

（4）在作一般性的检查时，可不作空载损耗试验。而只作空转检查（时间不少于1h），看转动是否正常。必要时，可使用钳形电流表测量空载电流。

（5）试验中将会发现，若外施电压过低，则电流有回升现象，铁耗有增大的趋势，这是因为转矩与外施电压平方成正比。在电压很低时，电动机产生的转矩已不能维持原有转速，转速一降低，转差率就增大，引起转子电流增大，同时，定子电流也相应增大。此时所测数据不符合实际的空载运转条件，这种数据不选用。

七、故障判别

1．三相空载电流不平衡

当三相电源对称时，异步电动机在额定电压下的三相空载电流，任何一相与平均值的偏差不得大于平均值的 10%。如果三相电压相等，而三相空载电流不平衡，且改换电源相序后，三相空载电流不平衡的情况仍然不变，则表明被试电机有缺陷。

造成三相空载电流不平衡原因有：定子三相绕组不对称、气隙严重不均匀或磁路不对称。如果三相绕组电阻平衡或三相堵转（短路）电流不平衡度比空载电流不平衡度显著减小，则表明空载电流不平衡是由气隙不均匀造成的；反之，则表明定子绕组不对称。

2．空载电流与空载损耗过大

异步电动机在额定电压下的空载电流约为额定电流的 20%～50%，空载损耗约为额定功率的 3%～8%。同规格异步电动机空载电流的波动中幅度一般为 5%～15%。

若空载电流与空载损耗都大，但绕组电阻正常，一般是由于铁芯质量不佳。

若空载电流过大，而空载损耗正常，即 $P_0'/I_0'<P_0/I_0$（P_0'、I_0' 为检查试验数据；P_0、I_0 为同规格电动机型号试验数据），则表明空载电流偏大是由气隙过大或磁路饱和引起。

若空载损耗大且空载电流不平衡，则表明绕组各并联支路的匝数不等，或有少数匝间短路。

第五节　电动机短路（堵转）试验

一、试验目的

电动机短路（堵转）试验是在转子短路且被堵住，定子绕组送入一降低的三相平衡电压下进行的。测量短路（堵转）电流，堵转损耗及功率因数 $\cos\varphi$ 随电压变化的曲线，以便确定电动机在额定电压下的最初启动电流与最初起动转矩、考核鼠笼转子的铸铝质量。

二、试验方法

1. 三相试验方法

异步电动机堵转子试验接线图与空载试验接线图（图 6-6）相同，但仪表量程有所不同。试验时应将转子堵住，使它不能转动，堵转子试验相当于变压器的短路试验。为使堵转电流不致过大，外施至定子绕组的电压应取较低值，使堵转子电流接近额定电流。异步电动机的堵转电压 U_K 约为额定电压的 $15\%\sim30\%$。如果在做堵转子试验时，外施额定电压，则堵转子电流 I_{KN} 将达到额定电流的 $5\sim7$ 倍，这是不容许的。容量小的电动机可用调压器调整，使电流分别达到 0.5、1.0、1.5、2.0 倍额定电流。为了安全起见，通过定子绕组最大短路电流不超过 $1.5\sim2.0$ 倍额定电流。试验时读取电压、电流、功率的数值，而且读数操作要快。在升压过程中，对应于不同

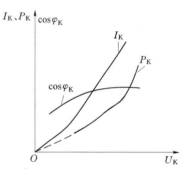

图 6-8　感应电动机的短路特性曲线图

的电压 U_K，读取各表计的读数值，可以作出一组感应电动机短路特性曲线，$I_K=f(U_K)$，$P_K=f(U_K)$ 及 $\cos\varphi_K=f(U_K)$，如图 6-8 所示。电机的饱和度越大，$I_K=f(U_K)$ 曲线越弯曲。因为在额定电压下，无法求得短路（堵转）电流的实际值，所以必须根据在低电压下所测得的数值换算成额定电压下的短路电流实际值。

$$I_{KN}=I_K\frac{U_N}{U_K} \tag{6-10}$$

式中　I_{KN}——外施电压为额定值短路电流，A；

　　I_K——短路电流，A；

　　U_K——短路电压，即外施电压，V；

　　U_N——额定电压，V。

当转子不动时，电动机输出功率为零，且因外施电压较低，这时铁损与铜损相比较可以忽略不计，全部输入功率便为定子铜损与转子铜损之和

$$P_K=P_{Cu1}+P_{Cu2} \tag{6-11}$$

式中　P_K——当外施电压为 U_K 时，电机总的输入功率，W。

因为功率的输入与外施电压的平方成正比，故得

$$P_{KN}=P_K\left(\frac{U_N}{U_K}\right)^2 \tag{6-12}$$

式中 P_{KN}——外施电压为额定值时总的功率，W。

在堵转子试验时的功率因数

$$\cos\varphi_K = P/\sqrt{3}U_K I_K = P_{KN}/\sqrt{3}U_N I_{KN} \tag{6-13}$$

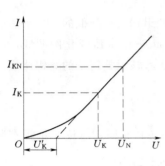

图 6-9 在额定电压时决定
短路电流曲线

为了减小误差需对铁芯饱和影响进行修正。修正的方法在 $I_f = f(U_K)$ 曲线上（图 6-9）的最大电流 I_K 点引一条切线，交于横轴得 U'_K，则在额定电压 U_N 下的短路电流可用下式求得

$$I_{KN} = \frac{U_N - U'_K}{U_K - U'_K} I_K \tag{6-14}$$

式中 U_K，I_K——试验时所得出的最大电压及电流值，V、A；

I_{KN}——对应于额定电压 U_N 的最初启动电流，A。

引用这个修正值的根据是：当短路电流 I_K 超过试验时所得出的最大值的范围时，由于泄漏磁路饱和，将会使短路电流直线式上升。如果测得的 I_K 接近 I_{KN}，则可以不引用饱和修正值，而将 $I_f = f(U_K)$ 曲线的最终部分予以延长，由曲线上求出相当于额定电压下的短路电流 I_{KN}。额定电压下的短路损耗功率也可由下式计算

$$P_{KN} = P_K \left(\frac{U_N - U'_K}{U_K - U'_K} \right)^2 = \left(\frac{I_{KN}}{I_K} \right)^2 P_K \tag{6-15}$$

式中 P_K——在最大试验电流下的短路损耗功率，W。

2. 单相电源试验方法

感应电动机运行时以异步运转，故感应电动机的短路阻抗实际上没有纵轴与横轴的区别，因此，感应电动机短路试验可以用单相电源法进行。这时对转子无须采用制动措施，试验方法较为简单。

试验接线如图 6-10 所示。在三相中轮流加上降低了的单相电源，为避免绕组过热，一般使用的电压以不使定子绕组超过额定电流为原则。对绕线式电动机更要注意转子电流不要过大，以免转子绕组过热。

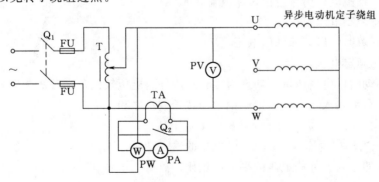

图 6-10 采用单相电源时的短路试验接线图

为避免导线电阻引起测量误差，测量电压回路连线应接在电动机引出线头上。若轮换三次测得的数据相等或接近，则表明电动机绕组对称，接线正确。若读数相差较大，则表示定子绕组接线不正确或转子回路有不对称的情况（例如鼠笼断裂或绕线式转子绕组有断线或部分匝间短路）存在。若绕组连接正确后仍有不等的现象，则说明转子回路中有断裂笼条或绕线式转子回路中断线或部分匝间短路，应找出原因，设法消除。

　　根据三次测量结果，按下列公式进行计算

　　（1）电流平均值

$$I_{aV} = \frac{I_{UV} + I_{VW} + I_{WU}}{3} \tag{6-16}$$

　　（2）电压平均值

$$U_{aV} = \frac{U_{UV} + U_{VW} + U_{WU}}{3} \tag{6-17}$$

　　（3）功率损耗平均值

$$P_{aV} = \frac{P_{UV} + P_{VW} + P_{WU}}{3} \tag{6-18}$$

　　（4）短路电阻

Y 形接法：
$$R_K = \frac{P_{aV}}{2I_{aV}^2} \tag{6-19}$$

△ 形接法：
$$R_K = \frac{1.5P_{aV}}{I_{aV}^2} \tag{6-20}$$

　　（5）短路阻抗

Y 形接法：
$$Z_K = \frac{U_{aV}}{2I_{aV}} \tag{6-21}$$

△ 形接法：
$$Z_K = 1.5U_{aV}/I_{aV} \tag{6-22}$$

　　（6）转子有效电阻

$$R_Z = R_K - KR_D = R_K - 1.05R_D \tag{6-23}$$

式中　R_D——定子绕组直流电阻，Ω；

　　　　K——集肤效应作用系数，取 1.05。

　　（7）额定电压时的短路功率

$$P_K = P_{aV} \left(\frac{I_K}{I_{aV}} \right)^2 \tag{6-24}$$

　　（8）启动电流与额定电流之比

$$\frac{I_Q}{I_N} = \frac{I_K}{I_N} \tag{6-25}$$

　　（9）最大转矩与额定转矩之比

Y 形接法：$$\frac{T_{max}}{T_N}=\frac{U_N^2}{2P_N[KR_D+\sqrt{(KR_D)^2+X_K^2}]}\approx\frac{U_N^2}{2P_N(1.05R_D+X_K)}$$ (6-26)

Δ 形接法：$$\frac{T_{max}}{T_N}=\frac{3U_N^2}{2P_N(1.05R_D+X_K)}$$ (6-27)

（10）临界滑差

$$S_K=\frac{R_Z}{\sqrt{(1.05R_D)^2+X_K^2}}$$ (6-28)

（11）额定电压时短路电流（即启动电流）

$$I_K=\frac{2}{\sqrt{3}}\left(\frac{U_n}{U_{aV}}\right)I_{aV}K_S$$

式中 K_S——铁齿饱和系数，取 1.3～1.5。

（12）启动转矩与额定转矩之比

$$\frac{T_Q}{T_N}=\frac{3R_Z I_K^2}{P_N}$$ (6-29)

三、故障判别

同规格鼠笼型异步电动机在规定堵转电压下的堵转电流一般只相差 3%～6%，很少超过 10%。堵转损耗一般只相差 5%～10%。三相堵转时电流的不平衡度一般也不超过 2%～3%。

1. 堵转电流过大或过小

堵转电流决定于定子、转子电抗 x_1、x_2' 与定子、转子电阻 r_1、r_2'，即

$$I_K=\frac{U_K}{\sqrt{(x_1+x_2')^2-(r_1+r_2')^2}}$$ (6-30)

气隙过大，定子、转子铁芯未对齐或叠压力不够而使漏磁路饱和，电抗减小，堵转电流偏大，此时，电动机空载电流会偏大。

铜条鼠笼转子焊接不良，铸铝转子有断条，不仅转子电阻会增大，而且由于各条中的电流不平衡，气隙磁通波形畸变，定子、转子的漏抗也会增大，所以堵转电流会显著减小。

2. 三相堵转电流不平衡

三相堵转电流任何一相与平均值之差不得超过平均值的 3%～4%。如果三相堵转电流不平衡，且不平衡的情况随定子、转子相对位置不同而变，则表明转子有缺陷。如果三相堵转电流不平衡的情况与定子、转子相对位置无关，则表明定子绕组三相不对称。

第六节　电动机定子绕组匝间绝缘试验

高压电动机定子绕组匝间短路时有发生。匝间短路的原因主要是制造质量不良、机械损伤、绝缘老化、线圈松动、振动使绝缘磨损或运行条件变差等。通常用以下方法进行检查。

一、冲击电桥法

冲击电桥法试验接线如图 6 - 11 所示。将星形接线的被试绕组中性点引出，接至 $0.5 \sim 0.7 \mu F$ 的电容器 C 的一极上，C 的另一极接到直流电源的输出端。然后在 UV 两相间接入接地的可变电电阻 R_1 及 R_2 构成电桥回路，在 U，V 相间接检流计 G 或 $100 \mu A$ 的电流表。将电源接通后，电容器 C 充电到一定程度将引起球隙 S 的放电，形成振荡。

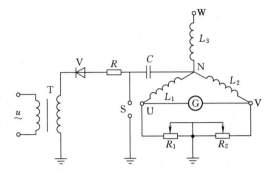

图 6 - 11　冲击电桥法试验接线图

L_1—被试 U 相电感；L_2—被试 V 相电感；

L_3—被试 W 相电感

如果电动机绕组中的电感 $L_1 = L_2$，$R_1 = R_2$，则桥路 U 与 V 相之间将没有电位差。如果被试两相中有匝间短路，则 $L_1 \neq L_2$，电桥平衡被破坏，检流计 G 有电流反映出来。试验时应采用灵敏度足够高的检流计。由于放电间隙的能量损耗，使振荡急剧衰减，并使加在绕组上的电压只有第一周波。故在线圈上电压分布不均匀，首端较高，尾端较低。通常对额定电压 U_N 为 3kV，6kV 的加压为 10kV。

冲击电桥法是检测电动机匝间绝缘较简单的方法。应用这一方法可查出电动机绕组匝间绝缘破坏或很脆弱的缺陷，可防止匝间短路烧毁电动机。

二、感应法

感应法与变压器电磁感应原理相同。它是在一相绕组通入一定数值的交流电压，观察各相绕组感应电压的大小，判断有无短路。测出感应电压越小，说明该相短路越严重。如发现感应电压为零，说明出线短路或绕组连接有错误（即一相内阻与组间方向相反）感应法试验接线如图 6 - 12 所示。

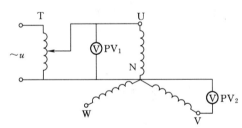

图 6 - 12　感应法试验接线图

T—单相调压器；PV_1—电源侧电压表；

PV_2—测量感应电压的电压表

测量时轮换地从 UN、VN 与 WN 加压，分别测出未加压绕组的感应电压。匝间绝缘完好的电动机，无论从哪相通电，感应电压是基本一致的。略有差异的原因是各相磁路不完全一样，这与有短路情况不同。

第七节　鼠笼型转子笼条故障的检查

一、试验目的

鼠笼式电动机转子笼条断裂在运行中有时发生。运行中一旦出现笼条断裂，将会引起电动机转矩减小，电动机振动大，启动噪声大等异常现象。这时应立即停机检查，找出故障所在的位置。

二、检查方法

1. 电流曲线法

电流曲线法试验接线如图 6-13 所示。将一个调压器 T 与一个记录式电流表 PA 与 PV 接在异步电动机的任意两相出线。电压表 PV 与记录式电流表 PA 根据电动机的电压与容量大小进行选择。

先把试验电流调到 3～4A，再用手将电动机转子缓慢地转动一周。如果转子上的笼条没有断裂，记录纸上的曲线将是一条直线。若笼条有一根或数根断裂时，则电流曲线与断裂笼条相应处将发生瞬时波动，电流值增大。为了证实方法的准确性，在试验过程中，用手将转子缓慢地转动两个整周，两次试验结果应完全一致。

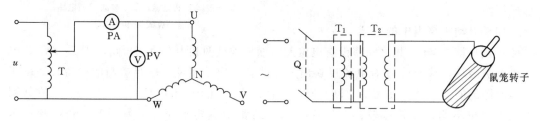

图 6-13　电流曲线法试验接线图　　　　图 6-14　铁粉法试验接线图
　　　　　　　　　　　　　　　　　　　　　　T_1—调压器；T_2—试验变压器

2. 铁粉法

铁粉试验接线如图 6-14 所示。在转子表面上撒上铁粉，并将转子端环用多股软线接通电源。此时从转子上铁粉的分布情况，便可看出笼条是否断裂。为了看清晰，往往先用白纸把转子包裹后再撒铁粉。检查时逐渐通过升流器 T_2 升流，使转子表面产生磁场，从而使铁粉整齐地排列在相应的笼条表面上，电流可升至铁粉排列清晰为止。若铜条（或铝条）断裂，铁粉就撒不上去，或铁粉排列紊乱，因而很容易将故障点找出。

第八节　定子绕组泄漏电流和直流耐压试验

1000V 以上及 1000kW 以上，中性点连线已引出至端子板的异步步电动机定子绕组应分相进行直流耐压试验。试验电压为定子绕组额定电压的三倍，各相泄漏电流值不应大于最小值的 100％，当最大泄漏电流在 $20\mu A$ 以下时，各相间应无明显差别。

试验接线与发电机直流耐压试验接线相同。

大修异步电动机或更换绕组后，对 500kW 以下的电动机根据实际情况确定。

第九节　电动机的启动试验

一、电动机启动对电机的要求

一是启动转矩必须要大于被拖动机械在转速为零时的静负荷力矩加上静摩擦力矩；二是启动电流问题。异步电动机在额定电压下启动时，其启动电流常大于额定电流好几倍，过大的启动电流影响电源的电压波动，同时在电机中产生损耗引起发热。根据电动机所带的负荷的不同及电网的情况，对电动机启动要求是不同的：有时要求有大的启动力矩，有时要限制启动电流的大小，有时两个要求需同时满足。总的来说，在启动时要考虑下列问题：

（1）应该有足够大的启动力矩，适当的机械特性。

（2）尽可能小的启动电流。

（3）启动操作应该方便，使用的设备尽可能简单经济。

（4）启动过程中的功率损耗应尽可能小。

对于鼠笼式电动机有直接启动与降压启动方法。对绕线式电动机来说，由于它的转子回路接入附加电阻，既可降低启动电流，又可以得到较大的启动力矩，并可在一定范围内进行调速，需要较大的启动力矩的机械常采用，例如卷扬机、天车等。

二、感应电动机在启动前应具备的条件

（1）电动机及有关的一次设备（开关、动力电缆等）的试验工作进行完毕。一次回路（包括电动机，电缆）的绝缘电阻不低于要求数值。

（2）保护控制装置、测量仪表及二次回路检查，试验操作完毕。

（3）电动机及被拖动机械设备的润滑、冷却系统工作正常。

（4）电源容量应满足电动机启动的要求：三相电压应对称。

（5）对容量较大电机，启动时应观测启动电流大小（若未配固定的表盘，可用钳形电流表进行测量）。

三、在启动过程中可能出现的不正常现象及其原因

（1）电动机启动后，电流表无指示或指针在 15～20s 内仍在较大位置不返回，可能原因有以下三种。

1）绕组内部或引出线焊接不良，被启动电流烧毁，引起局部或全部断线，或因局部高热引起接地或短路。

2）电流表无指示时，应检查电流互感器二次回路接触是否良好，及接线有无错误。

3）当电流表指示不正常时，应立即断开电源，查找原因。

（2）接通电源后，电动机发生嗡响，但不启动，可能原因有以下三种。

1）定子回路中有断线，例如一相熔断器烧毁，或电缆、油断路器、隔离开关等有一相接触不良。

2）转子回路中断线或接触不良，例如鼠笼式电机的鼠条及端环断裂、绕线式电机的变阻器回路中断线、碳刷装置不正常、接于滑环的导线接触不良等。

3）定子绕组接线不正确，如把 Δ 接法错接为 Y 接法或有一相绕组的极性颠倒。

（3）启动时过流保护装置动作，可能的原因有以下三种。

1）电动机或电缆内发生短路。

2）绕线式电动机滑环短路，或没有接入启动电阻即启动。

3）继电保护动作不正确，例如整定值改变或太小，开关动作时受到振动，使继电器接点误动作等。

第十节 故障处理与经验交流

一、测直流电阻——绕组导线断股

某厂一台高压厂用电动容量700kW，3kV，2950r/min，定子绕组为双星形接线。该电机为两极电机，接线如图6-15（a）所示。

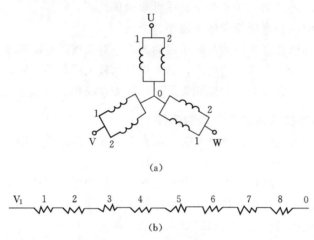

图 6-15 测直流电阻
(a) 定子绕组接线；(b) V_1—0 分支绕组串联电路

预防试验中测定子绕组直流电阻不合格（要求绕间电阻相互差别不超过1%），测试数据见表6-4。

表 6-4 定子绕组直流电阻值（Ω）

R_{UV}	R_{UW}	R_{VW}	$\Delta R_1 = (R_{UV} - R_{VW})/R_{VW}$	$\Delta R_2 = (R_{UW} - R_{VW})/R_{VW}$
0.3145	0.3142	0.3318	2.92%	2.83%

断开中性点测各相电阻，测试数据见表6-5。

表 6-5 各相直流电阻值

R_{U0}	R_{V0}	R_{W0}	$\Delta R_1 = (R_{V0} - R_{W0})/R_{W0}$	$\Delta R_2 = (R_{U0} - R_{W0})/R_{W0}$
0.1636	0.1725	0.1632	5.7%	0.25%

从表6-5中可见 $\Delta R_1 = 5.7\%$，已超过要求的2%，断定V相有问题，将V相并联支路分开测试，可得 $R_{V_1} = 0.3661\Omega$，$R_{V_2} = 0.326\Omega$，互差 $\Delta R = 12.3\%$，对每个支路分段测试（由8个线圈串联）见图6-15（b），测得 $R_1 \sim R_4 = 0.164\Omega$；$R_5 \sim R_6 = 0.2004\Omega$；$R_7 = 0.04086\Omega$；$R_8 = 0.08132\Omega$，从数据可见靠中性点的线圈比其他的大1倍，分析并绕的导线有断股现象，经解体检查说明判断正确，后更换新线圈后试验良好。

二、测直流电阻——连线焊接不良

某厂一台厂用低压电动机：155kW（>100kW）380V，1480r/min 单星形接线，具体的接线如图 6-16 所示（中性点外引至端子板）。

由预防性试验测定子绕组直流电阻值见表6-6。

表 6-6　　　　　　　　　　定子绕组直流电阻（Ω）

R_{U0}	R_{V0}	R_{W0}	$\Delta R_1 = (R_{U0} - R_{W0})/R_{W0}$	$\Delta R_2 = (R_{V0} - R_{W0})/R_{W0}$
0.0106	0.0103	0.0102	3.9%	0.98%

从表 6-6 中可见 $\Delta R_1 = 3.9\%$，不合格。说明 U 相不合格，对 U 相的支路逐段寻找，发现有一段连线和鼻端引出线的搭接焊接不良，所包的绝缘已呈黑色，说明有局部过热现象，重新处理并加固后，良好。

三、交流耐压试验——发现绝缘薄弱点

某电厂一台给水泵电动机，Y900—2-4 型，6kV，5500kW，双星形接线。在一次大修做预防性试验时，绝缘电阻为 2500MΩ，但在做交流耐压时，电压加至 8kV 时，（按要求为 $1.5U_N = 9kV$），定子绕组泵侧第 3 槽口上层线棒对铁芯放电，绝缘被击穿。经厂家局部处理后，再做耐压试验；电压加到

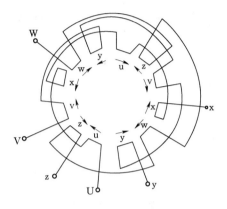

图 6-16　电动机绕组接线图
（共 60 个槽，每相 20 槽，每极每相 5 棒）

9kV，在第 52s（应为 1min）时，定子绕组泵侧第 5 槽口上层线棒对铁芯又放电，绝缘被击穿，厂家做第二次局部处理，在耐压试验电压加到 9kV，第 58s 时，在第 3 槽口的另一侧上层线棒绝缘又被击穿，厂家做第三次局部处理，终于耐压 9kV，1min 通过，合格。分析原因均系线棒制造不良，经过运行的振动等因素的考验，暴露出局部缺陷，虽然经局部处理且耐压合格，但对该电机应加强监视，例如对泄漏电流变化的分析。

四、交流耐压试验绝缘监测

某厂一台电动机，型号为 JSQ—1410—8，370kW，3kV。由于运行年太久，绝缘老化，决定进行全换定子绕组，并采用环氧粉云母绝缘代替原来的沥青云母绝缘，在整个线圈制作及下线过程中用交流耐压试验进行绝缘监测。

（1）新线圈下线前交流耐压值为 $2.75U_N + 4500 = 12750V$。在试验过程中，共击穿一个线圈，原因是有机械卡伤。

（2）下线打槽楔后交流耐压值为 $25U_W + 2500 = 10000V$。在试验过程中，共击穿一个线圈，原因是线圈出槽口处下线时受力卡伤。

（3）并头，连接绝缘后（分相）交流耐压值为 $2.25U_N + 2000 = 8750V$，试验合格。

（4）全部线圈连接好后，整个定子绕组交流耐压值为 $2U_N + 1000 = 7000V$，试验合格。

在每次交流耐压前后，应测量绝缘电阻，使用仪器为电动机交流耐压试验器。

五、测绝缘电阻吸收比

某厂一台电动机，型号为 ATM 500—2，500kW，3000V。由于空气冷却器铜管漏

水，造成该电动机吸水气而受潮，测绝缘电阻为 0.5MΩ（测量时温度为 25℃），按 DL/T 596—1996《电力设备预防性试验规程》要求，额定电压 3000V 及以上者投运前室温不应低于 U_NMΩ（包括电缆）由于其电缆进电动机的进线也在空冷器的地槽内，其电缆头也同样受潮。开始时，按现场条件采用碘钨灯烘烤，结果电缆绝缘上升到 500MΩ，但电动机的绝缘电阻仍很低，仅为 3.5MΩ，决定送到热风干燥室进行干燥，干燥时绝缘电阻是先下降，后上升直至稳定达 1000MΩ，吸收比为 1.5。试验合格。

六、绝缘电阻低受潮——电动机端部改造

本例作为一种极典型的例子，说明了绝缘电阻低造成的影响。某厂的一种厂用电动机，型号为 JSQ850—6，绝缘较差，极易受潮，停机后绝缘电阻下降速度快，表 6-7 中列出了统计数。

表 6-7　90 台送风电动机开机前受潮统计

年份	受潮频次数	受潮百分率（%）
1992	37	41%
1993	35	39%

如果电动机停运时间过长或遇雷雨天气，绝缘又会受潮，待运行 8h，绝缘电阻就会降到 6MΩ 以下。

分析原因，除了环境条件（湿度较大，相对湿度为 80% 以上），电动机绕组端部结构是主要原因，为此进行了改造。用黄绝缘代替黑绝缘，过桥线加固、绝缘滴漆处理，然后进行干燥，干燥过程的绝缘电阻变化如图 6-17 所示。

经过改造后，此类情况已不发生，开机前的绝缘电阻达 13MΩ 以上。

七、用空载试验分析异步电动机的异常

某电力公司一台俄国制造的交流异步电动机，型号为 BA02、450LA—6Y2，250kW，6kV，星形接法，额定电流 30.4A。

该电动机在 1999 年发生跳闸事故，解体发现电动机铁芯整体松脱，绕组端部撞击端盖而造成绕组接地，经修理后进行了交接试验，除空载试验数据外，其他均正常。修理后试验数据见表 6-8。

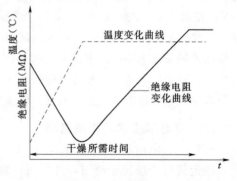

图 6-17　干燥曲线

表 6-8　空载试验数据（修理后）

电压（V）	电流（A）	损耗（W）	转速（r/min）
6000	20.1	6850	998
5500	17.2	6700	998
5000	15.2	5300	998
4500	13.4	4650	998
4000	11.7	4100	998
3500	10.3	3600	998

一般，异步电动机在额定电压下的空载电流约为额定电流的 20%～50%，空载损耗

功率为额定的 $3\%\sim8\%$，同规格电动机空载电流波动幅度一般为 $5\%\sim15\%$。而此电动机的空载电流为额定的 $20.1/30.4=66\%$，空载损耗为额定的 $6850/250000=2.7\%$，可见其空载电流大而空载损耗正常。

为了判断是电路（铜损）还是磁路（铁损）问题，测定子绕组直流电阻未发现异常，测试数据见表 $6-9$。

表 6 - 9 直 流 电 阻 测 试 数 据

组 别	修理出厂值		1999 年 1 月大修值	
	11.8℃	75℃	15℃	75℃
W_1W_2	2.665	3.334	2.690	3.335
W_2W_3	2.635	3.332	2.691	3.336
W_1W_3	2.654	3.333	2.690	3.335

故初判断是因磁路问题，但解体未见异常。经查找修理单位，是试验人员看错电流表倍率导致，试验电流应除以 2 才是实际值，这样比例就变为 33%，在合格范围内。

第七章　电力变压器试验

在新安装与大修后必须对变压器进行试验才能保证其安全及经济运行。变压器种类很多，试验的方法大同小异。由于其电压等级与容量的不同，试验要求与项目也不尽一样。这里主要介绍常用的绝缘试验与特性试验项目。

第一节　绝缘电阻与吸收比测定

一、试验目的

测定绝缘电阻和吸收比可以灵敏地发现变压器绝缘的整体或局部受潮；检查各部件绝缘表面的脏污及局部缺陷；检查有无短路、接地及瓷件破裂等缺陷。测定绝缘电阻与吸收比一直是变压器绝缘试验中常用方法之一。

二、测量方法

（1）对于额定电压为 1000V 以上的绕组，用 2500V 兆欧表进行测量，其量程一般不低于 10000MΩ；对于 220kV 及以上变压器，使用 2500V 或 5000V 兆欧表，兆欧表容量一般要求输出电流不小于 3mA。对于额定电压为 1000V 以下的绕组，用 1000V 兆欧表进行测量。

（2）被测绕组各相引出端应短路后再接到兆欧表。接地的绕组应短路后再接地，这样可以达到测量各绕组间及各绕组对地的绝缘电阻与吸收比。变压器绝缘电阻测量部位及顺序见表 7 - 1。

表 7 - 1　　　　　　　　　　　　　变压器绝缘试验顺序表

变压器类型 测量顺序	双　绕　组　变　压　器		三　绕　组　变　压　器	
	被测绕组	应接地部位	被测绕组	应接地部位
1	低　压	外壳及高压	低　压	中压、高压及外壳
2	高　压	外壳及低压	中　压	低压、高压及外壳
3			高　压	低压、中压及外壳
4	低压及高压	外　壳	中压及高压	低压及外壳
5			低压，中压及高压	外　壳

三、试验要求

（1）电气设备交接试验。按 GB 50150—2006，测量绕组连同套管的绝缘电阻、吸收比或极化指数应符合下列规定。

1）绝缘电阻值不应低于产品出厂试验值的 70%。

2）当测量温度与产品出厂试验时的温度不符合时，可按下式换算到同一温度的数值进行比较。

换算系数 $$A = 1.5^{K/10} \qquad (7-1)$$

式中 K——温度差，℃。

当实测温度在20℃以上时

$$R_{20} = AR_t \qquad (7-2)$$

当实测温度在20℃以下时

$$R_{20} = R_t/A \qquad (7-3)$$

式中 R_{20}——校正到20℃时的绝缘电阻值，MΩ；

R_t——在测量温度下的绝缘电阻，MΩ。

3）变压器电压等级为35kV及以上，且容量在4000kVA及以上时，应测量吸收比。吸收比与产品出厂值相比应无明显差别，在常温下（10～40℃）不应小于1.3。

4）变压器电压等级为220kV及以上，且容量为120MVA及以上时，宜测量极化指数。测得值与产品出厂值相比，应无明显差别。

（2）电气设备检修试验。按Q/CSG 10007—2004《预防性试验规程》进行。

1）绝缘电阻换算至同一温度下，与前一次测试结果相比应无显著变化，一般不低于上次值的70%。

2）35kV及以上变压器应测量吸收比，吸收比在常温下（10～40℃）不低于1.3。吸收比偏低时，可测量极化指数，应不低于1.5。

3）绝缘电阻大于10000MΩ时，吸收比不低于1.1或极化指数不低于1.3。

四、注意事项

（1）试验前应将变压器同一侧绕组的各相短路，并与中性点引出端连在一起接地，否则对测量结果有影响。

（2）刚退出运行的变压器，应等30min后，使绕组温度与油温接近时再测量，并应以顶层油温作为绕组温度。各次测量时的温度应尽量接近，尽量在油温低于50℃时测量，不同温度下的绝缘电阻按下式换算

$$R_2 = R_1 \times 1.5^{(t_1 - t_2)/10} \qquad (7-4)$$

式中 R_1，R_2——温度 t_1、t_2 时的绝缘电阻值。

（3）吸收比和极化指数不进行温换算。

（4）封闭式电缆出线或GIS出线的变压器、电缆、GIS侧绕组可在中性点测量。

（5）新注油或换油的变压器应待油静止5～6h，气泡逸出后再进行测量。

五、试验结果的分析判断

绝缘电阻和吸收比试验虽然能反映变压器绝缘的某些状况，但是，由于它们受各种因素的影响较大，测得的绝缘电阻值分散性较大，没有绝对的判断标准。

1．比较分析法

一般情况采用比较法对测定结果进行分析。

（1）同类型设备互相比较。

（2）与该设备历次试验结果进行比较。

（3）大修前后的试验结果互相比较。

（4）交接试验结果不应低于出厂试验数据的 70%，（换算到同一温度下的数值）；大修后试验结果，一般不低于上次数值的 70%（换算至同一温度下）。

当缺乏制造厂数据时，电力变压器绝缘电阻允许值可参考表 7-2。

表 7-2　　　　　　　　油浸式电力变压器绝缘电阻允许值　　　　　　　　单位：MΩ

高压绕组 电压等级	温　　度　　（℃）							
	10	20	30	40	50	60	70	80
3～10kV	450	300	200	130	90	60	40	25
20～35kV	600	400	270	180	120	80	50	35

注　1. 同一变压器中压与低压绕组的绝缘电阻标准与高压绕组相同。

　　2. 高压绕组的额定电压为 13.8kV 和 15.7kV 的，按 3～10kV 级标准。额定电压为 18kV，44kV 的，按 20～35kV 级标准。

2. 温度换算

温度对绝缘电阻的影响很大，温度每下降 10℃，绝缘电阻值增加 150%～200%。因此，在进行绝缘电阻值比较分析时，应换算至同一温度下的数值。绝缘电阻温度换算公式如式（7-1）～式（7-3），温度换算系数 A，见表 7-3。

表 7-3　　　　　　油浸电力变压器绝缘电阻的温度换算系数 A 值

温度差 K	5	10	15	20	25	30	35	40	45	50	55	60
换算系数 A	1.2	1.5	1.8	2.3	2.8	3.4	4.1	5.1	6.2	7.5	9.2	11.2

注　表中 K 为实际温度减去 20℃ 的绝对值；在测量绝缘电阻应取油顶层温度。

例：在 27℃ 时测得电力变压器的绝缘电阻值为 100MΩ，换算到 20℃ 时的绝缘电阻值应为多少？

已知　$K = t_1 - t_2 = 27 - 20 = 7℃$，查表 7-3（用插入法）得 $A = 1.2 + \left(\dfrac{1.5 - 1.2}{5} \right) \times 2 = 1.32$，换算到 20℃ 时的绝缘电阻为 $R_{20} = AR_{t_1} = 1.32 \times 100 = 132$（MΩ）。

变压器绝缘的吸收比也随温度而变化，若是受潮的绝缘，当温度升高时，其吸收比将有不同程度的降低。但对于绝缘干燥的变压器，在 10～30℃ 的范围内（Q/CSG 10007—2004 常温范围为 10～40℃），其吸收比没有多大变化，所以在交接与预防性试验中不再进行温度换算。

3. 延长测试时间的影响

延长绝缘电阻的测试时间，吸收比不低于 1.1 或采用极化指数不低于 1.3，正确判断变压器的绝缘状况。

第二节　直流电阻的测量

一、试验的目的

变压器绕组直流电阻的测量是一项既简单又重要的试验项目。其目的是检查绕组焊接头的质量、电压分接头的各个位置，引线与套管的接触是否良好，并联支路的连接是否正确，有无层间短路或内部断线的现象等。同时，它也是变压器短路特性试验的重要数据。因此，在交接、大修后，以及运行中更换分接头位置后，都必须进行该项试验。

二、测量方法

测量直流电阻的方法在现场用的最多的是电桥法。当被测绕组的电阻值在 10Ω 以下时，应用双臂电桥，如 QJ_{44} 等。当被测绕组电阻值在 10Ω 以上时，应用单臂电桥，如 QJ_{23}、QJ_{24} 等。

由于电桥法操作简单，可以直接从刻度盘上读数，使用检流计调平衡准确度较高，因此，它很受试验人员欢迎。

测量三相电力变压器绕组的直流电阻时，在出线的地方进行，最好能测量每相绕组的直流电阻。对于无中性点引出的三相变压器，测出线电阻后应进行换算。

当绕组为 Y 形接线时，如图 7-1 所示，各相直流电阻为

$$\left.\begin{aligned} r_U &= \frac{R_{UV} + R_{UW} - R_{VW}}{2} \\ r_V &= \frac{R_{UV} + R_{VW} - R_{UW}}{2} \\ r_W &= \frac{R_{VW} + R_{UW} - R_{UV}}{2} \end{aligned}\right\} \tag{7-5}$$

式中　r_U、r_V、r_W——每相绕组相直流电阻，Ω；

　R_{UV}、R_{VW}、R_{UW}——两相间的线直流电阻，Ω。

当三相电阻平衡时，则有 $r_{相} = \frac{1}{2} R_{线}$。

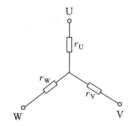

图 7-1　变压器绕组 Y 形接线时电阻

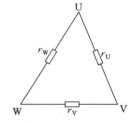

图 7-2　变压器绕组 △ 形接线电阻

当绕组为 △ 形接线时，如图 7-2 所示，各相直流电阻如下

$$\left.\begin{aligned} r_U &= \frac{(R_{UV} - R_P) - R_{UV}R_{VW}}{R_{UV} - R_P} \\ r_V &= \frac{(R_{VW} - R_P) - R_{UV}R_{UW}}{R_{VW} - R_P} \\ r_W &= \frac{(R_{UW} - R_P) - R_{UV}R_{VW}}{R_{UW} - R_P} \\ R_P &= \frac{R_{UV} + R_{VW} + R_{UW}}{2} \end{aligned}\right\} \tag{7-6}$$

式中 r_U、r_V、r_W——每相绕组相直流电阻，Ω；

R_{UV}、R_{VW}、R_{UW}——两相间的线直流电阻，Ω。

当三相电阻平衡时，则有 $r_{相} = 1.5 r_{线}$。

三、注意事项

（1）变压器交接与大修时，应在各侧绕组的所有分接头位置上进行测量；对有载调压的变压器，一般也应在所有分头上测量；在小修时以及运行中更换分接头位置后，可以在所使用的分接头位置上进行测量。

（2）测量时，要求绕组温度与周围环境温度相差不超过 3℃，并且以顶层油温作为绕组温度。

（3）由于绕组的电感较大，电流需要较长时间才能稳定下来，必须等电流稳定后再读数。另外，应特别注意，接通电流后再接通电压表或检流计，断开电压表或检流计后再断开电源，以免损坏仪表。同时应注意很高反电势危及人身安全。

（4）试验时用的表计准确度要高，引接线力求短、粗，并应接触牢固，否则将影响测量结果。

四、试验结果的分析判断

1. 试验标准

GB 50150—2006 与 Q/CSG 10007—2004 进行试验。

（1）对于 1600kVA 以上的变压器，测得的各相绕组电阻值相互间的差别不应大于三相平均值的 2%；无中性点引出的绕组，线间差别不应大于三相平均值的 1%。

（2）对于 1600kVA 及以下的变压器，相间差别一般不大于三相平均值的 4%，线间差别一般不大于三相平均值的 2%。

（3）变压器的直流电阻与同温下产品出厂实测数值比较（与以前相同部位测得值比较），其变化不应大于 2%。

2. 直流电阻的计算

相间或线间直流电阻的计算公式为

$$\delta\% = \frac{R_{max} - R_{min}}{R_{av}} \times 100\% \qquad (7-7)$$

式中 $\delta\%$——相间或线间直流电阻差别的百数；

R_{max}——最大的相或线电阻，Ω；

R_{min}——最小的相或线电阻，Ω；

R_{av}——三相或三线电阻的平均值，Ω。

三相电阻的平均值为

$$R_{av,相} = \frac{r_{UN} + r_{VN} + r_{WN}}{3}$$

三线电阻的平均值为

$$R_{av,线} = \frac{R_{UV} + R_{VW} + R_{WU}}{3}$$

3. 温度换算

将所测得的结果与产品出厂实测数值或历年实测数值进行比较，这时要换算到同一温度，一般都把数值换算到温度 75℃ 时。换算公式为

$$R_{75} = R_t \left(\frac{T+75}{T+t} \right) \qquad (7-8)$$

式中　R_t——温度为 t（℃）时测得的直流电阻，Ω；

　　　　T——电阻温度常数，铜线为 235；铝线为 225。

4. 测试结果分析

若测得的三相直流电阻不平衡值超过标准时，可能有以下几种原因。

（1）分接头接触不良。一般表现为 1～2 个分接头的电阻大，而且三相之间的不平衡。主要是分接头不清洁、电镀层脱落、弹簧压力不够等造成的。固定在箱盖上的分接头可能在箱盖上紧时，因箱盖受力不均造成接触不良。

（2）焊接不良。由于引线和绕组焊接处接触不良造成电阻偏大，或者多股并绕组其中 1～2 股没焊上，造成电阻偏大较多。

（3）三角形接线一相断线。此时测出的三相电阻都将比正常值大得多：没断线的两相比正常值大 1.5 倍；而断线相为正常值的 3 倍。

（4）变压器套管的导电杆与引线接触不良。

（5）在制造时，三相绕组使用导线规格、牌号不同造成的。

五、缩短测量时间的方法

1. 缩短测量时间的意义

由于变压器绕组的电感很大，电阻很小，绕组回路的时间常数特别大，加上直流电压以后，电流从充电到稳定所需要的时间较长。特别是容量大、电压较高的变压器，测量一次直流电阻往往需要几十分钟时间，若每个分接头位置都要测量，可能花费几小时。缩短测量时间的关键是缩短充电时间，而增加回路电阻是缩短充电时间的有效办法。

2. 电压降法缩短测量时间

电压降法缩短测量时间的试验原理接线如图 7-3 所示。测量时先合上 QK 开关，（即将附加电阻 R 短路），再合上电源开关 Q，此时电源 E 将全部加在被试物上，电流表的电流曲线 i_1 增加。如果在 $t=t_1$ 时，$i=i_2$，断开 QK 开关，则此时附加电阻 R 接入，回路电流很快由曲线 i_1 稳定在曲线 i_2 上，充电时间由 t_2 缩短到 t_1，这是最理想情况，一般控制

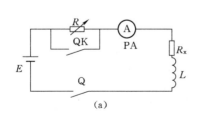
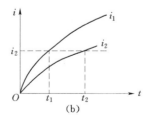

图 7-3　电压降法缩短测量时间原理接线图

（a）原理接线图；（b）电流变化曲线

在 $1.1i_2[i_2=E/(R+R_x)]$ 较为合适。串入附加电阻 R，一般为被试电阻的 $4\sim6$ 倍，所需时间仅为没有串电阻的 $3\%\sim4\%$，从而大大缩短了测量时间。

3. 用单臂电桥缩短测量时间

在采用单臂电桥测量时，用增大回路电阻的试验原理接线如图 $7-4$ 所示。测量时，先合上 QK_2 开关，使附加电阻 R 短路，当测量电流达 1.1 倍预定稳定电流时，断开 QK_2，将附加电阻 R 串入，然后再进行直流电阻的测定，预定稳定电流按下式计算。

$$i_2=\frac{E}{R_x+R_3+R_0+R} \tag{7-9}$$

式中　　E——直流电源电压，V；

　　　　R——附加电阻，一般取 $4\sim6$ 倍 R_x，Ω；

　　　　R_x——被测绕组直流电阻，Ω；

　　　　R_3——标准电阻，Ω；

　　　　R_0——限流电阻，Ω。

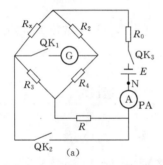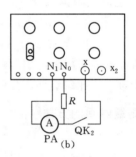

图 $7-4$　单臂电桥法缩短测量时间原理图

（a）原理接线图；（b）电桥外部接线图

4. 用双臂电桥缩短测量时间（图 $7-5$）

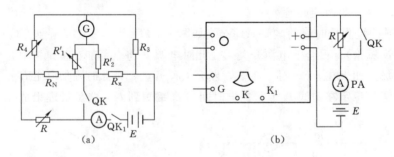

图 $7-5$　双臂电桥法缩短测量时间原理图

（a）原理接线图；（b）电桥外部接线图

测量前，首先估计被测电阻值，再按估计值选择标准电阻，确定直流电源电压。有时可不用附加电阻，电桥内部的标准电阻就足够了。测量时，先合上 QK_1 与 QK 开关，调节电阻，使 QK 断开时电流表明显减小，电流稳定后，按下 QK_1 调节电桥达到平衡时即可读数。

六、绕组直流电阻的估算

在实际工作中，为了事先选择仪器仪表加快测量工作，试验前往往需要知道被试变压器绕组直流电阻的大概数值。如果从原始资料中查不到，对中小型变压器可按下式粗略估算

$$R_{L}=\frac{K}{100}\times\frac{U_{N}^{2}}{P_{N}} \tag{7-10}$$

式中 R_{L}——变压器绕组的直流线电阻，Ω；

U_{N}——变压器绕组额定电压，V；

P_{N}——变压器额定容量，W；

K——与铜损有关的电阻系数，由表 7-4 中查得。

表 7-4 与铜损有关的电阻系数值

变压器容量（kVA）	10～100	135～320	420～2400	3200～7500
K	3.35～2.4	2.33～1.9	1.715～1.32	1.15～1.0

注 容量小者选取大一些 K 值。

例如，某台 560kVA 变压器，其电压为 6300/400V，试估算其直流电阻。

由变压器容量查表 7-4，取 $K=1.6$，由式（7-10）得

高压侧直流线电阻： $R_{L1}=\dfrac{1.6}{100}\times\dfrac{6300^{2}}{560\times10^{3}}=1.13$（$\Omega$）

低压侧直流线电阻： $R_{L2}=\dfrac{1.6}{100}\times\dfrac{400^{2}}{560\times10^{3}}=0.00457$（$\Omega$）

实测该变压器线电阻：高压侧 $R_{L1}=1.34\Omega$；低压侧 $R_{L2}=0.00457\Omega$。

可见，采用直流电阻估算方法在实际工作中还较准确。

第三节 泄 漏 电 流 测 量

一、概述

测量泄漏电流试验的原理与作用和测量绝缘电阻类似，但因其试验电压较高，它的灵敏度和准确性都较测量绝缘电阻高，更能检查出绕组和套管的绝缘缺陷。它比兆欧表测绝缘电阻优越的地方有以下几点。

（1）试验电压较高，并可随意调节，对一定电压等级的被试物施以相应的试验电压，可使绝缘本身的弱点更容易暴露出来。

（2）试验时，可随时监视微安表的指示，以了解绝缘情况。

（3）可适当选择微安表的量程，故读数较精确。

（4）必要时，除读取泄漏电流值外，还可根据电流—时间关系和电流—电压关系绘制相应曲线，进行全面分析。

施加直流高压以后，泄漏电流受吸收过程的影响也有一个随时间增长而变化的过程。由于绝缘电阻的吸收过程已相当充分地反映了绝缘状况，因此只读 1min 的泄漏电流值。

变压器绝缘的泄漏试验更多的是着眼于发现绝缘的局部缺陷。变压器的瓷套管裂纹、引线支架等局部缺陷会引起泄漏电流随时间或随电压升高而急剧增加。当变压器电压等级为35kV及以上，且容量在10000kVA及以上时，应测量直流泄漏电流。

二、试验方法

泄漏电流测量部位与测量绝缘电阻的部位相同，也按表7-1的顺序进行。将非被试绕组短路后与铁芯接地，再将被试绕组施加直流试验电压，测量绕组对铁芯与绕组间的泄漏电流。测量泄漏电流的试验电压标准见表7-5。

表7-5 油浸式电力变压器直流泄漏试验电压标准

绕组额定电压（kV）	3	6～10	20～35	63～330	500
直流试验电压（kV）	5	10	20	40	60

注 1. 绕组额定电压为13.8kV及15.75kV时，按10kV级标准，电压为18kV时，按20kV级标准。
  2. 分级绝缘变压器仍按被试绕组电压等级的标准。

对于未注油的变压器，其试验电压为规定试验电压的50%。

试验电压可以一次升到试验标准电压，记录1min的泄漏电流，也可分段加压，记录各段泄漏电流。

三、注意事项

（1）选择正确的测量接线。变压器试品的电容量一般较大，试验电压不会因波纹有较大误差。采用高压侧接微安表的接线，应根据气候条件，对被试变压器套管的外表面进行屏蔽。采用低压侧接微安表的接线，用于测量变压器绕组之间的泄漏电流，它对减少大型变压器外部引线拆装工作量是适合的。

（2）减少高压部位的外部对地的泄漏影响。高压部位指高压连接导线和被试高压套管等。除采用屏蔽线作为高压连接导线外，还应尽量加大接地体与高压部位的距离。实践证明，尽管采用了屏蔽线并在高压套管外表面进行了屏蔽，邻近的接地脚手架仍对测量有很大影响。因为高压套管外表面的屏蔽是局部的，整个套管仍会对邻近的接地脚手架有泄漏电流。例如脚手架距套管1m，40kV下该泄漏电流会超过10μA。

四、试验结果的分析判断

（1）由于泄漏电流值随变压器的结构、尺寸的不同而不同，因此，没有统一的标准。一般情况下，根据历次试验结果（或产品出厂试验结果）相互进行比较作出分析判断。

（2）测量泄漏电流值随温度变化而变化。为了便于比较，应将在不同温度下测量的泄漏电流值换算到同一温度下（一般为20℃）进行比较。泄漏电流温度换算公式为

$$I_{20} = I_t / e^{a(t-20)} \tag{7-11}$$

式中 I_{20}——20℃时泄漏电流值，μA；

  α——温度换算系数，一般为0.05～0.06/℃；

  t——试验时变压器上层油温，℃；

  I_t——温度为 t 时泄漏电流值，μA。

在实际工作中，应尽量在相同温度下测量泄漏电流值，以减少换算过程中的误差。一般情况，可根据出厂试验结果作为参考。在无出厂试验数据时，表7-6示出的参考值可

供比较使用。在不同温度下测得的泄漏电流换算到 20℃时的温度换算系数值见表 7-7。

表 7-6　　油浸电力变压器绕组直流泄漏电流参考值（GB 50150—2006，见附表 D）　　单位：μA

额定电压（kV）	试验电压（kV）	10℃	20℃	30℃	40℃	50℃	60℃	70℃	80℃
2～3	5	11	17	25	39	55	83	125	178
6～15	10	22	33	50	77	112	166	250	356
20～35	20	33	50	74	111	167	250	400	570
63～330	40	33	50	74	111	167	250	400	570
500	60	20	30	45	67	100	150	235	330

表 7-7　　在不同温度（℃）下测得的泄漏电流换算到 20℃时温度换算系数值（$K = 1/e^{\alpha(t-20)}$）

$t(℃)$	K	$t(℃)$	K	$t(℃)$	K	$t(℃)$	K	$t(℃)$	K	$t(℃)$	K	$t(℃)$	K	$t(℃)$	K	$t(℃)$	K
1	2.841	8	1.932	15	1.316	22	0.862	29	0.610	36	0.415	43	0.282	50	0.192	57	0.130
2	2.599	9	1.830	16	1.246	23	0.850	30	0.577	37	0.393	44	0.267	51	0.181	58	0.124
3	2.525	10	1.731	17	1.179	24	0.803	31	0.546	38	0.372	45	0.252	52	0.172	59	0.117
4	2.410	11	1.640	18	1.116	25	0.760	32	0.517	39	0.352	46	0.239	53	0.163	60	0.111
5	2.381	12	1.551	19	1.057	26	0.720	33	0.490	40	0.333	47	0.226	54	0.154		
6	2.159	13	1.469	20	1.000	27	0.682	34	0.460	41	0.314	48	0.214	55	0.146		
7	2.041	14	1.390	21	0.947	28	0.645	35	0.438	42	0.298	49	0.202	56	0.138		

第四节　介质损耗因数 tgδ 测量

一、试验目的

测量介质损耗因数 tgδ 是绝缘预防性试验的重要项目之一。其目的是检查变压器绝缘是否受潮、油质劣化以及绕组上是否存在油泥等严重的局部缺陷。它对局部放电、绝缘老化与轻微缺陷则反映不灵敏。因此，当变压器电压等级为 35kV 及以上，且容量在 8000kVA 及以上时，应测量介质损耗角正切值 tgδ。

二、试验方法

（1）使用仪器。目前现场应用最广泛的是电压平衡式西林电桥（例如 QS₁ 型）和 ZT₁ 型介质测量专用仪器。QS₁ 交流电桥是按平衡原理制造的，有正反两种接法。在测量介质损耗因数 tgδ 时，一般用反接法。ZT₁ 型介质测量仪是按相敏电路原理制成的，具有带电测试的功能，可在设备不停电情况下测量介质损耗因数。tgδ 还有电流平衡式电桥（例如 QS₁P 型），只能用于正接线测量 tgδ；电压不平衡式电桥（例如 M 型）只能用于反接线测量 tgδ。自动测量仪有 WJC—1 微电脑绝缘介质损耗测量仪；GCJS—2 智能型介损测量仪；GWS—1 光导微机介质损耗测试仪等。

（2）测量的部位按表 7-1 进行，测量时应将非被测绕组短路接地，也可以将非被测绕组屏蔽进行分解试验，以查出局部缺陷。

（3）测量变压器介质损耗因数 tgδ 时，对于注油或未注油的，且绕组额定电压为

10kV 及以上的变压器，试验电压为 10kV；绕组额定电压为 10kV 以下者，试验电压不应超过绕组额定电压。

三、试验步骤及注意事项

（1）一般应在绝缘电阻与泄漏电流试验完了之后进行介质损耗因数的测定，试验时可一次升到试验电压，也可以分段加压，以观察不同电压下介质损耗因数的变化。

（2）由于电源频率对介质损耗因数有影响，因此，试验电源频率偏差应小于 5%。

（3）为消除测量引线的影响，除尽量缩短引线长度外，还应带着引线不接变压器负载空升压一次，记录泄漏电流值，以便从试验结果中除扣除引线泄漏电流。

（4）介质损耗因数 tgδ 也受温度的影响，最好在常温（10～40℃）的条件下测量，否则应将测量结果换算到同一温下进行比较。

电力变压器介质损耗因数换算公式为

$$\mathrm{tg}\delta_2 = \mathrm{tg}\delta_1 \times 1.30^{(t_2-t_1)/10} = A\mathrm{tg}\delta_1$$

温度换算系数 A 参见表 7-8。t_2-t_1 为实测温度减去 20℃的绝对值。

表 7-8　　　　　　　　　　介质损耗角正切值 tgδ 温度换算系数

温度差（t_2-t_1）（℃）	5	10	15	20	25	30	35	40	45	50	55	60
换算系数 A（%）	1.15	1.30	1.50	1.70	1.90	2.20	2.50	2.90	3.30	3.70	4.60	5.30

四、试验结果的分析判断

（1）对新安装变压器，在交接验收试验时，测得的介质损耗因数不应大于制造厂试验值的 130%，或者也不应大于表 7-9 所列数值。

表 7-9　　　　　　　　　　交接时油浸变压器绕组的 tgδ 允许值　　　　　　　　%

高压绕组高压等级	温度						
	10℃	20℃	30℃	40℃	50℃	60℃	70℃
35kV 及以下者	1.5	2.0	3.0	4.0	6.0	8.0	11.0
35kV 以上者	1.0	1.5	2.0	3.0	4.0	6.0	8.0

（2）对试验结果的分析主要采用比较法，即大修及运行中油浸电力变压器的介质损耗因数值与历次测量值比较不应有显著变化（增量一般不大于 30%），或者不应大于表 7-10 所列数值。

表 7-10　　　　　　　　　大修及运行中油浸变压器绕组中 tgδ 允许值　　　　　　%

高压绕组电压等级		温度						
		10℃	20℃	30℃	40℃	50℃	60℃	70℃
35kV 及以下	大修后	2.5	3.5	5.5	8.0	11.0	15.0	20
	运行中	3.5	4.5	7.0	10.5	14.5	20.0	26
35kV 以上	大修后	2.0	2.5	4.0	6.0	8.0	11.0	18
	运行中	2.5	3.5	5.2	8.0	10.5	14.5	23

注 同一变压器中压与低压绕组的标准与高压绕组相同。

（3）当测量结果不能满足要求时，可对变压器油单独进行介质损耗因数的测量。当经过换油或油处理后，变压器测量结果仍不能满足要求时，可将变压器加温至制造厂出厂试验的温度并保持 5h 后，重新进行测量，再进行综合分析判断。

（4）变压器的非纯瓷套管往往是影响介质损耗因数值的因素之一。对于 20kV 及以上非纯瓷套管应单独进行介质损耗因数值的测量。

Q/CSG 10007—2004 规定 20℃ 时 tgδ 测量值不应大于下列数值：35kV 及以下为 1.5%；110～220kV 为 0.8%；330～500kV 为 0.6%。

五、变压器绝缘受潮判断实例

（1）220kV、240MVA 变压器严重进水受潮，经带油简易干燥后，在 42℃ 下，tgδ＝2%，低于 DL/T 596—1996 所规定的允许值，投入运行 2h 发生击穿。纸的介质损耗因数 tgδ_P＝4%，纸中含水量 4.7%，仍属受潮情况。

（2）220kV、360MVA 变压器，在制造厂试验时，利用空载加温测试了较高温时的绝缘电阻值，见表 7-11。吸收比随温度升高而增大，极化指数大于 2；介质损耗因数很小，绝缘含水量很小，说明变压器绝缘状况良好。该变压运到现场，注入现场准备好的合格变压器油，绝缘电阻大幅度下降。这是否在运输与安装过程中受潮呢？现场 33℃ 时，测得吸收为 700MΩ/260MΩ，极化指数 3300MΩ/700MΩ；tgδ＝0.25%，油中含水量为 22ppm，绝缘测量值除绝缘电阻下降外，其他值均呈现良好状态，说明变压器绝缘没有受潮。经微机计算纸绝缘电阻 R_P＝3220MΩ，油绝缘电阻 R_0＝398MΩ，由此看出，油质发生变化，绝缘电阻偏小，导致整体绝缘电阻（纸与油串联）下降。这种油质变化取决于油产地及其添加剂，并不反映变压器绝缘受潮情况。

表 7-11 　　　　　　　　一台 220kV，360MVA 变压器绝缘测试值

温　度	14℃	31℃	38℃	47.5℃	温　度	14℃	31℃	38℃	47.5℃
R_{15}（MΩ）	2750	1200	950	700	R_{60}/R_{15}	1.25	1.42	1.53	1.50
R_{60}（MΩ）	3450	1700	1450	1050	R_{600}/R_{60}	2.54	3.12	3.28	2.19
R_{600}（MΩ）	8750	5300	4750	2300	tgδ（%）	0.2			

（3）35kV、31.5MVA 变压器，水冷却器漏水，绝缘测试数据普遍低下；28℃ 时，吸收比 160MΩ/150MΩ；极化指数 170MΩ/160MΩ；tgδ＝8.1%，吸收比、极化指数与介质损耗因数均不良，纸中含水量远高于 5%，受潮严重，幸亏变压器电压等级低，绝缘裕度大，才没有在投入运行时立即发生事故。

第五节　交流耐压试验

一、试验目的

它是变压器试验的关键项目，是考核主绝缘抗电强度的基本措施。对变压器绕组连同套管一起进行超过额定电压一定倍数的工频交流试验电压，持续时间 1min 的交流耐压试验。其目的是用比运行情况更为严酷的条件下检验变压器绕组的绝缘水平。

交流耐压试验属于破坏性试验，因此，必须在其他绝缘试验都合格的基础上进行，以

免造成不必要的绝缘击穿与损坏事故。

变压器绕组绝缘经过交流耐压试验合格后，就可以投入运行。

二、电力变压器交流工频耐压试验标准

根据 GB 50150—2006 与 Q/CSG 10007—2004 制成表 7-12，供试验参考。

表 7-12　　　　　　　　油浸电力变压器工频交流耐压试验标准　　　　　　　单位：kV

绕组额定电压	≤0.5	2	3	6	10	15	20	35	44	60	110	220	330	500
出厂试验电压	5		18	25	35	45	55	85	95	140	200	395	510	680
交接试验电压	4		15	21	30	38	47	72	81	120	170	335	433	578
大修试验电压	2		14.4	20	28	36	44	68	76	112	160	316	408	544
运行中非标准产品最低试验电压	2	8	13	19	26	34	41	64	71	105				

1965 年以前生产的 0.5kV 及以下电压的电力变压器绕组，其交接及大修试验电压为 2kV。

额定电压为 1kV 及以下的油浸电力变压器交接试验电压为 4kV，干式电力变压器为 2.6kV。

绕组全部更换后的变压器应按出厂试验电压值进行试验；局部更换绕组的变压器按出厂试验电压值的 0.8 倍进行试验。

三、试验接线图

35kV 及以下变压器交流耐压试验接线如图 7-6 所示。

在进交流耐压试验时，被试变压器的连接方式不仅影响试验电压值的准确性，同时还有可能危及被试变压器的绝缘。图 7-6（b）是双绕组变压器的正确连接方式，即被试绕组所有出线端均应短路连接，非被试绕组所有出线端也要短接并可靠地接地。图 7-6（c）、（d）所示的被试变压器的不正确接线，以资借鉴。

试验的原理与接线的解释请见发电机定子绕组交流工频耐压试验的有关内容。

四、注意事项

（1）检查试验接线确保无误，被试变压器外壳与非加压绕组应可靠接地，瓦斯保护应投入，试验回路中过电流与过电压保护应整定正确、可靠。

（2）对变压器进行交流耐压试验时，必须在绝缘油处于静止状态，气泡充分逸出后才能进行。否则在耐压试验过程中会引起放电，造成判断上的困难。3～10kV 的变压器油需静止 5h 以上，110kV 及以下变压器油静止 24h；220kV 变压器油静止 48h，500kV 变压器油静止 72h，以避免耐压时造成不应有的绝缘击穿。

（3）油浸电力变压器的套管、入孔等所有能放气的部位都应打开充分排气，以避免由于残存空气而降低绝缘强度，导致击穿或放电。

（4）在试验过程中，升压速度应均匀，当电压升至 40％试验电压以上时，应保持每秒 3％试验电压上升；降压应迅速，但避免在 40％试验电压以上突然切断电源。

（5）三相变压器的交流工频耐压试验，不必分相进行，但同侧绕组的三相引出线端必

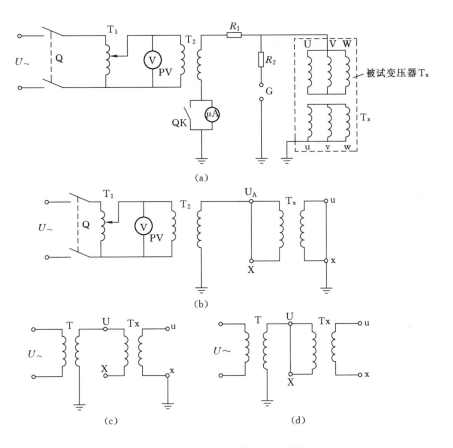

图 7-6　变压器交流耐压试验接线图

（a）三相组变压器交流耐压试验；（b）双绕组变压器交流耐压试验；

（c）不正确连接方式之一；（d）不正确连接方式之二

T₁—调压器；T₂—试验变压器

须短路后才能试验，否则可能损害变压器绕组的绝缘。

（6）交流耐压时间为 1min。如果发生放电或击穿时，应立即降压并切断电源。

（7）加压期间密切注视表计指示动态，观察、监听被试变压器，保护球隙的声音与现象，分析区别电晕或放电等有关迹象。

五、试验分析判断

（1）在耐压试验过程中，如果仪表均有正常指示、不跳动，被试变压器没有放电声，而只有瓷件表面轻微的放电声，则认为正常。

（2）在试验过程中，如果电流表的指针突然增大或减小，过电流继电器动作跳闸，保护球隙放电式被试变压器内有放电的声响，则说明被试变压器的绝缘有问题。

（3）在升压过程中或加压持续时间内，若变压器油箱内有明显放电声，表计的指示发生变化，或变压器有瓦斯排出时，应停止试验，将变压器吊芯检查。

（4）在加压过程中，如果变压器内部有放电声音或电流表的指示发生变化，则表示绝缘已被击穿。当进行重复试验时，第二次的试验电压较第一次的放电电压低，则说明固体绝缘已被击穿。若第二次试验电压不低，还是原来的数值发生放电，则说明间隙贯穿性击穿，且多数情况是引线对地距离不够。

（5）在加压过程中，如果变压器有炒豆般的响声，而电流表的指示很平稳，这可能是悬浮的金属件对地放电或铁芯接地不良。

（6）在加压时，若油箱内有吱吱的放电声，表计指示没有什么变化，则应降压后再重升。如果放电声没有了，就正常；若是还有，则应查明原因，处理后再试验。

六、变压器错误的连接分析实例

1. 被试绕组与非加压绕组均不短路 [图 7 - 7 (a)]

被试绕组对地和绕组间的分布电容分别为 C_1、C_{12}，由于分布电容的分流作用，使被绕组首端电容电流最大，末端电容电流减小，因而沿整个绕组匝间存在着不同的电位差，而且在非加压绕组开路状态下，被试绕组电抗很大，电容电流将导致端电位升高，可能超过允许的试验电压。

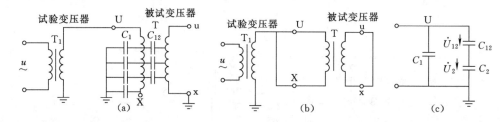

图 7 - 7 绕组短路、短路不接地耐压试验及其等值电路图

(a) 绕组均不短路时耐压试验图；(b) 两绕组短路不接地的耐压试验图；(c) 等值电路图

T_1—试验变压器；T—被试变压器；C_1—被试验绕组对地电容；

C_2—非加压绕组对地电容；C_{12}—绕组间电容

2. 被试绕组和非加压绕组均短路而不接地 [图 7 - 7 (b)]

非加压绕组不接地，而处于悬浮电位，其对地电位取决于高、低压绕组间和低压绕组对地电容大小，即

$$U_2 = \frac{C_{12}}{C_1 + C_2} U_1$$

式中 U_1——高压绕组试验电压，V；

U_2——非加压绕组（低压绕组）对地电压，V。

现以实例说明其悬浮电位的危险。一台 SFL—7500/110/6.3 型电力变压器，高、低压绕组间电容 $C_{12} = 2500\text{pF}$，低压绕组对地电容 $C_2 = 3875\text{pF}$，当试验电压为 200kV 时，低压绕组对地电位为

$$U_2 = \frac{2500}{2500 + 3875} \times 200 = 78.4 \ (\text{kV})$$

该电压已远超过低压绕组的耐压水平。同时，高低压绕组间绝缘承受的耐压远低于试验标准。大容量电力变压器绕组间电容量相对还要增大，这将产生更严重的悬浮电位。

七、串联谐振耐压试验

1. 试验原理

如前所述，用工频耐压试验，被试品可看成高品质因素的电容，需少量有功功率外，大量地吸收容性无功功率，试验回路是由 LRC 组成的串联谐振回路，如图 7-8 所示。设试验电源为 $\dot{U}$，则被试品上的电压为

$$\dot{U}_C = \frac{-jX_C}{R+j\ (X_L-X_C)}\dot{U}$$

式中 X_C、X_L——回路中的容抗与感抗，Ω。

当谐振时 $X_L=X_C$ 得 $\qquad \dot{U}_C = -j\frac{X_C}{R}\dot{U} = -j\frac{X_L}{R}\dot{U}$

令 $Q=\dfrac{X_L}{R}=\dfrac{X_C}{R}$，并称为回路的品质因数，则 $U_C=QU$

且 $$IU=\frac{1}{Q}IU_C$$

式中 I——回路中电流，A。

Q 值相当于串联谐振回路的电压放大倍率，Q 值越大通过谐振获得被试品上的试验电压越高，而且电源提供的能量补给越少。谐振时，电源提供的功率是被试品所需的无功 $1/Q$，一台高质量调谐电抗器，Q 值可达 50 以上，国内产品一般可以做到 10～20。

2. 工作特点

（1）电源输入容量减小。在谐振条件下，电源供给串联谐振回路有功损耗，故电源输入容量很小，只需被试电容容量的 $1/Q$。

（2）电压波形。谐振状态下，整个回路具有较高的 Q 值。50Hz 的基波电压明显增大，其他谐波电压分量因受高阻抗抑制而明显减掉。同时，电抗器本身的磁通密度选得较低，避免波形畸变，因此输出电压 U_C 的波形正弦性很好。例如 10% 失真度的电源电压经过谐振回路，输出电压 U_C 的波形失真度可小于 0.5%。

（3）暂态过电压与短路电流。当被试品发生闪络或击穿，即回路中等值电容被短路，谐振状态即行破坏，电压明显下降，恢复电压上升缓慢，被试品上不发生暂态过电压，且电源供给的短路电流受到电抗的限制而减小。

实例：被试电容为 0.0127μF，试验电压为 250V，电流为 1A，电抗器 $Q=50$，则励磁变压器输出电压 $V=U_C/Q=250/50=5$kV，谐振时，电抗器感抗为 $X_L=U_C/I=250$kΩ，故短路电流为 $I_K=U/X_L=5\times10^3/250\times10^3=20$mA。若与工频耐压相比，250kV、1A，短路阻抗值为 8%，则被试品击穿时的短路电流为 $I_K=I/8\%=1/8\%=12.5$A。由于短路电流减小，使电源电路的过电流保护失去作用，因此近来生产的串联谐振试验装置中还装有放电检测器，将试品击穿时电压突变信号引入继电保护，使输入电源跳闸。

3. 现场谐振耐压试验

实现 RLC 串联谐振的方法有调节电源频率、调节电感和调节电容三种。

（1）调节电源频率法。调频回路的电抗是不变的，但要求有足够大的频率变动范围内有良好的线性度，电源的频率则可连续调节，调节电源频率（50～300Hz）使回路在被试品等值电容的参数范围内达到串联谐振。调频法的特点是电抗器质量轻，结构简单。

变压器在50Hz交流电压下是感性负荷，电源频率提高后便逐渐从感性负荷转为容性负荷，在300Hz电压下，则完全呈容性负荷，因而调频串联谐振法可用于电力变压器的感应耐压试验。

（2）调节电感法。通过改变变抗器铁芯的气隙长度来调节回路的电抗值。当达到串联谐振时，输出电压 U_C 为最大，这种电抗器具有可调范围大、操作方便、电感量可连续变化、Q值高且设备紧凑等优点。与调频法比较，调电感法的试验设备总质量为前者3～4倍。

升压时先调节调压器，使励磁变压器输出较小的电压，再调节串联电抗器铁芯的气隙以改变其感抗，使之逐渐接近试品容抗。此试品上电压逐渐增高，当感抗与容抗恰好相等，即达到串联谐振时，输出电压 U_C 达到最大。若继续改变电感值，U_C 值达最大值后反而下降。若 U_C 达到最大值时，维持感抗不变，然后再调节调压器，使 U_C 电压升到所需要的数值。

（3）调节电容法。调节电容法要求改变高压电容的串联与并联，无法实现电容连续性调节，现场不易实行。

第六节　变压器三倍频耐压试验

一、概述

变压器工频耐压试验只能检验其绕组的主绝缘，即绕组与绕组间，绕组对箱壳和铁芯等接地部分的绝缘，而绕组的匝间，层间与段间的纵绝缘部分未能受到考核。随着电压等级的提高，大容量变压器的匝间绝缘相对比较弱，于是对变压器匝间绝缘的考验就显得重要了。

随着局部放电测量技术的发展，IEC还规定：变压器的局部放电量测量应在变压器的线路端子与中性点的端子之间施加1.5（或1.3）倍最大相电压的试验电压；而且在测量之前应施加1.73倍最大相电压的短时激发电压；变压器应过激磁1.73倍以上。

由于磁路饱和的缘故，给变压器加1.3倍额定值以上的工频激磁电压是行不通的，难以提高励磁电源频率来提高绕组匝间电压，使其达到预期的倍数。

现在高压大容量变压器大部分采用中性点半绝缘结构，绕组首末端对地绝缘强度不同，不能承受同一对地试验电压。感应耐压试验则可使试验电压沿着绕组轴向高度的分布与运行时电位分布相对应。

倍频电源可采用2～4倍频的试验发电机组或可控硅逆变装置，后者由于输出容量限制和技术复杂而未能普遍推行。现场还可利用变压器的铁磁特性，在过激磁状态下产生大功率的3次谐波电压作为试验电源。

二、三倍频电压获得条件与特性

1. 获得三倍频电压输出的条件

（1）必须用三相五柱式或 3 台同规格单相变压器组成，给零序磁通在铁芯中提供闭合的磁回路。变压器一次绕组接成星形，二次绕组接成开口三角形，开口端输出电压为三倍频电压。

（2）变压器要过激磁，使铁芯深度饱和。

（3）在选择变压器参数时，不仅要考虑是否满足输出功率的要求，还应注意它是否满足温升的限制与发热，选择适当的容量。

2. 特性

三倍频变压器输出能力与铁芯中磁通密度有极大关系，因此三次谐波的产生是由铁芯磁化曲线的非线性所致，只有磁通密度工作在曲线弯曲部分以上才会产生较大的三倍频分量。当磁通密度超过磁化曲线弯曲点以后，铁芯的导磁率 μ 值急剧下降，三倍频发生器内阻抗 x_3 急剧减小，因而有较大的三次谐波电压与三次谐波电流的输出。过激磁越深，三次谐波分量输出越大，但达到一定程度以后，导磁率 μ 值变化不大，内阻抗 x_3 减小的速度也平缓了，三次谐波输出增长也平缓了。一般来说，过激磁的下限没有限制，只要满足电压与功率要求便可。过激磁的上限要考虑到两点：一是避免过深的过激磁引起九次和十五次的高次谐波；二是避免三倍频变压器匝间绝缘承受过高的电压而引起故障，一般不超过 2 倍额定电压为限。在 1.73 倍过激磁时，变压器的三次谐波电压约为 1.1 倍额定电压，而且没有明显高次谐波分量。

三倍频发生装置的电压和功率输出与负荷阻抗的性质和负载阻抗是否匹配的关系极大。若负荷阻抗与三倍频发生装置的内阻抗在数值上以及阻抗角相等，而符号相反，则可得出最大输出。

三、三倍频试验装置

三倍频试验装置可按图 7-9 所示分为 5 个部分。我们结合现场实际情况，对各部分介绍如下。

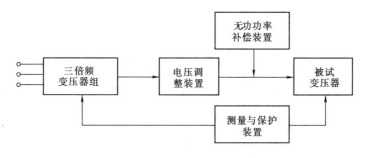

图 7-9　三倍频试验设备框图

1. 三倍频变压器组

三倍频变压器组可用单台三相五柱变压器，也可用 3 台单相或三相配电变压器组成。现场可用三相配电变压器，其中一相或两相串联作为单相变压器组成。但 3 台配电变压器的铁芯材料、结构、绕组绕制与参数应该相同，否则会产生基波的零序分量，叠加于三次谐波，影响三倍频变压器的输出特性。

变压器的容量应根据试验所需有功功率的 5 倍考虑，并以温升校验。若作为局部放电测试电源时，因工作持续时间长，尤其应注意到发热与温升问题，宜采用热容量大和散热条件好的变压器。

变压器的电压等级选择应考虑与电源电压等级相配合和对三倍频电压输出的要求，尽量避免使用中间变压器进行电压变换。

现场试验的三倍频变压器是利用 3 台 10/0.4kV 的 560kVA 配电变压器，按如图 7-10 所示接线。高压侧 10kV 接成星形，施加 35kV 线电压，即变压器过激磁 1.6～1.7 倍，变压器低压侧接成开口三角形，开口端 150Hz 电压约为 1000～1500V。

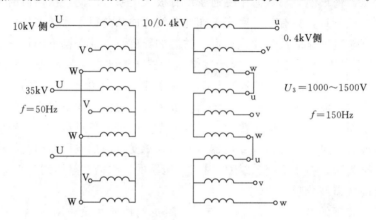

图 7-10 三相配电变压器组成三倍频变压器组接线图

利用这套三倍频变压器已进行过多台 120～150MVA，220kV 变压感应耐压试验与局部放电测试。

2. 电压调整装置

电压调整装置是将三倍频电压调整到所需要的试验电压，一般由调压器和升压变压器组成，如图 7-11 所示。

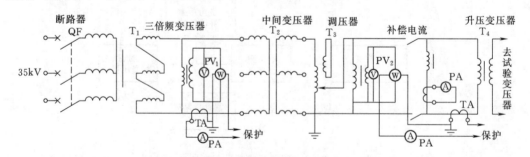

图 7-11 用调压器调压的三倍频试验电路图

调压器采用移圈式或感应式均可，其容量和电压应符合试验要求。因为频率提高 3 倍，在保持额定电流条件下，设备使用电压可提高到额定电压值 2 倍以上。但如果三倍频变压器组 T_1 输出电压过高，则应考虑使用中间变压器 T_2 将电压变换到调压器 T_3 的许可范围之内。中间变压器只要容量和电压适合即可。

升压变压器 T_4 的容量、电压等级和变比需根据试验要求选择,感应耐压试验选用 35/0.4kV 配电变压器作升压变压器,便可满足 35kV 电压级绕组 1.7～2 倍的感应升压要求。考虑到 35kV 配电变压器的充油套管抗电晕能力差,在高于额定电压值下将产生电晕放电,因此,在作局部放电测试时,为避免干扰,通常都将这类套管的承受电压控制在它的额定电压值的 80% 以内。为此,采用 2 台相同配电变压器串联,对称加压,中间串电压端接地,从而降低施加电压端子的对地电位,如图 7-12 所示。

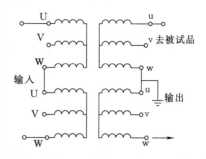

图 7-12 串联配电变压器用作升压变压器用接线图

3. 补偿装置

大容量变压器励磁电流较小,等效对地电容比较大。在三倍频电压作用下,通常呈容性负荷,其功率因数可小到 0.1,在这种负荷情况下,三倍频发生器的效率极低。为了提高设备的效率,需要进行无功补偿。现场以并联电抗补偿为方便。补偿电感可以接在倍频发生器到被试变压器之间的任何环节上,具体应根据补偿效益与简便可行确定。

补偿功率不宜过大,过分地补偿,中间设备的非线性元件将引起倍频电压的波形畸变,通常以功率因数 $\cos\varphi=0.7$ 左右为宜。这就是说,补偿到使得有功和无功功率基本相等的程度为宜。例如,被试品容性无功为 Q,有功损耗为 P,则补偿感性无功取值为 $Q_b = Q-P$。

4. 测量与保护

除主设备外,试验时还应有相应的测量与保护措施。

被试变压器高压端电压是监视试验电压的主要依据。由于容量的影响,被试变压器高压端往往先达到试验电压值。高压测量从套管测量屏或末屏取信号最为方便,但应选用高内阻电压表,以免影响电容分压比的准确度。

试验回路还应设有电压互感器、电流互感器和相应的表计,用以测量与监视电流、电压。为了防止试验过程中发生谐振与被试品放电时扩大故障,回路中还必须设置过电压与过电流保护措施。

保护球隙装在被试变压器的高压侧或低压侧均可,其定值取 1.2 倍试验电压值。过电压继电器用以防止误操作或谐振时可能导致电压升高,其定值取 1.11～1.2 倍试验电压值;过电流继电器定值取 1.5～2 倍试验电流值。

四、被试变压器接线

1. 变压器感应耐压试验标准

按 GB 1094.3—2000《电力变压器 第三部分 绝缘水平和绝缘试验》规定进行试验。

(1) 出厂试验电压标准见表 7-12。

(2) 绕组匝间感应耐压倍数:对于一般电力变压器为 2 倍;自耦变压器为 2～3 倍。

（3）当试验频率超过 2 倍额定频率时，试验时间为 $t = 120 \times \dfrac{\text{额定频率}}{\text{试验频率}}$（s），但不少于 15s，三倍频率试验时间为 40s。

（4）大修后的重复试验其试验电压应降为出厂值的 80%。

2. 试验接线

分次单相施加试验电压的接线可以达到变压器各部分对试验电压的要求，但必须将各部位的电压限制在允许范围之内，利用分接开关可以适当调整电压。

不同的接线，绕组接地点不同，每匝所达电压值不同，端点对地电位也不相同。具体接线则根据变压器与试验设备的特性选定，以尽可能少的加压次数来达到全部试验要求为好。以下列举几种常用接线，仅供参考。

图 7-13～图 7-15 中感应电压按加压绕组的额定值考虑，感应倍数以标幺值标之。变压器中非被试绕组应将其中性点或适当的端点接地，因此图中不再画出。

（1）YNd 连接组变压器加压接线方式与电位图如图 7-13 所示。

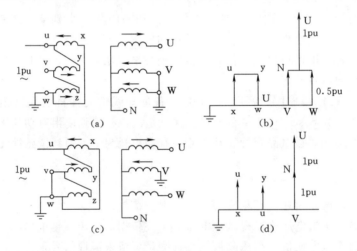

图 7-13　YNd 连接组变压器加压接线方式与电位图
（a）绕组全电压加压接线图；（b）全电压加压接线电位图；
（c）两绕组并联加压接线图；（d）并联加压接线电位图

（2）YNyn 连接组变压器加压接线方式与电位图如图 7-14 所示。

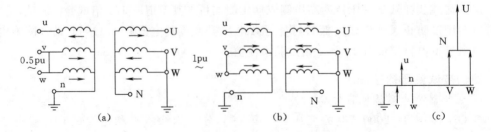

图 7-14　YNyn 连接组变压器加压接线方式与电位图
（a）半电压加压接线图；（b）全电压加压接线图；（c）电位图

（3）YNy 连接组变压器加压接线方式与电位图如图 7 - 15 所示。

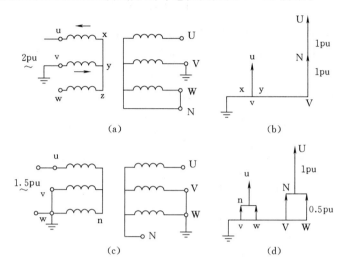

图 7 - 15　YNy 连接组变压器加压接线方式与电位图

（a）两绕组串联加压接线图；（b）串联加压接线电位图；

（c）1.5 倍加压接线图；（d）1.5 倍加压接线电位图

五、试验参数计算

被试变压器的试验接线确定后，试验回路的各种参数便相应地确定了，进而可以估算这些参数，用以选定试验设备的容量、电压、测量仪表与保护装置的整定值。

对被试变压器所需的试验功率估算如下。

1. 有功功率估算

有功损耗计算以被试变压器的空载损耗为依据，并按各铁芯段分别计算。三柱铁芯共分 7 段（三柱和四段铁轭），每段损耗为总损耗的 1/7。试验时各段铁芯损耗取决于磁通密度与频率，即

$$P_q = \left(\frac{f_3}{f_1}\right)^m \left(\frac{B_3}{B_n}\right)^n P_0 \tag{7-12}$$

式中　f_1、f_3——基波与三倍频率电压的频率；

　　　B_3、B_n——三倍频率与额定电压时的磁通密度；

　　　m、n——与硅钢片性能有关的系数，冷轧钢取 $m = 1.6$、$n = 1.9$；热轧钢取

　　　　　　$m = 1.3$、$n = 1.8$；

　　　P_q、P_0——每段铁芯试验损耗与空载损耗。

由于

$$B_3/B_n = \left(\frac{U_3}{U_n}\right)\left(\frac{f_1}{f_3}\right) \tag{7-13}$$

将式（7 - 13）代入式（7 - 12）得全磁通时各段铁芯损耗为

$$P_q = \left(\frac{f_3}{f_1}\right)^m \left(\frac{f_1 U_3}{f_3 U_n}\right)^n P_0 \tag{7-14}$$

半磁通时各段铁芯损耗为

$$P_{\text{b}} = \left(\frac{f_3}{f_1}\right)^m \left(\frac{f_1 U_3}{f_3 2U_{\text{n}}}\right)^n P_0 \tag{7-15}$$

若边柱上绕组加全压时,则磁通分布如图 7-16 所示。3 段铁芯走全磁通,4 段铁芯走半磁通,总体有功损耗为各段损耗之和,即

$$P = 3P_{\text{q}} + 4P_{\text{b}} \tag{7-16}$$

若中柱绕组加全电压时,则磁通分布如图 7-17 所示。1 段有全磁通,6 段有半磁通,总有功损耗为

$$P = P_{\text{q}} + 6P_{\text{b}} \tag{7-17}$$

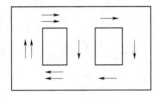　　　　　　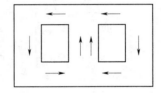

图 7-16　边柱绕组加全　　　　　图 7-17　中柱绕组加全
　电压时磁通分布图　　　　　　　电压时磁通分布图

一般总是边相绕组加压比中相绕组加压时有功损耗大,取大值作为计算依据。

2. 感性无功估算

感性无功功率 Q_{L} 与感应电压的倍数 K_{u} 成正比,与频率倍数 K_{f} 成反比,即

$$Q_{\text{L}} = Q_{\text{n}} \frac{K_{\text{u}}}{K_{\text{f}}} = I_0 \frac{U_{\text{n}}}{\sqrt{3}} \times \frac{K_{\text{u}}}{K_{\text{f}}} \tag{7-18}$$

式中　Q_{L}——变压器单相加试验电压时的感性无功,kvar;

　　　Q_{n}——被试变压器单相额定状态下空载感性无功;kvar;

　　　U_{n}——被试变压器额定电压,kV;

　　　I_0——被试变压器的空载电流值,A;

　　　K_{u}——感应电压的倍数;

　　　K_{f}——频率倍数。

感性无功的计算是近似的,因为倍频试验所占无功比重很小,对大型变压器倍频耐压可不作此项计算。

3. 容性无功计算

实际上,试验电压沿变压器绕组轴向高度成线性关系。为简化,假定高、低压绕组之间与绕组对地电容沿绕组高度均匀分布。在这一假定下,变压器绕组对地电容效应可由绕组两端集中电容所等值。集中电容值为绕组电容的 1/3,绕组 U 相容性功率为

$$Q_{\text{U}} = \frac{\omega C_z}{3}(U_{\text{U}}^2 + U_{\text{U}}U_{\text{x}} + U_{\text{x}}^2) \times 10^{-9} \tag{7-19}$$

式中　ω——试验电压角频率等于 $2\pi f$,三倍频率时为 300π;

　　　C_z——绕组对地电容;μF;

　　　U_{U}——绕组 U 相首端对地电位,kV;

U_x——绕组 U 相 x 端对地电位，kV。

绕组的纵向电容随绕组结构变化较大，连续式绕组可不计纵向电容，纠结式绕组大约取其对地电容的 4/9，即

$$C_K = \frac{4}{9}C_z \qquad (7-20)$$

因此 U，V，W 三相绕组纵向电容功率分别为

$$\left.\begin{aligned} Q_{KU} &= \omega C_K (U_U - U_x)^2 \times 10^{-9} \\ Q_{KV} &= \omega C_K (U_V - U_y)^2 \times 10^{-9} \\ Q_{KW} &= \omega C_K (U_W - U_z)^2 \times 10^{-9} \end{aligned}\right\} \qquad (7-21)$$

式中　　　　　　　　C_K——绕组纵向电容值，pF；

U_U、U_V、U_W、U_x、U_y、U_z——U、V、W 三相高压绕组纠结式段首和末端的电压，kV。

三相绕组纵向电容无功功率总和为

$$Q_K = Q_{KU} + Q_{KV} + Q_{KW} \qquad (7-22)$$

试验电压下，U 相绕组总的容性无功功率为

$$Q_\Sigma = (Q_U + Q_V + Q_W) + Q_K + Q_t \qquad (7-23)$$

式中　Q_t——高压套管电容的无功功率。

4. 被试变压器吸收无功总和

被试变压器吸收无功总和为

$$Q = Q_\Sigma - Q_L \qquad (7-24)$$

5. 被试变压器低压输入电流

试验视在功率为　　　　　$S = \sqrt{P^2 + (Q_\Sigma - Q_L)^2} \qquad (7-25)$

若被试变压器低压侧的试验电压为 U_d，则输入电流为

$$I_d = \frac{S}{U_d} = \frac{1}{U_d}\sqrt{P^2 + Q^2} = \frac{1}{U_d}\sqrt{P^2 + (Q_\Sigma - Q_L)^2} \qquad (7-26)$$

6. 高压绕组电流计算

绕组各点对地的感应电压不同，各点分布电容中的电流也不相等。由于绕组各点电位在其轴向与高度成线性关系，故应用其两端电位的平均值进行计算，高压绕组入地电流为

$$I_h = \omega C_z \frac{U_U \pm U_x}{2} \qquad (7-27)$$

中间有接地的绕组应注意式中电压的正负号；有支撑绕组应分别计算。

六、感应耐压试验计算实例

设有一台变压器更换部分绕组后进行三倍频感应耐压试验。其主要参数如下：容量 120MVA，电压 [242±2×2.5%/10.5kV]，空载损耗 121kW，连接组别 y_N，d_{11}；空载电流 0.528%，额定电流 286/6598A，中性点为 110kV 级绝缘。

按 GB 50150—2006 要求，见表 7-12，220kV 级交接试验电压为 335kV，中性点试验电压为 170kV，匝间绝缘感应耐压倍数不大于 2。

U 相绕组耐压试验接线如图 7-18（a）所示。为提高匝间电压倍数，将分接点位置

接在最低档，此时相电压为 132.7kV，$U_{VN} = 113.3kV$，则匝间电压倍数为

$$\frac{U_{UN}}{U_{相}} = \frac{226.7}{132.7} = 1.7$$

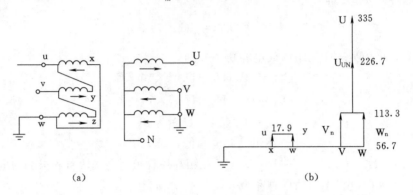

(a) (b)

图 7-18 U 相绕组耐压接线图及电位图

(a) 接线图；(b) 电位图

中性点耐压接线如图 7-19 所示，匝间倍数 1.3，$U_{uw} = 13.4kV$，中性点电压达 170kV。

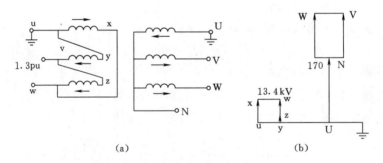

(a) (b)

图 7-19 中性点耐压接线及电位图

(a) 接线图；(b) 电位图

在主绝缘与匝绝缘耐压不能同时兼顾的情况下，为避免主绝缘试验电压超标，只好降低匝间电压倍数要求。

1. 有功功率计算

$$P_0 = \frac{1}{7} \times 121 = 17.3 \text{ (kW)}$$

冷轧硅钢片取 $m = 1.6$，$n = 1.9$

$$P_q = 3^{1.6} \times \left(\frac{1}{3} \times 1.7\right)^{1.9} \times 17.3 = 34.1 \text{ (kW)}$$

$$P_b = 3^{1.6} \times \left(\frac{1}{3} \times \frac{1.7}{2}\right)^{1.9} \times 17.3 = 9.1 \text{ (kW)}$$

$$P = 3P_q + 4P_b = 3 \times 34.1 + 4 \times 9.1 = 138.7 \text{ (kW)}$$

2. 电容功率计算

根据如图 7-18 (b) 所示的 U 绕组端点电位

$$Q_U = \frac{\omega C_z}{3}(U_U^2 + U_U U_x + U_x^2) \times 10^{-9} = \frac{300\pi}{3} \times 5000 \times (335^2 + 335 \times 113.3 + 113.3^2) \times 10^{-9}$$
$$= 262 \text{ (kvar)}$$

$$Q_V = \frac{\omega C_z}{3}(U_V^2 + U_V U_y + U_y^2) \times 10^{-9} = \frac{300\pi}{3} \times 5000 \times (113.3)^2 \times 10^{-9} = 20.2 \text{kvar} = Q_w$$

高压绕组中 110~220kV 段 $U—U_m$ 为纠结式, 其纵向电容无功功率为

$$Q_{xU} = \omega C_K (U_U - U_{Um})^2 \times 10^{-9} = 300\pi \times \frac{4}{9} \times 5000 \times (335 - 226.7)^2 \times 10^{-9} = 26 \text{ (kvar)}$$

$$Q_{xV} = Q_{xW} = \omega C_K (U_V - U_{Vm})^2 \times 10^{-9} = 300\pi \times \frac{4}{9} \times 5000 \times (-56.7)^2 \times 10^{-9} = 6.7 \text{ (kvar)}$$

$$Q_z = (262 + 2 \times 20.2) + (26 + 2 \times 6.7) = 341.8 \text{ (kvar)}$$

3. 感性功率计算

$$Q_L = (0.528\% \times 286) \times \frac{243}{\sqrt{3}} \times \frac{1.7}{3} = 119.6 \text{ (kvar)}$$

4. 总功率及输入电流计算

$$S = \sqrt{P^2 + (Q_\Sigma - Q_L)^2} = \sqrt{138.7^2 + (341.8 - 119.6)^2} = 263 \text{ (kVA)}$$

U 相绕组匝间电压为 1.7 倍, 于是绕组 u, w 应加以电压 17.9kV, 此时低压侧输入被试变压器的试验电流为

$$I = \frac{S}{U_d} = \frac{263}{17.9} = 14.7 \text{ (A)}$$

至此, 试验参数已基本掌握, 试验设备便可据此进行选择。

应该指出, 以上计算仅从被试变压器所需的功率出发。试验表明, 试验电源中零序磁通使电源变压器发热极为严重, 对于构成倍频电源的配电变压器还应考虑热容量方面的问题。

第七节 电 压 比 试 验

一、概述

变压器电压比是指变压器空载时原边绕组电压与副边绕组电压的比值。电压比等于绕组匝数比, 即

$$K = \frac{U_{10}}{U_{20}} = \frac{W_1}{W_2} \tag{7-28}$$

式中 U_{10}、U_{20}——原边绕组、副边绕组的空载电压, V;

$\quad\quad$ W_1、W_2——原边绕组、副边绕组的匝数。

电压比试验的目的是验证变压器能否达到预计的电压变换效果, 判断变压器在运行中是否有匝间短路, 检查电压分接头的位置是否正确, 验证厂家提供的电压比是否正确。电压比也是判断变压器能否并列运行的主要条件。根据 Q/CSG 10007—2004 要求: 各分接头的电压比与铭牌值相比应无明显差别, 且符合规律。35kV 以下, 电压比小于 3 的变压器电压比允许偏差为 ±1%; 对于其他所有变压器; 额定分接电压比允许偏差

为±0.5%；其他分接的电压比应在变压器阻抗电压值（%）的 1/10 以内，但偏差不得超过±1%。

电压比试验应在每个分接头位置进行。三相变压器应施加三相电压在对应绕组同性端进行试验；当现场不具备三相电源条件时，也可用单相法测量；在有可能的条件下，测量各相电压比时，应以相电压为准，并用单相法测定。

目前，测量电压比有双电压表法、变比电桥法和标准互感器法。

二、双电压表法测量变比

双电压表法是加电压于变压器一次绕组，测得二次绕组电压，以两侧电压比值求变比。

三相变压器铭牌上的变比是指不同绕组的线电压之比。高低压绕组运行电压有线电压与相电压之别，因此三相变压器绕组匝数比与变比有 $\sqrt{3}$ 倍的关系，如图 7-20 所示。此法简易，其要点如下。

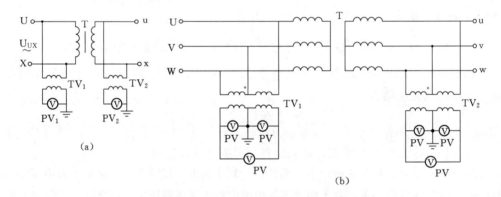

图 7-20　经电压互感器用电压表测量变压器变比
(a) 单相变压器测量；(b) 三相变压器测量

（1）试验电源电压最好高于变压器额定电压的 1/3 以上，以加在变压器一次绕组为佳，即升压变压器加于低压侧；降压变压器加于高压侧。

（2）试验电源电压保持稳定，双电压表应该同时读数。

（3）电压表连线应牢靠，引线尽量短，尤其是避免二次长线引起测量误差，变压器分接头接触良好。

（4）电压表精度不低于 0.5 级，若需用电压互感器，其精度应比电压表高一级，即 0.2 级。

（5）三相电压用电互感器 V 接线测量时，应注意两台电压互感器的极性，以保证开口电压读数的正确性，如图 7-20 所示。

（6）测量三相变压器的变比用三相电源简便，用单相电源试验则便于发现缺陷所在的相别。

（7）用单相电源分相测量三相变压器变比时，三角形连接的绕组中非测试相绕组必须短接，以保证加压相铁芯柱中磁通一致，其接线图与变比计算列于表 7-13 中。

表 7 - 13 　　　　　　　　　　　　　单相电源测量变比的接线图及计算

序号	变压器接线组别	加压端子	短接端子	测量端子	变比计算式	试验接线图
1	—	UX		ux	$K_1 = U_{UX}/U_{ux}$ $\Delta K = \dfrac{K_n - K_1}{K_n}$	
2	Yd 11	uv	vw	UV uv	$K_1 = \dfrac{U_{UV}}{U_{uv}} = \dfrac{U_{UN}+U_{VN}}{U_{ux}}$ $= 2K_\phi = \dfrac{2}{\sqrt{3}}K$ $K = \dfrac{\sqrt{3}}{2} \times \dfrac{U_{UV}}{U_{uv}}$	
		vw	wu	VW vw		
		wu	uv	WU wu		
3	DY 11	uv	WU	UV uv	$K_1 = \dfrac{U_{UV}}{U_{uv}} = \dfrac{U_{UX}}{2U_{un}} = \dfrac{1}{2}K_\phi$ $= \dfrac{\sqrt{3}}{2}K$ $K = \dfrac{2}{\sqrt{3}} \times \dfrac{U_{UV}}{U_{uv}}$	
		vw	UV	VW vw		
		vw	VW	WU wu		
4	Yy	ur		UV	$K_1 = \dfrac{U_{UV}}{U_{uv}} = K_\phi = K$	
		vw		VW		
		wu		WU		
5	YNd11	uv		VN	$K_1 = \dfrac{U_{VN}}{U_{uv}} = K_\phi = \dfrac{1}{\sqrt{3}}K$ $K = \sqrt{3}\dfrac{U_{VN}}{U_{uv}}$	
		vw		WN		
		wu		UN		

注 　1. K_n 为额定变比；K_1 为实测变比；K 为线电压变比；K_ϕ 为相电压变比。

　　 2. 大写字母为高压侧电压，如：U_{UV}；小写字母为低压侧电压，如 U_{uv}。

　　 3. ΔK 为变比误差，$\Delta K = \dfrac{K_n - K_{aV}}{K_n}$，其中，$K_{aV}$ 为线电压变比的平均值。

三、变比电桥法测量变比

变比电桥法是运用专用电桥测量变压器变比的方法。它具有简便、安全、可靠、准确和灵敏等优点，且不受电源稳定性的限制。准确和灵敏度高，在1‰以上。变比误差可以直接读出。在测量电压比的同时可完成接线组别试验。

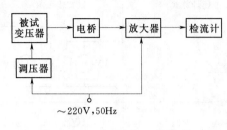

图7-21　变比电桥工作框图

目前常用的为 QJ35 型变比电桥，其电压比测量范围为 $1.02\sim111.20$，误差为 $\pm2\%$，准确度为 0.2 级。

变比电桥工作框图示于图 7-21，其测量原理见图 7-22。测试时，加电压 U_1 于变压器一次侧，二次侧感应电压为 U_2，调整分压电阻 R_1，使检流计 G 指示为 0，从分压比求得变压器变比为

$$K=\frac{U_1}{U_2}=\frac{R_1+R_2}{R_2}=1+\frac{R_1}{R_2} \tag{7-29}$$

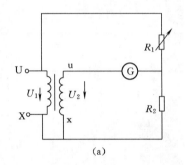
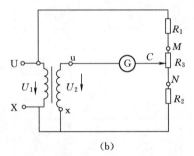

(a)　　　　　　　　　　　(b)

图7-22　变比电桥测量原理

(a) 测量原理；(b) 变比偏差测量

为了测量变压器的变比偏差，在 R_1、R_2 间串入滑盘电阻器 R_3（约 40Ω），如图 7-22 (b) 所示，滑动触点 C 对分压比进行微调。

设变压器变比为标准数值，触点 C 指定 R_3 中点，$R_{MC}=R_{CN}=\frac{1}{2}R_3$，检流计 G 指 0 时，其变比为

$$K=\frac{R_1+R_2+R_3}{R_2+\frac{1}{2}R_3}=1+\frac{R_1}{R_2+\frac{1}{2}R_3}+\frac{\frac{1}{2}R_3}{R_2+\frac{1}{2}R_3} \tag{7-30}$$

若非标准变比 K' 与标准值有一定偏差 ΔK，R_1 不足平衡电桥，调节触点 C 使 G 指示为 0，则此时

$$K'=\frac{R_1+R_2+R_3}{R_2+\frac{1}{2}R_3+\Delta R}$$

式中　ΔR——C 点与 R_3 中点偏离的阻值（偏 R_1 端为正，偏 R_2 端为负）。

变比的偏差为　　$\Delta K=\frac{K'-K}{K}=\left(\frac{K'}{K}-1\right)=-\frac{\Delta R}{R_2+\frac{1}{2}R_3+\Delta R}$

因为

$$\Delta R \ll \left(R_2 + \frac{1}{2}R_3\right)$$

则

$$\Delta K = \frac{\Delta R}{R_2 + \frac{1}{2}R_3} \times 100\% \tag{7-31}$$

为了方便，取 $R_2 + R_3/2 = 1000\Omega$。若允许测量偏差最大范围为 $\pm 2\%$ 之内，则取 $\Delta R = \pm 20\Omega$，即滑动触点 C 的两侧应有 20Ω 的变动范围。因为 QJ35 型变比测量范围为 $1.02\sim111.2$，准确度为 $\pm 0.2\%$。完全满足电力变压器变比测量的要求。

第八节　变压器极性与组别测定

一、概述

极性一般是指正、负电荷在导体两端分别集结的性质。正电荷集结之处称为正极性端，负电荷集结之处称为负极性端。对于交流电而言，则是指某一瞬间电流流向外电路的绕组端头称为正极端，反之称为负极端。

变压器的极性就是指单相绕组两端头的电性质。单相变压器有一次绕组和二次绕组同绕在一个铁芯上，被同一个主磁通穿过，若两个绕组的绕向相同，则在两个绕组内感应电势，对于两绕组的端头而言，在任何瞬间都具有相同的方向，故称为同极性或称减极性，其向量相同。显然，变压器的这种极性关系决定于一次绕组和二次绕组的绕线方向与端头的标号。

对于三相变压器不但有极性关系，还有连接组别的关系。变压器的连接组别是一次绕组和二次绕组间三相电压或电流的相位关系。

三相变压器的连接组别共有 12 组：6 个单数组别和 6 个双数组别。凡是一次绕组与二次绕组的连接方式不同的是单数组别，如 Yd11、Dy5；凡是一次绕组和二次绕组连接方式相同的，则为双数组别，如 Yy0、Dd6。目前我国电力变压器有五种标准组别：Yyn0、Yd11 和 YNd11、YNy0、Yy0，常用的为前三种。

连接组别的标号代表变压器各个相绕组的连接法和向量关系的符号，符号中 Y 代表星形连接，Y_0 代表中性点引出的星形连接，d 代表三角形连接。各符号由左至右依次代表高压、低压绕组；数字 11、12 等代表低压对高压之间的相位差。数字乘 30°，即为按顺时针方向低压对高压的相位差的度数。三相双绕组变压器连接图，向量图和连接组标号见表 7-14。

表 7-14　　　　　三相双绕组变压器连接图、向量图和连接组标号

绕 组 连 接 组		向 量 图		连接组标号
高 压	低 压	高 压	低 压	
U V W x y z	u v w N	V U　　W	v u　　w	Yyn0 或 Y/y₀—12

续表

绕　组　连　接　组		向　量　图		连接组标号
高　压	低　压	高　压	低　压	
				Yd11
				YNd11
				YNy0
				Yy0

　　变压器高、低压绕组的相位差通常用时针法表示。时钟的轴心为 $U(u)$，时钟的分针代表高压绕组的电压向量；时钟的时针代表低压绕组电压向量。将分针固定指向 12 点，时针所指的点数即为绕组连接组别数，如图 7-23 所示。变压器绕组连接时针序数为 11，说明其连接组号为 11 组，即绕组之间电压的相位差为 $11\times30°=330°$。

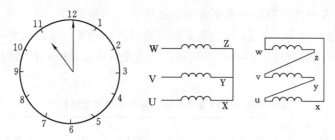

图 7-23　Yd11 连接钟时序与连接图

二、单相变压器极性试验方法

　　测量极性最简单的方法是直流法，其接线如图 7-24 所示。试验接线中的干电池为 1.5～3V，其正极接高压侧 U 端，负极接高压侧 X 端，毫伏表或毫安表的正极接低压侧 u

端，负极接低压侧 x 端。

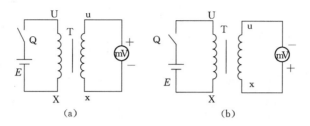

图 7-24　直流法测量变压器极性接线图

(a) 减极性；(b) 加极性

试验时将刀闸 Q 合上、断开几次，观察表计指针摆动情况。若刀闸合上瞬间，表针指向正的方向摆动；断开刀闸 Q 的瞬间，表计指针向负的方向摆动，则证明接电池正极的端子 U 与接表计正极的端子 u 是同极性的。

三、三相变压器连接组别试验方法

1. 直流法

直流法试验接线如图 7-25 所示。将 1.5～3V 的干电池接在被试变压器 T 高压绕组的两端，在低压绕组相应各端子接毫伏表，将直流电源依次突然通入，测量低压侧各电压。

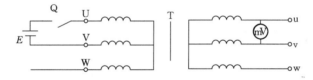

图 7-25　直流法测三相变压器连接组别接线图

UV 接电源 E 时，测 uv、vw、uw；VW 接电源 E 时，测 uv、vw、wu；UW 接电源 E 时，测 uv、vw、uw。这样共测量 9 次，并将每次合闸时毫伏表摆动方向（正、负、不动）记录下来。然后与表 7-15 中直流法一栏相对照，便可知道被试变压器的接线组别。

表 7-15　　　　　　　　　　变压器各部组别向量图及电压关系表

组别	角度差	绕组接法	线电压向量简图	测量方法					组别	角度差	绕组接法	线电压向量简图	测量方法				
				双电压表法	直流法								双电压表法	直流法			
				实测电压与计算电压比较	高压端输入电流	低压端表计指示							实测电压与计算电压比较	高压端输入电流	低压端表计指示		
						+++ +--									+++ +--		
				+ -	+ -	uv	vw	uw					+ -	+ -	uv	vw	uw
1	30°	Y/△ △/Y Y/Z		$U_{Vv}=Q$ $U_{Wv}=Q$ $U_{Vw}=P$	U V V W U W	+ 0 +	− + 0	0 + +	2	60°	Y/Y △/△ △/Z		$U_{Vv}=N$ $U_{Wv}=M$ $U_{Vw}=L$	U V V W U W	+ + +	− − −	− + +

续表

组别	角度差	绕组接法	线电压向量简图	实测电压与计算电压比较	高压端输入电流 +−	uv	vw	uw	组别	角度差	绕组接法	线电压向量简图	实测电压与计算电压比较	高压端输入电流 +−	uv	vw	uw
3	90°	Y/△ △/Y Y/Z		$U_{Vv}=T$ $U_{Wv}=L$ $U_{Vw}=L$	UV VW UW	0 + +	− 0 −	− + 0	8	240°	Y/Y △/△ △/Z		$U_{Vv}=L$ $U_{Wv}=T$ $U_{Vw}=N$	UV VW UW	− − −	+ − +	+ −
4	120°	Y/Y △/△ △/Z		$U_{Vv}=L$ $U_{Wv}=N$ $U_{Vw}=T$	UV VW UW	− + +	− − −	− + 0	9	270°	Y/△ △/Y Y/Z		$U_{Vv}=P$ $U_{Wv}=R$ $U_{Vw}=Q$	UV VW UW	0 − −	+ 0 +	+ 0
5	150°	Y/△ △/Y Y/Z		$U_{Vv}=R$ $U_{Wv}=P$ $U_{Vw}=R$	UV VW UW	 + 0	0 −	 0 	10	300°	Y/Y △/△ △/Z		$U_{Vu}=N$ $U_{Wv}=L$ $U_{Vw}=M$	UV VW UW	+ 	+ 	+
6	180°	Y/Y △/△ △/Z		$U_{Vv}=P$ $U_{Wv}=Q$ $U_{Vw}=L$	UV VW UW	 + 	+ − 	 − 	11	330°	Y/△ △/Y Y/Z		$U_{Vv}=Q$ $U_{Wv}=P$ $U_{Vw}=Q$	UV VW UW	+ + 0	0 + +	+ 0
7	210°	Y/△ △/Y Y/Z		$U_{Vv}=R$ $U_{Wv}=R$ $U_{Vw}=P$	UV VW UW	− 0 	+ 0	0 − 	12	0°	Y/Y △/△ △/Z		$U_{Vv}=M$ $U_{Wv}=N$ $U_{Vw}=N$	UV VW UW	+ − +	− + +	+ +

2. 相位表法

接三相 380V 电源接在被试变压器 T 的高压绕组上，相位表的电压端子按图 7-26 所示极性接在变压器的高压侧电源线上，电流端子通过可变电阻 R 接入低压侧的对应端子上。由于低压侧接入的是电阻负荷，所以电流与电压同相位，可以认为高压侧电压对低压侧电流的相位，就等于高压侧电压对低压侧电压的相位。通电后，从相位表的指示度数便知变压器的接线组别。

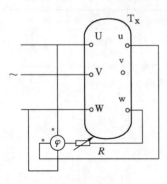

图 7-26 相位表法测量变压器的组别接线图

使用相位表法时，应注意以下问题。

（1）接在变压器高压侧的试验电源电压不应超过相位表电压线圈的使用电压。相位表的电压线圈一般是多量程的，对于变比大的被试物，使用电压较高的量程；对于变比较小的被试物，则使用电压较低的量程。相位表的电流线圈一般有两个量程（5A 和 10A），调节可变电阻 R，使电流等于相位表电流线圈的使用电流，以保证相位表的灵敏度。

（2）接线时要特别注意相位表电流线圈和电压线圈间的极性，若条件允许最好先在一已知连接组别的变压器上校核相位表正确后，再进行试验。

（3）三相应轮流测试一次，如果接线正确，相位表三次指示值应一致。

（4）如果没有相位表，可用功率因数表代替。

3. 双电压表法

先将高压侧的 U 端与低压侧的 u 端连接起来，再在高压侧施加 100V 或 100V 整数倍的三相交流电压，一般不要超过 400V，然后测量 U_{vV}、U_{vw}、U_{wV}、U_{ww} 电压及 U_{UV}、U_{VW} 和 U_{WU} 电源电压，如图 7-27 所示。

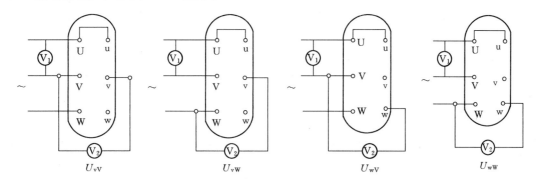

图 7-27　双电压表法测量变压器连接组别接线图

根据测得的数据用作图法或计算法确定变压器连接组别。

（1）作图法，如图 7-28 所示。

1）以三相电源的线电压 U_{UV}、U_{VW}、U_{WU} 的值作图得三角形 UVW。

2）以 V 点为圆心，以 U_{Vv} 为半径画一弧，再以 W 点为圆心，U_{Wv} 为半径画一弧，两弧交于 v 点。以 V 点为圆心，U_{Vw} 为半径画弧，以 W 点为圆心，U_{Ww} 为半径画弧，两弧交于 w 点。

3）连接 u、v、w 三点得三角形 uvw。比较 ΔUVW 与 Δuvw 对应相的相位关系即可得到变压器组别。Δuvw 各边落后 ΔUVW 的度数被 30°（一个时针序）除，得到数即为连接组别，如图 7-28 所示为 10 组。

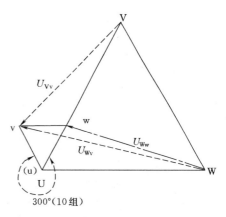

图 7-28　用作图法确定
变压器连接组别

（2）用计算法确定变压器组别。

根据被试变压器的额定电压比 K_N，与测得的低压侧线电压 U_2 计算出有关的对照参数 L、R、Q、N、P、M、T，再将测得的 U_{Vv}、U_{Wv} 和 U_{Vw} 直接与这些对照参数相比较，查表 7-15 中的双电压法一栏，便知道该变压器是何种接线组别。

各对照参数的计算公式如下

$$L=U_2\sqrt{1+K_N+K_N^2}$$

$$R=U_2\sqrt{1+\sqrt{3}K_N+K_N^2}$$

$$Q=U_2\sqrt{1-\sqrt{3}K_N+K_N^2}$$

$$N=U_2\sqrt{1-K_N+K_N^2}$$

$$P=U_2\sqrt{1+K_N^2}$$

$$M=U_2(K_N-1)$$

$$T=U_2(1+K_N)$$

式中　U_2——试验时低压侧的线电压；

　　　K_N——被试变压器的额定电压比。

（3）双电压表法测量组别应注意的问题。

1）三相电源的电压应是平衡的，其不平衡度应在 2％以内。

2）使用电压表，其精度应为 0.5 级以上。

3）如果被试变压器的电压较低，且变比较大时，为了测量准确，可在低压侧加入试验电压，提高测量电压的辨别度。

第九节　空载特性试验

一、概述

空载特性试验就是从变压器的任意一侧的绕组（一般是低压绕组）施加正弦波、额定频率的额定电压，在其他绕组开路的情况下测量变压器的空载电流与空载损耗的试验。发现磁路的局部或整体缺陷，判断绕组是否有匝间短路情况等。

空载损耗主要是由铁芯的磁化引起的磁滞损耗与涡流损耗，同时也包括空载附加损耗与空载电流通过绕组时产生的电阻损耗。后两种损耗只占总损耗的百分之几，可以忽略不计，所以又将空载损耗称为铁芯损耗。

空载电流的大小与变压器的容量、磁路构造、硅钢片的材料等因素有关。空载电流是以它占额定电流的百分数来表示的。即 $I_0\%=\dfrac{I_0}{I_N}\times100\%$。一般来说，容量在 2000kVA 及以上的变压器，空载电流占额定电流的 0.3％～2.4％；中小型变压器的空载电流占额定电流的 4％～16％同一容量的变压器由于铁芯采用硅钢片的材料不同，空载电流的差异也较大。铁芯接缝的大小对空载电流影响也比较大，尤其对于中小型变压器影响更为显著。

三相变压器的空载电流取三相算术平均值。对于三绕组变压器，如其绕组容量不等，例如三绕组自耦变压器，高压与中压绕组为额定容量，低压绕组是额定容量的 1/2。当以低压绕组施加额定电压进行空载试验时，空载电流规定是以变压器的额定容量下的额定电流作为基数计算的，即按变压器绕组中最大容量为基准进行计算。

导致变压器空载损耗与空载电流增大的主要原因有以下几种。

（1）硅钢片之间的绝缘不良，某一部分有短路的情况。

（2）穿心螺丝或压板、上轭铁和其他部分绝缘不良，有磁路被短路的地方。

（3）磁路中的硅钢片松动，有时甚至出现间隙，使磁阻增大，致使空载电流增大。

（4）不按规定使用合格的硅钢片，而是使用劣质的硅钢片，这在小型变压器中较常见。

（5）绕组有制造上的缺陷，如匝间短路、并联支路短路、匝数不等、安匝数取的不正确等。

空载损耗试验目的是测量变压器的空载电流与空载损耗，以发现磁路中的局部和整体缺陷。

在交接时与运行中更换绕组后以及运行中的变压器发生异常时，均应进行空载试验。

二、试验方法

1. 三相电源法

（1）试验接线。三相电源法试验接线有三种：第一种是直接接入测量仪表，其接线图如图7-29所示；第二种是当试验电流较大或没有合适量程的大电流表、瓦特表时，可将电流回路经互感器 TA 接入测量仪表，而电压回路直接接入仪表的试验，接线如图7-30所示；第三种是通过互感器而间接接入仪表的试验接线如图7-31所示。试验时可根据具体情况选用。

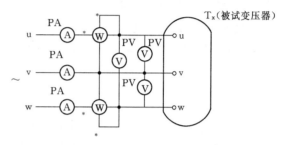

图 7-29 三相电源法直接接入仪表试验接线图

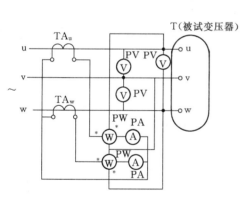

图 7-30 三相电源法经电流互感器接入
仪表试验接线图
TA$_u$、TA$_w$—电流互感器

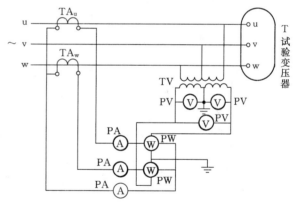

图 7-31 三相电源法经互感器接入仪表接线图
TV—电压互感器

（2）注意事项。为了保证测量的准确度与设备、仪表及人身的安全，在选择与连接仪表时，应注意以下问题。

1）电流表与电压表的准确度应不低于 0.5 级；测量功率应使用 0.5 级的低功率因数瓦特表，若没有低功率因数瓦特表，可用 $\cos\varphi = 1$ 的普通瓦特表。

2）为了准确地测量出变压器的空载电流与空载损耗，电流互感器与电压互感器的准确度为 0.2 级，尽量不采用 0.5 级的互感器，因为它的角误差较大，测出的空载损耗误差较大。

3）接线时必须使瓦特表的电流线圈与电压线圈两点间的电位差最小，特别是瓦特表电压回路串有附加电阻时，更应注意这个问题。另外还要注意瓦特表电流线圈与电压线圈的极性，标有"＊"的端子应接在同一相。

4）电流互感器的极性不能接错。

（3）试验步骤。将三相电源通过三相调压器接入被试变压器的低压侧，高压侧开路，检查接线无误后，将电压慢慢升起。注意观察瓦特表的方向，无异常时，将试验电压升至额定值，同时读取电流表与瓦特表的数值。

（4）试验结果的计算。变压器的空载损耗应为两个瓦特表读数的代数和，即

$$P_0 = P_{01} + P_{02}$$

式中　　P_0——变压器的空载损耗，W；

P_{01}、P_{02}——两瓦特表的读数，W。

变压器的空载电流，应为三相电流表读数的算术平均值，即

$$I_0\% = \frac{I_{0u} + I_{0v} + I_{0w}}{3I_N} \times 100\%$$

式中　　$I_0\%$——空载电流的百分数；

I_N——变压器被试绕组的额定电流，A；

I_{0u}、I_{0v}、I_{0w}——u、v、w相上测得的空载电流，A。

如果测量仪表是经过互感器接入，则仪表的读数还应乘以互感器的变比。

第一个瓦特表测量出的功率为

$$P_1 = \dot{U}_{uv} \dot{I}_u = (\dot{U}_u - \dot{U}_v) \dot{I}_u$$

第二个瓦特表测量出的功率为

$$P_2 = \dot{U}_{wv} \dot{I}_w = (\dot{U}_w - \dot{U}_v) \dot{I}_w$$

两个瓦特表测量之和为

$$P = P_1 + P_2 = (\dot{U}_u - \dot{U}_v) \dot{I}_u + (\dot{U}_w - \dot{U}_v) \dot{I}_w$$

$$P = \dot{U}_u \dot{I}_u + \dot{U}_w \dot{I}_w + (-\dot{U}_v)(\dot{I}_u + \dot{I}_w)$$

又因为　　　　　　　　　　　　$$\dot{I}_u + \dot{I}_v + \dot{I}_w = 0$$

即　　　　　　　　　　　　　　$$\dot{I}_u + \dot{I}_w = -\dot{I}_v$$

所以　　　　　　　$$P = \dot{U}_u \dot{I}_u + \dot{U}_v \dot{I}_v + \dot{U}_w \dot{I}_w = P_1 + P_2$$

这就是两个瓦特表测得三相功率之和。

2. 单相电源法

应用三相电源法测量三相变压器的空载损耗试验是经常采用的。如果现场因缺乏合适的三相电源或三相电源不平衡，或者被试变压器的低压绕组电压超过 10kV，这时可采用单相电源法进行三相变压器的空载试验。

如果经三相空载试验，其损耗超过标准时，可用单相法进行试验，分别对每相试验，以便查找缺陷部位。

单相电源法轮流对三相变压器低压侧两相绕组加压时，将非被试相绕组短路，其目的是不使磁路通过该绕组，从而不产生损耗，如图 7-32 所示。

（1）被试变压器低压侧为 △ 接法时，按表 7-16 所示顺序与如图 7-33 所示的接线进

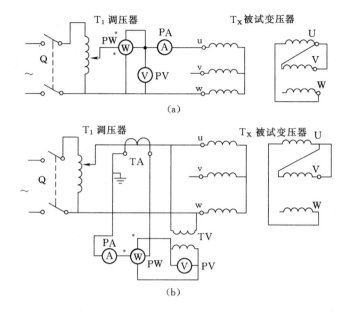

图 7 – 32 单相电源法测量三相变压器空载试验接线图
(a) 直接测量；(b) 经过互感器测量

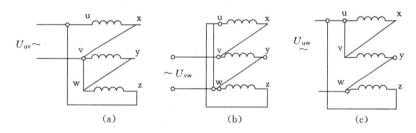

图 7 – 33 单相电源法三相变压器低压侧为 △ 接法时空载试验接线图
(a) u，v 加电压时；(b) v，w 加电压时；(c) u，w 加电压时

行试验。

表 7 – 16 变压器低压侧三角形接法时，单相试验顺序表

试验顺序	加压端子	短路端子	加压数值	接线图号	测量值
1	u，v	v，w	U_N（额定值）	图 7 – 33 (a)	I_{0uv}，P_{0uv}
2	v，w	u，w	U_N	图 7 – 33 (b)	I_{0vw}，P_{0vw}
3	u，w	u，v	U_N	图 7 – 33 (c)	I_{0uw}，P_{0uw}

三相空载损耗为

$$P_0 = \frac{P_{0uv} + P_{0vw} + P_{0uw}}{2}$$

三相空载电流为

$$I_0 \% = \frac{0.289(I_{0uv} + I_{0vw} + I_{0uw})}{I_N} \times 100\%$$

（2）被试变压器低压例为 Y 或 Y_0 接法时，试验方法与顺序和 △ 接法时相同，试验接线如图 7 – 34 所示。若非加压绕组无法短接时，可在对侧对应绕组短路，如图 7 – 35 所

示。试验时所加电压 $U = 2U_N/\sqrt{3}$。

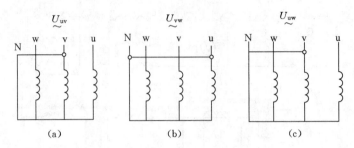

图 7-34　Y_0 接法变压器单相空载试验接线图

(a) u, v 加电压时；(b) v, w 加电压时；(c) u, w 加电压时

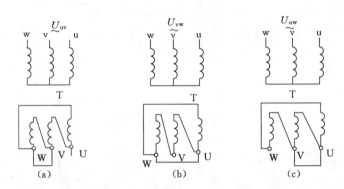

图 7-35　Y 接法变压器单相空载试验接线图

(a) u, v 加电压时；(b) v, w 加电压时；(c) u, w 加电压时

三相空载损耗为
$$P_0 = \frac{P_{0uv} + P_{0vw} + P_{0uw}}{2}$$

三相空载电流损耗为
$$I_0\% = \frac{I_{0uv} + I_{0vw} + I_{0uw}}{3I_N} \times 100\%$$

3. 试验电源容量的确定

要求试验电源容量足够。应在试验之初确定。可根据被试变压器的容量与空载电流的百分数，按下式进行估计

$$S_0 \geqslant S_N \frac{I_0\%}{100} K \tag{7-32}$$

式中　S_0——容载试验所需电源容量，kVA；

　　　S_N——被试变压器的额定容量，kVA；

　　　$I_0\%$——被试变压器空载电流的百分数；

　　　K——保证试验电源波形不畸变，需增加电源容量的倍数，一般取 5~10。

试验时所需的电流为

$$I = \frac{S_0}{\sqrt{3}U_0} \tag{7-33}$$

式中　U_0——试验时所加的电压，V。

试验过程中，要求电压保持稳定。在三相法试验时，要求三相电压应为实际上的对称，即负序分量不超过正序分量的 5%，三相线电压相差不超过 2%。

三、非额定情况下对试验结果的校正

1. 试验电压及其修正

变压器空载试验应在电源为额定电压下进行。如果现场的试验电压不能调节，应将分接头摆在与试验电压相对应的位置，如果试验电压还达不到被试变压器的额定电压，可在非额定情况下进行试验，但对试验结果必须按下式进行修正

$$P_0 = P_0' \left(\frac{U_N}{U'} \right)^{n_1} \tag{7-34}$$

$$I_0\% = I_0'\% \left(\frac{U_N}{U'} \right)^{n_2} \tag{7-35}$$

式中　P_0——额定电压下的空载损耗，W；

　　　P_0'——在试验所加电压 U' 时测得空载损耗，W；

　　　U_N——被试变压器的额定电压，V；

　　　U'——试验时所加电压，V；

　　　$I_0\%$——额定电压下的空载电流百分数；

　　　$I_0'\%$——在电压为 U' 时测得的空载电流百分数；

　　　n_1，n_2——幂指数，其值决定于铁芯硅钢片的种类，热轧钢片 $n_1 = 1.8$，冷轧硅钢片 $n_1 \approx 1.9 \sim 2.0$，$n_2 \approx 2n_1$，n_1 可从表 7-17 中查到。

表 7-17　　　　　　　　　　　　　n_1 与 U_N/U' 比值的对应值

U_N/U'	0.1	0.2	0.3	0.4	0.5	0.6	0.7	0.8	0.9
n_1	1.77	1.79	1.85	1.90	1.97	2.08	2.20	2.37	2.50

2. 电源频率及其修正

空载试验应在额定频率下进行，如果电源频率与被试变压器的额定频率不同，在偏差不超过额定值的 ±5% 的情况下，试验仍可进行。此时输入变压器的电压按下式计算

$$U' = U_N \frac{f'}{f_N} \tag{7-36}$$

式中　U'、f'——试验时的电压、频率，V、Hz；

　　　U_N、f_N——额定电压、额定频率，V、Hz。

空载损耗按下式计算

$$P_0 = P_0' \left(\frac{60}{f'} - 0.2 \right) \tag{7-37}$$

式中　P_0'——频率为 f'，电压为 U' 时，测得的空载损耗。

在这种条件下试验时，测得的空载电流 $I_0'\%$ 可以当作额定频率下的空载电流，不需要进行修正，即 $I_0\% \approx I_0'\%$。

用这样方法计算求得的空载电流的误差在 2% 左右，而空载损耗误差在 1%~2%。

3. 电压波形及其校正

试验电压的波形应为正弦波，要求所加电压波形所有纵坐标 U 及正弦波形相应纵坐标 U_1 之间的差别不超过正弦波幅值 U_m 的 5%，即 $\dfrac{U-U_N}{U_m}\times100\% \leqslant 5\%$。

在实际工作中，往往由于现场条件限制，很难完全满足上述要求，只要当系统的电源容量是试验所需容量的 5～10 倍以上时，这时的电压波形基本上能满足电压为正弦波的要求。

四、空载试验结果的分析判断

（1）标准。根据 Q/CSG 10007—2004 的要求，空载试验时测得空载损耗、空载电流与铭牌数据或制造厂试验值与前次试验值相比无明显变化。

（2）空载电流分析。测得的三相变压器的各相空载电流略有差别是正常的。因为各相磁路长度不同，磁阻不等。两边相磁路长且相等，而中间相磁路较短。因此，两边相测出的空载电流比中间相的空载电流大 20%～35%。

（3）空载损耗的分析。用单相法对三相变压器进行空载试验时，因磁路不对称，结果不相等。对于正常的变压器，由于 uv 与 vw 二次加电压时测得的空载损耗，应彼此相等或相差在 3% 范围内。而由 vw 测得的损耗是 uv 测得结果的 1.3～1.5 倍。如果测得的结果与此不符，则说明变压器磁路有局部缺陷或绕组有短路故障。

（4）仪表的损耗与互感器角误差分析。试验仪表的损耗在中小型变压器试验中所占比例较大，一般为空载损耗的 5%～15%，仪表损耗可从试验中测量或计算方法求得。将被试变压器断开，加以试验电压，瓦特表的指示即为仪表损耗。仪表损耗的计算式为

$$P_{WV}=U^2\left(\frac{1}{r_W+r_F}+\frac{1}{r_V}\right) \tag{7-38}$$

式中　r_W、r_F、r_V——瓦特表、附加电阻、电压表的内阻，Ω；

　　　　U——试验电压，V。

若没有 0.2 级的互感器而使用 0.5 级的互感器时，在最不利情况下，可能引起 18% 的误差。

为了测量结果的准确，应将测得的损耗值减去仪表损耗与互感器的影响因素。

五、实例

（1）例如，某台 66/6.3kV，31500kVA 的三相变压器，其空载试验数据见表 7-18。经检查发现 W 相存在半匝短路。

表 7-18　　　　　　　　　空载试验数据

空载损耗（kW）	UV	VW	WU	三相损耗	出厂三相损耗
	58.6	75	82	107.8	94
空载电流（A）	90	96	105		

（2）某变电站为了积累技术数据和检测磁路情况，在各项电气试验合格的情况下，又补充进行低压单相空载试验，试验结果见表 7-19。

表 7-19　　　　　　　**SJ₁—3200/35 变压器低压单相空载试验结果**

相别 外施 电压（V）	uv 加压		vw 加压		uw 加压	
	I_u（A）	W_u（W）	I_v（A）	W_v（W）	I_w（A）	W_w（W）
100	11	1	11	1	14	1
200	16	5.2	17	6.8	22.5	5.8
300	21	13.8	电流过大，超过电流表量程	25	29.5	13.5
400	26	20.8			35.5	27

由于 vw 相电流及空载损耗剧增，怀疑磁路或线圈存在缺陷。为慎重起见，重测一次空载电流，采用三相同时加压，校核其电压电流值，所测数据见表 7-20。

从表 7-20 分析，V 相回路存在缺陷。经吊心检查，测试变压比、直流电阻、穿心螺栓绝缘电阻，均未发现异常情况。经研究，又在无油浸的条件下，再重复低压空载试验，并适当延长试验时间，对 vw 相加压 2min 左右，发现在 35kV 侧分接开关绝缘支架冒烟起弧。缺陷部位明显暴露。断开试验电源后检查，确认是分接开关绝缘支架的层压板条中部开裂，裂缝中有油烟附着。在较低的空载试验电压下，相间绝缘已承受不了电压作用而导致试验电流增大。经用 2500V 兆欧表测量支架对地绝缘（即铁芯与顶盖部分）的电阻值仍有 1500MΩ，说明仅分接开关的相间部分开裂受潮。

表 7-20　　　**空载电流测量值**

电 流（A）			电 压（V）		
I_u	I_v	I_w	U_{uv}	U_{vw}	U_{wu}
5	10	5	66.5	54	57

第十节　短路特性试验

一、概述

1. 短路试验的目的

变压器的短路试验是指变压器一侧绕组短路，从另一侧施加额定频率的交流电压试验。它与空载试验不同的地方是，空载试验一般从低压侧施加高压，高压侧开路；而短路试验则是从高压侧施加电压，低压侧短路。当电压调整到绕组中电流为额定值时，记录功率与电压值，并换算到 75℃时的数值，该功率就是变压器的负载损耗，所测得电压就是阻抗电压。

变压器负载损耗实际上就是铜损，也就是电流通过变压器绕组时产生的热量损失。它将直接影响绕组及其他部位的温度升高。因此负载损耗的大小对变压器的经济运行有很大影响。

阻抗电压（也称短路电压）就是短路试验时所加的电压，它是变压器并联运行的基本条件之一。当系统发生短路时，变压器的短路电流及由此而产生的机械力取决于阻抗电压的大小。变压器在运行中负荷变化较大时，阻抗电压直接影响网络电压波动。阻抗电压值

以被试绕组额定电压百分数表示

$$U_K\% = \frac{U_K}{U_N} \times 100\%$$ (7-39)

式中　U_K——阻抗电压，V；

U_N——额定电压，V。

变压器的短路试验除制造厂进行外，运行单位在大修或事故后的检查，以及几台变压器要并列运行时都要做短路试验。

2. 短路试验数据的用途

(1) 计算与确定变压器有无可能与其他变压器的并联运行。

(2) 计算与试验变压器短路时的热稳定与动稳定。

(3) 在计算变压器经济运行，对变压器效率计算时，要用短路试验数据。

(4) 计算变压器二次侧电压由于负荷改变而产生的电压变化。

3. 短路试验的必要性

通过短路试验，能够发现变压器是否存在下列缺陷。

(1) 变压器活动部分各零件（屏蔽、夹紧环、电容环、轭铁梁板等）及油箱壁中，由于漏磁通导致的附加损耗过大或局部发热过高而达到不能容许的数值。

(2) 变压器油箱顶盖、引出线端子附件过热与附加损耗增大。

(3) 多层螺旋式低压绕组的附损耗，由于绕组中"危险"并联导线（即并联导线在特殊换位处）短路，或在绕组制造中，导线错误换位而显著增大。

由以上分析可知，负载损耗和阻抗电压是变压器运行中的主要参数，因此短路试验是一个较为重要的试验项目。

二、试验方法

1. 三相电源法

(1) 试验接线。三相电源法试验接线有两种：直接接入测量仪表的接线图，如图 7-36 所示；经互感器接入仪表的试验接线如图 7-37 所示。

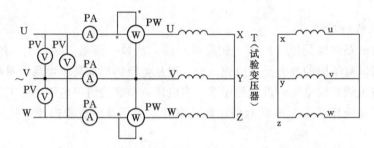

图 7-36　三相电源法直接接入仪表试验接线图

(2) 试验步骤。试验时，将三相电源通入三相调压器，接入被试变压器高压侧，在低压侧短路。检查接线无误后，将电压慢慢升起，观察仪表的指示。一切都正常时，将电流升至额定值，读取各测量仪表的指示值。

如果三相电流有不平衡，则以三相电流表指示值的算术平均值为准。

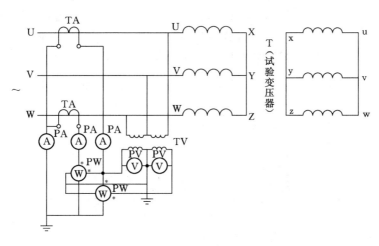

图 7 - 37　三相电源法经互感器接入仪表试验接线图

（3）试验结果计算。变压器负载损耗是两只瓦特表读数的代数和，而且阻抗电压则是3个电压表读数的算术平均值，计算公式如下

$$P_{K} = P_{K1} + P_{K2}$$

$$U_{K} = \frac{1}{3}(U_{KUV} + U_{KVW} + U_{KWU})$$

$$U_{K} = \frac{U_{K}}{U_{N}} \times 100\%$$

式中　　　　P_{K1}，P_{K2}——两个瓦特表测得的负载损耗值，W；

　　　　U_{KUV}，U_{KVW}，U_{KWU}——电压表测得的三个线电压值，V。

如果试验需要经过互感器接入仪表，则计算时应将仪表的读数乘上互感器的变比。

2. 单相电源法

对于三相变压器的短路试验，若现场三相电源平衡度较差、仪表不够、电源容量不足以及当三相短路试验的结果超过标准，需要寻找故障时，可对三相变压器进行单相短路试验。

单相电源法的试验接线如图 7 - 38 所示。但是，由于被试变压器本身接线有所不同，下面将分别加以讨论。

（1）被试变压器为 △ 接法时，试验按表 7 - 21 顺序进行。

表 7 - 21　　　　　　　　　△ 接法变压器单相试验顺序表

试验顺序	加电压端子	短路端子	电流数值	测量值
1	U、V	V、W	$1.15I_N$	P_{KUV}，U_{KUV}
2	V、W	U、W	$1.15I_N$	P_{KVW}，U_{KVW}
3	U、W	V、U	$1.15I_N$	P_{KUW}，U_{KUW}

三相短路负载损耗为

$$P_{K} = \frac{P_{KUV} + P_{KVW} + P_{KUW}}{3}$$

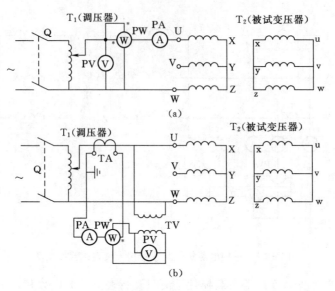

图 7-38　单相电源法测量三相变压器短路试验接线图

(a) 直接接线；(b) 经互感器接线

三相短路阻抗电压为

$$U_K = \frac{U_{KUV} + U_{KVW} + U_{KUW}}{3}$$

阻抗电压的百分数为

$$U_K\% = \frac{U_K \times 100\%}{U_N}$$

(2) 被试变压器为 Y 接法时，首先将非加压绕组三相全部短路，在被试侧分别从 UV，VW，UW 加电压，当电流达到额定值时，同时读取各仪表的数值。

三相短路负载损耗为

$$P_K = \frac{P_{KUV} + P_{KVW} + P_{KUW}}{2}$$

三相短路阻抗的电压为

$$U_K = \frac{\sqrt{3}(U_{KUV} + U_{KVW} + U_{KUW})}{3 \times 2}$$

阻抗电压的百分数为

$$U_K\% = \frac{U_K}{U_N} \times 100\%$$

(3) 被试变压器为 Y_0 接线时，分别对高压侧每相绕组加电压，而将低压侧绕组全部短路。当电流升至额定值时，读取各仪表的数值。

三相短路负载损耗为

$$P_K = P_{KUN} + P_{KVN} + P_{KWN}$$

三相短路阻抗电压为

$$U_K = \frac{\sqrt{3}(U_{KUN} + U_{KVN} + U_{KWN})}{3}$$

阻抗电压的百分数为

$$U_K\% = \frac{U_K}{U_N} \times 100\%$$

3. 试验电源容量的确定

短路试验电源应有足够的容量，一般可按下式计算

$$S_K \geqslant P_N \frac{U_K\%}{100} \times \left(\frac{I_K}{I_N}\right)^2 \tag{7-40}$$

所需试验电压为

$$U_K = \frac{U_N U_K\%}{100} \tag{7-41}$$

式中　P_N、U_N——被试变压器的额定容量与额定电压，W、V；

　　　I_N、I_K——被试变压器加压绕组的额定电流与短路试验电流，A；

　　　S_K、U_K——试验所需的电源容量即视在功率与试验电压，VA、V；

　　　$U_K\%$——阻抗电压的百分数。

三、短路试验注意事项

（1）当测量仪表需要经过互感器进行测量时，电流互感器的极性应正确，瓦特表的极性也应正确。

（2）由于变压器绕组的直流电阻较小，因此，短路线的截面积要大，且接触良好，以减少接触电阻。

（3）在短路试验中，如果测出的损耗很小，应将仪表的损耗考虑进去，并进行校正。当被试变压器的容量很小、电压很高时，则所有测量仪表的电压线圈均应接到电源侧，使电流表的指示值为变压器的电流。当被试变压器是低压、大容量时，应将所有仪表的电压线圈接到被试侧，以减少线路对阻抗及损耗的影响。

（4）短路试验一般应在冷状态下进行。刚退出运行的变压器要等到绕组温度降到油温时才能试验。试验时间要短，读数迅速，以免绕组过热影响准确度。

（5）如果变压器的套管内装有电流互感器，应将其二次侧短路。

四、非额定情况下对试验结果的校正

1. 试验温度及其校正

短路试验与测量直流电阻一样，都与温度有关。试验前后应记录温度，并将测量结果换算到参考温度，一般应将在任意温度下测量的结果换算到 75℃ 时的数值。

在短路试验中，负载损耗主要包括两部分：一部分是由于电流通过绕组电阻所产生的电阻损耗，也称直流损耗；另一部分是由于漏磁通所引起的各种附加损耗，对于中小型变压器，这种损耗不超过绕组电阻损耗的 10%。

电阻损耗部分可用计算法确定。三相变压器 Y 或 △ 接法时的电阻损耗为

$$P_K = (I_{1N}^2 R_1 + I_{2N}^2 R_2) \times 1.5 \tag{7-42}$$

式中　P_K——变压器的电阻损耗，W；

　I_{1N}，I_{2N}——变压器高、低压绕组的额定电流，A；

　R_1，R_2——变压器高、低压绕组的直流电阻，Ω。

对于容量在 6300kVA 及以下的电力变压器，负载损耗中的附加损耗所占比重较小，

当不超过额定电阻损耗的 10％时，负载损耗可近似计算如下

$$P_{K75} = KP_{Kt} \tag{7-43}$$

$$K = \frac{T+75}{T+t} \tag{7-44}$$

式中　P_{K75}——换算到 75℃时的负载损耗，W；

　　　P_{Kt}——试验温度时的负载损耗，W；

　　　t——试验时的温度，℃；

　　　T——温度系数，铜导线为 235，铝导线为 225；

　　　K——电阻温度系数。

　　试验中测得的阻抗电压也应换算到 75℃时的值，并以占额定电压的百分数表示。因为阻抗电压由电阻压降的有功分量和电抗压降的无功分量所组成，所以当阻抗电压的有功分量 U_P 不超过 U_K 的 15％时，可不予换算；在 U_P 大于 U_K 的 15％时，应按下式对阻抗电压进行换算

$$U_{K75} = \sqrt{U_{Kt}^2 + \left(\frac{P_{Kt}}{10S_N}\right)^2 (K-1)} \tag{7-45}$$

式中　U_{K75}——换算到 75℃时的阻抗电压的百分数；

　　　U_{Kt}——试验时温度为 t℃时测得阻抗电压的百分数；

　　　K——电阻温度系数；

　　　P_{Kt}——试验时温度为 t℃时测得的负载损耗，W；

　　　S_N——被试变压器的额定容量，VA。

　2. 试验电流及其校正

　　短路试验时，需要较大容量的电源，一般要占被试变压器容量的 5％～20％。如果现场受条件限制，不能在额定电流下进行试验时，允许在降低电流下进行短路试验。但是一般不应低于额定电流的 25％。应将试验结果按下式换算到额定电流时的负载损耗

$$P_K = P_K' \left(\frac{I_N}{I'}\right)^2 \tag{7-46}$$

式中　P_K——换算到额定电流时的负载损耗，W；

　　　P_K'——试验电流下测得的负载损耗，W；

　　　I_N——加电压绕组的额定电流，A；

　　　I'——试验时的实际电流，A。

　　试验电流下的阻抗电压可按下式换算为额定电流下的阻抗电压

$$U_K = U_K' \frac{I_N}{I'} \tag{7-47}$$

式中　U_K——换算到额定电流下的阻抗电压的百分数；

　　　U_K'——试验电流下的阻抗电压的百分数；

　　　I_N——额定电流，A；

　　　I'——试验时的电流，A。

　3. 试验频率及其校正

　　当试验电源频率与额定频率不等时，应对短路试验结果予以校正。

变压器的附加损耗不仅与温度有关，同时也随频率的变化而变化。附加损耗是由绕组的涡流损耗和油箱、夹件等涡流损耗所组成。前者占40％，与频率的二次方成正比；后者约占60％，与频率的一次方成正比。故当试验频率与额定频率不同时，应按下式进行负载损耗校正

$$P_{KfN}=P_{ff}\left[0.4\left(\frac{f_N}{f}\right)^2+0.6\left(\frac{f_N}{f}\right)\right]+\sum I^2r \tag{7-48}$$

$$P_{ff}=P_{Kf}-\sum I^2r$$

阻抗电压按下式进行换算

$$U_{KfN}=\sqrt{\left(U_{KfQ}\frac{f_N}{f}\right)^2+U_{KfP}^2} \tag{7-49}$$

$$U_{KfQ}=\sqrt{U_{Kf}^2-U_{KfP}^2}$$

式中　P_{KfN}——额定频率时的负载损耗，W；

P_{ff}——试验频率下的附加损耗；

P_{Kf}——试验频率下测得的总负荷损耗，W；

$\sum I^2r$——被试一对绕组的电阻总损耗，$\sum I^2r=I_{1N}^2R_1+I_{2N}^2R_2$；

U_{KfP}——试验频率下阻抗电压的有功分量，$U_{KfP}=\dfrac{P_{Kf}}{10S_N}$；

U_{Kf}——试验频率下的阻抗电压；

U_{KfQ}——试验频率下阻抗电压的无功分量。

应用式（7-48）和式（7-49）时，需要注意式中的各量均为换算到额定温度（75℃）后的数值。

五、自耦变压器短路试验

单相双绕组自耦变压器原理图如图7-39所示，由图可见，自耦变压器通过容量为

$$S_N'=U_{1N}I_{1N}=U_{2N}I_{2N} \tag{7-50}$$

自耦变压器结构容量为：$S_N=(I_{2N}-I_{1N})U_{2N}=(U_{1N}-U_{2N})I_{1N}$。

$$S_N=S_N'\frac{U_{1N}-U_{2N}}{U_{1N}}=S_N'\left(1-\frac{1}{K}\right)=S_N'K_r \tag{7-51}$$

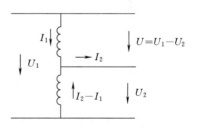

图7-39　单相自耦变压器原理图

式中　U_{1N}、I_{1N}——高压侧的额定电压与额定电流，V、A；

U_{2N}、I_{2N}——低压侧的额定电压与额定电流，V、A；

K、K_r——变压器变比和效益系数。

大型自耦变压器一般为三绕组变压器，短路试验同普通三绕组电力变压器一样，单相短路试验时共需试验3次，下面以三相三绕组自耦变压器的出厂试验为例说明。

实例：产品型号 OSFPL—90000/220；额定容量 90000/90000/4500kVA；连接组别 YNad11；额定电压 $220^{+3}_{-3}\times2.5\%$/121/38.5kV；额定电流 236/430（公用绕组电流为

194)/675A。

1. 高压对中压绕组间短路试验

将公共绕组短路，由串联绕组加压，加50%额定电流，测量所得数据为：$U_{UV}=9900V$；$I_U=118A$；$P'_K=81625W$；$U_{VW}=9900V$；$I_V=118A$；$U_{UW}=9900V$；$I_W=118A$。

高压绕组直流电阻　　　　$\dfrac{R_{Ux}+R_{Vy}+R_{Wz}}{3}=R_H=1.352$（$\Omega$，25℃）

中压绕组直流电阻　　　　$\dfrac{R_{Umx}+R_{Vmy}+R_{Wmz}}{3}=R_M=0.758$（$\Omega$，25℃）

低压绕组直流电阻　　　　$\dfrac{R_{uv}+R_{vw}+R_{wu}}{3}=R_L=0.1096$（$\Omega$，25℃）

计算25℃下高压绕组与中压绕组在额定电流下的电阻损耗为

$$P_{KR}=3\sum I^2R=3I_{1N}^2(R_H-R_M)+3(I_{2N}-I_{1N})^2R_M=3\times236^2(1.352-0.758)$$
$$+3\times(430-236)^2\times0.758$$
$$\approx184800（W）$$

将在50%电流下测量的负载损耗折算到额定电流下的值为

$$P_K=P'_K\left(\dfrac{I_N}{I'}\right)^2=81625\times\left(\dfrac{236}{118}\right)^2=326500（W）$$

将负载损耗换算到75℃下的值为

$$P_{K75}=P_{KR}K_\theta+\dfrac{P_F}{K_\theta}=\dfrac{P_K+(K_\theta^2-1)P_{KR}}{K_\theta}$$

因为　　　　　　$K_\theta=\dfrac{225+75}{225+\theta}=\dfrac{225+75}{225+25}=1.2,\ K_\theta^2-1=1.2^2-1=0.44$

则　　　　　　　$P_{K75}=(326500+0.44\times184800)/1.2=339843（W）$

阻抗电压的有功分量为

$$U_P=\dfrac{P_K\%}{10S_N}=\dfrac{32650}{10\times90000}=0.36\%<0.15U_K=1.35\%$$

所以U_K可以不用进行温度换算：$U_{K75}=9\%$

$$\cos\varphi_K=P_K/\sqrt{3}U_KI_N=326500/\sqrt{3}\times19800\times236=0.04$$
$$\varphi_K=87.7°$$

2. 高压对低压绕组间短路试验

将低压绕组短路，由串联绕组的公用绕组组成的高压绕组施加电压。低压绕组容量与高压、中压不等。施加电流应以低压容量绕组的额定电流为准，所以施加相当于高压绕组额定容量的50%额定电流，其试验数据见表7-22。

表7-22　　　　　　　　　　　　　试　验　数　据

$U\times200$（V）			$I\times15$（A）			$P\times200\times15\times2$（W）
U_{UV}	U_{VW}	U_{WU}	I_U	I_V	I_W	$P_1\pm P_2$
90	90	90	3.93	3.93	3.93	95.8-84.8

高压绕组与低压绕组在45000kVA下75℃的电阻损耗计算。

低压绕组为 $\triangle$ 连接，直流电阻为绕组的线间电阻，因此高、低压绕组的电阻损耗为

$$P_{KR}=3I_{1N}^2R_H+1.5I_{2N}^2R_L=3\times\left(\frac{236}{2}\right)^2\times1.352+1.5\times675^2\times0.1096$$

$$=56476+74905=131381\ (\text{W})$$

测得 $\qquad P_K'=(95.8-84.8)\times200\times15\times2=6600\ (\text{W})$

换算至额定电流下的 P_K 为

$$P_K=P_K'\left(\frac{I_{1N}}{I_1'}\right)^2=6600\times\left(\frac{236}{118}\right)^2=264000\ (\text{W})$$

计算 75℃ 下的负载损耗为

$$P_{K75}=\frac{\left[P_K+(K_\theta^2-1)P_{KR}\right]}{K_\theta}=\frac{(264000+0.44\times131381)}{1.2}=268173\ (\text{W})$$

计算 $U_{K75\%}$ 为

$$U_{K75\%}=\frac{90\times200}{220\times10^3}\times\left(\frac{236}{118}\right)\times100\%=16.36\%$$

$$U_P=\frac{P_K}{10S_N}\%=\frac{264000}{10\times45000}\times100\%=0.59\%<0.15U_K$$

所以不需进行温度换算。

则 $\qquad U_{K75}=U_K=16.36\%$

$$\cos\varphi_K=\frac{P_K}{\sqrt{3}U_KI_N}=\frac{264000}{\sqrt{3}\times36000\times118}=0.036$$

所以 $\qquad \varphi_K=87.9°$

3. 中压对低压绕组的短路试验

将低压绕组短路，从中压绕组施加电压，使其电流达到额定电流的 50%，所测得试验数据为

$$U_{UV}=U_{VW}=U_{WU}=读数\times变比\left(\frac{I_N}{I'}\right)=99.5\times66\times2=13134\ (\text{V})$$

$$I_U=I_V=I_W=读数\times变比=3.58\times30=107.4\ (\text{A})$$

$$P_1-P_2=98-84=14\ (\text{W})$$

$$P_K=14\times66\times30\times2\times\left(\frac{430}{215}\right)^2=221760\ (\text{W})$$

$$U_K=\frac{13134\times100\%}{121\times10^3}=10.85\%$$

电阻 25℃ 时损耗

$$P_{KR}=3\times\left(\frac{430}{2}\right)^2\times0.758+1.5\times675^2\times0.1096=105116+74905$$

$$=180021\ (\text{W})$$

换算至 75℃ 时

$$P_{K75}=\frac{221760+180021\times0.44}{1.2}=250808\ (\text{W})$$

$$\cos\varphi_K=\frac{221760}{\sqrt{3}\times13134\times215}=0.045$$

所以　　　　　　　　　　　　　　　$\varphi_K = 87.4\ (°)$

六、试验结果的分析判断

（1）短路试验主要测量负载损耗和阻抗电压两个数据。根据国家标准 GB 1094《电力变压器》规定：负载损耗允许偏差为 ±10%；阻抗电压允许偏差为 ±10%。如果试验结果与规定值偏差较大时，应查明原因，消除缺陷。

（2）阻抗电压与绕组的几何尺寸有关，它与频率成正比；与变压器每柱安匝成正比；与总的漏磁面积成正比；与每匝电压及绕组高度成反比。阻抗电压的大小还与引线排列有关，因此，当阻抗电压不合格时，可从这几个方面找原因。

（3）变压器负载损耗测量结果分析。当高压绕组为 Y 接法时，若变压器无故障时，则相邻 UV 与 VW 测得的损耗值应基本相等。而两边相 UW 上测得的损耗值较 UV 与 VW 相大 1%～3%。当高压绕组为 △ 接法时，正常情况下分相测得的负载损耗之间的比值与绕组为 Y 接法相同，若损耗显著增加，说明变压器存在故障。

（4）负载损耗包括电阻损耗和附加损耗。通常主要是附加损耗，其原因在制造中绕组股间短路、换位间短路。

第十一节　绝缘油的电气试验

一、概述

绝缘油是由石油精炼而成的矿物油，绝缘油对变压器、油断路器、电缆及电容等固体绝缘进行浸渍和保护，填充绝缘中的空气隙与气泡，防止外界空气与潮气侵入，保证绝缘可靠，也可以促进变压器绕组、铁芯及其他发热部件的散热。在油断路器中起灭弧作用，使油断路器迅速可靠地切断电弧。

为了使绝缘油能起上述作用，要求它具备一定的性能指标，如黏度小、闪光点高、击穿电压高及较好的稳定性等。电气设备电压越高，容量较大，对绝缘油性能的要求也就越高。

新绝缘油由于提纯、运输、保管不当而影响其电气与理化性能，因此，对新油必须进行全面分析试验或简化试验。两种不同类型的绝缘油混合使用时，应做混油试验。运行中的油由于受氧气、温度、湿度、日照、电场与杂质等作用，性能逐渐变坏，影响设备的电气特性，因此必须定期地对油进行试验，监测油质变化。根据不同的试验目的，绝缘油可进行以下 3 种试验。

（1）全分析试验。对每批新到的绝缘油以及运行设备发生故障时或认为有必要的特殊情况下，进行全分析试验，以检查油质。

（2）简化试验。为按照主要的特征参数来监测油的质量，应定期对运行中绝缘油进行简化试验。简化试验指标包括：闪光、电气强度、酸价、酸碱反应、游离碳、机械杂质和水分。

（3）耐压试验。在运行中定期检查其电气强度。

本节仅简述绝缘油的电气强度试验与介质损失角试验。

二、取样方法及注意事项

在绝缘油试验前，必须先取油样，它是整个试验过程中的重要环节。如果取油样的方法不对，会使试验结果不正确，误将好油当坏油，造成人力与物力的损失与浪费。为此取油样时必须严格要求，认真进行，其主要条件是使所有接触油样的器物（如试样瓶、漏斗、阀门、油管、油杯等）均保持清洁、干燥，免受水分和灰尘沾污。

（1）试样容器。试样容器一般应用容量为 1kg 磨口塞的无色玻璃瓶。使用前要以汽油、肥皂液或其他可以除油的溶剂（如磷酸三钠）洗净，再用水冲洗到不呈碱性及水从瓶壁均匀流下为止，然后用蒸馏水洗涤数次，放入 105℃ 的烘箱中烘干，并在烘箱内冷却后再取出，最后将瓶塞盖紧（在取样前不可开启），贴标签以备应用，注明单位、油样名称、设备名称、取样日期、气候条件及取样人等。

取样后塞紧瓶盖，用干净的纸或布盖于瓶塞上，再用绳子缚住，防止脏物及水沾污瓶口。对经长途运输后再做试验的样品，在包上干净的纸或布后，再用石蜡或火漆封口。但石蜡和火漆不得触及瓶口，以免和油发生化学作用。

（2）取样方法。采取油量必须足够，满足试验的需要。电气强度试验 1.5kg；介质损耗因数试验 1kg；化学简化试验 1kg；化学全分析试验 2kg。

取油样时，应在相对湿度小于 75% 的晴天或干燥天气下进行。在户外电气设备中取油样时，要防止雪、水分、灰尘与脏物进入油样。

任何储油设备中的油（包括电气设备中补充新油或油经过滤后）应静止 8h 以上才能取样。取样前应用洁净的、不带毛的细布将取样处周围擦干净。

变压器、油断路器或其他充油设备应在油箱下方的放油阀取油样。取样前，将放油门擦净，然后将油自放油孔放出 2kg 左右，清洗放油孔，再用放出油洗涤试样容器两次，然后将被试油注入容器，试样瓶注满后盖紧。小变压器或没有取样阀的充油设备在其停运时，用玻璃管等取样器插入设备，采取设备底部的油样。

自油桶中取油样应用事先洗净烘干的玻璃管进行。用拇指压紧管子上口后插入油中，然后放开拇指，使油进入管中，再将拇指压紧管口，提住管中一面旋转一面倒出管中油。如此洗涤两次后，再取样，注入试样瓶中，切忌用嘴吸油入管。取样后，将桶盖立即盖好。在整批桶内取样时，应按桶总数的 5% 进行取样，但不得少于两桶。

三、试验方法

（一）电气强度试验

绝缘油的电气强度是指在专用油杯中的绝缘油内放入标准电极，施加电压，当电压升到一定时，产生

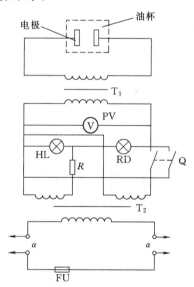

图 7-40 油耐压试验原理接线图

T_1—试验变压器；T_2—调压器；

Q—当油击穿时自动跳闸开关；

PV—电压表；HL—电源指示灯；

RD—合闸指示灯；FU—熔断器；

α—窗连锁；R—电阻

明显火花放电，即为绝缘油的击穿。这个开始击穿的电压便是绝缘油的击穿强度，单位为 kV。

做击穿强度试验所使用的设备与接线和交流耐压试验相同。如图 7-40 所示为目前常用的油耐压试验的原理接线图，也有用专用的油击穿试验器。

1. 油杯

标准油杯的电极为一对黄铜制的圆形平板，直径为 25mm，厚度为 4mm，表面光洁度为 ▽▽，间距为 2.5mm。两电极轴心线应对准，并保持水平，油杯用玻璃或瓷做成，容量不小于 250cm³，电极距杯底、油杯壁及油面不小于 15mm，两电极轴心线为一直线。

目前各单位采用的油杯电极都不一样，IEC156 规定采用球形与球盖两种电极，但是没有说明在何种情况下应采用哪种电极。美国曾利用 3 种形式电极对绝缘油的击穿电压进行比较试验，其结果见表 7-23。

表 7-23　　　　　　　　　　不同电极形式下绝缘油的击穿电压例子

电极形式		平板形		球形		球盖形	
平均升压速度（kV/s）		1	2	3	2	3	2
击穿电压（kV）	1 号油样	54.8	50.9	59.7	58.7	56.4	55.5
	2 号油样	46.6	43.5	52.4	50.8	46.7	44.4
	3 号油样	31.6	35.4	38.2	40.4	36.7	37.9
	4 号油样	28.1	31.7	29.8	34.7	27.8	27.7

从表 7-23 中，三种形式电极试验比较可以看出，不论油样击穿电压高低，都以球形电极测量的击穿电压最高，球盖形次之，平板形相对较低。如以平板形电极为准，当击穿电压在 40kV 以上时，球形电极大致偏高 6kV，球盖形大致偏高 3kV。当击穿电压在 30kV 以下时，上述差别有减小趋势。

国家标准 GB/T 507—2002《绝缘油击穿电压测定法》中击穿电压试验方法是等效采用 IEC156 规定的，电力系统都是采用平板形电极的试验标准，击穿电压按 GB 50150—2006 与 Q/CSG 10007—2004 的要求执行。绝缘油电气强度标准见表 7-24。

表 7-24　　　　　　　　　　绝缘油电气强度标准　　　　　　　　　　单位：kV

设备额定电压		≤15	20～35	60～220	330	500
电气强度	新油及再生油	≥25	≥35	≥40	≥50	≥60
	运行中的油	≥20	≥30	≥35	≥45	≥50

油杯及电极使用前应先用汽油、苯或四氯化碳等洗净。洗涤时应用清洁的绢丝，不可用布或棉纱，并用量规精确地检查，保证电极平行相距为 2.5mm。

试验一般应在室温不低于 10℃与相对湿度不大于 75% 的室内进行。

为使油样的温度不低于室温，应将油样置于室内 2～8h，待油温与室温接近后方可进行试验。在开启试样瓶塞前，应将试样小心地颠倒几次，使上下油层均匀混合，但不应使油产生泡沫与气泡。然后启盖，用油样洗涤电极 2～3 次，再将被试油沿杯壁或玻璃棒徐徐注入杯中，将电极接入试验回路。若有气泡，泡沫可用洁净玻璃棒除去，静置 10～

15min，使气泡全部逸出。

2．试验步骤

合上电源开关及自动跳闸开关 Q，电源指灯 HL 亮，启动调压器 T_2，以 2kV/s 的速度均匀升压，直至油中有明显火花放电，脱扣开关 Q 自动跳闸为止。记录发生击穿瞬时的最大电压值即为击穿电压。如发生不大的破裂声及电压表 PV 指针抖动均不算击穿。

油击穿后，打开玻璃盖子，用干净的玻璃棒在电极中轻轻搅动几次（不可触动间隙距离）以除掉击穿产生的游离碳，静止 5min 后再进行一次升压（从零开始）如此重复 5 次，5 次试验数值应在试验报告上注明，然后取其平均值作为油样的电气强度。

试验记录应包括：油的颜色、有无杂质、全部击穿电压数值、5 次击穿电压平均值与结论、试验日期、温度、湿度、气象等。合格油 5 次击穿电压值相差不大；若油中有杂质，各次击穿电压值呈下降趋势，一次比一次低；若油中有水分，各次击穿电压值呈上升趋势，一次比一次高。

3．试验时注意事项

（1）若五次测量值中的任何一值与平均值的差超过±25％，应继续进行试验，直到获得 5 个不超过平均值±25％的数值为止（应注意多次击穿电压电气强度升高或降低的可能性）。

（2）有必要时可对一试样取 3 杯油进行试验，每杯击穿 5 次，然后取其平均值。

（3）如升压至试验设备最大值（50kV）时，油仍不击穿，可在此电压下停留 1min，若仍不击穿，则认为油合格，但应在试验报告上注明。

（4）在试验时必须均匀升压，不然会使油的击穿电压值忽高忽低。

（5）在室外试验时，必须避免阳光直射，以免击穿电压下降，油杯上应加玻璃盖。

（6）为减少油击穿后游离碳，将电流继电器调至 10mA 以下，在试验变压器与油杯电极间接入 5～10MΩ 限流电阻。

（二）介质损失角的测量

绝缘油的电气强度试验主要是判断有无外界杂质的掺入及受潮程度。介质损失角测量还能指示油质劣化程度，能灵敏地反映油的劣化、水分与脏污程度。因为绝缘油氧化后生成极性基或极性产物，酸价增加，使介质损失增大，绝缘电阻下降。

对于不良的油，其介质损失角与温度有较灵敏的关系。当油中有水时，温度低于 0℃，水分冻结，电导显著减小，介质损失角小；温度升高，水由冰冻状态转为液态，油的电导加大，介质损失角增大；温度继续上升，水在油中的溶解度加大，电导增大；tgδ 急剧变化。油中含水量少时，tgδ 与温度关系将减弱。在低温下，油的黏度大，油中含有劣化物（极性基、有机酯等），极性基不易活动，tgδ 的变化不大。温度升高，黏度减小，tgδ 急剧上升。油老化程度越大，tgδ 与温度关系越明显，如图 7-41 所示。因此，为了检验油的不良程度，除测量常温（10～40℃）下油的介质损失角外，还要测量 90℃时介质

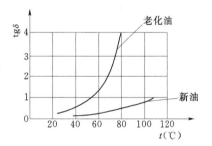

图 7-41　绝缘油介质损失角 tgδ 与温度 t 关系曲线

损失角，有时要做 tgδ 与温度关系的试验 $[tg\delta = f(t)]$。绝缘油介质损失角 tgδ 与温度 t 的关

系曲线如图 7 - 41 所示。

1. 油杯

油杯有仿苏型专用试验油杯与仿 IEC 型专用试验油杯。测量电极用黄铜或不锈钢制成，表面平整，最好镀镍或铬，光洁度不低于 ▽。测量电压以电极间隙 1kV/mm 考虑，空油杯应能承受 1.5 倍工作电压的试验电压 1min。电极的电容量不小于 50pF 为宜。

测量电极与保护电极间绝缘垫采用石英玻璃或环氧玻璃布板，它应有良好的电气性能，结构紧密，耐油，不易吸收洗涤剂与水分，不易沾污，在高温下不变形。

测温采用水银温度计，将温度计插入测量电极的油内。电极的结构应稳固，以免注油或加温时影响电极状况。使用前按油杯说明书要求，将各部件拆开，用汽油（苯、乙醇等）将各部件彻底清洗，在 110℃ 下烘干。清洗时切忌用破布或棉纱揩擦各部件，在烘箱中冷至室温后取出组装。组装时，应注意各部件的相对位置，不能用手直接接触各部件的工作部分，用干净绸绢衬着组装。

2. 试验步骤

(1) 组装完后，将电极接入试验回路（外电极接高压），对电极进行 1.5 倍工作电压的耐压试验，时间为 1min；然后接入高压交流电桥回路，用良好的屏蔽导线将测量电极与电桥 C_x 端连接，保护电极与屏蔽连接，检验电极的电容量与介电损失角。电容量与过去比较变化应在 ±1% 之内，tgδ 不大于 $5×10^{-5}$，否则应将电极拆开，重新清洗、干燥与组装。目前生产的油杯工作压力为 2kV。

(2) 空油杯试验合格后，用油样冲洗电极 2～3 次，然后徐徐注入电极，静止 10min 以上，使油中气泡全部逸出后再进行测量。

(3) 进行高温测量时，将电极放在恒温箱或油杯加热器内加热，待被试油样达到所需温度后，恒定 15min 再进行测量。测完后再记录一次油温。

(4) 测量完毕，必须将油倒出，拆开电极，将各部件洗净、烘干，再组装后放入盒内保管。特别在测量不良的油后，更应注意将各部件洗净。

(5) 试验记录应包括：油的颜色，电极型式，测量电压，测量设备，油温，空杯介质损失角与电容量，各次测得的 R_3、ρ、tgδ、结论、室温与湿度等。

3. 测量 tgδ 用的电桥

测量 tgδ 一般采用灵敏度不低于 $1×10^{-5}$、准确度不低于 1.5% 的西林电桥，如瑞士 2801、9910 型与国产的 QS_{37}、QS_3 型等。

（三）绝缘油的标准

(1) IEC 出版物矿物绝缘油运行监督与维护导则推荐的绝缘油标准见表 7 - 25。

表 7 - 25　　　　　　　　　　IEC 绝 缘 油 标 准

系统电压（kV）	击穿电压值（kV）		介质损耗角 tgδ（90℃，%）	
	新油（通电前）	运行中油	新油	运行中油
>170	≥60	>50	≤0.7	2.0
72.5～170	≥50	>40	≤1.0	10.0
<72.5	≥40	>30	≤1.5	10.0

（2）国家标准 GB 5654—2007《液体绝缘材料工频相对介电常数、介质损耗因数和体积电阻率的测量》和 GB 50150—2006、Q/CSG 10007—2004 推荐见表 7-26。

表 7-26　　　　　　　　　　　　国家标准绝缘油标准值

系统电压（kV）	击穿电压值（kV）		介质损耗角 tgδ（90℃，%）	
	新油（投运前）	运行中油	投运前新油	运行中油
500	≥60	≥50	≤0.7	≤2.0
330	≥50	≥45	≤1.0	≤4.0
66～220	≥40	≥35	≤1.0	≤4.0
20～35	≥35	≥30	≤1.0	≤4.0
≤15	≥25	≥20	≤1.0	≤4.0

第十二节　零序阻抗测量

一、概念

变压器的零序阻抗和它的构造及绕组的连接方式有关。YNd 连接的变压器中，从 YN 方面看，零序阻抗 $z_0 = z_K$；而从 d 方面看，零序电流仅在三角形内部环流，在线电流中零序电流为零，所以 $z_0 = \infty$。YNyn 连接的变压器，二次绕组不产生零序电流，零序漏磁通回路决定了零序激磁电流的大小。三相三柱铁芯没有零序磁通的闭合回路，磁通只能从箱体形成回路，因而磁阻比正序磁通的磁阻大，零序阻抗自然要小得多。

二、零序阻抗测试

在变压器的一侧施加零序电压，将其他侧绕组开路或短路，分别测得其参数，并通过计算可求得各侧的阻抗值。现列举两绕组全星形连接的变压器零序阻抗测试与计算式如下。

（1）变压器高压侧三相并联，加以单相电压 U_0，低压侧开路，如图 7-42 所示。测得零序电压 U_0 和三相零序电流总和 $3I_0$，则求得阻抗值为

$$z_{H-0} = z_{0H} + z_m = \frac{U_0}{I_0} \tag{7-52}$$

式中　I_0——每相绕组中的零序电流平均值，A；

　　　U_0——试验零序电压，V。

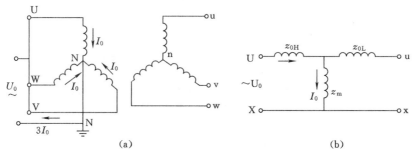

图 7-42　低压开路零序阻抗试验接线与等值电路图

（a）试验接线；（b）等值电路图

（2）低压侧三相并联，加以单相电压 U_0，高压侧开路，如图 7-43 所示。测得阻抗值为

$$z_{L-0} = z_{0L} + z_m = \frac{U_0}{I_0} \tag{7-53}$$

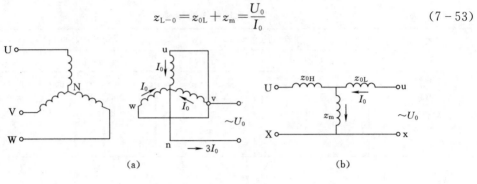

(a)　　　　　　　　　　　　　　　　(b)

图 7-43　高压开路零序阻抗试验接线与等值电路图

（a）试验接线；（b）等值电路

（3）高压绕组三相并联施以单相电压 U_0，低压绕组与中性点短路，如图 7-44 所示。测得阻抗值为

$$z_{H-K} = z_{0H} + \frac{z_{0L} z_m}{z_{0L} + z_m} = \frac{U_0}{I_0} \tag{7-54}$$

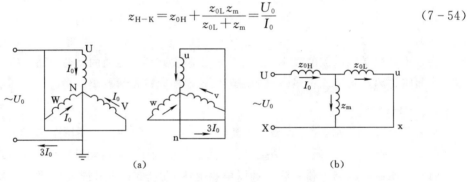

(a)　　　　　　　　　　　　　　　　(b)

图 7-44　低压短路零序阻抗试验接线与等值电路图

（a）试验接线；（b）等值电路

（4）低压绕组三相短路，施以零序电压 U_0，高压绕组三相对中性点短路，如图 7-45 所示。测得阻抗值为

$$z_{L-K} = z_{0L} + \frac{z_{0H} z_m}{z_{0H} + z_m} = \frac{U_0}{I_0} \tag{7-55}$$

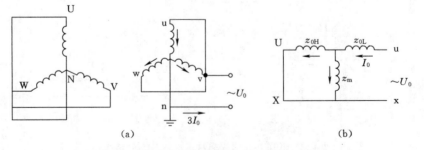

(a)　　　　　　　　　　　　　　　　(b)

图 7-45　高压短路零序阻抗测试图与等值电路图

（a）试验接线；（b）等值电路

以上 4 种试验接线，任选 3 种便可计算得各阻抗值为

$$z_m = \sqrt{z_{H-0}(z_{L-0} - z_{L-K})} \tag{7-56}$$

或

$$z_m = \sqrt{z_{L-0}(z_{H-0} - z_{H-K})} \tag{7-57}$$

$$z_{0L} = z_{L-0} - z_m \tag{7-58}$$

$$z_{0H} = z_{H-0} - z_m \tag{7-59}$$

实际的零序激磁阻抗远超过变压器绕组的漏抗。在 Y，d 连接绕组的变压器中，激磁阻抗被三角形连接绕组的漏抗所旁路，无法求得，一般都略之不计。

为了便于估计试验参数，表 7-27 列出了 220/35kV、90～120MVA，YNyn 连接组变压器的零序阻抗值以供参数。Yd 连接的变压器高压绕组的零序阻抗可按正序漏抗的 0.5～0.8 取值。

表 7-27　　　　220/35kV、90～120MVA，YNyn 变压器零序阻抗参考值（标幺值）

阻抗名称	高压绕组漏抗 z_{0H}	低压绕组漏抗 z_{0L}	激磁阻抗 z_m
阻抗标幺值	$-0.1\sim0\sim0.4$	$0.18\sim0.23$	$1.5\sim2.0$

第十三节　变压器分接开关

一、概述

为提高供电电压的质量，电力变压器一般都装有分接开关。分接开关分为无载（也称无励磁）分接开关与有载调压分接开关两大类：无载分接开关是在变压器停电情况下进行分接头的调节，不具备开断负荷能力；有载调压分接开关可在不中断供电情况下，带负荷调节分接开关，使其分接头处于合适的分接位置，故分接开关触头需具备开断负荷的能力。

二、分接开关试验

分接开关试验共有 11 项，见表 7-28。型式试验时，全部项目均应进行；出厂试验时，只需做前 5 项与过渡电阻、过渡时间测量等项目。

表 7-28　　　　　　　　分　接　开　关　试　验　项　目

序　号	试　验　项　目	无载分接开关		有载分接开关	
		出　厂	型　式	出　厂	型　式
1	触头接触压力测量	√	√	√	√
2	转动力矩测量			√	√
3	触头接触电阻测量	√	√	√	√
4	切换开关动作顺序检查			√	√

续表

序 号	试 验 项 目	无载分接开关		有载分接开关	
		出　厂	型　式	出　厂	型　式
5	外施耐压试验	√	√	√	√
6	过渡电阻过渡时间测量				√
7	温升试验			√	√
8	短路电流试验				√
9	开断能力试验				√
10	机械寿命试验				√
11	真空及压力试验				√

注　"√"表示应试项目。

试验顺序一般可按表7-28序号顺序进行，但序号3触头接触电阻测量应在序号7、8试验前与试验后各测一次，以做前后比较，结果应无明显变化；序号6过渡电阻过渡时间测量应在序号9、10试验前后各测量一次，前后比较，结果应无明显变化。主要的出厂试验项目的试验方法介绍如下。

1. 触头接触压力测量

分接选择器与粗选择器的触头接触压力是在某一工作位置进行测量，而切换开关则是对每对触头逐个测量。

分接选择器与粗选择器触头接触压力测量方法为测力计法。拉开触头的力应沿着触头压力的方向，测力计应缓慢地拉起触头。当欧姆表指针起始动作或信号灯刚熄灭，测力计指示的力即为触头的接触压力。往往需以公式 $F = F_{测}\dfrac{a}{b}$ 进行折算。

切换开关触头接触压力测量是一样的，当触头为对开时，测量的力无需折算。

2. 转动力矩测量

转动力矩测量只反映测量驱动机械的最大旋转力矩，最好分别进行分接选择器、切换开关和驱动机构等部件的测量。测量前，将应在变压器油中的转动部分浸入变压器油内，或涂上变压器油，再将测力计（如20kgf量程的弹簧秤，1kgf＝9.8N，即196N）绑在操作手柄（或杠杆）把手端。作用力始终垂直于手柄杆，正反时钟转动，并使切换不停止动作，读出最大刻度的力 F（在粗选择器动作时）的数值。再按下列公式计算最大转矩的力矩应大于规定值

$$M = 9.8FL \text{（N·m）} \tag{7-60}$$

式中　L——手柄或杠杆长，m。

3. 触头接触电阻测量

触头接触电阻测量采用电压降法或双臂电桥法。

试验前，应预先转换数次，在空气中试验时，触头应涂上变压器油。用电压降法时，测量回路的电流可不大于额定电流的30%，电压回路的导线直接接到被试触头上。

每个触头的接触电阻一般规定为不大于 $500\mu\Omega$。实测接触电阻一般在 $300\mu\Omega$ 以下，

大多在 $100\mu\Omega$ 左右。

4. 外施耐压试验

外施耐压试验是考核开关整个结构或各个部位的电气强度，这些部分包括绝缘间隙与不同电位间的绝缘件，如对地、相间、触头间、调节范围间等。各部分的试验电压由技术条件规定，试验时按照相同试验电压的部位合理接线，进行 1min 外施耐压试验。为了接线方便，允许对个别试验间隙重复施加电压。型式试验在变压器油中进行，出厂试验可以在空气中进行，但试验电压需相应降低 2.5 倍。

在油中试验时，开关必须先进行干燥。变压器油的电气强度要求在 30kV 以上，开关在油中静置无气泡从油中逸出时，方能进行试验。如果不发生击穿、局部放电或闪络等，则认为试验合格。如长征电器一厂 ZY_1A 系列有载调压分接开关，其对地绝缘水平见表 7－29。

表 7－29　　　　　　　　　　ZY₁A 系列有载调压分接开关对地绝缘水平

电压等级（kV）	35	60	110	150	220
设备最高工作电压（kV）	40.5	69	126	170	252
交流工频耐受电压（kV）	95	140	230	325	460
全波冲击耐受电压（kV）	250	350	550	750	1050

5. 过渡电阻过渡时间测量

此项试验只在电阻式分接开关的型式试验时进行，切断开关动作的快慢影响断弧与过渡电阻的工作。如果切换的动作太慢，就断不了弧并烧毁过渡电阻。通过测量电阻的过渡时间可以判断切换开关的工作情况。一般可在开断能力与电寿命试验前后及中间测量几次。

试验应在变压器油中进行，采用示波器法。用示波器拍摄过渡时间的示波图，可用手动操作，测量三相分接开关的一相。测量过渡电阻的过渡时间应不大于所规定的时间（如 0.04～0.05s），按 DL/T 574—2010《变压器分接开关运行维修导则》执行。

第十四节　变压器噪声测量

一、概述

变压器噪声试验的目的是为了测定变压器额定运行时的声级与声功率级，由此控制变压器噪声污染，以保护环境。世界上一些发达国家制定了变压器噪声控制标准。国际电工委员会标准出版 551—1976 规定了变压器与电抗器声级测量的方法。我国 GB 7328—1987《变压器和电抗器的声级测定》规定测量方法与要求。

变压器运行时的噪声主要是由铁芯片产生的，此外，绕组间的电磁力、油箱传递（包括共振）的振动也会引起噪声。

声音有 3 个特征：音调、音品与响度。音调就是频率特性；音品就是波形；而响度就是振幅。变压器噪声测量主要考虑其响度。

二、声压级与声功率级

声压级 p 是介质中某点的声压强度在某一时刻由于声波存在而产生的变化量，其单位为微帕（μPa）。声压级 L_p 是将待测声压 p 与基准声压 p_0（20μPa）的比值，取对数后乘以 20，以分贝（dB）表示

$$L_\text{P} = 20\lg(p/p_0) \quad (\text{dB}) \tag{7-61}$$

因为不能以一个 i 点的声压级来衡量变压器的噪声，所以就得用一个加权平均值，即变压器噪声 A 计权（A 计权声压级更换近于人耳对噪声的感觉）表面声压级 $\overline{L}_\text{PA}$ 来表示

$$\overline{L}_\text{PA} = 10\lg\left[\frac{1}{N}\sum_{i=1}^{N}10^{0.1L_\text{PAi}}\right] \quad [\text{dB(A)}] \tag{7-62}$$

式中 N——测点总数。

表示变压器噪声最好是用其能量表示，声功率 P 是指单位时间内垂直通过指定面积的声能量，单位为瓦（W），因而需要测量表面积 S。声功率级 L_P 是待测声功率 P 与基准声功率 P_0（10^{-12}W）的比值，取常用对数后乘以 10

$$L_\text{P} = 10\lg(P/P_0) \quad (\text{dB}) \tag{7-63}$$

A 计权声功率级

$$\overline{L}_\text{PA} = 10\lg(P_\text{A}/P_\text{A0}) \quad [\text{dB(A)}] \tag{7-64}$$

由声压级而得的声功率级

$$L_\text{PA} = \overline{L}_\text{PA} - K + 10\lg(S/S_0) \quad [\text{dB(A)}] \tag{7-65}$$

式中 S_0——基准表面积，$S_0 = 1\text{m}^2$；

K——反射影响的环境校正值，最大值取 7dB。

三、声级测量

利用声级计距基准发射面一定距离（自冷式在相隔 $x = 0.3$m 处，风冷式相隔 $x = 2$m 处）进行多点的声压级测量。

当油箱高度小于 2.5m 时，在油箱某一高度上放置测点；当油箱高度大于 2.5m 时，则在油箱 2/3 与 1/3 高度上各设测量点。测量点在变压级油箱上测量噪声级计的位置间距 $D \leqslant 1$m。

根据测量值求得声压级平均值，然后减去背景噪声标准值的绝对值，即

$$L_\text{PA} = 10\lg\frac{1}{N}\left[\sum_{i=1}^{N}10^{0.1L_\text{PAi}}\right] - x - y - z \tag{7-66}$$

式中 x——传声器的校正系数；

y——背景噪声校正因数，按表 7-30 选择；

z——已考虑了反射声影响的环境校正系数，最大许可值为 7dB。

表 7-30 　　　　　　　　　　　　背景噪声校正因数 　　　　　　　　　　　单位：dB

合成噪声与背景噪声之差	3	4.5	6~9
背景噪声校正值的绝对值	3	2	1

第十五节　局　部　放　电　测　量

一、基本概念

当电压施加于电极间的介质时，在介质内部局部范围发生的放电称为局部放电。介质中的局部放电常发生在电场强度较高，且介质强度较低的部位。例如固体或液体介质中存在的气泡、杂质就极易引起局部放电。介质一旦发生局部放电，发展的结果必然会导致介质的贯穿性击穿。因此感兴趣的是如何探测介质的局部放电现象来防止介质的贯穿性击穿。

1. 目前我国测量局部放电的方法

（1）电测法。利用示波仪或无线电干扰仪查找放电的特征波形或无线电干扰程度。电测法的灵敏度较高，以视在放电量计，可以达到几皮库的分辨率。

（2）超声测法。检测放电中出现的声波，并把声波变换为电信号录在磁带上进行分析。超声测法的灵敏度较低，大约几千皮库，它的优点是可以定位。利用电信号与声信号的传递时间差异，可以求得探测点到放电点的距离。

（3）化学测法。检测油内各种溶解气体的含量及增减变化规律。此法在运行监测上十分适用，通称气相色谱法。化学测法灵敏度不高，但它在时间上可以积累。假如几天测一次，就可发现油中含气的组成、比例及数量的变化，从而判定有无局部放电（或局部过热）。

2. 基本测试回路

局部放电的基本测试回路通常分为直接法与平衡法两大类。直接法又有并联测试回路与串联测试回路：并联测试回路适用于电容量较大，有可能被击穿或试品无法与地分开的情况；串联测试回路多用于试品电容 C_x 较小情况。耦合电容 C_k 兼有滤波与提高灵敏度作用。其效果随 $\dfrac{C_k}{C_x}$ 的增大而提高。C_k 也可利用高压引线的杂散电容 C_s 来代替，使线路更为简便，避免电晕干扰，省去作为 C_k 用的高压无局部放电电容，故多用于 220kV 及以上产品的试验，如图 7-46（a）、（b）所示。

图 7-46（c）为平衡测试回路，利用电桥平衡原理将外来干扰信号平衡掉，因而这种回路的抗干扰能力强。但是，由于电桥的平衡条件与频率有关，因此，只有当 C_x 与 C_x' 的电容量及介质损耗正切值完全相等时，平衡条件才与频率无关。否则，一次只能平衡掉某一种频率的外来干扰，这种方法的灵敏度通常较直接法低。

3. 测试回路校正

局部放电脉冲电流在检测阻抗 z 上的压降 u_z 与视在电荷 q_a 成正比，其比例系数决定于试品电容量 C_x，检测阻抗入口电容 C_0、杂散电容 C_s、耦合电容 C_k 的大小。现场局部放电试验一般不知道这些电容量的大小，因此必须对测试回路进行校正。通过校正，就可以得到所测出的指示读数与视在放电量 q_a 之间的定量关系，即刻度因数。

测试校正回路如图 7-47 所示。图中使用的校正小电容 C_0，方波电压 U_0（峰值）可以准确测出，从而能得到准确的刻度系数。

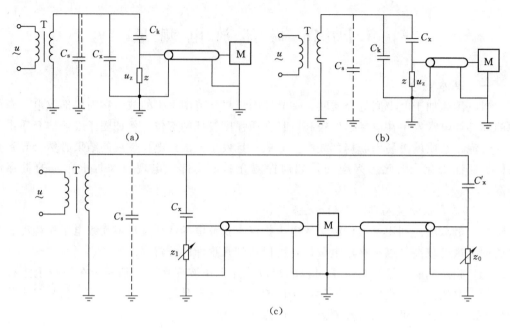

图 7-46　局部放电基本测试回路图

（a）并联回路；（b）串联回路；（c）平衡回路

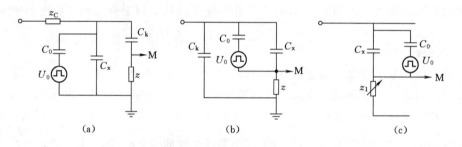

图 7-47　测试校正回路图

（a）并联测试校正回路；（b）串联测试校正回路；（c）平衡测试校正回路

图 7-47（a）是并联测试回路的校正回路。已知脉冲信号电压 U_0 与试品的视在放电量 q_0 成正比，即 $U_0/q_0=A$。在校正回路中，$C_0 \ll C_x$ 的条件下，同样有 $\dfrac{U_p'}{q_0}=\dfrac{U_0'}{U_0 C_0}=A$ 的关系。其中 A 是回路常数，随着测试回路中各元件的参数而变。对于一定的测试回路，各元件参数固定后，A 就是定值。如果使局部放电脉冲电压 U_0 与校正脉冲电压 U_0' 相等，即 $U_0=U_0'$，那么，$q_a=q_0=U_0 C_0$，对于其他类型测试回路与校正回路也存在同样的关系。

若局部放电信号和校正信号在检测阻抗 z 上所产生的脉冲电压相等，则放电时的视在放电量 q_a 与校正时注入的电量 q_0 是相等的，这就为局部放电的定量提供了可能。

局部放电检测仪示波图上脉冲高度或放电量表的指示格数 H 与检测阻抗 z 上的信号压降成正比，刻度系数 K 按下式计算

$$K=U_0 C_0/H \text{（pC/mm 或 pC/格）}$$

式中　H——单位为 mm 时，表示脉冲高度；为格时表示放电量表指示格数。

实际加压试验时，放电量表的指示值 H' 乘以刻度系数 K，就可以得出试品的视在放电量为 $Q_0 = KH'(pC)$，通常 K 值定为 $3\sim10pC/$格。

校正小电容 C_0 在选择时应满足 $C_0 \ll C_x$ 的条件。但考虑到方波发生器对地和高压引线杂散电容的影响，C_0 又不能选得太小，通常可按下式选取 $10pF \leqslant C_0 \leqslant 0.1C_x$。

二、变压器局部放电特点

1. 局部放电产生

变压器内部绝缘主要采用油纸绝缘，其绝缘结构复杂，不均匀，如果设计不当就会引起局部地方电场过分集中。此外制造工艺不良导致残留气泡和较多的水分，这些缺陷是产生局部放电的温度。变压器加压后，局部放电往往从气泡中开始发生。气泡的来源有：浸渍过程不完善而残存的气泡；处于高电场下的油析出的气体；局部过热引起绝缘材料分解而产生气体；过热使纸中吸附的水分气化成气泡；外界因素（如潜油泵漏气，温度骤变等）引起的气泡；油中气泡的局部放电又会使油与纸绝缘分解出气体，产生新的气泡或使原有气泡扩大。

气泡的放电脉冲前沿很陡，上升时间 $0.1\mu s$ 左右。但若放电路径长达几厘米，气泡放电发展为油中流注放电，这时放电脉冲前沿较缓，上升时间达几微秒。

2. 放电脉冲沿绕组传播

变压器绕组可以用图 7-48 的分布参数等值电路来表示。在放电开始瞬间，电感对阶跃电压相当于开路，起始分布按电容键分布。因此，放电脉冲的起始分布是电容分量。经过一段时间后，放电脉冲通过分布电感与分布电容向绕组两端传播，这一分量是行波分量。行波分量到达测量端的检测阻抗后，有可能发生反射或振荡，所以对变压器局部放电的测量要具体分析。

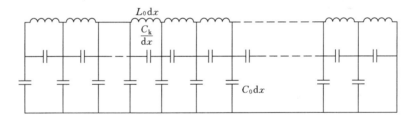

图 7-48 变压器绕组等值电路图

C_0—绕组单位长度对地电容；C_k—单位长度的纵向电容；L_0—单位长度的电感

（1）纵绝缘放电信号在端子上的响应比对地绝缘放电要小得多。

（2）放电脉冲波沿绕组传播时的衰减是随测量频率的增加而增大的。

（3）油中放电对绝缘的损坏是主要的，而油中放电时间较长，即低频分量较大。

综合上述（2）、（3）两点，测量仪器用较低频率（100Hz）时可以获得较高的灵敏度。

三、变压器局部放电试验

1. 变压器局部放电试验标准

局部放电试验是检验变压器制造质量和绝缘状态的一项有效方法，因此得到广泛应用。目前我国制造厂对局部放电试验列为 220kV 及以上变压器出厂试验项目，220kV 及以上变压器大修更换绝缘部件或部分绕组后要进行局部放电试验。根据 GB 50150—2006 与 Q/CSG 10007—2004 预加电压为 U_m（系统最高运行线电压），测量电压在 $\dfrac{1.3U_m}{\sqrt{3}}$ 下，时间为 30min，视在放电量不宜大于 300pC；测量电压在 $\dfrac{1.5U_m}{\sqrt{3}}$ 下，时间为 30min，视在放电量不宜大于 500pC。

2. 测量回路及适用范围

若变压器套管为电容式套管，且有末屏抽头时，可利用套管电容作为耦合电容，将检测阻抗串在末屏与地之间如图 7-49（a）所示。这种接线简便易行，是目前广泛应用的方法之一。但必须注意套管本身的放电量不超过变压器标准规定值的 50%。它适用于电容套管有末屏抽头的变压器。

图 7-49（b）所示电路是通过高压耦合电容 C_k 来耦合放电信号，适用于线端套管是非电容型套管引出绕组，要求 C_k 在试验电压下无局部放电。

图 7-50 是在绕组的中性点与地之间串入检测阻抗 z_m，它适用于测量中性点处的局部放电。

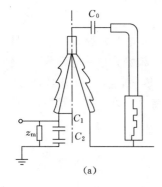
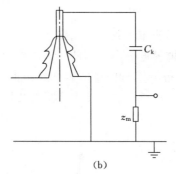
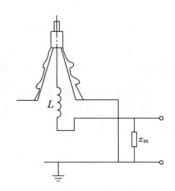

(a)　　　　　　　　(b)

图 7-49　变压器出线端局部放电测量电路图
(a) 电容套管有电容抽头时局部放电测量电路；
(b) 采用高压耦合电容器的局部放电测量电路

图 7-50　z_m 接在中性点与地之间的测量电路图

3. 加压方式

变压器局部放电试验电压一般采用感应加压，制造厂大部分用 100～200Hz 发电机作为电源，通过调压器和中间变压器将电压加到被试变压器低压侧。现场试验时倍频电源也可用 3 台接成星形—开口三角形的变压器在过励磁下获得。对现场试验来说，采用倍频电源所需设备多，很不方便，因此，有时采用工频感应加压，为了提高高（中）压端获得较高的电压，又可避免过励磁，通常采用在高（中）压绕组的中性点支撑一定的电压，对三相变压器，可用非被试相支撑被试相，以获得主绝缘所需的试验电压。图 7-51～图 7-55 示出了用倍频与工频感应电压加压的几种接线方式。

图 7-51 所示是三倍频平衡感应加压法。被试变压器低压侧励磁电压高达 63kV，所以用两台 35/0.4kV 接线为 Yyn 的变压器串联起来，作为中间升压变压器。串联变压器中点接地，可以降低中间变压器与被试变压器 35kV 套管的对地电压，减少低压套管局部放

电对测量的干扰。

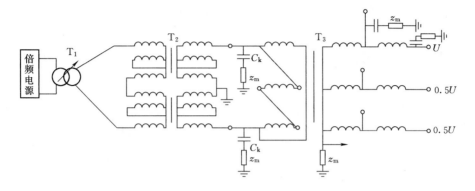

图 7-51　三倍频平衡感应加压法

T₁—调压器，500kVA，1/0～1kV；T₂—两台 200kVA，35/0.4kV 串联后作中间变压器；
T₃—OSFPS₇—120000/220 型被试变压器；z_m—检测阻抗

图 7-52 所示是采用工频中性点感应加压法，这种方法适用于中性点绝缘水平较高的变压器。图 7-52 中的被试变压器是一台 220kV、360MVA 三相变压器。试验电源由 400V 电源供给，通过调压器与一台 50kVA 的试验变压器将电压施加给被试变压器。这组调压器与试验变压器是用于发电机耐压试验的，因而采用了两个非被试相并联加压的方法，使被试相感应出 2 倍的励磁电压，再加上支撑电压，使被试相线端对地电压达 150kV，达到检查主绝缘的目的。

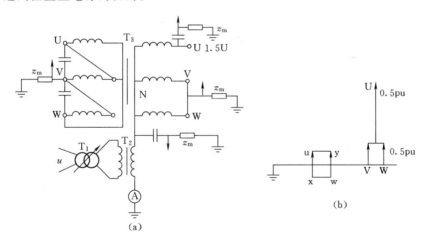

图 7-52　工频中性点感应加压法
(a) 接线图；(b) 相量图

T₁—调压器，100kVA；400V/0～400V；T₂—试验变压器，JDJ 型，
50kV，100kVA；T₃—被试变压器，型号 SFP—360000/220 型

图 7-53 所示是一台 220kV、150MVA 三相变压器用工频感应加压的接线图。400V 电源通过调压器与一台 100kV 试验变压器施加 60.5kV 的电压于中压 V 相，再将一个非被试相短路，形成两相励磁，使相间电压达 242kV，比图 7-52 所示的方法高得多（达

150kV），这样有利于检出相间围屏放电缺陷。此外，两个被试相轮流由 100kV 试验变压器加电压，对于识别试验变压器放电有较好的比较作用。

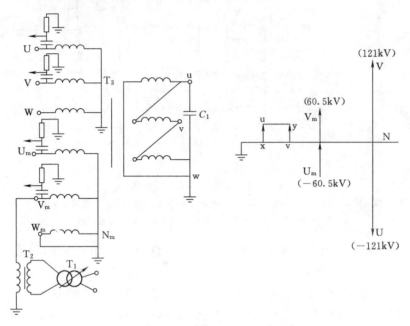

图 7 - 53　工频感应加压法的接线图

T_1—调压器，250kVA；T_2—100kVA，100kV 型试验变压器；

T_3—SSPSL—150000/220 型被试变压器；C_1—补偿用电容

　　图 7 - 54 所示为利用一台 250kV 的试验变压器（250kVA）对 220kV，120MVA 变压器的中压绕组施加电压，一相绕组短路形成两相励磁，用非被试相支撑被试相，使被试相端部对地电压达 181.8kV。该接线中性点承受一半电压，因此，只能适用作中性点套管是电容性套管的变压器。

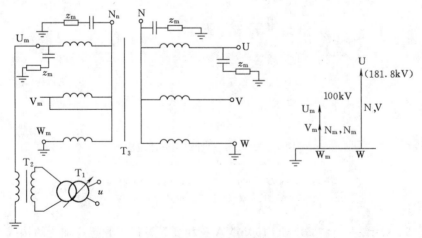

图 7 - 54　中压励磁，非被相支撑被试相加压法

T_1—250kVA，400/0~500V 调压器；T_2—250kVA，JDJ 型试验变压器，250kV；

T_3—CUB120000/220 型被试变压器

图 7-55 被试品一台 220kV、120MVA 自耦变压器，400V 工频电源通过调压器与 35/0.4kV 的配电变压器将电压施加在被试变压器低压侧，非被侧两相并联，每相励磁电流只有被试相的一半，因此，其高、中压绕组的感应电压也是被试相的一半。该接线的特点是中性点支撑电压较低，220kV 的降压变压器一般高、中压绕组是自耦结构，其中性点绝缘水平按 35kV 设计，中性点套管是充油套管。在 50kV 及以上电压下，套管本身的放电干扰就很大。因此，自耦变压器局部放电试验感应加压法要注意中性点电压，不可超过 50kV。

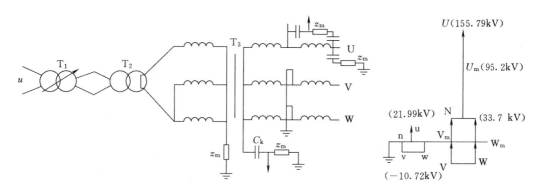

图 7-55 低压感应非被试相支撑被试相加压法
T_1—200kVA 调压器；T_2—SJ315/35 型配电变压器；
T_3—OSFPS$_7$—120000/220 型被试变压器

图 7-56 所示是 500kV 单相变压器的试验接线。试验电源由 400V 电源供给。除了用调压器与中间变压器升压外，还利用非被试相作辅助升压变压器与支撑变压器。

综观上述几种加压方式，用倍频感应加压所需设备多、接线复杂，但该方式不用支撑就可达到 IEC 标准的规定电压，考核严格，适用于出厂、交接和大修后试验。工频感应加压所需设备简单，适用于现场试验，但其匝间电压较低，为了提高端部电压，必须用支撑电压，即使这样，端部试验电压往往达不到 IEC 标准规定电压。尽管如此，对运行中主绝缘有放电缺陷的变压器，用工频加压方式仍能有效地检出缺陷，这是因为通过油色谱分析或其他方法发现变压器问题是在运行电压下发生的。因此，局部放电试验电压又要稍高于额定电压就可激发放电。匝间电压的高低对测试结果影响不大。由前述知道，匝间放电信号传播到端部衰减很大，用脉冲电流法测量时，不易发现匝间局部放电。

工频感应加压方式灵活多变，要因地制宜，既要尽可能地提高被试相的电压，又要注意支撑点的电压不要超过允许的绝缘水平。在选择调压变压器和中间变压器时，不但要考虑其容量满足要求，还要求在试验电压下局部放电量很小。可以用电压等级高于被试变压器励磁绕组额定电压的变压器作升压变压器。也可用图 7-51 的对称加压法降低端部对地电位。有调压变压器和升压变压器容量不足，只要在被试变压器低压侧接入适当容量的电容量 C_1（见图 7-52）就可以补偿一部分感性无功容量。最多可以补偿励磁总容量的 1/3 左右，同时要注意补偿电容本身在试验电压下的局部放电量应很小。

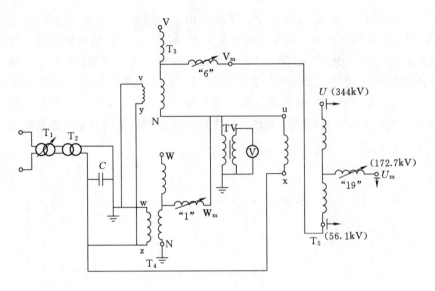

图 7－56　500kV 单相变压器试验接线图

T_1—调压器 0.4/0～0.6kV, 150kVA；T_2—中间变压器 0.4/10kV, 320kVA；

TV—35kV 电压互感器；T_3、T_4—500kV 单相变压器；

T_5—被试 500kV 单相变压器；C—补偿电容

4. 测量仪器与检测阻抗选择

检测阻抗 z_m 在测量中具有把脉冲电流变为脉冲电压的功能。变压器常用的检测阻抗是 RLC 型，如图 7－57 所示。在检测阻抗上输入阶跃方波时，在 RLC 阻抗上得到的电压波形是一衰减振荡波，可表示为

$$U(t) = U_D e^{-\alpha t} \cos\omega t \tag{7-67}$$

其中

$$\alpha = \frac{1}{2RC_m}$$

$$\omega_0^2 = \frac{1}{LC_m} - \alpha$$

$$C_m = C + \frac{C_x C_k}{C_x + C_k} \tag{7-68}$$

式中　　α——衰减系数；

ω_0——谐振角频率；

R、L、C——检测阻抗的电阻、电感与电容；

C_m——检测阻抗两端的总电容；

C_x、C_k——被试品电容与耦合电容。

通常 $\alpha^2 \ll \dfrac{1}{LC_m}$；$\omega_0^2 = \dfrac{1}{LC_m}$，即谐振频率决定于 LC_m，C_m 又与回路参数 C_k，C_x 有关，因此不同试品有不同的衰减振荡频率。对于不同的试品要选不同的检测阻抗，以使振荡频率等于阻抗的谐振频率，进而获得较高的灵敏度。JF—8001 型局部放电仪配有多个不同

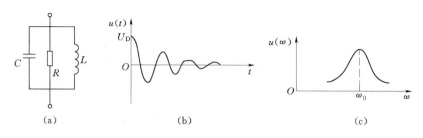

图 7-57 变压器常用检测阻抗原理图

(a) RLC 检测阻抗等值图；(b) RLC 检测阻抗两端的电压波形图；(c) RLC 电压频谱特性

ω_0 的检检阻抗，每个阻抗上都标明了谐振频率的 C_m 范围，这样可根据式 (7-68) 估算出 C_m，再根 C_m 的大小来选择合适的检测阻抗。

检测阻抗输出的信号很弱，需要经过测量仪器放大后方能达到所需的灵敏度。放大器分为宽频、窄频及选频 3 种。宽频放大器灵敏度高，分辨力强，很易受外界干扰，不适宜现场使用；窄频（$\Delta f = 10 \text{kHz}$）放大器抗干扰能力强，但分辨率差，易造成脉冲重叠引起测量误差；选频放大器一般采用的频宽在几十至几千赫之间，与窄频相比加宽了频带宽度，提高了分辨能力，又有一定的抗干扰能力，是目前现场测量中常用的放大器形式。

从图 7-57（c）可以看出，$u(\omega)$ 频谱中幅值较大的各谐波分量都集中在 ω_0 附近，因此用选频放大器就可以得到被测信号绝大部分能量，以获得足够的测量灵敏度。

5. 局部放电试验电压计算实例

被试变压器型号 OSFPS$_7$—120000/220，额定电压（220±2×2.5%）/121/38.5kV；额定容量 120/120/60MVA；额定电流 315/573/900A；连接组别：YNayn0；空载损耗 60.9kW；空载电流 0.29%。

试验方法采用工频感应加压，其接线方式如图 7-55 所示。要求被试相高压端部对地电压达 1.2 倍的额定电压。已知分接开关位于 1 挡，高压额定电压为 $231/\sqrt{3}$kV，则各点电压计算如下。

设中性点支撑电压为 35kV，则 U 相中压相电压
$$U_{UmN} = 2U_N = 2 \times 35 = 70 \text{ (kV)}$$

高压 U 相相电压　　　$U_{UN} = KU_{UmN} = \dfrac{231}{121} \times 70 = 133.6 \text{ (kV)}$

故各端点时地电压为
$$U_U = U_{UN} + U_N = 133.6 + 35 = 168.6 \text{ (kV)}$$
$$U_{Um} = U_{UmN} + U_N = 70 + 35 = 105 \text{ (kV)} \quad [U_N = 35 \text{ (kV)}]$$
$$U_V = U_W = -KU_N + U_N = -\dfrac{231}{121} \times 35 + 35 = -31.8 \text{ (kV)}$$
$$U_U = U_W = -\dfrac{1}{2}U_u = -\dfrac{1}{2} \times 23.3 = -11.55 \text{ (kV)}$$

励磁电流　　　$I_n = \dfrac{U_u}{U_{um}} I_N = \dfrac{23.3}{38.5/\sqrt{3}} \times 0.29\% \times 900 = 2.6 \text{ (A)}$

励磁容量　　　　$S_n = I_n U_{uv} = 2.6 \times (23.3 + 11.15) = 86.97$（kVA）

升压变压器容量　　　$S_T = 1.2 S_n = 1.2 \times 86.97 = 104$（kVA）

选 315kVA，35/0.4kV 配电变压器作为升压变压器，200kVA，400/0～400V 为调压器，即可满足要求。

第十六节　全电压下空载合闸试验

在额定电压下对变压器的冲击合闸试验应进行 5 次，每次间隔时间宜为 5min，无异常现象；冲击合闸宜在变压器高压侧进行。对中性点接地的电力系统，试验时变压器中性点必须接地，发电机变压器组中间连接无操作断开点的变压器可不进行冲击合闸试验。

变压器检修时，全部更换绕组，空载合闸 5 次，每次间隔 5min，部分更换绕组，空载合闸 3 次，每次间隔 5min，均无异常现象。注意 110kV 及以上的变压器中性点接地。由变压器高压侧或中压侧加全电压。

第十七节　变压器常见故障综合判断方法

一、概述

电力变压器发生故障，可能是因运行中油的色谱分析异常或轻瓦斯保护动作，也可能是因预防性试验结果超标。变压器较可能发生的故障（缺陷）有：冷却器等附件泄漏或损坏、本体受潮；过热性与放电性故障等。通过各种测试手段与分析判断后，主要是查找故障（缺陷）的部位。除对附件，如冷却器、套管等仔细检查外，对变压器本体的检查主要有两种方法：放油进油箱检查与吊罩检查。放油进箱检查省时省力，是优先要考虑的检查步骤。实践证明，直流电阻不合格，油中的烃气体达数百 ppm 或乙炔气体数十 ppm，在变压器内往往有明显迹象。放油进箱检查，若看到这些痕迹，可吊罩检查与进行相应的处理。

二、冷却器泄漏与损坏

（1）水冷却器泄漏，水漏入油系统中，对变压器的危害极大。风冷却器在油泵入口侧为负压区，容易吸入空气，虽没有漏水的危害严重，但对超高压（220kV 及以上）变压器仍有较大的破坏作用。风冷却吸入空气，会使轻瓦斯保护连续发信号，油中色谱分析虽无明显症候，但瓦斯气中的氢气含量明显增高，说明空气在变压器中的高电场区已有分解。如遇数十分钟到数小时一次的轻瓦斯保护连续的动作，应考虑将变压器退出运行，查找漏气部位，并进行脱气处理。

（2）强迫油循环、风冷却或水冷却器的油泵因连续运转也会发生故障。例如油泵轴承磨损，电机烧坏等，将对变压器油的色谱分析有一定干扰作用应仔细区别。

三、变压器本体受潮

由于水冷却器漏水、油枕或防爆筒呼吸结露与套管帽漏水等原因，都可能使变压器本体受潮。本章前面已介绍过，通过测试绝缘电阻、吸收比和 tgδ 判断受潮的实例。如果吊罩检查时，怀疑受潮，可对怀疑部位的引线进行局部的 tgδ 测量。特别对套管穿缆引线根部受潮情况难以判定时，可在被测量引线处，外包 10cm 宽的铝箔，铝箔加电压 2～3kV，引线接 QS₁ 电桥的 C_x 进行 tgδ 测量，正常的 tgδ 应在 1%～2%，绝缘受潮时可达 10% 以上。

四、过热性故障（缺陷）

目前采用油的色谱分析方法判断过热性故障已比较成熟。变压器内的过热性故障可能出现在以下 3 个部位。

1. 导电回路过热

分接开关动静触头接触不良，静触头与引线开焊；大电流接线鼻开焊或接触不良；多股引线与铜（铝）板焊接不良，少数股开焊等。这些故障通过绕组直流电阻测量也可发现。不太大的直流电阻突变（例如小于 1%）都可使油中色谱分析异常、并且见到痕迹。

2. 铁芯多点接地

变压器铁芯在运行中，各硅钢片间的电压是主磁通引起的感应电动势。铁芯两侧（高、低压侧）有几十到几百伏电压。通常铁芯在低压侧引出接地。如果有金属异物（如铜铁丝，焊渣与铁锈等），在铁芯高压侧形成接地，即多点接地。硅钢片间的感应电势通过"多点接地"，发生较大电流，对铁芯硅钢片有烧损作用，并使油色谱分析呈过热性故障症候。有时，铁芯穿螺丝绝缘不良，或其接地的钢座套过长触及硅钢片也会形成"多点接地"故障。在铁芯外接地线上串入电阻，使接地电流控制在 0.1A 以下，可大大减轻对铁芯的烧损作用，有时会使不稳定接地消失。

3. 局部过热

大型变压器负荷电流的漏磁通，可能在油箱或内部其他铁构件上发生局部过热。有的变压器用铝板构成对油箱壁的磁屏蔽。铝板与油箱壁接触不良，曾多次发生局部过热缺陷。如果变压器油色谱分析呈现过热性缺陷，绕组直流电阻与铁芯绝缘良好，应考虑到存在这类局部过热缺陷，排油进箱检查往往能发现痕迹。

五、放电性故障（缺陷）

1. 绝缘损伤性放电

这种放电对变压器固体绝缘（纸）的损坏严重，对变压器的安全运行影响极大。油色谱分析呈一定量的乙炔（数个到数十个 ppm），总烃含量偏低，氢气与一氧化碳气体上升。通过局部放电测试，可发现有较大的放电量（1000pC 以上）。

围屏树枝状放电是当前 220kV 三相变压器最多见的绝缘损坏故障，在相间围屏的中部，也是 220kV 线端处，有树枝状放电痕迹，支撑周围的长垫块上有烧痕，围屏纸板表面或夹层中有树枝状放电痕迹。产生这种放电的外部原因是受潮或进入气泡，内部原因是相间距离过小，在最高场强处有长垫块触及围屏（短路了油隙）等。制造厂对此已有相应的改进措施，对已运行的变压器，应更换有效放电痕迹的围屏与垫块，将相同长垫块（绕组中部）锯短等，并应采取措施防止进气与受潮。

目前国产 500kV 变压器发生事故都与油流带电有关。冷却油泵使变压器油流过快，会在纸绝缘上形成负电荷，再加上交流电场的作用，极易发生油流放电，在纸板上有树枝状放电痕迹，这属于设备制造的问题。运行部门不要盲目增加冷却器的投运台数，防止油流速过高，从而发生油流放电问题。

此外，高电压引线绝缘的根部受力断裂，以及穿缆引线在进入套管均压球处扭结或断裂，也会引起强烈局部放电，损伤绝缘。

变压器内金属异物（如铜铁屑、铁锈、焊渣等）残留在绕组与绝缘上，会引起铁芯对地绝缘不良，造成树枝状放电与绝缘击穿，必须引起高度重视。

2. 悬浮放电

变压器内所有金属部件必须有固定的电位或接地，否则会发生电位悬浮放电。悬浮放电一般又涉及油介质，因此油色谱分析中的 CO 气体不会明显增长，主要表现为乙炔气体在几个到几十个 ppm 之间，有时还引起轻瓦斯发信号。常见的悬浮放电部位有：套管均压球（松动）、无载分接开关拔钗、油箱壁硅钢片磁屏蔽以及其他不接地的金属部件（例如支撑无载分接开关的不接地螺栓与电屏蔽等）。

3. 其他放电

充油管没排气使套管导杆与瓷套内壁无油而放电。有的变压器绕组纵绝缘强度低，在外部过电压（包括中性点放电间隙动作时的过电压）下匝层间击穿放电，这些在过电压下的击穿放电由于跳闸迅速，故障点不易发现。又要继电保护跳闸且油色谱分析有异常，应坚持查故障点，就会查出缺陷。个别变压器内部裸引线与接地部位距离过小，在外部过电压下会发生电弧放电。

第十八节　电力变压器故障处理经验交流

一、测绝缘电阻问题

1. 兆欧表的额定电压要与被测电力设备的工作电压相适应

绝缘材料的击穿电场强度与所加电压有关，若用 500V 以下的兆欧表测量额定电压大于 500V 的电力设备的绝缘电阻时，则测量结果可能有误差。同理，若用额定电压太高的兆欧表测量低压电力设备的绝缘电阻时，则可能损坏绝缘。因此，兆欧表的额定电压与被测电力设备的工作电压要相适应。

2. 测量 10/0.4kV 变压器低压侧绕组绝缘电阻时，可用 1000V 兆欧表

当对 10/0.4kV 配电变压器进行交流耐压试验时，在 0.4kV 绕组绝缘上施加的交流试验电压为 2kV，所以可用 1000V 的兆欧表测量其低压侧绕组的绝缘电阻。

3. 在变压器充油循环后静置一定时间再测其绝缘电阻

主要是为了排除充油循环过程中产生的气泡。为说明静置时间的影响，表 7-31～表 7-33 分别列出了一台 SFSL$_1$—2500/110 型电力变压器交接前及静置不同时间的测量结果。

表 7-31 交接前绝缘电阻与介质损耗因数 tgδ 值

测 试 位 置	绝 缘 电 阻（MΩ）			tgδ（试验电压 10kV）	
	室 温 10℃			油 温 15℃	
	R''_{15}	R''_{60}	吸收比	tgδ（%）	换算至 20℃
高压—中低压及地	∞	∞		0.2	0.25
中压—高低压及地	10000	10000		0.2	0.25
低—高中压及地	5000	10000	2	0.2	0.25

表 7-32 充油循环 7.5h 的绝缘电阻与介质损耗因数 tgδ 值

测 试 位 置	绝 缘 电 阻（MΩ）			tgδ（试验电压 10kV）	
	室 温 13℃			油 温 50℃	
	R''_{15}	R''_{60}	吸收比	tgδ（%）	换算至 20℃
高压—中低压及地	600	700	1.16	2.1	0.78
中压—高低压及地	300	350	1.16	3.2	1.18
低压—高中压及地	250	300	1.20	3.1	1.15

表 7-33 充油循环停止 34h 的绝缘电阻与吸收比

测 试 位 置	绝 缘 电 阻（MΩ）		
	R''_{15}	R''_{60}	吸收比
高压—中低压及地	5000	7500	1.5
中压—高低压及地	∞	∞	
低压—高中压及地	7000	10000	1.43

由此可见，表 7-33 与表 7-31 结果相似，它反映了变压器的真实情况。所以在进行变压器绝缘电阻测量时，不仅要正确掌握各种测试方法和仪器，严格执行 Q/CSG 10007—2004，而且要待其充油循环静置一定时间等气泡逸出后，再测量绝缘电阻。通常，对 8000kVA 及以上较大型电力变压器需静置 20h 以上，3～10kVA 级的小容量电力变压器需静置 5h 以上。

4. 变压器油纸的含水量对绝缘电阻的影响

为说明变压器油纸含水量对绝缘电阻的影响程度，引入模拟试验结果，见表 7-34。

表 7-34 模型油纸含水量与绝缘电阻的关系

序 号	油含水量（ppm）	纸含水量（%）	R''_{15}（MΩ）	R''_{60}（MΩ）	吸收比
1	7	1.54	60	550	9.17
2	11	1.40	68	450	6.62
3	16	2.74	39	157	4.03
4	22	2.82	29	82	2.83
5	29	1.40	19	70	3.68
6	38	3.13	26	60	2.31
7	67	9.02	3.2	3.6	1.12

由表 7-34 可见，序号 1～7，随着油的含水量增大，绝缘电阻逐渐减小，虽然其中 5

号纸的含水量 1.40% 比 4 号及 3 号纸的含水量 2.82% 和 2.74% 小近一倍，但绝缘电阻同样是减小的。也就是说，油是影响整个油—纸绝缘系统绝缘电阻高低的一个主要因素。实例也证明了这个规律是正确的。

研究者由此引出结论：绝缘油质好坏是引起变压器绝缘电阻高、吸收比小或绝缘电阻低、吸收比高的一个主要原因。

5. 测量变压器绝缘电阻与温度的关系

温度增加，绝缘电阻下降，因为温度增加，加速了绝缘介质内分子和离子的运动；同时，温度升高时，绝缘层中的水分溶解了更多的杂质，这都使绝缘电阻降低。而当试品温度降低至低于周围空气的"露点"温度时，绝缘电阻也降低，因为潮气将在绝缘表面结露，增加了表面泄漏，故绝缘电阻也要降低。

在 Q/CSG 10007—2004 中规定吸收比和极化指数不进行温度换算。

由于吸收比与温度有关，对于十分良好的绝缘，温度升高，吸收比增大；对于油或纸绝缘不良时，温度升高，吸收比减小。若知道不同温度下的吸收比，则可以对变压器绕组的绝缘状况进行初步分析。

对于极化指数而言，绝缘良好时，温度升高，其值变化不大。例如某台 16MVA、500kV 的单相电力变压器，其吸收比随温度升高而增大，在不同温度时的极化指数分别为 2.5（17.5℃）、2.65（30.5℃）、2.97（40℃）和 2.54（50℃）；另一台 360MVA、220kV 的电力变压器，其吸收比随温度升高而增大，而在不同温度下的极化指数分别为 3.18（14℃）、3.11（31℃）、3.28（38℃）和 2.19（47.5℃）。它们的变化都不显著，也无规律可循。

综上所述，在 Q/CSG 10007—2004 中规定，吸收比和极化指数不进行温度换算。

6. 测量变压器绝缘电阻或吸收比时的测量顺序

测量变压器绝缘电阻时，要规定对绕组的测量顺序。无论绕组对外壳还是绕组间的分布电容均被充电，当按不同顺序测量高压绕组和低压绕组绝缘电阻时，绕组间电容发生的重新充电过程不同，会对测量结果有影响，导致附加误差。因此，为了消除测量方法上造成的误差，在不同测量接线时，测量绝缘电阻必须有一定的顺序，且一经确定，每次试验时均应按此顺序进行。这样，也便于对测量结果进行比较。

7. 绝缘电阻低的变压器的吸收比与绝缘电阻高的变压器的吸收比的比较

绝缘电阻低的变压器的吸收比一定要比绝缘电阻高。变压器的吸收比高吗？不一定。对绝缘严重受潮的变压器，其绝缘电阻低，吸收比也较小。但绝缘电阻是兆欧表摇测 1min 的测量值，而吸收比是 1min 与 15s 的绝缘电阻之比，且吸收比还与变压器容量有关。所以在一般情况下，绝缘电阻低，其吸收比不一定低，尤其对大型变压器，其电容大，吸收电流大，因此吸收比较高；而对小型变压器，其电容小，往往绝缘电阻高，但其吸收比却较小。

8. 变压器的绝缘电阻和吸收比反映绝缘缺陷的不确定性

首先分析变压器绝缘的等值电路及吸收过程。

变压器主绝缘系隔板结构，由纸板和油隙组成，如图 7-58 所示。

由于 $d \gg c$，$b \gg a$，可以忽略纸撑条和纸垫块的电容。变压器主绝缘可近似由图 7-59

所示的等值电路来表示。

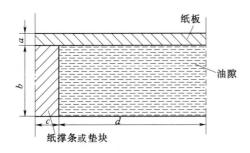

图 7-58 变压器主绝缘示意图

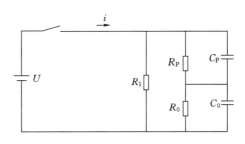

图 7-59 变压器主绝缘的等值电路

R_P、C_P—纸板的等值绝缘电阻和电容量；

R_0、C_0—油层的等值绝缘电阻和电容量；

R_1—纸撑条和纸垫块的等值绝缘电阻

在直流电压作用下，吸收电流为

$$i = A_0 + Ae^{-t/\tau}$$

绝缘电阻为

$$R(t) = \frac{R}{1 + Ge^{-t/\tau}}$$

绝缘电阻稳定值为

$$R = \frac{R_1(R_P + R_0)}{R_1 + R_P + R_0}$$

吸收系数为

$$G = \frac{R_1}{R_1 + R_P + R_0} \times \frac{(R_P C_P - R_0 C_0)^2}{R_P R_0 (C_P + C_0)^2}$$

吸收时间常数为

$$T = \frac{R_P R_0}{R_P + R_0}(C_P + C_0)$$

显然：$G = A/A_0$；$R = U/A_0$。

绝缘电阻 R 随时间增加而增大的吸收过程也是分析绝缘电阻和吸收比反映绝缘缺陷不确定性的基础。

$$R_{60} = \frac{R}{1 + Ge^{-60/T}}$$

可见 R_{60} 正比于稳定值 R，能反映变压器油纸串联的绝缘情况。然而，R_{60} 还取决于吸收参数 G 与 T，这就给判断绝缘状况优劣带来复杂性。

吸收比

$$K = \frac{R_{60}}{R_{15}} = \frac{1 + Ge^{-15/T}}{1 + Ge^{-60/T}}$$

由上式看出，G 增加导致 K 增加，如图 7-60 所示。

吸收系数 G 主要取决于介质的不均匀程度（$R_P C_P \neq R_0 C_0$），由 G 的计算式可知，当 $(R_P C_P - R_0 C_0)^2$ 较大时，G 值增大；反之，当 $R_P C_P \approx R_0 C_0$ 时，即两层介质均良好或均很差时，G 值较小，均使吸收比下降，这也给判断绝缘优劣带来复杂性。

233

K 的计算式还表明，在固定的吸收系数 G 值情况下，某一吸收时间常数 $T = T_0$ 时，吸收比 K 取得最大值 K_m，如图 7-61 所示。

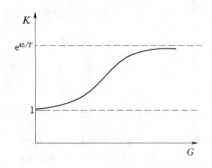

图 7-60　吸收比与吸收系数的关系

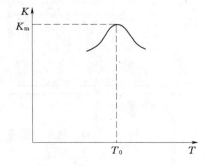

图 7-61　吸收比与吸收时间常数的关系

当 $T > T_0$ 时，T 增加导致 K 下降；$T < T_0$ 时，T 减小也导致 K 下降。

由 T 的计算式可知，吸收时间常数 T 与 $\dfrac{R_P R_0}{R_P + R_0}$ 成正比，双层介质两层或其中一层介质劣化时，$\dfrac{R_P R_0}{R_P + R_0}$ 小，T 小，导致 K 小；但两层介质均良好时，$\dfrac{R_P R_0}{R_P + R_0}$ 大，T 大（$T >$ T_0），K 也小。

综上所述，变压器绝缘不良时，吸收比 K 较小，但 K 小，也可能是绝缘良好的表现，从而给判断绝缘优劣常带来复杂性，出现反映绝缘缺陷的不确定性。

9. 变压器绝缘的吸收比随温度变化的特点

变压器绝缘的吸收比随温度变化的特点是：与绝缘状况有关。绝缘状况不同，变化的规律不同。表 7-35 给出了变压器绝缘吸收比随温度的变化情况。

表 7-35　　　　　　　　吸收比与温度变化的关系

序　号	变压器规格	较低温度的 R_{60}/R_{15}	较高温度的 R_{60}/R_{15}
1	120MVA/220kV	18℃，3950MΩ/3200MΩ=1.23	33.8℃，2500MΩ/1850MΩ=1.35
2	360MVA/220kV	18℃，4500MΩ/2850MΩ=1.21	38℃，1450MΩ/950MΩ=1.53
3	31.5MVA/110kV	23℃，1400MΩ/750MΩ=1.81	38℃，850MΩ/490MΩ=1.73
4	31.5MVA/110kV	17.2℃，2000MΩ/1150MΩ=1.74	30.5℃，1320MΩ/650MΩ=2.03
5	40MVA/18kV	20.5℃，3200MΩ/2400MΩ=1.33	32℃，1550MΩ/280MΩ=1.29

由表 7-35 数据可见，温度较低与较高时，不同变压器的吸收比变化差异很大。序号为 1、2 和 4 的变压器，其吸收比随温度上升而增大；序号为 3 与 5 的变压器，其吸收比随温度上升而减小。

吸收比随温度变化的这些特点可用 G，T，K 进行如下解释。

(1) 油与纸绝缘均良好，$(R_P C_P - R_0 C_0)^2$ 较小，G 小，T 大（$T > T_0$），K 小。温度上升，T 减小，使 K 上升。

(2) 纸绝缘良好；油绝缘较劣时，$(R_P C_P - R_0 C_0)^2$ 较大，G 大；T 小（$T < T_0$），K 较大；温度上升，T 减小，使 K 下降。

（3）纸绝缘不良时，R_P 与 R_1 均较小，$\dfrac{R_1}{R_1+R_P+R_0}$ 小，吸收系数 G 小，K 小。温度上升时，$\dfrac{R_1}{R_1+R_P+R_0}$ 更小，K 下降。

根据对以上实例分析可知，采用升高温度的办法检测吸收比，若吸收比上升，则说明变压器绝缘良好。当然这种升温测试法耗时费力，难以普遍推广。

10. 当前在变压器吸收比的测量中遇到的矛盾及其特点

当前在变压器吸收比的测量中遇到的主要矛盾如下。

（1）对于一般工厂新生产的变压器，发现吸收比偏低，而多数绝缘电阻值却比较高。

（2）运行中有相当数量的变压器吸收比低于 1.3，但一直运行安全，未曾发生过问题。例如我国西北地区统计，正常运行的 72 台变压器 905 次测量结果，其中吸收比小于 1.3 的占测量总数的 13.9%。

造这些现象的原因各异，一时难以统一。但有的看法是共同的，认为吸收比不是一个单纯的特征数据，而是一个易变动的测量值，总结起来有以下特点。

（1）吸收比有随着变压器绕组的绝缘电阻值升高而减小的趋势。研究者统计了 46 台某一型号规格的 110kV 级大型电力变压器和 67 台 35～110kV 的大容量变压器，得出回归直线图如图 7-62 和图 7-63 所示。由图 7-62 可以得出，绝缘电阻值上升 1MΩ，K 值下降约 0.11。

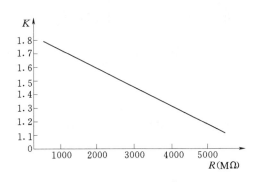

图 7-62　46 台 110kV 某一规格变压器
吸收比与绝缘电阻的关系

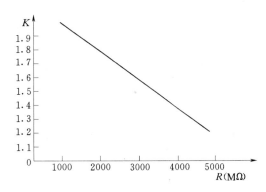

图 7-63　61 台 35～110kV 变压器吸收
比与绝缘电阻的关系

（2）绝缘正常情况下，吸收比有随温度升高而增大的趋势。例如：某 120MVA、220kV 变压器吸收比和温度的关系，某进口的 167MVA、500kV 和某 3.15MVA、110kV 变压器高压绕组吸收比和温度关系如图 7-64 所示，它们的吸收比均随温度升高而增大。

（3）绝缘有局部问题时，吸收比会随温度上升而呈下降的现象。

在实际测量中也发现有一些变压器的吸收比随着温度上升反而呈现下降的趋势，其中有一部分变压器绝缘状况属于合格范围，研究者对此进行了分析。

当变压器纸绝缘含水量很小（0.3%），油的 tgδ 较大（0.08%～0.52%），吸收比数值会随温度上升而下降，这时的绝缘状况仍为合格。

变压器纸绝缘含水量越大，其绝缘状况越差，绝缘电阻的温度系数越大，吸收比数值

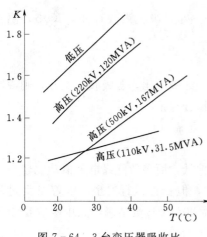

图 7-64　3 台变压器吸收比
与温度的关系

越低，且随温度上升而下降。

有的研究者认为，由于干燥工艺的提高，油纸绝缘材质的改善和变压器的大型化，吸收过程明显变长，出现绝缘电阻提高，吸收比小于 1.3 而绝缘并非受潮的情况是可以理解的。因此，当绝缘电阻高于一定值时，可以适当放松对吸收比的要求。

究竟绝缘电阻高到什么数值情况下，吸收比可作何种要求，根据手头所积累的资料数据认为，从经验上说，当温度在 10℃ 时，110kV、220kV 的变压器，其绝缘电阻 R_{60}'' 大于 3000MΩ 时，可以认为其绝缘状况没有受潮，可以对吸收比不作考核要求。另一个判别受潮与否的经验数据是，绝缘受潮的变压器，R_{60}'' 与 R_{15}'' 之差通常在数十兆欧以下，且最大值不会超过 200MΩ。

吸收比的测量问题还有待于继续深入研究。

二、变压器的泄漏电流问题

1. 在 500kV 变电所测变压器泄漏电流时，如何消除感应电压的影响

在 500kV 变电所测变压器泄漏电流时，由于部分停电，会有感应电压的影响，有时感应电压很高，给测量带来困难。现场试验表明，当在导线上对地并联一个 0.1μF 的电容时，导线上的感应电压便从 19.6kV 下降到 250V。可见在变压器上对地并联一个 0.1μF 左右的电容器后，便可消除感应电压的影响，顺利地进行直流泄漏电流试验了。

2. 不拆引线，如何测量变压器的泄漏电流

若要既不拆除全部引线，又屏蔽掉并联元件；如 CVT、MOA、隔离开关等的影响，可采用铁芯串接微安表的方法测量其泄漏电流，试验接线如图 7-65 所示。

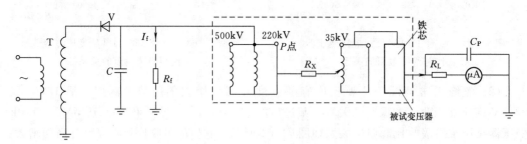

图 7-65　变压器本体泄漏电流测量接线
R_f—并联杂散元件的等效电阻；R_X—被测绕组绝缘电阻的等效电阻；
R_L—滤波电阻（1MΩ）；C_P—旁路电容（100μF）

由图 7-65 可见，微安表串接于铁芯与地之间，故表中通过的仅为高、中压绕组对低压绕组及铁芯间绝缘的泄漏电流，因此，可正确地反映变压器的绝缘状况。而变压器外部

的所有对地电流 I_f，均由电源提供直接入地，不流过微安表。当 C_P 取为 $100\mu F$ 时，其工频阻抗为 3.2Ω，远低于 R_L 值（$1M\Omega$），因此，几乎全部交流干扰电流均被旁路掉。而 R_L 值又远远小于被试变压器的绝缘电阻 R_X，故不会对测量产生影响。

这种接线的缺点是不能测出绕组、引线、分接开关对外壳间的绝缘状况。但从变压器内部绝缘结构来看，上述缺陷部位主要为绝缘油，所以可以通过监视油质变化的其他项目，如油绝缘、耐压、介质损耗因数、色谱分析、微水分析等来弥补。

3. 大型变压器测量直流泄漏电流容易发现局部缺陷，而测量 $tg\delta$ 却不易发现局部缺陷

大型变压器体积较大，绝缘材料有油、纸、棉纱等。其绕组对绕组、绕组对铁芯，套管导电芯对外壳，组成多个并联支路。当测量绕组的直流泄漏电流时，能将各个并联支路的总直流泄漏电流值反映出来。而测量 $tg\delta$ 时，因在并联回路中的 $tg\delta$ 是介于各并联分支中的最大值与最小值之间。其值的大小决定于缺陷部分损耗与总电容之比。当局部缺陷的 $tg\delta$ 虽已很大时，但与总体电容之比的值仍然很小，总介质损耗因数较小，只有当缺陷面积较大时，总介质损耗因数才增大，所以不易发现缺陷。

三、变压器的介质损耗因数问题

1. 在测量变压器的 $tg\delta$ 和吸收比 K 时，铁芯必须接地

变压器做绝缘特性试验时，如果变压器的铁芯未可靠接地，将使 $tg\delta$ 值和 K 分别有偏大和偏小的误差，造成设备绝缘状况的误判断。因为铁芯未接地时，测得的 $tg\delta$ 值实际上是铁芯对地间绝缘介质的 $tg\delta$，由于绕组对铁芯的电容较大，而铁芯对下夹铁的电容很小，故其容抗很大，所以试验电压大部分降于铁芯与下夹铁之间。再则，铁芯与下夹铁间只垫有 $3\sim5mm$ 厚的硬纸板，其绝缘强度较低，当电压升高时该处由电离可能发展为局部放电，导致 $tg\delta$ 增大。

在吸收比测量中，若铁芯未接地，使绕组对外壳间串入了铁芯对外壳间的绝缘介质而使绝缘值升高，而小电容的串入使 R''_{15} 有较大幅度的提高，从而导致吸收比下降。

2. 大型变压器油介质损耗因数增大的原因及净化处理方法

大型变压器油介质损耗因数增大的可能原因主要有以下几种。

（1）油中浸入溶胶杂质。研究表明，变压器在出厂前残油或固体绝缘材料中存在着溶胶杂质；在安装过程中可能再一次浸入溶胶杂质；在运行中还可能产生溶胶杂质。变压器油的介质损耗因数主要决定于油的电导，可用下式表示

$$tg\delta = \frac{1.8\times10^{12}}{\varepsilon f}\gamma$$

式中　γ——体积电导系数；

ε——介电常数；

f——电场频率。

由上式可知，油的介质损耗因数正比于电导系数 γ，油中存在溶胶粒子后，由电泳现象（带电的溶胶粒子在外电场作用下有作定向移动的现象叫做电泳现象）引起的电导系数可能超过介质正常电导的几倍或几十倍，因此，$tg\delta$ 值增大。

胶粒的沉降平衡，使分散体系在各水平面上浓度不等，越往容器底层浓度越大，可用

来解释变压器油上层介质损耗因数小，下层介质损耗因数大的现象。

（2）热油循环使油的带电趋势增加引起介质损耗因数增大。大型变压器安装结束之后，要进行热油循环干燥。一般情况下，制造厂供应的是新油，其带电趋势很小，但当油注入变压器以后，有些仍具有新油的低带电趋势，有些带电趋势则增大了。而经过热油循环之后，加热将使所有油的带电趋势均有不同程度的增加，而油的带电趋势与其介质损耗因数有着密切关系。因此，热油循环后油带电趋势的增加，也是引起油的介质损耗因数增大的原因之一。

（3）油的黏度偏低使电泳电导增加引起介质损耗因数增大。有的厂生产的油虽然黏度、比重、闪点等都在合格范围之内，但比较来说是偏低的。因此在同一污染情况下，就更容易受到污染，这是因为黏度低很容易将接触到的固体材料中的尘埃迁移出来，使油单位体积中的溶胶粒子数 n 增加，而液体介质的电泳电导表达式为

$$\gamma = \frac{n\upsilon^2 r}{6\pi\eta}$$

式中　n——单位体积中的粒子数；

r——粒子半径；

υ——粒子动电位；

η——油的黏度。

由此式可知，n 增加，黏度 η 小，均使电泳电导 γ 增加，从而引起总的电导系数增加，即总介质损耗因数增大。

（4）微生物细菌感染。微生物细菌感染主要是在安装和大修中苍蝇、蚊虫和细菌类生物浸入所造成的。在现场对变压器进行吊罩检查中，发现有一些蚊虫附在绕组的表面上。微小虫类、细菌类、霉菌类生物等大多数生活在油的下部沉积层中。由于污染所致，在油中含有水、空气、碳化物、有机物、各种矿物质及微量元素，因而构成了菌类生长、代谢、繁殖的条件。变压器运行时的温度适合这些微生物的生长，故温度对油中微生物的生长及油的性能影响很大，试验发现冬季的介质损耗因数 tgδ 值较稳定。

环境条件对油中微生物的增长有直接的关系，而油中微生物的数量又决定了油的电气性能。由于微生物都含有丰富的蛋白质，其本身就有胶体性质，因此，微生物对油的污染实际是一种微生物胶体的污染。而微生物胶体都带有电荷，影响油的电导增大，所以电导损耗也增大。

（5）油中的含水量增加引起介质损耗因数增大。对于纯净的油来说，当油中含水量较低（如 30～40ppm）时，对油的 tgδ 值的影响不大，只有当油中含水量较高时，才有十分显著的影响。当油的含水量大于 60ppm 时，其介质损耗因数 tgδ 急剧增加。

在实际生产和运行中，常遇到下列情况：油经真空、过滤、净化处理后，油的含水量很小，而油的介质损耗因数值较高。这是因为油的介质损耗因数不仅与含水量有关，还与许多因素有关。对于溶胶粒子，其直径在 10^{-9}～10^{-7}m 之间，能通滤纸，所以经过两级真空滤油机处理后，其介质损耗因数仍降不下来。遇到这种情况，通常采用硅胶或 801 吸附剂进行处理可收到良好效果。处理流程图如图 7-66 所示。表 7-36 列出了某台 SFP 27—120000/220 型变压器处理前后的测量结果，可见效果非常显著。

表 7 - 36   处理前后变压器的绝缘电阻和油的介质损耗因数

测量部位	变压器绝缘电阻（MΩ）			变压器油介质损耗因数 $tg\delta_{90°}$
	1min	10min	极化指数	
高压—低压及地	460/14000	700/32000	1.52/2.28	6.11%/0.42%
低压—高压及地	520/10000	1380/28000	2.5/2.8	

注 分子表示处理前数据，分母表示处理后数据。

3. 变压器绝缘受潮后电容值随温度升高而增大

这是因为水分是强极性的偶极子，故变压器的电容值与水分存在的状态和温度有关。在一定频率下，温度 10℃ 以下时，水分呈悬浮状或乳浊状分布于油和绝缘材料中，此时水分的偶极子不能被充分极化，致使变压器的电容较小。当温度升高时，由于分子热运动的结果，黏度降低，水分扩散并成溶解状分布在油中，此时水分中的偶极子被充分极化，致使变压器电容量增大。

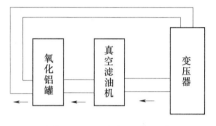

图 7 - 66　油处理流程图

4. DL/T 596—1996 与 Q/CSG 10007—2004 规定的变压器的介质损耗因数比 DL/T 596—1985《电力设备预防性试验规程》要求严

Q/CSG 10007—2004 规定的要求值是在 20℃ 时，$tg\delta$ 不大于下列数值：500kV：0.6%；110～220kV：0.8%；35kV：1.5%。这比 DL/T 596—1985 规定要严得多。

其主要原因是：当前 220kV 变压器因受潮发生故障（围屏爬电和击穿）较多，并且绕组的介质损耗因数又是反映变压器绝缘受潮的主要特征参数。规定松了不易发现受潮等缺陷，例如，某台 180MVA，220kV 电力变压器，在 40℃ 下测得吸收比 $K = \dfrac{R_{60}}{R_{15}} = \dfrac{260\text{M}\Omega}{230\text{M}\Omega} = 1.13$，介质损耗因数 $tg\delta = 2.7\%$，油击穿电压为 37.2kV。由测试数据可知，该变压器的绝缘电阻值低、吸收比小、介质损耗因数大（远大于 0.8%）、油火花放电电压偏低，由这些数据判断变压器的绝缘受潮并不困难，但 DL/T 596—1985 40℃ 时介质损耗因数 $tg\delta$ 的允许值为 3%，已不能对该变压器的绝缘受潮做出正确判断。

Q/CSG 10007—2004 规定的要求值是在考虑绝缘纸含水量的基础上，适当放宽并考虑了提高受潮缺陷检测灵敏度后确定的。

5. 有载调压开关的介质损耗因数对变压器整体的介质损耗因数的影响

以三绕组变压器为例进行分析。

不带和带有载调压开关变压器的主绝缘电容图如图 7 - 67 所示。

如图 7 - 67 （a）所示，高压绕组对中压、低压绕组及地的电容为

$$C_g = C_1 /\!/ C_4$$

如图 7 - 67 （b）所示，高压绕组对中压、低压绕组及地的电容为

$$C_{gr} = C_1 /\!/ C_4 /\!/ C_6$$

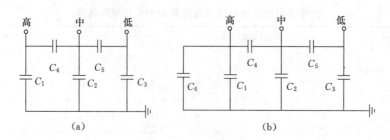

图 7 - 67 三绕组变压器的主绝缘电容图

(a) 不带有载调压开关; (b) 带有载调压开关

C_1、C_2、C_3—高、中、低绕组对地电容; C_4—高压绕组与中压绕组间电容;

C_5—中压绕组与低压绕组间电容; C_6—有载调压开关对地电容

或 $$C_{gr} = C_g /\!/ C_6$$

根据并联电路的介质损耗因数计算公式有

$$C_{gr} \, \mathrm{tg}\delta_{gr} = C_g \, \mathrm{tg}\delta_g + C_6 \, \mathrm{tg}\delta_6$$

若 $C_6 \ll C_g$，则 $C_{gr} \approx C_g$，故

$$\mathrm{tg}\delta_{gr} = \mathrm{tg}\delta_g + \frac{C_6}{C_{gr}} \mathrm{tg}\delta_6$$

因此，若 $\mathrm{tg}\delta_6$ 较大，可能导致 $\mathrm{tg}\delta_{gr}$ 较 $\mathrm{tg}\delta_g$ 大得多。例如，某台型号为 SFSL—20000/110，接线组别为 YNyn0d11 的三绕组变压器，不带有载调压开关时，其 $\mathrm{tg}\delta_g$ = 0.2%，C_g = 7618.07pF；带 SYJZZ 型有载调压开关时，$\mathrm{tg}\delta_{gr}$ = 1.0%，C_{gr} = 7966.3pF。

例如，SYJZZ 型有载调压开关的介质损耗因数 $\mathrm{tg}\delta_6$ = 23%，电容 C_6 = 341pF，这样可计算出 $\mathrm{tg}\delta_{grJ}$ = 1.17%，接近 1.0%。

由上述分析可知，若有载调压开关本身的介质损耗因数较大，会使变压器的整体介质损耗因数增大。相反，若变压器整体介质损耗因数增大，也可间接查出有载分接开关的介质损耗因数的大小，从而间接得知有载分接开关绝缘是否良好。

6. 不拆引线测量变压器套管的介质损耗因数的方法

(1) 正接线测量法。在套管端部感应电压不很高（小于 2000V）的情况下，可采用 QS_1 型西林电桥正接线的方法测量。此时，由于感应电压能量很小，当接上试验变压器后，感应电压将大幅度降低。又由于试验变压器入口阻抗 z_{Br} 远小于套管阻抗 z_x，故大部分干扰电流将通过 z_{Br} 旁路而不经过电桥，因此，测量精度仍能保证。值得注意的是，当干扰电源很强时，需要进行试验电源移相、倒相操作，通过计算校正测量误差，给试验工作带来不便。因此，在套管端部感应电压很高时，宜利用感应电压进行测量。

(2) 感应电压测量法。当感应电压超过 2000V 时，可利用感应电压测量变压器套管的介质损耗因数，其原理接线图如图 7 - 68 所示。

采用此种接线无需使用试验变压器外施电压，而是利用感应电压作为试验电源。因并联标准电容器 C_N 仅为 50pF，阻抗很大，虽干扰源的能量很小，但由于去掉了阻抗较低的试验变压器，故套管端部的感应电压无明显降低。由图 7 - 68 可见，整个测试回路中仅有 e_g 一个电源，不存在电源叠加，即电源干扰的问题，这样使电桥操作简便、易行，同时

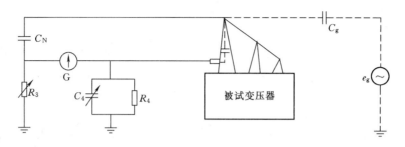

图 7-68　利用感应电压法测量变压器套管介质损耗因数接线图

也提高了测量的准确性。

表 7-37 给出了某供电局利用外施电压与感应电压法测量变压器介质损耗因数的测量结果。

表 7-37 中 W 相没有采用感应电压法测量，因为 W 相变压器运行位置距带电设备较远，感应电压过低，不宜用感应电压法测量。

表 7-37　　　　　　　　　　　测　量　结　果

方　法	tgδ（%）　相别和电压（kV）		U		V		W		温　度		试验时间（年．月）
			500	220	500	220	500	220	外	油	
外施电压法			0.65	0.25	0.55	0.3	0.6	0.3	17	36.5	1987.5
感应电压法			0.6	0.3	0.3	0.2	—	—	17	36.5	
感应电压（V）			1400	2000							
外施电压法			0.95	0.3	0.7	0.5	0.65	0.4	20	30	1989.5
感应电压法			0.6	0.3	0.5	0.3	—	—	20	30	
感应电压（V）			2500～3000		2500～3000						

四、变压器交流耐压试验问题

1. 对变压器等设备进行交流感应耐压试验，如何获得高频率电源

交流感应耐压试验是考核变压器等设备的电气强度的另一个重要试验项目。以变压器为例，工频交流耐压试验只检查了绕组主绝缘的电气强度，即高压、中压、低压绕组和对油箱、铁芯等接地部分的绝缘。而纵绝缘，即绕组匝间、层间、段间的绝缘没有检验。交流感应耐压试验就是在变压器的低压侧施加比额定电压高一定倍数的电压，靠变压器自身的电磁感应在高压绕组上得到所需的试验电压来检验变压器的主绝缘和纵绝缘。特别是对中性点分级绝缘的变压器，由于不能采用外施高压进行工频交流耐压试验，其主绝缘和纵绝缘均由感应耐压试验来考核。

为了提高试验电压，又不使铁芯饱和，多采用提高电源频率的方法，这可从变压器的电势方程式来理解

$$E = KfB$$

式中　　E——感应电势；

　　　　K——常数；

241

f——频率；

B——磁通密度。

由此可见，若使 B 不变，当电压增加一倍时，频率 f 就要相应地增加一倍。因此感应耐压试验电源的频率要大于额定频率两倍以上，一般采用 100Hz、150Hz、200Hz 的电源频率。

获得这样高频率的电源有以下几种方法。

（1）高频发电机组。它由一个电动机拖动一个高频的周期发电机所组成。发电机组的调压是通过改变励磁机的励磁变阻器，用励磁机来调节对发电机转子的励磁，从而达到发电机的定子输出电压平滑可调的目的。这种方法多在制造厂中应用。

（2）绕线式异步电动机反拖取得两倍频的试验电源。这种方法称为反拖法。它实际上是将绕线式异步电动机作为异步变频机应用的一个例子。

（3）用三相绕组接成开口三角形取得三倍频试验电源。这是现场进行感应耐压试验较易实现的一种方法。它们可以是 3 台单相变压器组合而成，也有采用五柱式变压器作为专用三倍频电源。

（4）可控硅变频调压逆变电源。应用可控硅逆变技术来产生高频作为感应耐压试验电源，具有显著优点。如重量轻、可利用 380V 低压交流电源、装置兼有调压作用、节省大量调压设备。因此是一种有希望的倍频感应耐压试验的电源装置。

2. 220kV 以上的变压器需做操作波耐压试验

220kV 以上的变压器需做操作波耐压试验，而不能用 1min 工频耐压试验代替。

操作波耐压试验是考核电力设备承受操作过电压能力的，一般不宜用 1min 工频来代替，其原因如下。

（1）两者频率不等效，电网中操作过电压波的等值频率远大于工频，一般为几千赫兹。

（2）作用时间不同，操作波持续时间只有几百到几千微秒，而工频耐压 60s，比电网中实际的操作过电压波持续时间长千万倍。

（3）操作波与工频电压波对绝缘结构的击穿机理不同，放电路径也不同，因此用工频电压波代替操作波试验是不真实的。

对 220kV 以上的变压器来说，由于相对的绝缘水平较低，如用 1min 工频耐压试验来代替操作波试验，则难以保证变压器安全运行，所以要做操作波试验。

3. 变压器等设备注油后，必须静置一定时间后才可进行耐压试验

变压器在注油时，其内部将产生许多气泡，潜伏在变压器油及部件中，由于绝缘材料的介电常数不同，承受电场强度的能力也不同，介电常数小的绝缘材料不能承受较大的电场强度。如果变压器注油后便进行耐压试验，因空气（气泡）的介电常数小于变压器油及其绝缘材料的介电常数，随着耐压试验电压的升高，气泡很快先发生放电，气泡周围绝缘材料局部温度升高，电流增大，温度再升高，最后导致绝缘击穿。所以变压器注油后，必须按照 Q/CSG 10007—2004 的规定静置一定时间方可进行耐压试验，以防因气体未排完而造成绝缘击穿，损坏变压器。

Q/CSG 10007—2004 规定：500kV 者静置时间应大于 72h；220kV 及 330kV 者静置

时间应大于 48h；110kV 及以下者静置时间应大于 24h。

4. 110kV 及以下的变压器，要求在热状态（60～70℃）下进行交流耐压试验

在热状态下进行试验更接近变压器实际运行时的工作条件，另一方面可以使变压器油中的气泡逸出不影响试验结果。因此，电压等级较高的电力变压器要求在热状态下进行交流耐压试验。

5. 对含有少量水分的变压器油进行火花放电试验时的要求

含有少量水分的变压器油进行火花放电试验时，在不同温度时应分别有不同的耐压数值。

造成这种现象的原因是变压器油中水分在不同温度下的状态不同，因而形成"小桥"的难易程度不同。在 0℃ 以下水分结成冰，油黏稠，"搭桥"效应减弱，耐压值较高，略高于 0℃ 时，油中水呈悬浮胶状，导电"小桥"最易形成，耐压值最低；温度升高，水分从悬浮胶状变为溶解状，较分散，不易形成导电"小桥"，耐压值增高；在 60～80℃ 时，耐压值达到最大值；当温度高于 80℃ 时，水分形成气泡，气泡的电气强度较油低，易放电并形成更多气泡搭成气泡桥，耐压值又下降了。

6. 变压器油火花放电电压合格的变压器内部会放出水分

当水分进入变压器油以后，水分在油中的状态可分为：悬浮状、溶解状和沉积状。由电介质理论可知，水分呈悬浮状时，使油的火花放电电压下降最为显著；溶解状次之；沉积状态一般影响很小。因此，当水沉积在变压器底部时，取油样时常常不一定取到有水的油进行试验，则其火花放电电压仍然很高。而在解体或放油检查时，则往往会发现变压器内有水。为监视这类进水受潮。Q/CSG 10007—2004 中规定，除了油火花放电电压合格外，对大型变压器还要求进行变压器油的微量水测定，以测量悬浮和溶解状态下的水分含量。

7. 绝缘油做耐压试验时，升压速度过快其火花放电电压会偏高

对绝缘油作耐压试验时，当电压升高，电极附近油中纤维、水分等杂质便向电场强度较大处移动，并顺着电场的方向在电极间逐渐构成一个"小桥"。当电压升到一定值时，即沿小桥放电。但是，杂质在电场作用下，需要一定时间才能形成极间的"小桥"，如升压速度过快，会来不及形成"小桥"而使火花放电电压不正常地偏高。

8. 对变压器中绝缘油的火花放电电压要求高

对变压器中绝缘油的要求更高，这是因为变压器中绝缘油主要起绝缘和冷却作用，如油中含有杂质、水分等，则会降低整体的绝缘强度，导致绝缘损坏事物。表 7-38 列出了绝缘油的火花放电电压与其含水量的关系。

表 7-38　　　　　　　　　　绝缘油火花放电电压与其含水量的关系

油含水量（ppm）	10	20	30	40	50	60	70	80
火花放电电压（kV）	70	60	63	56	46	38	34	23

9. 35kV 变压器的充油套管不允许在无油状态下做耐压试验，但又允许做 $tg\delta$ 及泄漏电流试验

由于空气的介电常数 $\varepsilon_1 = 1$，电气强度 $E_1 = 30$kV/cm，而油的 $\varepsilon_2 = 2.2$，E_2 可达 80～

120kV/cm，若套管不充油做耐压试验，导杆表面出现的场强会大于正常空气的耐受场强，造成瓷套空腔放电，电压加在全部瓷套上，导致瓷套击穿损好。若套管在充油状态下做耐压试验，因油的电气强度比空气的高，能够承受导杆表面处的场强，不会引起瓷套损坏，因此不允许在无油状态下做耐压试验。套管不充油作 tgδ 与泄漏试验时，所加电压低，如测 tgδ 时，其试验电压 $U_s = 10\text{kV}$，测泄漏电流时，施加的电压规定为充油状态下的 U_s 的 50%，不会出现导杆表面的场强大于空气的电气强度的现象，也就不会造成瓷套损坏，故允许在无油状态下测量 tgδ 和泄漏电流。

五、变压器其他试验

1. 大型三相电力变压器三角形接线的低压绕组直流电阻不平衡一般较大，而且常常又是 ac 相电阻最大

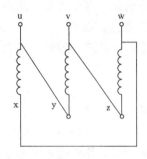

图 7-69　三角形接线

大型三相电力变压器的接线组别一般为 YNyn0d11 和 yd11。其低压绕组三角形接线如图 7-69 所示。

由于大型电力变压器低压绕组直流电阻一般很小，且连接引线 wx 远大于 uy 和 vz。因引线影响相对较大，故测量低压绕组的直流电阻时，其不平衡一般较大，且测量结果一般都是 uw 相间直流电阻最大。

2. 变压器绕组直流电阻不平衡率超标的原因及防止

测量变压器绕组的直流电阻是出厂、交接和预防性试验的基本测试项目之一，也是变压器故障后的重要检查项目，这是因为直流电阻及其不平衡率对综合判断变压器绕组（包括导杆与引线的连接、分接开关及绕组整个系统）的故障具有重要的意义。事故分析表明，影响直流电阻不平衡率的因素很多。直流电阻不平衡率超标的原因及防止措施如下。

（1）引线电阻的差异。各相绕组的引线长短不同，因此各相绕组的直流电阻就不同，可能导致其不平衡率超标。对于三相绕组直流电阻非常相近的变压器，u、w 两相绕组的直流电阻受引线的影响最大，因此其不平衡率容易超标。

为消除引线电阻差异的影响，可采用下列措施。

1）在保证机械强度和电气绝缘距离情况下，尽量增大低压套管间的距离，使 u、w 相的引线缩短，因而引线电阻减小，这样可以使三相引线电阻尽量接近。

2）适当增加 u、w 相首端引线铜（铝）排的厚度或宽度。如能保证各相的引线长度与截面之比近似相等，则三相电阻值也近似相等。

3）适当减小 v 相引线的截面。在保证引线允许载流量的条件下，适当减小 v 相引线截面使三相引线电阻近似相等。

4）寻找中性点引线的合适焊点。对 u、v、w 三相末端连接铜（铝）排，用仪器找出三相电阻相平衡点，然后将中性点引出线焊在此点上。

5）在最长引线的绕组末端连接线上并联铜板，以减少其引线电阻。

6）将三个绕组中电阻值最大的绕组套在 v 相，这样可以弥补 v 相引线短的影响。

对上述方法，在实际中可以选择其中之一单独使用，也可综合使用。

（2）导线质量。实测表明，有的变压器绕组的直流电阻偏大，有的偏差较大，其主要

原因是某些导线的铜和银的含量低于国家标准规定限额。有时即使采用合格的导线，但由于导线截面尺寸偏差不同，也可能导致绕组直流电阻不平衡率超标。

为消除导线质量问题，可采取下列措施。

1）加强对入库线材的检测，控制劣质导线流入生产的现象，以保证直流电阻不平衡率合格。

2）把作为标准的最小截面 S_{min} 改为标称截面，有的厂采用这种方法把测量电阻值与标称截面的电阻值相比较，这样就把偏差范围缩小一半，有效地消除直流电阻不平衡率超标现象。

（3）连接不紧。测试实践表明，引线与套管导杆或分接开关之间连接不紧都可能导致变压器直流电阻不平衡率超标。

消除连接不紧应采取下列措施。

1）提高安装与检修质量，严格检查各连接部位是否连接良好。

2）在运行中，可利用色谱分析结果综合判断，及时检出不良部位，及早处理。

（4）分接开关接触不良。有载和无载分接开关接触不良的缺陷是主变压器各类缺陷中数量最多的一种，约占 40％，给变压器安全运行带来很大威胁。

改善接触不良的主要措施如下。

1）在结构设计上采取有效措施，保证触头接触良好。

2）避免分接开关机件的各部分螺钉松动。

3）有载调压开关 5～6 年至少应检修一次，即使切换次数很小，也应照此执行。

（5）绕组断股。变压器绕组断股往往导致直流电阻不平衡率超标。

为消除由于断股引起的直流电阻不平衡率超标，宜采取的措施如下。

1）变压器受到短路电流冲击后，应及时测量其直流电阻，及时发现断股故障，及时检修。

2）利用色谱分析结果进行综合分析判断，经验证明，这是一种有效的方法。

综上所述，可以得出如下结论。

（1）变压器绕组直流电阻不平衡率超标的原因很多，上述仅涉及几个主要方面供分析故障参考。

（2）采用色谱分析与测量直流电阻综合分析判断是检测运行变压器绕组直流电阻不平衡率超标的有效方法，可在实践中采用。

（3）精心设计、认真安装与检修、加强运行管理是减少和消除直流电阻不平衡率超标的主要措施。

3. 新安装的大型变压器正式投运前要做冲击试验的原因

当空载变压器投运时，会产生励磁涌流，可以达到 8 倍左右的额定电流，励磁涌流将产生很大的电动力。为了考核变压器的机械强度，同时考核励磁涌流在衰减周期内能否造成继电保护误动，故要做冲击试验。

当空载变压器断开时，又可能产生操作过电压。中性点不接地或经消弧线圈接地时，过电压幅值可达 4.5 倍最大运行相电压；中性点直接接地时可达三倍最大运行相电压。为了考核变压器绝缘强度能否承受全电压或操作过电压，故也要做冲击试验，冲击次数为 5

次，每次间隔时间宜为5min，无异常现象。

4. 变压器铁芯多点接地的常见原因及表现特征

统计资料表明，变压器铁芯多点接地故障在变压器总事故中占第三位。主要原因是变压器在现场装配及施工中不慎，遗落金属异物，造成多点接地或铁轭与夹件短路，心柱与夹件相碰等。

铁芯接地故障的表现特征如下。

(1) 铁芯局部过热，使铁芯损耗增加，甚至烧坏。

(2) 过热造成的温升使变压器油分解，产生气体溶解于油中，引起变压器油性能下降。

(3) 油中气体不断增加并析出（电弧放电故障时，气体析出量较之更高、更快），可能导致气体继电器动作而使变压器跳闸。

在实践中，可以根据上述表现特征进行判断，其中检测特征气体是判断变压器铁芯接地的重要依据。

5. 如何测试变压器绕组变形

电力变压器在运行中难免要受到各种短路冲击，其中出口处短路对变压器的危害尤为严重。这些短路在变压器绕组中引起巨大电流，它通常达数十倍额定电流，使其承受机械力增大几十倍至几百倍，可能造成绕组变形，导致恶性事故。

变压器绕组变形的测试方法主要有以下几种。

(1) 低压脉冲法。它是利用等值电路中各个小单元内分布参数 L_0、C_0、g_0 的微小变化所造成波形上的变化来反映绕组结构上的变化。当外施脉冲波具有足够陡度，即包含有足够高频分量并且使用足够频率响应的示波器时，就能把这些变化清楚地反映出来。

(2) 频响分析法。它是用扫描发生器将一组不同频率的正弦波电压加到变压器绕组的一端，把所选择的变压器其他端子上得到的信号振幅和相位作为频率的函数绘制成曲线。当变压器结构定型后，它的频响特性是一定的，一旦变压器绕组发生变形，则谐振点的位置和数量将有所改变。北京电力科学研究院已根据此原理研制出变压器绕组变形测试装置。

(3) 特性试验法。有的单位曾采用单相低压空载试验和短路试验检测 220kV、120kVA 电力变压器绕组变形收到良好效果。例如，短路试验测得高、中压之间 V、W 相短路阻抗比 U 相明显增大，其中 W 相增大达 8.6%，其余情况下，V、W 相比 U 相均减小，减小最多的是中、低压间 W 相，达 17%。另外，测量电容量发现，该台变压器高、中压绕组容量增加 13.56%，低压绕组电容量增加 10.11%，所以有人认为，变压器受到短路冲击后，电容量变化超过 1% 很可能是绕组发生了变形。

6. 在变压器空载试验中要采用低功率因数的瓦特表

有的单位在进行变压器空载试验时，不用适当功率因数瓦特表进行测量。例如有的用 D_{26}—W，D_{50}—W 型等 $\cos\varphi_N=1$ 的瓦特表进行测量，殊不知前者的准确度虽达 0.5 级，后者甚至达到 0.1 级，但其指示值反映的是 U、I、$\cos\varphi$ 等 3 个参数综合影响的结果，仪表的量程是按 $\cos\varphi_N=1$ 来确定的。而在测量大型变压器的空载或短路损耗时，因为功率因数低，甚至达到 $\cos\varphi\leqslant0.1$，若用它测量，则势必出现瓦特表的电压和电流都已达到标准值，但表头指示值和表针偏转角却很小的情况。如要指示清楚些，就可能造成某一线圈过载。另外，在瓦特表内因无相间补偿线路，故给读数造成很大的误差。

设瓦特表的功率常数为 C_W，则有

$$C_W = U_N I_N \cos\varphi_N / a_N \text{（W/格）}$$

式中　　U_N——瓦特表电压端子所处位置的标称电压，V；

$\qquad I_N$——瓦特表电流端子所处位置的标称电流，A；

$\qquad \cos\varphi_N$——瓦特表的额定功率因数；

$\qquad a_N$——瓦特表的满刻度格数。

举一个例子来说明这个问题。若被测量的电压和电流等于瓦特表的额定值 100V 和 5A，当瓦特表和被测量的功率因数皆等于 1 时，瓦特表的读数为满刻度 100 格，功率常数等于 5W/格。若被测量的功率因数为 0.1，同样采用上面那只功率因数等于 1 的瓦特表来测量，则瓦特表的读数便只有 10 格。很明显，在原来的 1/10 刻度范围内读出的数其准确性很差。假如换用功率因数也是 0.1 的瓦特表来测量，则读数可提高到满刻度 100 格，功率常数为 0.5W/格。从两个读数来看。采用低功率因数的瓦特表读数误差可以减小很多。

7. 低功率因数瓦特表都采用光标指示

低功率因数瓦特表因测试对象的功率因数很低、功率小，表可动部分的转矩就很小，这样，摩擦力矩对它的影响就很大。为了消除轴承的摩擦力矩和提高表的灵敏度，低功率因数的瓦特表都采用张丝结构代替轴承。这就是低功率因数瓦特表都采用光标指示数的原因。

8. 剩磁对变压器产生影响的试验项目

在大型变压器某些试验项目中，由于剩磁，会出现一些异常现象，这些项目如下。

（1）测量电压比。目前在测量电压比时，大都使用 QJ—35、AQJ—1、ZB_1、2791 等类型的电压比电桥，它们的工作电压都比较低，施加于一次绕组的电流也比较小，在铁芯中产生的工作磁通很低，有时可能抵消不了剩磁的影响，造成测得的电压比偏差超过允许范围。遇到这种情况可采用双电压表法。在绕组上施加较高的电压，克服剩磁的影响。

（2）测量直流电阻。剩磁会对充电绕组的电感值产生影响，从而使测量时间增长。为减少剩磁的影响，可按一定的顺序进行测量。

（3）空载测量。在一般情况下，铁芯中的剩磁对额定电压下的空载损耗的测量不会带来较大的影响。主要是由于在额定电压下，空载电流所产生的磁通能克服剩磁的作用，使铁芯中的剩磁通随外施空载电流的励磁方向而进入正常的运行状况。但是，在三相五柱的大型产品进行零序阻抗测量后，由于零序磁通可由旁轭构成回路，其零序阻抗都比较大，与正序阻抗近似。在结束零序阻抗试验后，铁芯中留有少量磁通即剩磁，若此时进行空载测量，在加压的开始阶段三相瓦特表及电流表会出现异常指示。遇到这种情况，施加电压可多持续一段时间，待电流及瓦特表指示恢复正常再读数。

9. 如何处理大型变压器烧损后的变压器油

大型变压器烧损后，可采用沉降→压力过滤→真空脱气→磁胶净化的联合处理方法处理其中的变压器油。处理系统图如图 7-70 所示，具体处理步骤如下。

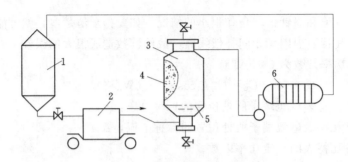

图 7-70　硅胶净化处理系统图

1—锥底油罐装油量约 5t；2—ZLY—100 型真空滤油机；3—硅胶过滤器（装硅胶 350kg）；
4—粗粒球型白色硅胶（$\phi 4\sim 8$mm）；5—过滤网；6—LY—150 型压力式滤油机

（1）将油用油泵打进锥底油罐中静置沉淀 72h 后，放去底部沉积物。

（2）用压力滤油机过滤，直至过滤后无游离碳、金属粉末等杂质，并经绝缘强度试验合格为止。

（3）用真空滤油机对油进行脱气，保持真空滤油机的真空度在 99.2kPa（740mmHg）以上，油温为 45～50℃开始脱气时取样作一次色谱分析，以后每隔 4～8h 分析一次，考察脱气效果。当总烃含量小于 100ppm，乙炔含量小于 10ppm 时，暂停真空滤油机。

（4）将真空滤油机出口接至充满排气油的硅胶过滤器入口，硅胶过滤器的出口与压力滤油机连接，进行硅胶净化处理。使用前硅胶要经过 140℃烘干 4～6h 后筛选，除去细粒，提高其表面活性；过滤网要经 100℃烘干 8h。

经过处理的油性能不仅能得到恢复，而且接近新油的水平，处理前后的性能对比见表 7-39 和表 7-40。

表 7-39　　　　　　　　　　　　变压器油处理前后比较

比 较 项 目	事故前	事故后	处理后	比 较 项 目	事故前	事故后	处理后
水分	无	有	无	酸值（mgKOH/g 油）	0.012	—	0.005
机械杂质（外观目测）	无	大量	无	酸碱反应（pH 值）	5.2	5	5.4
游离碳（外观目测）	无	大量	无	黏度（50℃，Cst）	6.5		6.3
透明度（外观目测）	清澈透明	黑色混浊	清澈透明	凝固点（℃）	—28		—29
绝缘强度（kV）	51	3	60	抗氧化剂含量（%）	0.28		0.24
闪点（闭口，℃）	155	—	156	介质损耗因数（10℃）	0.63%		0.41%

表 7-40　　　　　　　　　　　　变压器油处理前后溶气量的比较

气 体 组 分	气体组分含量（ppm）			气 体 组 分	气体组分含量（ppm）		
	事故前	事故后	处理后		事故前	事故后	处理后
CH_4	5	1344	1	H_2	27	9600	0
C_2H_4	7	784	痕量	O_2	10002	14800	1160
C_2H_6	2	29	痕量	CO	118	3470	5
C_2H_2	3	1690	1	CO_2	1180	1680	9
烃类总量（C_1+C_2）	17	3847	2	油中溶气总量（%）	6.5	10.5	1.6

10. 检测大型电力变压器油流带电故障的方法

在现场检测大型电力变压器油流带电故障可采用下列方法。

（1）色谱分析法。当变压器油中发生油流带电故障时，通常色谱分析结果会出现异常现象，而且 C_2H_2 增长很快。

（2）检测局部放电超声信号和局部放电量。确定变压器是否存在油流带电及故障程度，可在变压器停运状态下开启全部冷却油泵，用局部放电超声仪检测局部放电信号。因变压器已停运，所以仪器若能捕捉到的放电超声信号即为变压器油流带电放电产生的信号。测得的放电量越大，说明故障程度越严重。

（3）测量绕组静电感应电压。由于电容的作用，变压器存在油流带电时，在绕组上会产生感应电压，其中油泵全部开启状态下的绕组感应电压最高，测试时可用高内阻的 Q_3—V 静电电压表。

（4）测量油的有关参数。当怀疑油流带电故障与油质有关时，可测量油的介质损耗因数 $tg\delta$，电导率或油中电荷密度。通常测量介质损耗因数 $tg\delta$ 较简便。

11. 大型变压器低压绕组引线木支架过热碳化的原因

东北某电厂 SFP₃—240000/220 型升压变压器在正常大修吊罩后发现，其低压铜排 a_2、b_1、b_2 绕组引出头处 3 个支架均已烧焦、碳化，其中 b_2 处一个最为严重。支架与铜排脱离后，木件从中间断开，完全失去了原来的强度。

分析认为，木支架过热碳化的原因是：由于支撑木支架的金属构件（角铁）距低压引出线 b_2 仅 10～15mm，金属结构件处在强漏磁场中，故而产生漏磁发热。因角铁本身是热的良导体，因此，距之较近的木件热量逐渐积累以致碳化。低压引线距金属构件越近，漏磁发热越严重，由于 a_2、b_1 引线处距金属构件相对较远，所以其木支架过热情况较 b_2 轻。这些过热碳化的木支架由于完全失去了机械强度，一旦出现出口短路冲击，变压器低压母线必然造成短路，扩大事故，其后果十分严重。

大电流引线支架因漏磁发热引起木支架过热、碳化故障是一种新型的故障类型，其原因完全是由于设计不合理造成的。为消除此种故障，宜将 b_1、b_2、a_2 三个出线端邻近的木支架支持角铁移位，使最小距离均在 50mm 以上，并对现已焦化的木块进行更换。

这种故障在出厂前的各项试验均不可能发现，只有在长期运行中才逐渐表现出来。为及时检出这种故障，应加强监视。

（1）定期进行色谱分析。由于这种故障已涉及固体绝缘，所以应注意 CO 和 CO_2 的变化规律，认真总结摸索经验。如某电厂 260000kVA 变压器低压绕组过热故障就是 CO 和 CO_2 变化中判断出来的。

（2）坚持检修制度。对新投入运行的变压器在五年内进行第一次大修对发现变压器的各类制造缺陷是十分有利的。

12. 在大型电力变压器现场局部放电试验中采用 125Hz 试验电源

大型电力变压器在现场局部放电试验的难度远比实验室中大得多，主要是由于电源、补偿以及抗干扰问题等。

局部放电试验是对电压很敏感的试验，只有当内部缺陷的场强达到起始放电场强时，放电才能观察到。因此，试验标准对加压幅值及持续时间、试验接线等都作了明确的规定，必须严格按标准进行加压试验，才能对设备的局部放电性能做出正确的评估。

根据国标和 IEC 标准，在对变压器进行局部放电试验时，被试绕组的中性点应接地，高压端电压应按图 7-71 所示的程序施加。施加电压程序中包括 5s 内电压升高到最高工作电压 U_m，这主要是模拟系统中的过电压对局部放电的激发作用。

采用工频试验电源不可能使绕组中感应出这样高的试验电压，因为铁芯磁通密度饱和，激磁电流及铁磁损耗都会急剧增加，因此提高电源频率是惟一可行的办法。

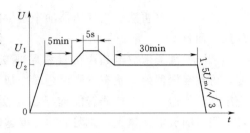

图 7-71 局部放电试验施加电压
的时间程序

然而，试验电源的频率要选择合适，保证在被试变压器加试验电压铁芯不饱和的前提下，尽量减小试验电源频率，以利于减小补偿电感的容量。通过对现有 500、220kV 主变压器无功容量的计算选择了 125Hz 为试验电源的频率。

第十九节　电力变压器试验实例

一、变压器绝缘电阻、吸收比（极化指数）的测试

某变电站一台 SFZ11—40000/110 变压器，2005 年 12 月 22 日绝缘电阻进行测试，发现该变压器高、低压侧吸收比小于 1.3，而低压侧绝缘电阻值与前一次试验结果相比偏小，高压侧绝缘电阻值与前一次试验结果相比基本相等。两次测试条件：2003 年 11 月 20 日，天气阴、气温 15℃、湿度 58%、变压器温度 48℃；2005 年 12 月 22 日，天气阴、气温 11℃、湿度 62%、变压器温度 45℃。测验结果，比较（已进行过温度换算）如表 7-41 所示。

表 7-41　　　　　　　　　　变压器二次测试结果比较

试验日期	2003 年 11 月 20 日		2005 年 12 月 22 日	
测试部位	绝缘电阻（MΩ）	吸收比	绝缘电阻（MΩ）	吸收比
低压—高压及地	18000	1.35	8000	1.05
高压—低压及地	35000	1.37	32000	1.10

现场分析发现该变压器高、低压侧的引线未解，低压侧连接 10kV 母线桥，高压侧连接 110kV 隔离开关（已断开）。将变压器高、低压侧的引线解开后测试，低压侧绝缘电阻值达 16000MΩ；吸收比 1.31；高压侧吸收比 1.34。

二、变压器泄漏电流测试

某变电站对一台额定电压为 110kV、额定容量为 40000kVA 的双绕组变压器进行泄漏电流及主体介质损耗试验，其测试数据如表 7-42 所示。

表 7-42　　　　　　　　　　双绕组变压器测试数据

试验时间　试验部位	2001 年 3 月变压器温度 35℃预防性试验		2004 年 8 月变压器温度 38℃预防性试验	
	泄漏电流（μA）	主体介损 tgδ（%）	泄漏电流（μA）	主体介损 tgδ（%）
高压—低压及地	11	0.38	5.2	0.41
低压—高压及地	5	0.33	7	0.34

分析：高压对低压绕组及地主体介损 tgδ（％）值与上年比较无明显差异，并未超标，但泄漏电流值却由上年的 11μA 增长至 52μA，虽仍在合格范围内，但增长明显。随后进行高套管介质损耗因数测量，发现其 V 相套管 tgδ（％）值超标，经检查发现该相套管主屏受潮。

三、变压器介质损失角正切值 tgδ 的测试

1. 实例 1

某变电站变压器（额定容量 31.5MVA，额定电压 66kV），预防性试验时用 QS₁ 西林电桥测量 tgδ 数值见表 7-43。

表 7-43　　　　　　　　　　某变压器 tgδ（％）测试值

绕　　　组	tgδ（％）	变压器温度（℃）
高　　压	1.05	18
低　　压	1.12	

将 tgδ 换算到 20℃时，即 $tgδ_{20℃} = tgδ_{18℃} × 1.3^{(20-18)/10} = 1.05 × 1.3^{1/5} = 1.107\%$ 大于 DL/T 596—1996《电力设备预防性试验规程》规定的 0.8％时，则可判断为绝缘受潮。经过干燥处理后再测试，均小于 0.8％，符合规程规定。

2. 实例 2

某变电站使用 QS₁ 型西林电桥对一台双绕组变压器（型号为 SJL—6300/60）进行预防性试验，测试结果见表 7-44。高压绕组对低压绕组及地的泄漏电流值高达 42μA，较上年测试值均增长 5 倍，但 tgδ 为 0.2％，和上年相同。分解试验后，测高压侧套管的 tgδ，发现 V 相 tgδ 值达 5.3％，明显不合格。

表 7-44　　　　　　变压器绝缘电阻、泄漏电流、tgδ（％）测试值比较

项　　别	部　　位	绝缘电阻	泄漏电流（μA）		tgδ（％）	
			10kV	40kV	绕组	高压侧套管
2006 年 5 月（28℃时）	高压对低压、地	—	—	8.0	0.2	N 相 0.6；U 相 0.6；V 相 0.6；W 相 0.6
	低压对高压、地	5000/3000	2.0		0.2	
2007 年 6 月（28℃时）	高压对低压、地	1100/900	—	42.0	0.2	N 相 0.4；U 相 0.5；V 相 5.3；W 相 0.4
	低压对高压、地		2.0		0.2	

四、变压器的外施工频耐压试验

有两台变压器，容量为 8000kVA，电压为 35kV。已知其高压对低压及地（外壳）的电容为 7000μF。要对其进行工频交流耐压试验，请选择试验变压器。

解：根据 DL/T 596—1996 要求：35kV 变压器预防性试验按部分更换绕组电压值，即 72kV 考虑，计算如下：

$$I = UωC_x = 72 × 10^3 × 314 × 7000 × 10^{-12} = 158 × 10^{-3}（A）$$

$$P = 100 × 10^3 × 158 × 10^{-3} = 15.8kVA$$

选择 100kV 原因是考虑 35kV 系统的其他高压设备也可以使用，按上述计算可选用

YD—20/100 型试验变压器。

五、变压器感应耐压试验

1. 三相分级绝缘变压器感应耐压试验

试品型号为 SFPS₇—120000/220；容量为 120000/120000/120000kVA；电压为 230±2×2.5%/121/38.5kV；接线组别为 YNyn0d11。

以 U 相为例，感应耐压试验接线，如图 7-72 所示。

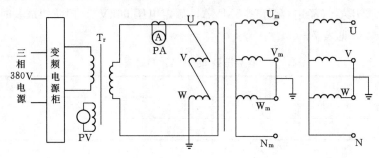

图 7-72　被试相低压侧励磁感应耐压试验接线图

试验电压如下：

高压线端 399.5kV（三相分接开关均在Ⅰ分接），中压线端 200kV。

匝间电压感应倍数为：

$$K=[399.5\times(2/3)]/(230\times1.05\sqrt{3})=1.91$$

各部电压计算如下：$U_{UW}=38.5\times1.91=73.5$kV

$$U_{VW}=U_{UV}=(1/2)U_{UW}=36.8\text{kV};U_{U_{m-地}}=(121/\sqrt{3})\times1.91\times1.5=200\text{kV}$$

$$U_{Nm-地}=(1/3)U_{U_{m-地}}=66.7\text{kV};U_{U-地}=(230\times1.05\sqrt{3})\times1.91\times1.5=399.5\text{kV}$$

$$U_{N-地}=(1/3)U_{U-地}=133.2\text{kV}$$

被试相低压励磁需要中间变压器 T_r 输出 73.5kV 电压，此时可满足试验电压要求。

2. 三相分级绝缘变压器感应耐压试验

（1）被试变压器铭牌参数：试品型号为 SFSZ—20000/110；额定容量 20MVA；额定电压为 110±2×2.5%/38.5±2×2.5%/11kV；接线组别为 YNyn0d11。

（2）试验电压与耐压时间：110kV 变压器出厂试验时，高压端对地和高压绕组相间的试验电压均为 200kV，中性点对地的试验电压为 95kV。因此这次感应耐压试验的试验电压标准为：

高压绕组相间试验电压：200×0.80=160kV

高压中性点对地的试验电压：95×0.80=76kV

耐压时间与试验电压的频率有关。这次试验采用 250Hz 电源装置提供试验电压，其耐压时间为：

$$t=2\times60\times\frac{50}{250}=24\text{（s）}$$

（3）试验接线：为了使高压端对地和高压绕组相间的试验电压相同，同时对中性点绝缘也进行适当考验，这次感应耐压试验采用将非试验相接地、中性点支撑加压的接线方式。其中 U 相试验的接线如图 7-73（a）所示。

试验时，使用电容分压器监测被试相高压端对地试验电压。按照图 7 - 73 （a）接线方式，高压中性点对地电压与被试相高压端对地电压严格地遵循 1：3 的关系，限于现场试验条件，采用监测高压中性点对地电压的方式。

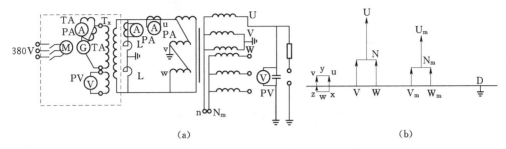

图 7 - 73　感应耐压试验接线和电压相量图

（4）电压分布计算：

1）变比计算：感应耐压时，将被变压器高、中压侧分接开关调至 1 挡，使全部线匝绝缘都受到考验。此时高、低压绕组的电压分别为 121kV 和 10.5kV。因此，计算变比为

$$K = (121/\sqrt{3})/10.5 = 6.653。$$

2）电压分布计算：按图 7 - 73 （a）接线试验时，其电压相量图如图 7 - 73 （b）所示。根据试验电压标准，计算各级电压分布（以 U 相试验为例）如下：

被试相高压端对地及相间电压：$U_{UD} = U_{UV} = U_{UW} = 160kV$

被试相高压端绕组电压：$U_{UN} = \dfrac{2}{3}U_{UD} = \dfrac{2}{3} \times 160 = 106.7kV$

高压绕组中性点对地电压：$U_{ND} = \dfrac{1}{3}U_{UD} = \dfrac{1}{3} \times 160 = 53.3kV$

低压绕组外施电压：$U_{UW} = \dfrac{U_{UN}}{K} = \dfrac{106.7}{6.653} = 16.0$ （kV）

升压变压器变比为 175，升压变压器测量绕组电压：

$$U_{mn} = U_{ac}/175 = 16.0/175 = 0.091kV = 91V$$

高压绕组中性点对地电压小于标准的 80.75kV，可用中性点外施电压进行耐压。

六、变压器局部放电试验

某变电站 330kV 变压器进行现场局部放电测量，试品型号为 OSSPS 9—400000/330，额定容量为 400000kVA，额定电压为 $363\sqrt{3} \pm 2 \times 2.5\%/24kV$，接线组别为 YN0d11。

根据 GB 1094—2003《电力变压器》，DL/T 596—1996《电力设备预防性试验规程》和《电力设备预防性试验规程补充规定》的要求，结合变压器的实际状况，此次局部试验电压确定为 1.3 倍额定电压。局部加压程序见图 7 - 74 所示。变压器局部放电试验接线如图 7 - 75 所示。

预加电压：　　　　　　　$U_1 = 1.5U_m/\sqrt{3} = 314$ （kV）

测量电压：　　　　　　　$U_2 = 1.3U_m/\sqrt{3} = 272$ （kV）

$U_3 = 1.1U_m/\sqrt{3} = 230$ （kV）

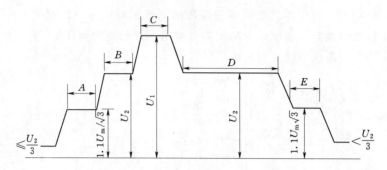

图 7-74 局部放电试验加压程序图

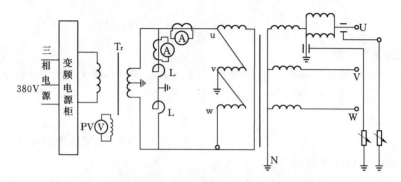

图 7-75 变压器局部放电试验接线（U 相）

U_m 为 330kV 系统最高电压 363kV。

主变压器局部放电试验时，高压有载分接开关在 4 挡，则此时高、低压绕组的运行电压分别为 353.93kV 和 24kV。因此，高、低压绕组间的变比为：$K_{12} = 353.93/\sqrt{3}/24 = 8.5$。升压变压器高压端与测量端变比为 200。

据此也可计算出试验回路中与试验电压对应的各级电压数值，见表 7-45。

表 7-45 试验过程中各级电压数值

试验电压	$1.5U_m/\sqrt{3}$	$1.3U_m/\sqrt{3}$	$1.1U_m/\sqrt{3}$
高压端对地电压	314kV	272kV	230kV
低压绕组输入电压	36.9kV	32kV	27kV
升压变压器测量线圈电压	184V	160V	135V

现场局部放电试验记录，见表 7-46。

表 7-46 现场局部放电试验记录

电压		测量时间（min）	U	V	W
试验电压	$1.1U_m/\sqrt{3}$	5	50	10	40
	$1.3U_m/\sqrt{3}$	5	130	20	80
	$1.5U_m/\sqrt{3}$	50s	180	30	100

电 压		测量时间（min）	U	V	W
测量电压	$1.3U_m/\sqrt{3}$	5	160	30	80
		10	170	20	80
		15	170	20	80
		20	160	20	80
		25	130	20	80
		30	130	20	80
		35	130	20	80
		40	130	20	80
		45	140	20	80
		50	150	20	80
		55	140	20	80
		60	130	20	80
	$1.1U_m/\sqrt{3}$	5	30	20	70

按照 GB 1094.3—2003《电力变压器 第 3 部分 绝缘水平、绝缘试验与外绝缘空气间隙》和 DL 417—2006《电力设备局部放电现场测量导则》，本次试验局部放电标准要求为：在 $1.3U_m/\sqrt{3}$ 试验电压下，高压绕组放电量小于 500pC。

该变电站主变压器局部放电试验结果显示，三相高压绕组 $1.3U_m/\sqrt{3}$ 电压下局部放电量均未超过标准要求的数值，说明该变压器经过检修后绝缘状况良好，可以投入电网运行。

七、变压器误差超标

某变电站对一台额定电压为 110/10.5kV，接线组别为 YNd11 的无载调压变压器进行大修后试验，发现在测量变比分接位置"2"、"3"时，误差超过标准，高压直流电阻在分接位置"2"、"3"时误差超过标准，其测试数据如表 7-47 所示。

表 7-47　　　　　　　　　　某变压器的测试数据

分接位置	变比误差（%）			高压绕组直流电阻（Ω）			
	U_V/uv	V_W/vw	U_W/uw	U_N	V_N	W_N	$\Delta R\%$
1	−0.05	−0.04	−0.04	0.3804	0.3820	0.3824	0.52
2	+0.07	+2.54	+2.69	0.3711	0.3725	0.3639	2.33
3	−0.03	−2.88	−2.90	0.3620	0.3631	0.3733	3.09
4	−0.04	+0.03	−0.05	0.3535	0.3543	0.3549	0.39
5	−0.03	−0.06	−0.05	0.3443	0.3452	0.3458	0.45

经对变比、直流电阻数据进行分析，可将分接开关 W 相绕组的分接"2"、分接"3"接反，造成误差超标，重新吊检，发现其缺陷，消除后重新测量，其变比误差、直流电阻误差均合格。

八、变压器预防性试验

某变电站对一台额定电压为 110kV、额定容量为 31500kVA 的无载调压变压器进行预防性试验（运行Ⅱ挡），其测试数据如表 7-48 所示。

表 7-48   预防性试验测试数据表

试验日期	高 压 绕 组								
	2006 年 5 月预防性试验（变压器温度 30℃）					2004 年预防性试验（变压器温度 28℃）			
分接开关位置	U_N	V_N	W_N	$\Delta P\%$	绝缘油色谱（$\mu L/L$）	U_N	V_N	W_N	$\Delta R\%$
1	0.3989	0.3943	0.3925	1.61	CH_4：180	0.3878	0.3929	0.3917	1.31
2	0.3860	0.3813	0.3805	1.44	C_2H_4：380	0.3754	0.3800	0.3785	1.22
3	0.3733	0.3688	0.3673	1.60	CO：450	0.3627	0.3674	0.3659	1.29
4	0.3611	0.3567	0.3552	1.65	CO_2：110；H_2：200	0.3505	0.3549	0.3528	1.24
5	0.3487	0.3446	0.3431	1.62	C_2H_6：270；C_2H_2：0	0.3378	0.3422	0.3401	1.29

由表 7-48 可见，误差未超过 2%，但其中 U 相数值偏大，与历史数据比较超过 2%，且油中色谱超过规定值（判断为发热），加测（Ⅰ～Ⅴ挡）其现象同上。经分析比较判断，U 相可能存在电流回路接触不良，吊罩检查，发现 U 相与套管连接的三根并绕导线有一根虚焊。由表中数据可见在各分接位置 $\Delta R\%$ 均小于 2%，合格。但由色谱试验得知有异常。可见如果仅看 $\Delta R\%$ 不能发现问题，但从 U 相的直流电阻值看，在每一个分接开关位置（Ⅰ～Ⅴ挡）上都比 V、W 相大，并且 V、W 相与历史数据比较差别很小，如果不是仔细研究是发现不了的，那么两次试验应结合起来综合分析。

九、变压器空负荷试验

有一台额定电压 10/0.4kV、额定容量 400kVA，接线组别 Yyn0 的变压器，在运行时低压侧发生故障，使高压侧熔丝熔断，对其进行绝缘电阻、直流电阻、交流耐压试验均合格，采用单相法进行空负荷电流测量，试验接线如图 7-76 所示。其试验数据如表 7-49 所示。

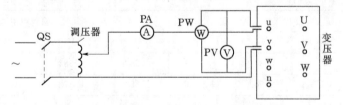

图 7-76   三相变压器分相空负荷试验接线图

表 7-49   变压器空负荷试验数据表

加电压相	短 路 相	试验电压（V）	空负荷电流（mA）
uv	wn	200	825
vw	un	200	820
uw	vn	200	736

从表 7-49 可以看出，I_{0uv}，I_{0vw} 基本相等且大于 I_{0uv}，而正常的是 I_{0uw} 大于 I_{0uv}，I_{0vw} 约 1.3 倍，仔细观察试验数据发现，电压加在 v 相时，试验数据异常，判断该变压器 v 相铁芯或绕组上有缺陷，经吊芯检查高压侧 V 相线圈有匝间短路。

十、变压器短路试验

有一台额定电压为 110/10.5kV、额定容量为 40000kVA、高压侧电流 210A、阻抗电压 19.76%、接线组别为 YNd11 的变压器，在运行时低压出口侧发生短路故障，短路电流达 12000A 左右，该变压器后备保护动作，对其进行绝缘电阻、直流电阻、泄漏试验均合格，采用单相进行短路电压测量、变压器温度 45℃，其接线如图 7-77 所示。其试验数据如表 7-50 所示。

根据表 7-50 中的试验数据进行计算。

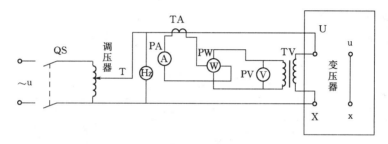

图 7-77　单相变压器短路试验间接测量线圈

表 7-50　　　　　　　　　　变压器短路试验数据表

加 电 压 相	短　路　相	试验电压（V）	电　流（A）
UN	uvw	420	6.9
VN	uvw	415	7.2
WN	uvw	423	7.3

（1）先对每相的试验电压换算到额定条件下的阻抗电压

$$U_{KUN}=U_{UN}\times\frac{I_n}{I_{UN}}=420\times\frac{210}{6.9}=12.783\times10^3（V）$$

$$U_{KVN}=U_{VN}\times\frac{I_n}{I_{VN}}=415\times\frac{210}{7.2}=12.104\times10^3（V）$$

$$U_{KWN}=U_{WN}\times\frac{I_n}{I_{WN}}=423\times\frac{210}{7.3}=12.169\times10^3（V）$$

（2）将 U_{KUN}、U_{KVN}、U_{KWN} 分别代入式（7-39）可得

$$U_K\%=\sqrt{3}\times\frac{U_{UN}+U_{VN}+U_{WN}}{3U_n}\times100\%$$

得短路阻抗电压 $U_K\%=\sqrt{3}\times(12.783+12.104+12.169)\times10^3/3\times110\times10^3=19.45\%$。

通过计算测得的阻抗电压 19.45%，与铭牌阻抗电压相比小于 ±3%。因此，该变压器虽然通过短路电流将达 12000A 左右，但变压器内部各结构件、几何尺寸等将未发生改变。

十一、变压器零序阻抗测试

一台型号为 SFSZ$_9$—31500/110/10.5kV、接线组别为 YNd11 的变压器测试零序阻

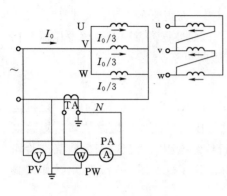

图 7-78　测试接线图

抗。测试数据：$U_0 = 240V$；$I_0 = 17.45A$；$P_0 = 195W$。画出测试接线，并求零序阻抗、零序电阻、零序电抗值。

解：（1）测试接线如图 7-78 所示。

（2）计算结果：零序阻抗 $Z_0 = 3U_0/I_0 = 3 \times 240/17.45 = 41.26$（Ω）

零序电阻：$R_0 = 3P_0/I_0^2 = 3 \times 195/17.45^2 = 1.92$（Ω）

零序电抗：$X_0 = \sqrt{Z_0^2 - R_0^2} = \sqrt{41.26^2 - 1.92^2} = 41.22$（Ω）

十二、变压器分接开关试验

有一台额定电压为 110kV、额定容量为 40000kVA 的荷载调压变压器（CMⅢ—500y），在预防性试验中测得高压绕组直流电阻阻值见表 7-51。

表 7-51　　　　　　　　　预防性试验中测得高压直流电阻

高压绕组直流电阻（Ω）			
分接位置	UN	VN	WN	相间不平衡度（%）
1	0.4225	0.4234	0.4207	0.64
2	0.4167	0.4160	0.4231	1.70
3	0.4083	0.4090	0.4076	0.34
4	0.4019	0.4026	0.4107	2.17
5	0.3948	0.3957	0.3941	0.41
6	0.3893	0.3899	0.3978	2.17
7	0.3815	0.3825	0.3810	0.39
8	0.3778	0.3786	0.3865	2.28
9a	0.3660	0.3678	0.3653	0.62
9b	0.3667	0.3674	0.3744	2.08
9c	0.3774	0.3681	0.3662	3.02
10	0.3781	0.3791	0.3876	2.49
11	0.3837	0.3838	0.3817	0.55
12	0.3908	0.3936	0.4012	2.63
13	0.3960	0.3964	0.3947	0.43
14	0.4030	0.4040	0.4114	2.07
15	0.4103	0.4103	0.4082	0.51
16	0.4177	0.4210	0.4297	1.36
17	0.4239	0.4244	0.4216	0.66

从表 7-51 可以看出，高压侧 W 相直流电阻有异常，其直流电阻 2 挡大于 1 挡，4 挡

大于3挡，6挡大于5挡，而 W 相不正常挡位的直流电阻与 U、V 相比较，都相差 0.01Ω 左右，其值为一个固定值，并且 W 相不正常挡位都出现在双数挡，有载调压开关是 M 型，因此根据分析得出，缺陷在有载分接开关的切换部分，且在双数挡主触头接触电阻增大。

把切换部分进行吊芯检查，测量其 W 相双数挡，主触头接触电阻为 $9880\mu\Omega$，远远大于 $500\mu\Omega$ 的标准，将主触头打磨、清洗、重新测量，其主触头接触电阻为 $217\mu\Omega$，合格，再连同变压器绕组一起测量直流电阻合格。

十三、测变压器绕组变形

电力变压器在系统运行中将受到短路冲击，随着电网容量的增大，短路电流也越来越大，因此绕组将受到很大的电动力，在变压器故障中，因短路冲击导致绕组变形的约占 30% 左右。故在 DL/T 596—1996《电力设备预防性试验规程》中要求，对于 1.6MVA 以上变压器在变压器出口短路后进行的试验中包括了测绕组变形试验，即采用绕组的频率响应值。

1. 测试方法

绕组的频率响应法（即 FRA 法）是基于下列原理而制定的；由变压器的等效电路图可知，在不同的频率下，输入一定的电压时，可以取得其响应电流值，其测量接线图见图 7-79。在图中频响分析仪器输出电压为 $30\text{mV}\sim3\text{V}$，其频率可在选定范围内变化（$10\text{Hz}\sim1\text{MHz}$），此电压加到绕组中性点或线端上，在其他线端连接测量线，把信号（即响应）送回频响分析仪，并在记录仪上以频率为横坐标，以响应为纵坐标绘出频响曲线。当变压器制造完成后，其线圈内部结构便已确定，其分布参数

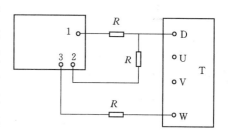

图 7-79 频响法测量接线图
F—频响分析仪；1—扫频输出；
2、3—响应输入；R—匹配

L、C 也已确定，频响曲线也已确定。当变压器线圈发生变形或位移时，则 L、C 将发生变化，其频响特性也变化。比较正常的和变形后的曲线的重合程度，就可知其变形情况。当试验说明可能绕组变形时，宜进行吊罩检查，并及时进行处理。此方法可以与一些常规试验相配合，进行综合判断。

在进行测试时应注意以下几点：

（1）变压器的分接开关位置，出口引线长度对绕组的频响曲线影响较大，故测试时变压器的状态必须具有一定的稳定性，一般应在不带任何出线的情况下进行变形测试；同时必须记录分接开关的位置，以便在同一挡位上进行比较。

（2）FRA 法测试接线方式不同也直接影响到绕组的频响曲线，测试时必须具有一套相对固定的测试方法。

（3）变压器绕组变形测试结果判断的关键是拥有绕组结构正常时的频响曲线或相同结构变压器的频响曲线，三相频响曲线间相互比较是一种权宜之计，它具有一定的局限性。

（4）要注意信号源位置的影响，"U"端输入、"O"端输出和"O"端输入，"U"端输出的曲线是不同的。在表 7-52 中列出了 FRA 法的接线方式。

表 7 - 52   **FRA 法变形测试接线方式**

变压器接线方式	输 入 端	输 出 端	其 他 线 圈
Y 或 D	U	V	开路
Y 或 D	V	W	开路
Y 或 D	W	U	开路
Y_0	U	0	开路
Y_0	V	0	开路
Y_0	W	0	开路
单相变压器	U	X	开路
单相变压器	V	Y	开路
单相变压器	W	Z	开路

2. 实例说明

（1）绕组扭曲变形：某变电站电缆头故障，开关重合，引起 66kV 变压器低压侧三相绕组短路，轻瓦斯动作。事后进行了色谱分析和电气绝缘试验未发现异常。由于用电紧张，在 3 天后进行了变压器高压绕组变形试验。其频响曲线见图 7 - 80。由图可知，总体趋势一致性尚好，但三相谐振频率依次发生偏移，谐振幅值电路有变化。初步判断变压器高压绕组可能出现局部扭曲或器身整体位移。

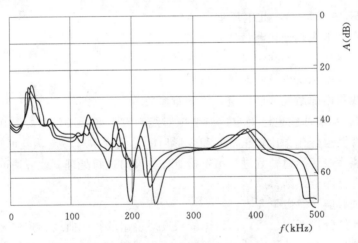

图 7 - 80   66kV 变压器高压绕组三相对比频谱图

经吊芯检查发现：高压绕组 V，W 相整体扭曲，部分垫块已蹦出且扭斜；V 相一个压钉碗破碎；U、W 相中间一匝导线收缩严重变形；器身铁轭中间拱起。

（2）绕组突起性变形：某一变电站 220kV 变压器由于施工不慎造成变压器出口短路，由 W 相对地短路而发展为三相相间短路。持续 1.2s，短路电流 11200A，重瓦斯保护动作。然后进行绝缘电阻，变比，直流电阻等试验和色谱分析，未见异常。过 10 天后进行了绕组变形试验，试验结果如图 7 - 80 和图 7 - 81 所示。由图中可知，高压绕组三相一致性较好，基本无明显变化，低压绕组在 30kHZ 以下一致性很好，30kHZ 以上发生明显差异，说明低压绕组已发生变形。U、V 相较 W 相谐振点向低频方向移动，谐振幅值升高，并有峰谷反向现象，说明电感量可能减小，对地电容量可能增大，U，W 相绕组可能发生辐向变形。经吊芯检查发现：高压绕组基本无变形，低压绕组 U 相从第 5 撑条发生突起性变形，V 相从第 25 层到第 100 层的第 5 到第 9 撑条间也发生类似的突起性变形，W 相无变形。

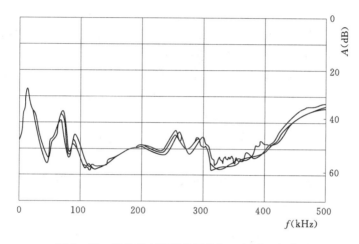

图 7-81　220kV 变压器高压绕组三相对比频谱图

（3）变压器绕组压板开裂，垫块松动。

某变电所两台主变压器，SFP8—120000/220kV，某天铝箔纸引起 66kV 线路三相短路并接地。短路冲击前后色谱分析无显著变化，局部放电试验和短路冲击前对应相放电量小于 100pC，没有增长，变形试验结果，2 号主变压器无严重变形（有原始图谱）重新投运。1 号主变压器无原始图谱，但特征图谱的一致性虽然很好，仍不排除三相绕组同时变形的可能，返厂检查结果是：三相绕组上压板有不同程度的开裂现象，垫块有所松动。高低压绕组均无较严重变形。

第八章　互 感 器 试 验

互感器是电流互感器与电压互感器的总称，是将大电流、高电压按比例地变换成小电流、低电压，供给继电保护、电气测量仪表使用。

将高电压变换成低压（经常为100V）的互感器称为电压互感器。其绝缘结构在10kV及以下的一般为干式，而15～35kV级，一般为油浸式全绝缘式。

将大电流变换成小电流（通常为5A）的互感器称为电流互感器，其绝缘形式为：15kV及以下者为干式绝缘，与瓷绝缘；15kV以上，一般为油浸式绝缘。

互感器的试验分为绝缘试验与特性试验两大类。有关试验项目与方法已在有关章节介绍。电压互感器相当容量极小的变压器，因此，试验方法与变压器完全相同，下面仅就互感器的一些试验特点做些介绍。

第一节　电流互感器试验

一、绝缘电阻

测量电流互感器的绝缘电阻时，测量一次绕组时使用2500V摇表，二次绕组使用1000V或500V摇表。非测试绕组应全部短路接地。

测量时应考虑湿度、温度与套管表面脏污对绝缘电阻的影响。

1. 标准

GB 50150—2006与Q/CSG 1007—2004规定：测量一次绕组对二次绕组及外壳、各二次绕组间及其对外壳的绝缘电阻时，电压等级为500kV的电流互感器尚应测量一次绕组间的绝缘电阻，但由于结构原因而无法测量时可不进行；35kV及以上的互感器绝缘电阻值与产品出厂试验值比较应无明显差别，检修时一般不低于出厂值或初始值的70%；电容型电流互感末屏绝缘电阻不宜小于1000MΩ。

2. 对电容式电流互感器

（1）主屏间的绝缘电阻测量。主屏间的绝缘电阻指一次芯线对末屏端间的电阻，测量时芯线接兆欧表的L端，末屏端接兆欧表的E端，用2500V摇表测量。绝缘电阻的兆欧值一般较高（数千兆欧以上），即使绝缘层的表面受潮，其总体兆欧值仍很高，只有当绝缘层的受潮很深时，绝缘电阻才会有所降低，故用测量绝缘电阻来判断这种形式的电流互感器是否受潮是很不灵敏的，而应测量其末屏对地的绝缘电阻。

（2）末屏对地的绝缘电阻测量。电容式电流互感器的末屏处在油箱的底部，它们与地之间仅末屏的外层绝缘和U形板绝缘相连，当互感器受潮，其水分积在油箱底部时，末屏与箱底间的绝缘受潮最为严重，使绝缘电阻值下降。Q/CSG 10007—2004中规定末屏的绝缘电阻值不宜小于 1000MΩ，测量时末屏端接兆欧表 L 端，接地端接兆欧表 E 端，用 2500V 兆欧表。

二、测量介质损耗因数 tgδ

只对 35kV 及以上的电流互感器测量一次绕组连同套管一起的介质损耗因数 tgδ 试验。其他电流互感器不做这项试验，试验时互感器的二次绕组应接地。

测量的结果不应低于表 8-1 所列数据（GB 50150—2006 交接试验标准）。

表 8-1　　　　　　　　　电流互感器 20℃下介质损耗角正切值 tgδ　　　　　　　　%

额定电压（kV）	35	63～220	330	500
充油式	3	2		
充胶式	2	2		
胶纸电容式	2.5	2		
油纸电容式		1.0	0.8	0.6

对于 220kV 及以上油纸电容式电流互感器，在测量 tgδ 的同时，应测量主绝缘的电容值，实测值与出厂试验值或产品铭牌值相比，其差值宜在 ±10% 范围内。

Q/CSG 10007—2004 规定：主绝缘电容量与初始值或出厂值差别超过 ±5% 时，应查明原因；参考厂家技术条件进行，无厂家技术条件时，主绝缘 tgδ 不应大于 0.5%，且与历年数据比较，不应有显著变化。

1. 8 字形结构电流互感器介质损耗因数测量

目前，电力系统中运行着大量的 35～110kV 8 字形结构电流互感器。这种互感器运行中存在一个主要的问题是：由于顶部密封不良而进水受潮。因此正确测量电流互感器一次对二次及外壳的介质损耗因数对监视绝缘是否受潮或劣化非常重要。

具体测量方法既可按 QS₁ 型电桥正接线测量一次对二次绕组的 tgδ，也可按 QS₁ 型电桥反接线测量，由于运行中互感器外壳已妥善接地，因此一般使用 QS₁ 型电桥的反接线进行测量（即一次短接电桥 C_x 线，二次短接外壳或地）。曾用此法测得一台 110kV 电流互感器，其一次对二次及外壳的 tgδ 为 2.1%（20℃时），符合试验标准要求。但在进行真空干燥处理时，明显地发现内部存有水珠。这就表明，按此方法测量介质损耗因数对发现互感器进水受潮尚不可靠。

现以一台 LCWD₂—110 电流互感器为例进行分析。该互感器不同测量接线所得数据如表 8-2 所示。

表 8-2　　　　　　　不同接线时，一台 110kV 电流互感器 tgδ 的测量结果

型　号	额定电压（kV）	制造厂出厂号及出厂日期	QS₁ 型电桥正接线				QS₁ 型电桥反接线	
			一次对二次（外壳接地）		一次对二次及外壳（热绝缘）		一次对二次及外壳（地）	
			C_x（pF）	tgδ（%）	C_x（pF）	tgδ（%）	C_x（pF）	tgδ（%）
LCWD₂—110	110	绿江电瓷厂 NO. 227 1977 年 1 月	50	3.3	56.6	3.5	81	2.2

从表 8-2 可以看出，按电桥反接法测量的 tgδ 值远小于按电桥正接时的测量值。其主要原因是：按正接线法测量一次或一次对二次及外壳的介损，是实际被试品一次对二次及外壳

绝缘的介损，而一次与顶部周围接地部分的电容与介损被屏蔽掉（电桥正接线测量时，接地点是电桥的屏蔽点），未引入到正接线测量结果中。由表 8-2 还可以看出：一次对二次的电容量为 50pF，而一次对二次及外壳电容量为 56.6pF，这主要是油及瓷质绝缘的电容。因此按正接线测量一次对二次绝缘介质损耗因数是能够反应互感器进水受潮等缺陷的。

当按反接线测量一次对二次及外壳的介质损耗因数时，因为外壳接地，实际上为一次对二次及地的介质损耗因数。此时一次与顶部对周围接地部分的电容与介损都进入了反接线的测量结果中。此时测得一次对二次及外壳（地）的电容为 81pF，那么可近似认为互感器一次与顶部对周围接地部分电容为（81-56.6）pF＝24.4pF，为反接法总试品电容的 1/3 左右。由于试品本身电容量小，而一次与顶部对周围接地部分的电容量所占比例就比较大，同时由于对地部分的电容介质主要是空气，一般情况下，这部分介质损耗因数约 0.1%～0.2%，因此测得的综合介质损耗因数作为互感器主绝缘介损就有较大误差。因此，反接法测量的结果偏小，不能真实地反映互感器的绝缘状况。

另外，由于电流互感器电容量很小，现场测量介质损耗因数时，电场干扰十分强烈。在电场干扰下，按正接法测量比反接法准确得多，表 8-3 列出了部分电流互感器 $tg\delta$ 的测量结果。

表 8-3 部分电流互感器在电场干扰下 $tg\delta$ 的测量结果

型　号	QS₁ 电桥正接线				QS₁ 电桥反接线	
	一次对二次（外壳接地）		一次对二次及外壳（热绝缘）		一次对二次及外壳（地）	
	C_x（pF）	$tg\delta$（%）	C_x（pF）	$tg\delta$（%）	C_x（pF）	$tg\delta$（%）
LCWD₂—110	39	1.1	48	0.7	76	0.2
LCWD₂—110	45	0.7	50	0.7	77	0.4
LCWD₂—110	48	4.2	55	4.1	78	3.7

2. 电容式电流互感器介质损耗因数测量

电力系统中运行着大量 220kV 电容式电流互感器，从其结构可知，某一次绕组与一般油浸纸电容式套管相似，相当于由 10 个电容量基本相等的电容元件串联而成，由于其制造时密封不良，运行中易进水受潮。

根据 Q/CSG 10007—2004，要求测量一次对末电屏（一次绕组 L₁L₂ 短路加压，末电屏接介质损耗电桥 C_x 线，二次绕组短路与铁芯等接地，即 QS₁ 型电桥正接线）或一次对末电屏，二次绕组（短路）及地（QS₁ 型电桥反接线）的 $tg\delta$。现场试验表明，按上述两种接线测量 $tg\delta$ 时，对发现互感器进水受潮缺陷并不灵敏。

如能增加测量末电屏对二次绕组、铁芯与外壳（地）的介质损耗因数 $tg\delta$，对发现进水受潮缺陷就比较有效。现场测量时，可分别测量末电屏对二次绕组、末电屏对铁芯、末电屏对地等各部分的绝缘电阻与介质损耗因数。测量时一次绕组 L₁ 与 L₂ 端子短接后接于 QS₁ 型西林电桥屏蔽线 E。这样既可避免一次绕组对末电屏间绝缘电容量较大而介质损耗因数较小，被并联侧引起的测量值偏小，还可起到屏蔽外电场干扰作用。测量时按 QS₁ 型电桥反接线，试验电压 2kV。尽管试验电压较低，但由于被试部分电容量较大（约为 1200～2500pF），因此仍能满足测量灵敏度与准确度的要求。表 8-4 所列为部分电容式电流互感器的绝缘电阻及介质损耗因数。

表 8 - 4 部分电流互感器绝缘电阻与 tgδ 测量结果

相别	试 验 结 果			检 查 结 果
	一次对末电屏	末电屏对二次绕组及地		
	tgδ（％）	绝缘电阻（MΩ）	tgδ（％）（反接线）	
U	0.2	140	4.2	底部明显有水
V	0.1	350	3.6	底部有水，从中抽出约 290mL
W	0.5	—	—	已炸坏未检查

从表 8 - 4 可以看出，末电屏对二次绕组及地的介质损耗因数能有效地发现进水受潮缺陷。同时测量末电屏对二次绕组及地的绝缘电阻也能有效地发现受潮缺陷。

从表 8 - 4 还可以看出，底部有水时测得末电屏对二次绕组及地的 tgδ 均超过 3％（Q/CSG 10007—2004 规定 tgδ 不超过 2.5％～3％为宜）因此，应该注意历次试验结果相比较与综合分析。

3. 消除外电场干扰的措施

在现场试验与运行条件下，被试品与带电的高压电气设备间有电容耦合，电场干扰是由于外界带电部分通过其与电桥臂的电容耦合产生电流流入桥臂造成的干扰。在 110kV 及以上变电站内，由于外界电场干扰，给测量带来较大的误差，甚至无法进行。为消除外电场干扰，通常采取以下方法。

（1）屏蔽法。在被试品上加装屏蔽罩（金属网或薄片），使干扰电源只经屏蔽，不经测量元件。此法适于体积较小的设备，如套管、互感器等。

（2）补偿法。这是一种较新的方法，当在 500kV 变电站内对部分停电设备作介质损耗试验时，会遇到强烈的电场干扰，无法准确测量。现场实例表明，采用移相法结合倒相法测得的数值误差很大。220kV 及以上电气设备的绝缘结构可以用电容分布参数来代表，强电场干扰源与被试品的部分电容元件及试品下端到 QS_1 型电桥的 C_x 引线之间的空间耦合会产生干扰电流，如图 8 - 1 所示。由于试品 x_c 的容抗较大，I_g 干扰电流将全部流入 QS_1 型电桥的桥臂 R_3，从而造成介损测量的较大误差。通常移相法也不能根本消除这种干扰电流的影响。

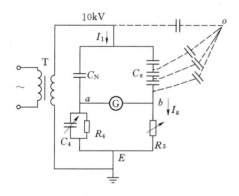

图 8-1 干扰电流分布示意图

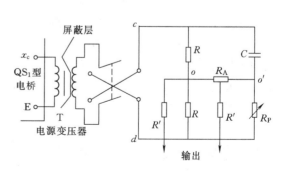

图 8-2 调幅调相电路

265

抗干扰方法的基本原理是：当无干扰电源时，电桥平衡；当有干扰电源时，电桥原本的平衡受到破坏，可在检流计 a、b 两端（也可在 R_3 两端）并接一调幅调相电路，如图 8-2 所示。使其在 a、b 两端产生人为的补偿电压与干扰电流，并使得与该两端原有的干扰电压幅值相同而相位相反，即 a、b 两端电压仍然为零，电桥维持平衡。

当 c、d 两端加有交流电压时，$U_{oc} = U_{od}$ 改变电阻 R_P 时，$U_{oo'}$ 与 U_{cd} 的相位差随着改变。o' 点的轨迹在如图 8-3 所示以 cd 为直径的半圆形圆弧上变动。随着 R_P 的改变，

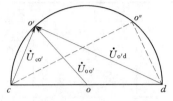

图 8-3　移相原理

$U_{oo'}$ 的幅值恒等于 $\frac{1}{2} U_{cd}$，而与 U_{cd} 的相位差则在 $0° \sim 180°$ 范围内变化。调节 R_A 则可改变输出电压的幅值。若再将 U_{cd} 倒相，便可得到一个幅值在 $0 \sim U_{cd}/2$ 之间，相位在 $0° \sim 360°$ 范围内变化的调幅调相电路。

为了方便该装置与 QS$_1$ 型电桥配套使用，其电源直接取自 QS$_1$ 型电桥本身的低压侧端子 x_c 与 E，其输出电压约 90V，整个补偿回路装在一个约 130mm×75mm×95mm 小盒内，作电桥的附件，使用起来十分方便。为了减小测量误差，必须注意以下几点。

（1）电源变压器一次侧与二次侧很好绝缘与屏蔽，且对地电容量要小。

（2）调幅、调相电路必须有一定输出阻抗，以免将检流计短路或降低其灵敏度。

（3）输出端对地绝缘电阻相对要求较高。

4. 评论

（1）电场干扰下测量高压电气设备绝缘 tgδ 与 C_x 时，根据不同试品与电场干扰情况选择合适的方法，一般可以保证有足够的测量准确度。

（2）分析表明，电场干扰下用反接线测量套管与电流互感器绝缘的 tgδ 与 C_x 时，一般不能用倒相法进行测量和计算出正确的试验结果，但可以按正接线倒相法测量，并计算正确的试验结果。

（3）在电场干扰下测量高压电气设备绝缘 tgδ 与 C_x 时，若使用 QS$_1$ 型电桥正接线法测量，其干扰影响较反接法测量要小好几倍。为提高测量准确度尽可能选用 QS$_1$ 型电桥正接线法测量。

三、交流耐压试验

电流互感器必须进行绕组连同套管一起对外壳的交流耐压试验。互感器二次绕组绝缘的交流耐压试验为 2kV，可用 2500V 兆欧表代替。在交流耐压试验时，必须在电流互感器内充满合格的绝缘油并静止一定时间后才能进行试验。试验主要是考核互感器主绝缘强度与检查局部缺陷。试验时，被试绕组的端头短接加压，非被试绕组短路与底座一起接地。由于互感器要求的试验电源容量相对较小，因此只有相应电压等级的试验变压器即可方便地进行该项试验。

工频耐压试验电压标准见表 8-5（GB 50150—2006）。

对于 10kV 及以下的电流互感器，由于它们都是固体综合绝缘结构，要求 6 年对绕组连同套管一起对外壳进行交流耐压试验。Q/CSG 10007—2004 规定：一次绕组按出厂值的 0.8 倍进行。

表 8 - 5 电流互感器工频耐压试验电压标准（1min 工频受压）

额定电压（kV）		3	6	10	15	20	35	60	110	220	330	500
试验电压（kV）	出　厂	18	23	30	40	50	80	140	185	395	510	680
	交接及大修	14.5	18.5	24	32	40	64	112	148	316	408	544

四、电流互感器（包括套管）局部放电的测量

1. 局部放电试验标准

35kV 及以上固体绝缘互感器应进行局部放电试验。110kV 及以上油浸式互感器在绝缘性能有怀疑时，可在有试验设备时进行局部放电试验。

根据 GB 5583—1985《互感器局部放电测量》和 Q/CSG 10007—2004 的规定，互感器的局部放电试验电压及放电量标准见表 8 - 6。

表 8 - 6 互感器局部放电量的允许水平

名　　称	额定电压（kV）	10s 以上预加电压（kV）	1min 以上测量电压（kV）	允许放电量（pC）	
				交接	运行
35kV 环氧树脂电流互感器	35	52.7	25.7	50	100
油浸纸电流互感器及套管	110	131	80	10	20
	220	262	160	10	20
胶纸电容式套管	110	131	80		400
	220	262	160		400
电压互感器	110	131	80	10	20
	220	262	160	10	20

加压程序如图 8-4 所示，互感器施加试验电压的程序是由零升至预加电压 U_1 持续 10s，即降至测量电压 U_2，持续 1min 进行放电量测量，读取放电量数值，测量结果后将电压降为零。对于 35kV 环氧树脂电流互感器加压为 $1.3U_m$ 测量电压为 $1.2U_m/\sqrt{3}$。

2. 局部放电测量方法

通常局部放电的测量回路有直接法与平衡法两种。采用平衡法检测互感器的局部放电是抑制电源干扰的有效方法，最高额定试验电压为 500kV。根据实测这类试验变压器约有 70% 额定电压左右时，就可以看到明显的局部放电量。升压至 250kV 额定试验电压时，放电量可达数百皮库，在降低至测量电压（160kV）时，局部放

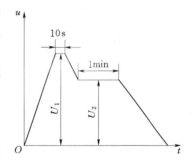

图 8 - 4　互感器局部放电
试验加压程度

注：$U_1 = 0.8 \times 1.3U_m$；$U_2 = 1.1 \times U_m/\sqrt{3}$；
　U_m 为设备的最高电压有效值（kV）

电不一定能熄灭，故这个来自试验变压器的放电量干扰了试品的局部放电量。采用平衡法可以很好地削弱来自电源回路的干扰。平衡法是用两台电流互感器（或两台套管）组成桥式回路，高压端由两台 TA（或套管）的高压端相连组成，低压端由两台 TA（或套管）的末屏分别接测量阻抗的两端（对电流互感器将电容末屏，二次绕组与铁芯连在一起，接入检测阻抗），如图 8-5 所示。如选用同型且其介质相等的试品，则平衡更佳。调平衡步

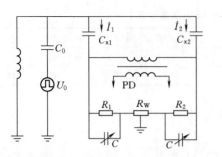

图 8-5 平衡法测量电流互感器
局部放电试验接线图
PD—局部放电测量仪器

骤如下。

（1）接线完成后，升压前将方波发生器接在试品高压与接地间作为模拟干扰源，注入 $q_{\text{OH}} = U_{\text{OH}} C_{\text{OH}} = 10000\text{pC}$，此时调节 R_{w} 使放电量表读数最小，再调节电容量 C，使读数进一步减小；在放电量表上可读取相应的最小指示数为 G_{OH}。

（2）在两台中的一台试品高压端与末屏间接入方波发生器，模拟试品内部放电，注入 $q_{01} = U_{01} C_{01} = 100\text{pC}$，放电量表相应的指示为 G_{01}。

（3）回路平衡度 K 的计算。模拟干扰源，注入放电量 q_{OH} 时，未调平衡前，在放电量表上指示的格数设 G'_{OH}；在调平衡后，在放电量表上指示的最小格数设为 G_{OH}，则

$$G'_{\text{OH}} = K G_{\text{OH}}$$

式中　K——平衡前后的比值，即平衡度。

模拟试品内部放电时，注入放电量为 q_{01}，在放电量表上指示的格数为 G_{01}，则两次注入的放电量与放电量表上指示的相应格数成正比，即 $q_{\text{OH}} : q_{01} = G'_{\text{OH}} : G_{01}$

$$q_{\text{OH}} G_{01} = q_{01} G'_{\text{OH}} = q_{01} K G_{\text{OH}}$$

$$K = \frac{q_{\text{OH}} G_{01}}{q_{01} G_{\text{OH}}} = \frac{U_{\text{OH}} C_{\text{OH}} G_{01}}{U_{01} C_{01} G_{\text{OH}}} \tag{8-1}$$

由以上可以看出，调节 R_{w} 时，高压对地注入放电量，放电量指示值 G_{OH} 越小，则平衡度越高。对试品注入的放电量越小，指示值 G_{01} 越大，平衡度也越高。一般平衡度最大可达数百格，此时电阻 R_{w} 与电容量 C 的调整位置不应再变动。

（4）施加电压，正式测量局部放电量及其判断法。施加高电压后，若试品 C_{x1} 与 C_{x2} 中产生局部放电，则局部放电电流 I_s 将流经电桥中的一臂，电桥失去了平衡，电桥两端便有脉冲电压输出。此时可移动 R_{w} 滑动来区别两台试品中放电量较大的一台。方法是：当 R_{w} 向左移时，放电量表指示减少，说明左边的试品发生局部放电；如果放电量表指示反而增大，则说明是右边的试品发生局部放电。这项试验可在一台试品的高、低压绕组间注入放电量时得到证实。

3. 干扰消除

这里仅就互感器现场局部放电试验中遇到的干扰及其消除方法介绍如下。

（1）电源干扰。电源干扰可能由在电源网络的可控硅、电焊机、开停电动机等以及试验变压器所产生的干扰脉冲。对电源网内几种干扰，只能采取避开方式，例如夜间进行局部放电试验。对于试验变压器的干扰，除采用试品平衡法接线和高压滤波器外，还应尽量使用额定电压较高的试验变压器。有些单位现有高压 250kV 的试验变压器，大约在 60% 额定电压（150kV）时，局部放电量已达数百皮库，它对试验电力变压器是可使用的（因为电力变压器局部放电量可达数百皮库），它作为互感器局部放电测量的电源变压器就不合适（因为互感器允许局部放电量较小，仅 10～20pC）。对于新型号的 250kV 试验变压器进行局部放电测试，当电压升到 160kV（即额定电压 64%）时，其局部放电量在 10pC 以下，当电压升到额定值 250kV 时，

局部放电量达数十皮库,这类试验变压器可用来进行 220kV 等级互感器局部放电的电源。

(2)电晕放电干扰。这类干扰大多由于引线过细和试品高压端放电引起的,由引线产生电晕放电干扰采用 φ50mm 左右粗的蛇皮管作为高压引线予以消除。对于高压端尖端放电的干扰,也可采用 φ50mm 左右粗的蛇皮管在试品端部及其接线桩头处盘绕几圈加以屏蔽。如果仍不能消除,必须在端部戴上屏蔽罩。

(3)悬浮放电干扰。可能是屏蔽罩与互感器高压端接触不良造成的屏蔽罩悬浮放电的干扰。重新用小导线使其连接处接触良好。

(4)强电场感应悬浮电位放电干扰。试品与周围设备的距离太近,引起的强电场感应悬浮电位放电的干扰。消除方法有:①试品周围设备如能移动,尽量使它远离试品;②试品周围设备不能移动,且未接地者,应将这些设备的金属部分接地,若金属部分是隐蔽的(围场内钢筋等)应在其表面用导线将钢筋屏蔽后接地。

五、测量电流互感器一次绕组的直流电阻值

从直流电阻的测量可以发现绕组层间绝缘有无短路、绕组是否断线、接头有无松脱等缺陷。在交接与大修更换过绕组时,都要测量绕组的直流电阻值。

用单臂电桥测量绕组的直流电阻是简单且准确的方法。测得的结果与制造厂数据比较,不应有显著的差别。ZRC—10A 型直流电阻速测仪的准确度为 0.2%,分辨率为 $10\mu\Omega$。

六、极性检查

检查电流互感器的极性在交接和大修时都要进行。这是继电保护与电气计量的共同要求。当运行中的差动保护、功率方向保护误动作或电度表反转时都要检查电流互感器的极性。

现场最常用的是直流法,其试验接线如图 8-6 所示。在电流互感器的一次侧接入 3~6V 的直流电源,其二次侧接入毫伏表或用万用表的直流电压挡。

试验时将刀闸开关瞬时投入、切除,观察电压表的指针偏转方向。如果投入瞬间指针偏向正方向,则说明电池正极与电压表接的正极是同极性。由于使用电压较低,可能仪表偏转方向不明显,可将刀闸开关多投、切几次,防止误判断。

七、变比试验

1. 试验接线

电流互感器变比试验采用比较法,其接线如图 8-7 所示。将标准电流互感器 TA_0 与被试电流互感器 TA_x 的一次绕组互相串联。

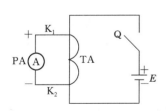

图 8-6 用直流法检查电流
互感器 TA 的极性
Q—开关电器;E—直流电动势;
TA—电流互感器;PA—电流表

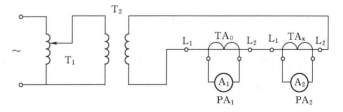

图 8-7 电流互感器变比试验接线图
TA_0—标准电流互感器;TA_x—被试电流
互感器;T_1—调压器;T_2—升流器;
PA_1、PA_2—电流表

2. 试验方法

用调压器慢慢将电压升起，观察 A_1 与 A_2 两只电流表的指示情况。当达到额定电流时，同时读取两只电流表的数值，此时被试电流互感器的实际变比为

$$K_x = K_0 \frac{I_0}{I_x} \tag{8-2}$$

变比差值为 $\qquad K\% = (K_N - K_x) \times 100\% / K_N \tag{8-3}$

式中 　K_0——标准电流互感器的变比；

　　I_0——标准电流互感器二次侧电流值，A；

　　K_x——被试电流互感器变比；

　　I_x——被试电流互感器二次侧电流，A；

　　K_N——被试电流互感器的额定变比。

3. 注意事项

被试电流互感器和标准电流互感器的变比应相同或接近；使用的电流表应在 0.5 级以上。当电流升至很大时，特别注意二次侧不能开路。对所有的二次绕组都要进行试验。

八、伏安特性试验

1. 试验目的

电流互感器的伏安特性试验是指一次侧开路，二次侧电流与所加电压的关系试验，实际上就是铁芯的磁化曲线试验。做这项试验的主要目的是检查电流互感器二次绕组有否层间短路，并为继电保护提供数据。

2. 试验接线

在现场一般都采用单相电源法，其试验接线如图 8-8 所示。

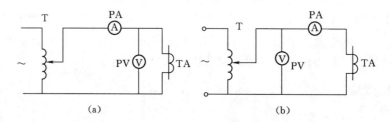

图 8-8　电流互感器伏安特性曲线接线图
(a) 用低内阻电压表；(b) 用高内阻电压表

3. 试验方法

试验时 TA 一次侧开路，在二次侧加电压读取电流值。为了绘制曲线，电流应分段上升，直至饱和为止。一般 TA 的饱和电压约为 100~200V。

4. 注意事项

如果 TA 的二次线已经接好，应将二次侧接地线拆除，以免造成短路。升压过程中应均匀地、由小到大地升上去，中途不能降压后再升压，以免因磁滞回线的影响使测量准确度降低，读数可以电流为准。

试验仪表的选择对测量结果有较大影响。如果电压表的内阻较大，应采用图 8-8

(b) 的接线。因为此时电压表的分流较小，电流表测得的电流包括电压表的分流，测出电流的精度较高；如果电压表的内阻较低，则宜采用图 8-8 (a) 的接线。

如果 TA 有两个以上二次绕组，非被试绕组均应开路；若两个绕组不在同一铁芯上，则非被绕组应短路或接电流表。

将测得的电流、电压值绘成伏安特性曲线，再与制造厂给出的曲线相比较，应无明显差别。如果在相同的电流值下，测得电压值偏低，则说明 TA 有层间短路，应认真检查。

TA 在运行中，若二次侧开路，且通过短路电流时，或在试验中切断大电流之后，都有可能在铁芯中残留剩磁，从而使 TA 的变比误差和角误差增大，因此，在做各项试验之前和做完全部试验之后，均应对 TA 进行退磁。退磁的方法很多，常用的方法是将一次侧绕组开路，从二次侧通入 0.2~0.5 倍额定电流，由最高值均匀降到零，时间不少于 10s，并且在切断电源之前，将二次绕组先短路。如此重复 2~3 次即可。

九、电流互感器误差试验

TA 的误差包括变比误差与相角误差。变比误差是指额定变比与实际变比之差占实际变比的百分数；相角误差是指二次侧电流相量旋转 $180°$ 后，与一次侧电流相量的差角，以 δ 表示，弧度为单位。按规定，二次侧电流 I_2 超前一次侧电流 I_1 时为正误差，反之为负误差。误差试验的目的就是检验其误差能否满足准确度的要求。现场常用的有 HE_5 型与 HEB 型互感器校验仪法。现将 HEB 型校验仪为例介绍其试验的方法。

1. HEB 型校验仪的原理

HEB 型校验仪是以工作电压下，通过电流比较仪测小电流为基础的，故也叫做比较式校验仪。它除了能试验互感器的误差外，还可以测量阻抗、导纳、小电流与小电压，其基本接线如图 8-9 所示。

试验时有三个电流进入电流比较仪的线圈：一个是被测差电流 ΔI 由 K 端输入；另外两个是 $\dot{I}_g$ 与 $\dot{I}_c$，它们分别是仪器内部工作电压 U_b 经互感分压器 T_b 后，在电导箱 G 与电容箱 C 回路产生。$\dot{I}_g + \dot{I}_c$ 叫做注入电流，调节电导箱 G 与电容箱 C 的旋钮，使检流计指针为零，此时被测差电流 $\Delta \dot{I}$ 与注入电流 $\dot{I}_g + j\dot{I}_c$ 的大小相等，方向相反，则有下列关系

$$\Delta \dot{I} = \Delta \dot{I}_f + j\Delta \dot{I}_\delta = -(\dot{I}_g + j\dot{I}_c) \tag{8-4}$$

$$\Delta I_f = -\dot{I}_g = \pm U_b G \tag{8-5}$$

$$\Delta I_\delta = -\dot{I}_c = \pm U_b \omega C \tag{8-6}$$

式中　ΔI_f——差电流 ΔI 的同相分量，A；

　　　ΔI_δ——差电流 ΔI 的正交分量，A。

2. 电流互感器误差试验原理

TA 误差试验的原理接线如图 8-10 所示。图中的 T_0、T_x 与 K 是校验仪的三个输入端钮，标准电流互感器 BTA 的二次侧非 * 端连接 T_0；被试电流互感器 JTA 的二次侧非 * 端经过负载箱 z 后接到 T_x 端钮；BTA 与 JTA 的 * 端串联连接；差电流 ΔI 由 K 端钮接入校验仪。

当工作电流 I_B 输入仪器时，在电阻 r 产生电压降 $I_0 r$，并转换为仪器内部的工作电压 $\dot{U}_b = \dot{I}_B r$。若被试 TA 与标准 TA 的误差不等时，差电流 ΔI 便从 K 端输入仪器，可按比

较仪的操作步骤进行测量，由式（8-5）、式（8-6）可求得被试 TA 的变比差与角差为

$$f_2\% = \Delta I\% = \frac{I_J - I_B}{I_B} \times 100\% = \frac{\Delta I_f}{\Delta I_B} \times 100\% \tag{8-7}$$

$$\delta_2\% = \frac{\Delta I_\delta}{I_B} = IK_c r\omega C \times 360 \times 60/2\pi = IK_c r\omega C \times 3438 = \pm 1.08 rC \times 10^6 \tag{8-8}$$

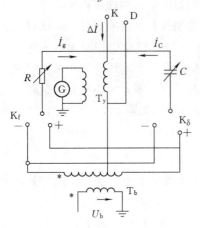

图 8-9　校验仪基本测量线路图

T_b—电感分压器；T_y—电流比较仪；

C—电容器箱；K_f、K_δ—工作电压极性开关；

G—电导箱；R—标准电阻

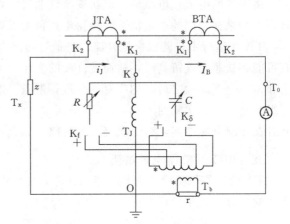

图 8-10　TA 误差测量原理接线图

BTA—标准电流互感器；JTA—被试电流互感器；

T_b—电感分压器；T_J—电流比较仪

如果把校验仪做成 $r = 0.1\Omega$；$G = 10^{-3}\Omega$；$C = 1\mu F$ 时，则有 $f_2\% = \Delta I\% = \pm K_g$，$\delta_2 = \pm K_c$，这样，电导分压系数 K_g 就是变比差；电容分压系数 K_c 就是角差。

3. 比较仪的使用方法

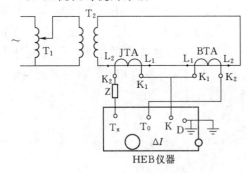

图 8-11　用 HEB 型互感器校验仪，检验 TA 误差接线图

T_1—自耦变压器：5kVA，0～450V；T_2—升流器；

BTA—标准电流互感器，0.1 级；JTA—被试电流互感器；Z—负载箱，比较仪器的附件

应用 HEB 型互感器校验仪器测量变比差、角差的试验接线如图 8-11 所示。

（1）检验前的准备工作。

1）按图 8-11 接线，注意极性不要接错，将标准 BTA 与被试 JTA 一次侧的两个 L_1 端串联连接，二次侧的两个 K_1 端也串联连接，并引一中线至校验仪的 K 端钮连接，BTA 的 K_2 端与校验仪的 T_0 端钮连接；JTA 的 K_2 端与校验仪的 T_x 端钮连接。所有 TA 的二次侧连线均应专用并做好标记，要求截面积不小于 $2.5mm^2$，长度不大于 10m。

2）仪器的所有开关应放在相应位置，调压器放在零位，检流计灵敏度开关应放在最小的位置。

3）合上检流计灯光电源调整好灯光。

4）在校验 TA 前，应先检查极性。合上电源，逐步增大电流至 10% 时，如果指示灯亮，表示极性接错，应该将电流退回，改正极性。

（2）误差测量的步骤。

1）误差试验前应先进行退磁。

2）将校验仪的量程开关切换到测量误差挡，并按被测数值范围选择不同的倍率挡次。

3）合上电源，将电流升到额定值，逐渐增大检流计的灵敏度，轮流转动校验仪的同相盘与正交盘的旋钮，调至检流计光带最小，直至其灵敏度最大。然后把检流计极性开关倒向另一位置，若光带不变，说明无外界干扰，可按规定的电流点测量误差。

4）若调节校验仪的同相盘与正交盘至刻度的最大值附近，才出现检流计光带缩小，则应把量程开关转到更高的量程位置上，如达到×10倍率仍达不到平衡时，则说明此 TA 的误差已超出校验仪的测量范围，应检查原因。

5）试验结束后，先将检流计的灵敏度开关调节至零位，并逐渐降低电流至零，再切断电源。

6）误差试验应在互感器的温度为 10～40℃ 时，不同的一次侧电流（10%，20%，50%，100%，120%额定电流）和不同的二次负荷（额定值和25%额定值，$\cos\varphi=0.8$）条件下进行。测量时，每点应测两次，第一次是平稳地升高一次侧电流至需要值，然后再平稳地降低至该值，并取平均值。但两次读数之间的差值不应超过表8-7的规定。

表 8-7   **读 数 的 允 许 误 差 值**

电流（额定电流的%）	误 差 读 数 间 的 允 许 差 值							
	变 比 差 （%）				角 差 （'）			
	准 确 级 别							
	0.2	0.5	1.0	3.0	0.20	0.50	1.0	3.0
10，20，50	0.1	0.2	0.2		2	10	10	
100，120	0.05	0.1	0.1		1	5	10	

（3）误差计算。

1）被试 TA 的误差 $\Delta I\%$ 与 δ 的计算式为

$$\Delta I\% = \Delta I_0\% + K\Delta I_P\% \tag{8-9}$$

$$\delta = \delta_0 + \delta_P \frac{f}{50} \tag{8-10}$$

式中 $\Delta I_0\%$——标准 TA 的变比误差，%；

        $\Delta I_P\%$——校验仪刻度盘上的两次读数的平均值，%；

        δ_0——标准互感器的角误差，'；

        f——试验电源频率，Hz；

        δ_P——校验仪刻度盘上二次读数的平均值，'；

        K——系数，在不同量限时的读数如表8-8所示。

表 8-8   **在不同量限时的 K 值表**

量 限	0.1%—65'	0.3%—20'	1%—65'	3%—200'	10%—650'
K	0.1	0.1	1.0	1.0	10.0

2）计算误差时，应注意互感器的符号与校验仪刻度尺上读数的符号。电流互感器的

误差值见表 8-9。

表 8-9　　　　　　　　　　电流互感器的误差量限

准 确 级	一次电流为额定电流的（%）	允 许 误 差	
		变比差（%）	角差（′）
0.1	5	±0.4	±15
	20	±0.2	±8
	50	—	—
	100	±0.1	5
	120	±0.1	5
0.2	5	±0.75	±30
	10	±0.50	±20
	20	±0.35	±15
	50	±0.30	±13
	100~120	±0.20	±10
0.5	5	±1.5	±90
	10	±1.0	±60
	20	±0.75	±50
	50	±0.65	±45
	100~120	±0.50	±30
1	5	±3.0	±180
	10	±2.0	±120
	20	±1.5	±100
	50	±1.3	±90
	100~120	±1.0	±80
0.2s	5	±0.35	±15
	20	±0.20	±10
	50	—	—
	100~120	±0.2	±10
0.5s	5	±0.75	±45
	20	±0.50	±30
	50	—	—
	100~120	±0.50	±30
3	50	±3.0	无规定
5	50~120	±10.0	无规定

十、互感器温升试验

1. 电流互感器通电方式

试验时由一次侧通以额定频率的正弦波形额定一次电流，二次绕组的电流表指示一次电流值，并且要按额定负荷考虑。当有多个二次绕组时，其余绕组应短接。

2. 电压互感器的加压方式

TV 一次绕组施加额定频率的正弦波形电压，加压倍数与持续时间见表 8-10，二次绕组按 0.5 级额定负荷考虑。

表 8 - 10 　　　　　　　　　　电压互感器施加电压倍数与持续时间

电压互感器种类	一次绕组施加电压倍数	持 续 时 间	备　　　注
单相（接地系统）	$1.5U_N$	30s	
单相（非接地系统）	$1.9U_N$	8h	
三　　　相	$1.1U_N$	8h	将其中一相一次绕组短路

3. 绕组平均温度测量

（1）电阻法。绕组平均温度的测量，一般采用电阻法。应选用精度低于 $5/10^4$ 的电桥，并有足够灵敏度的检流计，绕组冷态与热态电阻测量应用同一线路与仪器。绕组平均温升为

$$\Delta Q = \frac{R_0}{R_{01}}（235+\theta_1）-（235+\theta_2）\tag{8-11}$$

式中　R_0——切断电源瞬间的绕组热态电阻，Ω；

　　　R_{01}——冷态下温度为 θ_1 时的绕组电阻，Ω；

　　　θ_2——温升试验结束时，周围介质的温度，℃；

　　　235——铜导体温度系数的倒数。

油顶层温升为

$$\Delta\theta_2 = \theta_3 - \theta_2\tag{8-12}$$

式中　θ_3——温升试验结束时油顶层温度，℃。

（2）热电偶法。被试互感器绕组电阻很小时，用电阻法测电阻很困难，宜用热电偶测量，它能测出最热点温度。平均温度是用热电偶分别置于不同的部位进行测量然后取算术平均值作为绕组平均温升的。TV 绕组的温度不能用热电偶法。

（3）红外热像仪测温。要求按 DL/T 664—2008《带电设备红外诊断技术应用导则》执行，一年测一次。

4. 温升试验标准

电流互感器各部分的允许温升限值见表 8-11。

表 8 - 11 　　　　　　　　　　TA 各部分允许温升限值

电 流 互 感 器 部 位			温 升 限 值（K）	测 量 方 法
绕组	油浸式		55	电阻法或热电偶法
	油浸式全密封		60	
	干式各绝缘等级	A	55	
		E	75	
		B	85	
		F	110	
		H	135	
油顶层	一般情况		50	温度计或热电偶法
	油面上有惰性气体或全密封时		55	
铁芯及其他金属结构零件的表面			不得超过所接触或邻近的绝缘材料温升限值	温度计或热电偶法

第八章　互感器试验

第二节　电压互感器试验

对于电压为 35kV 的电压互感器 TV，它的绝缘多为分级绝缘结构，故一般仅以测量绝缘电阻与介质损耗因数为主，必要时才测绕组的直流电阻。

对于电压为 10kV 及以下者，以测量绝缘电阻与交流耐压为主。至于绝缘油的检查，以换油代替取油样。由于 TV 实际上就是容量极小的变压器，因此各项试验方法可参照变压器试验方法进行，这里仅对 TV 的特点作些介绍。

一、绝缘电阻测量

10～35kV 级的 TV 一般为全绝缘，其绝缘电阻的测量与变压器相同；110kV 及以上的电磁式 TV 均为串级式结构，其一次绕组的接地端与二、三次绕组端子通过同一块端子板引出，因此在测量一次绕组对二、三次绕组及地绝缘电阻时，如果端子板表面受潮或有污秽，则绝缘电阻显然很低，在测量时应先将端子板处理干净或用电吹风吹干，然后进行测量。

电容式 TV 绝缘电阻的测量应分别测量主电容 C_1，分压电容 C_2 与电压互感器的绝缘电阻。

测量 TV 的绝缘电阻时，一次绕组使用 2500V 摇表，二次绕组使用 1000V 摇表，并将所有非被试绕组短路接地。

绝缘电阻值不应低于出厂值或初始值的 70%。Q/CSG 10007—2004 与 GB 50150—2006 没有规定绝缘电阻值，可根据历次试验结果的比较来判断绝缘情况。

二、测量电压互感器介质损耗因数 tgδ

只对 35kV 的 TV 进行一次绕组连同套管的介质损耗因数 tgδ 的测量，其余互感器不进行此项试验，它是检验电压互感器绝缘状况的有效方法。但是如果测试方法不对，会影响结果的准确性，甚至造成误判断。

现场多用 QS_1 型交流电桥进行测量，测量时应将 TV 的一次绕组短路（或开路），二次绕组必须短路接地，不能将一、二次绕组都开路，因为在高、低压绕组均开路时，流过介质的电容电流形成了绕组的电感与对地分布电容串联，使测得的 tgδ 增大了，这种现象可用图 8－12（a）来说明，其中把高压绕组对地的分布电容及绕组的电感近似地用集中参数 C 与 L 来表示。

从图 8－12（a）中可以看出，当 TV 的高压、低压绕组开路时，流过高压绕组的充电电流会在铁芯中建立磁通，产生附加铁损，因而使测出的 tgδ 值增大；相反，如果高压、低压绕组均短路时，如图 8－12（b）所示，充电电流从绕组两端经电容器 C 而入地，两个电流的大小相等、方向相反，因而在铁芯内产生的磁通互相抵消，这时测出的 tgδ 值才真正反映 TV 的绝缘状况。河南省电力试验研究所做了大量的试验研究，证实这一结论是正确的。

Q/CSG 10007—2004 规定：与历次试验结果相比，无明显变化；tgδ（%）不应大于表 8－12 中数值，支架绝缘 tgδ 值一般不大于 6%。

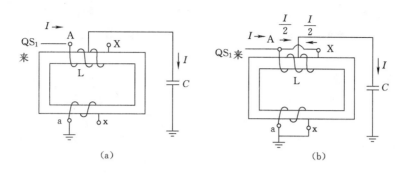

图 8-12　分析 TV 的 tgδ 增大原因等值 1

(a) 高压, 低压绕组均开路时等效电路图；(b) 高压, 低压绕组均短路时等值电路图

表 8-12　　　　　　　　　　　TV 介质损耗角正切值 tgδ　　　　　　　　　　　　　　%

温　度（℃）		5	10	20	30	40
35kV 及以下	大修后	1.5	2.5	3.0	5.0	7.0
	运行中	2.0	2.5	3.5	5.5	8.0
110kV 及以上	大修后	1.0	1.5	2.0	3.5	5.0
	运行中	1.5	2.0	2.5	4.0	5.5

10kV 以下的电容式 TV 的 tgδ 值：油纸绝缘不大于 0.5%，膜纸复合绝缘不大于 0.4%。

三、电压互感器交流耐压试验

1. 工频 TV 交流耐压试验

TV 的工频耐压试验是绕组连同套管对外壳的耐压试验。对于分级绝缘的 TV 不进行此项试验。

TV 一次侧工频耐压试验可以单独进行，也可与相连接的一次电气设备（如母线，隔离开关等）一起进行。试验时，二次绕组应短路接地，以免绝缘击穿时在二次侧产生危险的高电压。试验电压应采用相连接设备的最低试验电压。二次绕组之间及其对外壳的工频耐压试验电压标准应为 2000V，可用 2500V 兆欧表代替。TV 单独进行工频耐压试验时，一次绕组试验电压标准见表 8-13。

表 8-13　　　　　　TV 设备绝缘的工频耐压试验电压标准　　　　　　单位：kV

额　定　电　压	3	6	10	15	20	35	60	110	220	330	500
出厂试验电压	18	23	30	40	50	80	140	200	395	510	680
交接及大修	16	21	27	36	45	72	126	180	356	459	612

注　表中选自 GB 50150—2006，目前，高压输变电设备的绝缘配合又有新标准，为 GB/T 311.2—2002《高压输变电绝缘设备的配合》，应按新标准做试验。

2. TV 三倍频感应耐压试验

（1）原理。串级式 TV，因高压绕组首末端对地电位与绝缘等级不同，不能进行外施工频耐压试验。由于磁路饱和，也不能施加 $1.3U_n$ 以上的工频感应耐压试验。如将电源频率 f 提高 3 倍（150Hz），在磁通量不增加的情况下，外施电压可提高到额定电压的 3 倍，这就是串级式 TV 三倍感应耐压试验的基本原理。该试验能考核串级式 TV 的主绝缘与纵绝缘，能有效地检出匝、层间短路与绝缘支架放电等有缺陷的 TV。

关于三倍频发生器的工作原理与特性可参阅第七章第六节，变压器三倍频感应耐压试验，这里就不再重复。

在对 220kV TV 进行感应耐压试验时，采取一定的感应补偿后，最大的试验容量为 5kVA，由于三倍频发生器采用星形开口三角形接线，发生器需要相当程度的过激磁，所以其输入 50Hz 容量要远远超过输出的 150Hz 容量。通常输入容量的大小与三倍频发生器的结构、过激磁程度及负载情况等因素有关，现场试验表明，当输出容量接近 5kVA 时，其输入容量差不多达 20kVA。

试验时，通常在 TV 的辅助二次绕组 $a_D x_D$ 侧施加三倍频电压，在基本二次绕组 ax 侧接补偿电感，并分别测量其电压与电流。

根据串级或 TV 的频率特性可知：在工频电压下感抗小于容抗，总电流为感性；而在三倍频电压下，由于感抗增大三倍，而容抗缩小三倍，使得容抗小于感抗，总电流为容性。工频时，容抗与感抗的比值 $x_{C1}/x_{L1}=2\sim2.76$；而三倍频时感抗与容抗的比值 $x_{L3}/x_{C3}=3\sim4.99$，由于三倍频时，串级式 TV 的总阻抗比工频小，所以在相同电压下，其试验电流比工频时大，对有些试品，试验时的三倍频电流约为工频电流的两倍。

根据串级式 TV 的具体参数可以算出在三倍频感应耐压时所消耗的功率及试验容量比见表 8-14。

表 8-14 串级式 TV 三倍频感应耐压时所消耗功率及试验容量

型 号	试验频率（Hz）	施加电压			互感器消耗功率					比值	
		高压侧 U_x（kV）	试验电压与额定电压比值	低压侧电压 u_x（V）	I_{ax}（A）	S_3（kVA）	P_3（kW）	S_s（kVA）	P_s（kW）	S_3/S_s	P_3/P_s
JCC1—220	150	360	3	168	58.8	9.83	1.89	24.59	2.52	0.4	0.75
JCC1—110	150	180	3	168	18	3.02	1.26	7.56	1.67	0.4	0.75

由表 8-14 可知，JCC—220 串级式 TV 进行三倍频耐压试验时，需要的最小试验容量为 25kVA，等于该 TV 额定容量（2kVA）的 12.5 倍。这样容量的三倍频试验变压器与调压器不但体积太笨重，而且不易找到。因容性充电功率 Q_C 占去了 TV 视在功率 S 的 80%，所以采用电感补偿的方法，即在串级式 TV 另一个低压绕组上接一个电抗器。

补偿电感量的选择原则是：补偿后，TV 在三倍频耐压试验时仍保持容性，切勿过补偿，一般可选择 $Q_{补L}=（1/3\sim1/2）Q_C$；当补偿合理时，试验容量仅为计算容量的一半。

（2）调压方式。实际试验时，有三倍频变压器的一次侧用三相调压器，与三倍频变压器二次侧开口三角形输出后，用单相调压器调压两种调压方式。

第一种方法优点是电源内阻抗较小，输出电流与功率大，效率高，但需要一台较大容量的三相调压器（12~15kVA）；第二种方法又需要容量较小的单相调压器（3~5kVA），但输出的三次谐波波形较差，效率较低。

（3）加压方式。串级式 TV 在进行三倍频感应耐压试验时，可在 $u_D x_D$（辅助绕组）

或 ux（基本绕组）上加压。但因 $\dfrac{I_{ux}}{I_{u_D x_D}}=\sqrt{3}$，所以 $u_D x_D$ 绕组加压所需的试验容量及试验功率都比 ux 绕组加压要小，因此在三倍频变压器开口三角形侧调压，在 $u_D x_D$ 绕组上加压，在 ux 绕组上接补偿的试验方法比较方便。另外有一种加压方式为采用低压基本二次绕组 ux 与辅助二次绕组 $u_D x_D$ 串级加压的方法。这样，互感器低压侧电流仅为 20A，一般不再加电感补偿，即能满足试验要求。

（4）容升。由于串级式 TV 在三倍频感应耐压试验时呈容性，所以要考虑试验时容升电压的大小，其相应的试验电压数值为

$$U_{u_D x_D}=\left(\dfrac{U_s}{K_{TV}}\right)(1-\eta\%)\qquad(8-13)$$

式中　U_s——一次绕组的试验电压，kV；

　　　K_{TV}——电压互感器变比；

　　　$\eta\%$——容升电压百分数。

试验电压标准与容升电压值见表 8-15。

表 8-15　　　　　　　　　　　试验电压标准与容升电压

型　号	额定电压（kV）	试验频率（Hz）	试验电压（kV）	试验时间（s）	允许升电压百分数 η（%）
JCC—220	220	150	360	40	8
JCC—110	110	150	180	40	5
JCC—35	35	150	60	40	3

串级式 TV 在三倍频感应耐压试验前后测量的空载电流与空载损耗及局部放电量、油中微量气体含量的色谱分析等应没有明显变化为合格。

四、局部放电测量

电磁式 TV 施加电压的方式应采用三倍频加压，局部放电试验接线如图 8-13 所示。

接线完成后在施加电压前，要进行方波放电量校正。当方波注入电容 $C_0\leqslant 0.1C_x$ 时，注入放电量 $q_0=U_0 C_0$，但由于电压互感器的电容比较小，一般为 50～60pF，而方波注入电容 C_0 最小值为 10pF，则 $C_0>0.1C_x$，$q_0\neq C_0 U_0$，而是按 $q_0=\dfrac{C_0 C_x}{C_0+C_x}U_0$ 进行计算。若取 C_0 为 10pF 以下的电容，当然也能满足 $C_0<0.1C_x$ 的要求，但 C_0 过小，由于引线等杂散电容的影响，实际上的 C_0 不再是标称值，

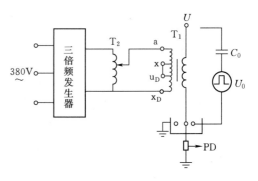

图 8-13　电压互感器三倍频加压
局部放电试验接线图
T_1—被试电压互感器；T_2—调压器；
PD—局部放电测量仪

而是大于标称值，这就产生了较大的误差，需对试验结果进行修正。修正方法是采用两次不同的 C_0 进行校正。设第一次采用方波发生器，电压为 U_{01}，注入电容 C_{01}，则注入被试品的放电量 q_{01} 为

$$q_{01}=U_{01}\dfrac{C_{01}C_x}{C_{01}+C_x}=U_{01}C_{01}K_1\qquad(8-14)$$

其中
$$K_1 = \frac{C_x}{C_{01} + C_x} \tag{8-15}$$

此时放电量表上的相应读数为 G_{01}（格数）。

第二次采用方波发生器电压仍为 U_{01}，而注入电容改为 C_{02}，此时注入试品放电量 q_{02} 为

$$q_{02} = \frac{C_{02} C_x}{C_{02} + C_x} U_{01} = U_{01} C_{02} K_2 \tag{8-16}$$

其中
$$K_2 = \frac{C_x}{C_{02} + C_x} \tag{}$$

此时放电量表上的相应读数为 G_{02}（格数）。

因为
$$\frac{q_{01}}{q_{02}} = \frac{G_{01}}{G_{02}} = \frac{U_{01} C_{01} K_1}{U_{01} C_{02} K_2} = \frac{C_{01} C_x / (C_{01} + C_x)}{C_{02} C_x / (C_{02} + C_x)} \tag{8-17}$$

简化式（8-17），C_x 为

$$C_x = \frac{C_{01} C_{02} (C_{02} - C_{01})}{C_{02} C_{01} - C_{01} C_{02}} \tag{8-18}$$

将式（8-18）代入式（8-15）得

$$K_1 = \frac{C_x}{C_{01} + C_x} = \frac{\dfrac{C_{01} C_{02} (G_{02} - G_{01})}{C_{02} C_{01} - C_{01} C_{02}}}{C_{01} + \dfrac{C_{01} C_{02} (G_{02} - G_{01})}{C_{02} C_{01} - C_{01} C_{02}}} = \frac{C_{02} (G_{02} - G_{01})}{C_{01} (C_{02} - C_{01})} = \frac{\dfrac{G_{02} - G_{01}}{G_{02}}}{\dfrac{C_{02} - C_{01}}{C_{02}}} = \frac{1 - \dfrac{G_{01}}{G_{02}}}{1 - \dfrac{C_{01}}{C_{02}}}$$

$$\tag{8-19}$$

同理

$$K_2 = \frac{C_x}{C_x + C_{02}} = \frac{\dfrac{G_{02}}{G_{01}} - 1}{\dfrac{C_{02}}{C_{01}} - 1} \tag{8-20}$$

然后将求得的 K_1、K_2 值代入式（8-14）或式（8-16）求 q_{01}、q_{02}，再按下式求得单位格数的皮库（pC）值 K_0

$$K_0 = q_{01} / G_{01} = q_{02} / G_{02} \quad (\text{pC/格}) \tag{8-21}$$

施加试验电压时，测得的实际放电量表格数 G_x，再求出试品实际放电量 q_x 为

$$q_x = K_0 G_x \tag{8-22}$$

交接试验互感器局部放电允许水平见表 8-16（GB 50150—2006 表 9.04），预防性试验互感器局部放电量见表 8-17（Q/CSG 10007—2004 中表 8、表 10、表 11 与表 13 局部放电试验）。

表 8-16　　　　互感器局部放电量的允许水平（GB 50150—2006 中表 9.04）

接线方式	互感器型式	预加电压 ($t \geqslant 105$)	测量电压 ($t \geqslant 1\text{min}$)	绝缘型式	允许局部放电水平 视在放电量（pC）
中性点绝缘系统或中性点共振接地系统	电流互感器与相对地电压互感器	$1.3 U_m$	$1.1 U_m / \sqrt{3}$	液体浸渍	20
				固体	100
	相与相电压互感器	$1.3 U_m$	$1.1 U_m$	液体浸渍	20
				固体	100

续表

接线方式	互感器型式	预加电压 ($t \geqslant 105$)	测量电压 ($t \geqslant 1\text{min}$)	绝缘型式	允许局部放电水平 视在放电量（pC）
中性点有效 接地系统	电流互感器与相对地 电压互感器	$0.8 \times 1.3U_m$	$1.1U_m/\sqrt{3}$	液体浸渍	20
				固体	100
	相与相电压互感器	$1.3U_m$	$1.1U_m$	液体浸渍	20
				固体	100

注 U_m 为设备的最高电压有效值。

表 8 - 17 互感器局部放电量试验（Q/CSG 10007—2004 中表 8、表 10、表 11、表 13）

互感器型式	局部放电量
油浸式电流互感器	在电压为 $1.2U_m/\sqrt{3}$ 时，视在放电量不大于 20pC
干式电流互感器	在电压为 $1.2U_m/\sqrt{3}$ 时，视在放电量不大于 50pC
油浸式绝缘电磁式电压互感器	油浸式相对地电压互感器在电压为 $1.2U_m/\sqrt{3}$ 时，放电量不大于 20pC
固体绝缘电桥式电压互感器	在电压为 $1.2U_m/\sqrt{3}$ 时，视在放电量不大于 50pC

五、TV 绕组直流电阻测量

测量 TV 的直流电阻一般只测量一次绕组的直流电阻，因为它的导线较细易发生断线与接触不良的机会较二次绕组多。测量时使用单臂电桥测得结果与制造厂或以前测得的数值比较应无明显差别；或采用 ZRC—10A 型直流电阻速测仪来测 TV 的直流电阻值。

六、TV 极性与连接组别测定

TV 的极性与连接组别的测定方法与电力变压器完全相同，在此不重复。但对精度较高的 TV，为了防止铁芯磁化对测量结果的影响，最好不用直流法试验。

七、TV 的变比试验

测量 TV 的变比除了可用变压器电压比试验方法外，还可用一台标准 TV 与被试 TV 并联方法来测量变比，其试验接线如图 8-14 所示。

试验时，由并联的 TV 高压侧加电压，低压侧各接一只 0.5 级以上的电压表 PV_1、PV_2。试验电压从高压侧施加是因为高压侧比低压侧阻抗大得多，故 TV 本身压降较小，测量变比较准确。

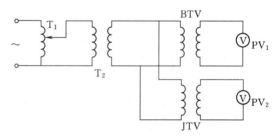

图 8-14 TV 变比试验接线图
T_1—自耦变压；T_2—升压变压器；BTV—标准电压互感器；JTV—被试电压互感器

当电压加到额定电压时，同时读取标准电压互感器 BTV 与被试电压互感器 JTV 二次侧的电压值，则被试 TV 的实际变比为

$$K_x = K_0 U_0 / U_x \qquad (8-23)$$

被试 TV 变比差值为

$$\Delta K\% = \frac{K_n - K_x}{K_n} \qquad (8-24)$$

式中　K_0——标准 TV 变比；

　　　K_n——被试 TV 的额定变比；

　　　U_0——标准 BTV 的电压，V；

　　　U_x——被试 JTV 的电压，V。

对于三相 TV 应该用三相试验电源，所用的标准 TV 可以是三相的，也可以是单相的，其精度应是 0.2 级的；电压表为 0.5 级以上。

八、测量空载电流

对于 1kV 以上的 TV 的交接和大修更换绕组时，均应测量空载电流，以检查绕组有无匝间短路及其伏安特性。试验一般在低压侧通以额定电压，高压侧开路，测量空载电流值。

测得的空载电流与出厂值及历次试验结果，无明显差别。在下列试验电压下，空载电流不应大于最大允许电流。

(1) 中性点非有效接地系统：$1.9U_N/\sqrt{3}$。

(2) 中性点接地系统：$1.5U_N/\sqrt{3}$。

九、电压互感器误差试验

TV 的变比差与角差试验，在二次负荷为额定值的 25%～100%，功率因数为 0.8 的条件下进行；试验也采用互感器校验仪。为保证试验精度，最好在互感器温度为 10～40℃时进行试验。利用 HEB 型互感器校验试验 TV 的变比与角差的原理接线如图 8-15 所示。

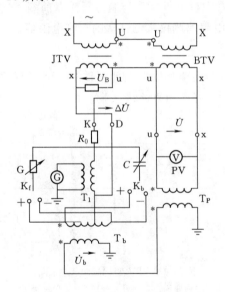

图 8-15　HEB 型校验仪试验
TV 误差原理接线图

T_b—电感分压器；K_b、K_f—极性开关；

G—电导箱；BTV—标准电压互感器；

JTV—被试电压互感器；T_1—电压比较仪

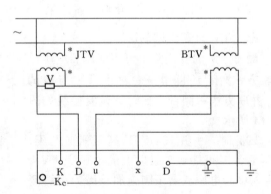

图 8-16　用互感器校验仪测定 TV 误差接线图

进行试验时，被试 JTV 与标准 BTV 的差电压作为被试电压 $\Delta\dot{U}$ 输入校验仪，标准

BTV 的二次电压 $\dot{U}_{20}$ 作为仪器外部的工作电压 $\dot{U}$，经过互感分压器 T_b 降压变为仪器内部工作电压 $\dot{U}_b$，$\dot{U}:\dot{U}_b=1000:1$。改变串联电阻 R_0 的大小，就可以改变小电压的测量范围。当 $R_0=100\Omega$ 时，量限为 $\Delta\dot{U}\times1$；$R_0=10^3\Omega$ 时，量限为 $\Delta U\times10$；$R_0=10^4\Omega$ 时，量限为 $\Delta\dot{U}\times100$。

当仪器用来测量小电压或小电流时，为了使有功部分与无功部分单位相同，让 $W_c=1.59W_0$，通过无功单位转换开关 K_c 进行选择。使用 HEB 校验仪进行 TV 的试验接线如图 8-16 所示。

校验仪的具体操作步骤及注意事项等均同 TA 误差测定，只不过在试验中把电流改为电压即可。

电压互感器各等级所允许的误差限值见表 8-18。

表 8-18   TV 允许误差

准确级别	一次电压为额定电压的百分数（%）	误差限值		二次负荷为额定负荷的百分数（%）
		变比差（%）	角差（′）	
0.2	80～120	±0.2	±10	25～100
0.5	80～115	±0.5	±20	25～100
1.0	80～115	±1.0	±40	25～100
3.0	80～115	±3.0	无规定	25～100

第三节　互感器常见故障与综合判断实例

互感器常见故障有：局部放电、过热与受潮等。一般可以通过油的色谱分析与电气试验结果检出潜伏性故障，现介绍几种典型实例。

一、局部放电性的故障

电流互感器的油色谱分析，如果单一乙炔含量增大，应首先考虑是互感器 L_1 端子放电。互感器的一个出线端子 L_2 是与储油柜等电位的，另一个端子 L_1 与储油柜是绝缘的。在工频电压下，由于一次绕组电感很小，在储油柜与 L_1 端子间不会出现放电；但在冲击电压下，高频电流在一次绕组的电感上的电压降可能造成 L_1 端子对储油柜的放电。如一台 220kV 电流互感器 TA 乙炔达 8.3ppm，局部放电试验结果放电不大。打开储油柜端盖检查，发现 L_1 内部端子绝缘表面有约 20×2mm 的电弧烧伤痕迹，对应的储油柜内侧也有此痕迹。还有一台 LB—220 型 TA，色谱分析乙炔达 10.2ppm，打开储油柜端盖，看到 L_1 连接的 C_3 端子附近的瓷套上有放电痕迹，十字形的隔挡板上也有放电痕迹。

若在端部查不出放电痕迹，就要考虑存在其他局部放电性故障，应进行局部放电试验与高压介损试验。

电压互感器油中含有少量乙炔时，则可能是铁芯穿心螺丝悬浮电位造成局部放电所引起的。老产品电压互感器 TV 的铁芯穿心螺丝与铁芯接触的一端（另一端当然与铁芯绝缘）是靠螺母压紧与铁芯接触。如果绝缘支架与铁芯连接固定用螺丝的螺母压得过紧，就可能使穿心螺丝一端与铁芯接触面的一面脱开，致使 TV 带电后穿心螺丝电位悬浮。改进办法将穿心螺丝一端与铁芯接触的一面填以绝缘填片，再以铜片插入铁芯，并与穿心螺丝连接起来，这样铁芯压得愈紧，穿心螺丝与铁芯接触愈好，改进后几台的 TV 运行都正常。

二、过热性故障

一台 220kV 电流互感器色谱分析数据如下：H_2：65.5；CH_4：7.7；C_2H_6：12.2；C_2H_4：81.3；C_2H_2：1.6；$C_1 + C_2$：152.8；CO：95.1；CO_2：529（ppm）。

总烃中乙烯较高，有少量乙炔，属高温过热性故障。打开端盖检查，看到 L_2 端子的固定螺帽已变色并松动，测量一次绕组直流电阻达 $1790\mu\Omega$（正常相 TA 一次绕组的直流电阻仅为 $627\mu\Omega$），将固定螺帽旋紧后，直流电阻即降到正常值 $627\mu\Omega$。

三、氢气增长较快应引起注意的问题

标准规定氢气的注意值是 150ppm，但它不是划分设备有无故障的惟一标准。对超过注意值设备要作具体分析，有的互感器氢气基值很高，如果数值稳定，没有增长趋势，且局部放电含水量没有异常，则可能是故障的反映。但当 H_2 气含量达到注意值，并与过去相比增长较快，则应予注意。例如一台 220kV 电流互感器 TA，1993 年 H_2 气含量为 750ppm，1994 年为 650ppm，1995 年 9 月正常运行中操作，检查发现端部胶垫压偏运行中进水，端盖有锈迹。

四、$tg\delta$ 测量诊断互感器绝缘状况

$tg\delta$ 是表征绝缘介质在电场作用下，由于电导及极化的滞后效应等引起的能量损耗，也是评定绝缘是否受潮的重要参数。同时，当存在严重局部放电或绝缘油劣化等缺陷时，$tg\delta$ 也有所反映。利用 $tg\delta$ 来诊断绝缘状态时要注意以下几点。

1. 正确分析测量结果

对所测到的 $tg\delta$，既要注意绝对值，也要注意增长率。对接近允许值且历次数据有增长趋势者要引起注意，有一台 220kV 的电流互感器 TA，其 $tg\delta$ 值在预防性试验中是 1.4%，与 DL/T 596—1996 规定的 1.5% 接近，但比前一年的 0.4% 增长了 3.4 倍。由于认为未超标准，未引起重视，结果发生了事故。因此 $tg\delta$ 的增长率甚至比其绝对值更重要。

电容式 TA 还可通过比较主屏与末屏的介损与绝缘电阻来判断受潮的程度。如一台 TA 主屏 $tg\delta = 0.3\%$，绝缘电阻 $R = 5000M\Omega$ 末屏对二次及地 $tg\delta = 4.1\%$，绝缘电阻 $R = 150M\Omega$。吊心后看到箱底有水，说明外层绝缘已受潮，但潮气尚未进入主绝缘；这样的 TA 要及时进行真空干燥，确认绝缘状况良好才可恢复运行。

2. $tg\delta$ 与温度关系

油纸绝缘的 $tg\delta$—温度（T）关系取决于油纸的综合性能。良好的绝缘油是非极性介质，油的 $tg\delta$ 主要是电导损耗，它随温度升高呈指数上升。纸是极性介质，其 $tg\delta$ 由偶极子的松弛损耗所决定的，随着温度升高，偶极子随电源频率转动的摩擦力引起的能量损耗减小，故纸的 $tg\delta$ 在 $-40 \sim 60℃$ 温度范围内随温度增加而减小。因此在此温度范围内，油纸绝缘的 $tg\delta$ 没有什么变化。当温度达 $60 \sim 70℃$ 以上时，电导损耗的增长占了主导地位，$tg\delta$ 随温度上升而增加，因此在 $tg\delta$ 换算时，不宜简单采用充油设备的温度换算方式，并在 $-40 \sim 60℃$ 范围内不必进行温度换算。

当绝缘中残存有较多的水分与杂质时，tgδ 与温度关系同于上述情况。此时介质损耗以离子电导损耗占主要地位成分，其 tgδ 随温度升高而明显增大。

如有两台 LCLWD$_3$—220 型 TA，通电 50% 电流 9h，比较通电前后的 tgδ 变化情况：tgδ 初值为 0.53% 的一台无变化；tgδ 初值为 0.8% 的一台则上升为 1.1%。说明初始值为 0.8% 的一台，其绝缘已有缺陷，故 tgδ 随温度升高而增加；还说明，当常温下测得的 tgδ 较大时，更应考察其较高温度下的 tgδ 的变化。若在较高温度下有明显增加，则认为绝缘存在缺陷。

3. tgδ 与电压关系

良好绝缘的 tgδ 随电压升高应无明显变化。当 tgδ 随电压升高明显减小或明显增加时，则说明绝缘存在缺陷，比较表 8-19 三台 500kV 电流互感器即可看出这一点。

IEC 标准中规定，套管在不同电压下 tgδ 增量允许值为从 $0.5U_m/\sqrt{3}$ 增至 $1.05U_m/\sqrt{3}$，应不大于 0.1%。TA 与套管绝缘结构相同，可参考使用。国产电流互感器 TA 的 tgδ 标准可适当放宽到 0.3%。

表 8-19　tgδ 与电压的关系的典型的例子

序　号	tgδ（%）测量电压 160kV	320kV	备　　　注
1	0.31	0.33	施加 320kV 电压，1250A 电流 36h，tgδ 稳定在 0.3
2	0.63	0.71	施加 320kV 电压，1250A 电流 18h，tgδ 增加到 0.8
3	0.79	0.56	施加 320kV 电压，加热 64℃，2h 后热击穿

4. 测量电压互感绝缘支柱 tgδ 的重要性

串级式 TV 的铁芯具有一定的电位，由绝缘支架支撑。绝缘支架多用酚醛材料制成，少数有用环氧材料。不论何种材料，在压制或加工过程中，如果工艺不良都会造成支架的隐蔽性缺陷。一旦互感器带有这种缺陷投入运行，将会引起互感器爆炸事故，这在运行中已多次发生。为此 Q/CSG 10007—2004（或 DL/T 596—1996）规定支架绝缘 tgδ 一般不应大于 6%。近几年测量支架 tgδ 的结果表明，tgδ 大于 10% 的支架解体后，均发现有程度不同的缺陷。tgδ 小于 5% 的支架解体后，检查基本良好。为此一般规定支架 tgδ 测量的周期推荐如下。

(1) tgδ<5% 者，每 4 年检修一次。

(2) tgδ=5%～10% 者，每 1 年检修一次。

(3) tgδ>10% 者，立即停运，确认支架有缺陷时应予更换。

第四节　互感器故障处理经验交流

一、测量电流互感器末屏对地的绝缘电阻

电流互感器一般由 10 层以上电容串联。进水受潮后，水分一般不易渗入电容层间或使电容层普遍受潮，因此，进行主绝缘试验往往不能有效地监测出其进水受潮。但是，水

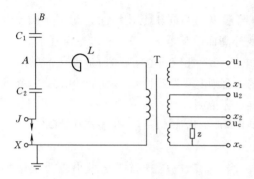

图 8-17 电压互感器原理接线图

C_1—高压电容器；C_2—分压电容器

分的比重大于变压器油，所以往往沉积于套管和电流互感器外层（末层）或底部（末屏与法兰间），而使末屏对地绝缘水平大大降低，因此，进行末屏对地绝缘电阻的测量能有效地监测电流互感器试品进水受潮缺陷。使用 2500V 摇表测得的绝缘电阻值一般不小于 1000MΩ（Q/CSG 10007—2004 的要求值）。

二、测量电容式电压互感器（TV）的分压电容器的绝缘电阻

图 8-17 是电容式电压互感器接线图。由于电容分压器的中间抽头没有引出，无法直接测量 C_1 和 C_2 各自的绝缘电阻，此时可将中间变压器一次绕组末端，即 X 端作为一个测量端，分别测出 C_1 高端（B 点）对 X 端和 C_2 低压端（J 点）对 X 端之间的绝缘电阻值。这是因为当在 B—X 之间通入直流电流时，电抗器 L 和中间变压器一次绕组的感抗为零，即 $X_L = \omega L$，当 $\omega = 0$ 时，$X_L = 0$，因此，B—X 之间的绝缘电阻值即为高压电容 C_1 的绝缘电阻，J—X 之间的绝缘电阻值即为分压电容 C_2 的绝缘电阻值。

三、测量串级式电压互感器绝缘支架的 tgδ

近年来，110kV 及以上串级式电压互感器在运行中爆炸和损坏事故频发。事故分析表明，由于支撑不接地铁芯的绝缘支架材质不好，如分层开裂、内部有气泡、杂质、受潮等，使其介质损耗因数 tgδ 较大，在运行条件下绝缘不断劣化而造成事故是其主要原因之一。因此在 Q/CSG 10007—2004 中提出在必要时应测量绝缘支架的 tgδ。

为能充分暴露支架绝缘缺陷，提高检测的有效性，采用"末端屏蔽法"直接测量支架的 tgδ 时，可将试验电压提高至 $1.15U_x$，进行高电压 tgδ 测量，表 8-20 和表 8-21 列出了 5 台串级式电压互感器在不同试验电压下的测量结果。

表 8-20　　　　直接法绝缘支架 tgδ 测量结果（使用 QS₁ 电桥）

序 号	型 号	出厂日期（年.月）	试验结果		试验温度（℃）
			C_x（pF）	tgδ（%）	
1	JCC₂—220	1984.4	18.2	4.45	28
2	JCC₂—220	1985.3	20.3	7.1	28
3	JCC₂—220	1977.12	17.2	7.9	34
4	JCC₂—220	1985.7	18.6	2.8	26
5	JCC₂—110	1979.3	14.3	6.2	36

从表 8-20 所列 5 台串级式电压互感器支架 tgδ 测量表明，只有两台的 tgδ 值小于 Q/CSG 10007—2004 规定值 6%。

当试验电压 $U_s = 10kV$ 时，220kV 串级式电压互感器下铁芯对地电压为 $U_s/4 = 2.5kV$，110kV 串级式电压互感器铁芯对地电压 $U_s/2 = 5kV$，由于试验电压很低，支架常见的材质不良，往往不易被发现，因而提出高电压测量法。

表 8 - 21														高电压 tgδ 测量结果（$C_N = 39\mu F$）

序号	型 号	试 验 电 压 （kV）												温度 (℃)
		10		30		50		70		90		146		
		C_x (pF)	tgδ (%)	C_x (pF)	tgδ (%)	C_x (pF)	tgδ (%)	C_x (pF)	tgδ (%)	C_x (pF)	tgδ (%)	C_x (pF)	tgδ (%)	
1	JCC$_2$—220	18.2	4.45	18.2	4.6	18.3	4.7	18.3	4.9	18.4	5.3	18.6	5.6	28
2	JCC$_2$—220	20.3	7.10	20.5	12.0	20.6	12.6	20.8	12.9	21.0	13.5	21.2	14.0	28
3	JCC$_2$—220	17.2	7.90	17.3	8.0	17.4	8.2	17.5	8.6	17.6	8.9	17.7	9.4	34
4	JCC$_2$—220	18.6	2.80	18.6	2.8	18.7	3.0	18.8	3.1	18.9	3.5	19.0	4.1	26
5	JCC$_2$—110	14.3	6.20	14.4	14.6	15.0	17.0	15.1	19.0					36

由表 8 - 21 可以看出，序号 2，3 和 5 支架 tgδ 在 10kV 电压下略大于 6%，而在高电压下（大于 30kV）tgδ 值远大于 6%。其中序号 2 的 JCC$_2$—220 电压互感器制造厂一次同时干燥两台，另一台已在运行 274d 后发生爆炸。对序号 5 的 JCC$_2$—110 电压互感器进行了吊心检查，检查发现支架上有多处针眼大的放电点，支架上有 20cm 左右的分层开裂裂缝。为此对这台互感器取油样进行了色谱分析。其分析结果中，氢气、总烃均超过规定值，乙炔含量达 11.9ppm。

由此可见，为有效地检测支架的绝缘缺陷，应进行串级式电压互感器支架的高电压 tgδ 的测量。

另外，DL/T 596—1996 与 Q/CSG 10007—2004 规定支架绝缘 tgδ 一般不大于 6%，比 1985 年原水电部制定的《电力设备预防性试验规程》的 10% 更严了，也有利于检出支架的绝缘缺陷。

四、110kV 及以上的电压互感器 tgδ 增大的分析

对 110kV 及以上的电压互感器，在预防性试验中测得的介质损耗因数 tgδ 增大时，如何分析可能是受潮引起的。

分析的方法主要如下。

（1）检查测量接线是否正确，QS$_1$ 型电桥的准确性以及是否存在外电场的干扰。

（2）排除电压互感器接线板和小套管的脏污和外绝缘表面的脏污的影响。

（3）油的气相色谱分析中氢的含量是否升高很多。

（4）绝缘电阻是否下降。

在排除上述因测量方法和外界的影响因素后，确知油中氢含量增高，且测得的绝缘电阻下降，则可判断这种变化由于受潮引起的，否则应进一步进行其他测试查明原因。

五、如何处理由温差变化和湿度增大使高压互感器的 tgδ 超标

互感器外部主要有底座、储油柜及接有一次绕组出线的大瓷套和二次绕组出线的小瓷套等部件。当它们内部和外部的温度变化时，tgδ 也会变化，因为 tgδ 值与温度有一定的关系。当大小瓷套在温度较大的空气中，使瓷套表面附上肉眼看不见的小水珠，这些小水珠凝结在试品的大小瓷套上，造成了试品绝缘电阻降低和电容量减小。对电容量较大的 U 字形电容式互感器，电容改变的相当大，导致出现负 tgδ 值，如表 8 - 22 所示。

表 8－22   处 理 前 后 的 tgδ 值

产品型号	处理前试验值 tgδ（%）	处理后试验值 tgδ（%）	标准值 tgδ（%）	环境温度 （℃）	相对湿度 （%）
LCWB$_6$—110	－0.8	0.2	≤0.8	19	87
LCWD$_2$P—110	2.9	1.0	≤2	19	87
JDC$_5$—220 JCC$_6$—110	3.3（整体） 9.8（支架）	1.1（整体） 3.8（支架）	≤2（整体） ≤5（支架）	19	87
JCC$_6$—110	3.5（整体） 9.5（支架）	1.3（整体） 3.7（支架）	≤2（整体） ≤5（支架）	19	87

如果想降低 tgδ 值，一是按照技术条件和标准要求，在规定的温度与湿度情况下测量 tgδ 值；二是在实际温度下想办法排除大小瓷套上的水分，使试品恢复原来本身实际的电容量与绝缘电阻，以达到测出试品的 tgδ 值的真实数据，如表 8－22 所示。

处理方法有：化学去湿法，红外线灯泡照射法、烘房加热法等。处理后的测量结果见表 8－22。

若采用上述方法处理后，个别试品 tgδ 值仍降不下来，就要从试品的制造工艺和干燥水平上找原因。根据经验，如果是电流互感器，造成 tgδ 值偏大的主要原因有：试品包扎后时间过长，试品吸尘、吸潮或有碰伤等现象；电容式结构的试品还可能出现电容屏断裂或地屏接触不良或断开现象，造成 tgδ 值偏大或测不出来。如果是电压互感器，主要是由于试品的胶木撑板干燥不透或有开裂现象造成 tgδ 值偏大。一般电压互感器的胶木支撑板，不应采用 3020 的酚醛纸板，而采用哈尔滨绝缘材料厂生产的 9309 环氧纸板。因为胶木撑板的好坏，直接影响试品的 tgδ 值。

六、测量电容型电流互感器末屏对地的介质损耗因数 tgδ 的要求值

测量电容型电流互感器末屏对地的介质损耗因数 tgδ 主要是检查电流互感器底部和电容芯子表面的绝缘状况。这是因为电流互感器的电容芯子绝缘干燥不彻底或因密封不良而进水受潮的水分往往残留在底部，引起末屏对地的介质损耗因数升高。所以测量 tgδ 对检出绝缘受潮具有重要意义。

测量电容型电流互感器末屏对地的介质损耗因数 tgδ，通常利用 QS$_1$ 型西林电桥进行，其接线方式有正、反两种接法。在电力系统中，采用反接线较方便，这时电流互感器的末屏接西林电桥，所有二次绕组与油箱底座短接后接地。正、反接线的测量结果见表8－23。

表 8－23   电流互感器末屏介质损耗因数正、反接线测量结果

试品型号及编号	正 接 线			反 接 线		
	R_3（Ω）	tgδ（%）	C_x（pF）	R_3（Ω）	tgδ（%）	C_x（pF）
LCWB—220，#356	173.95	0.5	915.2	164.0	0.5	970.7
LCWB—220，#697	190.2	1.3	837.0	176.3	1.2	903.0
LCWB—220，#673	201.0	0.7	792.0	189.0	0.7	842.3
LCWB—220，#697	284.52	0.5	559.5	267.82	0.5	594.4

注 U_s＝3kV，C_N＝50pF，R_4＝3184Ω。

由表 8-23 可知，两种接线方式测得的介质损耗因数值相吻合，只是电容值有所差别，反接法测得的 C_x 比正接法测得的大几十皮法。这是由于反接法测量时，将互感器末屏对地的杂散电容测进来的缘故，杂散电容与试品电容并联，因此测得的总电容就偏大。干扰较大时，宜采用正接线。

测量时应注意末屏引出结构方式对介质损耗的影响，由环氧玻璃布板直接引出的末屏介质损耗一般都较大，最大可达 8% 左右，即使合格的也在 1%～1.5% 之间；由绝缘小瓷套管引出的末屏介质损耗一般都较小，在 1% 以下，最小的在 0.4% 左右。

测量时还应注意空气相对湿度的影响。当试区空气相对湿度达到 85% 以上时，用反接法测得的介质损耗因数产生较大的正偏差，这是因为湿度大时，在末屏引出的环氧玻璃布板或绝缘小瓷套表面形成游离水膜而产生泄漏电导电流所致。只有试区的空气相对湿度在 75% 以下时，才能达到正确的数据。

试验区空气相对湿度的影响如表 8-24 所示。

表 8-24　　　　　　　　　　不同相对湿度时末屏介质损耗因数 tgδ

试品型号及编号	试区空气相对湿度（%）	末屏（%）
LCWB—220；#685	89；　71（加去湿机）	2.9；0.6
LCWB—220；#5	89；　71（加去湿机）	2.8；0.7
LCWB—220；#256	90；　74（加去湿机）	2.0；0.8
LCWB—110；#257	90；　74（加去湿机）	2.6；1.1

Q/CSG 10007—2004 规定，测量电容型电流互感器末屏对地的介质损耗因数 tgδ 时，测量值不得大于 2%。

七、高压电流互感器末屏引出结构方式对介质损耗因数的影响

高压电流互感器末屏引出的结构方式有两种：一种是从二次接线板（环氧酚醛层压玻璃布板）上引出；另一种是利用一个绝缘小瓷套管，从油箱底座上引出。

现场测试验表明，电流互感器的末屏引出结构方式对其介质损耗因数测量结果影响较大。由二次接线的环氧玻璃布板上直接引出的末屏介质损耗因数一般都较大，最大可达 8% 左右，即使合格的也在 1%～1.5% 之间。由绝缘小瓷套管引出的末屏介质损耗因数一般都较小，在 1% 以下，最小的在 0.4% 左右。

对于由二次接线板上直接引出的末屏介质损耗因数不合格的电流互感器，可采取更换二次接线板的方法。但是，有的更换了二次接线板后，末屏介质损耗合格，在 1%～1.5% 之间，而有的更换了二次接线板后，介质损耗因数反而增大。对于这种情况，应采取更换油箱底座的办法，即将其末屏改为由绝缘小瓷套管引出，更换后的末屏介质损耗因数可达 1% 以下。

两种末屏引出结构方式对末屏介质损耗因数影响如此之大，主要是与末屏引出的绝缘结构材料有关。电流互感器的末屏对二次绕组及地之间，可以看成一个等效电容，它由油纸、变压器油和环氧玻璃布板或小瓷套管串联组成。末屏介质损耗因数的大小与上述串联的绝缘介质的性能，如其 tgδ 与介电常数 ε 有很大关系。

若将环氧玻璃布板和瓷套管的 tgδ 与 ε 进行对比,环氧玻璃布板在 20℃,50Hz 下的 tgδ 为 5%,ε 为 2.0;而瓷在 20℃、50Hz 下的 tgδ 为 2%,ε 为 7.0。根据电介质理论,绝缘介质的 tgδ 大,ε 小,必然使末屏介质损耗因数小。此外,环氧玻璃布板是由电工用无碱玻璃布浸以环氧酚醛树脂经热压而成,其压层间难免出现一些微小的气泡和杂质,有的甚至出现夹层和裂纹,这种有缺陷的环氧玻璃布板不但会影响末屏介质损耗因数,导致其增大,而且会影响到末屏对二次及地的绝缘电阻的降低,有的甚至降到 1500MΩ 以下而不合格。

采用绝缘小瓷套管的末屏引出方式,不但能保证电流互感器的末屏介质损耗因数在合格的范围内,而且能够提高末屏对地的绝缘水平。一般来说,末屏对地绝缘电阻可达 5000MΩ 以上,末屏对地的 1min 工频耐压可由 2kV 提高到 5kV。

八、用末屏试验法测量电流互感器的介质损耗因数时存在的问题及改进方法

现场测量 110~220kV 电流互感器末屏介质损耗因数时,通常采用 QS$_1$ 电桥反接法如图 8-18 所示。

该试验方法是减小外界干扰对测试影响的一种手段,但存在以下两个问题。

(1) 测试的电容量是 C_1 和 C_2 并联的电容量,而不是末屏对地的电容量。

(2) 测试的介质损耗因数不是末屏对地的介质损耗因数,而是 C_1 与 C_2 并联的综合介质损耗因数值,即

$$\text{tg}\delta = \frac{C_1 \text{tg}\delta_1 + C_2 \text{tg}\delta_2}{C_1 + C_2}$$

式中   tgδ_1——一次介质损耗因数;

　　　tgδ_2——末屏介质损耗因数。

若 tgδ_1 = tgδ_2,则该接线的测量结果等于实际值;若 tgδ_1 $\neq$ tgδ_2,则测量结果 tgδ 值介于 tgδ_1 与 tgδ_2 之间,所以不能真实地反映末屏对地的绝缘情况。

为了能真实准确地测量末屏与地之间的介质损耗因数,又消除外界电场干扰和 C_1 对测试结果的影响,将图 8-18 的接线改为如图 8-19 所示的接线,用两种接线在 18℃时测量同一台电流互感器的结果见表 8-25。

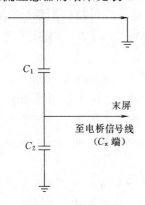

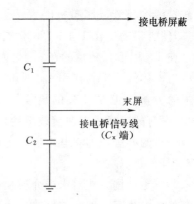

图 8-18 试验接线　　　　图 8-19 改进后的试验接线

C_1——一次对末屏电容;C_2——末屏对地电容

表 8－25 　　　　　　　　　　　　　两种接线的测量结果

接线方式	高 压 端 接 地			高 压 端 接 屏 蔽		
相　　别	U	V	W	U	V	W
介质损耗因数（％）	0.3	0.4	0.3	0.4	0.4	0.3
电 容 量（pF）	1310.1	1411	1338	551	682	701

注 该电流互感器一次的介质损耗因数为：U 相 0.4%；V 相 0.4%；W 相 0.3%。

由表 8－25 可见，按图 8－18 的接线测得的末屏介质损耗因数不能真实地反映绝缘状况。

另外采用图 8－18 所示的接线进行测量，还可能将介质损耗因数不合格的电流互感器误判断为合格。例如，某局的一台 $LCWB_6$—110 型电流互感器，其末屏的实际介质损耗因数为 3.5%，而采用图 8－18 接线测量时，末屏介质损耗因数的测量值为 2.0%，掩盖了设备缺陷。

九、用屏蔽法测量高压电流互感器介质损耗因数 tgδ 的效果

为消除电磁干扰，现场曾用 QS_1 型电桥反接线并采用部分屏蔽法和全屏蔽法测量 $LCWD_2$—110 型高压电流互感器的介质损耗因数 tgδ，其测量结果如下。

1. 部分屏蔽法

采用钢板进行部分屏蔽，其测结果见表 8－26，U_s＝10kV。

可见，屏蔽对带电母线引起的电场干扰起了一定作用，所测值有所下降，但仍超出规程范围，这说明屏蔽面积小，所以决定采用全屏蔽。

2. 全屏蔽法

用铁丝网将电流互感器的上部全部屏蔽起来，测量结果见表 8－26。由表 8－26 可见，全屏蔽法基本消除了电磁场干扰，所以它是消除电磁场干扰行之有效的方法之一。

表 8－26 　　$LCWD_2$—110 型高压电流互感器介质损耗因数 tgδ 的测量结果（％）

项　目	U	V	W	备　　　　注
大修后	8.7	4.2	2.4	U、V、W 三相绝缘电阻分别为 4000MΩ、4000MΩ、6000MΩ。油耐压为 58kV 合格，tgδ 值较大，有人建议换油
换油后	8.6	3.8	1.6	U，V 相 tgδ 值仍不合格，分析为电流互感器上方带电母线干扰所致
部分屏蔽	−7.3			屏蔽起作用，但仍超出规程范围，说明屏蔽面积小
全屏蔽	0.3	0.1	0.3	用铁丝网将电流互感器上部全部屏蔽，效果好

十、电容型电流互感器产品出厂后介质损耗因数变化的原因及预防措施

根据 GB 50150—2006 和 Q/CSG 10007—2004 规定，对 35kV 及以上电压等级的油浸式电流互感器应测量其介质损耗因数。但试验表明，测量结果往往不够稳定，有的产品甚至超标。据电力科学研究院 1991 年统计，在线产品在做预防性试验时发现，110kV 及以上互感器的介质损耗因数超标的有 190 台，有的产品在投入运行前做验收试验时就发现，其介质损耗因数值比出厂试验值有所增加，甚至超标。其主要原因是器身真空干燥不彻底，绝缘内层含水量高，或者是器身在出炉装配时，由于暴露时间过长或其他原因而使器

身表面受潮，现分析于下。

不管是主绝缘内屏的含水量偏高，还是干燥透的器身外部受潮，在经过一段时间后，都会使产品的介质损耗因数值有所变化（回升），因为电容型电流互感器是多主屏组成主绝缘，其介质损耗因数可用下式表示

$$tg\delta = \frac{\dfrac{tg\delta_1}{C_1} + \dfrac{tg\delta_2}{C_2} + \dfrac{tg\delta_3}{C_3} + \cdots + \dfrac{tg\delta_n}{C_n}}{\dfrac{1}{C_1} + \dfrac{1}{C_2} + \cdots + \dfrac{1}{C_n}}$$

若 $C_1 = C_2 = \cdots = C_n$，则

$$tg\delta = \frac{1}{n}(tg\delta_1 + tg\delta_2 + \cdots + tg\delta_n)$$

式中　C_1、C_2、$\cdots$、C_n——各屏的电容量；

　　$tg\delta_1$、$tg\delta_2$、$\cdots$、$tg\delta_n$——各屏间介质损耗因数。

由上式可见，产品的介质损耗因数为各屏间介质损耗因数的平均值。对于 220kV 产品，一般取 10 个主屏，假如其中有 1～2 个屏间介质内的水分没有除净，或者器身外部受潮（通过对地屏介质损耗因数的测试可判定是否外部受潮），出厂时对测量产品的介质损耗因数值似乎影响不大，但存放一段时间后，其中的水分将会慢慢扩散到其他屏间的介质中去，产品的介质损耗因数值将比出厂的测量值有所增加，这就是介质损耗因数值"回升"现象。绝缘中局部区域（特别是内层）含水量过高，是引起 $tg\delta$ 回升的主要原因。

为防止电容型电流互感器介质损耗因数回升，对运行部门应做到以下几点。

（1）加强运行维护。运行中一定要按使用说明书及时注油，发现渗漏或介质损耗因数变化时，要及时采取措施，避免产品内部受潮或水分漫延。

（2）由于试验条件的差异，测量结果会有一定的分散性，当介质损耗因数变化较大，但未超标的产品，可视其局部放电、色谱分析结果等性能符合要求与否，决定可否投入运行。但要注意监视介质损耗因数值增长的速度，如增长很快，达到警戒值时，应及时退出运行检查修复。

（3）对于介质损耗因数超标的产品，可视其值大小决定重新处理方法和时间的长短。因为浸油后的绝缘纸排水速度仅为不浸油时的 1/20～1/30，若重新进灌处理，方法不当可能导致介质损耗因数上升。建议用低温（50～60℃）、高真空（残压在 15Pa 以下）、长时间（7～15d）的方法进行处理。如果处理效果不理想，只好返工重新包扎绝缘，直至产品合格。

十一、在 Q/CSG 10007—2004 规定充油型及油纸电容型电流互感器的介质损耗因数的处理

油纸绝缘的介质损耗因数 $tg\delta$ 与温度的关系取决于油与纸的综合性能。良好的绝缘油是非极性介质油的 $tg\delta$ 主要是电导损耗，它随温度升高而增大。而纸是极性介质，其 $tg\delta$ 由偶极子的松弛损耗所决定，一般情况下，纸的 $tg\delta$ 在 $-40～60℃$ 的温度范围内随温度升高而减小。因此，不含导电杂质和水分的良好油纸绝缘在此温度范围内其 $tg\delta$ 没有明显变化，所以可不进行温度换算。若要换算，也不宜采用充油设备的温度换算方式，因为其温

度换算系数不符合油纸绝缘的 tgδ 随温度变化的真实情况。

当绝缘中残存有较多水分与杂质时，tgδ 与温度的关系就不同于上述情况，tgδ 随温度升高明显增加。如两台 220kV 电流互感器通入 50％额定电流，加温 9h，测取通入电流前后 tgδ 的变化。tgδ 初始值为 0.53％ 的一台无变化，tgδ 初始值为 0.8％ 的一台则上升为 1.1％。实际上已属非良好绝缘（Q/CSG 10007—2004 要求值为大于 0.3％），故 tgδ 随温度上升而增加。因此，当常温下测得的 tgδ 较大时，为进一步确认绝缘状况，应考察高温下的 tgδ 变化；若高温下 tgδ 明显增加，则应认为绝缘存在缺陷。

一般可采用短路法使绝缘温度升高，并保持一段时间，测量时取消短路电压，以免影响测量准确性。

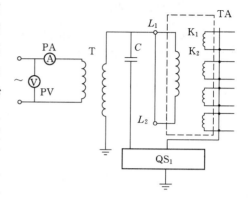

图 8-20　测量 LB 型电流互感器
介质损耗因数接线图

T—试验变压器；C—标准电容器；TA—被试电流互感器；L_1，L_2—电流互感器的一次接线端子；K_1，K_2—电流互感器的二次接线端子

十二、在预防性试验中如何测量 110kV LB 型电流互感器的介质损耗因数

LB 型电流互感器是油浸电容型的，在预防性试验中，可按图 8-20 测量其介质损耗因数。

测试前要将瓷套擦干净，以免瓷套不洁或潮湿而影响测量准确度。在运行中 110kV 的油浸式电流互感器的介质损耗因数 20℃ 时应小于 3％；大修后应小于 2％，若测试时的温度不是 20℃，则应将测试值换算到 20℃，以便比较。

十三、考察电流互感器的 tgδ 与电压的关系对综合分析判断的意义

研究表明，良好绝缘在允许的电压范围内，无论电压上升或下降，其 tgδ 均无明显变化。当 tgδ 初始值比较大，而且随电压上升或下降有明显变化（Q/CSG 10007—2004 规定，试验电压由 10kV 升高到最高运行相电压 $U_m/\sqrt{3}$，tgδ 变化量不得超过 ±0.3％）时，以及电压下降到初始值（10kV）tgδ 未能恢复到初始值（大于初始值）时，一般认为绝缘存在受潮性缺陷或已老化。表 8-27 列出三台 500kV 电流互感器的 tgδ 与电压的关系，可证明上述观点。

表 8-27　　　　　　　　　　三台 500kV 电流互感器的 tgδ 与电压的关系

编　　号	tgδ（％） 测量电压（kV） 160	320	变　化　情　况
1	0.31	0.33	施加 320kV，1250A，36h，tgδ 稳定在 0.3％
2	0.63	0.71	施加 320kV，1250A，18h，tgδ 增加到 0.8％
3	0.79	0.56	施加 320kV，64℃，1h，tgδ 增加到 1.64％，2h，绝缘击穿

基于上述，Q/CSG 10007—2004 规定，对充油型和油纸电容型的电流互感器，当其

tgδ 值与出厂值或上一次试验值比较有明显增长时，应综合分析 tgδ 与温度、电压的关系，以确定其绝缘是否有缺陷。

表 8 - 28   500kV 电流互感器 tgδ 的测试结果

tgδ（％）温度（℃） 电压（kV）	14	64		
		0h	1h	2h
100	0.90	—	—	—
140	0.77	—	—	—
320	0.56	1.46	1.63	击穿

表 8 - 28 给出了表 8 - 27 中序号 3 的电流互感器击穿前 tgδ 的测试结果。由表中数据可知在 14℃时，试验电压从 10kV 增加到 $U_\mathrm{m}/\sqrt{3}=1.1\times500/\sqrt{3}=317.5\approx320\text{kV}$，tgδ 增量为 $\Delta\text{tg}\delta=-(0.9-0.56)\%=-0.34\%$，超过 -0.3%；当温度由 14℃增加到 64℃时，tgδ 明显增加，综合分析判断该电流互感器有绝缘缺陷，实测故障点附近含水量为 8.626％。

十四、不拆引线时测量电容式电压互感器的介质损耗因数的方法

电力系统中运行着大量的 220kV 及以上的电容式电压互感器（以下简称 CVT），它用于电压与功率测量、继电保护和载波通信。常见的型式有国产 YDR 和 TYD 系列，国外 500kV 的 CVT 由三节主电容、一节分电容和一只中间变压器组成。CVT 依其安装位置不同可分为线路、母线和变压器出口几种，对不同的 CVT 可分别采用 QS_1 电桥正接线、反接线和利用感应电压法测量其介质损耗因数。

（1）母线和变压器出口 CVT。可采用正接线测量。由于该 CVT 与 MOA 或变压器相连，不拆高压引线，只拆除变压器中性点接地引线，MOA 及变压器均可承受施加于 CVT 上的 10kV 交流试验电压。流经 MOA 及变压器的电流由试验电源提供，不流过电桥本体、故本并联的变压器，MOA 不会对测量产生影响，而强烈的干扰电流又大部分被试验变压器旁路掉，因此可得到满意的结果。

（2）线路 CVT。由于该 CVT 不经隔离开关而直接与线路相连，故 CVT 上节不可采用正接线测量，否则试验电压将随线路送出，这是不允许的。实践表明，在感应电压不十分强烈的情况下，采用反接屏蔽法仍能取得满意的结果，反接屏蔽法接线图如图 8 - 21 所示。

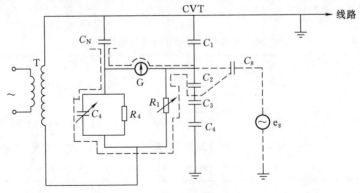

图 8 - 21   测量 CVT 介质损耗因数的反接屏蔽法接线图

测量 C_1 的介质损耗因数时，测量线 C_x 接在 C_1 末端，由于 C_1 首端及 C_4 末端接地，则对于测点来讲，C_1 与 C_2、C_3、C_4 的串联值是并联的关系。为避免 C_2、C_3、C_4 对 C_1 的测量结果造成影响，应将 QS_1 电桥的屏蔽极接于 C_2 末端，这样 C_2 两端电位基本相等，C_2 中无电流流过，C_3、C_4 中的电流直接由电源通过屏蔽极提供，不流经电桥本体，因而不会对测量 C_1 的介质损耗因数造成影响。表 8-29 列出了对某条 500kV 线路 CVT 的测量结果。

表 8-29　　　　　　　　　　　　某 500kV 线路 CVT 测量结果

项　　目	A 相		B 相		C 相	
	C（pF）	tgδ（%）	C（pF）	tgδ（%）	C（pF）	tgδ（%）
全停拆引线	19337	0.1	19385	0.1	19200	0.1
不拆引线	18907	0.1	19001	0.1	18978	0.1

应当指出，采用 QS_1 电桥反接线测量，由于抗干扰能力较差，所以必须采用电源倒相的方法，其 2、3、4 节仍应用正接线测量。在个别感应电压过强的 CVT 上采用感应电压法更合适。

对于 220kV 及以上的 CVT 有的单位将 C_2 底部接地（C_1 上部已接地），采用 QS_1 电桥反接线法，在 C_1 与 C_2 连接处加压进行测量。先测出 C_1 与 C_2 并联的 tg$\delta_{C_1+C_2}$，再按正接法测量 C_2 和 tgδ_2，根据下述基本公式计算 C_1 和 tgδ_1

$$C_1 = C_x - C_2$$

$$\mathrm{tg}\delta_1 = \frac{C_x \mathrm{tg}\delta_{C_1+C_2} - C_2 \mathrm{tg}\delta_2}{C_1}$$

下节 C_3 的测量可根据 A 端子的引出与否采用反接线或自激法测量，上节引线不拆对 C_2，C_3 的测量没有影响。表 8-30 列出一组测量结果供参考。

十五、对串级式电压互感器进行三倍频感应耐压试验时进行加压、补偿的绕组选择

为说明这个问题，引入表 8-31 所示的试验结果。

表 8-30　　　　　　　　　　TYD—330/T_3—0.005 型电压互感器实测结果

组　　别	A	B	C	备　　注
$C_1 + C_2$（pF） tg$\delta_{C_1+C_2}$（%）	30141 0.1	29876 0.1	30282 0.1	不拆引线，反接线
C_2（pF） tgδ_2（%）	15173 0.1	14913 0.1	15191 0.1	正接线
C_1（pF） tgδ_1（%）	14968 0.1	14963 0.1	15091 0.1	计算值
C_1（pF） tgδ_1（%）	15218 0.1	15312 0.1	15229 0.1	实测值，拆引线，正接线

表 8 - 31　　　　　　　　　不同绕组补偿结果的比较

JCC$_2$—220	不 补 偿	$u_D x_D$ 加压，ux 补偿	ux 加压，$u_D x_D$ 补偿
$\cos\varphi_c$	0.40	0.93	0.48
$\cos\varphi_{u_D x_D}$	0.165	0.90	0.82
补偿后三倍频电压发生器输出容量 下降倍数		2.81	1.61
三倍频发生器输出电压下降 倍　　数		1.271	1.275
折算到 $u_D x_D$ 测补偿量 （mH）		9	8.85
实际补偿量（mH）		3	8.85

由表 8 - 31 可见，在 ux 绕组上补偿效果更佳一些，而且所用电量明显减小。所以目前在串级式电压互感器的三倍频感应耐压试验中，为了减小三倍频电压发生器的体积、重量，改善三倍频电压波形，都采用串级式电压互感器二次侧 $u_D x_D$ 绕组加压，ux 绕组补偿的方式。

补偿后的功率因数宜大于 0.7，补偿量可按下式选择

$$x_L = (1.1 \sim 1.2) x_c$$

式中　　x_L——ux 绕组的补偿电感的感抗；

　　　　x_c——不加补偿时测出的等值容值。

另外，还有的单位采用将 ux 和 $u_D x_D$ 两绕组串联起来加压的方法，实践证明，也比较好。此时互感器低压侧电流仅为 20A（JCC$_1$—220，U_s＝360kV），电压为 4.4V。一般不需要再加电感补偿，即能满足试验要求。

十六、高压电容型电流互感器受潮的特征及干燥方法

高压电容型电流互感器现场常见的受潮状况有以下三种情况。

（1）轻度受潮。进潮量较小，时间不长，又称初期受潮。其特征为：主屏的 tgδ 无明显变化；末屏绝缘电阻降低，tgδ 增大，油中含水量增加。例如，某台 220kV 电容型电流互感器，受潮初期，由于水分还来不及向电容屏内部扩散，致使互感器主屏绝缘的 tgδ 值为 0.3%，反映不明显，而末屏对地绝缘电阻仅为 5MΩ，下降很多。

（2）严重进水受潮。进水量较大，时间不太长。其特征为：底部往往能放出水分；油耐压降低；末屏绝缘电阻较低，tgδ 较大；若水份向下渗透过程中影响到端屏、主屏 tgδ 将有较大增量，否则不一定有明显变化。例如，某台 220kV 电流互感器，预防性试验中曾从底部放出约 400mL 的水，测得 tgδ 值为 1.4%，较前年增加 3.4 倍，电容量增加约 10%。由于认为 tgδ 值没有超过 DL/T 596—1996 的允许值 3%，将互感器继续投入运行，6h 后互感器爆炸。

（3）深度受潮。进潮量不一定很大，但受潮时间较长。其特性是：由于长期渗透，潮气进入电容芯部，使主屏 tgδ 增大；末屏绝缘电阻较低，tgδ 较大；油中含水

量增加。

当确定互感器受潮后，可用真空热油循环法进行干燥。目前认为这是一种最适宜的处理方式。

十七、互感器 tgδ

1. 电流互感器的 tgδ 明显变化

某电厂 66kV 电流互感器，在预防性试验中的 tgδ 测试数据见表 8-32。

表 8-32   tgδ 测 试 数 据

相 别	绝缘电阻（MΩ）	tgδ		预防试验规程要求值
		上年（%）	本年（%）	
U	10000	0.213	0.96	tgδ（%）不大于 2.5
V	10000	0.128	0.125	
W	10000	0.152	0.173	

该电流互感器的绝缘电阻无明显变化，虽然 U 相的 tgδ＝0.96%，未超过要求值，但与上年比增大 4.5 倍，比同型的 V、W 相增大 7.4 倍。故分析为绝缘不合格。经检查，打开 U 相电流互感器端盖，发现上端盖内明显有水锈迹，证明已进水。

2. 电流互感器的电容量与 tgδ 异常未引起注意

某变电站 220kV 电流互感器，在预防性试验中测得绝缘电阻为 10000MΩ，未见异常，但测 tgδ 和 C_x 时，已有增长，tgδ 由上次的 0.41 增大到 1.4（要求不大于 0.8%），C_x 增大＋10%，故油样试验时，在内部放出部分油与水后，油击穿电压才合格。投运前取油样做色谱分析未见异常，投入运行 10h 后，即发生爆炸，次日做油色谱分析发现乙炔已高达 34×10^{-6}，证明故障发展非常快。如果在试验时已发现 tgδ 和 C_x 异常后立即检查，即可避免事故。解体检查发现端盖的胶垫已压偏进水，故 tgδ 明显增加，电容芯棒是 10 个电容屏串联，C_x 增大＋10%，说明有一对电容屏间绝缘已击穿短路，故导致事故。

3. 油纸电容型电流互感器 tgδ 与温度关系

某台电流互感器，LCLWD$_3$—220 型（其中第三位 L 代表油纸电容型），220kV，tgδ 初始值为 0.8%，当通过 50% 的电流 9h 后，测 tgδ 为 1.1%，比初始值增加了 32.5%，有明显变化，该互感器绝缘已有缺陷。

4. 瓷绝缘电流互感器的综合分析判断

某瓷绝缘电流互感器 LCWD—60 型，测试数据为：绝缘电阻 25MΩ（U、W 相）；U 相 tgδ＝3.27%，W 相 tgδ＝3.28%；电容量 C_x 值异常；U 相 1670.75pF，W 相 1695.75pF，较正常值（100pF）增长 16 倍多。综合分析判断：绝缘不合格。检查从内部放出大量积水，原因为端部密封不良，进水。

5. 测量串级式电压互感器 tgδ——末端屏蔽法

在图 8-22 中，用末端屏蔽法接线时，标准电容 C_N 上承受电压互感器端电压 U，而

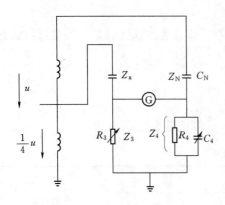

图 8-22 末端屏蔽法等值电路

下铁芯的电位对于 220kV 电压互感器为 $\frac{U}{4}$，110kV 互感器为 $\frac{U}{2}$。因此，电桥平衡时，$U_{R3} = U_{Z4}$，由电桥平衡原理可以导出电容量的计算表，见表 8-33。

当标准电容为 $C_N = 50pF$ 时，并联 $R'_4 = 3184\Omega$，测得 $R_3 = 7960\Omega$，则可求得在 220kV 互感器情况下，$C_实 = \dfrac{2R_4 \times C_N}{R_3}$

$$C_实 = \frac{2 \times 3184 \times 50 \times 10^{-12}}{7960} = 40 \times 10^{-12} =$$

$40pF$，$tg\delta_实 = \frac{1}{2}tg\delta_测 = \frac{1}{2} \times 1.8\% = 0.9\%$

表 8-33   电容量的计算

额定电压 (kV)	原始公式	并联 $R'_4 = 3184$（Ω）	并联 $R'_4 = 1592$（Ω）
220	$C_实 = 4R_4C_N/R_3$ $tg\delta_实 = tg\delta_测$	$C_实 = 2R_4C_N/R_3$ $tg\delta_实 = \frac{1}{2}tg\delta_测$	$C_实 = 4R_4C_N/3R_3$ $tg\delta_实 = tg\delta_测/3$
110	$C_实 = 2R_4C_N/R_3$ $tg\delta_实 = tg\delta_测$	$C_实 = R_4C_N/R_3$ $tg\delta_实 = \frac{1}{2}tg\delta_测$	$C_实 = C_实 = 2R_4C_N/3R_3$ $tg\delta_实 = tg\delta_测/3$

第五节 互感器的励磁特性

一、电流互感器励磁曲线试验

1. 试验接线

电流互感器励磁特性试验原理接线如图 8-23 所示。在试验时，一次绕组应开路，铁芯及外壳接地，从保护绕组施加试验电压，非试验绕组应在开路状态。

2. 试验步骤

对电流互感器进行放电，拆除电流互感器二次引线，一次绕组处于开路状态，铁芯及外壳接地，按图 8-23 进行接线，选择合适的电压表、电流表挡位，检查接线无误后提醒监护人注意监护。合上电源开关，调节调压器缓慢升压，当电流升至互感器二次额定电流的 50% 时，将调压器均匀地降为零。

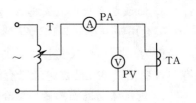

图 8-23 电流互感器励磁特性
试验原理接线图
T—调压器；TA—电流互感器；
PV—电压表；PA—电流表

参考出厂试验数据或选取几个电流点，将调压器缓慢升压，以电流的倍数为准，读取相应的各点电压值，观察电压与电流的变化趋势，当电流按规律增长而电压变化不大时，可以认为铁芯饱和，在拐点附近读取并记录至少5～6组数据。读取数值后，缓慢降下电压，切不可突然拉闸造成铁芯剩磁过大，影响互感器保护性能。电压降为零位后，再切断电源。

当有多个保护绕组时，每个绕组均应进行励磁曲线试验，试验步骤同上。

二、电压互感器励磁特性和励磁曲线试验

1. 试验接线

电压互感器进行励磁特性与励磁曲线试验时，一次绕组、二次绕组及辅助绕组均开路，非加压绕组尾端接地，特别是分级绝缘电压互感器一次绕组尾端更应注意接地，铁芯及外壳接地，二次绕组加压，试验原理接线如图8-24所示。

2. 试验步骤

对电压互感器进行放电，并将高压侧尾端接地，拆除电压互感器一次，二次所有接线。加压的二次绕组开路，非加压绕组尾端、铁芯及外壳接地，按图8-24接线。试验前应根据电压互感器最大容量计算出最大允许电流。

电压互感器进行励磁特性试验时，检查加压的

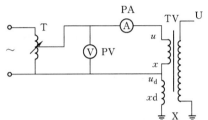

图8-24　电压互感器励磁
特性原理接线图
T—调压器；TV—电压互感器；
PV—电压表；PA—电流表

二次绕组尾端不应接地，检查接线无误后提醒监护人注意监护。

合上电源开关，调节调压器缓慢升压，可按相关标准的要求施加试验电压，并读取各点试验电压的电流。读取电流后立即降压，电压降至零后切断电源，将被试品放电接地。注意在任何试验电压下电流均不能超过最大允许电流。

三、试验注意事项

(1) 如表计的选择挡位下合适需要更换挡位时，应缓慢降下电压，切断电源再换挡，以免剩磁影响试验结果。

(2) 电流互感器励磁曲线试验电压不能超过2kV、电流一般不大于10A或以厂方技术条件为准。

(3) 互感器励磁特性试验测试仪表应采用方均根值表。

(4) 电压互感器感应耐压试验前后的励磁特性如有较大变化，应查明原因。

(5) 铁芯带间隙的零序电流互感器应在安装完毕后进行励磁曲线试验。

四、试验结果分析

1. 电流互感器励磁曲线试验结果分析

电流互感器励磁曲线试验结果不应与出厂试验值有明显变化。互感器励磁特性曲线试验的目的主要是检查互感器铁芯质量，通过磁化曲线的饱和程度判断互感器有无匝间短路，励磁特性曲线能灵敏地反映互感器铁芯绕组等状况，如图8-25所示。

如果试验数据与原始数据相比变化明显，首先检查测试仪表是否为方均根值表、准确等级是否满足要求，另外应考虑铁芯产生剩磁的影响。在大电流下切断电源、运行中二次

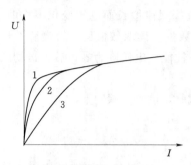

图 8-25 电流互感器励磁曲线图
1—正常曲线；2—短路 1 匝；
3—短路 2 匝

开路、通过短路故障电流以及使用直流电源的各种试验，均可导致铁芯产生剩磁，因此有必要的情况下应对互感器铁芯进行退磁，以减少试验与运行中的误差。

电流互感器励磁曲线试验的另外一个重要作用可以检验 10% 误差曲线，通过励磁曲线及二次电阻可以初步判断电流互感器本身的特征参数是否符合铭牌标志给定值。规程规定电流互感器励磁曲线测量后应核对是否符合产品要求，励磁曲线法如下：

P 级绕组的 $U-I$（励磁）曲线应根据电流互感器铭牌参数确定施加电压，二次电阻可用二次直流电阻 r_2 替代，漏抗 x_2 可估算，电压与电流的测量用方均根值仪表，x_2 估算值见表 8-34。

表 8-34 x_2 估 算 值

电流互感器额定电压	独 立 结 构			GIS 及套管结构
	≤35kV	66～110kV	220～500kV	
x_2 估算值	0.1	0.15	0.2	

首先计算二次负荷阻抗，即

$$Z_L = \frac{S_{2n}}{I_{2n}} \div I_{2n} \times \cos\varphi$$

式中　Z_L——一次负荷阻抗，Ω；

S_{2n}——二次额定负荷，VA；

I_{2n}——二次额定电流，A；

$\cos\varphi$——功率因数。

根据二次直流电阻测试值 r_2 和估算的二次漏抗值 x_2 计算二次阻抗 Z_2，即

$$Z_2 = r_2 + j x_2$$

根据互感器铭牌标称准确限值系数 ALF、二次额定电流、二次负荷阻抗及二次阻抗，计算二次绕组感应电动势，即

$$E\mid_{ALF1} = ALF \times I_{2n} \mid Z_2 + Z_L \mid$$

式中　$E\mid_{ALF1}$——电流互感器二次绕组感应电动势，V；

ALF——标准准确限值系数；

I_{2n}、Z_2、Z_L 含义同上。

对准确级为 10P 级的电流互感器，以计算的二次感应电动势为励磁电压测量的励磁电流 I_0 应满足下式的要求，即

$$I_0 \leq 0.1 \times ALF \times I_2$$

如励磁电流 I_0 满足上式的要求，则可判断该绕组准确限值系数合格，说明在额定一次准确限值电流下的复合误差满足该互感器标称准确级。

2. 电流互感器励磁特性和励磁曲线试验结果分析

电压互感器与电流互感器不同，同一电压等级、同型号、同规格的电压互感器没有那

么多的变比、级次组合及负荷的配置，其励磁曲线（包括绕组直流电阻）与出厂检测结果不应有较大分散性，否则就说明所使用的材料、工艺甚至设计与制造发生了较大变动以及互感器在运输、安装、运行中发生故障。如励磁电流偏差太大，特别是成倍偏大，就要考虑有无匝间绝缘损坏、铁芯片间短路或者是铁芯松动的可能。

在最高测量点时的电流不应超过最大允许电流。实际生产中发现一些产品，特别是早期的一些产品，在最高测量点时的电流超过最大允许电流，在故障时互感器铁芯过饱和，易产生铁磁谐振过电压，发生互感器过热烧毁的事故。因此，应保证互感器在最高测量点时的电流不超过最大允许电流，最大允许电流计算式为

$$I_{max} = S_{max}/U_{2n}$$

式中 I_{max}——最大允许电流，A；

$\quad S_{max}$——互感器最大容量，VA；

$\quad U_{2n}$——互感器二次额定电压，V。

如互感器铭牌或技术资料无最大容量，一般可按额定容量的 5 倍计算。

3. 案例

一台电流互感器额定电压 220kV，被检绕组变比 1000/5A，二次额定负荷 50VA，$\cos\varphi = 0.8$，保护绕组准确级为 10P，准确限值系数 ALF 为 20，即 10P20，保护绕组直流电阻 0.1Ω，估算漏抗 0.2Ω，如何用励磁曲线法检查该电流互感器是否满足准确限值系数要求。

解：额定二次负荷阻抗为：

$$Z_L = \frac{S_{2n}}{I_{2n}} \div I_{2n} \times \cos\varphi = \frac{50}{5} \div 5 \times (0.8 + j0.67) = 1.6 + j1.2 \ (\Omega)$$

二次阻抗为： $\quad Z_2 = r_2 + jx_2 = 0.1 + j2 \ (\Omega)$

20 倍额定电流情况下绕组感应电动势为

$$E|_{ALF_1} = ALF \times I_{2n}|Z_2 + Z_L| = 20 \times 5|Z_2 + Z_L| = 100|1.7 + j1.4|$$
$$= 100\sqrt{1.7^2 + 1.4^2} = 220 \ (V)$$

此互感器的标准准确级 10P，在额定准确限值一次电流下的复合误差为 10%，标称准确限值系数为 20，二次额定电流 5A，励磁电流 I_0 应小于：

$$I_0 < 0.1 \times ALF \times I_{2n} = 0.1 \times 20 \times 5 = 10 \ (A)$$

该互感器 20 倍额定电流情况下绕组感应电动势为 220V，在此感应电动势下，励磁电流 I_0 小于 10A 时能满足准确限值系数要求。

第九章 高压断路器试验

第一节 概 述

一、高压断路器用途

高压断路器是电力系统最重要的控制与保护设备。控制作用就是根据电网运行需要，用它来安全可靠地投入或退出相应的线路或电气设备；保护作用就是在线路或电气设备发生故障时，将故障部分从电网中快速切除，保证电网无故障部分正常运行。对于高压输配电线路，要求高压断路器具备自动重合闸的功能，保证电网正常运行。总而言之，要求断路器按照需要能可靠地投切正常的或事故的线路。

二、高压断路器功能

（1）在关合状态时应为良好的导体，不仅对正常电流，而且对短路电流也应能承受其热与机械的作用。

（2）对地、相间及断口间具有良好的绝缘性能。

（3）在关合状态的任何时刻，应能在不发生危险过电压的条件下，并在尽可能短的时间内开断额定开断电流以下的电流。

（4）在开断状态的任何时刻，应能在其触头不发生熔焊的条件下，在短时间内安全地关合处于短路状态下的电流。

三、高压断路器分类

用汉语拼音字母来表示型号：D—多油；S—少油；Z—真空；K—压缩空气；L—六氟化硫；C—磁吹；W—户外；N—户内；G—改进型。型号后的数字依次表示：设计序号、额定电压、额定电流与额定开断电流。

此外，还有新发展的 SF_6 全封闭绝缘组合电器，简称 GIS。

四、断路器参数

标志高压断路器特性的参数比较多，下面列出最主要参数。

（1）额定电压。指断路器正常工作的系统额定电压，通常指线电压。考虑到系统调压的需要，电力设备的最高运行电压应比额定电压高 10％～15％（220kV 及以下取 15％；220kV 以上取 10％）。参考 IEC 的有关规定，定义最高运行电压即为额定电压。

（2）额定电流。指断路器可以长期通过的工作电流。

（3）额定短路开断电流。指断路器在标准规定的工频及暂态恢复电压下，能够开断的最大短路电流，并由两个特征值表示。交流分量有效值即额定短路电流与直流分量的百分数，当直流分量不超过 20％时，仅以交流分量的有效值来表征。

（4）极限通过电流和额定短路关合电流。通常其峰值等于额定短路开断电流交流分量有效值的 2.5 倍。

（5）额定短时耐受电流（额定热稳定电流）。指在短时间内，允许通过其导电部分，而其发热不超过短路允许温升的短路电流。其电流大小取等于额定短路开断电流，时间按 IEC 标准定为 1s，需要更长时间推荐 3s。按我国电力行业标准：220kV 以下为 4s；220kV 及以上为 2s。

（6）分闸时间。以前称固有分闸时间，指从断路器分闸操作起始瞬间（接到分闸指令瞬间）起到所有极的触头分离瞬间为止的时间间隔。通常分闸时间是指额定操作电（液、气）压下测量的数值。

（7）合闸时间。处于分位置的断路器，从合闸回路通电起到所有极触头都接触瞬间为止的时间间隔。

（8）操作顺序。具有规定时间间隔的一连串规定的操作。自动重合操作顺序是指断路器分后经预定时间自动再次合上的操作顺序。

以前关于断路器的参数还有一个额定开断容量，它用一个量表示断路器的开断能力，取额定电压下的开断电流与该电压的乘积再乘以线路系数（单相为 1；三相为 $\sqrt{3}$）。但是在灭弧过程的开断电流与灭弧后触头间的恢复电压在时间上并非同时发生，两者相乘在物理上没有什么意义，其概念不确切，计算也不方便。涉及开断能力的评价用开断电流来表示更为直接。而且对系列产品，输变设备参数配合和系统参数的计算等都很方便，不需换算。所以 IEC 标准与国家标准不再用额定开断容量这个参数。

五、各类断路器主要特点

1. 多油断路器

多油断路器的特点是几乎所有的导电部分都置于铁壳油箱中，用绝缘油作为对地、断口及相间（指三相共箱式）的绝缘。电流由套管引入与引出油箱，多油断路器制造、运行经验较丰富，对气候条件适应性强。因油箱接地，故加装电流互感器与分压器较方便。

由于多油断路器的用油量多，油量几乎按电压平方关系增长。电压等级越高，体积越大，检修困难，并有爆炸与火灾危险，已逐步被淘汰，我国目前仅保留少量 10～35kV 等级产品。

2. 少油断路器

少油断路器的特点是以绝缘油作为灭弧介质与断口之间的绝缘。但对地绝缘主要靠固体绝缘，如瓷件、环氧玻璃布棒等，与多油断路器相比较，体积小、质量轻、结构简单、价格便宜。我国 20 世纪 60 年代以来，10～220kV 各个电压等级普遍采用少油断路器，并积累了丰富的经验，最近 10～20 年，少油断路器统治地位逐渐被真空断路器与 SF$_6$ 断路器取代。

3. 压缩空气断路器

压缩空气断路器的特点用压缩空气供作灭弧与绝缘介质，并还用作操作与控制的储能、传动介质。动作快、开断容量大，结构复杂、价格昂贵。在 SF$_6$ 断路器发展的今天，它基本上已停止了生产。

4. SF₆ 断路器

理论上 SF_6 气体的灭弧能力比空气约高 100 倍。SF_6 断路器近年发展迅速，其结构逐渐完善。由于 SF_6 断路器具有单断口电压高、电气性能稳定、开断电流与累计开断电流大、检修周期长、维护工作量少、发展速度快等优点，尤其在高压与超高领域已占据主导地位。SF_6 气体最显著的特性是特异的热化学性与强负电性，具有良好的灭弧性能与绝缘性能。

5. 真空断路器

利用真空作为绝缘与灭弧介质的断路器称为真空断路器，要求的真空度为 $10^{-2}Pa$ 以上。高度真空具有很高的绝缘性能、介质恢复速度快和良好的灭弧性能。真空断路器触头开距小，结构简单轻巧，机械与电气寿命长，适用于频繁操作，开断电容电流一般不重燃。由于制造工艺限制，真空断路器的电压等级较低，目前多用在 10～35kV。

10kV 真空断路器的开距为 10～12mm，分闸速度约为 1～1.5m/s；35kV 的真空断路器开距为 20～30mm，由于其开距小，可配用更为小巧的操动机械，整体的体积较小，故结构简单，机械寿命长，无火灾危险，维持工作量小，但目前价格比油断路器贵。

六、断路器主要组成部分

1. 导电部分

导电部分是电流通过的路径，一般由导电杆、隔离刀、横梁、软连接与触头等组成。触头是导电部分最重要的零件，断路器就是靠它接通或断开电流的。

由于断路器在运行中长期通过负荷电流，导电回路要发热，当触头的接触电阻较大时，发热会更厉害，甚至会烧坏。

2. 灭弧装置

断路器的灭弧装置是断路器的心脏。因为触头只能切断电流，而灭弧装置则能将触头在断开电流时产生很长电弧予以熄灭。因此，它们的好坏在很大程度上决定了断路器的断流能力。

3. 绝缘系统

在断路器中必须保证以下 3 个方面的绝缘。

(1) 带电部分和接地部分间的绝缘，主要有瓷套管，提升杆等。

(2) 断路器在断开位置时，断口之间的绝缘通常是靠绝缘油（真空、SF_6）来保证的。

(3) 相间的绝缘，对于三相装在一起的油断路器，主要靠绝缘油、绝缘隔板来绝缘。

4. 操作机构

操作机构是断路器的重要部分。当断路器分合闸时，它能保证触头系统按一定方式和一定的速度运动，可靠地接通与断开电路。操作机械有手动式、电磁式和弹簧式等。要求它动作灵活、可靠。

第二节 绝 缘 试 验

一、绝缘电阻测量

绝缘电阻测量是断路器试验中的一项基本试验，简便易行。如有整体方面绝缘缺陷

（如受潮），绝缘电阻一般都有一定程度的反应，用2500V兆欧表测量。

对于35kV及以下的少油断路器，在合闸状态下的绝缘电阻，反映了绝缘拉杆与绝缘子等部位的对地绝缘；分闸状态的绝缘电阻还可反映断口间灭弧室部分是否有受潮缺陷。断路器整体的绝缘电阻通常不作规定，但应对历次的测试数值以及各台断路器的各相数据相互间比较来进行判断，以发现绝缘缺陷。

断口和有机物制成的提升杆的绝缘电阻在常温下（10～40℃）不低于表9-1数值（Q/CSG 10007—2004）；交接标准不应低于表9-2标准（GB 50150—2006）。

表9-1　　　　　　　　　　　　　　绝　缘　电　阻　值　　　　　　　　　　　　单位：MΩ

试　　验	额　定　电　压　（kV）		
类　　别	<24	24～40.5	72.5～252
大修后	1000	2500	5000
运行中	300	1000	3000

表9-2　　　　　　　　　　　绝缘拉杆的绝缘电阻值（常温）

额定电压（kV）	3～15	20～35	63～220	330～500
绝缘电阻值（MΩ）	1200	3000	6000	10000

作为参考，正常情况下断路器的绝缘电阻可达以下数值。

（1）220kV对地绝缘电阻大于10000MΩ。

（2）110kV对地绝缘电阻大于5000MΩ。

（3）一个断口绝缘电阻大于2500MΩ。

2500V摇表的L接线柱接在被试设备的导体上；E接线柱接到被试设备外壳或地线上；G接线柱接到被试设备的屏蔽端上。三相同在一个油箱的多油断路器，应分别测每相的绝缘电阻。测量时非被测相均应接地，分别测量合闸状态下导电部分对地的绝缘电阻与分闸状态下断口之间的绝缘电阻。整体绝缘电阻无具体规定，可与出厂规定或历年试验结果，或同类产品相互比较进行判断。

二、介质损耗因数 tgδ 的测量

真空断路器、SF$_6$断路器与少油断路器不作此项试验，因其绝缘结构主要是电瓷与环氧玻璃布等之类绝缘，其本体电容很小（仅十至几十皮法），所测得的tgδ分散性很大，不能有效地发现绝缘缺陷。对于多油式断路器，tgδ测量是重要的测试项目。

多油断路器的基本部件有套管、灭弧室、提升杆与导向筒、绝缘油与油箱、绝缘围屏五大部分。测试证明，任一部分绝缘情况的劣化都使整体tgδ发生明显变化。

该试验要在合闸与分闸两种状态下进行。在分闸状态下试验时，要对每个套管分别测量，如果tgδ超过标准，或与历年数据比较有显著增大者，应进行下列分解试验，以找到缺陷部位。

落下油箱或放油（当油箱无法落下者），使灭弧室露出油面后进行复测，如tgδ明显下降3%（对DW$_1$—35型为5%）者，则说明tgδ增大的原因是绝缘油与油箱绝缘围屏绝缘不良。

如落下油箱或放油后，tgδ 无明显变化，则应擦净油箱内套管表面再试，如仍无明显变化，则依次卸去灭弧室屏蔽罩和灭弧室进行试验。如此时 tgδ 降到 2.5％ 左右，则表明是灭弧室受潮，否则可能是套管绝缘不良，可按套管标准判断（GB 50150—2006 表 16.03 的规定）。将灭弧室外加屏蔽罩，将其接于电桥的屏蔽回路，即消除了灭弧室的影响。表 9-3 为典型实例。

表 9-3　　　　　　　　　　　分闸状态下介质损失测量实例

	试　验　情　况	20℃时 tgδ（％）	试验温度（℃）	判　断　结　论
1	分闸状态一支套管连油箱	7.9	29	不合格，需解体试验
	落下油箱	6.04	27.5	油箱绝缘良好，应再解体
	去掉灭弧室	5.31	27.5	灭弧室良好，套管不合格
2	分闸状态一支套管连油箱	9.5	20	不合格，需解体试验
	落下油箱	3.26	21	油箱绝缘不良，应再解体
	去掉灭弧室	0.93	26	灭弧室受潮，套管良好

Q/CSG 10007—2004 规定：35kV 充胶型套管大修后，20℃时 tgδ 不大于 3％（运行中不大于 3.5％）。

测量多油断路器的 tgδ 时，也应注意测得的 C_x 值，要对同一电压等级、同一类型的套管，或同一套管历次测试数据进行比较，如 C_x（即 R_3）差别很大，则套管可能存在缺陷。C_x 增大即 R_3 变小时，对于充胶套管，可能缺胶；对于充油套管，可能严重缺油；对于电容型套管，可能是电容短路。反之，则可能内部干枯、老化或填充物流失。

在实际工作中，影响测量结果的因素很多，对来自外界的影响，必须采取措施加以消除；对于测量用的仪器、仪表应定期校验，使用方法要正确，从而使测量结果能反映绝缘的真实情况，这样才能根据测量结果作出正确的判断。

测量单套管时一般用正接法，这样受干扰小，测量结果较为准确，操作安全方便。使用反接法时，应尽量排除干扰，例如采用抗干扰电桥。

温度对测量结果的影响也十分明显。温度升高，极化损失与电导损失增加，因而 tgδ 值也会变大，具体相关因素还未完全定论。有关文献推荐了不同温度下 tgδ 的校正公式

$$tg\delta(20℃) = tg\delta(t℃)K^{(20-t)/10}$$

式中　K——不同结构材料的系数，电容套管 $K = 1.2 \sim 1.25$；温度超过 20℃时，所测值变化归算到 20℃下的 tgδ 时，K 值越小越安全，低于 20℃下测量时，情况正好相反。

空气湿度和表面污秽对测量的影响也很大。表面污秽应该擦洗干净，应尽量避免在空气湿度大的环境下进行测量。

三、直流泄漏电流试验

多油断路器不作此项试验，因多油断路器的主绝缘与地之间并联支路很多，整体试验时，个别部件受潮引起泄漏电流增加所占的百分比很小。此外，由于套管结构的特征，当套管的纸质或胶木绝缘层受潮时，泄漏电流反应也不灵敏。对多油断路整体泄漏试验远不

如 tgδ 试验那样灵敏。但在解体试验时，对环氧玻璃布板之类有机绝缘的受潮有可能通过泄漏试验来检测。少油与压缩空气断路器的泄漏试验对下列情况能比较灵敏地反应。

（1）外表的严重污秽；套管的开裂。

（2）压缩空气断路器，因压缩空气相对湿度增高时，带进潮气，干瓷套内壁与导气管管壁造成结露。

（3）少油断路器提升杆、灭弧室以及绝缘油受潮劣化等缺陷。

对于高压少油断路器，可以在三角箱加压、断口外侧接地来测量整个单元的泄漏电流。如有异常，再进一步分解是断口还是支持瓷套进水受潮。在绝大多数情况下，断路器进水受潮后，泄漏电流有明显变化，甚至远远超过标准（直流试验电压 40kV 下，1min 的泄漏电流不大于 $10\mu A$）。但在个别情况下，由于结冰或水分在局部沉积，泄漏电流反应不大灵敏。这要认真仔细研究与必要的检查。例如某变电站一台 SW₆—220 型断路器 1996 年 6 月 22 日的绝缘测试结果见表 9-4。由于未引起有关部门重视，未及时查找早期的绝缘缺陷或缩短试验周期，耽误了时间，于 1997 年 4 月 5 日，该断路器 V 相发生对地击穿爆炸事故。由此可知，泄漏电流测试结果虽符合标准规定，但相间差别很大或与历年相比有异常增长时，应进行分析，查明不正常原因，不可轻易放过。

表 9-4　　　　　　　　　　一台 SW₆—220 型断路器绝缘测量结果

相　别	绝缘电阻（MΩ）	40kV 直流泄漏电流（μA）
U	10000	2
V	5000	7
W	10000	2

在试验时注意试验方法正确，高压引线尽可能短而粗，绝缘良好，绝缘件表面应擦干净后测量，以消除表面泄漏的影响。

Q/CSG 10007—2004 规定：每一元件的试验电压额定电压为 40.5kV 的试验电压为 20kV；额定电压为 72.5～252kV 的，试验电压为 40kV。大修后泄漏电流：252kV 的不宜大于 $5\mu A$；126kV 及以下的，不应大于 $10\mu A$；预防性试验时，一般不大于 $10\mu A$。252kV 少油断路器提升杆（包括支持瓷套）的泄漏电流大于 $5\mu A$ 时，应引起注意。

四、交流耐压试验

交流耐压试验是鉴定断路器绝缘强度的最有效与最直接的方法。由于试验条件限制，一般只限于 35kV 及以下的设备进行。压缩空气断路器安装完毕或每次大修后，必须在最低允许气压下对分闸状态的断口进行交流耐压试验。

油断路器的交流耐压试验，应在合闸状态导电部分对地之间和分闸状态的断口间分别进行，对于少油断路器应分别在合闸与分闸状态下进行耐压试验。合闸试验是检查断路器的主绝缘、分闸试验在于检查灭弧室、导向瓷瓶等部件的绝缘。对于多油断路器应在合闸状态下进行交流耐压试验。三相共处同一油箱的断路器，应分相进行，试验一相时，另外二相与油箱一起接地。工频耐压试验电压标准见表 9-5（1min 耐压值）。

交流耐压试验前后都应测量绝缘电阻，前后两次数值差不超过 3% 为合格。

表 9－5　油断路器与压缩空气断路器工频耐压试验电压标准（GB50150—2006 附录 A）　单位：kV

额定电压	500	330	220	110	60	35	20	15	10	6	3
出厂试验电压	680	510	395	185	140	80	50	40	30	23	18
交接试验电压	612	459	356	180	126	72	45	36	27	21	16

在检修过程中，对有关绝缘件（如套管、提升杆等）的绝缘能力有怀疑或因受潮经干燥检修后，进行耐压试验时，试验电压按 DL/T 593—2006《高压开关设备和控制设备标准的共用技术要求》规定值的 6.8 倍进行。对有机绝缘材料，耐压时间应为 5min，试验中应无击穿、闪络或发热等不良现象。

当耐压设备不能满足要求时，要分段进行，分段数不应超过 6 段（252kV）或 3 段（125kV），耐压时间为 5min。每段试验电压可取整段试验电压值除以分段数所得值的 1.2 倍或自行规定。

110kV 及以上少油断路器的绝缘提升杆单独试验时，各个制造厂的耐压标准不完全相同，各制造厂对有关绝缘件的出厂工频试验电压见表 9－6。

表 9－6　　　　　　　　　少油断路器绝缘件工频试验电压

厂　　家	绝 缘 拉 杆 （kV）		断口玻璃钢筒（kV）	40kV 直流电压下泄漏电流（μA）
	110kV	220kV		
华通开关厂	240	475	170	8（5）
沈阳高压开关厂	300	2×300	155	8（4）
西安高压开关厂	329	2×315	155	
北京开关厂		520	155	

首先是油的击穿强度试验必须合格，对于刚过滤油或新油的油断路器，应静止 3～5h 再试验，避免油中气泡放电或击穿。试验时，若发现断路器油箱内有断续的轻微放电声，则应放下油箱进行检查，必要时重新滤油。若发现出现沉闷的击穿声或冒烟，则为不合格。

目前对于真空度的检查方法常用交流耐压法，如 10kV 真空断路器新的真空灭弧室应施加 42kV，进行 1min 工频耐压试验。在运行中可降低电压试验，如建议加 28kV 进行耐压试验，国外真空灭弧室的交流耐压水平都比对地耐压水平低。例如 GEC 的 DX—36 型断路器额定电压 35kV，真空泡的耐压标准为 55kV、2～3s；VBM 型断路器额定电压 15kV，真空泡施加耐压 30kV。运行中也可观察真空室灭弧室屏蔽罩的颜色来判断真空度的变化，这只能对玻璃外壳才有效。

五、断口并联电容器绝缘性能测量

110kV 及以上的多断口断路器通常在断口并联有均压电容器；也有为提高近区故障开断能力，在断路器断口上并联电容器的结构型；超高压断路器还安装有合闸电阻；专为操作并联电容器组用的多油断路器往往设有中值并联电阻。因此在安装与大修中，应测量电容值、电阻值及绝缘特性。电阻值可用一般惠斯登电桥测量，电容值可用一般电容电桥或 QS₁ 型西林电桥测量。

国产少油断路器的均压电容参数通常为：绝缘电阻应大于 1000MΩ（2500V 摇表），

电容量为 $1800\pm5\%$ pF；（早期 220kV 产品两外侧为 1500pF，后期产品均为 1800pF），测量介质损失一般不应超过 1%。（厂家出厂标准为 0.4%，20℃）。

六、SF₆断路器的绝缘试验

SF₆断路器的绝缘结构与常规断路器不一样。断口间的绝缘由 SF₆气体与瓷套构成，断路器带电部分对地的绝缘包括 SF₆气体、绝缘拉杆与瓷套。因为断路器是常充气式封闭结构，一般不存在进水受潮问题。运行中由于气体 SF₆泄漏，有可能吸潮使 SF₆气体含水量增加，以及触头烧损，导致电场均匀性下降而使绝缘性能变坏。但是 SF₆断路器的电气寿命很长，触头烧损导致绝缘性能下降可以不考虑，关键是保证 SF₆气体的泄漏与含水量符合规定，即在新断路器投运时，可以考虑进行绝缘电阻与直流泄漏试验。正常运行中按规定进行 SF₆气体密度监视与含水量监测，就可保证绝缘性能处于良好状态。

第三节　SF₆气体检漏及含水量测量

作为绝缘与灭弧介质将 SF₆气体引入高压电气设备，使电气设备发生了极大的变化。尤其是高压开关设备性能大为提高，运行更加安全可靠，检修维护更加方便，并且正在朝少维护甚至免维护的方向发展。但是在新的 SF₆断路器开始使用初期，产品质量不够稳定。

一、SF₆气体检漏

SF₆开关设备是全封闭电器，对气体密封性要求极高。因为 SF₆气体的绝缘与灭弧性能取决于气体的密度，其气体密度降低，会导致耐压强度的降低与开断容量的下降，而且气体密度的下降必然是由于泄漏所造成。与此同时，大气中的大量水分会向设备内部渗漏，使 SF₆气体的含水量增加。

开关设备自身有监视气体密度的装置，也即设有密度继电器。对于断路器来说，密度继电器一般有两级报警信号，即补气压力信号与闭锁压力信号。补气与闭锁压力值通常为额定压力的 90%～85%。但是，运行的开关设备频繁补气是不允许的。因此有关标准都规定 SF₆电气设备的年漏气率一般应小于 1%，达到了这个要求，开关电器就可运行。10 年以上才需要补气一次，也就是可达到运行安全、可靠与维护简单方便。

在工程实践中，要监测气体密度比较困难，只有测量压力才现实可行。测量压力的同时，绝不能忘记温度。凡是讲到额定压力，都是规定相对于 20℃ 而言的。

年漏气率小于 1% 的要求是比较严格的，例如 20℃ 下额定压力为 0.6MPa（表压）的断路器，由于漏气而导致的压力下降应不大于 0.8×10^{-6} MPa/h，当气体 SF₆的总质量为 20kg 时，相对的允许泄漏量为 0.0238g/h。在调试工作的短时间内，即使采用最精密的压力表也不易测量到这么微小的泄漏，因此，SF₆气体检漏工作要求高，难度较大。

现在，检测 SF₆气体的泄漏有几种方法，实践证明只靠一种方法来进行检漏往往达不到满意的效果。电气设备即使在制造厂经过了严格的检漏，还会留下一些缺陷检查不到。建议在现场多用几种方法来进行检漏，有时可称为综合检漏法。经验证明，这种综合检漏法比较有效。下面介绍常用的几种 SF₆气体检漏方法。

1. 整体法

为测量整台断路器的年漏气率要采用特制的密封容器，例如特制的塑料袋把整台断路器罩起来，经过一定时间（如 8h，甚至 24h），测量塑料袋内 SF₆ 气体浓度，再根据塑料袋与断路器本体的体积之差来计算年漏气率。这种方法理论上是完全正确的，只适合于较小开关设备在制造厂进行。对电压等级较高的断路器，只能分部件进行检测。有时用专门制作的金属容器代替塑料袋，但是漏出的 SF₆ 气体在塑料袋或金属容器内不可能均匀分布，发生漏检在所难免。当发现漏气率超标时，还要用其他方法来确定具体漏气部位。

2. 简易定性检漏

根据现场条件可以采用不同的检漏仪，如国产的 LF—1 型检漏仪，进口的 HALIDE、HOUND、HH300 便携式检漏仪（美国），或 MC—SF₆DB 型气体检漏仪（日本）、LH108 型检漏仪等。用检漏仪对所有组装的或未组装的动静密封面，管道连接处，密度继电器接头以及其他怀疑的地方进行仔细检查。这种方法简便，可作为初步检漏，可查出比较明显的缺陷，但可能有漏检的缺陷存在。

3. 压力下降法

用精密压力表测量 SF₆ 气体压力，隔数天至数十天后再复测一次，结合温度换算来检查压力降低多少。如果同时测量几台同型号的断路器，用横向比较方法则会更准确、有效。例如检测一台 SF₆ 断路器前后 10 天的 SF₆ 气体压力才下降 0.01MPa，然后用其他办法检查，终于找到了一个潜在的漏气点。此方法精度不高，但简单易行。可作为简易定性检漏的补充。

4. 分割定位法

此法适用于三相 SF₆ 气路连通的断路器，查找微小漏气很困难，甚至无从下手时，就可采用该法逐步缩小被检测的范围。例如一台 220kV ELF 型断路器，用压力下降法判断存在有泄漏缺陷，经反复查找仍不能发现漏气部位。采用分割定位法，先补气到 0.58MPa（表压，下同，当时温度为 20℃），再把接到各相的 φ10mm 铜管连同逆止阀拆下来，这样整个 SF₆ 气体系统分解成 U、V、W 相与管路系统 4 个部分。复测各相压力仍为 0.58MPa，管路系统压力为 0.557MPa，这是因为管路系统总容积小，每拆一次压力表导致压力下降 0.02MPa 左右。时隔一天进行复测，V、W 相约为 0.575MPa，管路系统为 0.54MPa，而 U 相的压力仅为 0.5MPa，显然缺陷在 U 相。然后集中力量在 U 相查找，采用逐步排除的方法发现是一个灭弧室顶部法兰帽上有个小砂眼漏气，更换了缺陷部件才解决。

5. 局部包扎法

用塑料布将待测的部位包扎起来，经过一定时间，如 4～6h 后，再用检漏仪对塑料袋内部进行定性或定量检测。实践证明，用定性检测效果很好。这种方法比较灵敏，特别在户外刮风场合效果更明显。当断路器的密封面数量较少时，采用这个方法效率最高。

二、SF₆ 气体含水量测量

1. 概述

SF₆ 气体中总含有一些水分等杂质，而且水分是以水蒸气形式存在的。水分的危害之一是：在温度下降时，过量的水分可能凝结成水附着在绝缘部件表面，发展成沿面放电而导致事故发生，所以必须将 SF₆ 气体的含水量限制到一定的水平。此外，气体中的水分还参与电弧作用下的分解反应，生成许多有害的物质，这些电弧副产物的形成不但造成设备内部某些结构材料的腐蚀老化，同时，在设备有气泄漏点存在时或在设备解体维修时，可能对工作人员的健康产生影响。

2. 测量原理

一般测量 SF₆ 气体的原理有两种：一是仪器直接反映含水量的体积比大小；二是测量水分露点再转换成水分含量。

3. 目前我国采用的测试器及测试结果（见表 9-7）

由表 9-7 可见，测定仪不同，测试结果差别很大，这可能与仪器本身所用的气体管路、操作等因素有关。微量水测定应在断路器充气 24h 后进行。

表 9-7　　　　不同类型微水测定仪对同一瓶 SF₆ 新气含水量测试结果比较

仪器型号	制造厂家	含水量实测值 （ppm，V/V）	仪器型号	制造厂家	含水量实测值 （ppm，V/V）
SHAW	英国	3.0	WTY180	法国	22.1
MₒDEL700	英国	37.0	SH—81	上海 515 厂	47.0
MₒDEL2000	英国	70.5	USI—I	成都	20.0
M—340	美国杜邦	39.5	USI—IA	成都	9.6
WMY270	德国	40.5	DWS—Ⅱ	上海唐山仪表厂	42.8

4. SF₆ 气体中水分含量测定

关于 SF₆ 气体中水分含量，GB 50150—2006 与 Q/CSG 10007—2004 规定的要求值见表 9-8。

表 9-8　　　SF₆ 气体中水分含量（在断路器充气 24h 后进行，体积比）　单位：ppm（V/V）

项　目	断路器灭弧室气室	其他气室
交接试验	<150	<500
大修后	<150	<250
运行中	<300	<500

220kV 断路器中气体含水量为 270～530ppm（V/V）。试验值见表 9-9。

表 9-9　　　　　　220kV SF₆ 断路器含水量实测值（冬天测试）

设　　备		测试时间 （年．月．日）		测试时气象条件				含水量实测值（ppm，V/V）			
				温　度（℃）		湿　度（%）		DWS—1		MODEL20000	
气体		甲	乙	甲	乙	甲	乙	甲	乙	甲	乙
220kV SF₆ 断路器	U 相	1984.2.25	1984.1.11	13	15.5	57	52	270	390	315	421
	V 相							340	470	300	401
	W 相							400	530	300	446

表 9-9 列举的 SF₆ 断路器气体含水量基本上都超过了运行的允许值 [300ppm（V/V）]。

由于我国各单位测试设备不尽相同，测试技术因人而异，测试季节及气候条件相差很远，甚至对运行中气体含水量的标准并没有统一认识。因此，关于测试结果的可比性和气体质量估价是难以作出判断的。

　　然而 SF₆ 气体中含水量还是应当监测，所以建议：①对同一台设备坚持用同一微水测定仪测试，以提高实测数据的可比性，更好掌握 SF₆ 气体中含水量的变化；②测试宜在夏天进行，以获得 SF₆ 绝缘设备中水分含量的最大值，因为在一年之中气体中水分含量随气温升高而升高。

　　现场安装调试时，如果前后测量 SF₆ 断路器含水量超标，但超过规定值不多时，可根据实际情况，从设备中放掉一部分气体，然后补充合格新气至额定电压，就可使含水量降到合格范围。采用此办法比采用全部放气后再进行抽真空处理方便快捷。

第四节　断路器特性试验

一、导电回路直流电阻测量

1. 试验目的

对各种形式的断路器都要测量每相导电回路的电阻，包括套管导电杆电阻，导电杆与静触头连接处的电阻和动、静触头之间的接触电阻。这实际上就是测量接触电阻是否合格。

断路器在运行中接触电阻增大，将会使触头发热。尤其是切断短路电流时，可能会因而烧坏周围绝缘和使触头烧熔，甚至可能造成拒绝动作的严重后果。因此，断路器在交接，大、小修后，都要进行导电回路直流电阻试验。

2. 试验方法

由于断路器每相导电回路的直流电阻值很小，都是 $\mu\Omega$ 级，一般均采用双臂电桥测量。现场测量都是在套管两端进行。断路器导电回路直流电阻测量方法可参阅电力变压器试验，也可用 ZRC—10A 型直流电阻速测仪进行测量。

3. 注意事项

直流电阻测量，按 IEC 出版物 56《高压交流断路器》，GB 11022—1999《交流高压电器在长期工作时的发热》推荐直流降压法，通入电流不小于 100A，有也可采用电桥法，在测量时应注意以下事项。

（1）如果断路器是电动操作合闸的，应在电动合闸数次后测量导电回路直流电阻；只有允许手动合闸的断路器才在手动合闸后进行测量。

（2）测量前应先将断路器跳合几次，以冲破触头表面的氧化膜，使它接触良好，从而使测量结果能反映真实情况。

（3）测量用的导线应尽可能的短和粗，接触应良好，最好用夹子夹在导体上，否则会影响测量结果。电桥的电流、电压的引线接头必须严格分开电压线接在断口的触头端，电流线应接在电压线的外侧。

（4）测量过程中应将断路器的跳闸机构卡死，防止因突然跳闸而损坏表计。

（5）每相至少测量 3 次，取其平均值。如果对测量结果有怀疑，可多测几次。

（6）如有主、副触头或多个并联支路，应对并联的每一对触头分别进行测量。测量时，非被测量触头间应垫以薄绝缘物。

试验结果异常增大时，应先检查装置与接线的正确性，然后在断路器动作数次后复试。若测量值仍很大，则应分段测试，以确定接触不良的部位。

4. 试验结果的分析判断

（1）对断路器每相导电回路直流电阻的测量结果，应符合制造厂的规定；大修后按 Q/CSG 10007—2004 规定：敞开式 SF_6 断路器不超过制造厂规定值的 1.2 倍；对 GIS 中的 SF_6 断路器按制造厂规定。用直流压降法测量，电流不小于 100A。油断路器大修后符合厂家规定值；运行中根据实际情况规定（可以考虑不大于厂家规定值的 2 倍），用直流压降法测量，电流不小于 100A；真空断路器大修后符合厂家规定；运行中根据实际情况规定，建议不大于 1.2 倍出厂值，用直流压降法测量，电流不小于 100A。

（2）测量的结果与前次结果比较。如果超过 1 倍以上时，应对触头进行检查；三相之间值差别较大时，应引起注意。必须仔细检查进行处理。如果测量结果与厂家的数据差不多，可将断路器跳合一次，再重新测量；如果偏差仍大，应查明原因进行处理。

二、分合闸时间与同期性测定

1. 同期性测量

断路器的三相触头应尽量做到同时跳开和同时闭合。如果分合严重不同期将造成线路或用电设备的非全相接入或切除，可能导致危害设备绝缘的过电压，对触头也会带来很大损伤。因此，在交接或大修时必须对断路器的三相同期性进行测量。

如图 9-1 所示，试验时采用手动慢合慢分，待触头刚合的瞬间在对应相的提升杆上划上一个记号，最后测量各记号的距离。最先亮的（或最先熄的）和最后亮（或最后熄的）灯泡之间的距离为最大合闸（或分闸）误差。如果误差过大，应进行调整，直至灯泡同时亮（或同时熄）为止。试验时使用的电源电压最好 36V 交流电较安全。如果使用 220V 交流电源，应注意安全，防止触电。

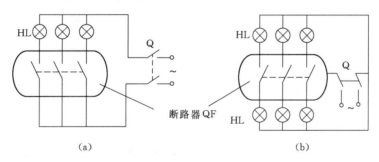

图 9-1 断路器三相触头同期性测定接线图
（a）三灯泡法；（b）六灯泡法
HL—指示灯；Q—电源开关

2. 合闸时间测定

（1）采用电秒表法。其试验接线如图 9-2 所示。

（2）试验顺序。首先合上单相刀闸 Q_0，401 型电秒表微型电动机启动，电秒表不计时；合三相刀闸 Q_1，电秒表 401 开始计时，同时断路器合闸接触器 K 线圈带电，断路器 QF_1 合上。当触头刚开始接触时，电秒表 401 型停转，计时停止。拉开刀闸 Q_0、Q_1，

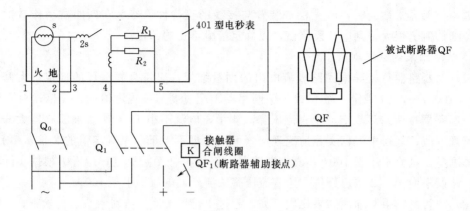

图 9-2　断路器合闸时间测定接线图

试验 3 次取其平均值，即为断路器合闸时间。

3. 分闸时间的测定方法

（1）采用电秒表法：其试验接线如图 9-3 所示。

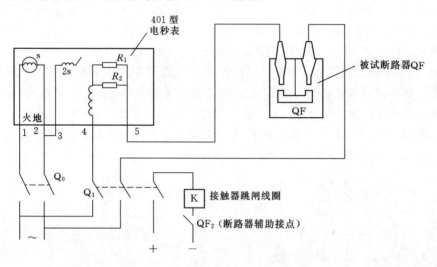

图 9-3　断路器分闸时间测定接线图

（2）试验顺序：首先合上单相刀闸 Q_0，电秒表 401 型微型电动机启动，电秒表不计时，再给上直流电源，合上三相刀闸 Q_1，电秒表开始计时，同时断路器 K 跳闸线圈带电分闸；当断路器主触头分离后，电秒表停止转动，计时停止；拉开刀闸 Q_0 与 Q_1。试验 3 次取其平均值，即为断路器分闸时间。

4. 注意事项

（1）三相刀闸的质量要好，要求操作灵活，接触良好。

（2）操作刀闸的速度要快，要求保证三相同时接通与断开，否则产生较大误差。

（3）断路器的分、合闸线圈及接触器线圈只允许短时带电，试验完毕后，立即断开电源，防止将线圈烧坏。

三、分、合闸速度测量

1. 分、合闸速度的重要性

断路器工作情况的好坏与其分、合闸速度有密切关系。如果分闸速度低，电弧熄灭的时间就增长，断路器的触头就会烧伤，油的汽化增多，引起喷油或爆炸事故。

如果触头开始闭合瞬间的速度低，将会引起触头振动，甚至会出现停滞现象，使触头烧黏起来。

在运行中由于机构调整不当、脏污、卡涩、润滑油缺少及质量不好，或者因使用的润滑油与季节的气温条件有关，以及其他种种原因均能使合闸速度降低。

对于电动操作的断路器，它的分、合闸速度还与操作电源的电压有关。电压低了会使操作机构动作变慢，有合不上闸的危险；如果电压过高，不仅影响断路器的性能，还会导致冲击力过大，降低使用寿命。因此，在作断路器的速度特性试验时，应在额定操作电压（气压，液压）下进行。操作额定电压是指在线圈端子上测得的电压。

2. 测量方法

目前测量断路器分、合闸速度的方法比较多，大致有：①电磁振荡器法；②滑块示波器法；③转鼓式测速仪法；④光电数字式测速仪法；⑤微分测速仪法；⑥音叉测速仪法。电力部门对于中低速断路器测速一般用电磁振荡器法，对于高速断路器测速可用转鼓式测速仪法。

电磁振荡器的结构如图 9-4 所示。电磁振荡器实际上是一个电磁铁，当线圈两端通入 220V、50Hz 的交流电源后，就会使振动片以 100Hz/s 的频率振动。交流电为 50Hz/s，1Hz 为 0.02s；而振动片 1Hz 的时间为 0.01s。因此，振动片上的划笔就在记录纸上划出 100Hz/s 的正弦曲线。两波峰间的时间间隔为 0.01s，曲线振幅大小可借改变衔铁与铁芯之间的间隙来达到。

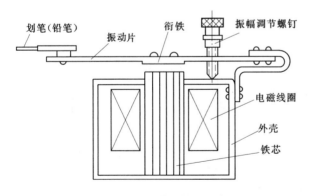

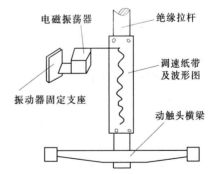

图 9-4　电磁振荡器结构示意图　　　　图 9-5　直接测量多油断路器速度的方法

利用电磁振荡器测量断路器速度的方法有两种：一是直接法，即把油箱落下，按如图 9-5 所示的方法安装振荡器与记录纸带，此种方法多用于多油断路器上；二是间接法，即将纸带固定在操作机构的传动杆上，就可以测得与横梁移动的速度相应的波形图，现在制造的断路器都预留有测速连接部位。

当加在振荡器线圈的电压为 220V，50Hz 时，振荡器上的划笔在纸带上画出如图 9-6 所示的分、合闸曲线，作波形图的中心线 oo'，它就是触头运动的全部行程 s。在波形图上可求得任一点的速度、时间和行程。

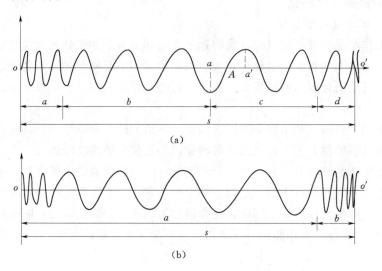

图 9-6　断路器分、合闸振动波形图

(a) 分闸振动波形图；(b) 合闸振动波形图

合闸时　　　　　　　　　　　　$s=a+b$

式中　a——分闸位置至动静触头接触瞬间的行程；

　　　　b——触头接触后的超行程。

分闸时　　　　　　　　　　　　$s=a+b+c+d$

式中　a——动静触头接触后的超行程；

　　　　b——动触头在灭弧室中行程；

　　　　c——动触头离开灭弧室后与受缓冲器接触前行程；

　　　　d——缓冲器行程。

触点运动到 A 点所经过行程为 $s_A=oA$，触点运动到 A 点所需时间为 $t=0.01n_A$，n_A 为 oA 线段中曲线的周波数。

触头在 A 点时的运动速度为 $v_A=aa'/0.01$，其中 aa' 为 A 点前后两个波峰间的距离。

求触头接触或分离瞬间速度值，通常有如下规定。

(1) 触头接触或分离点在振动曲线波峰顶点时，则速度等于该点前后两波峰间距离的厘米数（例如 $s=3\text{cm}$，则该点速度就是 3m/s），如图 9-7 所示。

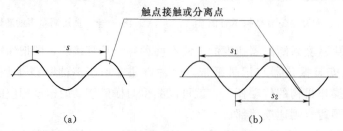

图 9-7　求触头接触或分离点动作速度示意图

(a) 分离点在波峰时；(b) 分离点在零点时

（2）触头接触或分离点刚好在另点时，则 s 值取 s_1 与 s_2 平均值，即 $s=\dfrac{s_1+s_2}{2}$。例如 $s_1=3\mathrm{cm}$，$s_2=3.2\mathrm{cm}$，则 $s=\dfrac{3+3.2}{2}=3.1\mathrm{cm}$，即该点速度为 $3.1\mathrm{cm/s}$，如图 9-7（b）所示。

如果将波形图的全行 s 分为若干等分，并按上述方法计算出各等分的平均速度，把它描绘在坐标纸上，就得到如图 9-8 所示的速度特性曲线。从曲线上可以求得触点运动中任一点的速度，同时根据曲线是否有高低等畸变来判断分、合闸运动过程是否有机械卡涩现象。

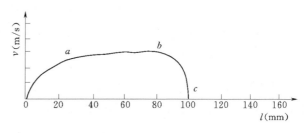

图 9-8 速度特性曲线
a—刚分速度；b—最大速度；c—停止位置

3. 注意事项

（1）测量时油箱中的油要注满，在油箱中无油或油箱落下后测量时，取测得的速度比有油时大 $15\%\sim20\%$。

（2）直流操作电压为额定值，否则对测量结果有影响。

（3）在测量以前，对触头的行程要用手动缓慢的分、合闸方法进行实际测量，包括触头的接触行程、触头在灭弧室内行程与绝缘油中的行程与缓冲器的行程等。

（4）在对测量结果进行分析时，要考虑各种条件对测量结果的影响。如有油还是无油，操作电压的高低及测量时的温度（最好在温度为 $10\sim35℃$ 时测量）等。

第五节　操 作 机 构 检 查

一、直流电阻测量

用电桥测量合闸接触器线圈、合闸电磁铁线圈和分闸电磁铁线圈的直流电阻。通过测量可发现上述线圈是否有断线、短路或焊接不良等缺陷。

测量结果应符合制造厂的试验值，与以前数据比较也不应有明显的变化，否则可能存在缺陷应予以消除。也可采用 ZRC—10A 型直流电阻速测仪测量。

二、测量绝缘电阻

用 500V 或 1000V 摇表测量操作机构所有线圈的绝缘电阻，其值不小于 $10\mathrm{M}\Omega$，运行中应不小于 $2\mathrm{M}\Omega$。

三、最低动作电压测量

电动操作的断路器，其分、合闸速度与操作电源的直流电压高低有关。电压过低，可能造成断路器不能动作；电压过高，冲击力过大，降低断路器使用寿命。

操作机构动作电压是指断路器动作时合闸接触器线圈或跳闸电磁铁线圈端上测得的电压值，保证了这个电压才能保证足够的速度，从而满足断路器动作要求。

测量最低动作电压，可以检查操作机构动作是否灵活，当电压降到一定程度时，是否

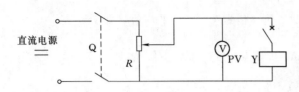

图 9-9　断路器操作机构最低动作电压测量接线图
R—滑线电阻；Y—分合闸线圈

直流电源　Q　R　PV　V　Y

能可靠的动作。最低动作电压试验接线如图 9-9 所示。

测量分闸时，必须先用手拉住分闸铁芯，迅速调节滑线电阻到某一电压值，然后拉开刀闸，再作分闸冲击试验，直到找到分闸最低动作电压值，即为分闸的最低动作电压。测量合闸接触器线圈最低动作电压时，试验电压从零逐渐升起，到接触器启动触头闭合止，读取这个电压值，即为合闸最低动作电压。测得的最低动作电压应符合表 9-10 的要求。

表 9-10　　　　　　　　　　操作机构动作电压范围

部 件 名 称	操作电压（额定电压百分值）
并联合闸脱扣器	交流为 85%～110% 额定电压范围，或直流为 80%～110% 额定电压范围可靠动作
并联分闸联扣器	65%～120% 额定电压范围内可靠动作，30% 额定值不应脱扣
合闸电磁铁线圈端电压	端电压为操作电压额定值的 80% 时可靠动作

四、检查操作机构的动作情况

主要目的是断路器在不同电压（液压）条件下，对断路器进行就地或远方操作，不允许在不带断路器本体情况下进行操作试验。每次操作断路器应正确、可靠动作，检查操作回路是否完好，分、合闸是否正常，机械部分有否卡涩的现象。检查按表 9-11、表 9-12 进行。

表 9-11　　　　　　　　　直流电磁铁或弹簧机构的操动试验

操 作 次 数	操作线圈端钮电压与额定电压的比值（%）	操 作 次 数
合、分	110	3
合　闸	85（80）	3
分　闸	65	3
合、分、重合	100	3

注　括号内数字适用于装有自动重合闸装置的断路器。

表 9-12　　　　　　　　　液压机构的操作试验

操作类别	操作线圈端钮电压与额定电压的比值（%）	操 作 液 压	操 作 次 数
合、分	110	产品规定的最高操作压力	3
合、分	100	额定操作压力	3
合	85（80）	产品规定的最低操作压力	3
分	65	产品规定的最低操动压力	3
合、分、重合	100	产品规定的最低操动压力	3

注　括号内数字适用于装有自动重合闸装置的断路器。

第六节　故障处理实例

一、泄漏电流实例

1. 少油断路器要测量泄漏电流而不测量介质损耗因数的原因

少油断路器的绝缘是由纯瓷套管、绝缘油和有机绝缘等单一材料构成，且其极间的容量不大，约为 $30\sim50pF$。所以现场进行介质损耗因数测量时，其电容值和 tgδ 值受外电场，周围物体和气候条件的影响较大而不稳定，带来分析判断困难。而套管的开裂、有机材料受潮等缺陷则可通过测量泄漏电流灵敏而准确地反映出来。因此，少油断路器一般不测介质损耗因数 tgδ，而仅测量泄漏电流。

2. 测量 110kV 及以上少油断路器的泄漏电流时，有时出现负值的原因及消除方法

所谓"负值"在这里是指在测量 110kV 及以上少油断路器直流泄漏电流时，接好试验线路后，加 40kV 直流试验电压时，空载泄漏电流比在同样电压下测得的少油断路器的泄漏电流还要大，即 $I_{KZ}>I_L$。产生这种现象的主要原因是高压试验引线的影响，表9-13和表 9-14 列出了模拟试验和现场实测结果。

表 9-13　　　　　　　　　试验室内模拟试验结果

线端头状态	φ1.5mm 多股软线刷状	φ38mm 小铜球	φ14mm 平头螺丝
40kV 直流电压时的泄漏电流（μA）	13.8	9.2	9.6

表 9-14　　　　　　　SW₃—110G 现场测试结果（$U_S=-40kV$）

序号	空载泄漏电流（μA）		断路器泄漏电流（μA）	说明
	线端刷状	φ50mm（铜球）		
1	11.0	4.0	4.5	A 相，B、C 相不接地
2	8.0	3.7	5.0	C 相，A、B 相不接地
3	11.0	4.0	4.5	B 相，A、C 相接地
4	11.0	4.0	4.5	B 相，A、C 相不接地
5	13.5	4.0	5.5	三相并联

从试验数据可以看出，线端头状态从刷状换为小铜球时，泄漏电流减小了 $4.3\sim9.5\mu A$。这个数量级对于少油断路器泄漏电流允许值仅为 $10\mu A$ 以下的基数来说，已是一个对测量结果有举足轻重影响的数量。现场测试也证明了这一点。当线端呈刷状时，测量均为负值，当线端换为小铜球时，均为正值。

其次，升压速度的快慢及稳压电容充放电时间的长短也是可能导致出现负值的一个原因。少油断路器对地电容仅为几十微微法，而与之并联的稳压电容器一般高达 $0.1\sim0.01\mu F$。若升压速度快，当升压到试验电压后又较快读数，会因电容器充电电流残存的不同，引起负值或各相有差值。

可采用下列措施来消除负值现象。

（1）引线端头采用均压措施。如用小铜球或光滑的无棱角的小金属体来改善线端头的电场强度，可减小电晕损失。

（2）尽量减少空载电流，把基数减小。如在高压侧采用屏蔽、清洁设备、接线头不外露等。增加引线线径，比增加对地距离还好，见表9-15，建议引线用φ2.5～4mm绝缘较好的多股软线，并尽量短。

表 9-15　　　　　　　　　引线及其对地距离改变时的电场强度

对地距离（mm）	100	500	1000	3000	5000
引线 $r_1=1$mm 时场强（kV/cm）	86.9	64.4	57.9	50.0	47.0
引线 $r_2=2$mm 时场强（kV/cm）	51.1	36.2	32.2	27.4	25.6

（3）保持升压速度一定，认真监视电压表的变化，对稳压电容器要充分放电或每次放电时间大致相同。

（4）尽可能使试验设备、引线远离电磁场源。

（5）采用正极性的试验电压。根据气体放电理论，外施直流试验电压极性不同时，高压引线的起始电晕电压也不同。高压引线对地电场可用典型的棒—板电极等效，实测棒—板电极的起始电晕电压 U_0，负极性和正极性分别为 2.25kV 和 4kV，即 $U_0^-<U_0^+$，这是由于棒极附近正空间电荷的影响。正空间电荷使紧贴正棒附近的电场减弱，而使负棒附近的电场增强，由此导致外施直流试验电压极性不同时，高压引线的电晕电流不同。表9-16列出了在不同极性试验电压高压引线电晕电流的测量结果。

表 9-16　　　　　　　　　高压引线电晕电流测量结果

高压引线对地距离		试 验 电 压（kV）			
(mm)		20	30	40	45
1500	+DC	0.5	2.0	4.0	6.0
	−DC	1.0	3.0	6.0	8.0
1000	+DC	1.0	2.5	5.0	7.0
	−DC	1.5	4.0	9.0	12.5

由表9-16可见，40kV下的电晕电流负极性较正极性高出50％～80％，这对泄漏电流较小（10μA以下）的110kV及以上的少油断路器的测量结果有举足轻重的影响，有时导致负值现象。采用正极性试验电压进行测量有可能避免这种现象。

3. 较准确地测量35kV多油断路器电容套管的泄漏电流

测量35kV多油断路器电容套管的泄漏电流时，微安表的接法有3种位置，如图9-10所示。

由于第Ⅱ位置微安表处于高电位，所以都希望采用Ⅰ、Ⅲ两种位置。但这两个位置测得的准确度不同，见表9-17。由表9-17可知，第Ⅰ种位置测得的泄漏电流误差大，不是试品的真实电流；第Ⅲ种位置测得的泄漏电流与试品实际的泄漏电流非常接近，因此测量套管的泄漏电流时，

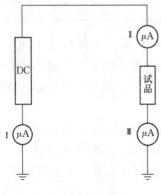

图 9-10　微安表处于三种不同位置

应采用第Ⅲ种位置的接线。由表 9 - 18 可知，采用第Ⅲ种位置接线时，高压连线对地泄漏电流的影响基本上被消除。

采用第Ⅲ种接法时，应注意湿度的影响。由表 9 - 19 可知，试验环境的相对湿度对泄漏电流测量结果影响很大，同样一只套管在相对湿度为 85％时测得的泄漏电流不合格（大于 5μA）但是在相对湿度为 76％时测得的泄漏电流就合格。诚然，对试验环境影响的相对湿度应作出规定。

表 9 - 17 对 35kV 多油断路器电容套管第Ⅰ、Ⅲ种位置接线测得的泄漏电流

编　号	第Ⅰ种接法 I_I（μA）	第Ⅲ种接法 I_{III}（μA）
1	10－8＝2	5
2	12－8＝4	6
3	6－8＝－2	1
4	5－8＝－3	0.5

表 9 - 18 高压引线处于不同的高度时测量的对地泄漏电流

测量次序	离地距离（mm）	泄漏电流（μA）		备　注
		第Ⅰ种接法	第Ⅲ种接法	
1	400	10.3	0	1. U_s = 40kV，温度为 25℃，相对湿度为 74％。
2	850	8.6	0	
3	1200	7.8	0	2. 被减数为接上试品后微安表的读数减为不接试品时微安表的读数
4	1500	6	0	
5	2020	3	0	

注 U_s＝40kV，温度为 25℃，相对湿度为 74％。

表 9 - 19 不同的相对湿度下测得的泄漏电流

测量次序	试验室环境条件		套管泄漏电流（μA）		
	温度（℃）	相对湿度（％）	♯5	♯6	♯7
1	22.5	90	10	14.5	24
2	22.7	85	7.5	7.5	14
3	24	76	2.5	1.5	3.5

注 U_s＝40kV，微安表采用第Ⅲ种接法。

二、测量多油断路器 tgδ 时，如何进行分解试验及分析测量结果

测量多油断路器 tgδ 时，首先测量其分闸状态时每支套管断路器整体（即套管线端对壳）的 tgδ 值，若测得的结果超出标准或与以前测量值比较有显著增大时，必须进行分解试验。分解试验可按下列步骤进行。

（1）落下油箱或对于结构上不能落下油箱者放去绝缘油，使灭弧室及套管下部露出油面，进行测试。若 tgδ 值明显下降（实践经验为 tgδ 值降低 3％，DW₁—35 降低 5％以上时），可以认为引起 tgδ 值降低的原因是油箱绝缘（油及绝缘围屏）不良。

（2）如落下油箱或放油后，tgδ 值仍无明显变化，则应将油箱内的套管表面擦净，并采取措施消除灭弧室的影响（可在灭弧室外加一金属屏蔽罩或包铅箔接于电桥的屏蔽回路，或者拆掉灭弧室）后再进行测试。如 tgδ 值明显下降（实践经验为 tgδ 值降低 2.5％

以上时），则说明灭弧室受潮，否则说明套管绝缘不良。

　　为使上述测试过程清楚明了，现举例列于表 9-20 中。

表 9-20　　　　　　　　　　　　　　多油断路器 tgδ 分解测试结果

断路器		试验情况	折算到20℃时的 tgδ（%）	试验温度（℃）	判断结果
DW₁—35	1	（1）分闸状态一支套管	7.9	27	（1）需解体试验
		（2）落下油箱	6.2	24.5	（2）油箱绝缘良好，需再解体
		（3）去掉灭弧室	5.7	24.5	（3）灭弧室良好，套管不合格
	2	（1）分闸状态一支套管	8.4	23	（1）需解体试验
		（2）落下油箱	3.5	25	（2）油箱绝缘不良[①]，还有不良部位，需解体
		（3）去掉灭弧室	0.7	26	（3）灭弧室受潮，套管良好
DW₃—35	1	（1）分闸状态一支套管	8.2	30	（1）不合格，需解体试验
		（2）落下油箱	6.3	29	（2）油箱绝缘良好，需再解体
		（3）去掉灭弧室	5.4	28	（3）灭弧室良好，套管不合格
	2	（1）分闸状态一支套管	9.3	20	（1）不合格，需解体试验
		（2）落下油箱	4.1	22	（2）油箱绝缘不良，需再解体
		（3）去掉灭弧室	0.9	23	（3）灭弧室受潮，套管良好

　①　油箱内油质不合格且油箱内绝缘筒受潮。

三、对少油断路器中绝缘油的火花放电电压要求低

　　对少油断路器灭弧室内的绝缘油而言，其主要作用是灭弧。灭弧的强度取决于油分解产生的油气混合物，即使油的火花放电电压低些，也不会明显影响其灭弧能力。所以对其要求可低些，但应满足 Q/CSG 10007—2004 的要求值。

四、测试运行中 SF₆ 气体的含水量

　　运行中气体水分含量的测试及控制是 SF₆ 绝缘设备运行维护的主要内容之一。SF₆ 气体中的水分，特别是在 GIS 中绝缘部件上结露时，会使 SF₆ 绝缘设备的绝缘强度大为降低，此外，气体中的水分还参与电弧作用下的分解反应，生成许多有害的物质。这些电弧副产物的形成不但造成设备内部某些结构材料的腐蚀老化，同时在设备有气体泄漏点存在时或在设备解体维修时可能对工作人员的健康产生影响。

　　目前我国采用的测定仪器及其测试结果列于表 9-21 中。

表 9-21　　　　　不同类型微水测定仪对同一瓶 SF₆ 新气含水量测试结果比较　　　单位：ppm（V/V）

仪器型号	制造厂家	含水量实测值	仪器型号	制造厂家	含水量实测值
SHAW	英国	3.0	WTY180	法国	22.1
MODEL700	英国	37.0	SH—81	上海 515 厂	47.0
MODEL2000	英国	70.5	USI—Ⅰ	成都	20.0
M—340	美国杜邦	39.5	USI—ⅠΔ	成都	9.6
WMY270	西德	40.5	DWS—Ⅱ	上海唐山仪表厂	42.8

由表 9-21 可见，测定仪不同，测试结果差别很大，这可能与仪器本身、所用的气体管路、操作等因素有关。

关于 SF$_6$ 气体中水分含量，GB 50150—2006 与 Q/CSG 10007—2004 规定的要求值如表 9-22 所示。

表 9-22　　　　　　　　　SF$_6$ 气体中水分含量要求值　　　　　　　单位：ppm（V/V）

项 目	断路器灭弧室气室	其他气体
交接试验	<150	<500
大修后	<150	<250
运行中	<300	<500

微量水测定应在断路器充气 24h 后进行。

表 9-23 列举了两个大型变电所 500kV 及 220kV SF$_6$ 断路器中水分含量现场实测结果。试验中采用了上海唐山仪表厂制造的 DWS—Ⅱ 微水测定仪及英国制造的 MODEL2000 微水测定仪同时进行。结果表明，采用后者测得的数据比前者平均低 7%。

微量水测定应在断路器充气 24h 后进行。

表 9-23　　　　大型 SF$_6$ 变电所 A 气体和 B 气体含水量实测值（冬天测试）

设 备		测　试		测试时气象条件				含水量实测值（ppm，V/V）			
		时间（年.月.日）		温度（℃）		湿度（%）		DWS—Ⅱ		MODEL2000	
气体		A	B	A	B	A	B	A	B	A	B
500kV SF$_6$ 断路器	A$_1$	1983.12.20	1984.1.11	13	15.5	60	52	620	330	567	292
	A$_2$							590	380	518	292
	B$_1$							600	320	599	300
	B$_2$							590	370	567	300
	C$_1$							600	350	608	348
	C$_2$							600	400	591	389
220kV SF$_6$ 断路器	A	1984.2.25	1984.1.11	13	15.5	57	52	270	390	315	421
	B							340	470	300	401
	C							400	530	300	446

由表 9-23 可见，SF$_6$ 断路器中气体含水量很高，500kV 断路器中气体含水量为 300～600ppm（V/V），220kV 断路器中气体含水量为 270～530ppm（V/V）。比较表 9-22 与表 9-23 可知，表 9-23 列举的 SF$_6$ 断路器气体含水量基本上都超过了运行的允许值 [300ppm（V/V）]。

由于我国各单位测试设备不尽相同，测试技术因人而异，测试季节及气候条件相差很远，甚至对运行中气体含水量的标准并没有统一认识，因此，关于测试结果的可比性和气体质量的估价难以作出判断。

　　然而SF_6气体中含水量还是应当监测的，所以建议：①对同一台设备坚持用同一微水测定仪测试，以提高实测数据的可比性，更好地掌握SF_6气体中含水量的变化；②测试宜在夏天进行，以获得SF_6绝缘设备中水分含量的最大值，因为在一年之中气体中水分含量随气温升高而升高。

五、如何进行SF_6断路器的泄漏测试

　　漏气是SF_6断路器的致命缺陷，所以其密封性能是考核产品质量的关键性能指标之一，它对保证断路器的安全运行和人身安全都具有重要意义。

　　目前我国使用的仪器有：上海唐山仪表厂生产的LF—1型SF_6检漏仪，日本三菱公司生产的MC—SF_6—DB型检漏仪，德国生产的3A×59.11型检漏仪以及法国，瑞士等厂家随断路器带来的袖珍式检漏仪。

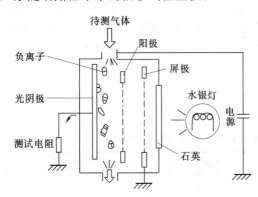

图9-11　MC—SF_6—DB型SF_6检漏仪气体检测原理图

　　检漏仪虽多种多样，但通常都主要由探头、探测器和泵体三部分组成。当大气中有SF_6气体时，探头借助真空泵的抽力将SF_6气体吸进并进入探测器二极管产生电晕放电，使得二极管电极的电流减小，电流减小的信号通过电子线路变换成一种可以听得到、见得着的声、光报警信号。泄漏量越大，声光信号越强烈。卤素气体均可使检漏仪发出警报。

　　日本三菱公司产MC—SF_6—DB型检漏仪中探测器的工作原理如图9-11所示。

　　当探测器中，水银灯电源合上，1849Å。波长的紫外线通过阳极网照射在光阴极上，产生光电子。当待测气体进入阴阳极板之间时，气体中的O_2与SF_6被其间产生光电子结合成O_2^-和SF_6^-形式，这些离子按照各自的速度移动，从而在二极板之间产生电磁场。利用O_2^-和SF_6^-的移动速度不同而引起的电子流量的变化，从而可通过测试电阻检测SF_6的含量。

　　检测分定性和定量两种。

　　1. 泄漏的定性查找

　　无论何种型号的检漏仪，测量前应将仪器调试到工作状态，有些仪器根据工作需要可调节到一定的灵敏度，然后拿起探头，仔细探测设备外部易泄漏部位及检漏口，根据检测仪所发出的声光报警信号及仪器指针的偏转度来确定泄漏位置及粗略浓度，也可以进行定量检查。

　　SF_6断路器，易漏部位主要如下。

　　(1) 对220kV的SF_6高压断路器，各检测口、焊缝、SF_6气体充气嘴、法兰连接面、压力表连接管和滑动密封底座。

　　(2) 对35kV和10kV的SF_6断路器、SF_6气体充气嘴、操作机构、导电杆环氧树脂

密封处及压力表连接管路。

2.泄漏的定量测试

（1）挂瓶检漏法。法国MG公司及平顶山开关厂FA系列SF_6断路器在各法兰接合面等处留有检测口，检测口与密封圈外侧槽沟相通，能够收集密封圈泄漏时的SF_6气体。当定性检查发现泄漏口有SF_6气体泄漏时，可在检测口进行挂瓶测量。

根据原水电部科技司和机械部电工局规定的检漏标准，挂瓶检漏（额定压力为588kPa时），漏气率不得超过0.26Pa·mL/s。

检漏瓶为1000mL塑料瓶，挂瓶前将检测口螺丝卸下，历时24h，使得检漏口内积聚的气体SF_6排掉，然后进行挂瓶。挂瓶时间为33min，再用检漏仪检查瓶中SF_6气体浓度。

漏气率的计算为

$$f = PVK/t$$

式中　f——漏气率，Pa·mL/s；

　　　P——大气压力，Pa；

　　　V——检漏瓶容积，1000mL；

　　　K——SF_6气体的体积浓度；

　　　t——挂瓶时间，33min。

若大气压力为1Pa，则 $f = \dfrac{1 \times 1000 \times K}{33 \times 60} \approx \dfrac{1}{2}K$（Pa·mL/s）

关于K值，日本三菱公司生产的MC—SF_6—DB型检漏仪可直接从仪器的表盘中读出，用ppm表示；而上海唐山仪表厂生产的LF—1型SF_6检漏仪，需根据检漏仪所指示的格数，查标准曲线得出SF_6的体积浓度。

（2）整机扣罩法。制作一个密封罩将SF_6设备整体罩住，一定时间后，用检测仪测定罩内SF_6气体的体积浓度，然后算出泄漏量及泄漏率，比较准确可靠。

对于大型SF_6高压断路器则在制造厂内进行测试，由于体积太大，在现场无法用该法试验。而对体积较小的35kV和10kV的SF_6断路器可在现场用整机扣罩法测试。密封罩可用塑料薄膜制成。为了便于计算，尽可能做成一定的几何形状，将罩子分上、中、下、前、后、左、右开适当小孔，用胶布密封作为测试孔。

漏气量的计算公式为

$$Q = \dfrac{K}{\Delta t}VPt$$

式中　Q——漏气量，g；

　　　K——SF_6气体的体积浓度；

　　　V——即罩子体积减去被测设备的体积，L；

　　　P——SF_6的比重，6.16g/L；

　　　Δt——测试的时间，h；

　　　t——被测对象的工作时间，h。在这段时间内没有再充气，如求年漏气量则$t = 365 \times 24 = 8760$h。

漏气率为

$$\eta = \frac{Q}{M} \times 100\%$$

式中　　M——设备中所充入 SF_6 气体的总重量，g。

上海唐山仪表厂生产的 LF—1 型 SF_6 检漏仪、德国生产的 3A×59.11 型检漏仪，探头上的指针格数不等于实际 SF_6 浓度。为了和实际浓度对应起来，必须绘制定量标准曲线，一定时间后，还需要对曲线校验，方法如下。

首先配制不同浓度的 SF_6 气体，配气的方法是针筒法。用 1mL 针筒从钢瓶里抽取纯 SF_6 气体 1mL，注入一只 100mL 针筒中并用室外空气稀释到 100mL 刻度，其浓度为 1%（10^{-2}），再用 20mL 针筒抽取 10mL 10^{-2} SF_6 浓度的气体，注入到另一只 100mL 针筒中去，并用室外空气稀释到 100mL 刻度，其浓度为 0.1%（10^{-3}）。按上述方法配制出 10^{-4}、10^{-5}、10^{-6}、10^{-7}、10^{-8} 等浓度的 SF_6 气体。

然后将检漏仪通电开机，10min 后将微安表调整到以出厂空白基数为准的刻度上。当仪器处于正常工作状态时，分别用 20mL 针筒抽取上述配制好待用的不同浓度 SF_6 气体 10mL，将这 10mL 的 SF_6 气体由检漏仪上的探头吸入，此时微安表上会显示各种浓度下的信号刻度数（格）。由此绘出 SF_6 气体的定量校准曲线，如图 9-12 所示。

（3）局部包扎法。对安装后的 220kV 及以上电压等级的 SF_6 断路器和 GIS，由于体积很大，无法实施整体扣罩，可采用局部包扎法进行检测。下面以 FA₂—252 型断路器的局部包扎检漏为例加以说明。检漏仪用 MC—SF_6—DB 检漏仪，按图 9-13 包扎，分 8 点进行局部检测。

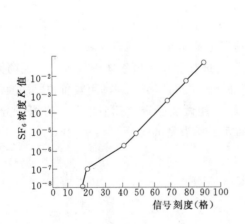

图 9-12　定量校正曲线

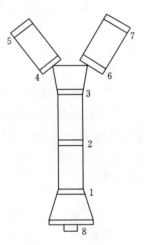

图 9-13　FA₂—252
局部检漏点
1～8—检测点

首先用塑料布包被测点，24h 后测量漏气量的计算公式为

$$Q = \frac{VK}{\Delta t} \times 10^{-6} \quad (L/h)$$

式中 V——包扎局部的容积——被包物的体积，L；

$\quad\quad K$——仪器读数，ppm；

$\quad\quad \Delta t$——放置时间，24h。

表 9-24 列出了某台 FA₂—252 型断路器的一相实测值与计算结果。

表 9-24   FA₂—252 型断路器的局部漏气量

测量部位	K (ppm)	V (L)	Δt (h)	漏气量 (L/h)	测量部位	K (ppm)	V (L)	Δt (h)	漏气量 (L/h)
下法兰 1	6.05	6.01	24	1.25×10^{-6}	上法兰 5	1.5	1.67	18	0.139×10^{-6}
中法兰 2	3.75	16.1	24	2.52×10^{-6}	下法兰 6	1.7	0.42	18	0.040×10^{-6}
三连箱 3	0.9	20.16	18	0.76×10^{-6}	上法兰 7	0.8	1.67	18	0.074×10^{-6}
下法兰 4	1.25	0.42	18	0.029×10^{-6}	继电器 8	0.35	2.5	12	0.0729×10^{-6}

总漏气量为

$$\sum Q = 5.1549\times10^{-6} \quad (L/h)$$

年漏气率为

$$\eta = \frac{\sum QtP}{M}\times100\% = \frac{5.1549\times10^{-6}\times8760\times6.14}{10.3\times10^{3}}\times100\% = 0.0027\%$$

然后检测分、合闸拉杆漏气量。用塑料布封住漏气口，一年分合闸次数按 120 次计算。试验分合闸操作 5 次后，测漏塑料布封内 SF₆ 气浓度为 90ppm。操作 120 次后的浓度应为

$$90\text{ppm}\times24 = 2160\text{ppm}$$

年漏气率

$$\eta = \frac{VKP\times10^{-6}}{M}\times100\%$$

$$= \frac{21.2\times2160\times6.14\times10^{-6}}{10.3\times10^{3}}\times100\% = 0.0027\%$$

综合年漏气率

$$\eta = 0.0027\% + 0.0027\% = 0.0054\%$$

年漏气量

$$Q = 10.3\times10^{3}\times0.0054\% = 0.555 \quad (g)$$

判断标准为年漏气率应不大于 1％，或按制造厂标准。对用局部包扎法检漏的，也可按每个密封部位包扎后历时 5h，测得的 SF₆ 含量应不大于 30ppm 的标准。

在测量高压断路器主回路电阻时，通常通以 100A 至额定电流的任一数值的电流。

因为高压断路器工作电流通常大于 100A。在主回路中通以 100A 以上的电流，可以使回路中接触面上的一层极薄的膜电阻击穿，所测得的主回路电阻值与实际工作时的电阻值比较接近。

六、断路器导电回路电阻的测试

1. 多油断路器电阻测试

某变电所预防性试验时，对一台 DW₂—35 型多油断路器测试导电回路电阻，测试结

果见表 9-25。

由表 9-25 可见，U、V 两相导电回路电阻超过标准要求值。对该断路器进行几次电动合闸后又测试回路电阻，测试结果见表 9-26。由表 9-26 可见，断路器经过几次电动合闸后回路电阻明显变小，其原因是由于设备长期运行后，在断路器触头接触表面形成一层金属氧化膜影响接触电阻，使接触电阻增大，经几次电动合闸后破坏了金属氧化膜，使接触电阻明显减小，符合标准要求。

表 9-25　　　　　　　　　DW$_2$—35 型多油断路器导电回路电阻测试结果

相　　别	U	V	W
测试结果（μΩ）	280	235	200
标准要求（μΩ）	≤250		

表 9-26　　　　　　　　　DW$_2$—35 型多油断路器导电回路电阻第二次测试结果

相　　别	U	V	W
测试结果（μΩ）	220	215	190
标准要求（μΩ）	≤250		

2. 真空断路器电阻测试

对一台 ZN$_{28}$ 型真空断路器测试导电回路电阻，发现 U 相回路电阻大，超过标准要求，分段检查后，发现断路器的软连接与导电夹之间的螺栓松动，经紧固螺栓后。重新检测回路电阻合格。

七、断路器的耐压试验

1. 真空断路器耐压试验一

一台 10kV 真空断路器（ZN—10 型），在大修时检查真空灭弧室真空度，按规定对断口进行 42kV 工频交流耐压试验，耐压试验中断口产生闪络后，又降低电压到 28kV，还是有闪络现象，直至降到 15kV 才耐压通过。观察灭弧室内有雾气颜色，触头有氧化现象。决定更换新灭弧室，分析原因是使用时间较长，开断次数过多所致。因此对真空断路器在投运后两年内应每半年进行一次工频耐压，两年后根据运行情况决定一年一次，还是两年一次，同时加强巡视检查。

2. 真空断路器交流耐压试验二

某电厂新更换一台 10kV 手车式真空断路器，按规程规定对新更换的断路器进行相间、对地 42kV/1min 工频交流耐压试验，在升压至 40kV 时，断路器 U 相绝缘隔板与金属架间发生闪络放电，切断试验电源后检查，发现绝缘隔板有脏污，擦拭干净后，耐压试验通过。

3. GIS 交流耐压试验一

一台 220kV 型号为 8DN9 的 GIS 进行交流耐压试验，设备额定电压 245kV，出厂额定工频耐受电压 460kV，每相对地容量 0.003μF，现在三节 125kV/4A 电抗器，电感量 80H，分别计算试验电压，试验频率和高压回路电流。

解：（1）试验电压值：DL/T 596—1996 规定现场交流耐压试验电压为出厂试验施加

电压值的 80%，所以应施加的试验电压 $U_s=460\times80\%=368$（kV）。

（2）试验频率：试验频率根据被试品对地电容量（忽略电容分压器电容量）和电抗器电感量计算：$f_0=\dfrac{10^3}{2\pi\sqrt{LC}}=\dfrac{10^3}{6.28\sqrt{80\times3\times0.003}}=188$（Hz）

（3）高压回路电流为：$I_L=I_C=\omega C_x U_s\times10^{-3}=6.28\times188\times0.03\times368\times10^{-3}=1.3$（A）。

4. SF_6 封闭组合电器的交流耐压（GIS）

某变电所一台 GIS，110kV。含有 4 组线路断路器与隔离开关和一组母联断路器和隔离开关，三相整体对地电容量为 $6.6\mu F$，现场试验电压为 148kV，由于现场无此容量的试验变压器 T_2（需要容量为 45.88kVA），故采用并联电抗器补偿法，试验接线如图 9－14 所示。已有电抗器电压为 150kV，电感 800H，则电流为 $I_L=148\times10^3/314\times800\approx0.59$（A）电流过大，用电容器 C 补偿，电容量为 $4\mu F$，则总的电容电流 $I_C=2\pi fCU=0.493A$。试验

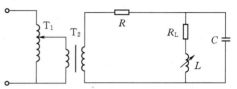

图 9－14 采用电抗器并联补偿
L—高压电抗器；C—高压电容器；
R_L—有功损耗等值电阻；T_1—调压器；
T_2—试验变压器

变压器输出电流为 0.59－0.493＝0.097（A），实测为 0.102A，满足要求的 0.31A。顺利完成试验。

5. 油断路器的绝缘油的耐压试验

某电厂一台高压少油断路器 SW_3—110G 型（110kV）。在预防性试验中测绝缘电阻三相均大于 $1000M\Omega$，泄漏电流均在 $10\mu A$ 以下，但油耐压只有 23kV，（按 DL/T 596—1996 要求 110kV 及以下运行中应≥30kV），投入运行后 V 相支持瓷套发生爆炸。

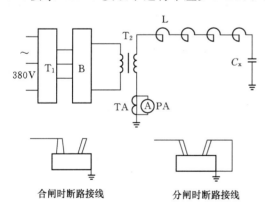

图 9－15 SF_6 罐式断路器交流耐压接线
T_1—三相隔离变压器；B—变频电源柜；
T_2—谐振变压器；TA—电流互感器；
C_x—被试断路器等效电容；PA—电流表

6. SF_6 罐式断路器交流耐压试验

某变电所一台 500kV SF_6 罐式断路器在组装充气后进行现场交流耐压。施加交流耐压值为 544kV，耐压 1min。

实测被试断路器等效电容合闸时三相并联为 $3.21\mu F$；分闸时三相并联为 $2.04\mu F$，如用工频试验变压器则所需容量为 $P=\omega CU^2\times10^{-2}=298kVA$；加上相等容量的调压器，则体积和重量都很大。为此，采用串联谐振耐压装置并配合变频电源（有现成的变压器局放试验电源）串联 4 只电抗器（总电感200H），接线如图 9－15 所示。估算谐振频率为：合闸时 198.6Hz；分闸时 249.2Hz；实测值为合闸时 195Hz，分闸时

240Hz，q 值为 35 倍（q 为被试电压对励磁电压的倍数）。

在试验过程中，曾多次发生被试品内部击穿，由于击穿时被试品电容量的变化，试验

回路失谐，故未产生过电压，击穿也未使缺陷扩大。

八、少油断路器测泄漏电流

1. 案例一

某变电所一台 SW₂—60 型少油断路器，66kV。在预防性试验中测绝缘电阻和泄漏电流数据见表 9-27。

表 9-27　　　　　　　　　　　　　　绝缘电阻与泄漏电流值

相　别	绝缘电阻（MΩ）	泄漏电流（μA）	相　别	绝缘电阻（MΩ）	泄漏电流（μA）
U	800	7	W	5000	1
V	5000	1			

由表 9-27 可见，U 相的泄漏电流为 7μA，未超过要求值 10μA，但比 V、W 相明显增大，且绝缘电阻较低，故采取缩短试验周期的措施，运行 5 个月后于秋季检测得泄漏电流已高达 42μA。停运检查，结果发现油中有水。绝缘拉杆受潮，原因是密封不良。经干燥处理并换油后，绝缘正常。

2. 案例二

某变电所一台 SW₆—220 型少油断路器（220kV），在预防性试验中测绝缘电阻和泄漏电流数据见表 9-28。

表 9-28　　　　　　　　　　　　　　绝缘电阻和泄漏电流值

相　别	绝缘电阻（MΩ）	泄漏电流（μA）	相　别	绝缘电阻（MΩ）	泄漏电流（μA）
U	10000	2	W	10000	2
V	5000	7			

按 DL/T 596—1996 要求当泄漏电流大于 5μA 时（252kV 及以上者）应引起注意，且 V 相比 U、W 相大，投运 10 个月后 V 相发生爆炸，原因是密封不良，油中有水，油击穿电压降低到 18kV。

第十章 电力电缆试验

第一节 概 述

由于电缆线路与架空线路相比有很多优点，因此，在 35kV 以下的电力系统中，得到广泛的应用。但是，由于电缆线路成本高，寻找与处理故障困难等原因也受到了一定的限制。

在电缆的安装与运行中，由于机械损伤，接头与终端头的缺陷，绝缘受潮、老化以及铅皮腐蚀等原因而造成故障。其中电缆头的故障最多，占电缆线路故障的 40%～50%，较常见的缺陷有以下几种。

1. 铁壳浇灌沥青胶电缆头

沥青胶电缆头多数用在 6～10kV 户外电缆上。这种电缆头常因密封与防火性能不好，在长期日晒雨淋的作用下侵入潮气；因为沥青胶质量不好，热胀冷缩形成裂纹；浇灌工艺掌握不好，造成局部收缩过大而产生空气隙；或者温度过高而引起流胶等，使绝缘受潮，以致在运行或试验中击穿。

2. 环氧树脂浇铸的电缆头

环氧树脂电缆头往往因为制作时配方与工艺掌握不当，其内部易产生小孔与气泡。如果在三相分叉的地方有气泡最危险，因为这里的电场最集中，气体产生游离，产生化学腐蚀、机械钻孔的作用，会逐步扩大故障范围，最后导致击穿。

3. 塑料干封电缆头

由于体积小、重量轻、成本低和施工方便等优点，被广泛用于 10kV 以下的电缆上。在运行中，这种电缆头因受到电场、热与化学的作用，会使绝缘材料（黄蜡绸带、塑料带等）很快老化而导致击穿。

造成电缆故障的原因是多方面的，有制造的、施工工艺的，也有运行的。为了保证电缆的安全运行，应每年进行一次试验。如果电缆线路很短，中间没有接头，而且近 5 年中又未发生电气击穿故障时，可适当延长试验周期，但最多不要超过 3 年。对于有缺陷的电缆应缩短试验时间，有中间接头的新电缆运行 3 个月后应试验一次，以后每年试验一次。

第二节 绝缘电阻的测量

一、作用和要求

电缆绝缘电阻的测量是检查电缆绝缘是否受潮、脏污或存在局部缺陷。如果电缆受潮或有局部缺陷，它的绝缘电阻显著降低，吸收比近似为 1。在电缆耐压试验前后均应测量各相绕组的绝缘电阻，三相不平衡系数一般不大于 2.5。比较各相绝缘电阻对于判断绝缘状况有很大帮助。

二、试验方法

测量绝缘电阻是测量电缆芯线对外皮或芯线之间及外皮间的绝缘电阻，通常用摇表测量。对于额定电压 0.6/1kV（0.6kV 为电缆导体与金属套的设计电压，1kV 为导体与导体之间的设计电压）电缆用 1000V 兆欧表；0.6/1kV 以上电缆用 2500V 兆欧表；6/6kV 及以上电缆也可用 5000V 兆欧表。

三、测量步骤及注意事项

（1）对已经运行的电缆，要经过充分放电后再拆除两端的所有对外连线，用干净细布将电缆头擦干净，并作好屏蔽。当被试电缆为三芯时，可利用非被试芯线作为两端屏蔽环的连线，如图 10-1 所示。

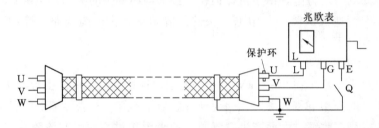

图 10-1　测量三芯电缆绝缘电阻接线及屏蔽方法图

（2）将电缆被测芯接于摇表 L 柱上，非被测芯线均应与电缆铅皮一同接地并接在摇表的 E 柱上。如果电缆接线端头表面可能产生表面泄漏时，应加以屏蔽，用软铜线绕 1～2 圈即可，并接到摇表的 G 端子上。如果摇表的火线不带屏蔽的导线，要用布带吊起来，不能放在地上，以免影响测量结果。

（3）在摇表的接地回路接上开关 Q，当摇表达到额定转速（120r/min）时，将开关 Q 合上，同时开始计时。读取 15s 与 60s 的绝缘电阻值。读数完毕后，先断开开关 Q，再停止转动摇表。用串有 0.1～0.2MΩ 的放电棒将电缆放电，时间不少于 2min。

（4）记录试验时的温度与气候情况。因为电缆的绝缘电阻值随温度与长度而变化，为便于比较，可将测量结果换算到 20℃和 1km 长度时的数值。换算公式为

$$R_{20} = R_t K_t L$$

式中　R_{20}——温度为 20℃时的绝缘电阻值，MΩ；

　　　R_t——温度为 t℃时测得的绝缘电阻，MΩ；

　　　K_t——温度换算系数，从表 10-1 中查得；

　　　L——电缆长度，km。

表 10-1　　　　　　　　　　　　浸渍绝缘电缆温度换算系数

温度（℃）	0	5	10	15	20	25	30	35	40
换算系数 K_t	0.48	0.57	0.70	0.95	1.0	1.13	1.41	1.66	1.92

（5）当被测电缆较长，充电电流很大时，摇表开始指示值可能很小。但是，这并不表示绝缘不良，必须经过较长时间的摇测才能得到正确的结果。

四、测量结果的分析判断

测得的绝缘电阻值，还可与历次试验结果比较，或三相之间进行比较，从比较中发现绝缘存在的缺陷。Q/CSG 10007—2004 规定纸绝缘电缆、橡塑绝缘电缆绝缘电阻大于 $1000\text{M}\Omega$。橡塑绝缘电缆外护套绝缘电阻每千米不低于 $0.5\text{M}\Omega$。电力电缆主要的试验项目为直流泄漏电流与直流耐压试验，如绝缘电阻不良，一般均可在泄漏电流试验中发现。

第三节　直流耐压与泄漏电流试验

一、作用与要求

由于电力电缆的电容量较大，现场往往受到设备条件的限制不能对电缆进行交流耐压试验。而直流耐压试验由于没有电容电流，可大大减少试验设备的容量，因此，广泛用来预防性试验中检查电缆的抗电强度。直流耐压试验还能发现交流耐压试验不容易发现的绝缘缺陷。这是因为绝缘在直流电压作用下，其中的电压是按电阻分布的，当电缆的绝缘中有发展性局部缺陷时，则大部分试验电压将加在与缺陷串联在未损坏的良好绝缘上。从这种意义上说，直流耐压试验比交流耐压试验更容易发现绝缘的局部性缺陷。但是，对橡塑绝缘电力电缆与控制电缆（48V 以上）进行交流耐压试验，其试验方法与接线参考有关章节的交流耐压试验进行。

电缆绝缘中的电压分布与缆芯与铅皮间的温度差有很大关系。当温差不大时，靠近缆芯绝缘分担的电压较靠近铅皮处高。当温差很大时，由于温度增高使缆芯处绝缘电阻相对降低，所以分担的电压也减小，有可能小于靠铅皮处绝缘分担的电压。因此，在冷状态下直流耐压容易发现靠近缆芯处的绝缘缺陷，而且在热状态下，易发现靠近铅皮处的绝缘缺陷。

电缆的直流泄漏电流测量可与直流耐压试验同时进行，因为它们的试验接线与试验方法完全一样。但它们的意义是不同的，直流耐压试验对检查绝缘干枯、气泡、纸绝缘机械损伤和包扎缺陷有效；而泄漏电流测量对绝缘劣化和受潮比较灵敏。

二、试验方法

试项试验在交接与预防性试验中是检查电缆绝缘的关键试验项目。

（1）直流耐压试验一般都采用高压硅堆半波整流电路。由于电缆电容量较大，故不用加装滤波电容。试验中测量泄漏电流时，微安表可接在被试电缆的接地侧，也可接在高压侧。当微安表接在低压侧时，测量的结果误差甚大，有时高达几倍到几十倍。当微安表接在高压侧时，由于消除了试验设备、高压引线等杂散电流的影响，测量结果较为准确，因此，应尽量采用微安表接在高压侧的测量结线。但是对微安表引线及电缆两端头应严格加屏蔽。

（2）用摇表测量耐压前后的绝缘电阻应无显著变化。

（3）分相试验。将被试相芯线接高压直流负极，非被试相与铅皮一起接地。如果将被试相芯线接正极，则在直流电压作用下，绝缘体中的水分将被移向铅皮，结果不但不易发现缺陷，而且此时的击穿电压比接负极时约提高 10%。

（4）加压应在 0.25、0.50、0.75 和 1 倍试验电压下进行，在每一点停留 1min，读取各点的泄漏电流值。当电压加到试验电压后，除读取 1min 值外，还应读取 5min 的泄漏电流值。如果是交接试验，还应读取 10min 的泄漏电流值。

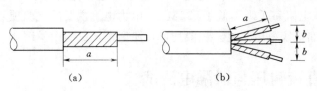

图 10-2　单芯与多芯电缆试验时剥除绝缘要求示意图
(a) 单芯电缆；(b) 多芯电缆

（5）如果在试验过程中泄漏电流一直随时间的延长不断增加，或者随试验电压的上升不成比例地急剧增加，或者微安表突然有闪动现象，说明电缆绝缘有缺陷，应延长耐压时间，或提高试验电压来查找绝缘缺陷。

（6）电缆芯线剥除绝缘长度，应满足试验电压的要求，参考值见表 10-2，电力电缆试验时剥除绝缘要求示意图如图 10-2 所示。

表 10-2　　　　　　　　　电缆剥除绝缘的距离要求　　　　　　　　　单位：mm

试验电压（kV）			20	30	40	70	110
距离 (mm)	单芯 a		125	150	200	350	550
	多芯	a	100	150	200		
		b	100	150	200		

三、注意事项

（1）直流耐压试验接线回路各点相互间应有足够的电气绝缘与距离，以免在试验中发生放电击穿。

（2）当电缆被击穿后，易引起振荡性放电，产生过电压，个别情况过电压可达 5 倍试验电压。为防止过电压，必须使电缆的放电回路成为非振荡性。因此，需要在试验回路中串联一个电阻，其数值大小视试验变压器绕组的漏感、回路中电阻及被试验电缆的电容而定。在一般情况下，对于 6～10kV 电缆，此电阻可选用 0.1～1MΩ。

（3）由于整流电压脉动和负荷电流在整流回路中引起电压降，故试验的直流高压应在高压侧与被试电缆并联测量，以免试验电压偏低。

（4）由于整流回路接线的泄漏电流很大，故测量电缆的泄漏电流时，一定要在电缆引线处串接表计直接测量，以保证其准确性。

（5）充油电缆的电缆油工频击穿强度与 tgδ 测量见 GB 50150—2006 与 Q/CSG 10007—2004 电缆油击穿电压，对于 110～220kV 的不应低于 45kV；对于 330kV 不低于 50kV；100℃时电缆油的 tgδ 不大于 0.5%（110～220kV）；对于 330kV 不应大于 0.4%。

（6）每次耐压试验后必须通过 0.1～0.2MΩ 的限流电阻放电 3 次以上，每次放电时间不少于 5min。

四、试验结果的分析判断

（1）GB 50150—2006 规定直流耐压试验标准与泄漏电流，见表 10 - 3～表 10 - 6。

表 10 - 3　　　　　　黏性油浸纸绝缘电缆与不滴流油浸纸绝缘电缆耐压试验

电 缆 类 型	黏性油浸纸绝缘电缆				不滴流油浸纸绝缘电缆			
电缆额定电压 U_0/U(kV)	0.6/1	6/6	8.7/10	21/35	0.6/1	6/6	8.7/10	21/35
直流试验电压（kV）	$6U$	$6U$	$6U$	$5U$	6.7	29	37	89
试验时间（min）	10	10	10	10	5	5	5	5

注　U_0/U：电缆额定电压，其中 U_0 为电缆导体与金属套或金属屏蔽之间的设计电压，U 为导体与导体之间设计电压。

表 10 - 4　　　　　　　　塑料绝缘直流耐压试验电压标准

电缆额定电压 U_0(kV)	0.6	1.8	3.6	6	8.7	12	18	21	26
直流试验电压（kV）	2.4	7.2	15	24	35	48	72	84	104
试验时间（min）	15	15	15	15	15	15	15	15	15

表 10 - 5　橡皮绝缘电力电缆直流耐压试验电压标准

电缆额定电压 U(kV)	6
直流试验电压（kV）	15
试验时间（min）	5

表 10 - 6　充油绝缘电缆直流耐压试验电压标准

电缆额定电压 U(kV)	66	110	220	330
直流试验电压	$2.6U$	$2.6U$	$2.3U$	$2U$
试验时间（min）	15	15	15	15

黏性油浸纸绝缘及不滴流油浸纸绝缘电缆泄漏电流的三相不平衡系数不应大于 2；当 10kV 及以上电缆的泄漏电流小于 $20\mu A$ 和 6kV 及以下电缆泄漏电流小于 $10\mu A$ 时，其不平衡系数不作规定；若超出此规定时，可能电缆某一芯线存在缺陷。

检修按 Q/CSG 10007—2004 规定见表 10 - 7。

表 10 - 7　　　　　　　纸绝缘电缆直流试验电压标准　　　　　　　　单位：kV

额定电压 U_0/U	黏性油纸绝缘 试验电压	不滴流油纸绝缘 试验电压	额定电压 U_0/U	黏性油纸绝缘 试验电压	不滴流油纸绝缘 试验电压
0.6/1	4	4	6/10	40	—
1.8/3	12	—	8.7/10	47	30
3.6/6	24	—	21/35	105	—
6/6	30	—	26/35	130	—

6/6kV 及以下电缆的泄漏电流小于 $10\mu A$；8.7/10kV 电缆的泄漏电流小于 $20\mu A$。

耐压结束时的泄漏电流值不应大于耐压 1min 时的泄漏电流值，三相之间的泄漏电流不平衡系数不应大于 2。

橡塑绝缘电缆外护套直流耐压试验：110kV 及以上，如怀疑外护套绝缘有故障，按制造厂规定执行直流耐压试验。

（2）如果泄漏电流突然升高，微安表放电管动作放电，电压表指示突降。去掉直流高压后，被试相对地放电时火花很小，甚至不产生火花，用摇表测绝缘电阻时，发现比耐压前低得多，则表示电缆绝缘已经击穿。

表 10 - 8　　　　　　　　自容式充油电缆线路主绝缘直流耐压试验　　　　　　　　单位：kV

电缆额定电压 U_0/U	GB/T 311.1—2002《高压输变电设备的绝缘配合》规定的雷电冲击耐受电压	新做接头、修复后试验电压
64/110	450、550	225、275
127/220	850、950、1050	425、475、510
290/500	1425、1550、1675	715、775、840

（3）泄漏电流呈周期性摆动，说明电缆有局部性缺陷。因为在一定电压下孔隙被击穿，于是电流突然增大。由于孔隙放掉了充电电荷，于是充电电压下降，孔隙绝缘恢复，电流减小。继之电缆充电电压又升高再击穿，放电，然后绝缘又恢复。上述现象重复发生，使微安表周期性摆动。

（4）相与相之间泄漏电流的差别不应很大。最大一相泄漏电流对于 10kV 及以上者，应小于 $20\mu A$；6kV 及以下者应小于 $10\mu A$；三相间的不平衡系数，除塑料电缆外，均不应大于 2。若超出此规定时，可能电缆某一芯线存在缺陷。

电力电缆的泄漏电流值不能作为能否投入运行的标准。直流耐压合格而泄漏电流显著增大的电缆，若投入运行后，经过多次试验泄漏电流逐渐稳定时，可以继续使用。

第四节　交联聚乙烯绝缘电缆预防性试验

鉴于交联聚乙烯绝缘电缆，在施加高于额定电压的电压或耐压试验后有积累效应使电缆寿命缩短的特点，故在预防性试验时，不应施加高于额定电压的任何电压。但这类电缆因随树枝性老化而导致电缆击穿的事故占有相当大的比例，为此每年应进行预防性试验，在特殊情况下还需缩短试验周期。交联聚乙烯绝缘预防性试验项目与方法有如下几种。

一、绝缘电阻测量

芯线对地，0.6/1kV 电缆用 1000V 兆欧表；0.6/1kV 以上电缆用 2500V 兆欧表，6/6kV 及以上可用 5000V 兆欧表，读取 1min 的绝缘电阻，主绝缘的绝缘电阻大于 1000MΩ/km；外护套对地，用 500V 兆欧表（对外护套有引出线者进行），读取 1min 的绝缘电阻值，每千米绝缘电阻值不低于 0.5MΩ。

二、泄漏电流测量

1. 加压方式

升压时 t_1 在 10s 以内，持续时间 t_2 为 7min，如图 10 - 3 所示。

2. 加压标准

加压标准见表 10 - 9。

表 10-9　直流泄漏试验加压标准

电缆额定电压 （kV）		10	35	110
试验电压 （kV）	第一级 U_1	8	28	45
	第二级 U_2	14	50	90

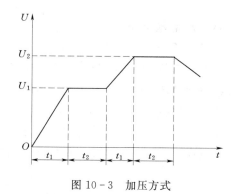

图 10-3　加压方式

3. 试验方法

（1）一般按第一级电压 U_1 进行试验。每千米电缆的绝缘电阻 R_1 计算为

$$R_1 = U_1 / I_1 L$$

式中　I_1——泄漏电流测量值，μA；

　　　L——电缆总长度，km。

（2）当 $R_1 < 100000 \text{M}\Omega/\text{km}$ 时，则用第二级电压 U_2 进行核对。

三、极化比测定

$$极化比 = 1\text{min 时泄漏电流}/7\text{min 时泄漏电流}$$

四、不平衡率测量

$$不平衡率 = \frac{最大一相泄漏电流 - 最小一相泄漏电流值}{三相泄漏电流平均值}$$

五、弱点比测定

$$弱点比 = \frac{R_1}{R_2}$$

式中　R_1、R_2——第一、二级电压时的绝缘电阻值。

六、tgδ 测定（见表 10-10）

表 10-10　tgδ 测量的试验电压值

电缆额定电压（kV）	10	35 及以上
试验电压（kV）	6	10

七、试验标准（见表 10-11）

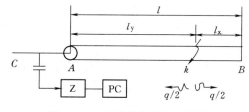

图 10-4　电缆局部放电示意图

表 10-11　　　　　试　验　标　准

试验项目	试　验　标　准	试验项目	试　验　标　准
绝缘电阻	芯对地 >1000MΩ/km；护套对地 >0.5MΩ/km	不平衡率	<200%
泄漏电流	泄漏电流稳定、伏安特性近似于直线关系	弱点比	<5
极化比	>1.0	介质损耗 tgδ	<0.2%

八、局部放电测量

1. 电缆局部放电特性

电缆局部放电不同于集中电容，应考虑放电脉冲沿电缆长度的传播特性，如图10-4所示。电缆 AB 段的 k 点发生局部放电，假定向 A 端传播的 $q/2$ 脉冲电荷经 l_y 电缆长度直接进入检测仪 PC，称为源脉冲；另一个 $q/2$ 脉冲向 B 端传播，经 l_x 电缆长度至电缆末端（末端如果是悬空），则反射回来经电缆全长 l 而延时进入 Z 与 PC，称这个脉冲为反射脉冲。这两个放电脉冲进入检测阻抗 Z 与检测仪 PC 的时间间隔 Δt 为

$$\Delta t = 2l_x/v$$

式中　v——脉冲波在电缆中的传播速度，取 $150\sim170\text{m}/\mu\text{s}$。

当 Δt 小于检测仪的带宽时，两个脉冲信号就会重叠，如果重叠后检测仪显示的波形幅值比单个脉冲大，称为这种重叠效应为正叠加；反之，幅值比单个脉冲小为负叠加。显然，前者实测的放电量比试品实际放电量大，则在鉴定产品属于偏安全误差；而后者实测的放电量比试品实际放电量小，属偏危险误差。因而负叠加是不允许的，应设法消除与避免。因此，测量电缆用的局部放电检测仪应该预先用双脉冲发生器校验其叠加特性。如果在校验时，改变双脉冲发生器的两个脉冲的间隔时间 Δt 的整个过程中，检测仪显示的波形没有出现负叠加，称该检测仪具有 α 响应特性，在测量电缆局部放电时，可不采取任何措施即可进行测量；如果出现有负叠加，称该检测仪具有 β 响应特性，采用这种检测仪测量电缆局部放电时，一般都要采取防止反射波的措施。其方法有以下两种。

（1）在电缆末端接有与电缆匹配的阻抗，使脉冲波到达电缆末端不再发生反射。匹配阻抗可以采用 RC 和 RCL 回路。

（2）局部放电检测仪附设有反射抑制装置，当电源脉冲信号到达检测仪后，自动闭锁，阻止来自电缆末端的反射脉冲波进入检测仪。

2. 电缆局部放电测量时的试验电压与放电量标准

（1）试验电压施加于导体与屏蔽层之间。

（2）试验电压先施加 $1.5U_N$（U_N 为电缆额定电压），持续 1min；然后缓慢下降到 $1.25U_N$ 进行测量。

（3）局部放电量标准为：聚氯乙烯绝缘电缆（$U_N=6\text{kV}$）为 40pC；聚乙烯绝缘电缆（$U_N=6\sim35\text{kV}$）为 20pC；交联聚乙烯绝缘电缆（$U_N=6\sim35\text{kV}$）为 20pC。

3. 测试回路校正方法

如图 10-4 所示，检测仪接在电缆 A 端，在升压前用标准发生器分别在电缆 A、B 两端注入相同已知电荷量 q，则检测仪响应分别为 a_1，a_2，若均以幅值高度毫米（mm）为单位，则刻度系数 K 为 $K=q/a_1(\text{pC/mm})$。

考虑衰减效应的修正因数 F 为当 $a_2 \geqslant a_1$ 时，$F=1$；当 $a_2<a_1$ 时，$F=\sqrt{a_1/a_2}$。

升压后，检测仪应分别在 A、B 两端进行测量，取最大幅值的一端读数 $R_{max}(\text{mm})$，则 $Q_{max}=KR_{max}$，电缆实际放电量为 $q=Q_{max}F$。

第五节　检查电缆线路的相位

对于新安装的电缆或运行中重新装接线盒或拆过接线头的电缆线路，应检查电缆两端的相位。检查相位的方法很多，现场用的最多的是灯泡法、万用表法和摇表法。它们的原理都相同，只是使用的表计不一样，统称为导通法。

摇表法接线如图 10 - 5 所示。检查的方法是将乙端被试芯线接地，在甲端用摇表分别检查三相对地的电阻。当电阻为零的一相与乙端接地相同相位，标以相同标号即可。

检查中摇表摇测芯线电阻时，摇表只能轻轻摇动，切不可快速摇动，以免损坏摇表。检查后将两端相位标记一致即可。

图 10 - 5　检查电缆线路相位的接线图

第六节　故障点的探测方法

一、低电阻短路接地故障点的探测

低电阻故障不论电缆为单芯或多芯短路接地，一般均可用惠斯登电桥以回线法测到故障点。用回线法测量时，必须有一芯是良好的。如遇三芯短路接地，则必须借用其他并行线路的良好芯子或安装临时线作为回路。为确定回路中跨接线是否良好以及缆芯有无断线的情况，校验前必须测量回路电阻。在线路两端测得的电阻应相等，若不相等，则电阻值大者说明接线接触不良。另外应注意电阻值应与原始记录相符。单相接地故障点用回线法测寻接线如图 10 - 6 所示。

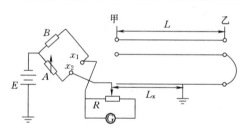

图 10 - 6　单相接故障点测寻接线图

当故障芯子接于 x_2 端时，则故障点距离甲端为

$$L_x = \frac{A \cdot 2L}{A + B}$$

当故障芯子接于 x_1 端时，故障点距离甲端为

$$L_x = \frac{B \cdot 2L}{A + B}$$

式中　A——电桥可变臂读数，Ω；

　　　B——电桥另一臂读数，Ω；

　　　L——线路长度，m；

　　　L_x——电缆试验端子离故障点距离，m。

两相短路故障时，其测量方法与单相接地故障相同，只需将电源正极接到另一根坏的电缆芯子上，被测故障相的末端与完好相短接构成环线。

三相短路接地的故障点探测，则必须用其他线或临时线作回路，其接线如图 10-7 所示。

当故障相接于 x_2 端时，则故障点距离甲端为

$$L_x = \frac{AL}{A+B+R}$$

当故障相接于 x_1 端时，则故障点距离甲端为

$$L_x = \frac{BL}{A+B+R}$$

式中　R——临时线的单根线电阻，如 $R \leqslant A+B$，可略去不计。

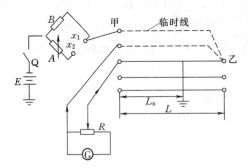

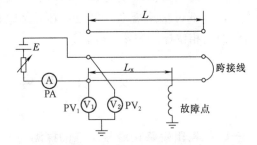

图 10-7　三相短路接地故障点测寻接线图　　　图 10-8　用电压降法测接地故障点接线图

测寻低电阻接地故障，如缺乏适当的电桥时，可采用电压降法测量，其接线如图 10-8所示。用此法测量时，故障点距离为

$$L_x = \frac{U_1 \cdot 2L}{U_1 + U_2}$$

低电阻接地故障点还可用图 10-9 的电流表法测量。此方法测定电缆故障点是最简单的，但其精度较差，一般需用较精确的电流表。在甲端将有任意电压的电池组接到电缆芯线上，并测出电流 i_1，同时在乙端测量电流 i_2；而后在乙端也将有任意电压的电池组接到电缆芯线上，并测量电流 i_2，同时在甲端测量电流 i_1。这样可写出

$$(i_1 - i_2)R_f = i_2 R_y$$

$$(i_2 - i_1)R_f = i_1 R_x$$

式中　R_f——电缆线绝缘（弱点）处的接地电阻。

图 10-9　用电流表法测量故障点接线图

将 $R_L = R_x + R_y$ 引入上式，则得

$$R_x = \frac{(i_2 - i_1)i_2 R_L}{i_1(i_1 - i_2) + i_2(i_2 - i_1)}$$

电缆的电阻 R 正比于电缆的长度 L，根据求得 R_x 之值，可算出电缆测试端离故障点距离 L_x。

二、高电阻短路接地故障

测寻高电阻接地或短路故障基本上也是用回线法，与低电阻故障所用者相似。但是由于故障电阻大，必须用高压电流，使通过故障的电流不太小，以保证测量的灵敏度和准确度，高压电源可用整流设备得到。试验时，电桥、检流计及分流器均处于高压状态，可应用法拉第笼或用合适的绝缘台与地绝缘。用绝缘台时，操作分流器及电桥的绝缘杆握手部分均需接地，操作人员必须采取严密的安全措施。此外，非被试的芯子必须接地，以防止感应出高压。高电阻接地故障点测寻接线如图 10-10 所示。

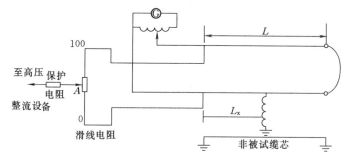

图 10-10　高电阻接地故障点测寻接线图

当故障芯子接在"0"端子时，则故障距离为

$$L_x = \frac{A \cdot 2L}{100}$$

当故障芯子接在"100"端子时，则故障距离为

$$L_x = 2L\left(1 - \frac{A}{100}\right)$$

式中　A——滑线电阻的读数，Ω。

高电阻故障探测，由于使用高压设备不易调整，故准确度较差。因此，可先用直流高压将故障点击穿，再通交流将故障点烧穿，使其成为低电阻接地，再用上述探测低电阻接地故障点的位置。

图 10-11 是通交流烧穿高电阻接地故障点的试验接线。在烧穿过程中，可调整水电阻 R_1 使烧穿电流恒定不变，使高阻接地转化为稳定性低阻接地。

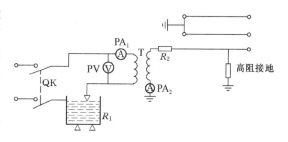

图 10-11　高阻接地故障交流烧穿接线图
QK—开关；T—配电变压器；R_1—调压水电阻；
R_2—限流电阻

三、闪络性故障探测

电缆芯子在一定的试验电压下，发生闪络性击穿，但击穿后绝缘电阻仍与正常芯子一样高，这样就无法用上述方法探测故障点。

（1）将闪络性故障点用直流试验电压做重复性击穿，使故障点变为高阻或低阻接地。

如仍是高电阻或不稳定性低阻接地，可先用图 10-11 接线通交流将故障点进一步烧穿，使故障点转化为稳定性低阻接地，然后用上述方法测寻故障点的位置。

（2）用声测法测寻闪络性故障如图 10-12 所示。当（充电）经放电球隙 S 向故障芯子放电时，在故障点处就产生较大放电声。试验过程中，在电缆的两端、中间接头以及缆身露在空气中的部分，派人监听放电的声音，有时能顺利地找到故障点的位置。

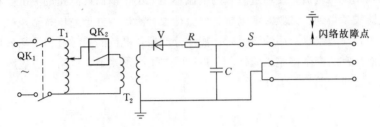

图 10-12 用声测法测闪络性故障点接线图
QK$_1$—开关；T$_1$—调压器；QK$_2$—过流开关；T$_2$—升压变压器；
V—高压整流硅堆；R—限流电阻；C—高压电容器；S—放电球隙

四、探测注意事项

（1）测寻前必须了解故障电缆在运行或施工中的情况，和查找安装图纸，明确肯定电缆故障性质。

（2）确知电缆的型号、长度、接头数目。

（3）故障点电阻稳定后，才可以开始测量。

（4）测量引线与电缆跨接短路线的截面应足够大，长度要短，接触要牢。

（5）测量用表计的准确等级应为 0.1～0.2 级。

（6）用直流电压降测量用的电压表应为高内阻的电压表。

（7）为了防止电渗透性作用，在做高压试验时，缆芯接负极、电源正极接铅皮或接地。

（8）用电流与电压法探测时，两表要同时读数，表计的指示应尽量指示在量程后半部。

（9）探测的线路越短，准备性越大，应根据电缆安装的具体情况将其分段，缩短长度，以提高测量准确度。

（10）不同截面的电缆连在一起者，应按其电阻换算至同截面的等值长度。

（11）通过故障点的电流视检流计的灵敏度及故障线路长短而定，一般约为 10～20mA。

（12）低压回线法使用的电桥电源一般为 100～120V。如果故障电阻大于 5000Ω，可用 1000～2000V 的直流高电压。

五、局部放电定位

在测量电缆局部放电量时，需要采取措施避免反射脉冲的叠加所引起的测量误差。然而在寻找电缆局部放电故障位置时，却又需要利用反射脉冲来定位。这里所讲的局部放电故障是指局部放电测量超过允许的放电量，局部放电定位测量原理如图 10-13 所示。局部放电如果发生在离电缆 B 端 L_x 处时，参见图 $10-4$，因此，在示波屏上看到放电的源脉冲与反射脉冲，它们相隔 Δt。为方便，假定局部放电发生在电缆检测仪的 A 端，这时的 Δt 是反射脉冲以 v 速度走过了两倍电缆长度所需时间，即 $L_y = 0$ 时，$\Delta t = \dfrac{2L}{v}$。为测量方便，检测仪利用示波器扫描速度的改变，使两个脉冲正好显示在示波屏的满屏，即屏幕的左右两侧，满刻度为 10cm，分成 10 等分格，代表被试电缆长度 L 为 100%，这样就在屏幕上直接测得电缆局部放电点占电缆总长度的百分数，也即离测量端 A 端的距离，故局部放电发生在电缆检测仪 A 端时，图 $4-13$ 中的反射脉冲将显示在最右侧的另一处。

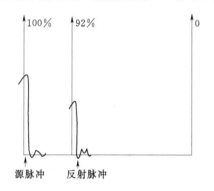

图 $10-13$　局部放电定位
测量原理图

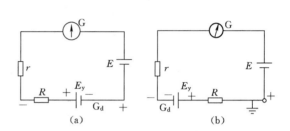

图 $10-14$　用万用表测量绝缘电阻原理接线
(a) 电压相减；(b) 电压相加
r—万用表内阻；G—万用表表头；E—万用表表内电池；
R—外护套电阻；E_y—原电池；G_d—钢带

　　例：一条电缆长 265m，局部放电测量值为 20pC，测定局部放电点的位置，在示波屏上反射脉冲波出现在 92% 处（见图 $10-13$），求局部放电点距 A 测量端的距离。

　　解：离 A 端测量侧距离

$$L_A = 265 \times 92\% = 234.6 \ (m)$$

离电缆末端距离

$$L_B = 265 - 234.6 = 20.4 \ (m)$$

　　测定的准确度：电缆长度大于 75m，在电缆长度的 5%～95% 之间发生局部放电，放电量大于等于 5pC 时，测定放电位置的准确度为 ±1%。

　　测定故障位置如在 0% 与 100%，则属电缆终端故障。

　　电缆局部放电测量与定位的是专用检测仪，例如瑞士汉弗来公司生产的 560 型检测仪和 450 型校准器。

第七节　故　障　处　理　实　例

一、关于电力电缆的绝缘电阻值问题

1. 在 DL/T 596—1996 中，对电力电缆的绝缘电阻值采用"自行规定"

这是因当电力电缆主要的试验项目为直流泄漏电流及直流耐压试验，如绝缘电阻不良，一般均可在泄漏电流试验中发现，至于绝缘电阻值，只作为耐压试验前后的比较作参考。

而 Q/CSG 10007—2004 根据预防性试验中积累的经验，对纸绝缘电力电缆与橡塑绝缘电力电缆的绝缘电规定大于 1000MΩ，避免在直流泄漏电流及直流耐压中损坏电力电缆。

2. 电缆厂在测试报告中给出某电缆 20℃时每千米的绝缘电阻值，若该电缆 500m，其绝缘电阻的合格值

各种电缆的绝缘电阻换算到长度为 1km，温度为 20℃时的参考值见表 10-12。

表 10-12　　　　　　　　　　　电力电缆绝缘电阻参考值

电缆绝缘种类	额定电压 F 的绝缘电阻值（MΩ）				
	1kV	3kV	6kV	10kV	35kV
聚氯乙烯	40	50	60		
黏性浸渍纸	50	50	100	100	160
不滴流			200	200	200
交联聚乙烯			1000	1000	1000

电缆厂在测试报告中给出的绝缘电阻值是该种电缆试样的绝缘电阻值，它不是用兆欧表或高阻计测出的，而是采取比较法，与标准电阻比较而得到的。由于不同长度的电缆有不同的绝缘电阻值，为了统一尺度，规定换算到 1km，其换算公式为

$$R_L = R_S L$$

式中　R_L——每千米长度的绝缘电阻值，MΩ·km；

　　　　R_S——试样电缆的绝缘电阻值，MΩ；

　　　　L——试样电缆的有效测量长度，km。

例：试样电缆长 10m，绝缘电阻值为 32400MΩ，则此电缆每千米的绝缘电阻为：R_L = 32400MΩ × 0.01 = 324MΩ。

此公式仅为换算需要而制定的，并不表示绝缘电阻与长度成反比关系。如果电缆测试报告中绝缘电阻值为 324MΩ·km，则 500m 长度时不能认为是 324MΩ/0.5 = 648MΩ。对不足 1km 的电缆，用兆欧表测出的结果不必进行换算，直接与测试报告中的 1km 的电阻值进行比较，只要无异常就认为是合格的。

用兆欧表测量时，如多芯电缆的相——地绝缘或相——相绝缘差异过大，或同一电缆不同时间（使用一段时间后或施工前后）测量结果差异过大时，这根电缆的绝缘往往有了损伤，一般不能使用。

电缆的绝缘电阻受温度影响也很大，一般随温度升高而呈指数规律减小，因此测量电缆绝缘电阻时要记录环境温度（在现场测量要记录土壤温度）。

制造厂给出的电缆绝缘电阻值已换算到 20℃，其换算公式为

$$R_{20} = K R_L$$

式中　R_{20}——20℃时的绝缘电阻；

　　　　K——绝缘材料温度校正系数。

例如，黏性浸纸绝缘电缆的温度校正系数见表 10-13。当环境温度为 30℃时测出的绝缘电阻值为 312MΩ，换算到 20℃时的绝缘电阻为 $R_{20}=1.41×312=440MΩ$。

表 10-13　　　　　　　　黏性浸渍纸绝缘的温度校正系数表

温度（℃）	0	5	10	15	20	25	30	35	40
温度校正系数	0.48	0.57	0.70	0.80	1.0	1.13	1.41	1.66	1.93

3. 测量电力电缆的绝缘电阻和泄漏电流时不能用记录的气温作为温度换算的依据

因为电力电缆埋在土壤中，电缆周围的温度与气温不一样，一年四季基本上是恒温（一般在 120cm 以下的潮湿土壤温度约为 15～18℃），加上电缆每次试验前已经停电两个多小时，电缆的缆芯温度早就降到土壤温度。如果要进行温度换算，也只能用土壤温度作为依据。

表 10-14 给出了某电力局对一条长 200km、10kV 电力电缆的绝缘电阻和泄漏电流进行测量的数据。可见 5 次测试的绝缘电阻和泄漏电流相应的数值都很接近，没有异常变化。就是气温相差很大。如果按照记录的气温进行换算，则变化比较大，可能将这条绝缘良好的电缆误判为有问题。

表 10-14　　　　　　某 10kV 电力电缆绝缘电阻与泄漏电流测量结果

年　　序	绝缘电阻 （MΩ）	泄漏电流 （μA）	气　温 （℃）
1	1950	26	40
2	2000	25	30
3	2000	25	20
4	2050	24	5
5	2000	25	10

二、确定橡塑电缆内衬层与外护套是否进水

1. 用兆欧表测量绝缘电阻

用 500V 兆欧表分别测量橡塑电缆内衬层与外护套的绝缘电阻，当每千米的绝缘电阻小于 0.5MΩ 时，再用下述方法进一步判断。

2. 用万用表测量绝缘电阻

这种方法的依据是不同金属在电解质中能形成原电池。

橡塑电缆的金属层、铠装层及涂层用的材料有铜、铅、锌和铝等，这些金属的电极电位分别为 +0.334V、-0.122V、-0.44V、-0.76V 和 -1.33V。

当橡塑电缆的外护套破损并进水后，由于地下水是电解质，在铠装层的镀锌钢带上会产生对地 -0.76V 的电位。内衬层也破损进水后，在镀锌钢带与钢屏蔽层之间形成原电池，会产生 0.334-(-0.76)=1.1V 的电位差，当进水很多时，测得的电位差会变小。在原电池中铜为"正"极，镀锌钢带为"负"极。

当外护套或内衬层破损进水后，用兆欧表测量时，每千米绝缘电阻低于 0.5MΩ 时，用万用表的"正"、"负"表笔轮换测量铠装层对地或铠装层对铜屏蔽层的绝缘电阻，此

时，在测量回路中由于形成的原电池与万用表内干电池相串联，如图 10-14 所示。当极性组合使电压相加时，测得的电阻值较小；反之，测得的电阻值较大。因此，上述两次测得的绝缘电阻值相差较大时，表明已形成原电池，就可以判断外护套与内衬层已破损进水。例如，某橡塑电缆护套损伤受潮后，测得的电阻分别为 $7k\Omega$ 和 $55k\Omega$。

三、电力电缆直流耐压与直流泄漏试验问题

1. 纸绝缘电力电缆不采用交流耐压试验，而只采用直流耐压试验

（1）电缆电容量大，进行交流耐压试验需要容量大的试验变压器，现场不具备这样的试验条件。

（2）交流耐压试验有可能在纸绝缘电缆空隙中产生游离放电而损害电缆，电压数值相同时，交流电压对电缆绝缘的损害较直流电压严重得多。

（3）直流耐压试验时，可同时测量泄漏电流，根据泄漏电流的数值及其随时间的变化或泄漏电流与试验电压的关系可判断电缆的绝缘状况。

（4）若纸绝缘存在局部空隙缺陷，直流电压大部分分布在与缺陷相关的部位上，因此更容易暴露电缆的局部缺陷。

2. 交联聚乙烯电缆不宜采用直流高电压进行耐压试验

（1）交联聚乙烯电缆绝缘在交、直流电压下的电场分布不同。交联聚乙烯电缆绝缘层是采用聚乙烯经化学交联而成，属整体型绝缘结构，其介电常数为 2.1~2.3，且一般不受温度变化的影响。在交流电压下，交联聚乙烯电缆绝缘层内的电场分布是由介电常数决定的，即电场强度是按介电常数而反比例分配的，这种分布是比较稳定的。

在直流电压作用下，其绝缘层中的电场强度是按绝缘电阻系数而正比例地分配，而绝缘电阻系数分布是不均匀的。这是因为在交联聚乙烯电缆交联过程中不可避免地溶入一定量的副产品，如甲烷、乙酰苯、聚乙醇等，它们具有相对小的绝缘电阻系数，且在绝缘层径向的分布是不均匀的，所以，在直流电压下，交联聚乙烯电缆绝缘层中的电场分布不同于理想的圆柱体绝缘结构，而与材料的不均匀性有关。

另外，绝缘层的绝缘电阻系数受温度和场强的影响较油纸绝缘要大得多。可用下式表示

$$\zeta = \frac{\zeta_0 \mathrm{e}^{-\alpha\theta}}{E\gamma}$$

式中　E——工作或试验场强；

　　　θ——温度；

　　　α——温度系数取为 $0.15/℃$；

　　　γ——系数取为 2.1~2.4。

在绝缘层中交、直流电压的电场分布的不同，导致击穿不一致性。

（2）直流高压试验不仅不能有效地发现交联聚乙烯电缆绝缘中的水、树枝等绝缘缺陷，而且由于空间电荷的作用，还容易造成高电压电缆在交流情况下，某些不会发生问题的地方在进行直流高电压试验后，投运不久即发生击穿。例如，国际大电网会议（CI-GRE）21—09 工作组向欧美十几个国家调查，在 15 份答复中有 5 份报告了直流耐压后不久即发生运行事故的情况，我国也有类似的报道。例如，某供电局 110kV 交联聚乙烯电

缆通过直流耐层试验后，投入电网运行时却发生击穿。

此外，电缆某些部分，例如电缆头在交流情况下存在的某些缺陷，在直流高电压耐压试验时却不会击穿；而在交流情况下，某些不会发生问题的地方在直流高电压试验时却会击穿。

(3) 在现场进行直流高电压试验时，发生闪络或击穿可能会对其他正常的电缆和接头的绝缘造成危害。

(4) 直流高电压试验有积累效应，它将加速绝缘老化，缩短使用寿命。

(5) 各国现有的直流耐压试验标准太低，直流试验电压绝大多数在 $4.0U_0$ 以下，我国 GB 50150—2006 规定：$0.6 \sim 26 kV$ 的橡塑电缆，交接试验电压为 $4U_0$，而新的中压和高压交联聚乙烯电缆能耐受 $(6.0 \sim 8.0)U_0$ 直流电压，短时交流强度为 $(4.0 \sim 5.0)U_0$；有严重的气隙或缺陷的接头的直流强度远大于规定的 $4U_0$（交流强度却小于 $2.5U_0$）。

由于上述原因，人们考虑采用 50Hz 交流高电压进行试验，但又遇到试验设备笨重的困难。目前有的单位正在研究用 0.1Hz 超低频试验装置进行试验。

3. 对自容式充油电缆的主绝缘在投运后一般不做直流耐压试验

(1) 用其他试验进行监视。在运行中，外力可能对自容式充油电缆线路有破坏作用，这可以通过测量外护套的绝缘电阻和对油压进行监视；绝缘老化则可通过油性能变化进行监视，因此，不必要再进行直流耐压试验。

(2) 电压高，试验困难。自容式充油电缆的电压等级高，因此试验电压也高，而且在终端头周围还有许多其他电气设备，一般难以进行电压很高的耐压试验。

基于上述原因，自容式充油电缆的主绝缘在投运后，除特殊情况外，一般不做直流耐压试验。

4. 纸绝缘电力电缆做直流耐压及泄漏电流试验时电缆芯导体接负极性电压

在绝缘预防性试验中，使用的直流电压是由极性、平均值和脉动因数来表示。为了防止外绝缘的闪络和易于发现绝缘受潮等缺陷，DL/T 596—1996 规定采用负极性直流电压。对后者可作如下解释。

研究表明，电缆在运行中受潮后，有明显的电渗（在外加电场作用下，液体通过多孔固体的运动现象，称为电渗）现象。当电渗芯加正极性试验电压时，在电场作用下，水分被排斥，渗向铅皮，绝缘中的水分相对减小，由于水带正电，所以泄漏电流就小，不易发现绝缘缺陷。当电缆芯导体加负极性试验电压时，由于水带正电，在电场作用下，水分由铅包渗过绝缘向电缆芯集中，使绝缘中的水分相对增加，所以泄漏电流增大，这样就能严格地判断受潮程度。同时，当绝缘有局部缺陷时，将引起局部电场畸变，这有助于使绝缘中的水分集中于局部缺陷区，从而易于发现绝缘局部缺陷。因此，测量泄漏电流时电缆芯导体施加负极性的试验电压。

对于前者的解释是由于极性效应负针正板的火花放电电压高于正针负板的火花放电电压，所以，电缆芯导体施加负极性直流试验电压时外绝缘不易闪络。

5. 在测量电力电缆的直流泄漏电流时，在测量中微安表指针有时会有周期性摆动

如果没有电缆终端头脏污及试验电源不稳定等因素的影响，在测量中，直流微安表出

现周期性摇动，可能是由于被试的电缆的绝缘中有局部的孔隙性缺陷。孔隙性缺陷在一定的电压下发生击穿，导致泄漏电流增大，电缆电容经过被击穿的间隙放电；当电缆充电电压又逐渐升高，使得间隙又再次被击穿；然后，间隙绝缘又一次得到恢复。如此周而复始，就使测量中的微安表出现周期性的摆动现象。

6. 测量 10kV 及以上电力电缆泄漏电流时应注意的问题

测量 10kV 及以上电力电缆泄漏电流与直流耐压同时进行。试验电压分 4～5 级升至 3～6 倍额定电压值。因电压较高，随电压升高，引线及电缆端头可能发生电晕放电。在直流试验电压超过 30kV 以后，有良好绝缘的电力电缆的泄漏电流也会明显增加，所以出现泄漏电流随试验电压上升而快速增长的现象，并不一定说明电力电缆有缺陷。此时必须采用极间障、绝缘层或覆盖，并加粗引线，增大引线对地距离等措施，以减小电晕放电产生的杂散泄漏电流，然后再根据测量结果判断电力电缆的真实绝缘水平。

7. 导致电力电缆泄漏电流偏大测量误差的原因及抑制或消除措施

测量电力电缆的泄漏电流时，由于施加的试验电压较高，致使电缆的终端头，特别是室内干封头的电场强度较大，容易产生电晕现象。实测表明，即使微安表接在高压侧并加以屏蔽，而且高压引线采用屏蔽线，但是如果对电缆终端头的出线铜杆裸露部分不采取任何措施，电缆终端在直流试验电压作用下产生的电晕将严重地影响泄漏电流的测量结果，导致明显的偏大测量误差，见表 10-15。当空气潮湿或电缆终端头与周围接地部分间空气距离较小或电缆终端头本身的相间距较小时，这种偏大的测量误差将更加显著。另外，在逐级升压过程中，泄漏电流常常会在某一试验电压下迅速升高，类似电缆有缺陷的现象将导致试验人员误判断。

表 10-15　　　　　　　　　某 10kV 电力电缆泄漏电流的测试结果

电缆终端头电场情况	不同直流电压下的泄漏电流（μA）		
	30kV	40kV	50kV
未采取改善电场措施	6.5	17	38
采取改善电场措施	0.5	1	3

抑制或消除电晕对偏大测量误差影响的主要措施有两个。

（1）采用极间障改变不对称电场中的极间放电条件。根据气体放电理论，在不均匀不对称电场中放置一个极间障，能改善极间电场分布，从而改变极间放电条件，使电晕及放电电压均可大大提高。根据这一理论，在测量电力电缆泄漏电流时，若在施加试验电压相的裸露终端头处设置一极间障，则可以减小出线铜杆的电晕影响，从而减小泄漏电流偏大的测量误差。具体做法是用 35kV 多油断路器消弧室屏蔽罩或其他绝缘筒套在终端头上。由于户外终端头相间空气距离较大，影响较小，所以通常套在户内终端上。表 10-15 中的改善措施就是加装极间障，可见效果非常显著。

（2）采用绝缘层改善引线表面的电场以减小电晕的影响。根据绝缘理论，在不均匀电场中的曲率半径小的电极上包缠固体绝缘层会使引线表面的电场得到改善，从而使电晕电流减小，提高测量的准确性。现场的通常做法是将绝缘手套套在终端头上，这是一种简便有效的方法。

8. 在统包绝缘的电力电缆做直流耐压试验时易发生的芯线对铅包的绝缘击穿

对统包电力电缆做直流耐压试验时，系一芯对其两芯及铅包间加电压，由于绝缘击穿一般发生在铅包损坏，绝缘受潮后，且芯间绝缘厚度较芯线对铅包绝缘厚，所以一般绝缘击穿发生在芯线对铅包间，而很少发生在芯线间。

9. Q/CSG 10007—2004 规定电力电缆线路的预防性试验耐压时间为 5min 的原因

纸绝缘电力电缆的耐压试验普遍采用直流耐压，其优点之一就是击穿电压与电压作用时间的关系不大。大量实验证明：当电压作用时间由几秒钟增加到几小时时，击穿电压只减小 8％～15％，而一般缺陷都能在加全压后约 1～2min 内发现。所以，若 5min 内泄漏电流稳定不变，不发生击穿，一般说明电缆良好。

10. 电力电缆做直流耐压试验要在冷状态下进行

因为温度对泄漏电流的影响极大，温度上升，则泄漏电流增加。如果在热状态下进行试验，往往泄漏电流的数值很大，并随着加压时间增长而加大，甚至可能导致热击穿。另外，在热状态时，高电场主要移向到靠近外皮的绝缘层上，使整个绝缘上电压分布不均匀。所以，为保证试验结果准确和不损伤完好的电缆，试验最好在冷状态下进行并记录土壤温度，以便对照。

四、对电力电缆做交流耐压试验必须直接测量电缆端的电压

这是因为电力电缆的电容效应会使电缆端的电压升高。当电缆充电容量接近于变压器容量时，这个电压可升高到 25％左右。因此，必须使用高电压电压表或经过电压互感器直接测量电缆端的电压，使试验电压不超过规定值。

五、电缆发生高阻接地故障往往要将故障点烧穿至低阻，常用直流而少用交流

交流烧穿时，由于电缆电容量大，因而电流也较大，这样，需要的电源设备容量也就大，交流过零时容易熄弧。直流烧穿时，所需电源设备容量小，只要通过电流达 1A 左右即可烧穿故障点，又因为采用电容器充放电，烧穿电流稳定，但必须采用负极性，因为正极性易使水分蒸发，造成故障点绝缘电阻上升。烧穿时还要掌握好电流上升的速度及时间。另外，使用交流法难以掌握恰当的电压、电流，否则容易将故障点电阻烧断。

六、0.1Hz 超低频电压在交联聚乙烯电缆进行耐压试验的应用

例如，一条 1km 长的 8.7/10kV 交联乙烯电缆，其芯—地电容为 0.35μF，在工频额定电压下电缆的电容电流 $I = U_n \omega C = 8.7 \times 10^3 \times 314 \times 0.35 \times 10^{-6} = 0.96A$，由此可知试验变压器的体积甚大，就提出采用 0.1Hz 超低频法进行试验。由于其频率低，对电缆的充电电流小，所以试验设备的重量显著减小。例如英国和奥地利开发的用于 7km 以下的 20kV 电缆做耐压试验的超低频设备全部重量仅为 150kg。

试验研究认为，对交联聚乙烯电缆进行耐压试验采用 0.1Hz 超低频电压进行试验时，其试验电压可取为 50Hz 时的 1.5～1.8 倍。

表 10-16 列出了美国电缆技术实验公司于 1992 年公布的 15kV 交联聚乙烯电缆在不同人为故障情况下分别施加超低频和直流试验电压的试验结果。

表 10-16　　　　　　　　　　　　　15kV 交联聚乙烯绝缘电缆试验结果

电缆上的人为故障形式	击 穿 电 压（kV）		0.1Hz/直流
	直流	0.1Hz（有效值）	
刀割绝缘层（剩余绝缘厚度为 0.58mm）	47.5	9.2	0.19
尖针穿刺绝缘层（剩余绝缘厚度为 0.58mm）	41.0	8.2	0.20
绝缘层中钻孔（剩余绝缘厚度为 0.25mm）	92.0	21.9	0.24
尖针穿刺绝缘层（剩余绝缘厚度为 1.47mm）	80.0	21.9	0.27

由表 10-16 可见，用 0.1Hz 超低频电压进行试验较直流耐压更容易发现电缆的绝缘缺陷。

研究表明，用 0.1Hz 超低频电压进行试验较 50Hz 交流电压易使绝缘缺陷暴露击穿。

综上所述，对交联聚乙烯电缆采用 0.1Hz 超低频电压进行试验具有很多优越性，在我国应深入开展这方面的研究工作。

七、用串联谐振法进行交流耐压试验

某型号为 YJY 22—26/35 的交联聚乙烯绝缘电缆，采用串联谐振法进行交流耐压试验。电缆长度为 2km，电容量 $0.175\mu F/km$。电抗器额定电压 70kV、电感量 70H、额定容量 350kVA。求谐振时的频率和试验电压下电缆的电流及试验容量。

解： 试验电压 U_s 为 $2U_0$：$U_s = 2 \times 26 = 52$（kV）

电缆的电容量：$C = 0.175 \times 2 = 0.35$（$\mu F$）

谐振时的频率 f_0 为：$f_0 = 1 \times 10^3 / 2\pi \sqrt{LC} = 1 \times 10^3 / 6.28 \sqrt{70 \times 0.35} = 32$（Hz）

试验电压下电缆的电流 I_c 为：$I_c = \omega C_x U_s \times 10^{-3} = 6.28 \times 32 \times 0.35 \times 52 \times 10^{-3} = 3.66$（A）

试验容量 P_0 等于试验电压 U_s 与电流 I_c 的乘积，即

$$P_0 = U_s I_c = 52 \times 3.66 = 190.3 \text{（kVA）}$$

八、用超低频法进行交流耐压试验

一条型号为 YJY 22—8.7/10 的 10kV 交联聚乙烯电力电缆，用 0.1Hz 超低频法进行交流耐压试验。电缆额定电压为 10kV，对地电压 $U_0 = 8.7kV$，电缆截面 $240mm^2$，对地等效电容 $0.339\mu F/km$，电缆长度 3.5km，问试验电压有效值与峰值各是多少？试验时电缆对地电流是多少？试验设备容量应大于多少？

解： 试验电压有效值：$U_s = 3U_0 = 3 \times 8.7 = 26.1$（kV）

试验电压峰值：$U_{sp} = U_s \sqrt{2} = 26.1 \times \sqrt{2} = 36.9$（kV）

电缆对地电流：$I_{c0.1} = 2\pi f_{0.1} C_x U_s \times 10^{-3} = 6.28 \times 0.1 \times 3.5 \times 0.339 \times 26.1 \times 10^{-3} = 0.019$（A）

试验设备容量：$P = U_s^2 2\pi f_{0.1} C_x = 26.1^2 \times 6.28 \times 0.1 \times 3.5 \times 0.339 = 507$（VA）

九、电缆故障精确定点

电缆故障的精确定点是故障探测的重要环节，目前比较常用的方法是下列四种。

1. 冲击放电声测法

冲击放电声测法（简称声测法）是利用直流高压试验设备的电容器充电、储能，当电压达到某一数值时，球间隙击穿，高压试验设备和电容器上的能量经球间隙向电缆故障点放电，产生机械振动声波，用人耳的听觉予以区别。声波的强弱，决定于击穿放电时的能量。能量较大的放电，可以在地坪表面辨别，能量小的就需要用灵敏度较高的拾音器（或"听棒"）沿初测确定的范围加以辨认。

声测试验的接线图，按故障类型不同而有所差别。图 10-15 是短路（接地）、断线不接地和闪络三种类型故障的声测试验接线图。

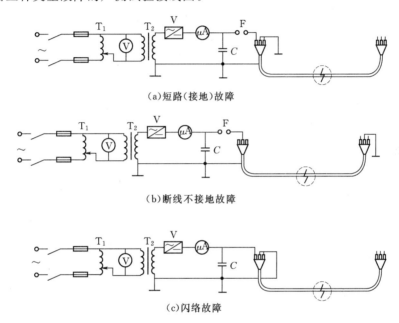

(a)短路(接地)故障

(b)断线不接地故障

(c)闪络故障

图 10-15 声波测试验接线图

T_1—调压器；T_2—试验变压器；V—硅整流器；F—球间隙；C—电容器

声测试验主要设备及其容量为：调压器和试验变压器容量 1.5kVA；高压硅整流器额定反峰电压 100kV。额定整流电流 200mA，球间隙直径 10～20mm；电力电容器容量 2～10μF。

2. 声磁信号同步接收定点法

声磁信号同步接收定点法（简称声磁同步法）的基本原理是：向电缆施加冲击直流高压使故障点放电，在放电瞬间电缆金属护套与大地构成的回路中形成感应环流，从而在电缆周围产生脉冲磁场。应用感应接收仪器接收脉冲磁场信号和从故障点发出的放电声信号。仪器根据探头检测到的声、磁两种信号时间间隔最小的点即为故障点。

声磁同步检测法提高了抗振动噪声干扰的能力，通过检测接收到的磁声信号的时间差，可以估计故障点距离探头的位置。比较在电缆两侧接收到脉冲磁场的初始极性，也可以在进行故障定点的同时寻找电缆路径。用这种方法定点的最大优点是，在故障点放电时，仪器有一个明确直观的指示，从而易于排除环境干扰，同时这种方法定点

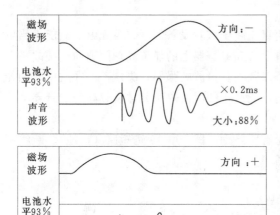

图 10-16 电缆故障点放电产生
典型磁场波形图

的精度较高,信号易于理解辨别。

声磁同步法与声测法相比较,前者的抗干扰性较好。图 10-16 为电缆故障点放电产生的典型磁场波形图。

3. 音频信号法

此方法主要是用来探测电缆的路径走向。在电缆两相间或者相和金属护层之间(在对端短路的情况下)加入一个音频电流信号,用音频信号接收器接收这个音频电流产生的音频磁场信号,就能找出电缆的敷设路径;在电缆中间有金属性短路故障时,对端就不需要短路,在发生金属性短路的两者之间加入音频电流信号后,音频信号接收器在故障点正上方接收到的信号会突然增强,过了故障点后音频信号会明显减弱或消失,用这种方法可以找到故障点。

这种方法主要用于查找金属性短路故障或距离比较近的开路故障的故障点,对于故障电阻大于几十欧姆以上的短路故障或距离比较远的开路故障,这种方法不适用。

4. 跨步电压法

通过向故障相和大地之间加入一个直流高压脉冲信号,在故障点附近用电压表检测放电时两点间跨步电压突变的大小和方向来找到故障点的方法。

此方法的优点是可以指示故障点的方向,对测试人员的指导性较强;但此方法只能查找直埋电缆外皮破损的开放性故障,不适用于查找封闭性的故障或非直埋电缆的故障;同时,对于直埋电缆的开放性故障,如果在非故障点的地方有金属护层外的绝缘护层被破坏,使金属护层对大地之间形成多点放电通道时,用跨步电压法可能会找到跨步电压突变的点,这种情况在 10kV 及以下等级的电缆中比较常见。

十、某电缆线路在进行绝缘电阻和核相工作

测量试验结果见表 10-17。

表 10-17　　　　　　　　　电缆绝缘电阻和核相试验结果

相别 / 对侧接地相	电缆芯线绝缘电阻(MΩ)		
	U	V	W
U	0	0	80000
V	90000	0	80000
W	90000	0	0

分析上述数据,线路核对相位基本正确,但 V 相芯线有接地现象。通过巡视线发现,在电缆敷设过程中 V 相某位置受挤压破损,芯线与护层通过进入破损点的杂质与地连通。

第十一章 电力电容器试验

为了检查电容器的制造质量与监视运行中可能发生的故障，GB 50150—2006 与 Q/CSG 10007—2004 规定，对电容器两极对外壳绝缘电阻测量、电容值及 tgδ 测量，交流耐压与冲击合闸试验。

第一节 两极对外壳绝缘电阻的测量

电压为 1000V 以下的电容器使用 1000V 摇表；电压为 1000V 及以上的电容器使用 2500V 摇表进行测量。极对壳的绝缘电阻值不低于 2000MΩ；耦合电容器与电容分压器的极间绝缘电阻值一般不低于 5000MΩ。

不能用较高的直流电压测量多元件串联的电容器绝缘电阻和泄漏电流。因为有缺陷的电容器的直流电阻会降低，直流高压将加在没有缺陷的元件上，而导致良好元件的损坏与击穿。测量电容器极板对外壳的绝缘电阻是交流耐压试验前后不可缺少的试验项目。

电容器两极对外壳的电容量较小，测量时比较容易获得稳定读数，测得的绝缘电阻一般大于 2000MΩ。当测量出的结果与过去数据比较有明显降低时，可能电容器内部元件或者套管受潮。

测量时，应将电容器的两极短接起来引至摇表的火线，外壳接地。测量中，在试验前后必须将电容器用高电阻接地放电。

故障处理实例：极间绝缘电阻反映极间绝缘缺陷的效果不明显，已被大量的试验数据所证明。例如某电力系统中 1962～1963 年测量了 6427 台次电容器极间绝缘电阻，未发现问题。而许多电容器已经出现了各种严重的缺陷，如电容量增大，tgδ>0.3%，起始游离电压低于 $1.1U_n$、鼓肚、漏油等，而极间绝缘电阻却很高。对运行中严重鼓肚、极间、击穿、油已变黑的电容器解剖后，发现未被击穿的单个元件的绝缘电阻值仍在 1000MΩ 以上。高压电容器内部是由多个元件串并联而成，多数情况下，电容器的损坏最初又表现在个别元件的绝缘劣化上，由于串联关系，不会使整个电容器的绝缘电阻显著降低。另外，现场试验中是使用 2500V 摇表。由于两极间电容量大，充电时间较长，而摇表容量相对很小，指针上升很慢，当摇动速度不均匀时，指针晃动较大，不易读准数值。当然用电动摇表测量这一问题可以得到解决。对于内部有放电电阻的电容器测量极板间绝缘电阻是验证放电电阻是否良好，因此，这一试验项目无论是在交接或预防性试验中都必须进行。

第二节　测　量　电　容　值

通过对电容器电容量的测量，从电容量的变化与厂家实测值相比较来判断电容器内部元件是否存在缺陷。当浸渍剂受潮，元件短路时，电容量增大；严重缺油时，电容值会减少；断线时，电容量既可能增大也可能减小。

GB 50150—2006 与 Q/CSG 10007—2004 规定：高压并联、串联电容器和交流滤波电容器的电容值偏差不超过额定值的 $-5\%\sim+10\%$；电容值不应小于出厂值的 95%；耦合电容器和电容分压器的电容值，每节电容值偏差不超出额定值的 $-5\%\sim+10\%$，电容值与出厂值相比，增加量超过 $+2\%$ 时，应缩短试验周期，由多节电容器组成的同一相，任何两节电容器的实测电容值相差不超过 5%。

电容量的测量有三种方法：交流电桥法、交流阻抗法和双电压表法。

一、交流电桥法

利用 QS_1 型电桥和 QS_{18} 型万能电桥测量电容量的具体操作方法按电桥使用说明书进行。除此以外，要注意选择电桥分流器的位置。

（1）如果被试物电容量已知或能估算出电容量的大致范围，可参考表 11-1 选择分流器位置。

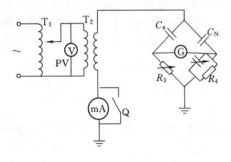

图 11-1　根据毫安表指示值选择
分流器试验接线图

T_1—自耦调压器；T_2—试验变压器

当试验电压与表 11-1 的电压值不符时，其允许试品电容量按换算式为

$$C=\frac{10}{U}C_0 \qquad (11-1)$$

式中　　C_0——10kV 下允许试品电容量，pF；

$\qquad$ U——试验电压，kV；

$\qquad$ C——在试验电压为 U 时，允许试品电容量，pF。

（2）如果试品的电容量不知道，可按图 11-1 的接线进行试验。试验时先将分流器旋钮摆在最大位置，然后转动自耦调压器，将电压升至试验电压，读取毫安表指示值，根据此值查表 11-1 选择电桥的分流器位置。操作步骤按电桥说明书进行。

表 11-1 $\qquad\qquad$ QS_1 电桥测量电容量时分流器选择参考表

分 流 器 旋 钮 位 置	0.01	0.025	0.06	0.15	1.25
允许电流（A）	0.01	0.025	0.06	0.15	1.25
分流器电阻 n（Ω）	—	60	25	10	4
试验电压为 10kV 时允许试品电容量（pF）	3000	8000	19000	48000	400000
试验电压为 5kV 时允许试品电容量（pF）	6000	16000	38000	96000	800000
试验电压为 500V 时（低压侧测量）允许试品电容量（pF）	0.3	0.8	1.9	4.8	40

电容量计算式为

$$C_x = C_N 3184 \frac{100+R}{n(R_3+p)} \qquad (11-2)$$

式中　C_x——被试电容器的电容量，pF；

　　　C_N——标准空气电容器电容量，50pF；

　　　n——分流器电阻，Ω；

　　　p——电桥滑线电阻实测值，Ω；

　　　R_3——电桥 R_3 的实测值，Ω。

测量时所加电压不能超过被试电容器的额定电压。

二、交流阻抗法

交流阻抗法又叫电流电压表法，其试验接线如图 11-2 所示。T_1 可选 $0\sim250V$，1kVA 的单相调压器；电流表与电压表的量程根据电源电压与被试电容器电容值来选定，准确度 0.5 级。当被测电容量较小时，电压表按图 11-2 中实线接线；电容量较大时，按虚线接线。被测电容值计算式为

$$C_x = \frac{I}{\omega U} \times 10^6 \qquad (11-3)$$

式中　C_x——实际测量电容值，μF；

　　　I——试验时实测电流值，A；

　　　U——试验时实测电压值，V；

　　　ω——试验电源的角频率，$\omega=2\pi f=314$，Hz。

若试验电源电压为 220V，调压器输出电压可调整在 159.2V，此时式（11-3）可改写为

$$C_x = I \times 10^6 / 314 \times 159.2 = I/50 = 20I$$

若试验电源电压为 380V，调压器输出电压为 318.4V，则式（11-3）又可改写为

$$C_x = I \times 10^6 / 314 \times 318.2 = I/100 = 10I$$

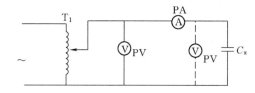

图 11-2　交流阻抗法测量电容值接线图
T_1—单相调压器；C_x—被试电容器

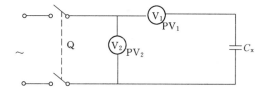

图 11-3　双电压表测电容值接线图

三、双电压表法

双电压表法按图 11-3 的接线进行试验，并按下式进行计算

$$C_x = 10^6/\omega R_1 \sqrt{\left(\frac{U_2}{U_1}\right)^2 - 1} \qquad (11-4)$$

式中　C_x——被测电容器电容量，μF；

　　　R_1——电压表 PV_1（V_1）的内阻，Ω；

U_1、U_2——PV_1（V_1）、PV_2（V_2）电压表的读数，V；

ω——试验电源的角频率，$\omega=2\pi f=314$。

对于三角形或星形接线的三相电容，可按表 11-2 和表 11-3 的测量方法与计算公式。

表 11-2　　　　　　　三角形接线的三相电容器电容量的测量与计算公式

测量次数	接线方式	短路的接线端	测量的接线端	测得的电容量	电容量计算公式
1		2、3	1 与 2、3	$C_A=C_1+C_3$	$C_1=\dfrac{1}{2}(C_A+C_C-C_B)$
2		1、2	3 与 1、2	$C_B=C_2+C_3$	$C_2=\dfrac{1}{2}(C_B+C_C-C_A)$
3		1、3	2 与 1、3	$C_C=C_1+C_2$	$C_3=\dfrac{1}{2}(C_A+C_B-C_C)$

表 11-3　　　　　　　星形接法三相电容器电容量的测量与计算

测量顺序	接线方式	测量接线端	计算方程式	电容量计算公式
1		1 与 2（C_{12}）	$\dfrac{1}{C_{12}}=\dfrac{1}{C_1}+\dfrac{1}{C_2}$	$C_1=\dfrac{2C_{12}C_{31}C_{23}}{C_{31}C_{23}+C_{12}C_{23}-C_{12}C_{31}}$
2		3 与 1（C_{31}）	$\dfrac{1}{C_{31}}=\dfrac{1}{C_3}+\dfrac{1}{C_1}$	$C_2=\dfrac{2C_{12}C_{31}C_{23}}{C_{31}C_{23}+C_{12}C_{31}-C_{12}C_{23}}$
3		2 与 3（C_{23}）	$\dfrac{1}{C_{23}}=\dfrac{1}{C_2}+\dfrac{1}{C_3}$	$C_3=\dfrac{2C_{12}C_{31}C_{23}}{C_{12}C_{23}+C_{12}C_{31}-C_{31}C_{23}}$

作电容量的测量时，最好在电容器刚从电网断开不超过 24h，或者耐压试验后立即进行测量。

四、分析判断

电容器不论在制造、安装与运行中都有可能产生缺陷，通过对电容量的测量与制造厂数据相比较，可以发现一些缺陷。

若电容值增大，可能是由内部某些串联元件击穿所致；若电容值减小，可能是由内部元件断线松脱情况造成，也可能是严重缺油使绝缘介质性质变化所引起。

电容量的变化以百分率表示，其计算公式为

$$\Delta C=\frac{C_2-C_1}{C_1}\times100\%$$

式中　C_1——被试电容器铭牌电容量，μF；

C_2——被试电容器实测电容值，μF。

将测得的电容量与过去的测量值相比较，并与电容器铭牌电容量相比较，耐压试验前后相比较不得超过出厂值的 $\pm 10\%$。

第三节　交流耐压试验

电容器极间交流耐压是与实际运行情况最为接近的，是用以考验极板间绝缘情况的试验。但由于交流试验电压往往高于电容器的起始游离电压，若多次进行可使极间绝缘受到潜在的损害。另外，因电源与试验变压器容量在现场又不容易解决，在进行电容器的交接或预防性试验时，不进行极间的交流耐压试验，而只进行双极对壳的交流耐压试验。双极对壳的交流耐压所需的试验设备容量不大，现场试验容易进行，测量方法比较简单，与其他电气设备的耐压试验相同。试验时，应将电容器的线路端子都连接在一起，将电压施加在公共接头与外壳之间。当电容器为一个线路端子固定接外壳时，不必作此项试验。双极对壳的交流耐压试验能有效地检测出套管受潮与不清洁，包装电缆纸击穿和油面下降引起的放电等缺陷。因此，它是交接试验时的必试项目。

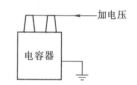

图 11-4　电容器交流耐压
试验接线图

交流耐压试验接线如图 11-4 所示。电容器交流耐压试验电压标准见表 11-4。

表 11-4　　　　　　　并联电容器交流耐压试验电压标准　　　　　　　单位：kV

额定电压	<1	1	3	6	10	15	20	35
出厂试验电压	3	6	18/25	23/30	30/42	40/55	50/63	80/95
交接试验电压	2.25	4.5	18.75	22.5	31.5	41.25	48.75	71.25

注　表中数值参照 GB 50150—2006，斜线后的数据为外绝缘的干耐受电压。

出厂试验电压与上述电压标准不同者，交接试验电压为出厂试验电压值的 75% 进行。

Q/CSG 10007—2004 规定，对耦合电容器与电容式分压器的工频交流耐压试验电压为出厂试验电压的 0.8 倍，多节组合的耦合电容器可分节试验。

第四节　电容器介质损失角 tgδ 测量

电力电容的介质损失与电容器内部绝缘介质的种类、厚度、浸渍剂的特性、温度变化和电容器制造的工艺水平等条件有很大关系，因此，在制造厂出厂试验时要进行介质损失角的测量，但预防性试验则通常不进行测量，其主要原因有以下几点。

1. 试验结果不准确

某些单位在对大批漏油的、起始游离电压低于 1.1 倍额定电压的和电容量变大的移相电容器进行介质损失角测量时，其结果都全部合格。例如一台电容器的起始游离电压低到约 $0.36U_n$，但在室温下测得 tgδ 仍小于 0.3%。

2. 对局部缺陷不易发现

移相电容器都是由多元件串联与并联而成的，试验时测得的是整个串联与并联电路的综合介质损失角的正切值，如下式表示

$$tg\delta = \frac{tg\delta_1 + tg\delta_2 + \cdots + tg\delta_{mn}}{mn} \qquad (11-5)$$

式中　　m——并联元件数；

　　　　n——串联元件数。

从式（11-5）可知，个别元件由于绝缘劣化而使 $tg\delta$ 值升高，并不能有效地从整个电容器的 $tg\delta$ 值中反映出来。因此，测量极间 $tg\delta$ 值不能有效地发现个别元件绝缘劣化。

3. 室温条件下试验不能充分反映电容器的绝缘状况

对于性能良好的电容器，在 10～60℃ 的温度范围内 $tg\delta$ 实际上是很平稳的。但对于有缺陷的电容器，$tg\delta$ 随温度的变化有上升的趋势。例如一台严重受潮的电容器，在温度为 20℃ 时测得的介质损耗因数为 0.28%；当温度升高到 40℃ 时，介质损耗因数增加到 1.3%，上升到了 4.64 倍。可以看出，即使有严重缺陷的电容器，但在室温情况下，其 $tg\delta$ 值仍然合格。因此效果不够理想。

交接时，测得 $tg\delta$ 值应符合产品技术条件规定；Q/CSG 10007—2004 规定 10kV 下的 $tg\delta$ 值应不大于：油纸绝缘 0.5%，膜纸复合绝缘 0.4%。对高压并联电容器的 $tg\delta$ 值测量，Q/CSG 10007—2004 没有明确规定。

第五节　冲击合闸试验

对新安装的电容器组在其安装完毕投入运行之前应进行冲击合闸试验。其目的是检查电容器所用熔断器是否合适与三相电流是否平衡。

试验时，在额定母线电压下用电容器控制开关进行 3 次分、合闸试验。试验结束后，熔断不应烧断；电容器组各相电流相互间的差值不应超过 5%。

三相电容器组如系三角形接线，则电流表又能接在各相高压回路中，此时电流表连接线一定要采取妥善的安全措施，以保证试验设备与人员的安全。

第六节　耦合电容器的局部放电试验

对 500kV 的耦合电容器，当对其绝缘性能或密封有怀疑而又有试验设备时，可进行局部放电试验。多节组合的耦合电容器可分节试验。

局部放电试验的预加电压值为 $0.8 \times 1.3U_m$，停留时间大于 10s；然后降至测量电压值为 $1.1U_m/\sqrt{3}$ 时，维持 1min 后，测量局部放电量，放电量不宜大于 10pC。

第七节　电容器组现场投切试验

电力系统中的并联电容器组是为了满足无功补偿需要而装设的。随着电力系统负荷的

变化，系统中的无功功率与电压也在不断变化。电容器组投入电网中的容量根据这一变化随时进行调整。

投切电容器组是系统中一种正常操作，往往由于操作的断路器性能的影响，会在操作中出现一些异常情况。如由于断路器在分闸过程中产生重燃过电压将电容器损坏或避雷器操作等给系统的安全运行带来严重威胁。有关部门专门对操作电容器的断路器进行试验研究。

前些年，国产断路器，特别是真空断路器的产品质量不是很稳定，分散性较大，如天津某变电站中的大型电容器组曾在投运前进行了试验，从厂家提供的三批产品共 24 台中（断路器质量较差）才挑选出 3 台无重燃和 5 台重燃率在 $1\% \sim 2\%$ 的真空断路器投入系统运行。近年来，断路器性能不断提高，为了保证电容器组运行的安全，在投运前要进行现场投切试验，以考核断路器投切电容器组的性能，并同时了解合闸涌流及电容器组投入前后系统谐振等情况。

电容器组现场投切试验是属于系统试验。试验前准备工作一定要充分，详细了解安装处变电站的系统接线、短路容量、电容器组的接线、其他附属设备的参数、试验设备性能以及绝缘状况等，在此基础上编写试验方案与安全等措施。

电容器组通常采用中性点不接地的星形或双星形接线为限制断路器合电容器组时产生合闸涌流，一般在电容器星形接线的中性点侧或电源侧装有串联电抗器。电容器组还配避雷器保护与放电线圈等设备，图 11-5 所示为某变电站 10kV 母线上甲、乙两组星形接线电容器现场试验接线图。其试验项目如下。

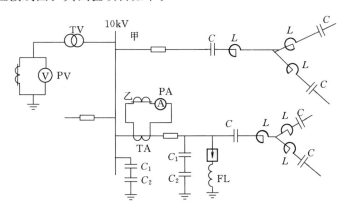

图 11-5 10kV 电容器组现场投切试验接线

（1）单独投、切甲组或乙组电容器。

（2）先投入甲组（或乙组），再投入乙组（或甲组）。

要测量的信号有以下几个。

（1）三相稳态与暂态的母线及电容器上的电压波形。

（2）合闸时的三相涌流波形。

（3）避雷器的动作电流。

测量电压、电流的稳态信号可由互感器 TV 与 TA 用表计测量，并同时用光线示波器来记录波形。测量投、切时的暂态电压信号，则通过 C_1 与 C_2 组成的电容器分压器抽取信号，测量仪器可用磁带数据记录仪。如用光线示波器测量则应将分压器抽取的信号通过阻抗变换器再输入到光线示波器；避雷器的动作电流通过分流器 FL 抽取信号，再输入到示波器中；合闸涌流由于频率约为几百赫，仍可由 TA 抽取信号，再输入到光线示波器中。试验接线时，凡暂态测量信号线均应使用双屏蔽电缆，并采用阻抗匹配措施。

确认接线无误，由负责人发令才能操作。为保证测量信号的可靠记录，应提前启动录波装置。在每次操作完毕后，应及时分析示波图，如出现异常应由负责人决定试验是否继续进行。注意测量过程中 TV 回路不能短路，TA 回路不能开路。

第八节 故障处理实例

一、绝缘电阻问题

（1）用兆欧表测量并联电容器等电容性试品的绝缘电阻时，表针会左右摆动的解决。兆欧表系由于摇直流发电机和磁电式流比计构成。测量时，输出电压会随摇动速度变化而变化，输出电压的微小变动对测量纯电阻性试品影响不大，但对于电容性试品，当转速高时，输出电压也高，该电压对被试品充电；当转速低时，被试品向表头放电，这样就导致表针摆动，影响读数。

解决的办法是在兆欧表的"线路"端子 L 与被测试品间串入一只 2DL 型高压硅整流二极管，用以阻止试品对兆欧表放电。这样既可消除表针的摆动，又不影响测量的准确度。

（2）使用兆欧表测量电容性电力设备的绝缘电阻时，在取得稳定读数后，要先取下测量线，再停止摇动摇把。

使用兆欧表测量电容性电力设备的绝缘电阻时，由于被测设备具有一定的电容，在兆欧表输出电压下处于充电状态，表针向零位偏移，随后指针逐渐向 ∞ 方向移动，约经 1min 后，充电基本结束，可以取得稳定读数。此时，若停止摇动摇把，被测设备将通过兆欧表放电。通过兆欧表内的放电电流与充电电流相反，表的指针因此向 ∞ 处偏移，对于高电压、大容量的设备，常会使表针偏转过度而损坏。所以，测量大电容的设备时，在取得稳定读数后，要先取下测量线，然后再停止摇动摇把。测试之后，要对被测设备进行充分的放电，以防触电。

（3）测量电容型试品末屏对地的绝缘电阻。电容型套管和电流互感器一般由 10 层以上电容串联。进水受潮后，水分一般不易渗入电容层间或使电容层普遍受潮，因此，进行主绝缘试验往往不能有效地监测出其进水受潮。但是，水分的比重大于变压器油，所以往往沉积于套管和电流互感器外层（末层）或底部（末屏与法兰间）而使末屏对地绝缘水平大大降低，因此，进行末屏对地绝缘电阻的测量能有效地监测电容型试品进水受潮缺陷。使用 2500V 兆欧表测得的绝缘电阻值一般不小于 1000MΩ。

二、介质损耗 tgδ 问题

1. 杂散电容会使电力设备绝缘 tgδ 测量值偏小甚至为零或负值

在用 QS₁ 型西林电桥测量电力设备绝缘 tgδ 时，往往存在杂散电容，它直接影响 tgδ 值。

下面举例说明。

（1）高压引线顺着被试品表面（例如测量电容型套管时，引线顺着瓷套的表面）而下，引线与被试品的一部分电瓷绝缘之间相当于形成一个杂散电容 C_0，如图 11-6 所示，则 $C'_{x1}=C_x /\!/ C_0$。

由于电容并联后，总电容加大，即 $C'_{n1}>C_{x1}$，致使电桥上被试品的这支桥臂测量的总电容加大，因此，测出的 $\mathrm{tg}\delta'(=1/\omega R_x C_x)$ 小于真实的 $\mathrm{tg}\delta(=1/\omega R_x C_x)$，即出现 $\mathrm{tg}\delta$ 测量值偏小的情况。

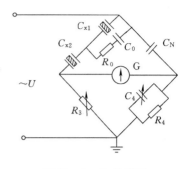

图 11-6 C_0 的影响

（2）当空气湿度较大，瓷套表面潮湿，污秽严重时，高压引线与主电容屏之间也相当于存在与上述情况类同的杂散电容 C_0，致使测量的被试品电容值比真实值大，也会使测量出的 $\mathrm{tg}\delta$ 值偏小。

（3）当被试品的周围有接地体（如铁梯子、脚手架、墙壁、栅栏或人等），就相当于被试品的下半部引出一条 R_0、C_0 接地支路 [参见图 11-7（a）]。由于这条支路的存在，影响电桥测试的准确性。现将 AE、BE、DE 的星形干扰网络支路等值变换为三角形网络

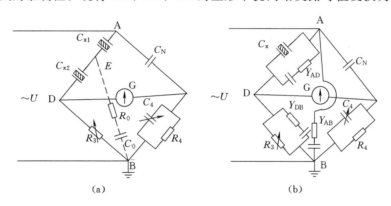

(a)　　　　　　　　　　　(b)

图 11-7 周围接地体的影响
(a) 引入 R_0，C_0 支路；(b) Y—△ 变换

A、B、D 电路 [图 11-7（b）]，其中导纳支路 Y_{AB} 与电源并联，对测量没有影响。Y_{DB} 一般情况下幅值较小，对桥臂 R_3 的影响不大，也可忽略。比较突出的是导纳 Y_{AD}，此支路

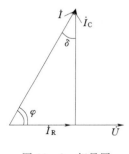

图 11-8 相量图

直接并联在被试品两端，因而使桥臂 1 的测量电流 I'_C（主要为无功电流）比流过被试品的真实电流 I_C 大，所以测量出的介质损耗因数 $\mathrm{tg}\delta'=I_R/I'_C$ 小于被试品真实的介质损耗因数 $\mathrm{tg}\delta=I_R/I_C$。当 R_0 减小，C_0 增大时，不但总电流 I'_C 加大，而且使电压与电流之间的相角 φ（见图 11-8）也变大；另一方面，随着 C_0 增大，导纳支路 Y_{DB} 对桥臂 3 的影响也逐步加大而不容忽略。桥臂 3 不再为纯电阻 R_3，而是电阻与电容的并联组合，因此，被试品的相量图中可能出现 $\varphi=90°$，即 $\delta=0°$，$\mathrm{tg}\delta=0$ 的情况。到某一程度时，φ 角再度增大，则 $\delta=90°-\varphi<0°$，$\mathrm{tg}\delta<0$ 出现负值的情况。

对于上述 3 种情况，现场测试中可以分别采取相应的措施，如改变高压引线与被试品表面之间的角度，将被试品表面擦拭干净，除去水分和污秽及选择晴朗天气和尽量消除试品周围的接地体（包括人）。

　　2. 用 QS_1 型西林电桥测量小电容试品介质损耗因数时采用正接线

　　小电容（小于 500pF）试品主要有电容型套管，3～110kV 电容式电流互感器等。对于这些试品采用 QS_1 型电桥的正、反接线进行测量时，其介质损耗因数的测量结果是不同的，测量结果见表 11-5。其原因分析如下。

表 11-5　　　　　　　LCWD—110 电流互感器采用不同测量接线的测量结果

正　　接　　线				反　　接　　线	
一次对二次（外壳对地）		一次对二次及外壳（绝缘）		一次对二次及外壳（接地）	
C_x（pF）	tgδ（%）	C_x（pF）	tgδ（%）	C_x（pF）	tgδ（%）
50	3.3	56.6	3.5	81	2.2

　　按正接线测量一次对二次或一次对二次及外壳（垫绝缘）的介质损耗因数，测量结果是实际被试品一次对二次及外壳绝缘的介质损耗因数。而一次和顶部周围接地部分的电容与介质损耗因数均被屏蔽掉（电桥正接测量时，接地点是电桥的屏蔽点）。由表 11-5 可见，一次对二次的电容量为 50pF，而一次对二次及外壳（垫绝缘）的电容量为 56.6pF，一次对外壳的电容量约为 $6.6\mu F$，约为一次对二次及外壳总电容的 1/9，这主要是油及瓷质绝缘的电容。由于电容很小，所以在与一次对二次电容成并联等值电路测量时，一次对外壳的影响很小。因此为了在现场测试方便，可直接测量一次对二次的绝缘介质损耗因数便可以灵敏地发现其进水受潮等绝缘缺陷。而按反接线测量的是一次对二次及地的介质损耗因数数值，此时一次和顶部对周围接地部分的电容为 81-56.6=24.4（pF），为反接线测量时总试品电容的 30%，而这部分的介质损失主要是由空气、绝缘油、瓷套等造成。在干燥及表面清洁的条件下，这部分的介质损耗因数一般小于 10%。由于试品本身电容小，而一次和顶部对周围接地部分的电容所占的比例相对比较大，对测量结果（反接线测量的综合介质损耗因数）有较大的影响。

　　由于正接线具有良好的抗电场干扰、测量误差较小的特点，一般应以正接线测量结果作为分析判断绝缘状况的依据。

　　3. 用 QS_1 型西林电桥测量电力设备绝缘的介质损耗因数时如何消除 C_x 的引线电容对测量结果的影响

　　用 QS_1 型西林电桥测量电力设备绝缘的介质损耗因数时，C_x 的引线电容 C_z 对测量结果影响的分析图如图 11-9 所示。

　　图 11-9（a）为正接线测量时 C_x 引线的示意图。此时与电桥第三臂 R_3 并联的电容 C_z 包括 C_x 的引线电容与试品测量电极对地间电容之和。

　　图 11-9（b）为反接线测量时 C_x 引线的示意图。此时 C_z 仅为 C_x 引线的电容。当电桥平衡时

$$tg\delta_c = tg\delta_x + \omega C_z R_3$$

式中　tgδ_c——电桥测量值；

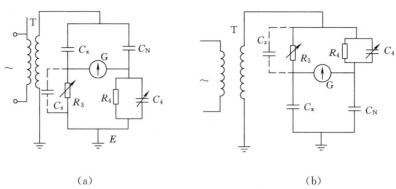

(a)   (b)

图 11-9 C_x 的引线电容 C_z 对 tgδ 测量结果影响的分析图

（a）正接线；（b）反接线

E—C_x 引线屏蔽层接点

tgδ$_x$——试品真实介质损耗因数。

可见，由于 C_z 的存在，使试品介质损耗因数有增大的测量误差。

消除 C_z 引起的测量误差的方法如下。

（1）测出 C_z，计算 tgδ$_x$ 值。可用电容表测出 C_z 值，再根据 tgδ$_x$＝tgδ$_c$－$\omega C_z R_3$ 计算出真实的介质损耗因数。

由于 C_x 的引线电容实测值为 100～300pF/m，设试品的引线为 10m，则 C_z＝1000～3000pF。当 R_3＝3184Ω 时，$\omega C_z R_3 \approx (0.1 \sim 0.3)\%$。

（2）根据两次测量结果计算 tgδ$_x$ 值。第一次测量结果 tgδ$_1$ 为

$$\mathrm{tg}\delta_1 = \mathrm{tg}\delta_x + \omega C_z R_3$$

第二次测量时，将电桥第四臂并入一电阻，使 R_4 值变为 KR_4，则因 C_x 未变，据 $C_x = \dfrac{R_4}{R_3} C_N$，则 R_3 值也相应变为 KR_3，此时测得的介质损耗因数为 tgδ$_2$，即

$$\mathrm{tg}\delta_2 = \mathrm{tg}\delta_x + K\omega C_z R_3$$

由两次测得结果可得

$$\mathrm{tg}\delta_x = \frac{\mathrm{tg}\delta_2 - K\mathrm{tg}\delta_1}{1-K}$$

若取 $K=0.5$，即 R_4 臂并联一个 3184Ω 的电阻，则上式变为

$$\mathrm{tg}\delta_x = 2\mathrm{tg}\delta_2 - \mathrm{tg}\delta_1$$

应当指出：C_x 的引线引起的测量误差偏大不仅与 C_x 的引线长短有关，而且与试品电容 C_x 的大小有关。对小电容量试品（如 LCWD$_2$ 电流互感器等），由于 C_x 很小，R_3 值较大，因此测量误差也大，易于造成误判断；而当试电容量 C_x 较大时，且 $C_x > 3000$pF，QS$_1$ 型电桥接入分流电阻，则与 C_z 并联的电阻一般小于 50Ω，因此此时 $\omega C_z R_3$ 值很小，所以 C_x 引线的影响可忽略不计。当试品电容 $C_x \geqslant 10000$pF 时，QS$_1$ 型电桥说明书上对 C_x 引线长度可不作规定，因此时与 C_z 并联的电阻很小，$\omega C_z R_3$ 影响可以忽略。

4. 在测量耦合电容器介质损耗因数 tgδ 时会出现异常现象

安徽省某供电局在某变电站 110kV 全停的条件下曾对两台耦合电容器（OY—110/$\sqrt{3}$

型）用 QS₁ 型西林电桥进行介质损耗因数 tgδ 测量，均出现相似的异常测量结果，其中一台的测量结果见表 11-6。由于电源正反相时试验结果相同，说明没有外界电场干扰。

表 11-6　　　　　　　　　　耦合电容器现场测量结果

试验电压 (kV)	反接线				正接线		引流器位置	备　注
	tgδ_z(%)	tgδ(计算)(%)	$R_3(\Omega)$	C_x(pF)	tgδ_z(%)	C_x(pF)		
3	−6	−0.08	69.62	6464	0.2	6527	0.0259	电源正反相测量结果相同
5	−10	0.13	70	6444	0.2	6527	0.0259	电源正反相测量结果相同
7.5	−26	−0.34	69.62	6464	0.2	6527	0.0259	电源正反相测量结果相同
10	−46	−0.6	70.1	6438	0.2	6527	0.0259	电源正反相测量结果相同

由表 11-6 可见，出现的异常现象如下。

（1）用反接线测量时，介质损耗因数随试验电压的增高不断减小，而用正接线测量时却没有这一异常现象。

（2）一般情况下，用反接线测量时电容量应该比正接线多出一个并联支路，即一次对底座及地的电容。理论上应该是反接线测量的电容值比正接线要大，而实际测得的电容值却小于正接线测得的电容值。

研究表明，出现异常现象的主要原因是：不同接线时杂散阻抗的影响。对于 tgδ，检查发现主要是引出线的三脚插头胶木已靠着出线有机玻璃板，且试验时相对湿度为 78%，使有机玻璃板和胶木的电导增加，并且电导电流随试验电压的增加相应增加，从而使被试品和标准电容的杂散电容损耗 tgδ_{x0} 和 tgδ_{N0} 随试验电压增高而增加，以致反接线时出现表 11-6 中 tgδ 的异常结果。对于电容值，反接线测得的电容量小于正接线测量值的主要原因是：反接线测量时，由于被试品电容量较大，杂散电容 C_{x0} 的影响可以忽略；C_{N0} 的影响使标准电容器的电容量增大，但在计算被试品电容时却仍按 $C_N=50$pF 进行计算，使计算出的电容量较实际电容量小，所以出现偏小的测量误差；而在正接线测量时，没有 C_{N0} 的影响，所以测得的电容量为实际被试品的电容量，从而使反接线测量的电容量小于正接线测量的电容量。

正、反接线测量介质损耗因数 tgδ 时，杂散电容的示意图如图 11-10 所示。

5. 测量大电容量、多元件组合的电力设备绝缘的 tgδ 对反映局部缺陷并不灵敏

对小电容量电力设备的整体缺陷，tgδ 确有较高的检测力，比如纯净的变压器油耐压强度为 250kV/cm；坏的变压器油是 25kV/cm，相差 10 倍。但测量介质损耗因数时，tgδ（好油）=0.01%，tgδ（坏油）=10%，要相差 1000 倍。可见介质损耗试验比耐压试验灵敏得多。但是，对于大容量、多元件组合的设备，如发电机、变压器、电缆、多油断路器等，实际测量的总体设备介质损耗因数 tgδ_z 则是介于各个元件的 tgδ 最大值与最小值之间。这样，对于局部的严重缺陷，测量 tgδ_z 反映并不灵敏。所以有可能使隐患发展为运行故障。比如，测量多油断路器合闸时的 tgδ，可能大于、也可能小于分闸时单只套管的

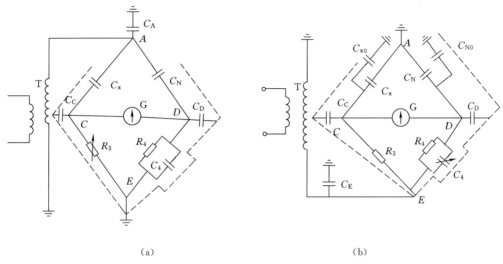

图 11-10　QS₁ 型西林电桥测量 tgδ 时杂散电容示意图

(a) 正接线；(b) 反接线

tgδ，这是很常见的事。再如有一次测量电流互感 LCLWCD₂—220 型试验时，做解体试验把电容屏的零屏引线与导电芯断开，测得导电芯对电容屏的零屏之间介质损耗因数 $tgδ_1 = 0.5\%$，$C_1 = 274pF$，而电容屏自身的零屏对末屏之间的 $tgδ_2 = 0.2\%$，$C_2 = 816pF$。把互感器看作这两部分的串联组合体，则由求串联元件组合体的公式可得

$$tgδ_2 = \frac{\dfrac{tgδ_1}{C_1} + \dfrac{tgδ_2}{C_2}}{\dfrac{1}{C_1} + \dfrac{1}{C_2}} = \frac{C_2 tgδ_1 + C_1 tgδ_2}{C_1 + C_2} = \frac{816 \times 0.5\% + 274 \times 0.2\%}{274 + 816} = 0.27\%$$

$$C_2 = \frac{1}{\dfrac{1}{C_1} + \dfrac{1}{C_2}} = \frac{C_1 C_2}{C_1 + C_2} = \frac{274 \times 816}{274 + 816} = 629pF$$

鉴于上述情况，对大容量、多元件组合体的电力设备，测量 tgδ 必须解体试验才能从各元件的介质损耗因数值的大小上检验其局部缺陷。

三、电容器电容量问题

1. Q/CSG 10007—2004 与 DL/T 596—1996 中将耦合电容器偏小的误差由 −10% 改为 −5%

耦合电容器偏小的电容量误差除了测量误差外，其本身也存在缺陷，而常见的缺陷主要是缺油和电容层断开。电容层断开后，一般由于分布电压较高，会导致击穿，因而使断开处再次接通，所以电容量偏小主要是渗漏油形成的缺油。

现场实测与计算都表明，即使耦合电容器中的绝缘油全部漏完，其电容偏小误差也不致达到 −10%，某些省的实测结果仅为 −3%～−7%。

为有效地检出这类绝缘缺陷，同时考虑现场在测量电容量时的测量误差，在 Q/CSG 10007—2004 与 DL/T 596—1996 中将耦合电容量相对误差由 $-10\% \leqslant \dfrac{\Delta C}{C} \leqslant 10\%$

改为 $-5\% \leqslant \dfrac{\Delta C}{C} \leqslant 10\%$。

2. 规定电容器的电容值与出厂值之间的偏差与各种电容器的偏差要求值又不相同的矛盾

在 Q/CSG 10007—2004 与 DL/T 596—1996 中除了规定电容值偏差不超过额定值的 $-5\% \sim +10\%$ 以外，还规定电容值与出厂值之间的偏差：对高压并联电容器等和集合式电容器分别不应小于出厂值的 95% 和 96%；对耦合电容器等电容值不应大于出厂值的 102%（否则应缩短试验周期）。其主要原因是控制运行中元件电压不超过规定值的 1.1 倍。

对高并联电容器，它有不带内部熔丝和带内部熔丝两种。对不带内部熔丝的，在大多数情况下，击穿一个元件，电容量变化一般均超过 +10%。此时，部分完好元件上的电压将升高 10% 以上，电容器应退出运行；但对带内部熔丝的元件损坏引起电容减小，要控制电容量允许变化值不超过元件电压规定值的 U_n/m（U_n 为电容器额定电压，m 为串联元件数）的 1.1 倍。例如，电容器元件为 13 并 8 串，当电容量减小 9.7% 时，部分完好元件上电压可能最大升高 21%。如果出厂试验电容偏差 +5%，则运行中电容偏差虽未降至 -5%，就可能有元件的运行电压超过 1.1 倍规定值。此时电容器也应退出运行，所以有这条规定对保证电容器的安全运行有利。

耦合电容器也是由多个元件串联而成，大多数单节耦合电容器的串联元件数在 100 个左右，当有一个元件击穿时，电容值约增大 1%。考虑到温度和测试条件影响，电容值增大 2% 以上时，应考虑有一个元件击穿。此时虽然电容器仍可以继续运行，但应缩短预防性试验周期，查明原因，以保证安全运行。

对集合式电容器，规定每相电容偏差不超过出厂值的 $\pm5\%$，也是从这个角度考虑的。

3. 在预防性试验合格的耦合电容器会在运行中发生爆炸

从耦合电容的结构可知，整台耦合电容器是由 100 个左右的单元件串联后组成的。就电容量而言，其变化 +10%，在 100 个单元件如有 10 个以下的元件发生短路损坏，仍在允许范围之内。此时，另外 90 个左右单元电容要承担较高的运行电压，这对运行中的耦合电容器的绝缘造成了极大的危害。

造成耦合电容器损坏事故的主要原因多数是由于在出厂时就带有一定的先天缺陷。有的厂家对电容芯子烘干不好，留有较多的水分；或元件卷制后没有及时转入压装，造成元件在空气中的滞留时间太长，另外，还有在卷制中碰破电容器纸等。个别电容器由于胶圈密封不严，进入水分。此时一部分沉积在电容器底部，另一部分水分在交流电场作用下将悬浮在油层的表面，此时如顶部单元件电容器有气隙，它最容易吸收水分，又由于顶部电容器的场强较高，这部分电容器最易损坏。对损坏的电容器解体后分析得知，电容器表面已形成水膜，由于表面存在杂质，使水膜迅速电离而导电，引起电容量的漂移，介电强度、电晕电压和绝缘电阻降低，损耗增大，从而使电容器发热，最后造成了电容器的失效。所以每年的预防性试验测量绝缘电阻、介质损耗因数并计算出电容量是十分必要的。即使绝缘电阻、介质损耗因数和电容量都在合格范围内，当单元件电容器有少量损坏时，还不可能及早发现电容器内部存在的严重缺陷。

电容器的击穿往往是与电场的不均匀相联系的，在很大程度上决定于宏观结构和工艺条件，而电容器的击穿就发生在这些弱点处。在电容器内部，无论是先天缺陷还是在运行中受潮，都首先造成部分电容器损坏，运行电压将被完好电容器重新分配，此时每个单元件上的电压较正常时偏高，从而导致完好的电容器继续损坏，最后导致电容器击穿。

为了减少耦合电容器的爆炸事故发生，对运行中的耦合电容器应连续监测与带电测量电容电流，并分析电容量的变化情况。

4. 交联聚乙烯电缆的电容值

在确定 50Hz 或 0.1Hz 交流试验装置的容量时，需要知道交联聚乙烯电缆的电容值，不同电压等级、不同截面的电缆，其电容值不同见表 11-7。

表 11-7　　　　　　交联聚乙烯绝缘单芯电力电缆的电容　　　　　　单位：μF/km

额定电压 (kV)	线 芯 标 称 面 积（mm²）										
	16	25	35	50	70	95	120	150	185	240	270	400
10	0.15	0.17	0.18	0.19	0.21	0.24	0.26	0.28	0.32	0.38	—	—
35	—	—	—	0.11	0.12	0.13	0.14	0.15	0.16	0.17	0.19	

额定电压 (kV)	线 芯 标 称 面 积（mm²）										
	240	300	400	500	630	800	1000	1200	1400	1600	1800	2000
110	0.132	0.143	0.161	0.177	0.197	0.219	0.265	0.202	—	—	—	—
220	0.107	0.114	0.122	0.131	0.141	0.152	0.180	0.190	0.198	0.200	0.212	0.22

注　110、200kV 电缆的电容值为计算值。

5. 实例

一台型号为 BW10.5—10—1 的高压并联电容器，其内部接线方式为 2 并联 14 串联，设每个电容元件 $C=1$。

根据公式
$$C_N = \frac{C_0}{m} = \frac{2}{14} = 0.143$$

式中　C_N——电容器的总容量；

　　　C_0——每组并联后的电容值；

　　　m——串联组数。

如果电容器内部发生一个元件短路，则有
$$C_D = \frac{C_0}{m} = \frac{2}{13} = 0.154$$

式中　C_D——一个元件短路后电容器总容量。

一个元件短路对电容变化率为：
$$\Delta C = \frac{C_D - C_N}{C_N} \times 100\% = \frac{0.154 - 0.143}{0.143} \times 100\% = 7.7\%$$

如果电容器内部发生一个元件开路，设开路组的电容为 C_1，此时 $C_1 = 1$；完好组总电容为 C_2，$C_2 = C_D = 0.154$，则开路电容为：

$$C_{\mathrm{K}} = \frac{C_1 C_2}{C_1 + C_2} = 0.133$$

一个元件开路时电容变化率为：

$$\Delta C = \frac{C_{\mathrm{K}} - C_{\mathrm{N}}}{C_{\mathrm{N}}} \times 100\% = \frac{0.133 - 0.143}{0.143} \times 100\% = -6.7\%$$

从以上实例可以看到，当电容器内部一个元件短路或开路时，电容值变化是比较显著的。

第十二章 高压绝缘子和套管试验

第一节 概 述

高压绝缘子在电力系统应用最普遍，它是用来使导线和杆塔与地绝缘的。在运行中，绝缘子承受工作电压与各种过电压作用，同时也承受着导线的垂直载荷（导线自重、覆冰重量）和水平载荷（风力、系统短路电动力）等。此外，由于绝缘子大多数暴露在大气中工作，受到大气条件变化以及环境污染的影响，工作条件是非常恶劣的。绝缘子的性能要求电气性能、热稳定和机械性能良好。

绝缘子按其绝缘体内最短击穿距离是否小于其外部空气的闪络距离的一半，分为可击穿型和不可击穿型两类。因为空气的击穿强度比固体介质的击穿强度低，故当电压升高时，不可击穿型在空气中首先发生闪络，绝缘体内部不会击穿；可击穿型则内部有可能先被击穿。

绝缘子按应用场所不同分为线路绝缘子与电站绝缘子，其分类如下：

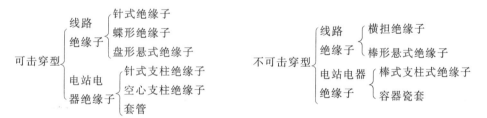

绝缘子在运行中经常受到电、机械、气候和冷热的作用，瓷质材料要自然老化，常会产生各种不同缺陷，并会逐步发展。对已经劣化的绝缘子，要通过试验及时地予以检出，否则会危及安全供电，造成事故。

运行中绝缘子试验项目主要有：测量绝缘电阻、交流耐压试验；套管试验项目有测量绝缘电阻、电压分布与交流耐压试验、绝缘油的试验、测量 20kV 及以上非纯瓷套管的 $tg\delta$ 与电容值（对于整体组装于 35kV 油断路器上的套管，不单独进行 $tg\delta$ 的试验）。

第二节 绝 缘 试 验

一、电压分布的测量

电压分布测量是一种带电测量绝缘电阻的方法，主要用来测量悬式绝缘子串和多元件支柱绝缘子的绝缘劣化程度。

1. 电压分布

在绝缘子串上每片绝缘子所承受的电压是不同的，主要原因是每片绝缘子的金属部分与杆塔间和导线间均存在电容造成。

把每片绝缘子看成是一个电容器，一串绝缘子就相当几个电容器串联起来。如果不考虑其他因素的影响，每片绝缘子所承受的电压应该是相等的。但是，由于每片绝缘子的金属部分受杆塔（地）、对导线的电容的影响，就使得电压分布很不均匀。

绝缘子金属部分对杆塔电容存在影响。假设绝缘子本身的电容为 C，对杆塔的电容为 C_E，如图 12-1 所示。当 C_E 两端有电位差时，必然有电流通过 C_E 流到杆塔，如箭头所示。这些流经 C_E 的电流都要流经绝缘子自身电容 C，使得靠近导线的绝缘子电容 C 流过的电流最大，它上面的电压降也最大。沿绝缘子串的电压分布曲线如图 12-1（b）的曲线 1 所示。

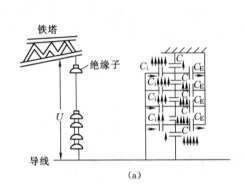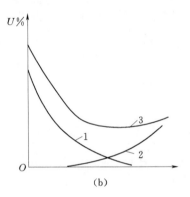

图 12-1　考虑对地电容、对导线电容的等值图与电压分布曲线图
(a) 等值电路；(b) 电压分布曲线
1—考虑对地电容时电压分布曲线；2—考虑对导线电容时电压分布曲线；
3—两者影响都考虑时电压分布曲线

再看每片绝缘子对导线电容影响的情况。该电容用 C_i 表示，当 C_i 两端有电位差时，就有电容电流流过 C_i，也流过绝缘子自身电容 C，这样就使得离导线越远的绝缘子流过的电流越大，电压降也越大。绝缘子串中每个绝缘子的电压分布曲线如图 12-1（b）的曲线 2 所示。

实际上 C_E 与 C_i 两种电容同时存在，由于 C_i 较 C_E 为小，流过的电流也小，产生的压降也小。因此 C_E 的影响要比 C_i 的影响更大些，总的绝缘子串的电压分布曲线是图 12-1（b）中 1、2 两条曲线的叠加，即曲线 3。从曲线看出，绝缘子串的电压分布是极不均匀的，靠近导线的绝缘子电压降最大，依次减小。中部的电压降最小，在靠近杆塔处电压降又有升高。

当绝缘子串有一个或数个劣化时，电压分布曲线将发生变化。当劣化的绝缘子为贯通性导电时，该劣化绝缘子两端电压降为零，这种绝缘子称为零值绝缘子。实际上劣化的绝缘子或多或少的都有一定的绝缘电阻，其压降多数在 60% 以下，而不是零。当电压低于表 12-1 规定的最小值时，可当作不良绝缘子检出，但要注意，如果绝缘子串的每个元件的电压都低，且接近相等，则是绝缘子脏污。在与劣化绝缘子相邻的良好绝缘子上，常因分担了劣化绝缘子的压降而使分布电压略高于正常值。

表 12-1　　　　　　　　　　　　35kV 级绝缘子典型电压分布标准

绝缘子型式	绝缘子状态	按由横担起绝缘子元件顺序电压分布（kV）			
		1	2	3	4
X—4.5	正常的	4	3.5	4.8	8
	有缺陷的，小于	2	2	2	4
X—4.5	正常	6	5	9	
	有缺陷的，小于	3	3	5	
X—4.5	正常的	10	10		
	有缺陷的，小于	5	5		
1×2pC—1—35	正常的	10	10		
	有缺陷的，小于	5	5		

2. 电压分布测量

利用测量绝缘子电压分布的办法来检测劣化绝缘子。现场通常用电阻分压杆与电容分压杆测量绝缘子电压分布。现将它们的测试原理简单介绍如下。

（1）电阻分压杆。它的结构与内部接线图如图 12-2 所示。图中 C 是滤波电容器，一般采用 $0.1 \sim 0.5 \mu F$；微安表采用 $50 \sim 100 \mu A$ 表头；电阻杆的电阻值可按 $10 \sim 20 k\Omega/V$，$0.5 \sim 1.5 kV/cm$，每个电阻容量 $1 \sim 2W$；整流管 V 采用点接触锗二极管。

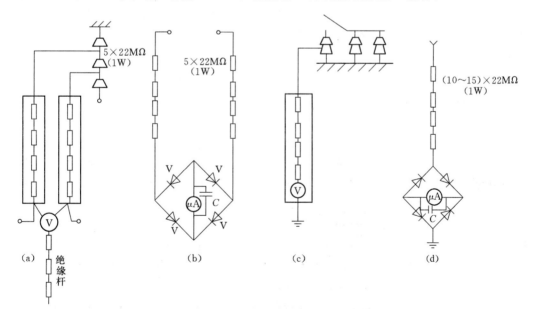

图 12-2　电阻分压杆简图
(a)、(b) 测量二点电压的结构与内部接线；(c)、(d) 测量对地电位的结构及内部接线

这种测量杆称电阻分压杆。测量时应预先在室内校正电压与微安表读数的关系曲线，或将微安表直接换成相应的电压刻度，这样便可直接读出电压数值。为保证测量的安全与

准确，测量回路的接地端应可靠接地，防止测量过程中脱开造成危险。

（2）电容分压杆。将电阻分压杆的电阻串和桥式整流的微安表换成一个能承受被测电压的最大电压的高压电容器与一个小量的指针式的静电电压表串联，即构成电容分压杆。该电容器电容量一般选用 3～5pF，电压约 40kV 时，则被测电压将大部分降在电容器上，要求分压电容量稳定不变，电容器绝缘电阻不应低于 8000～10000MΩ，测量前应预先核好被测电压与静电电压表指示的关系，以便根据静电电压表指示查出绝缘子分布的电压。电容分压杆测量原理图如图 12 -3 所示。

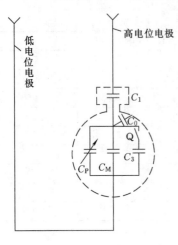

图 12 - 3　电容分压杆测量
部分原理图

高压分压电容 C_1 与静电电压表的电容 C_M 串联为测量部分的主体，与 C_M 并联的有调电容 C_P 和改变测量范围的电容 C_3，静电电压表、C_P、C_3 和量限开关 Q 一起装在金属箱内，并经屏蔽引线与分压电容器 C_1 的屏蔽极连接，表计外壳连在低电位电极处。绝缘杆用多股胶纸管组成，每段长 920mm，外径 30～40mm，绝缘杆长度按被试设备的电压等级选定，35kV 用 3 段即可。

采用分压杆测量绝缘子电压分布时，测得的各元件分布电压总和与运行电压比较，金属与混凝土杆塔可能相差 20%，木杆可能相差 30%，分析时应考虑此点。

以上两种检测杆的绝缘杆均应按带电作业的要求进行试验合格，其保护接地应牢靠地接地；操作人员注意人身安全，带电检测绝缘电阻与电压分布均应在电网正常运行与良好天气下进行。

二、绝缘电阻测量

由多元件组合的绝缘子，其绝缘电阻的测量可在停电与带电情况下进行；而单元件绝缘子只能在停电下测量。

清洁、干燥良好的绝缘子的绝缘电阻是很高的，就是有新鲜裂纹的绝缘子的绝缘电阻不会明显的下降，只有当灰尘或潮气侵入裂纹时，绝缘电阻才显著降低。使用摇表测量绝缘子的绝缘电阻，能够精确地检查出劣化绝缘子，它既可代替电压分布测量，也可用来检查电压分布测量的正确性，减少误判断。

使用 2500V 摇表测量多元件支柱绝缘子的每一元件和每片悬式绝缘子的绝缘电阻值不应低于 300MΩ；500kV 悬式绝缘子不低于 500MΩ；35kV 及以下支柱绝缘子的绝缘电阻值不应低于 500MΩ；棒式支柱绝缘子不进行此项试验。半导体釉绝缘子的绝缘电阻自行规定。

测量多元件支柱绝缘子的每一元件的绝缘电阻时，应在分层胶合处绕铜线，然后接到摇表上，以免在不同位置测得的绝缘电阻相差很大，绝缘电阻的数值受测量时温度、湿度、表面脏污和干燥情况影响很大，应在良好的气候下进行。

三、交流耐压试验

交流耐压试验是判断绝缘子抗电强度最直接的方法。在交接试验时必须进行该项试验；预防性试验时，可用它代替绝缘电阻测量与电压分布的测量，或用它来最后判定由这些方法检出的绝缘子。对于单元件的支柱绝缘子，交流耐压试验仍是目前最简单和有效的试验方法。

各级电压的支柱绝缘子与悬式绝缘子的交流耐压试验电压标准见表 12-2 与表 12-3。交流耐压试验方法参见以上章节有关内容。

表 12-2 支柱绝缘子的交流耐压试验电压（选自 Q/CSG 10007—2004）

额定电压（kV）	最高工作电压（kV）	交流耐压试验电压（kV）			
		纯瓷绝缘		固体有机绝缘	
		出 厂	大修后	出 厂	大修后
3	3.5	25	25	25	22
6	6.9	32	32	32	26
10	11.5	42	42	42	38
15	17.5	57	57	57	50
20	23.0	68	68	68	59
35	40.5	100	100	100	90
44	50.6	—	125	—	110
60	69.0	165	165	165	150
110	126.0	265	265（305）	265	240（280）
154	177.0	—	330	—	360
220	252.0	490	490	490	440
330	363.0	630	630	—	—

注 括号中数值适用于小接地短路电流。

表 12-3 悬式绝缘子交流耐压试验电压标准（GB 50150—2006）

型 号	XP₂—70	XP—70，XP₁—160，LXP₁—70，LXP₁—160，XP₁—70，XP₂—160，XP—100，LXP₂—160，LXP—100，XP—100，XP—120，LXP—160，LXP—120	XP₁—210 LXP₁—210 XP—300 LXP—300
试验电压（kV）	45	55	60

机械破坏负荷为 60～300kN 的盘形悬式绝缘子交流耐压均取 60kV；35kV 多元件支柱绝缘子的交流耐压试验值应符合下列规定：①2 个胶合元件者，每元件 50kV；②3 个胶合元件者，每元件 34kV。

对于运行中的 35kV 变电站内的支柱绝缘子，可以连同母线一起进行整体耐压试验，试验电压为 100kV，时间 1min。耐压后，必须对每个胶合元件分别摇测绝缘电阻，以查出不合格的绝缘子。

四、6～10kV 线路针式绝缘子带电检测

6～10kV 线路在配电网中用得较多，绝缘子的劣化是影响连续供电的薄弱环节，如果能够在线路运行中就把劣化的绝缘子检测出来，对安全、连续供电将有很大好处。近年

来研究出很多检测方法，在使用中都有一定的局限性。利用瓷瓶探测器的方法经过实践使用，能将 90％ 以上的劣化绝缘子检测出来。

在正常运行时，单个针式绝缘子上承受的是相电压，其示意图与等值电路图如图 12-4 所示。图中 Z_U、Z_V、Z_W 为三相绝缘子的等值阻抗，Z_0 为杆塔的阻抗，良好的绝缘子的绝缘电阻值都在 1000MΩ 以上，流过它的也是很小的电容电流。

当杆塔上有的绝缘子损坏时，由于其阻抗很低，导线上的电压几乎全部加到杆塔上，电位自劣化绝缘子处由高到低的分布到地，于是地面上即可借助测木杆乙点电位代替甲点的电位来判断杆上有否劣化绝缘子。

一般在杆离地面 1.5m 处钉进一根圆钉，如图 12-4 中的乙点，将探测器一端接于其上，一端接地。根据实测，未经沥青处理的普通木杆在正常状态下，乙点电位一般不大于 5V（干扰值）；当杆上有低于 30MΩ 的劣化绝缘子时，乙点电位至少有 20V 以上。杆子越潮湿则探测越有利。

当要决定杆上哪一相绝缘子劣化时，需要登杆检查。一般用 100MΩ 的电阻使其头尾分别与三相绝缘子的头尾相碰（即将电阻并联在导线与绝缘子铁脚上），观察杆下乙点电位变化情况。如果三相都是完好的，乙点电位升高数值三次接近；如有绝缘子损坏，当与故障相相碰时，乙点电位升高；与正常相相碰时，乙点电位下降。

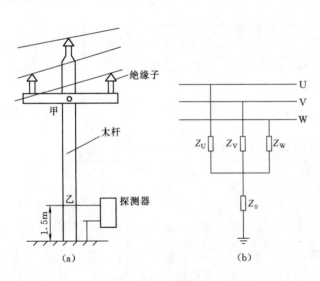

图 12-4　木杆探测绝缘子劣化图

（a）示意图；（b）等值电路图

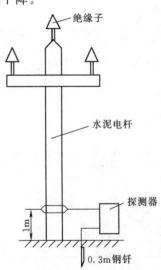

图 12-5　水泥杆探测劣化
绝缘子示意图

对于水泥杆线路，则利用绝缘子的泄漏电流通过接地电阻产生压降的原理来探测劣化绝缘子。正常时，通过绝缘子阻抗 Z_U、Z_V、Z_W 是微小的泄漏电流与电容电流。三相平衡且相差 120°，通过杆体阻抗 Z_0 和接地电阻的电流近似为 0，故压降也为 0。当杆上有劣化的绝缘子时，必然有泄漏电流通过杆体，在接地电阻上必然有压降存在。测量时，将一金属抱箍在离地面 1m 处套在水泥杆上，探测器的一端接于抱箍上，另一端接于一根长 0.3m 的钢钎上，钢钎打入靠近杆子的泥土中，如图 12-5 所示。正常情况下，探测器的指示为 0（由于干扰常有小于等于 2mV 的指示值）；当杆上有低于 15MΩ 的劣化绝缘子时，探测器指示值将高于 10mV。此值与水泥杆的接地电阻值有关，土地干燥接地电阻大者，对探测较为有利。这种探测器对木杆、水泥杆、铁横担能有效地测出劣化绝缘子。对质地坚实、经沥青处理过的绝缘良好的木杆或杆上下被其导体短路的木杆与水泥杆、杆根有加固套筒的水泥杆、装有避雷器与变压器抬架正常时就有中性点引出的水泥杆以及铁塔均无效。同时，这种探测器只限于单个绝缘子，对两个或两个以上的绝缘子串联使用无效。

第三节 套 管 试 验

主绝缘的绝缘电阻值一般不应低于下列数值：110kV 及以上 10000MΩ，35kV，5000MΩ。末屏对地的绝缘电阻不应低于 1000MΩ。采用 2500V 兆欧表测量。

主绝缘及电容型套管末屏对地末屏 tgδ 与电容量按 Q/CSG 10007—2004 规定：①20℃时的 tgδ（％）值应不大于表 12-4 中数值；②电容型套管的电容值与出厂值或上一次试验值的差别超出 ±5％ 时，应查明原因；③当电容型套管末屏对地绝缘电阻小于 1000MΩ 时，应测量末屏对地 tgδ，其值不大于 2％。

表 12-4   20℃时的 tgδ 的最大值   单位：％

电 压 等 级（kV）			20，35	110	220，500
电容型	油	纸	1.0	1.0	0.8
	胶	纸	3.0	1.5	1.0
	气	体	—	1.0	1.0
	干	式	—	1.0	1.0
非电容型	充	油	3.5	1.5	—
	充	胶	3.5	2.0	—
	胶	纸	3.5	2.0	—

电容型套管的绝缘试验项目与电容型电流互感器相同，试验方法也差不多，只不过对具有抽压与末屏端子引出的高压套管可分别测量其介质损失角正切值。

（1）测量导电杆对接地端子（末屏）的 tgδ，非测量抽压端子接末屏端子，将 C_2 短路，如图 12-6（a）所示。

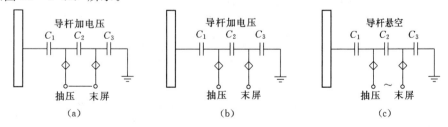

图 12-6 电容式套管等值电路

（a）导电杆与接地端子；（b）导电杆与抽压端子；（c）抽压端子与接地端子

（2）测量导电杆对抽压端子的 tgδ，非测量的末屏端子是悬空，如图 12-6（b）所示。

（3）测量抽压端子对接地端子的 tgδ，导电杆悬空，这时的测量电压不应超过该端子的正常工作电压（一般为 2~3kV），如图 12-6（c）所示。

以上 3 种测量电桥均采用正接线，测得的 tgδ 值应符合有关规定。

对 110kV 及以上电压等级必要时的局部放电测量规定：垂直安装的套管水平存放一年以上投运前宜进行本项目试验。必要时，如怀疑套管存在绝缘缺陷时，变压器及电抗器套管的试验电压为 $1.5U_m/\sqrt{3}$，对油浸纸式及胶浸纸式要求局部放电量不大于 20pC，对胶黏纸可由供需双方协议确定；其他套管的试验电压为 $1.05U_m/\sqrt{3}$，对油浸纸式及胶浸纸式要求局部放电量不大于 20pC。对胶黏纸式可由供需双方协议确定。

第四节　故障处理实例

一、套管的介质损耗因数 tgδ 问题

1. 测量电容型套管的介质损耗因数 tgδ 如何接线

测量装在三相变压器上任意一只电容套管的 tgδ 和电容时，相同电压等级的三相绕组及中性点（若中性点有套管引出者）必须短接加压，将非测量的其他绕组短路接地，否则，会造成较大误差。现场常采用高压电桥正接线或 M 型试验器测量，将相应套管的测量用小套管引线接至电桥的 C_x 端或 M 型试验器的接地点一个一个地进行测量。

具有抽压和测量端子（小套管引出线）引出的电容型套管，tgδ 及电容的测量可分别在导电杆和各端子间进行。

（1）测量导电杆对测量端子的 tgδ 和电容时，抽压端子悬空。

（2）测量导电杆对抽压端子的 tgδ 和电容时，测量端子悬空。

（3）测量抽压端子对测量端子的 tgδ 和电容时，导电杆悬空。此时测量电压不应超过该端子的正常工作电压。

2. Q/CSG 10007—2004 要严格规定套管 tgδ 的要求值

Q/CSG 10007—2004 规定的套管 tgδ 要求值较以往严一些，其主要原因如下。

（1）易于检出受潮缺陷。目前套管在运行中出现的事故和预防性试验检出的故障中，受潮缺陷占很大比例，而测量 tgδ 又是监督套管绝缘是否受潮的重要手段。因此，对套管 tgδ 要求值规定得严一些有利于检出受潮缺陷。

（2）符合实际。我国预防性试验的实践表明，正常油纸电容型套管的 tgδ 值一般在 0.4% 左右，有的单位对 63~500kV 的 234 支套管统计，tgδ 为 0.6%，没有超过制造厂的出厂标准（0.7%），因此运行与大修标准不能严于出厂标准，所以长期以来，tgδ 的要求值偏松。运行经验表明，tgδ 大于 0.8% 者已属异常。如某电业局一支 500kV 套管严重缺油（油标见不到油面），绝缘受潮，tgδ 只为 0.9%，所以只有严一些才符合实际情况，也才有利于及时发现套管受潮缺陷。

3. 要测量电容型套管末屏对地绝缘电阻和介质损耗因数 tgδ 要求值

主要原因如下。

（1）易发现绝缘受潮。66kV 及以上电压等级的套管均为电容型结构，其主绝缘是由若干串联的电容链组成的，在电容芯外部充有绝缘油。当套管由于密封不良等原因受潮时，水分往往通过外层绝缘，逐渐侵入电容芯，也就是说，受潮是先从外层绝缘开始的，这时测量外层绝缘即末屏对地的绝缘电阻和 tgδ，显然能灵敏地发现绝缘是否受潮。

（2）通过对比发现受潮。通过对比主绝缘（导杆对末屏）及外层绝缘（末屏对地）的绝缘电阻和 tgδ，有利于发现绝缘是否受潮。例如，某支 220kV 套管，投运前发现储油柜漏油，添加 50kg 合格的绝缘油后才见到油位。其测试结果见表 12-5。

表 12-5　　220kV 套管测试结果

测 试 部 位	tgδ（％）	绝 缘 电 阻（MΩ）
主绝缘	0.33	50000
末屏对地	6.3	60

若只看主绝缘的测试结果，则绝缘无异常。但是与末屏对地测试结果比较可知，由于外层绝缘已严重受潮，主绝缘也会受潮，只是没有达到严重的程度而已。

Q/CSG 10007—2004 规定，电容型套管末屏对地绝缘电阻应不小于 1000MΩ。当该绝缘电阻小于 1000MΩ 时，应测量末屏对地的介质损耗因数 tgδ，其值不大于 2％。

4. 油纸电容型套管的 tgδ 的处理方式

Q/CSG 10007—2004 规定，油纸电容型套管的 tgδ 一般不进行温度换算，有时又要求测量 tgδ 随温度的变化。油纸电容型套管的主绝缘为油纸绝缘，其 tgδ 与温度的关系取决于油与纸的综合性能。良好绝缘套管在现场测量温度范围内，其 tgδ 基本不变或略有变化，且略呈下降趋势。因此，一般不进行温度换算。

对受潮的套管，其 tgδ 随温度的变化而有明显的变化。表 12-6 列出了现场对油纸电容型套管在不同温度下的实测结果。可见绝缘受潮的套管的 tgδ 随温度升高而显著增大。

表 12-6　　　　　　　油纸电容型套管在不同温度下的实测结果

序 号	tgδ（％）				备 注
	20℃	40℃	60℃	80℃	
1	0.37	0.34	0.23	0.21	（1）套管温度系套管下部插入油箱的温度。
2	0.50	0.45	0.33	0.30	（2）被试套管为 220kV 电压等级，测量电压为 176kV。
3	0.28	0.20	0.18	0.18	（3）序号 1～4 为良好绝缘套管。
4	0.25	0.22	0.20	0.18	（4）序号 5 为绝缘受潮套管
5	0.80	0.89	0.99	1.10	

基于上述，Q/CSG 10007—2004 规定：当 tgδ 的测量值与出厂值或上一次测试值比较有明显增长或接近于 Q/CSG 10007—2004 要求值时，应综合分析 tgδ 与温度、电压的关系；当 tgδ 随温度增加明显增大或试验电压从 10kV 升到 $U_m/\sqrt{3}$，使 tgδ 增量超过 ±0.3％时，不应继续运行。

鉴于近年来电力部门频繁发生套管试验合格而在运行中爆炸的事故以及电容型套管 tgδ 的要求值提高到 0.8％～1.1％，现场认为再用准确度较低的 QS₁ 型电桥（绝对误差为

｜$\Delta tg\delta$｜$\leqslant 0.3\%$）进行测量值得商榷，建议采用准确度高的测量仪器，其测量误差应达到｜$\Delta tg\delta$｜$\leqslant 0.1\%$，以准确测量小介质损耗因数 $tg\delta$。

5. 套管位置不同产生的影响

在测量 110kV 及以上高压电容型套管的介质损耗因数时，套管的放置位置不同，往往测量的结果有较大的差别。

测量高压电容型套管的介质损耗因数时，由于其电容小，当放置不同时，因高压电极和测量电极对周围未完全接地的构架、物体、墙壁和地面的杂散阻抗的影响，会对套管的实测结果有很大影响。不同的放置位置，这些影响又各不相同，所以往往出现分散性很大的测量结果。因此，测量高压电容型套管的介质损耗因数时，要求垂直放置在妥善接地的套管架上进行，而不应该把套管水平放置或用绝缘索吊起来在任意角度进行测量。

二、测得电容式套管等电容型少油设备的电容量与历史数据不同时的缺陷

这有两种情况，介绍如下。

（1）测得电容型少油设备的电容量比历史数据增大。此时一般存在两种缺陷。

1）设备密封不良，进水受潮。因水分是强极性介质，相对介电常数很大（$\varepsilon_\gamma = 81$），而电容与 ε_γ 成正比，水分侵入使电容量增大。

2）电容型少油设备内部游离放电，烧坏部分绝缘层的绝缘，导致电极间的短路。由于电容型少油设备的电容量是多层电极串联电容的总电容量，如一层或多层被短路，相当于串联电容的个数减小，则电容量就比原来增大。

（2）测得电容型少油设备的电容量比历史数据减小。此时，主要是漏油，即设备内部进入部分空气。因为空气的介电常数 ε 约为 1，故使设备电容量减小。

三、在 110kV 充油套管要进行绝缘油试验，而电容型套管却不进行绝缘油试验的原因

110kV 充油套管不是全密封结构，以油为主绝缘，在运行中易受潮，可通过绝缘油的试验有效地监测其绝缘水平。油纸或胶纸电容型套管为全密封结构，潮气不易侵入，主绝缘不仅有绝缘油，还有油纸或胶纸。另外，由于套管是全密封结构，所以取油样困难，而且在取油后必须用真空注油的方法补充油，工艺比较复杂。因此，仅对单套管进行绝缘试验并对绝缘有怀疑的情况下，才取油样进行试验。

四、检测运行中劣化的悬式绝缘子时，宜选用何种火花间隙检测装置的原因

近年来，随着科学技术的发展，劣化悬式绝缘子检测方法有了新的进展，如光电式检测杆、自动爬式检测仪、超声波检测仪、红外成像技术检测等，但真正被广泛用于生产实践的还是火花间隙检测装置。

从我国目前使用的火花间隙检测装置来看，大体可分为固定式和可变式两种类型。

固定式火花间隙检测装置是在检测过程中，其间隙是固定不变的。利用此种间隙的两根探针短接绝缘子两端部件瞬间的放电与否来判断绝缘子的好坏。此种火花间隙检测装置又分为可调式和不可调式两种。前者可根据检测绝缘子电压等级的不同来调整其间隙距离，以适应不同电压等级需要；后者则没有这种功能，仅凭测试先将一探针

接触绝缘子一端金属部件，再用另一探针缓慢接触绝缘子另一端金属部件时被击穿的放电响声来判断。

可变式火花间隙检测装置，则是在检测过程中可变动间隙的距离，来粗略检测绝缘子的分布电压。

比较上述两种不同的火花间隙检测装置，可以看出：固定可调式结构简单、轻巧、可快速定性，且适用于不同电压等级的悬式绝缘子零值和低值检测。至于能粗略测量绝缘子分布电压的可变式火花间隙检测装置，尽管比固定式的有了进步，但在目前分布电压测试仪研制较多且灵敏度高的情况下，可变式火花间隙检测装置是不可取的。

综上所述，选择固定可调式火花间隙检测装置作为检测零值和低值绝缘子工具是适当的。

我国以往使用的火花间隙电极大都为尖对尖，而球对球的电极形状放电分散性较小。考虑到分散性小和过去实际使用的电极形状，在行业标准 DL 415—1991《带电作业用火花间隙检测装置》中采用了球对球和尖对尖两种电极。测量时的间距见表 12-7。

表 12-7　　　　　　　　　　各级电压等级火花间隙的间隙距离

额定电压（kV）	绝缘子串最低正常分布电压值（kV）	50%最低正常分布电压值（kV）	按 50%最低正常分布电压的 0.9 得出的相应间隙距离（mm）	
			球—球	尖—尖
63	4.0	2.0	0.4	0.4
110	4.5	2.25	0.5	0.5
220	5.0	2.50	0.6	0.65
330	5.0	2.50	0.6	0.65

当测得的分布电压下降到最低正常分布电压 50% 时，则认为不合格，需要更换。

五、绝缘电阻小于规定值的原因

某变电站 110kV 电容型套管末屏绝缘电阻测量为 600MΩ（温度为 30℃，小于标准规定值 1000MΩ），在仔细观察后发现此套管末屏小瓷套上散布有小水珠，用干布进行擦拭，并用吹风机进行干燥处理，随后测量绝缘电阻值为 1300MΩ（大于标准值），现场人员并未急于下结论，而便将其与上次试验结果 2000MΩ（温度为 25℃）进行比较，在考虑温度、湿度等因素影响后，发现两次结果接近，故判断此套管合格。

六、支持绝缘子绝缘电阻不合格的原因

某供电局对支持绝缘子测量绝缘电阻，预防性试验中多次发现低绝缘电阻绝缘子，及时加以更换。

（1）10kV 开关柜测得 U 相和 W 相的绝缘电阻分别为 20MΩ、50MΩ（应大于 300MΩ），经检查为断路器支持绝缘子裂纹、不合格，予以更换。

（2）35kV 中置式开关柜爬电严重，紧急停电后测得 U、V、W 三相绝缘电阻均为 100MΩ，交流耐压只能加到 35kV，经检查为小车开关柜支持用有机绝缘子沿面受潮，环境湿度 90%，经除湿机干燥处理后合格。

七、套管的 tgδ

某台 22kV 油纸电容型套管，测 tgδ，本体的 tgδ 由 0.45％增至 0.75％，而末屏的 tgδ 由 0.49％增至 0.78％；配合油色谱分析，氢气含量高达 1101ppm，经诊断推测绝缘可能受潮。检查结果是从套管下部放出 325mL 水和 80mL 沉淀物。

第十三章 避雷器试验

第一节 概 述

避雷器一般分为阀型、管型和金属氧化锌避雷器。它的一端与被保护设备并联,另一端直接接地,主要用来保护电气设备免遭雷击过电压的损坏,因此,它是大气过电压的重要保护设备。当大气过电压出现时,它就发生放电,将过电压限制在一定的数值内,保护电气设备。当过电压消失后,避雷器能迅速可靠地灭弧,自动将工频续流截断,恢复到电网的正常运行状态。

一、阀型避雷器

阀型避雷器的主要部件是间隙与阀片(非线性电阻盘)。阀片是为了限制雷电流之后的工频续流而协助间隙灭弧的。一般阀型避雷器中额定续流为 50A(峰值);这样小的电流就能在续流第一次过零时可靠地将续流切断。非线性电阻在电压高时电阻很小,能把很大的雷电流引入地下,保护电气设备。当雷电过后,它又能呈现很高的电阻,限制工频续流的数值,从而有利间隙的灭弧。

阀片非线性电阻的特性的表示式为

$$U = CI^a \tag{13-1}$$

式中　U——阀片上的压降,V;

　　　I——流过阀片的电流,kA;

　　　C——常数,与阀片高度、面积等有关;

　　　a——非线性系数,a 越小,非线性越好,一般 $a=0.2$ 左右。

因为残压 $U_{ZY}=I_{LL}$(雷电流)R;灭弧电压 $U_{BY}=I_{BL}$(续流)R,所以

$$\frac{U_{ZY}}{U_{BY}} = \frac{CI_{LL}^a}{CI_{BL}^a} = \left(\frac{I_{LL}}{I_{BL}}\right)^a \tag{13-2}$$

这个比值叫做阀型避雷器的保护比,它是设计时的一个重要参数,保护比小,保护性能越好。

间隙的特点:它是将好多个电场较均匀的小间隙串联起来使用,多个间隙串联比单个相等距离的长间隙的灭弧性能好得多,当续流第一次过零时,每个间隙可立即恢复的击穿电压约 700V(起始恢复强度),所以增加间隙数量对灭弧是非常有利的;由于每个小间隙的距离很小(约 1mm),所以电场较均匀,放电的分散性也小。间隙数太多,浪费材料,极间距离太小,易造成间隙短路。

多个间隙串联使用,存在每个间隙的电压分布不均匀,有电压的高低问题,这是极片对地电容和高压端盖杂散电容的影响造成的。电压分布不均匀对灭弧不利(分得电压较高

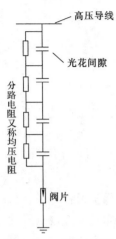

图 13-1 间隙并联分路电阻均压原理

的间隙就会重新击穿，其他间隙要分担击穿前间隙原来分担的电压，可能引起整个阀型避雷器的重燃，无法灭弧），还会使工频放电电压降低（工频放电电压低，使避雷器可能在电网正常操作时动作，如淋雨时 FS 型避雷器的工频放电电压下降很厉害）。为了克服此缺点，在 FZ 型避雷器中采用均压电阻，使电压分布均匀，如图 13-1 所示。均压电阻（分路电阻）是非线性电阻，能使均压效果提高。

二、管型避雷器

管型避雷器由内外间隙串联组成。产生气管是由纤维管、塑料管或硬橡胶制成，管内有棒形与环形电极组成的内间隙。制造产气管的材料不能长期耐受电压的作用，在正常运行情况下，必须通过外间隙与线路隔离。当有大于被保护设备的过电压袭击时，外间隙首先击穿，然后内间隙立即放电，把雷电流引入大地。产气管在电弧作用下产生大量气体，从环形电极的开口孔喷出，电弧就能在工频续流第一次过零时被熄灭。

产气管使用寿命有限，每次动作后要消耗一部分管壁材料，产气量一次比一次少，灭弧能力下降，最后不能保证可靠灭弧。产气管要根据系统电压等级和安装点的短路电流值选择。例如铭牌上标着 $\dfrac{10}{0.5\sim 7}$ 字样管型避雷器就是 10kV 电压等级，安装点的短路电流不得小于 0.5kA，也不得大于 7kA。上限电流由灭弧管的管径及其机械强度决定，下限电流由灭弧管的内径与产气量来决定。因为流过它的续流大小，产生气量不够，不能灭弧；续流太大，产气量过多，管内压力太高使管型避雷器爆炸。由于电网运行方式经常变化，流过它的工频续流值变化范围大，造成不能灭弧事故，不是避雷器爆炸就是电网短路，管型避雷器很少采用。

三、金属氧化物避雷器

近年来，110kV 及以上电压等级的氧化物避雷器被采用，由于它有许多优点，特别是重量轻，在电力系统得到广泛的采用，有取代阀型避雷器的趋势。近年来，110kV 及以上电压等级的无间隙氧化锌避雷器投入电网运行的数量逐年增多。就运行情况而言，绝大多数运行良好，但运行中发生爆炸事故也有发生。安徽省洛河电厂于 1990 年 7 月 5 日与 13 日先后各发生一相 220kV 瑞典 ASEA 公司生产的 XAQ 型氧化锌避雷器爆炸，事故后检测该公司的同批产品仍有多相避雷器的工频参考电压下降很多，并且运行电压下的阻性电流明显增大。对爆炸事故进行分析，无论是国产还是外国产品，都是避雷器本身质量问题。其中有的是阀片性能不佳及参数设计不合理，有的是内部绝缘材质不良，避雷器装配时的工艺不良造成密封缺陷，在运行中受潮。

第二节　阀型避雷器试验

对阀型避雷器的试验，根据结构不同分为有非线性电阻与无非线性电阻的试验。主要试验项目有：测量绝缘电阻、测量泄漏电流或电导电流、测量工频放电电压、底座绝缘电阻和检查放电计数器动作情况等。如果能准确做好这几项试验，就能基本满足安全运行要求。这些项目在每年雷雨季节以前必须检查合格。

一、测量绝缘电阻

1. 测量方法

对不带并联电阻（无非线性电阻）测量绝缘电阻的目的是检查内部是否受潮的有效方法。测量时用 2500V 摇表加屏蔽，特别是在潮湿天气测量时，更应注意屏蔽，否则表面泄漏引起的误差较大。FS 型避雷器绝缘电阻交接时大于 2500MΩ，运行中不应小于 2500MΩ。

对带有并联电阻的避雷器，经过测量的绝缘电阻值与出厂前一次或同一型号避雷器的测量数据相比较应无明显差别，可以检查出内部并联电阻有无断裂或连接松脱等情况。测量时仍用 2500V 摇表，它的绝缘电阻值受并联电阻非线性系数的影响，其变化范围较大。对测量结果无统一规定，只能比较判断。底座绝缘电阻采用 2500V 摇表，其绝缘电阻不低于 5MΩ 才合格。

2. 影响绝缘电阻测量结果的因素

（1）瓷套表面的清洁干燥情况对测量结果影响较大。测量前应将瓷套表面擦干净。若空气湿度较大，可以用金属丝在瓷套最下面裙的下部绕一圈再接到摇表的"屏蔽"接线柱上，使流经瓷套表面的泄漏电流的影响消除。

（2）环境温度对带有并联电阻避雷器的绝缘电阻有影响。随着温度升高，绝缘电阻值会下降。在 5～35℃范围内，绝缘电阻数值相差不大，温度过低（低于 0℃）则影响较大，不便于今后比较。对于不带并联电阻的避雷器，温度过低，则不能发现避雷器内部是否干燥。

（3）摇表使用正确与否对测量结果也有影响。摇表应水平放置，转动的速度不要太快或太慢，一般是 120r/min。

避雷器的绝缘电阻试验方法较简单，可以检查避雷器内部受潮与并联电阻断裂缺陷，但对于摇表电压低，对某些绝缘弱点不可能可靠地显示出来。因此还要进行电导电流试验（对带有并联电阻的避雷器）及工频放电试验，才能最终决定它合格与否。

二、测量电导电流及检查串联元件的非线性系数

将直流电压加在带并联电阻避雷器的两端所测得的电流称为电导电流。对无并联电阻的避雷器则为泄漏电流。阀型避雷器的电导电流与泄漏电流，虽然它们的性质不同，数值差别很大，但测量方法与原理基本一致。

带并联电阻的阀型避雷器进行电导电流试验，主要是检查避雷器内部是否受潮，并联电阻有无断裂、老化以及同相内各组合元件的非线性系数 α 的差是否超过了规程的要求等。

1. 试验接线

试验接线如图 13－2 所示。限流电阻 R_1 是用于保护高压硅堆 V，根据试验电压高低与硅堆的额定电流选择 10～100Ω/V。高压硅堆 V 额定电流不要求很大，对于额定电

压为 35kV 以下的避雷器，用一只 ZDL—15mA/100kV 即可。稳压电容 C 兼作滤波电容器用。

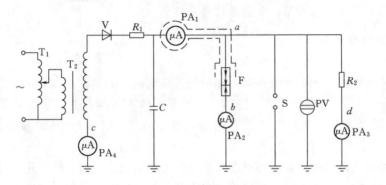

图 13-2 避雷器电导电流试验接线图

C—稳压电容；PA₁~PA₄—高电阻串联微安表；T₁—自耦调压器；T₂—试验变压器；
V—高压硅堆；R₁—保护电阻（限流电阻）；R₂—高值电阻（分压电阻）；
F—避雷器；S—测量球隙；PV—静电电压表

2. 试验设备选择

通常采用硅堆整流来获取半波整流的直流电源。由于避雷器分路电阻的非线性，整流电压的脉动对测量结果影响较大，一般要求电压的脉动不大于 ±1.5％。因此，视试验电压的高低，需要用稳压电容约 0.1μF 左右，滤波电容值由 $\Delta U = \dfrac{1}{fRC} < 1.5\%$ 决定，其中 R 为被试品的绝缘电阻，如 $R = 300M\Omega$ 时，$C = 0.05\mu F$。

高压硅堆的主要参数有最大反向电压与最大工作电流。在试验回路中，应选择硅堆的反向电压大于两倍的试验电压，为保证通过硅堆的电流不超过其最大工作电流，在回路中加入保护电阻 R_1，保护电阻数值应大于最高充电电压与硅堆的最大工作电流之比。若试验变压器 T_2 的最大允许电流低于硅堆的最大工作电流，则应以不超过低电流值来选择保护电阻。

3. 关于试验回路的几点说明

避雷器的接地端有的能解开，有的不能解开。当接地端可以解开时，微安表应接在 b 处，这是最合适的地方，因为微安表 PA_2 处于低压侧，流过 PA_2 微安表的电流主要是通过避雷器的电导电流。如果接地端不能解开，微安表可放在 a 或 c 处。若放在 a 处时微安表 PA_1 必须屏蔽，距被试避雷器越近越好，否则测量误差很大，微安表处于高电位，应放在安全遮栏内。当微安表 PA_4 放在 c 处时，试验回路中所有元件的泄漏电流都要流经 PA_4 表，为了减小测量误差，应进行二次测量。第一次空升不接被试品，记录微安表读数；第二次接被试品升压，记录微安表读数。将第二次减去第一次的测得值作为试验数据记下。若第一次等于或大于第二次的一半数值时，说明接线不正确。注意滤波电容的电流不要通过微安表。

4. 注意事项

（1）必须在整流回路并联滤波电容 C，以改善半波整流器后的波形。因为避雷器的电容很小（近似为零），而电导电流却很大，如果不外加滤波电容，则整流后的脉动电压将很大，影响测量结果。一般要求电压脉动不大于±1.5%。

（2）试验电压的测量要在高压侧直接测量（不能在低压侧测量，再换算到高压侧的办法）。因为非线性电阻中的电流不随电压的增加而成直线变化，即使电压变化不大，对电导电流的影响却很大，通常只要电压变化1%，电导电流将会产生3%以上变化。因此，必须在高压侧直接测量电压。由高压侧直接测量电压有以下两种方法。

1）利用静电电压表测量。这是比较简便而准确的方法，凡有条件的地方，都应采用此法。

2）利用直流线性分压电阻的方法。线性电阻的选择方法是：首先明确 FZ 避雷器的导电电流在 $400\sim500\mu A$，流过电阻的电流可取 $100\mu A$ 左右；其次考虑电压表的量程，对于常用的避雷器 FZ—30、FZ—20、FZ—15、FZ—10、FZ—6、FZ—3 等 6 种，直流试验电压依次是 24、20、16、10、6kV 与 4kV，一般以最高电压 24kV 计算电阻值，即总电阻值 $=\dfrac{U}{I}=\dfrac{24\mathrm{kV}}{100\mu A}=240\mathrm{M}\Omega$；最后确定串联电阻的个数，对于 1W 的碳膜电阻，两端最大工作电压为直流 500V，则串联最少只数为：电阻串联只数 $=24\mathrm{kV}/0.5\mathrm{kV}=48$ 只，每只电阻的阻值为 $\dfrac{240\mathrm{M}\Omega}{48}=5\mathrm{M}\Omega$，这样即可确定选用 $\mathrm{RT_1W}$、$5\mathrm{M}\Omega$、500V 的碳膜电阻 48 只串联起来使用。为了能在各种电压下都能合适表计量限，可在适当处抽出几个抽头，见表 13—1。用这种方法测量电压，其最大误差不大于 1.5%，分压器在使用中经常校准及考虑温度的影响。

表 13-1　　　　　　　　　　**电导电流试验电压标准及电阻抽头适用范围**

避雷器元件	FZ—30	FZ—20	FZ—15	FZ—10	FZ—6	FZ—3
直流试验电压（kV）	24	20	16	10	6	4
电阻抽头（MΩ）	240		160		60	
碳膜电阻串联元件数（只）	48		32		12	
微安表指示值（μA）	100	83.4	100	62.5	100	66.7

（3）电导电流与温度有关。试验时应记录室温，电导电流的标准是 20℃时的数值，当与 20℃相差超过 5℃时，应换成 20℃的数值。温度换算公式为

$$I_{20}=I_t[1+K(20-t)/10]=I_tK_t \qquad (13-3)$$

式中　I_{20}——换算到 20℃时的电导电流，μA；

　　　t——测量时的实测室温，℃；

　　　I_t——温度为 t℃时实测的电导电流，μA；

　　　K——温度每变化 10℃时电导电流变化的百分数，一般取 $K=0.05$，西安电瓷厂产品取 $K=0.03$；

　　　K_t——电导电流的温度换算系数，见表 13-2。

表 13 - 2 阀型避雷器电导电流各种温度时的 K_t 值（$K=0.05$）

℃	10	11	12	13	14	15	16	17	18	19	20
K_t	1.050	1.045	1.040	1.035	1.030	1.025	1.020	1.015	1.010	1.005	1.000
℃	21	22	23	24	25	26	27	28	29	30	31
K_t	0.995	0.990	0.985	0.980	0.975	0.970	0.965	0.960	0.955	0.950	0.945
℃	32	33	34	35	36	37	38	39	40		
K_t	0.940	0.935	0.930	0.925	0.920	0.915	0.910	0.905	0.900		

5. 非线性系数测量与计算

当避雷器是由多节带并联电阻的组合元件串联而成时，在测量避雷器电导电流的同时也可以测量非线性系数，以校核各元件的非线性系数（因数）差值。按照测量避雷器电导电流的试验接线，先测量试验电压 $1/2U_1$ 值下的电导电流 I_1，然后测量全试验电压 U_2 值下的电导电流 I_2。由于

$$U_1 = CI_1^\alpha$$
$$U_2 = CI_2^\alpha$$

则

$$\frac{U_2}{U_1} = \left(\frac{I_2}{I_1}\right)^\alpha$$

对等式两边取对数后可得非线性系数

$$\alpha = \lg\left(\frac{U_2}{U_1}\right) \Big/ \lg\left(\frac{I_2}{I_1}\right)$$

由于

$$\frac{U_2}{U_1} = 2$$

故

$$\lg\left(\frac{U_2}{U_1}\right) = \lg 2 = 0.301$$

于是非线性系数可写成

$$\alpha = \frac{0.301}{\lg(I_2/I_1)} \tag{13 - 4}$$

由上式可以看出，在 $U_2/U_1=2$ 的条件下，α 值仅与 I_2/I_1 有关。非线性系数 α 试验电压值见表 13 - 3。

表 13 - 3 非线性系数 α 试验电压值 单位：kV

元 件	额定电压	3	6	10	15	20	30	备　注
试验电压	第一次电压 U_1	—（2）	—（3）	—（5）	8	10	12	"括号"为 1985 年规程值；其他数值为 Q/CSG 10007—2004 规程值
	第二次电压 U_2	4	6	10	16	20	20	

避雷器的电导电流值应符合制造厂的规定，或与历年试验数据相比不应有明显变化。电导电流最大相差值 $\left(\dfrac{I_{max} - I_{min}}{I_{max}}\right) \times 100\%$ 不应大于 30%。

非线性因数的差值是指串联元件中两个元件的非线性因数（系数）之差不应大于 0.05。

由于避雷器的非线性并联电阻具有负的电阻温度系数，以环境温度 20℃ 为准，当每升高 10℃，电导电流要增大 5% 左右；每降低 10℃，电导电流要减小 5% 左右。

6. 分析判断

阀型避雷器的电导电流标准由制造厂提供，也可按 GB 50150—2006 与 Q/CSG 10007—2004 执行，见表 13-4～表 13-7。测得数值不符合规定值时，应查明原因进行处理。

表 13-4　　　　　FZ 型避雷器的电导电流值与工频放电电压值

型　号	FZ—10 (FZ2—10)	FZ—35	FZ—40	FZ—60	FZ—110J	FZ—110	FZ—220J
额定电压（kV）	10	35	40	60	110	110	220
试验电压（kV）	10	16	20	20	24	24	24
电导电流（μA）	400～600 (<10)	400～600	400～600	400～600	400～600	400～600	400～600
工频放电电压有效值（kV）	26～31	82～98	95～118	140～173	224～268	254～312	448～536

注　括号内的电导电流值对应于括号内的型号。

表 13-5　　　　　FS 型避雷器的电导电流值

型　号	FS4—3，FS8—3，FS4—3GY	FS4—6，FS8—6，FS4—6GY	FS4—10，SS8—10，FS4—10GY
额定电压（kV）	3	6	10
试验电压（kV）	4	7	10
电导电流值（μA）	10	10	10

表 13-6　　　　　FCZ 型避雷器的电导电流值与工频放电电压值

型　号	FCZ3—35	FCZ3—35L	FCZ3—110J (FCZ2—110J)	FCZ3—220J (FCZ2—220J)	FCZ—500J	FCX—500J	FCZ—30DT③
额定电压（kV）	35	35	110	220	500	500	35
试验电压（kV）	50①	50②	110	110	160	180	18
电导电流（μA）	250～400	250～400	250～400 (400～600)	250～400 (400～600)	1000～1400	500～800	150～300
工频放电电压有效值（kV）	70～85	78～90	170～195	340～390	640～790	680～790	85～100

① FCD3—35 在 4000m（包括 4000m）海拔以上应加直流试验电压 60kV。

② FCD3—35L 在 2000m 海拔以上应加直流电压 60kV。

③ FCD—30DT 适用于热带多雷地区。

表 13-7　　　　　FCD 型避雷器电导电流值

额定电压（kV）	2	3	4	6	10	13.2	15
试验电压（kV）	2	3	4	6	10	13.2	15
电导电流（μA）	FCD 为 50～100；FCD、FCD3 不超过 10；FCD2 为 5～20						

三、工频放电电压试验

工频放电试验是检验避雷器电气性能的一个基本项目。其主要目的是检查火花间隙的结构及特性是否正常，检查它在内部过电压下是否有动作的可能。避雷器的工频放电电压与冲击放电电压和灭弧性能具有一定的关系。一般只要测量工频放电电压就能基本上确定该避雷器电气性能是否满足要求。由于工频放电试验易进行，因而避雷器制造与检修后必须进行的一个试验项目。

（一）不带并联电阻的避雷器工频放电电压试验

不带并联电阻的 FS 型避雷器工频放电试验的接线如图 13-3 所示。试验所需主要设

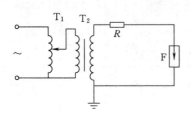

图 13-3　FS 型避雷器工频放电
电压试验接线图

T_1—调压器；T_2—试验变压器；
R—保护电阻；F—试验避雷器

备有高压试验变压器 T_2 与调压器 T_1。为了使避雷器的火花间隙不被烧坏，在试验回路中串入保护电阻 R。试验中应注意的问题如下。

（1）不带分路电阻（并联电阻）的避雷器在火花间隙未击穿前，其泄漏电流很小，如果保护电阻的数值不大，可以认为试验变压器 T_2 高压侧电压即是作用于避雷器上的电压。可以从低压侧接电压表，由电压表的读数来求得放电电压（变压器变比经过校验正确条件下）。此种测量方法要求使用的电压表精度尽可能高，此方法虽然粗糙些，但最简单。

（2）在试验中为了避免避雷器不能自行灭弧而将间隙烧坏，在试验回路中加入保护电阻。当保护电阻值选择过大时，测得的工频放电电压往往偏高，因为此时避雷器的间隙虽然已经开始放电。但由于保护电阻的阻值过大，使试品电流较小，还不足以在间隙中建立电弧。当电压继续升高后，间隙中才能建立稳定的工频电弧，表计才有反映。这样就使测得的工频放电电压超过真实的数值，造成误判断，将工频放电电压偏低的避雷器误认为合格。因此保护电阻阻值宜适当小一些。以间隙击穿后工频电流不超过 0.7A 为宜。但要注意间隙击穿后，电流应在 0.5s 内切断，以免间隙烧坏。

（3）试验时，升压速度不宜太快，以免电压表由于机械惯性作用而得不到正确的读数。另外，还应注意同一试品的两次连续试验要保持一定的时间间隔，以便使放电间隙内部充分去游离。对于 10kV 及以下的避雷器应为 3～5kV/s；25～35kV 的应为 15～25 kV/s。一般说来，应控制在加压开始升到开始放大约 3.7～7s，两次试验间隔不应小于 1min。

（4）每个避雷器试验 3 次，取其平均值。只要有一次以上不合格，则应增加试验次数至 3～6 次，若再有一次不合格，则不能使用。

（二）带有并联电阻的避雷器工频放电电压试验

1. 快速调压法

对于带有非线性并联电阻的避雷器，在进行工频放电试验时，应特别注意升压的时间，这是因为所用的并联电阻热容量不大，在接近放电电压时，如果升压时间拖得较长，就会使并联电阻发热损坏。在放电后，必须将试验电压迅速切断，通常是采用过流速断的方式，并在任何情况下，都应在 0.5s 内断开电压。由于试验受到升压时间的限制，因此，

对升压用的调压方式提出特殊要求，通常采用如下方法进行调压。

（1）电动发电机组调压。采用电动发电机组调压可以得到很好的正弦波形与均匀而随意的电压调节，不受电网电压质量的影响，因此其电压与频率稳定度高。但电动发电机组投资及运行费用都很大，而且只能安装在试验基地，其接线如图13-4所示。

电动发电机组的升压速度可用串在发电机励磁回路中的可变电阻来调节。在试验前，先把发电机励磁调到所需要的输出电压。在试验时，则用开关突然接通励磁回路，于是在暂态过程中发电机励磁电流迅速上升到需要值。在试验中，应保证避雷器在发电机暂态升压过程中击穿，否则将烧坏避雷器的并联电阻。在试验过程中，可用光线示波器记录实际升压速度及整个过程。

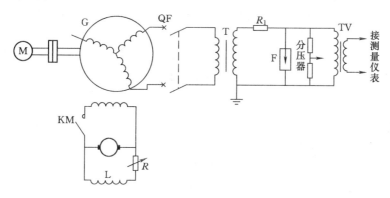

图13-4　电动发电机组调压工频放电试验接线图

M—三相同步电动机；G—三相同步发电机；L—励磁机；QF—断路器；TV—电压
互感器；R—励磁机磁场变阻器；KM—励磁开关（接触
器）；R_1—保护电阻；T—变压器

（2）自耦调压器快速升压。运行单位大都采用自耦调压器快速升压法来进行避雷器工频放电试验。由于自耦调压器漏抗小，故输出波形较好，功率损耗也小。因而当试验变压器容量不大时，它是一种应用较普遍的调压方式。

采用自耦调压器快速升压的方法有两种：一是手动操作，配有时间控制装置，此方法较为简便，即在自耦调压器转把上固定一根绝缘棒，当电压升至接近灭弧电压时，迅速转动，直到避雷器放电跳闸；二是电动操作，即用一电动机通过传动装置操作调压器升压，避雷器放电后，过电流跳闸，此方法升压速度快，但相应的控制装置复杂些。

（3）将试验变压器不接试品。空升电压到试品工频放电电压的下限附近，用绝缘杆将试品上的高压引线迅速向试验变压器高压端的保护电阻上点触一下，避雷器若没有放电，就再升高一点电压，再点触，直至放电。此方法很简单，但因为作用在避雷器上的试验电压是瞬时加上的较高的工频电压，当操作绝缘杆向试验变压器高压端点触过程中，总是瞬时加上这一电压击穿的，即相当于一个频率比工频高很多的冲击电压作用在避雷器上。由于避雷器各部分对地电容的作用，使得点触的方法所测得工频放电电压不准确。

2.工频放电电压测量

由于升压速度很快，普通惯性较大的指针式表计测量不出工频放电电压值。另外，由于被测电压高，一般仪表受到绝缘限制，不能直接用来测量，必须采用无惯性或惯性较小的测量装置，并与能耐受高电压的转换装置配合使用。通常使用的测量方法主要有以下几种。

（1）球隙法。在高电压测量技术中，铜球间隙作为基本测量设备已有数十年的历史，并积累了大量的使用经验，制定了准确度达到±3%的球隙放电电压数据表格。它不仅用来测量稳态工频电压幅值，同样也可用来测量冲击电压。

球隙测量高压的基本原理是：在一定的大气条件下，当一定直径的铜球的球隙距离一定时，其击穿电压是固定的。正是这种特性被用来测量高电压。

为了保证测量的准确度，间隙距离 S 与球径之比应不大于 0.5，也不应小于 0.05。在使用铜球时，除对球隙支架本身结构有一定要求外，还要求外界导电物体及接触地平面离开球一定的距离，否则将影响球隙间电场分布使测量结果不准确。由球隙放电电压表可知，被测电压越高，需要铜球的球径就越大。另外空气密度的变化将影响球隙击穿电压。标准大气条件是：气温 20℃，气压 101.3kPa，湿度 118g/m³。球隙放电电压表中所查得的放电电压就是标准大气条件下的数值。当现场测量与标准大气条件不同时，应对查表所得的数值进行校正。

实际试验条件下，击穿电压 U 与标准条件下的击穿电压 U_0 的关系为

$$U = KU_0$$

式中　K——校正系数，它是相对空气密度 δ 的函数。

空气密度 δ 的函数为

$$\delta = 28.9 \times \frac{p}{273 + t} \tag{13-5}$$

式中　p——以 kPa 表示大气压力；

　　　　t——摄氏温度，℃。

当相对空气密度在 0.95～1.05 范围内，校正系数 K 数值上就等于相对空气密度 δ。相对空气密度 δ 与校正系数 K 的关系见表 13-8。

表 13-8　　　　　　　　相对空气密度 δ 与校正系数 K 的关系

空气相对密度 δ	0.70	0.75	0.80	0.85	0.90	1.00	1.05	1.10	1.15	0.95
校正系数 K	0.72	0.77	0.82	0.86	0.91	1.00	1.05	1.09	1.13	0.95

用球隙测量高电压时，为了排除一些偶然因素对放电的影响，要在记录读数之前先放电几次，使放电电压比较稳定，并要求测量时连续 3 次放电电压的平均值，每次放电电压值与平均值之差不得大于 3%。

（2）分压器法。利用分压器并配以适当高阻抗的低压测量仪表，如示波器及工频峰值电压表等，即可测量高电压。测量工频高压通常采用电容分压器，它是由高压臂电容 C_1 与低压臂电容 C_2 串联而成，如图 13-5 所示。测量信号由 C_2 端输出，则

$$U_2 = U_1 \frac{C_1}{C_1 + C_2} \tag{13-6}$$

如果接在输出端的测量仪表的阻抗足够大，分压器各部分的对地杂散电容 C_e 和对高

压端的杂散电容 C_H 会在一定程度上影响其分压比,如图 13-6 所示。但只要周围环境不变,这种影响是恒定的,因此,只要预先准确地测出其分压比,则此分压比即可适用于各种工频高压的测量。

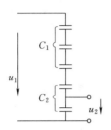

图 13-5 电容分压器图

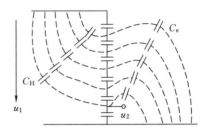

图 13-6 杂散电容对分压比影响

用电阻分压器也可以测量工频高压,但在较高电压时,由于分压器尺寸过大,杂散电容对测量精度有很大影响,使得电阻分压器通常只用于测量 100kV 以下的工频电压。

配合分压器测量工频放电电压的仪器,可使用电子示波器或光线示波器。使用电子示波器测量时,从分压器低压侧抽取信号经屏蔽电缆接至电子示波器 Y 轴,在示波器荧光屏上直接显示试验电压的峰值。观察时,一般将 X 轴扫描关闭,只让试验电压在 Y 轴上显示出一条上下伸长的直线。在试验前,试品不接入,先通过试验变压器对分压器升压,从试验变压器仪表线圈端头接入准确度不低于 0.5 级的交流电压表,对示波器的标度进行校准,并在荧光屏上记下试品标准的工频放电电压上、下限。试验时,可以方便地确定试品工频放电电压是否合格,也能方便地读出工频放电电压值。使用光线示波器测量,如从电容分压器抽取信号,则由该分压器的输出阻抗高,而光线示波器的输入阻抗低,两者不相匹配,为此要将电容分压器所取的电压信号通过阻抗变换器,再经电阻箱接至光线示波器,阻抗变换器具有输入阻抗高与输出阻抗低的特点。若使用电压互感器测量放电电压,其光线示波器的输入信号不用经阻抗变换器就可记录。

3. 影响测量结果因素

在实际测量中,往往用不同的方法测得的结果也不同,或者两套试验设备测量的结果也不一样。对此需要进行全面分析、找出原因。常见的影响测量结果的因素有以下几方面。

(1) 波形的影响。避雷器的工频放电都发生在电压峰值,而技术条件中列出的避雷器工频放电电压值是有效值。如果用示波器或工频峰值电压表测量,其读数为工频放电电压的峰值。为此,就要按下式换算为有效值

$$U_m = \sqrt{2} U_{eft} \tag{13-7}$$

此关系只有在电压波形是正弦波形时才适用。当波形畸变时,工频电压的峰值与有效值之比不是 $\sqrt{2}$,通常把这个比值叫波顶因数。当电压波形呈尖顶波形时,其波顶因数可达 $1.45\sim1.55$。此时,再根据 $\sqrt{2}$ 关系来计算就会偏高,其误差达 10%。为此,要对试验变压器的输出波形用示波器进行观察与分析,当有严重畸变时,要求采取措施改善波形。

(2) 保护电阻的影响。试验变压器输出端通常都接有保护电阻,但如果保护电阻值过

大，会使测到的试品击穿电压值变大。其原因是过大的保护电阻限制了避雷器间隙中放电过程的发展，间隙放电开始后还不能造成稳定的击穿，需要更高一些的电压才能使击穿稳定。因此，保护电阻值不能过大。

（3）升压速度的影响。进行试验时，电压升的过快会使机械式仪表指针不能正确指示，使读数有误差，这在大批产品试验时更要注意。在同一试品的两次连续试验中，要保持一定的时间间隔，使放电间隙内部充分地去游离。

（4）测量仪表的电源受试验电压波动的影响。避雷器放电时，放电电流约 0.5A 左右，若换算到试验变压器低压侧，电流可能很高的数值。若电源引线较长，截面又不够大，则会在电源引线上产生很大的压降，与试验变压器用同一电源的测量仪器，如电子示波器、工频峰值表等，受此电源波动的影响，可能得不到正确读数。试验时，最好将仪器电源与试验电源分接在不同的相别上。

4. 分析判断

FS 型阀式避雷器工频放电电压应符合表 13－9 所列数据，FZ、FCZ 型避雷器的工频放电电压见表 13－4 和表 13－6，不符合要求的应找出原因。

表 13－9　　　　　FS 型避雷器的工频放电电压范围

额定电压（kV）		3	6	10
放电电压的有效值（kV）	交接及大修后	9～11	16～19	26～31
	运　　行	8～12	15～21	23～33

四、冲击电流试验

冲击电流试验是测量避雷器比例单元的残压和考核避雷器的通流容量。例如，为了保证避雷器的残压不超过规定值，按技术条件规定对出厂的每一只阀片都要测量残压，以便选配组装，它是制造厂的例行试验项目，也是避雷器检修与改装过程中不可缺少的测试项目。

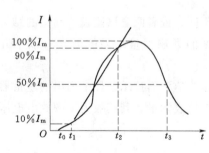

图 13－7　冲击电流波形

t_1—波前时间；t_2—波后时间

1. 冲击电流波形

它的主要设备是冲击电流发生器。冲击电流波形如图 13－7 所示。波前等于 t_1 到 t_2 时间的 1.25 倍，波长等于 t_0 到 t_3 的时间。对阀片进行冲击电流残压试验采用 8/20μs 波形。冲击电流通流试验采用 18/40μs 波形。

2. 冲击电流发生器基本回路

冲击电流发生器线路接线如图 13－8 所示。它分为 3 部分：①调压器 T_1，高压试验变压器 T_2，整流元件 V 与电容组成充电回路；②由主电容器，球隙，调波电感，调波电阻及阀片和分流器组成放电回路；③由分流器、分压器、测量电缆和示波器组成测量回路，冲击电流发生器的工作过程是通过调压器升高电压，由高压硅堆向电容器充电至所需电压，然后送一触发脉冲到球隙，使球隙被击穿，于是电容器经电感，电阻及试品放电。通过调节充电电压与回路参数的大小，便可产生出不同峰值及波形的冲击电流。

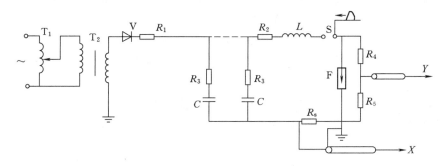

图 13-8　冲击电流发生器线路接线图

R_1—充电保护电阻；R_2—调波电阻；R_3—电容器保护电阻；R_4、R_5—分压器电阻；

L—调波电感；C—回路电容；V—整流器；R_s—分流器；S—球隙；

F—试品（被试避雷）；T_1—调压器；T_2—试验变压器

3. 冲击电流测量

　　冲击电流发生器组装完后，要进行操作试验，用高压脉冲示波器来测量冲击电流波形是否符合规定的波形。在没有高压示波器的情况下，也可使用普通电子示波器。但需进行一些必要的改进，以适应记录脉冲信号的需要。当测量冲击电流波形时，由分流器两端经高频电缆接到示波器 Y 轴，当球隙放电时，即可从荧光屏上观察到冲击电流波形。在测量避雷器阀片残压时，将分压器输出端接示波器 Y 轴，不用示波器内扫描，而将分流器信号接至 X 轴来扫描，这时示波器荧光屏上显示的波形如图 13-9 所示，它表示电流为 I_a 时的残压为 U_a。残压试验时，必须遵守冲击电流的有关要求，同时要注意排除分压器与分流器间的相互干扰与电流引线对测量的影响。

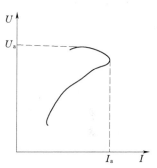

图 13-9　图片残压波形

五、检查避雷器放电计数器动作情况

　　通常每 3 年或怀疑有缺陷时进行检查，要测试 3～5 次，均应正常动作才合格。否则要查找原因并排除后，再检查动作情况至合格为止。试验完后，计数器指示应调到"0"。

第三节　金属氧化物避雷器的试验

一、绝缘电阻的测量

　　测量方法及注意事项与阀型避雷器试验相同。由于氧化物电阻片在小电流区域具有特别高的内阻值，绝缘电阻除决定于阀片外，还决定于内部绝缘部件与瓷套。测量用 2500V 及以上兆欧表，35kV 以上的避雷器不低于 2500MΩ；35kV 及以下的避雷器不低于 1000MΩ。避雷器底座绝缘电阻用 2500V 及以上兆欧表，绝缘电阻不小于 5MΩ。

二、测量直流 1mA 下的电压 U_{1mA} 及 $0.75U_{1mA}$ 下的泄漏电流

这项试验的接线与测量阀型避雷器的电导电流相同。直流 1mA 下的电压是避雷器通过直流 1mA 电流时，该避雷器两端的电压值。试验需注意的是：当避雷器电流大于 $200\mu A$ 以后，随电压的升高电流上升很快，此时应缓慢地升压，当电流达到 1mA 时即刻停止升压，并迅速读取避雷器的电压 U_{1mA}，然后将电压降至 $0.75U_{1mA}$ 下读取通过避雷器的电流值。

为了防止避雷器表面泄漏的影响。试验前应将瓷套表面擦净，并注意气候的影响。一般氧化锌电阻片 U_{1mA} 的温度系数约为 $0.05\%\sim0.07\%$，即温度每增高 10℃，U_{1mA} 约降低 1%，必要时可进行换算。

U_{1mA} 实测值与初始值（指交接试验或投产试验）或厂家规定值比较，变化不应大于 $\pm5\%$，$0.75U_{1mA}$ 下的泄漏电流不应大于 $50\mu A$，即不低于 GB 11032—2000《交流无间隙金属氧化物避雷器》的规定值。

三、测量运行电压下交流泄漏电流

氧化物电阻片相当于一个电阻和电容组成的混联电路。氧化物避雷器通常由多个氧化物电阻片串联而成（根据通流容量的要求也可选择多柱并联），并通过一定的连接方式使它固定在避雷器瓷套中。在正常运行电压下，通过避雷器的电流很小，只有几十至数百微安，这个电流称作运行电压下的交流泄漏电流。它大致可分为 3 部分：①通过氧化物电阻片的电流；②通过固定电阻片的绝缘材料的电流；③通过避雷器瓷套的电流。当避雷器正常时，通过电阻片的电流是泄漏电流的主要成分，也可以认为通过电阻片的电流就是避雷器的总泄漏电流。氧化物避雷器的总泄漏电流中包含着阻性电流（有功分量）和容性电流（无功分量）。在正常运行情况下，通过避雷器的电流主要是容性电流，而阻性电流占很小一部分。但当避雷器内部绝缘状况不良以及电阻片特性发生变化时，泄漏电流中阻性电流分量就会增大很多，而容性电流变化不多。阻性电流增加会使电阻片功率损耗增加，电阻片运行温度也会增加，加速电阻片老化，因此，测量运行电压下的泄漏电流及其阻性分量是判断避雷器运行状态好坏的重要手段。

氧化物避雷器泄漏电流的关键测试项目是阻性电流测量，无论是设备交接验收还是预防性试验都不能缺少。当前现场使用较为广泛的测量阻性电流方法是不平衡电桥法（也称电容补偿法）。

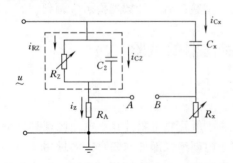

图 13-10 电容补偿法测量原理接线

1. 测量原理

电容补偿法的测量原理接线如图 13-10 所示，其中虚线框内为氧化物避雷器等值电路。将被测氧化物避雷器经 R_A 接地，从而组成一个不平衡电桥 $\left(\frac{1}{\omega C_x}\gg R_x\right)$，将交流电压施加在该电路上。设电源电压为 $u=U_m\sin\omega t$，避雷器容性电流 $i_{CZ}=I_m\sin\left(\omega t+\frac{\pi}{2}\right)$；避雷器阻性电流 $i_{RZ}=I_m\sin\omega t+I_{3m}\sin3\omega t+I_{5m}\sin5\omega t+\cdots$

避雷器总泄漏电流为 $$i_Z = i_{CZ} + i_{RZ} \qquad (13-8)$$

A 点对地电压为 $$u_A = i_{RZ}R_A + i_{CZ}R_A \qquad (13-9)$$

B 点对地电压为 $$u_B = U_{Bm}\sin(\omega t + \varphi) \qquad (13-10)$$

其中 $$\varphi = \text{tg}^{-1}\left(\frac{1}{\omega C_x R_x}\right)$$

A、B 两点间电压为 $$u_{AB} = i_{RZ}R_A + i_{CZ}R_A - u_B$$

$$u_{AB} = i_{RZ}R_A + I_m R_A \sin\left(\omega t + \frac{\pi}{2}\right) - U_{Bm}\sin(\omega t + \varphi) \qquad (13-11)$$

通过上式可以看出，只要使 $$I_m R_A \sin\left(\omega t + \frac{\pi}{2}\right) = U_{Bm}\sin(\omega t + \varphi) \qquad (13-12)$$

就可得到 $$u_{AB} = i_{RZ}R_A \qquad (13-13)$$

u_{AB} 可以通过示波器测出，R_A 为已知参数，避雷器阻性电流 $i_{RZ} = \dfrac{u_{AB}}{R_A}$，这种通过补偿避雷器容性电流而测出阻性电流的方法称为电容补偿法。通过以上分析知，要完全补偿避雷器的容性电流，则需要两个条件：①$I_m R_A = U_{Bm}$；②$\varphi = \dfrac{\pi}{2}$。

要满足这两个条件，就需要调整 R_x 的值来实现，由于 C_x 电容器不可能是无损耗的（即 $\text{tg}\delta \neq 0$），因此 φ 角不能完全达到 $\dfrac{\pi}{2}$，在选择 C_x 时，应尽量选择损耗极小的电容器，使它补偿避雷器容性电流的效果更好，使阻性电流测量的误差减到最小。

2. 测量方法

在电容补偿法测量中有两种取得补偿电压方法：直接在高压侧取补偿电压；通过电压互感器二次侧取补偿电压，其测量接线图如图 13-11 所示。

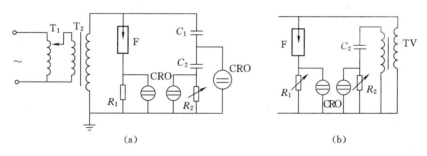

图 13-11 电容补偿法测量接线图

(a) 直接在高压侧取补偿电压；(b) 通过 TV 二次侧取补偿电压

T_1—调压器；T_2—试验变压器；TV—电压互感器；F—被试避雷器；C_1—电容分压器高压臂

（一般取 $100 \sim 1000\text{pF}$）；C_2—电容分压器低压臂；R_1—电阻箱（$1 \sim 10\text{k}\Omega$ 之间）；

R_2—电阻箱（取 $1\% x_C$ 以下）；CRO—双踪示波器

(1) 以图 13-11 (a) 中使用双踪示波器进行测量为例叙述其测量方法。

首先将双踪示波器 CRO 的 CH_1 通道（接避雷器测量信号）进行校准，使电压选择微调旋钮处于校准位置，以便从荧光屏上读到的数据准确。

当试品接入电压后，分别调节 CH_1 通道与 CH_2 通道电压选择旋钮，使之处于适当的挡位，然后由两个通道分别测出电阻 R_1 上的电压 U_{R1} 与电阻 R_2 上的电压 U_{R2} 的波形，CH_1 通道显示的波形即为避雷器总泄漏电流。将示波器上读出的电压数值除以 R_1 的阻值即为避雷器总泄漏电流峰值（为便于计算电流，R_1 往往取整数）。总泄漏电流读出后，通过调节 R_2 的电阻值（粗调），细调可用示波器 CH_2 通道电压选择旋钮上的微调，尽量使 U_{R1} 与 U_{R2} 的幅值大小相等，相位相同。然后运用示波器的加减功能，同时调节 CH_2 通道使示波器上的波形完全对称，此时就认为避雷器上容性电流已完全得到补偿，示波器上显示完全对称的尖顶波形，即为阻性电流在电阻 R_1 的压降，再将示波器上读出电压数值除以电阻 R_1 的数值，即为阻性电流峰值，阻性电流波形如图 13-12 所示。

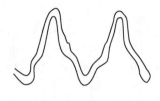

图 13-12 阻性电流波形

测量时，当输入信号较小，则应适当提高示波器两个通道的灵敏度，以提高测量的准确度。

测量氧化物避雷器阻性电流时，其外加电压的大小应根据避雷器的最大连续运行电压及避雷器安装处的系统运行电压来进行选择。当外加电压的波形有明显畸变时，将直接影响阻性电流的测量结果，波形不好时，往往会出现阻性电流波形不对称，此时即使反复调节 R_1 也无济于事。这种情况下应考虑调换电源或改善电压波形，不然测量结果误差很大，不能真实反映避雷器的特性。

（2）图 13-11（b）接线是从 TV 二次侧取补偿电压，此时补偿支路电容 C 的电容量要增大到 TV 变比的倍数，R_2 则仍要求在 $1\% x_C$ 以下，其测量方法同（1）项内容。这种补偿方法对运行中氧化物避雷器的监测较为方便。仍要注意 TV 二次侧接线正确，不能短路。

当没有双踪示波器时，也可使用普通示波器测量，其试验接线如图 13-13 所示。此方法只需调整 R_2 阻值，当示波器上出现的阻性电流波形幅值最小，而波形对称时，即可认为容性电流完全补偿了。通过计算可得出阻性电流值。当测量避雷器总泄漏电流时，只要将 R_2 阻值调到 0 即可读出。此方

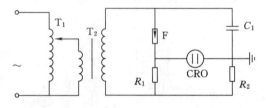

图 13-13 用普通示波器测量阻性电流试验接线

法因 T_2 的接点位置改变了，若 T_2 的 tgδ 较大则会对测量结果有一定影响，增大测量的误差。当条件允许时，应优先采用图 13-11（a）试验接线。

四、氧化物避雷器泄漏电流试验注意事项

（1）试验前应将被试验避雷器表面清扫干净。

（2）补偿电容 C_1 要选择 tgδ 较小的电容器，与此同时，应考虑到 C_1 的耐压能力，C_1 可由多只电容器串联而成。当 C_1 与 C_2 组成电容器分压器测量电压时，应对分压器的分压比进行校准。

（3）R_1 的阻值应根据示波器灵敏度以及抗干扰能力选择较小的整数值。

（4）试验电源的波形对测量结果有影响，当电源波形有明显畸变时，应设法进行改善。

（5）避雷器安放位置及测量方法在每年的预防性试验应一致，每次试验时的气象条件也应相似，以便将所测的数值与历年进行比较；测得值与初始值比较不应有明显变化。若阻性电流增大到初始值的50％时，应分析原因加强监测，适当缩短检测周期；当阻性电流增大到初始值的1倍时，必须停电检查。

（6）测量阻性电流之前，应先测出避雷器的总泄漏电流。阻性电流与总泄漏电流比例关系的变化也是反映氧化物避雷器特性变化的一个重要依据。

五、工频参考电压测量

当避雷器未与电力系统连接（尚未安装或将顶端引线拆掉）而采用试验变压器升压时，可在测出阻性电流后继续升压，进行工频参考电压的测量（以一定的阻性电流峰值为参考电流，在这个参考电流下，测得避雷器的对地电压即工频参考电压）。在升压的同时，要监视双踪示波器CRO上阻性电流的变化，当达到参考电流（参考电流根据厂家的规定，如瑞士BBC公司500kV避雷器为10mA峰值；日本明电舍的220kV避雷器为5mA峰值；瑞典ASEA公司的避雷器为2mA峰值）要求时，停止升压，并通过从分压器抽取的信号，迅速读出示波器上的电压值，再根据分压比的大小进行换算，即可测得避雷器的工频参考电压值。通常工频参考电压应大于或等于避雷器的额定电压，符合GB11032—2000或厂家的规定。测量环境温度（20±15℃），每节单独进行测量，整相避雷器有一节不合格，宜整相更换。

六、实例分析

测试表明，在运行电压下测量全电流，阻性电流在一定程度上反映金属氧化物避雷器（MOA）运行状态。全电流变化可反映（MOA）严重受潮、内部元件接触不良、阀片严重老化，而阻性电流的变化对阀片初期老化反应较灵敏。

运行统计表明，MOA事故主要是潮气引起的，而老化引起损坏极少。据西安电瓷厂对1991年5月前产品运行中遭损坏的9相MOA的事故分析统计，其中78％是因密封不良侵入潮气引起的，另外22％是因装配前干燥不彻底导致阀片受潮。

工频参考电压是指将厂家规定的工频参考电流（以阻抗电流分量的峰值表示，通常约为1～20mA），施加于金属氧化物避雷器，在避雷器两端测得的峰值电压。

由于带电运行条件下，受相邻相间电容耦合的影响，金属氧化物避雷器的阻性电流分量不易测准，当发现阻性电流有可疑时，应测量工频参考电压，它能进一步判断该避雷器能否继续使用。

判断标准是与初始值和历次测量值比较，当有明显下降时，应对避雷器加强监视，110kV及以上的避雷器，参考电压降低超过10％时，应查明原因，若确定是老化造成的，宜退出运行。

第四节 故障处理实例

一、避雷器泄漏（电导）电流试验时的问题

（1）做避雷器泄漏电流试验时要准确测量直流高压，而做电力电缆、少油断路器泄漏

电流试验时却不要求十分准确测量直流高压。

阀型避雷器（FZ型）的并联电阻是非线性电阻。当加在其上的直流高压有很小变化时，其泄漏（电导）电流变化很大（一般电压变化3％，电流变化12％）。如不准确测量直流电压，往往会引起很大测量误差。其试验标准又规定了严格的泄漏（电导）电流范围，且非线性系数又是按不同电压下电导电流计算的，所以必须准确测量直流高电压与泄漏（电导）电流。当电压少许变化时，少油断路器、电力电缆的直流泄漏电流基本按线性关系变化或不变化，所以可以在低压电压表换算出高压直流电压下试验，而不十分准确测量高压直流电压也能满足试验要求。

（2）避雷器在做泄漏电流试验时需要并联一个电容器，而电缆和变压器则不需要。

在做避雷器的泄漏电流试验时，常采用半波整流方式，其脉动因数很大。避雷器是非线性元件，由于直流电有微小的波动就会引起电导电流很大的变化，造成较大的误差，所以要并联一个滤波电容器，以减小脉动因数。

电缆和变压器本身对地电容较大能起滤波作用，因此，不必另外并联滤波电容器。

（3）绝缘电阻较大的带并联电阻的FZ型避雷器，其直流电压下的电导电流并非一定比绝缘电阻较小的避雷器小。

FZ型避雷器的并联电阻系非线性电阻，其伏安特性为$U=CI^{\alpha}$，C为材料常数，α为非线性系数。制造厂出厂的FZ型避雷器并联电阻的非线性系数α一般为$0.35\sim0.45$。因此，每只避雷器并联电阻的伏安特性是不同的。绝缘电阻试验的直流电压为2.5kV，而电导电流试验时直流试验电压远大于2.5kV（一般为$16\sim24$kV）。由于伏安特性不同，在2.5kV电压下绝缘电阻大的避雷器，在电导电流试验的直流高电压下相应的电阻值既可能较大也可能相对较小，因此，直流电导电流试验时绝缘电阻（2.5kV电压下）较大的避雷器不一定比绝缘电阻较小的避雷器的电导电流小。

（4）FZ型和FS型阀式避雷器在做预防性试验时，前者不做工频放电试验而要做电导电流试验，而后者却要做工频放电试验是因为两种阀式避雷器的结构不同。FZ型避雷器的间隙组有并联分路电阻。当工频电压作用于分路电阻时，随着电压增加，其电导电流急增，而分路电阻的热容量甚小，故要求做工频放电试验时的升压时间不得超过0.2s，而运行单位是很难达到这一要求的，所以FZ型不做工频放电试验。为检查分路电阻的完整性和密封情况，应做电导电流试验，并计算非线性系数α值。FS型避雷器无分路电阻，所以不必做电导电流试验，但要做工频放电试验及泄漏电流试验。

（5）FZ型避雷器的电导电流在一定的直流电压下规定为$400\sim600\mu A$，但低于$400\mu A$或高于$600\mu A$都有问题，这是因为FZ型避雷器内的串联放电间隙组都并有一个非线性电阻。当间隙正常时，试验电流主要经并联电阻形成回路。若电阻值基本不变，则在规定的直流电压下，非线性电阻的电导电流应在$400\sim600\mu A$范围内。若电压不变，而电导电流超过$600\mu A$，则说明并联电阻变质或放电间隙片间受潮而增加电流分路。如电流低于$400\mu A$，则说明电阻变质，阻值增加，甚至断裂。

（6）在预防性试验中，FZ型阀式避雷器电导电流的试验电压的确定方法。FZ型阀式避雷器是由火花间隙、并联电阻、阀片等组成，每四个火花间隙放置于一个小瓷套内，组成火花间隙组，其上并联一对并联电阻，当其中流过的电导电流为$600\mu A$时，电压降为

4000±50V，因此，在 DL/T 596—1996 中，测量阀式避雷器电导电流的试验电压是按每对并联电阻施加 4kV 电压来确定的。例如 FZ—15 具有 16 个火花间隙，组成 4 个火花间隙组，装设 4 对并联电阻，所以试验电压为 16kV。

（7）两组由 4×FZ—30 组成的 FZ—110J 型阀式避雷器试验都合格，但电导电流不同，应选用电导电流大的一组。因为 4×FZ—30 组成的 FZ—110J 阀式避雷器在运行时应力求分布在每节上的电压均匀，而分布在每节上的电压决定于避雷器本身流过的电导电流以及对地杂散电容电流。所以尽管安装了均压环，但实测表明，分布在每节上的电压是从上到下减小的。因对地的杂散电容电流基本不变，当电导电流较大时，杂散电容电流的影响可相对小一些，所以应当选用电导电流较大的一组，可使电压分布较均匀。

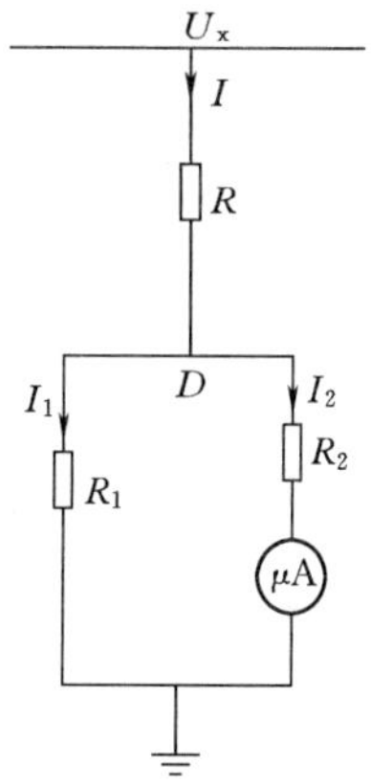

（8）带电测量磁吹避雷器的交流电导电流时，采用 MF—20 型万用表，而不采用其他型式的万用表。因为测量时 MF—20 型万用表选择在 1.5μA 挡位上，此时表的内阻仅为 10Ω，而放电记录器内阀片的电阻约为 1～2kΩ，所以流过 MF—20 型万用表的电流基本等于流过磁吹避雷器的交流电导电流。

图 13 - 14 测量交流电导电流的等值电路图
R—除最下节以外其余各元件的串联等值电阻；R_1—最下一节的等值电阻

其他型式万用表的交流毫安表的内阻较大，其测量误差很大。

用这一方法也可以测量有放电记录器的普通阀式避雷器的电导电流。

（9）应带电测量 FZ 型避雷器的交流分布电压。当避雷器中非线性电阻变质、老化、断裂、受潮时，其阻值发生变化，使每个元件上分布电压发生变化，因而测量最下一节避雷器在运行电压下的分布电压，能够分析判断避雷器是否存在缺陷。

测量方法是：用 Q₃—V 静电电压表测量图 13 - 14 中 D 点的对地电压，即运行中 FZ 型避雷器最下一节的电压。测得三相分布电压后，可计算电压的不平衡系数 γ_u，即

$$\gamma_u = \frac{U_{max} - U_{min}}{U_{min}}(\%)$$

式中　U_{max}——三相中最大分布电压；

　　　U_{min}——三相中最小分布电压。

当 $\gamma_u < 15\%$ 时，认为合格；当 $\gamma_u > 15\%$ 时，建议避雷器停止运行或进行常规预防性试验，进一步鉴定其是否可以继续运行。

顺便指出，除上述方法外，有的单位用 MF—20 型万用表并接在记录器两端测量分布电压，也取得好的经验。

（10）应带电测量 FZ 型避雷器的电导电流，带电测量 FZ 型避雷器电导电流原理图如图13 - 15所示。在图 13 - 15 中，非线性电阻固定在长 1.5m，直径为 40mm 的绝缘管（宜选用透明有机玻璃绝缘管）内。管内电阻选用 FZ 型阀式避雷器的非线性并联电阻。其阻值要求用 2.5kV 兆欧表测量时为 1200～1800MΩ。为防止运输过程中电阻杆内电阻连接松动或断裂，应在每次测量前用 2.5kV 兆欧表测量电阻杆的电阻值，符合要求后方可

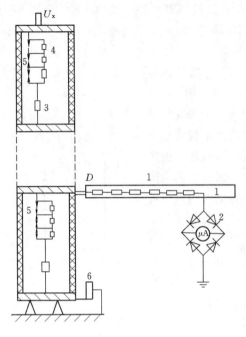

图 13-15　带电测试 FZ 型避雷器交流电导
电流原理图

1—非线性电阻杆；2—直流微安表；3—阀片；
4—并联电阻；5—放电间隙；6—放电记录器

使用。

测量时，仅需测量多元件组成的阀式避雷器的最下一节上端（图 13-15 中的 D 点）的电导电流。此时电导电流如图 13-14 所示，流过 D 点的电流 I，即为 $I=I_1+I_2$。

当任何一节避雷器发生并联电阻老化、变质、断裂或进水受潮等缺陷时，其电阻值将发生变化，从而使测量的交流电压下的电导电流 I_2 发生变化。现场可以根据 I_2 的大小，历次测量结果的变化以及三相间电流的差别来分析运行中避雷器的绝缘缺陷，或者决定是否应在停电条件下进行常规的预防性试验。根据 I_2 进行分析的方法如下。

1）若最下节避雷器受潮（短路），例如 FZ—110J 由四节 FZ—30J 组成，当最下节短路后，交流运行电压全部分配在上 3 节上，只有每节分配的电压低于 FZ—30J 的最大允许工作电压（灭弧电）25kV（有效值）时，避雷器是不会爆炸的，但此时整组避雷器已有很严重的缺陷，不能满足防雷保护的要求，必须停止运行。当下节短路后，$R_1 \approx 0$ 时，电流 I 在 D 点处按 R_1、R_2 的电阻值来分配。因 $R_1 \approx 0$，所以 $R_2 \gg R_1$，则 $I_2 \approx 0$，故 $I_1 \approx I$，此时测得的电导电流 I_2 很小，甚至为零。

2）最下节避雷器断裂，此时 R_1 的电阻值很大，而 $R_1 \gg R_2$，因此，电流 I 在 D 点仍按 R_1、R_2 电阻值分配，则 $I_1 \approx 0$，$I_2 = I$。此时测得的电导电流 I_2 较正常值要大得多。

3）上部某节避雷器并联电阻老化，阻值减少或受潮，此时设最下一节元件符合要求，由于上部某节电阻减小而使正常电阻的其他元件分配电压相对增大，即最下节避雷器上的电压较无故障时的分配电压值要高。且由于 R_2 为非线性电阻，电压微小的增加能使电导电流 I_2 产生较大的增加，这样测量的电导电流较正常时要增大许多，易于检出缺陷。

4）上部某节并联电阻老化使阻值增加，此时该节分配的电压增加，从而使其余各节避雷器分配电压降低，最下一节上的电压也相应减小，因此使测量的电导电流 I_2 减小。现场测量主要是根据历次测量结果和三相电导电流的相互比较进行分析判断。

5）测量时应同时测量三相交流电压下的电导电流。相间电导电流的不平衡系数 γ_i 计算式为

$$\gamma_i = \frac{I_{max} - I_{min}}{I_{min}}(\%)$$

式中　I_{max}——三相中最大相电导电流；

I_{min}——三相中最小相电导电流。

当 $\gamma_i > 25\%$ 时，应使避雷器停止运行，并在停电条件下进行常规的预防性试验。当 $\gamma_i < 25\%$ 时，则认为运行中三相避雷器是合格的，可不进行常规的预防性试验。

（11）测量 FCZ 型避雷器的电导电流的测量方法主要有以下几种。

1）串联测量法。如图 13-16 所示，将 MF—20 型万用表串接于放电记录器与地之间，并接 FYS—0.25 压敏电阻作保护，当表计接好后，拉开短路闸刀（或短接压板），测得电导电流后，即刻合上短路闸刀（或短路压板）。

2）并联测量法。如图 13-17 所示，将 MF—20 型万用表并接于放电记录器两端即可测量。因 JS 型放电记录器的内阻一般为 $1\sim2k\Omega$，而 MF—20 型万用表的交流电流部分由于采用了放大器，可以测得微弱的信号电流和电压，其内阻仅 10Ω 左右，因此测量时流过磁吹避雷器的交流电导电流主要经 MF—20 型万用表中流过，所以可以用这种方法进行测量。

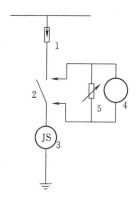

图 13-16 串联测量法接线图
1—FCZ 型避雷器；2—闸刀或短路压板；
3—放电记录器；4—MF—20 型万用表；
5—FYS—0.5 压敏电阻

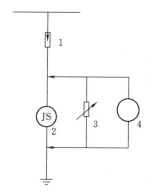

图 13-17 并联测量法接线图
1—FCZ 型避雷器；2—放电记录器；
3—FYS—0.25 压敏电阻；
4—MF—20 型万用表

测量时的注意问题为：①宜在 MF—20 型万用表两端并接 FYS—0.25 压敏电阻进行保护；②为避免万用表内阻的影响，测量时最好固定在某一量程测量；③记录系统电压、温度、湿度以及所用表针及挡位，以便更好分析测试的数据。

对测量结果的判断方法为：①三相避雷器相间相互比较；②与上次测量数据比较。

当相间比较差达 1 倍以上或与上次数据比较增大 $30\%\sim50\%$ 时，应加强监视，分析原因，必要时停电复测。

华东电管局规定：FCZ_1，FCZ_2 的电导电流一般控制在 $250\sim380\mu A$；FCZ_3 的电导电流一般控制在 $80\sim150\mu A$。

最后指出，上述方法也适用于 FZ 型阀式避雷器。

（12）测量金属氧化物避雷器直流 1mA 电压 U_{1mA} 时应注意的问题。当无间隙金属氧化物避雷器中通过 1mA 直流电流时，被试品两端的电压值称为 U_{1mA}，测量 U_{1mA} 时应注意的主要问题如下。

1）根据 GB 11032—2000《交流无间隙金属氧化物避雷器》规定，直流电压脉动部分

应不超过 ±1.5%。ZGS 系列直流高压试验器的输出电压脉动因数小于 0.5%，因此可满足试验要求。

2）准确读取 U_{1mA}。因泄漏电流大于 $200\mu A$ 以后，随电压升高，电流急剧增大，故应仔细地升压。当电流达到 1mA 时，准确地读取相应的电压 U_{1mA}。行业标准 DL 474.1～6—2006《现场绝缘试验实施导则》推荐采用高阻器串微安表（用电阻分压器接电压表）在高压测量电压。

3）防止表面泄漏电流的影响。测量前应将瓷套表面擦拭干净，测量电流的导线应使用屏蔽线。

4）气温和湿度的影响。通常金属氧化物避雷器阀片的 U_{1mA} 的温度系数 $\dfrac{U_2-U_1}{U_1}\dfrac{1}{(t_2-t_1)} \times$
100% 约为 0.05%～0.17%，即温度每增加 10℃，U_{1mA} 约降低 1%，为便于温度换算，应记录测量时的环境温度。由于相对湿度也会对测量结果产生影响。为便于分析，测量时还应记录相对湿度。

（13）测量金属氧化物避雷器（MOA）在运行电压下的交流泄漏电流对发现缺陷的有效性。

测试表明，在运行电压测量全电流、阻性电流可以在一定程度上反映 MOA 运行状态。全电流的变化可以反映 MOA 的严重受潮、内部元件接触不良、阀片严重老化，而阻性电流的变化对阀片初期老化的反应较灵敏。

运行统计表明，MOA 事故主要受潮引起的，而老化引起的损坏则极少。根据西安电瓷厂对 1991 年 5 月前产品运行中遭损坏的 9 相 MOA 的事故分析统计，其中 78% 是因密封不良侵入潮气引起的；另外 22% 则是因装配前干燥不彻底导致阀片受潮。

基于上述，在运行电压下测量全电流的变化对发现受潮具有重要意义。

例如，福建某电业局曾在运行电压下测量某变电站中两组 110kV MOA 的全电流，测试结果见表 13-10。

表 13-10　　　　　两组 110kV MOA 在运行电压下的全电流　　　　　单位：μA

序号	测量日期（年．月．日）	Ⅱ 段 母 线			主 变 压 器			环境温度（℃）
		U	V	W	U	V	W	
1	1991.7.12 交接	600	600	600	600	610	610	30
2	1991.7.12	600	595	610	600	610	600	25
3	1991.9.5	630	610	610	610	610	610	28
4	1992.1.2	620	630	620	620	630	610	15
5	1992.4.5	650	630	625	650	780	650	20
6	1992.4.14	700	640	630	710	920	700	20
7	1992.4.17	800	650	630	780	1080	750	21
8	1992.4.20	910	650	640	830	1250	850	22
9	1992.4.21 停役后复查	910	650	640	830	1250	850	20

注　各次测量时，110kV 母线电压在 117～119kV 间。

由表 13-10 中数据可见，该变电站Ⅱ段母线 U 相及主变压器 U、V、W 三相 MOA 在运行电压下的全电流明显增大（分别增大了 52%、30%、77%、23%），说明上述 4 相 MOA 存在受潮的潜伏故障，经解体证实，确属内部受潮。由此可见，测量 MOA 在运行电压下的全电流对发现 MOA 受潮还是有效的。

另外，在运行电压下测量 MOA 的全电流具有原理简单、投资少、设备比较稳定、受外界干扰小等特点，所以应当继续积累经验。

目前国内已生产出两种测量泄漏全电流的测试仪，据报道，已检出多起 MOA 老化和受潮。

1) JSH 型避雷器漏电流及动作记录器。该产品集毫安电流表和计数器为一体，能够实现避雷器的在线监测。有两种型号：①JSH—1A 型。与（330～500）kV 电网的金属氧化物避雷器配套；②JSH—B 型。与 220kV 及以下电网的金属氧化物避雷器、FCZ 型磁吹避雷器及 FZ 型普通阀式避雷器配套。

2) JC₁—MOA 在线监测仪。主要用来在运行中显示 MOA 的泄漏全电流及记录 MOA 动作次数。已运行 10000 相左右。主要型号有：①JC₁—10/600。与（35～220）kV MOA 配套；②JC₁—20/1500。与（330～500）kV MOA 配套。

（14）金属氧化物避雷器的初始值、报警电流值。MOA 的初始电流值是指在投运之初所测得的通过它的电流值，也称初期电流值，简称初始值。此值可以是交接试验时的测量值，也可以是投产调整试验时的测量值。如果没有这些值，也可用厂家提供的值。

MOA 的报警电流值是指投运数年后，MOA 的电流逐渐增大到应对其加强监视，并安排停运检查的电流值。根据 GB 11032—2000《交流无间隙金属氧化物避雷器》中的技术参数，当前我国电力系统运行 MOA 的基本特性以及 MOA 的伏安特性，表 13-11 给出了 MOA 的报警电流值。

表 13-11　　　　　　　　　　　MOA 的 报 警 电 流 值　　　　　　　　　单位：μA

检查项目	系 统 类 别	初始电流值		报警电流值	
电阻性电流	中性点非有效接地系统	15～60*		50～240*	
	中性点有效接地系统	100～250*		300～550*	
全电流	中性点非有效接地系统	100～300		150～400	
	中性点直接接地系统	350～550**	600～1050***	500～700	800～1250

注 1. 初始电流值和报警电流值随荷电率和片子尺寸不同而变化。
　　2. 更高电压等级 MOA 和使用大片或多柱并联的 MOA 可以参照本表折算。
　* 正峰值。
　** 相应 110～220kV 系统用的国产 MOA 一般使用 ϕ50、ϕ36、ϕ66mm 片子。
　*** 引进的 MOA 的电流值，110～220kV 系统一般使用 ϕ48～62mm 的片子。

（15）不拆引线、微安表接于高电处，测量 220kV 阀式避雷器的直流电导电流。测量第一节避雷器电导电流的接线图如图 13-18 所示。

由图 13-18 可见，微安表 μA_1 指示的电流就是第一节避雷器的电导电流，而非被测

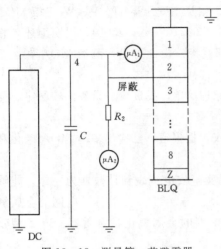

图 13-18 测量第一节避雷器
电导电流接线图

C—电容器（30kV，0.1μF）；Z—绝缘瓷套座；
R₂、μA₂—测压装置

部分的电流被屏蔽，不经过微安表 μA_1。但应注意，此时的线路输出端与屏蔽端对地电位较高，所以不能与地线相碰，如用绝缘杆操作，绝缘杆应有足够的强度。

其他节的测量接线方法与测量绝缘电阻时的接法相同。表 13-12 给出 FZ—220J 型避雷器直流电导电流的测量结果。

需要指出，对于有绝缘底座的避雷器，测试第八节电导电流时，应将第八节与底座之间直接接地，线路输出端接于第八节与第七节之间的法兰上，屏蔽端接于第六节与第七节的法兰上。对于第八节是直接接地的，测量第七节的电导电流时，应将屏蔽端接于第五节与第六节的法兰上，线路端接于第六节与第七节之间的法兰上，然后将第七节与第八节的法兰接地即可。测量第八节时，依次往下推即可。

表 13-12　　　　　　　　　直流电导电流测量结果　　　　　　　单位：μA

方法	电压 (kV)	序　号							
		1	2	3	4	5	6	7	8
不拆 引线	12	80	80	80	80	80	80	80	80
	24	580	580	580	570	575	575	580	580
拆引 线	12	80	80	80	80	80	80	80	80
	24	581	581	582	575	568	580	581	581

（16）不拆引线，测量 FZ—30 型多节串联的避雷器的电导电流。对于 4×FZ—30 的 110kV 避雷器，不拆引线测量电导电流的接线图如图 13-19 和图 13-20 所示。对于 8×FZ—30 的 220kV 避雷器也可仿上述图示接线进行测量。

测量时，直流高压电源，地线和屏蔽线均可用绝缘杆触接相应部位，但应接触良好。

对图 13-20，如天气潮湿，同样可加屏蔽环屏蔽，屏蔽环与 G 点相连。为减小表计误差，μA_1 和 μA_2 应采用同一型号和同一量程的微安表。

（17）不拆引线，测量 500kV FCZ 和 FCX 型磁吹避雷器的电导电流。不拆引线测量 500kV 的 FCZ 和 FCX 型磁吹避雷器电导电流接线图如图 13-21 和图 13-22 所示。

图 13-22 所示为以 FCX 型为例加以说明。接好线，经检查无误后开始升压，升压至 90kV 时，记录 μA_1 和 μA_2 的读数，然后继续将试验电压至 180kV 再读 μA_1 和 μA_2 的数值。第一节电导电流为 $\mu A_1 - \mu A_2$；第二节电导电流为 μA_2 读数。

采用图 13-22 所示接线，可测出第三节的电导电流，其数值为 μA_2 的读数。

表 13-13 列出了某 500kV 变电站 FCX 型避雷器电导电流的测量结果。

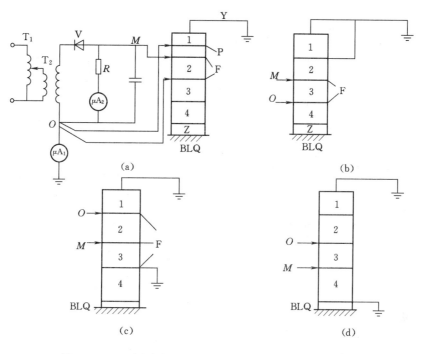

图 13-19 不拆引线测量 110kV 避雷器电导电流接线之一

（a）测量第一节；（b）测量第二节；（c）测量第三节；（d）测量第四节

Y—高压引线；P—屏蔽环；F—法兰；Z—底座

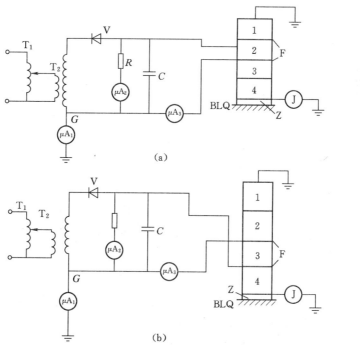

图 13-20 不拆引线测量 110kV 避雷器电导电流接线之二

（a）测量第一、二节；（b）测量第三、四节

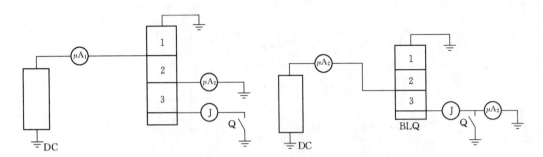

图 13-21　测量第一、二节电导电流接线图　　　图 13-22　测量第三节电导电流接线图

表 13-13　　　　　　　　　　　　电 导 电 流 测 量 结 果

相别	节号	拆 引 线 （μA）		不拆引线 （μA）	
		90kV	180kV	90kV	180kV
U	1	81	630	82	650
	2	85	680	35	680
	3	50	530	50	530
V	1	81	510	84	625
	2	81	630	81	630
	3	80	660	80	660
W	1	80	620	83	645
	2	79	615	79	615
	3	68	580	68	580

应当指出，试验电源引线的电晕电流会影响测量精度，所以应当采取措施消除。另外，试验时，对 FCZ 型避雷器，每节施加 160kV 直流电压，电导电流为 1600～1400μA。对 FCX 型避雷器，每节施加 180kV 直流电压，电导电流为 500～800μA，所以可选用 ZGS200/2 型直流高压试验器作直流试验电源。

二、避雷器工频放电试验问题

1. 阀式避雷器做工频放电试验时，要求电压波形不能畸变，并消除谐波的影响

因为阀式避雷器做工频放电试验时，工频放电电压标准值有上限和下限，低于下限或超过上限均为不合格，因此测量电压时必须尽量准确。而做工频放电试验时，大都使用一般的电压表，即读数为电压的有效值。当电源波形畸变时，电压最大值与有效值的比值不等于 $\sqrt{2}$，这时测量到的电压就有误差。例如，某单位曾对 10 组 FZ₂—10 型避雷器在两处进行测试，虽然在两处所采用的仪器接线完全相同，但测试结果差别甚大。表 13-14 仅列出两组避雷器的测量结果，其他避雷器测试结果类似。

由表 13-14 可见，在变电站的测量值均在 22～31.1kV 之间，而在局内试验室的测量值均在 29.5～30kV 之间。通过反复的对比试验，找出在两处测量值不同的原因是电源谐波的影响。

表 13 - 14　　　　　　　　　　避雷器工频放电电压的测量结果

编　号	测试地点　工频放电电压值（kV）	变电站			局内	备　　注
		U	V	W		
#1避雷器	第一次	23.1	23	23	30	（1）均采用静电电压表在高压侧测量电压
	第二次	22.5	22.5	21	30	
#2避雷器	第一次	22.5	23	23	29.5	（2）交接时放电电压在 26～31kV 之间为合格
	第二次	23.1	23.1	22.9	29.5	

消除谐波影响的方法如下。

（1）采用线电压。当相电压波形畸变而影响测量结果时，可采用线电压作电源进行测量，因为线电压中无三次谐波分量。具体做法是：在试验回路中串接一个三相调压器，取线电压作试验电源，其试验接线如图 13 - 23 所示。

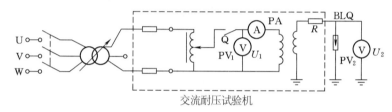

图 13 - 23　取用线电压作电源的试验接线

试验时，只要准确测得三相调压器输出电压为 220V，三相调压器就可以不再调整。再把这一电压输入交流耐压试验机就可以测 FS 型阀式避雷器 BLQ 工频放电电压。此法简单、易行（若在三相调压器与耐压试验机之间加一只闸刀，就更为安全）。

过去，某供电局在变电站内测试时，大批 FS 型避雷器工频放电电压不合格，拆回供电局复试大部分都合格。串接三相调压器后基本解决了这一问题。这里仅将几只避雷器（FS—10 型）的工频放电电压数值列入表 13 - 15 中。

表 13 - 15　　　　　　　　　不同试验条件下的工频放电电压

试验条件	工 频 放 电 电 压（kV）							
	变电站 I			变电站 II			变电站 III	
	U	V	W	U	V	W	U	V
未串三相调压器	19	21	24	23	27	24	21	17
回局复试	24	25	28	28	30	28	26	22
串入三相调压器	23.5	24.5	27	26.5	29.5	27	25	22

尽管各次试验操作过程中难免存在升压速度和读表偏差。但这些数据基本上还是反映出串接三相调压器后的效果。按 FS—10 型避雷器工频放电电压 23～33kV 考虑，误判断率大大降低，试验数据基本上接近于回局复试测得的实际值（试验人员认为之所以存在偏差，不仅是由于操作原因，更重要的是除三次谐波外，其他谐波干扰仍然存在）。这就大

大防止了避雷器被误判报废，对搞好防雷工作起到了较好的作用。这种方法对其他重要电力设备的交流耐压试验也是可行的。

（2）滤波。在试验变压器低压侧并联电容或电容电感串联谐振电路，使谐波电流有一个低阻抗分路。

（3）采用峰值电压表测量。

2. 避雷器工频放电电压令偏高或偏低

避雷器工频放电电压偏高或偏低，除了限流电阻选择不当、升压速度不当和试验电源波形畸变等外部原因外，还有避雷器的内部原因。

避雷器工频放电电压偏高的内部原因是：内部压紧弹簧压力不足，搬运时使火花间隙发生位移；粘合的O形环云母片受热膨胀分层，增大了火花间隙，固定电阻盘间隙的小瓷套破碎，间隙电极位移；从制造厂出厂时工频放电电压接近上限。

避雷器工频放电电压偏低的内部原因是：火花间隙组受潮，电极腐蚀生成氧化物，同时O形环云母片的绝缘电阻下降，使电压分布不均匀；避雷器经多次动作、放电，而电极灼伤产生毛刺；由于间隙组装不当，导致部分间隙短接；弹簧压力过大，使火花间隙放电距离缩短。

3. 如何使避雷器的放电记录器回零

放电记录器是和避雷器配合使用的设备，它能在电网发生雷电过电压时记录避雷器对地放电的次数。

每年雷雨季节到来之前，避雷器都要进行投运前的可靠性试验，同时也需将放电记录器回零。回零的方法是：取380/220V交流电源，将零线接地，用火线点击放电记录器的上端头，每点击一次，放电记录器的指针就跳一个数字，直至为零。用此方法回零还能检查放电记录器是否处在良好的运行状态。

4. 长期使用的避雷器的检查

长期使用的避雷器，外观检查完好，定期试验会常常不合格。目前广泛应用的避雷器是阀式避雷器，它主要由火花间隙和阀片组成。当遭受雷电过电压时，间隙放电，强大的电流通过具有非线性电阻特点的阀片泄入大地，大大降低了残压，保护了设备。但每次强大的电流流过阀片时阀片不是全面导通的，只是一小部分形成通路，这样多次通过电流后，阀片逐渐被一小块一小块地烧坏，导致阀片失效。所以长期使用的避雷器，尽管外观完好，定期试验却可能不合格，因此用户应定期将避雷器送供电部门检验。

5. FS型避雷器的工频放电电压与大气条件的关系

FS型避雷器的工频放电电压值由间隙放电特性决定。而间隙的放电特性除与间隙本身结构、距离等有关外，还与大气条件有关。由于避雷器间隙是均匀电场，所以其放电电压只与温度和压力有关，通常引入气体的相对密度 δ 进行校正。

$$\delta = 0.0029 \frac{b}{273+t}$$

式中　b——试验条件下的气压，Pa；

　　　t——试验时的温度，℃。

我国标准规定的避雷器的工频放电电压值是在标准大气条件下的放电电压值，因此，在任意条件下测出的数值应换算到标准大气条件下的数值才能判断出其是否合格。例如，FS—10型避雷器在大气条件为 $b=94654\mathrm{Pa}$，$t=28℃$ 时，测得工频放电电压为24.5kV，而新装避雷器的验收标准为 $26\sim31\mathrm{kV}$，若不换算，则可能误判断为不合格。若测量值换算到标准大气条件下，则应为

$$U_\mathrm{b}=U/\delta=\frac{24.5}{0.0029\dfrac{b}{273+t}}=\frac{24.5}{0.91}=26.9\ (\mathrm{kV})$$

所以避雷器的工频放电电压是合格的。

三、金属氧化物避雷器预防性试验做哪些项目，如何进行

根据 Q/CSG 10007—2004，金属氧化物避雷器预防性试验项目主要有：测量绝缘电阻；测量直流1mA下的电压及75%该电压下的泄漏电流；测量运行电压下交流泄漏电流等。

1. 测量绝缘电阻

(1) 目的。测量金属氧化物避雷器的绝缘电阻可以初步了解其内部是否受潮，还可以检查低压金属氧化物避雷器内部熔丝是否断掉，及时发现缺陷。其测量方法与FS型避雷器相同。

(2) 判断标准。Q/CSG 10007—2004规定，测量金属氧化物避雷器绝缘电阻采用2500V及以上的兆欧表。其测量值，对35kV以上者，不低于2500MΩ；对于35kV及以下者，不低于1000MΩ。

2. 测量直流1mA时的临界动作电压 $U_{1\mathrm{mA}}$

(1) 目的。测量金属氧化物避雷器的 $U_{1\mathrm{mA}}$ 主要是检查其阀片是否受潮，确定其动作性能是否符合要求。

(2) 测量接线。测量金属氧化物避雷器的 $U_{1\mathrm{mA}}$ 通常可采用单相半波整流电路，如图13-24所示。图中各元件参数随被试金属氧化物避雷器电压的不同而异。

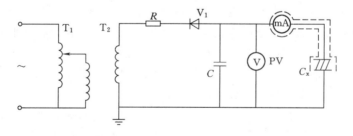

图13-24 测量 $U_{1\mathrm{mA}}$ 的半波整流电路

T$_1$—单相调压器；T$_2$—试验变压器；mA—直流毫安表；V—高内阻电压表；

V$_1$—硅堆；R—保护电阻；C—滤波电容（0.01～0.1μF）；

C$_x$—金属氧化物避雷器

当试品为10kV金属氧化物避雷器时，试验变压器的额定电压略大于 $U_{1\mathrm{mA}}$，硅堆的反峰电压应大于 $2.5U_{1\mathrm{mA}}$，滤波电容的电压等级应能满足临界动作电压最大值的要求。电容取 $0.01\sim0.1\mu\mathrm{F}$，根据规定整流后的电压脉动系数应大于1.5%。经计算与实测证明，当

C 等于 $0.1\mu F$ 时，脉动系数小于 $1\%U_{1mA}$ 误差不大于 1%。

当试品为低压金属氧化物避雷器时，T_2 可采用 $200/500V$、$30VA$ 的隔离变压器，也可用电子管收音机的电源变压器 $(220/2\times230V)$，滤波电容 C 为 $630V$，$4\mu F$ 以上的油质电容。

整流电路除单相半波整流外，也可用其他整流电路，如单相桥式、倍压整流和可控硅整流电路等。

（3）判断标准。发电厂、变电站避雷器每年雷雨季前都要进行测量。Q/CSG10007—2004 规定，U_{1mA} 实测值与初始值或制造厂规定值比较，变化应不大于 $\pm5\%$。

3. 测量 $0.75U_{1mA}$ 直流电压下的泄漏电流

（1）目的。$0.75U_{1mA}$ 直流电压值一般比最大工作相电压（峰值）要高一些，在此电压下主要检测长期允许工作电流是否符合规定，因为这一电流与金属氧化物避雷器的寿命有直接关系，一般在同一温度下泄漏电流与寿命成反比。

（2）测量接线。测量接线如图 13 - 24 所示。测量时，应先测 U_{1mA}，然后再在 $0.75U_{1mA}$ 下读取相应的电流值。

（3）判断标准。根据 Q/CSG 10007—2004 规定，$0.75U_{1mA}$ 下的泄漏电流应不大于 $50\mu A$。

4. 测量运行电压下交流泄漏电流

（1）目的。在交流电压下，避雷器的总泄漏电流包含阻性电流（有功分量）和容性电流（无功分量）。在正常运行情况下，流过避雷器的主要为容性电流，阻性电流只占很小一部分，约为 $10\%\sim20\%$。当阀片老化、避雷器受潮、内部绝缘部件受损以及表面严重污秽时，容性电流变化不多，而阻性电流大大增加，所以测量交流泄漏电流及其有功分量和无功分量是现场监测避雷器的主要方法。

（2）测量方法与接线。目前国内测量交流泄漏电流及有功分量的方法很多，各种方法都致力于既测出总泄漏电流又测出有功分量，而且希望能在线监测。对前者是容易实现的，但对后者仍很困难。根据阻性电流和容性电流有 $90°$ 的相角差以及阻性电流中包含三次及高次谐波的特点，提出了三次谐波法、同期整流法、常规补偿法和非常规补偿法，并研制了一些实用于现场的测试仪器，推动了测试工作的开展。

停电测量交流泄漏电流时，某供电局推荐的测量接线如图 13 - 25 所示。高压试验变压器的额定电压应大于避雷器的最大工作电压。

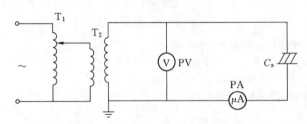

图 13 - 25　测量交流泄漏电流接线图

T_1—单相调压器；T_2—高压试验变压器；V—静电电压表；
μA—交流微安表或 MF—20 型万用表

国内电力部门采用的在线监测方法及仪器很多，图 13 - 26 绘出的是测量总泄漏电流装置的接线方法，该装置是前苏联于 1983 年研制的，测量安全方便，但不能测量阻性电流值。目前国内研制的测量阻性电流的仪器有武汉电子仪器三厂生产的 FLC—1 型测试仪、西安电瓷研究所生产的 ZJ—1 测试仪、北京电力科学研究所生产的避雷器泄漏电流探测器、东北电力试验研究院生产的 MOA—RCD 型阻电流测试仪、新乡供电局生产的 DXY—1 型金属氧化物避雷器泄漏电流测试仪、苏州电工设备生产的 SD 系列金属氧化物避雷器测试仪、重庆大学生产的 MCM—1 型 MOA 阻性电流微机测试仪等。

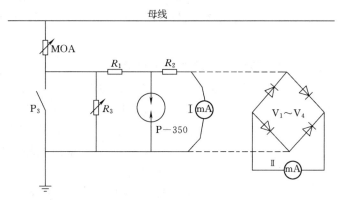

图 13 - 26　前苏联在线监测接线图

P_3—接地刀闸；$V_1 \sim V_4$—整流二极管；R_1、R_2—限流电阻；R_3—过电压保护的压敏电阻；P—350—气体放电管；mA—交直流毫安表（其中表 I 测总泄漏电流的交流有效值；表 II 测全电流整流后的平均值）

（3）判断标准。Q/CSG 10007—2004，110kV 及以上，新投运后半年内测量一次，运行一年后，每年雷雨季前测量一次。在运行电压下，全电流、阻性电流或功率损耗的测量与初始值比较有明显变化时，应加强监测；当阻性电流增加一倍时，应停电检查。

应指出，目前许多单位已经对 110kV 及以上系统的金属氧化物避雷器，当阻性电流增加 30％～50％时，便注意加强监测。当阻性电流增加到两倍时，就报警，并安排停电检查。

（4）注意问题。

1）为便于分析、比较，测量时应记录环境温度、相对湿度、运行电压。

2）测量宜在瓷套表面干燥时进行，并应注意相间干扰的影响。

3）在运行电压下测量金属氧化物避雷器交流泄漏电流时，如发现电流表计抖动或数字表数字跳动很大，可接示波器观察电流波形。当证实内部确有放电时，应尽快同厂家协商解决。金属氧化物避雷器内部放电且局部放电量大大超过 50pC 的原因是避雷器出厂时没有做局部放电试验，或者经运输后内部结构松动。现场曾发生类似问题。

四、测量金属氧化物避雷器的工频参考电压

工频参考电压是无间隙金属氧化物避雷器的一个重要参数，它表明阀片的伏安特性曲线饱和点的位置。运行一定时期后，工频参考电压的变化能直接反映避雷器的老化、变质程度。

所谓工频参考电压是指将制造厂规定的工频参考电流（以阻抗电流分量的峰值表示，通常约为 1～20mA），施加于金属氧化物避雷器，在避雷器两端测得的峰值电压，即为工频参考电压。

由于在带电运行条件下受相邻相间电容耦合的影响，金属氧化物避雷器的阻抗性电流分量不易测准，当发现阻性电流有可疑现象时，应测量工频参考电压，它能进一步判断该避雷器是否适于继续使用。

判断的标准是与初始值和历次测量值比较，当有明显降低时，就应对避雷器加强监视。110kV 及以上的避雷器参考电压降低超过 10% 时，应查明原因，若确定是老化造成的，宜退出运行。

五、说明避雷器 JS 型放电记录器的原理及检查方法

如图 13-27 所示，R_1，R_2 为非线性电阻，当冲击电流流过 R_1 时，产生一定的电压降，该压降经非线性电阻 R_2 使 C_2 充电，适当选择 R_2，能够确保 C 在不同幅值的冲击电流流过去后，C 上的电荷将对计数器的电磁线圈 L 放电，10/20μs 冲击电流幅值为 150~5000A 都可能动作。记录器上电压降加在残压上，所以 R_1 上的电压降要比避雷器的残压小得多才行。

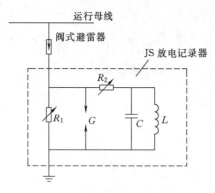

图 13-27　JS 型放电记录器原理接线图

JS 型记录器不应使用在 FCD 和 FS 型避雷器上，因为 FCD 及 FS 型避雷器的残压很低，接入 JS 后使总的残压增加，对电力设备绝缘不利。对 FCD 和 FS 型避雷器可使用压降极小的 JLG 型感应型记录器。

JS 型记录在停电时的检查方法有交流法和直流法。

（1）交流法。用一般 6~10kV/110V 电压互感器，升压至 1500~2500V 后，用绝缘拉杆触及放电记录器，使放电记录器突然被加上 1500~2500V 的交流电压，以观察记录器指示是否跳字。

（2）直流法。用 2500V 兆欧表对一只 4~6pF 的电容器充电，待充好电后拆除兆欧表线，将电容器对记录器触及放电，以观察其指示是否跳数字。

在运行条件下，也可用直流法直接进行测量。其方法是用电容器充好电后，对记录器与避雷器连接点触及，电容器的另一端与接地相连，观察指示器动作情况，如果指示器不动，应拆下记录器再进行试验以确定其是否良好。

试验证明，交流试验时宜使用容量较小的电压互感器作试验电源，而不宜使用一般容量较大的试验变压器。另外，一般情况下，直流法较交流法动作灵敏度高，从统计的规律表明，凡不动作的放电记录器，其中有 95% 不合格。

拆除运行中的放电记录器时，要特别注意安全，应先接地后再谨慎拆除接线。

六、氧化锌避雷器停电试验中数据异常

一台 220kV 型号为 HY10Z—200/520 的氧化锌避雷器，停电试验中数据出现异常，U_{1mA} 的值为 210kV，$0.75U_{1mA}$ 下的泄漏电流为 60μA。由于该避雷器临近正在运行的带电设备，电场干扰较大，试验人员首先核查试验方法是否正确并设法排除电场干扰的影响。

检查发现，高压试验线采用的不是屏蔽线。将测试线改为屏蔽线，将屏蔽线的屏蔽层接入高压微安电压表的输入端。再次试验，U_{1mA} 电压为 292kV，$0.75U_{1mA}$ 下的电流为 32μA，与交接电气设备试验数据基本相同。可见，本次试验出现异常是由于电场干扰引起试验回路出现干扰电流造成的。

七、氧化锌避雷器发生闪络

一台 YH5WR—17/45 型的 10kV 电容器组用的氧化锌避雷器，铭牌值 $U_{1mA} \geqslant 24kV$。试验时发现其 U_{1mA} 电压为 228kV，$75\%U_{1mA}$ 下的泄漏电流为 10μA。对其进行工频参考电压测试，阻性电流峰值为 1mA 时工频参考电压为 10.5kV，其峰值为 14.847kV。远低于避雷器的额定电压 17kV，判断为不合格。解体后发现该避雷器，阀片侧少了一层绝缘涂层，这种情况易导致避雷器动作时发生闪络。

八、阀型避雷器工频放电电压低于标准要求

一只 FS—10 型阀型避雷器，停电试验时进行工频放电电压测试，三次工频放电电压平均值为 21kV，低于标准值 23～33kV 的下限，判断为不合格，进行了更换。

九、测绝缘电阻及电导电流严重受潮

某电厂一台主变压器 SF—45000/66 型，66kV，45MVA。其高压侧避雷器 FS 型，在预防性试验中测得 V 相上节避雷器绝缘电阻为 100MΩ，在试验电压为 10kV 下电导电流为 20μA；不合格。经判断为严重受潮，更换后再处理。

十、工频放电不合格

某电厂一台发电机引出口避雷器（FS 型），额定电压 10kV，工频放电电压为 20kV，不合格。进行更换处理。

十一、氧化锌避雷器受潮及底座裂纹

某系统在 2003 年共析出氧化锌避雷器受潮缺陷 3 件，其中 2 件表现为直流 1mA 电压（U_{1mA}）降低；另外一件为 $75\%U_{1mA}$ 下的泄漏电流增大；底座瓷瓶有 6 件有不同程度的裂纹，在"预试"中绝缘电阻下降。比 2002 年缺陷有所增加。

十二、氧化锌避雷器（MOA）直流 U_{1mA} 升高发生爆炸

某变电所一台 MOA，由三柱 φ43 阀片并联，每柱阀片为 14 片，每片通流容量 400A。从 1984 年至 1994 年动了三次，1984 年 6 月测试数据见表 13-16。DC U_{1mA} 及 W 相 24kV，$0.75U_{1mA}$ 泄漏电流 U 相 50μA，V 相 43μA，W 相 45μA，未超过 50μA。至 1992 年 4 月测 W 相 DCU_{1mA} 从 24kV 上升至 33kV，未引起注意，同年 11 月避雷器爆炸。原因是阀片配方问题。

表 13-16　　　　　　　　　　　　1984 年 6 月测试值

U_N（kV）	DC U_{1mA}（kV） U、V、W	75%DC U_{1mA} 下的泄漏电流 （μA）	工频相电压泄漏电流 （μA）	系统线电压下泄漏电流 （μA）
10	22.9；23.2；24	U50；V43；W45	U345；V350；W315	U745；V745；W680

十三、FZ—60 型避雷器泄漏电流低于标准要求

某只 FZ—60 型避雷器，上节避雷器元件试验中发现其绝缘电阻为 1500MΩ，泄漏电流为 $300\mu A$，而上半年泄漏电流为 $430\mu A$，根据泄漏电流低于标准要求且有逐年降低的趋势，分析认为该节避雷器的非线性电阻在运行电压下的电导电流作用下发生劣化，当即更换。

第十四章 接地装置试验

第一节 接地装置的组成与作用

一、接地装置组成

由发电厂、变电站和输电线路组成的电力网中，所有电气设备及杆塔的不带电的金属导体部分需要接地。接地是通过接地引下线及直接埋入地中的接地体两部分组成的接地装置来实现。接地装置按要求分为工作接地、安全接地、过电压保护接地和防静电接地4种。

1. 工作接地

在电力网中因运行需要的接地，如中性点接地。

2. 安全接地

电力设备的金属外壳、钢筋混凝土杆和铁塔，由于绝缘损坏有可能发生带电，为防止这种电压危及人身安全而设的接地。

3. 过电压保护接地

为了消除过电压危险影响而设的接地。

4. 防静电接地

易燃油、天然气罐与管道等，为了防止危险影响而设的接地。

上述分类是便于叙述接地的目的与要求。实际上发电厂、变电站的接地装置是集工作接地、安全接地、过电压保护接地为一整体（独立避雷针除外）。发电厂的燃油库及卸油站台（或卸油码头）的防静电接地是根据油库及卸油站等地距发电厂变电站的远近，或与发电厂厂区接地网连成整体，或单独自成一体。

发电厂、变电站接地装置的接地体通常由人工敷设的接地网组成。接地网是由埋深0.6～0.8m的水平接地带接成网络，并增加若干根垂直接地体组成。接地网的大小，大多与厂（所）周围的面积一致，厂（站）内所要求的接地的设备通过接地引下线与接地网直接焊接在一起。

带有架空地线的输电线路的杆塔接地装置主要用于防雷保护。其接地体敷设方式因土壤电阻率高低而有所不同，土壤电阻率低的地区是采用杆塔基础四周敷设闭合环状接地带作为接地体；土壤电阻率高的地区，则多采用多条放射形水平带作接地体。钢筋混凝土杆的接地引下线依其内部钢筋是否属预应力结构而异，非预应力用钢筋可以兼作接地引下线，预应力钢筋则不能用作接地引下线，以免大电流通过影响其机械强度。

配电变压器的接地体大都敷设成闭合环形水平接地带。

二、接地装置的作用与要求

以安全接地为主要目的接地装置是保护人身与设备安全的基础设施，无论电网是处在正常状态还是处在故障状态，接地装置都必须保证人身与设备的安全，分析接地装置的性能时，是以电网处在最严重情况下，即设备绝缘已经破坏，通过接地装置的短路电流最大的情况下，仍能够保证人身及设备的安全为基础的。

接地引下线的基本作用是将设备的金属外壳与接地体紧密连接起来。在正常情况下，不带电的金属外壳处在地电位状态，在通过最大短路电流时，仍然保证这种连接是完好的，也即接地引下线有足够大的截面，不会被最大短路电流所熔断。

近年来，国内发生的几起接地网扩大事故，多数是接地引下线腐蚀使导体截面缩小、电网容量增加，在通过大接地短路电流时引下线被熔断，短路电流从控制与操作电缆流向主控室的接地回路。烧毁主控室部分继电保护设备甚至使操作直流电源短路而熔断熔丝，使断路器无法跳闸，保护与信号回路失去电源，致使事故扩大。因此 DL/T 596—1996 与 Q/CSG 10007—2004 中有关接地装置试验项目增加了开挖检查接地线腐蚀状况（主要是接地引下线及地面交接处），要求进行接地线截面的热稳定校验。

接地体的作用有以下 3 个方面。

（1）电网在正常情况下，通过接地引下线使设备外壳处在地电位。

（2）电网在故障短路情况下，接地网的电位升高和厂（站）内外的接触电势、跨步电势不超过规定的要求。这些规定是基于作用在人身及设备上的电压不达到危险的程度，也即要求发电厂、变电站的接地电阻不超过一定的限度，接地网格大小合理，地电位升高及接触电势和跨步电势不超过有关规程所列的计算范围。

（3）在接地故障点与主变压器中性点或厂（站）内两个不同点接地短路之间有良好的通路，也即接地网格的阻抗很小，短路电流不会危及操作电缆与控制电缆等弱电设备。这是接地网设计中应注意的内容。

第二节 接地电阻测量

一、接地电阻测量接线

（1）按图 14-1 布置时，电流极与接地网边缘之间的距离 d_{13} 一般取接地网最大对角线长度 D 的 4～5 倍，以使其间的电位分布出现一个平缓区段。在一般情况下，电压极到接地网边缘的距离约为电流极到接地网边缘的距离的 50%～60%。测量时，沿接地网与电流极的连线移动 3 次，每次移动的距离为 d_{13} 的 5% 左右，如 3 次测得的电阻值接近即可。

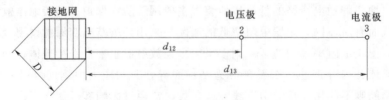

图 14-1 直线布置法

如 d_{13} 取（4～5）D 有困难，并在土壤电阻率较均匀的地区，可取 $d_{13}=2D$，$d_{12}=D$；在土壤电阻率不均匀的地区，d_{13} 可取 $3D$，d_{12} 取 $1.7D$。

（2）按图 14-2 布置时，一般取 $d_{12}=d_{13}\geqslant 2D$，夹角 $\theta\approx 30°$。

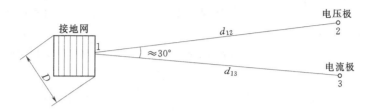

图 14-2　三角形布置

二、测量方法

1. 接地摇表法

常用 ZC—8 型、ZC—29 型等接地电阻测量仪属电桥型，其原理接线如图 14-3 所示。手摇发电机 G 发出 110Hz 电流 I_1，经变压器 T 一次侧流入被测接地网，由电流极返回电源。设流过滑动电阻 r 的电流为 I_2，当调整 K_0 及 r 使得检流计 P 指示为零时，则 I_1 在接地电阻 R_g 上的压降与 I_2 在 r 电阻某段阻值 r_0 上的压降相等。即 $I_1R_g=I_2r_0$，得

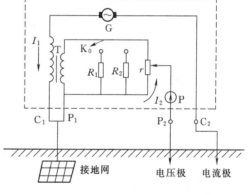

$$R_g=\frac{I_2}{I_1}r_0 \qquad (14-1)$$

$$I_2=K_1K_2I_1=nI_1 \qquad (14-2)$$

式中　K_1——变压器变比；

　　　　K_2——倍率开关 K_0 所在位置决定分流系数。

则　　　　$$R_g=\frac{nI_1r_0}{I_1}=nr_0 \qquad (14-3)$$

图 14-3　ZC 型接地电阻测量仪原理接线图

调整 K_1 与 K_2 使得 $n=0.1$、1、10，则测量的接地电阻 R_g 直接从 r 刻度盘上读出 r_0 值，再乘以整数倍率 n。

2. 工频电流电压法

工频电流电压法试验接线如图 14-4 所示。工频电源须经过隔离，隔离变压器可以是独立使用的 6～10kV 配电变压器，也可以是其他电气耦合的变压器。用 6～10kV 配电变压器时，可以用 400V 侧相电压或线电压作用在接地网与电流极之间，形成数十安培以上的回路电流，该电流通常用电流互感器和 0.5 级电流表来测量。接地网的电位升高用高内阻电压表测量，如经过校对晶体管或电子管电压表。当干扰电压及干扰电流与测量的电压 U 及电流 I 相比可以忽略不计时〔例如全厂（站）停电或尚未投运的发电厂、变电站〕，接地网的接地电阻 $R_g=\frac{U}{I}$。

运行中的发电厂、变电站接地网中大部分有很强烈的干扰源。干扰源主要来自很大的

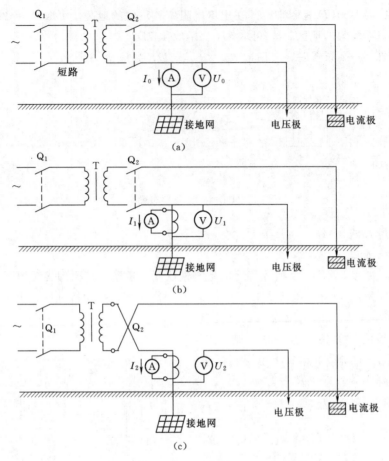

图 14-4 工频电流电压法测接地电阻接线图

(a) 无电源；(b) 正向电源；(c) 反向电源

负荷电流，厂（站）内的架空母线与进出线的负荷电流产生的漏磁通与接地网络交链，闭合的接地网格中产生环流，环流在网络阻抗上的压降使得接地网内各点之间存在电位差。在测量接地电阻时，环流产生压降使得测量的结果被严重偏离，不采用排除干扰源的方法便无法得到真实的接地电阻值。

用倒换电源极性的方法，可以有效地消除工作干扰，其具体的操作步骤如下。

（1）将电源开关断开，隔离变压器原边短路，测量无电源时的干扰电流 I_0 及干涉电压 U_0，如图 14-4（a）所示。

（2）电源开关在正向电压下，测量电流 I_1 及电压 U_1，如图 14-4（b）所示。

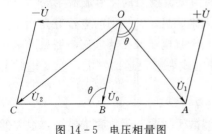

图 14-5 电压相量图

（3）如电源开关在反向电压下，测量电流 I_2 及电压 U_2，如图 14-4（c）所示。

上述 3 步操作应在尽可能短的时间内完成，则可认为在此时间内干扰源不变，由此得到电压相量图如图 14-5 所示。设 $\dot{U}_0$ 滞后 $+\dot{U}\theta$ 角，由于 $\dot{U}_0$ 存在使得在正向电源下测得的电压为 $\dot{U}_1$，反向电

源时测得的电压为 $\dot{U}_2$，而真正的接地网电位升高为 $\dot{U}_1$，为此由图 14-5 中 $\triangle BCO$ 及 $\triangle ABO$ 得到

$$U_2^2 = U^2 + U_0^2 - 2UU_0\cos\theta \tag{14-4}$$

$$U_1^2 = U^2 + U_0^2 - 2UU_0\cos(180-\theta)$$

$$U_1^2 = U^2 + U_2^2 + 2UU_0\cos\theta \tag{14-5}$$

两式相加得

$$U_2^2 + U_1^2 = 2U^2 + 2U_0^2$$

即

$$U = \sqrt{\frac{U_1^2 + U_2^2 - 2U_0^2}{2}} \tag{14-6}$$

同理可得到

$$I = \sqrt{\frac{I_1^2 + I_2^2 - 2I_0^2}{2}} \tag{14-7}$$

接地电阻

$$R = \frac{U}{I}$$

若用三相电源测量时

$$R = \frac{\sqrt{\frac{1}{3}(U_u^2 + U_v^2 + U_w^2) - U_N^2}}{\sqrt{\frac{1}{3}(I_u^2 + I_v^2 + I_w^2) - I_N^2}}$$

例：用工频电流与电压法：夹角布线，测量某一大型发电厂升压变电站接地网接地电阻，从接地网不同位置注入工频电流约 40A，选取 3 处的测量值见表 14-1。从表 14-1 可以看出，干扰电压（网络环流引起的电压降）与地网电位升高具有相同的数值，有的甚至还要大，但是经过电源换向，得到的地网电位升高是很一致的，最终得到接地电阻相当接近，说明通过电源换向测量，可以消除强干扰的影响。

表 14-1 　　　　　　　　某电厂升压变电站接地网接地电阻实测值

测点位置	U_0 (V)	I_0 (A)	U_1 (V)	I_1 (A)	I_2 (A)	U_2 (V)	U (V)	I (A)	R (Ω)
#1 主变压器	5.8	1.02	4.7	41.8	40.5	8	3.07	41.4	0.075
#6 主变压器	1.1	1.12	3.4	42	41	3.3	3.16	41.49	0.076

3. 测量接地电阻时需注意事项

（1）用接地摇表测量接地电阻时，如果将 P_1、C_1 端头短接，通过一根引线接至接地网（见图 14-3），或接地摇表生产厂已将 P_1、C_1 端在内部短接，只引出一个端子，则测量的读数中包括有引线的电阻。当被测接地电阻值比较小时，需要减去引线电阻才是接地网的接地电阻。引线电阻可以用接地摇表来测量，将引线接在 P_1、C_1 与 P_2、C_2 端，摇表测出的电阻为引线电阻。如果从摇表 P_1 端与 C_1 端各引一根引线至接地网，则测量的读数不含引线电阻，仅为所测的接地电阻。

（2）用工频电流电压法测量接地电阻时，电压线与电流线应尽可能远离，否则电流线与电压线之间的互感足够大，使得测量的电压值中含有很大成分的互感电势，以致测量结果背离真实情况。DL/T 475—2006《接地装置工频特性参数的测量导则》的 3.1.3 条测量工频接地电阻的四极法指出："四极法"可以消除互感的影响，经实测（发电厂、变电

站）证实，"四极法"在测量大型接地网中原理是错误的，因为大型接地网的接地电阻实质上是接地阻抗。用注入工频电流值除以接地网电位升高所得的结果，本身就含有一定的自感。因此测量大型接地网的接地电阻时，需在引线布置上使电流线与电压线尽可能远离。

（3）测量大面积接地网接地电阻时，所用电压与电流的引线都会很长，电流引线要使用大截面导线。通常用停电的架空线路作电流引线，电流极也可用配电站的接地网，这样可以获得较大的回路电流。电压引线则用小截面的电源线或其他导线沿地面敷设，电压极只需用 $1\sim2m$ 长的铁管或角铁打入土壤中即可。

第三节　测量土壤电阻率的方法

一、用三极法测量土壤电阻率

用已知几何尺寸的接地体垂直打入土中，如图 14-6 所示。测量该接地体接地电阻 R_g，可以推算出该处土壤电阻率 ρ 为

$$\rho = \frac{2\pi l R_g}{\ln\left(\frac{4l}{d}\right)} \tag{14-8}$$

式中　R_g——接地体实测接地电阻，Ω；

　　　l——垂直接地体的长度，m；

　　　d——接地体外直径，m。

对于圆钢 d 即为直径；对于扁钢 $d=\dfrac{b}{2}$，其中 b 为扁钢宽度；对于角钢 $d=0.71\times$

$\sqrt[4]{b_1 b_2 (b_1^2 + b_2^2)}$；其中 b_1、b_2 为角钢边长，若 $b_1=b_2=b$，则 $d=0.84b$。

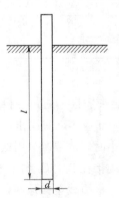

图 14-6　垂直接地体

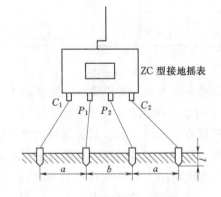

图 14-7　四极法测土壤电阻率

二、用四极法测量土壤电阻率

用四极法测量土壤电阻率的接线如图 14-7 所示。当 $a=b\gg l$ 时，得

$$\rho = 2\pi a R_g \tag{14-9}$$

当 $a \neq b \gg l$ 时，则

$$\rho = \frac{\pi a(a+b)}{b} R_g \qquad (14-10)$$

用四端 C_1、P_1、C_2、P_2 接地摇表测量出 R_g，用式（14-9）或式（14-10）可计算出土壤电阻率 ρ 值。

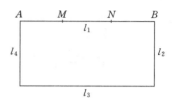

图 14-8　测量发电厂、变电站
接地网土壤电阻率的布线图

在工程设计中测量发电厂、变电站接地网的等值土壤电阻率时推荐如图 14-8 的测量布线及计算方法。

在现场定出接地网的 4 个边长为 $l_1 \sim l_4$，如图 14-8 所示。在每条边的两端，如 l_1 的 A、B 两点加入测量电流（即四端接地摇表的 C_1、C_2 端），在 M、N（接地摇表 P_1、P_2 端）两点测电压，则接地电阻 $R_g = \dfrac{U}{I}$，或从摇表中直接读出。当 $AM=BN=MN$ 时，用式（14-9）可以算出土壤电阻率 ρ_1；当 $AM=BN \neq MN$ 时，可用式（14-10）计算。依此类推，MN 间距离取边长 l_1 长度的 1/3、1/6、1/9、1/18 进行试验，然后取平均值 ρ_{l1} 为

$$\rho_{l1} = \frac{\rho_1 + \rho_2 + \rho_3 + \rho_4}{4}$$

对其他三边接同样方法依次求出相应的土壤电阻率，然后用长度的加权平均值，求得土壤电阻率为

$$\rho_\Sigma = \frac{l_1 + l_2 + l_3 + l_4}{\dfrac{l_1}{\rho_{l1}} + \dfrac{l_2}{\rho_{l2}} + \dfrac{l_3}{\rho_{l3}} + \dfrac{l_4}{\rho_{l4}}} \qquad (14-11)$$

第四节　接触电势、跨步电势及电位分布测量

当接地短路电流流过接地装置，在大地表面形成分布电位，如图 14-9（a）所示。在地面上离设备水平距离为 0.8m 处与沿设备外壳、构架或墙壁离地面的垂直距离为 1.8m 处两点间的电位差，称为接触电势；人体接触该两点时所承受的电压称为接触电压。接地网边角网孔中心对接地体最大电位差称为最大接触电势；人体接触该两点时所承受的电压称为最大接触电压。

地面上水平距离为 0.8m 的两点间的电位差称为跨步电势，如图 14-9（b）所示；人体两脚接触该两点时所承受的电压称为跨步电压；在接地网处的直角处的地面上距离地网外缘距离为 $(h_p - 0.4)$ 与 $(h_p + 0.4)$ 的两点间（h_p 为埋深，m）的跨步电势称为最大跨步电势；人体两脚接触该两点时所承受的电压称为最大跨步电压。在 DL/T 621—1997《交流电气装置的接地》中列出了接触电势与跨步电势不应超过的计算公式为

$$U_t = \frac{174 + 0.17\rho_f}{\sqrt{t}} \qquad (14-12)$$

$$U_s = \frac{174 + 0.7\rho_f}{\sqrt{t}} \qquad (14-13)$$

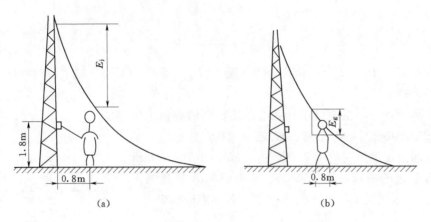

图 14 - 9 接地网的接触电势与跨步电势示意图
(a) 接触电势；(b) 跨步电势

上述公式是按人体通过电流允许值为 $\frac{116}{\sqrt{t}}$（mA）与人体电阻为 1500Ω 导出的，其中 t 为接地短路电流的持续时间，单位为 s。

在重要的发电厂、变电站建成投产前，要测量接触电势、跨步电势及电位分布。常用工频电流电压法测量接地电阻时，先向接地网注入一个较大的工频电流，然后在接地网地面上进行上述参数测量。测量这些参数的电极可以用 ϕ10mm 的金属板制成。将这些金属板安置在规定距离的地面上，使其与地面接触良好，向接地网流入电流 I 后，用高内阻电压表测量各电极间的电压或接地体与电极间的电压，再换算到最大短路电流下的接触电势与跨步电势，换算公式为

$$U_c = U I_m / I \tag{14-14}$$

式中 U_c——接地体流过最大短路电流 I_m 时的接触电势或跨步电势，V；

$\quad U$——注入电流 I 时测量的接触电势或跨步电势，V；

$\quad I$——测量时注入的电流，A；

$\quad I_m$——计算用最大短路电流，A。

测量电位分布时，在比较长的距离内要布置一定数量的电极，且在接地网的不同方向布置一定数量电极。在向接地网注入电流 I 后，测量各电极的电压，经换算可求得最大短路电流下的电网电位分布。

第五节   降低地网接地电阻的新方法

目前，降低地网接地电阻的新方法主要是深孔爆破制裂——压力灌降阻剂法。这种方法是采用钻孔机在地中垂直钻一定直径，深度一般为 10～80m 的孔，在孔中插入电极，然后沿孔的整个深度隔一定距离安放一定的炸药进行爆破。将岩石爆裂、爆松，接着用压力机将调成浆状的降阻剂压入深孔中及爆破制裂产生的缝隙中，以达到通过降阻剂将地下巨大范围土壤内部沟通及加强接地电极与土壤（岩石）的接触，形成内部互联，从而达到

较大幅度地降低接地电阻的目的。工程实践证明：钻孔孔径为 100mm，深度为 20～40m，炸药量为 3～15kg，降阻剂用量为 450～2500kg，地网的极间距离应根据地质状况及爆破制裂时炸药用量选取，一般为 20～40m 较合适。

接地网接地电阻的计算公式为

$$R = K \frac{\rho}{2\pi r} \tag{14-15}$$

式中　　r——内部互联的立体地网的等值半径，约等于最深孔深 h 加等效制裂宽度 D，即 $r = h + D$，D 与接地装置所在处的地质状况有关，取值见表 14-2；

K——爆破制裂及地质系数，与地质状况及爆破制裂的效果有关，取值见表 14-2；

ρ——土壤电阻率，$\Omega \cdot m$。

例如，某变电站土壤的电阻率为 1100$\Omega \cdot m$，水平地网面积为 120m×120m，采用深孔爆破制裂——压力灌降阻剂法时的垂直接地极深为 100m，施工后测量接地电阻为 0.43Ω，达到 0.5Ω 设计值的要求。

表 14-2　　　　　　　　　　D 与 K 取 值 表

地　　质	低电阻率层	K	D
强风化土壤	无	0.5～0.8	15～20
	有	0.3～0.6	
中风化土壤	无	0.8～1.0	10～15
	有	0.5～0.8	
轻风化土壤	无	1.0～1.3	5～10
	有	0.7～1.0	

此外，还有深孔（井）法和非单层接地等方法，应用这些方法也可有效地降低地网的接地电阻。

接地装置的试验与检查项目、周期和要求见 Q/CSG 10007—2004 中的表 46，此处不再赘述。

第六节　经　验　交　流

一、接地装置检验

1. 对新安装的接地装置进行检验的验收

对新安装的接地装置，为了确定其是否符合设计或 Q/CSG 10007—2004 的要求，在工程完工后，必须经过检验才能投入正式运行。检验时，施工单位必须提交下列技术文件。

（1）施工图与接地装置接线图。

（2）接地装置地下部分的安装记录。

（3）接地装置的测试记录。

另外，还必须对接地装置的外露部分进行外观检查。外观检查的项目大致为：检查接地线或接零线的导体是否完整、平直与连续；接地线或接零线与电力设备间的连接当采用螺栓连接时，是否装有弹簧垫圈和接触可靠；接线或接零线相互间的焊接的选焊长度与焊缝是否合乎要求；接地线与接零线穿过墙建筑物的墙壁或基础时，是否加装了防护套管；当与电缆管道、铁路交叉时，是否有遮盖物加以保护；在经过建筑物的伸缩缝处是否装设了补偿装置；当利用电线管、封闭式母线外壳或行车钢轨等作为接地或接零干线时，各分段处是否有良好的焊接；接地线或接零线是否按规定进行了涂漆或涂色等。

还必须进行接地装置的接地电阻测量和重点抽查触及接点的电阻。

2. 对接地装置进行定期检查和试验

在运行过程中，接地线或接零线由于遭受外力破坏或化学腐蚀等影响，往往会有损伤或断裂的现象发生，接地体周围的土壤也会由于干旱、冰冻的影响而使接地电阻发生变化。因此为保证接地与接零的可靠，必须对接地装置进行定期的检查和试验。

3. 测量接地电阻应用交流

这是因为土壤的导电常常要经过水溶液，如果用直流测量，则会在电极上聚集电解出来的气泡，减小导电截面，增加电阻，影响测量准确度，所以应用交流而不能用直流。

二、大型接地网的接地电阻测量方法

1. 用附加串联电阻法测量大型接地网的接地电阻

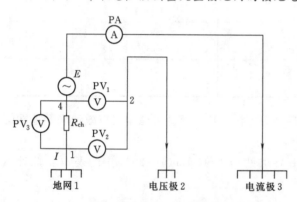

图 14 - 10 附加串联电阻法测量原理接线图

该法消除接地电阻测量中互感影响的新方法。可有效地应用于大型地网接地电阻的现场测量。采用附加串联电阻法测量时，电极的布置及接线如图 14 - 10 所示。

测量时，施加电源电压 E 后，选用高内阻数字式电压表分别测出 U_{42}、U_{12} 和 U_{41}，然后计算接地网接地电阻 R_1 为

$$R_1 = \frac{U_{42}^2 - U_{12}^2 - U_{41}^2}{2IU_{41}^2}$$

式中　U_{42}——4 与 2 点间的电压值，V；

　　　U_{12}——1 与 2 点间的电压值，V；

　　　U_{41}——4 与 1 点间的电压值，V；

　　　I——测试电流，A。

若有地中干扰电流等影响，可采用倒相法消除。

测量中应注意的问题如下。

（1）对附加电阻的精度要求极低，因为它不出现在计算公式中。可用容量足够的非线性电阻，只要其在测试电流时的阻值大致合理即可。现场常采用无感电阻，并以尽可能短的引线接到接地网上。

（2）对用 6～63kV 架空线进行测试的场合，附加串联电阻值应大致为 10.3～0.27L 或大些，其中 L 为电位极引线的长度（km）。

2. 用瓦特表测量大型接地网的接地电阻

瓦特表就是采用三极法的工作原理，通过测量电流和功率求得接地电阻，瓦特表测量布线如图 14-11 所示。

设大地的土壤均匀，电阻率为 ρ，经接地体 1 流入大地的电流为 I，则电极 1 与电极 2 之间的电压为

$$U_{12}=\frac{I\rho}{2\pi}\left(\frac{1}{r_g}-\frac{1}{d_{12}}+\frac{1}{d_{23}}-\frac{1}{d_{13}}\right)$$

瓦特表测得的功率为

$$P=U_{12}I=\frac{I^2\rho}{2\pi}\left(\frac{1}{r_g}-\frac{1}{d_{12}}+\frac{1}{d_{23}}-\frac{1}{d_{13}}\right)$$

因此电极 1 与电极 2 之间呈现的电阻 R_G 为

$$R_G=\frac{\rho}{I^2}=\frac{\rho}{2\pi}\left(\frac{1}{r_g}-\frac{1}{d_{12}}+\frac{1}{d_{23}}-\frac{1}{d_{13}}\right)$$

当用远离法或补偿法使 $\frac{1}{d_{12}}-\frac{1}{d_{23}}+\frac{1}{d_{13}}=0$，就得到

$$R_G=\frac{\rho}{2\pi r_g}$$

此即为接地网的接地电阻值。

图 14-11 的等值电路如图 14-12 所示。

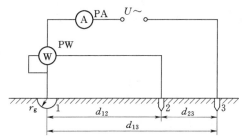

图 14-11 瓦特表法测量接地电阻的测量接线

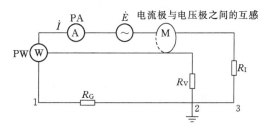

图 14-12 瓦特表法测量接地电阻等值电路
R_V—电压极 2 的接地电阻；R_I—电流极 3 的接地电阻

考虑到 R_V 与瓦特表电压回路的高内阻相比是微不足道的，因此 R_V 两端电位相等，电压回路中的电流可以忽略不计。如图 14-12 的等值电路有

$$\dot{U}_{12}=IR_G+j\omega M\dot{I}$$
$$P=I^2R_G$$

则

$$R_G=\frac{P}{I^2}$$

当接地网存在较大的干扰电流时，为消除干扰电流的影响，可采用倒相法进行测量。接地网的接地电阻为

$$R_G=\frac{P_Z+P_F}{2I^2}$$

式中　P_Z——电源为正极性（即倒相前）瓦特表所测得的功率；

P_{F}——电源为反极性（即倒相后）瓦特表所测得的功率。

值得注意的是，当注入电流不足够大时，测量结果会出现偏差。

3. 用电位极引线中点接地法测量大型接地网的接地电阻

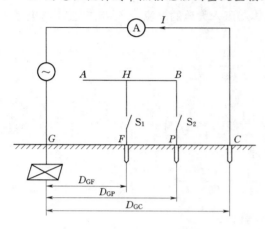

图 14-13 测量原理接线图

测量的原理接线如图 14-13 所示。

测量时，首先读取 I，再用高内阻电压表直接读出下列电压。

(1) 合上 S_1，断开 S_2，读出 U_{GA}，U_{BP}。

(2) 断开 S_1，合上 S_2，读出 U_{GA}。

根据推导，地网的接地电阻为

$$R=\left[(U_{\mathrm{GA}}^2-U_{\mathrm{BP}}^2)/I\right]\times\left[2(U_{\mathrm{GA}}^2+U_{\mathrm{BP}}^2)-(U'_{\mathrm{GA}})^2\right]^{-\frac{1}{2}}$$

如果地网存在不平衡干扰电流，干扰电流造成的误差可用倒相法消除。首先在不加测量电流的情况下测量 U_{GA}、U_{BP} 和 U'_{GA}，然后再加上测量电流，在正反两种极性下测量这 3 个量。按下面的统一公式可分别求出消除干扰后此三量相应的值

$$U_{\mathrm{x}}=\sqrt{\frac{1}{2}(U_{\mathrm{x1}}^2+U_{\mathrm{x2}}^2-2U_{\mathrm{x0}}^2)}$$

式中 U_{x0}、U_{x1}、U_{x2}——某参量在不加测量电流，加正极性测量电流，反极性测量电流时的值；

U_{x}——该参量消除工频干扰后的值。

为减小测量误差，电流极距地网中心的距离宜取为地网半径的 10 倍。

该方法可以消除电流、电压引线互感的影响，结合倒相法可以消除不平衡电流引起的工频干扰，且计算公式简单，结合现代的通信工具，现场很容易实现。

4. 用变频法测量大型接地网的接地电阻

采用变频法测量时，其原理接线如图 14-14 所示。电压线与电流线夹角为 30°，可避免互感的影响，还可用隔离变压器阻断电网与测试仪的电联系，试验电流为 1~3A。

目前有的单位采用九江仪表厂生产的 PC—19 大型地网接地电阻测量仪进行测量。

5. 用四极法测量大型接地网的接地电阻

图 14-15 所示为四极法测量工频接地电阻的原理接线图。其中四极是指被测接地装置 G，测量用的电流极 C 和电压极 P 以及辅助电极 S。辅助电极 S 离被测接地装置边缘的距离 $d_{\mathrm{GS}}=30\sim100\mathrm{m}$。

测量时，用高输入阻抗电压表测量点 2 与点 3，点 3 与点 4 以及点 4 与点 2 之间的电压 U_{23}、U_{34} 和 U_{42}，由电压 U_{23}、U_{34} 和 U_{42} 以及通过接地装置流入地中的电流 I，得到被测接地装置的工频接地电阻为

$$R=\frac{1}{2U_{23}I}(U_{42}^2+U_{23}^2-U_{34}^2)$$

测量中应注意的问题如下。

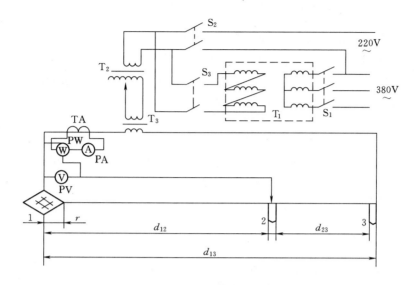

图 14 - 14　变频法测量的原理接线

1—地网中心；2—电压极；3—电流极；r—地网对角线一半；d_{12}—地网中心到电压极的距离；

d_{13}—地网中心到电流极的距离；d_{23}—电压、电流极间距离

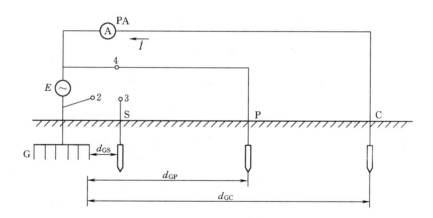

图 14 - 15　四极法测量工频接地电阻的原理接线图

G—被测接地装置；P—测量用电压极；C—测量用电流极；

S—测量用辅助电极；E—工频电源

（1）为了使测量的结果可信，要求电压表和电流表的准确度不低于 1.0 级，电压表的输入阻抗不小于 100kΩ。最好用分辨率不大于 1％ 的数字电压表（满程约 50V）。

（2）对接地装置中零序电流的影响既可以用增大通过接地装置的测试电流值的办法减小，也可用倒相法或三相电源法消除。

用倒相法得到的工频接地电阻值为

$$R_{G} = \frac{1}{I} \sqrt{\frac{1}{2} \left[(U'_{G})^{2} + (U''_{G})^{2} \right] - U_{GO}^{2}}$$

式中　I——通过接地装置的测试电流，一般不宜小于 30A，且测试电流倒相前后保持

不变；

U'_G、U''_G——测试电压倒相前后的接地装置的对地电压；

U_{G0}——不加测试电压时接地装置的对地电压，即零序电流在接地装置上产生的电压降。

三相电源法是将三相电源的三相电压相继加在接地装置上，保持通过接地装置的测试电流值 I 不变，则被测接地装置的工频接地电阻值为

$$R_G = \frac{1}{I}\sqrt{\frac{1}{3}(U_{GA}^2 + U_{GB}^2 + U_{GC}^2) - U_{G0}^2}$$

式中 U_{GA}、U_{GB}、U_{GC}——把 A 相电压、B 相电压和 C 相电压作为测试电源电压时接地装置的对地电压；

U_{G0}——在不加测试电源电压时，电力系统的零序电流在接地装置上产生的电压降；

I——通过接地装置的测试电流。

（3）为了减小由于广播电磁场等交流电磁场产生的高频干扰电压对测量结果的影响，可在电压表的两端子上并接一个电容器，其工频容抗应比电压表的输入阻抗大 100 倍以上。

（4）测量前，应把避雷线与变电站的接地装置的电连接断开。

（5）为了得到较大的测试电流，一般要求电流极的接地电阻不大于 10Ω，也可以利用杆塔的接地装置作为电流极。

（6）为减小干扰的影响，测量线应尽可能远离运行中的输电线路或与之垂直。

（7）测量电极的布置要避开河流、水渠、地下管道等。

三、测量变电站四周地面的电位分布及设备接触电压

测量变电站四周地面的电位分布和电力设备接触电压是预测当发生接地短路故障时是否会发生危及人身安全的一项重要工作。目前，现场使用的方法主要有如下几种。

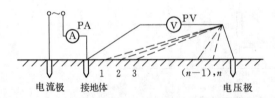

图 14-16 测量地面电位分布接线图

1. 探针钻孔法

这是常用的测量方法，测量电位分布接线如图 14-16 所示。

测量时，选择一设备接地，向地网注入电流 I（为了克服地网杂散电流的干扰，注入电流应为干扰电流的 $15\sim20$ 倍，对大、中型地网，通常取为 $20\sim40A$），将电压极插入地的零电位处。具体做法是将电压极自接地体沿直线向外移动，当电压极继续向外延伸时，电位差不再增加，该电位差即为最高电压 U_g。此时从电流注入点接地体开始，沿直线方向每隔 $0.8m$ 测定各点对接地体的电压 U_1、U_2、$\cdots$、U_{n-1}、U_n，然后以 U_g 分别减去各测点电压值，或者固定电压极不动，从接地体起每隔 $0.8m$ 测量一次各点对电压极的电压，即得各点（对零电位点）的电位分布。接地体流过接地短路电流 I_{max} 时的实际电位，应乘以系数 K 确定。测得各点的电位分布后，相距 $0.8m$ 两点间的跨步电压为

$$U_K = K(U_n - U_{n-1})$$

式中 U_K——任意相距 $0.8m$ 两点间的实际跨步电压，V；

K——系数，其值等于接地体流过的最大接地短路电流 I_{max} 与测量时注入电流 I

之比。

这种方法的缺点是：测量各测量点时，均要将探针打入地中，若是土质地面则较容易，但对混凝土地面，就有一定困难。

测量设备接触电压的接线如图 14-17 所示。测量时从设备外壳对电流极加上电压后读取电流值和电压值，然后计算当流过最大短路电流 I_{max} 时的实际接触电压

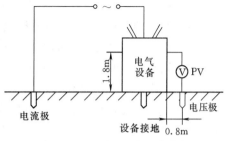

图 14-17 测量电力设备接触
电压的接线图

$$U_{jmax} = U_{js} \frac{I_{max}}{I} = K U_{js}$$

式中 U_{jmax}——接地体流过最大接地电流 I_{max} 时的接触电压，V；

$\quad\quad U_{js}$——接地体流过试验电流 I 时的实测接触电压，V；

$\quad\quad K$——系数，其值为 $\dfrac{I_{max}}{I}$。

2. 圆盘取样法

这种方法是为解决探针钻孔法在混凝土地面钻孔困难而提出的。具体做法是：事先加工 4~6 个直径为 25cm，原 0.8cm 的圆钢盘或铜盘，其底部加工成 1.5° 的光洁面。圆盘中间钻一个直径 2cm 的孔，上部对着孔焊接一个圆锥形的漏斗，再焊上接线螺丝和手提环。测量时，代替测试极（探针），平放在需要测试的点上，为了解决测量极与地面的电接触问题，在测量时向漏斗中注入少许水，用 4~6 个圆盘取样板来回替换。这样不仅可成倍地提高工作效率，而且使混凝土路面、设备基础等处的电位分布测量和电力设备接触电压测量都非常方便。实测表明，该方法与探针钻孔法的测量结果基本一致。

四、防止地网腐蚀的措施

1. 主地网的防腐蚀措施

（1）采用降阻防腐剂。试验表明，降阻防腐剂具有良好的防腐效果，表 14-3 列出了试片的锈蚀率。

表 14-3　　　　　　　　　　　试片的锈蚀率比较表

试片种类	埋入时间（月）	原土中锈蚀率（%）／降阻剂中锈蚀率（%）	原土中月均锈蚀率（%）／降阻剂中月均锈蚀率（%）
甲	2	2.90/0.91	1.45/0.46
	4	4.11/1.74	1.03/0.44
	6	5.67/2.63	0.95/0.44
乙	6	2.22/0.85	5.45/0.14
	17	5.45/2.61	0.32/0.15

由表 14-3 可见：①试片在原土中的锈蚀率大于降阻剂中的锈蚀率；②埋入 6 个月的两种试片中，甲试片锈蚀率大，这是因为两块试片的表面积不同，甲试片表面积大，则锈蚀量也就大。

试片埋在降阻防腐剂中比原土壤中的腐蚀率小的原因是：①降阻防腐剂为弱碱性，pH＝10，原土壤为弱酸性，pH＝6，故铁的析氢腐蚀作用和吸氧腐蚀作用都无法存在；②降阻防腐剂中的阴离子 OH⁻ 数量比原土壤大，它与铁之间的"标准电极电位差"就比较小，故可抑制铁失去电子的能力，减小了腐蚀作用；③降阻防腐剂中含有大量钙、钠、镁、铝的金属氧化，它们的金属离子都比铁的"标准电极电位"低，故可起一定的阴极保护作用；④降阻防腐剂呈胶黏体状，它将铁紧密地包围着，使空气（氧气）无法与表面接触，故可防止氧化腐蚀作用；⑤降阻防腐剂与铁表面发生化学反应，生成一层密实而坚固稳定的氧化膜，使铁表面被"钝化处理"，故不易腐蚀；⑥铁的氧化物属于碱性氧化物，与水作用后生成难溶于水的弱碱，仅能与酸反应，因此，铁埋在具有弱碱性的降阻防腐蚀中，起到了保护作用。

另外，据报道，大别山牌高效膨润土降阻防腐剂具有很好的降阻性能、防腐性能和长效性，对钢接地体的平均腐蚀率小于 0.0035～0.004mm/年。

（2）采用导电防腐涂料 BD01 和锌牺牲电极联合保护。这个方法是将接地网涂两遍自制的 BD01 涂料，再连接牺牲阳极埋于地下。应用面积约为 115cm² 的试片试验表明：无涂料无牺牲阳极保护的阴极的腐蚀率为 0.0278mm/年；无涂料有牺牲阳极保护的阴极的腐蚀率为 0.0085mm/年；有涂料有牺牲阳极保护的阴极的腐蚀率为 0mm/年。

采用这种方法的技术条件是：有涂料和无涂料的阴极（接地网）的面积和阳极面积比分别为 25.7：1 和 7.5：1，保护电位至少比自然电位偏负 0.237V。

采用导电涂料能降低接地电阻，而且能使接地网接地电阻变化平稳，比一般接地网少投资 50％，能保护 40 年以上。

（3）采用无腐蚀性或腐蚀性小的回填土。在腐蚀性强的地区，宜采用腐蚀性小或无腐蚀性的土壤回填接地体，并避免施工残物回填，尽量减小导致腐蚀的因素。

（4）采用圆断面接地体。最好采用镀锌圆断面接地体。

2. 接地引下线的防腐

（1）涂防锈漆或镀锌。它属于一般的防腐措施。

（2）采用特殊防腐措施。在接地体周围尤其是在拐弯处加适当的石灰，提高 pH 值，或在其周围包上碳素粉加热后形成复合钢体。在接地引下线地下近地面 10～20cm 处最容易被锈蚀，可在此段套一段绝缘（如塑料等），以防腐蚀。对于化工区的接地引下线的拐弯处，可在 590～650℃ 范围内退火清除应力后再涂防腐涂料。

3. 电缆沟的防腐措施

（1）降低电缆沟的相对湿度，使其相对湿度在 65％ 以下，消除电化学腐蚀的条件。

（2）接地体涂防锈涂料。目前防锈涂料只能维持两年左右。

（3）接地体采用镀锌或热镀锌处理。

（4）改变接地体周围的介质，这是一种较好的方法。具体做法是用水泥混凝土将扁钢浇注到电缆沟的壁内，由于水泥混凝土是一种多孔体，地中或电缆沟内湿气中的水分渗进混凝土后即变为强碱性的，pH 值在 12～14 范围内。钢在碱性电解质中（pH≥12），其表面会形成一层氧化膜，它能有效地抑制钢的腐蚀。

五、变电站出线杆塔接地电阻测试

对某 110kV 变电站出线的第一基杆塔进行接地电阻的测试，分别使用钳表法和三极法对杆塔的接地电阻进行测量，测量结果见表 14-4。

表 14-4 使用钳表法和三极法测试杆塔接地电阻的结果

测 试 地 点	钳形表（Ω）	ZC—8 型接地电阻测试仪（Ω）	误差（％）
地下变进线第一基杆塔	3.6	3.5	2.8

根据测试结果，并与以前测试数据相比相差不大于 30%，均小于 DL/T 596—1996《电力设备预防性试验规程》规定值。

六、独立避雷针接地电阻测量

测量某电厂的独立避雷针接地电阻采用三极法，用接地电阻测试仪进行测量，其测量接线如图 14-18 所示。

根据 DL/T 621—1997《交流电气装置接地》规定，独立避雷针接地电阻不得大于 10Ω，全厂独立避雷针的测试结果见表 14-5。

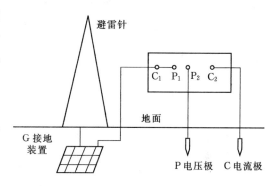

图 14-18 三极法独立避雷针测量接线图

表 14-5 独立避雷针测试结果

独立避雷针地点	接地电阻值（Ω）	独立避雷针地点	接地电阻值（Ω）
油库 I 号油罐	1.6	23 号避雷针（升压变电站东北角）	1.9
油库 II 号油罐	2.1	制氢站	2.3
卸油平台	0.6	水源变	0.5
24 号避雷针（升压变电站西南角）	2.2		

根据测试结果，并与以前测试数据相比相差不大于 30%，均小于 DL/T 596—1996 规定值，测试结果合格。

七、全厂的接地网接地电阻测试

某电厂对全厂的接地网做接地电阻测试，该电厂的接地网对角线距离为 550m，结合该厂周围的环境，采用夹角补偿法进行放线，放线距离取接地网对角线的 3 倍，即 1650m。

采用工频大电流法和变频法两套设备进行测量，测试结果分别见表 14-6 和表 14-7。

表 14-6 采用工频电流法的测试结果

次序	第一次加电压（V）	第二次加电压（V）	u_0（干扰电压）（V）	平均值（V）	注入地网电流（A）	接地电阻（Ω）
UV 相序	4.30	4.32	0.01	4.31	28.8	0.1489
VU 相序	4.31	4.28	0.01	4.30	29.0	

表 14 - 7　　　　　　　　　　采用变频法的测试结果

入地电流的频率（Hz）	入地电流（A）	电压值（V）	接地电阻（Ω）
45	8.6	1.154	0.1342
49	8.54	1.225	0.1434
51	8.50	1.249	0.1469
52	8.06	1.242	0.1541
接地电阻平均值		0.1446Ω	

这两个结果很接近，说明该发电厂接地电网接地电阻测试方法和结果比较准确。

第十五章 架空线路试验

第一节 概　　述

新建高压架空输电线路投入运行之前，一般都要进行绝缘电阻测量、相序相色核对与工频参数测量等项目试验。

随着电力系统的发展，输电线路走廊也越来越拥挤，双回路同杆架设或在同一输电线路走廊平行走向的情况就难于避免。由于它们之间电磁耦合的作用，停电线路上会有感应电压产生，这给参数测量工作带来了困难。为了测试的安全与准确，参数测试之前应测量线路的感应电压。如果感应电压接近于试验电压的数量级，测量的误差将大到不可允许。

输电线路工频参数是工频电压下线路的电阻、电抗、电导与电纳等数值，它们与线路的长度、导线型号、相间距离、对地高度、排列方式、有无避雷器以及杆塔类型等有关。试验之前应事先参照同类型线路或设计资料对参数进行计算，以便合理地选择试验设备与制定正确的试验方案。

第二节　导线接头试验

一、接触电阻测量

架空线路的导线、引线与母线的接头是按照工艺规程的要求进行连接的，交接时要求进行质量检验，以保证运行中的安全。

要求导线的接头的机械强度不低于导线本身抗拉强度的 90%。对接头的接触电阻要做电阻比测量，接头处的电阻不应大于导线本身等长度的电阻值。

电阻比测量通常采用电压降法，即在一段导线上通以大电流，测量接头段 CD 与同一导线等长度段 AB 的电阻压降，如图 15-1 所示。

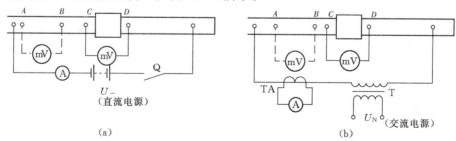

图 15-1　测量接头电阻比试验接线

(a) 直流法；(b) 交流法

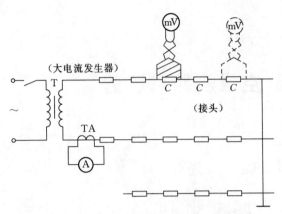

图 15-2 变电站测量接头电阻试验接线图

电压表用 0.5 级毫伏表测量，测量连接点必须在电流连接点的内侧，并要求离开一定距离，避免电流连接点发热或接触电阻压降影响毫伏表的测量精确度。

电源采用直流或交流均可，必须有足够大的容量，可输出 600～1000A 以上（电压 5～6V）或更大。电流回路的导线截面应足够大，连接要紧固，通上电流后先检查各接头的发热状态，选取其温度较高的接头进行电阻比测量。

如用交流电源，应防止大电流发生器的磁场与测量回路中电感的影响，导致测量的误差。减小电压回路的包围面（见图 15-2 中影线部分），将电压引线扭绕以尽可能减少磁通穿过电压回路引起附加的感应电压。为了进行比较，可在被测接头两侧的不同点进行测量（见图 15-2 中虚线），以便相互比较判断接头质量。

二、温升试验

接头的温升试验同样可以鉴定接头连接质量的好坏。如图 15-2 所示，在导线中通过额定电流，待发热稳定后，测量接头温度与环境温度，并根据其温升判断接触是否符合要求。铜导线接头容许温升为 70℃，铝导线接头或铜铝接头的容许温升为 60℃。

测温可用点温计、酒精温度计或热电偶进行。测量时，测温探头应紧贴测点表面，必要时局部用石棉泥或其他绝热材料保温，还可用红外线测温。

第三节　绝缘电阻测量与核对相色

一、绝缘电阻测量

测量绝缘电阻是为了检查架空电线路的绝缘状况，以便排除相对地或相间短路缺陷。

测试必须在晴朗干燥天气下进行。在确定线路上无人工作并通知末端人员，用 2500V 兆欧表分别测量线路各相对地绝缘电阻，非被测试两相线路应接地。读取绝缘电阻值后应先脱开兆欧表相线再停止摇动兆欧表，以免线路电容反充电损坏兆欧表。测试完毕后，将线路短路接地，并记录环境温度。

对所测得的数据应根据试验时具体情况进行综合分析判断。线路太长、湿度过大、绝缘子表面污秽与结露等情况均能导致线路绝缘电阻偏低，但三相绝缘电阻值应大体一致。

二、相色核对

相色核对可与绝缘电阻测量一起进行。核对相色时，通知线路末端将某一相接地，另两相开路，如图 15-3 所示。兆欧表测得零阻值

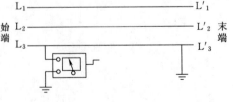

图 15-3　线路相色核对测试

的相即为同一相色的两对应端。三相对应轮换核对完毕后，将线路两端短路接地。

第四节　参　数　测　量

一、直流电阻测量

测量架空线路直流电阻是为了检查导线的连接是否良好，尽早发现基建施工中可能留下的隐蔽缺陷。

测试前，先根据设计资料提供的线路长度、导线型号与每千米欧姆电阻值估算线路全长的电阻值，以便确定测试方法，选择试验设备与仪表量程，并作为测量结果的参考。

一般可用惠斯顿电桥测量，若线路太长，也可采用电流电压表法测量。此时直流电源可用蓄电池或具有滤波装置的硅整流电源。

测试时，先将线路接地放电，在线路末端将三相短接，如图15-4所示。短接应良好，避免接触电阻造成误差。倘若线路上感应电压较高，可在线路末端做一点接地（见图15-4虚线），但要避免在测量的直流回路之外造成寄生回路。

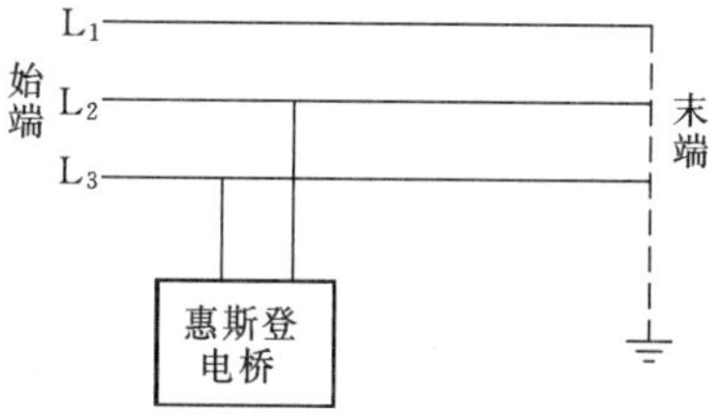

依次测得 L_1L_2、L_2L_3 与 L_3L_1 相线电阻 $R_{L_1L_2}$、$R_{L_2L_3}$、$R_{L_3L_1}$，并检查其数值是否合理，记录线路两端气温，并结束试验。

图15-4　线路直流电阻测量接线图

每相线路电阻值可按下式计算

$$R_{L_1} = \frac{R_{L_1L_2} + R_{L_3L_1} - R_{L_2L_3}}{2} - r \tag{15-1}$$

$$R_{L_2} = \frac{R_{L_1L_2} + R_{L_2L_3} - R_{L_3L_1}}{2} - r \tag{15-2}$$

$$R_{L_3} = \frac{R_{L_1L_3} + R_{L_2L_3} - R_{L_1L_2}}{2} - r \tag{15-3}$$

式中　R_{L_1}、R_{L_2}、R_{L_3}——各相线路电阻值，Ω；

　　　　r——惠斯顿电桥引线电阻值，Ω。

换算到温度20℃时每千米电阻值，则为

$$R_{20} = \frac{R_t K}{L} \quad (\Omega/km) \tag{15-4}$$

其中

$$K = \frac{T+20}{T+t}$$

式中　K——温度换算系数；

　　　R_{20}——在温度为20℃时电阻值，Ω/km；

　　　L——线路长度，km；

　　　R_t——在温度为 t 时的电阻值，Ω；

　　　T——系数，铜导线取235，铝导线取228；

t——在测试时，线路两端气温平均值，℃。

二、正序阻抗测量

预先估算试验电源容量，若设计资料提供了线路电阻值，可取其阻抗角因数 $\cos\varphi$ 为 0.3，来估算线路阻抗值，则试验电流为

$$I=\frac{U\cos\varphi}{\sqrt{3}R} \tag{15-5}$$

若根据同类型线路的感抗估算试验电流，则试验电流为

$$I=U/\sqrt{3}X \tag{15-6}$$

式（15-5）和式（15-6）中，试验电压 U 一般可取 380V，三相电源，那么试验电源容量为

$$S=\sqrt{3}UI \tag{15-7}$$

试验接线按图 15-5 连接，线路末端三相短接，加电压前应将被试线路短路接地。充分释放线路上感应电荷。合上电源，待表计稳定后，同时读取各表计指示；断开电源后，审核所得数据的正确性并记录气温。测试完毕后，将被测线路短路接地。线路的有效电阻与感抗由下式计算

正序阻抗　　　　　$Z_1=\dfrac{U}{\sqrt{3}IL}$　　　〔Ω/(km・相)〕　　　　（15-8）

正序电阻　　　　　$R_1=\dfrac{P}{3I^2L}$　　　〔Ω/(km・相)〕　　　　（15-9）

正序电抗　　　　　$X_1=\sqrt{Z_1^2-R_1^2}$　〔Ω/(km・相)〕　　　　（15-10）

正序电感　　　　　$L_1=X_1/2\pi f$　　〔H/(km・相)〕　　　　（15-11）

式中　P——试验实测三相总损耗功率，可用低功率因数瓦特表，W；

　　　U——试验实测线电压平均值，V；

　　　I——试验实测三相电流平均值，A；

　　　L——线路长度，km；

　　　f——试验电源频率，Hz。

三、零序阻抗测量

线路的零序阻抗数值差别较大，可先按下式估算

$$X_0=L\left(0.145\lg\frac{H}{r}+2\times0.145\lg\frac{H}{D_{av}}\right)\ (\Omega) \tag{15-12}$$

式中　H——地中电流等值深度，可取 1000m；

　　　D_{av}——导线的几何均距，m；

　　　X_0——线路零序电抗，Ω；

　　　L——线路长度，km；

　　　r——导线的等值半径，m；钢芯铝线为 $r=0.95\times\dfrac{d}{2}\times10^{-3}$，$d$ 为导线直径，mm。

测量时，试验电压可取 220V，试验电流与电源容量可按下列经验公式估算

$$I_0 = 3U\sqrt{1-\cos^2\varphi}/X_0 \quad (A) \tag{15-13}$$

$$S = UI_0 \times 10^{-3} \quad (kVA) \tag{15-14}$$

式中　$\cos\varphi$——功率因数，按 0.3 取值；

　　　U——试验电压，V；

　　　X_0——全线零序电抗，按式（15-12）计算。

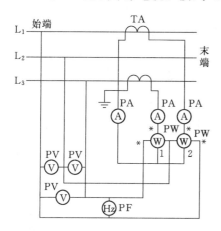

图 15-5　正序阻抗测量接线图

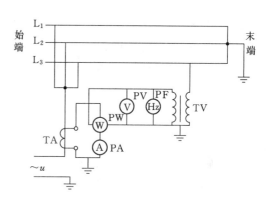

图 15-6　零序阻抗测量接线图

零序阻抗测量接线按图 15-6 连接，线路末端三相短路接地，电流表回路应接入电源相线，测量前线路应接地放电；合上电源待表计稳定，同时读取有关的数据，记下气温；断开电源并检验试验数据合理后，方可告知试验结束。根据所得数据进行计算

零序电阻　　　　　　　　$R_0 = \dfrac{3P}{I^2 L}$　　　$[\Omega/(km \cdot 相)]$ 　　　　(15-15)

零序阻抗　　　　　　　　$Z_0 = \dfrac{3U}{IL}$　　　$[\Omega/(km \cdot 相)]$ 　　　　(15-16)

零序电抗　　　　　　　　$X_0 = \sqrt{Z_0^2 - R_0^2}$　$[\Omega/(km \cdot 相)]$ 　　　　(15-17)

零序电感　　　　　　　　$L_0 = \dfrac{X_0}{2\pi f}$　　　$[H/(km \cdot 相)]$ 　　　　(15-18)

式中　P——实测损耗功率，用功率瓦特表测量，W；

　　　U——实测试验电压，V；

　　　I——实测试验电流，A。

四、正序电容测量

线路不太长时，正序电容电流较小，应提高试验电压以减小测量误差。一般试验采用几千伏到一万伏的高压电源，因此须用 10/0.4kV 配电变压器给线路升压；线路正序电容可由下式估计。

正序电纳　　　　　　　$b_1 = 7.58 \times 10^{-6}/\lg\dfrac{D_{av}}{r}$　(S/km) 　　　　(15-19)

正序电容　　　　　　　　　　　$c_1 = \dfrac{b_1 L}{2\pi f}$　(F) 　　　　(15-20)

正序容抗　　　　　　　　　　　$X_{c1} = 1/2\pi f c_1$（Ω）　　　　　　　　　（15-21）

式中　　D_{av}——导线几何均距，m；

　　　　L——线路长度，km；

　　　　r——导线等值半径。

如测量试验电压为 U，则试验电流 I_{c1} 与试验容量 S 为

$$I_{c1} = \frac{U}{\sqrt{3}X_{c1}}　　　　　　　　　　（15-22）$$

$$S = \sqrt{3}UI_{c1}　　　　　　　　　　（15-23）$$

正序电容测量接线按图 15-7 连接，线路末端三相开路。由于线路间电导极小，可不计。合上电源，读取稳定的数据后，可按下列公式计算

正序电导　　　　　　　$g_1 = \dfrac{P}{U^2 L}$　　　　[S/(km·相)]　　　　（15-24）

正序导纳　　　　　　　$y_1 = \dfrac{\sqrt{3}I}{UL}$　　　　[S/(km·相)]　　　　（15-25）

正序电纳　　　　　　　$b_1 = \sqrt{y_1^2 - g_1^2}$　　　　[S/(km·相)]　　　　（15-26）

正序电容　　　　　　　$c_1 = b/2\pi f$　　　　[F/(km·相)]　　　　（15-27）

式中　　P——实测线路三相总损耗功率，W；

　　　　U——实测线路电压平均值，V；

　　　　I——实测三相电流平均值，A；

　　　　L——全线长度，km；

　　　　f——电源频率，Hz。

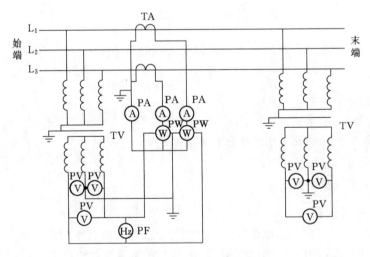

图 15-7　正序电容测量接线图

五、零序电容测量

线路零序电容电流可按下列经验公式估算

$$I_{c0} = (2.7 \sim 3.3)\, U \times L \times 10^{-3}　（A）　　　　　　　（15-28）$$

式中　　U——线路试验电压，V；

　　　　L——线路长度，km；

　　$2.7 \sim 3.3$——系数，有避雷线路系数取 3.3，无避雷线路系数取 2.7。

　　若线路带有用户母线或电力设备，电容电流增大，可考虑增加 10%。

　　测量试验电源可用一台 Y，y_n 或 D，y_n 接线的 10/0.4kV 配电变压器将试验电压升到 $6 \sim 10kV$，电源容量 $S = UI_{c0} \times 10^{-3}$（kVA）。

　　零序电容测量接线如图 15-8 所示。线路末端三相开路，如线路长度大于 300km，为精确起见，也可在线路始末端同时测量电压，取其算术平均值。根据试验所得到数据进行计算

零序导纳 $\qquad\qquad y_0 = I/3U_0L \qquad\qquad$ [S/(km·相)] $\qquad\qquad$ (15-29)

零序电导 $\qquad\qquad g_0 = \dfrac{p_0}{3U_{av}^2 L} \qquad\qquad$ [S/(km·相)] $\qquad\qquad$ (15-30)

零序电纳 $\qquad\qquad b_0 = \sqrt{y_0^2 - g_0^2} \qquad\qquad$ [S/(km·相)] $\qquad\qquad$ (15-31)

零序电容 $\qquad\qquad c_0 = b_0 \times 10^6/2\pi f \qquad$ [μF/(km·相)] $\qquad\qquad$ (15-32)

式中　　p_0——三相零序功率损耗，W；

　　　　U_{av}——始末两端电压平均值，V；

　　　　L——线路长度，m；

　　　　I——三相零序电流之和，A；

　　　　f——试验电源频率，Hz。

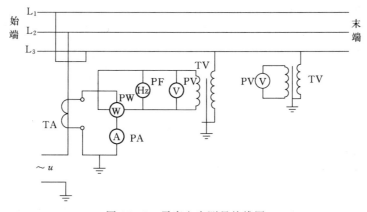

图 15-8　零序电容测量接线图

六、相间互感抗测量

　　L_1 相线路电流建立的磁通与 L_2 相线路交链，而产生 L_2 相感应电压，该电压值与 L_1 相电流之比值叫做 L_1 相线路对 L_2 相的互感抗，即

$$X_M = U_{L_2}/I_{L_1} \qquad\qquad (15-33)$$

　　完全换位的输电线路，三相之间互感抗是相等的，在测量试验时可分别于每相通以电流求出互感抗，然后取平均值

$$X_M = \frac{1}{3}(X_{ML_1} + X_{ML_2} + X_{ML_3})\ [\Omega/(km·相)] \qquad\qquad (15-34)$$

$$X_{\mathrm{ML_1}} = \frac{U}{I_{\mathrm{L_1}}} L \quad [\Omega/(\mathrm{km \cdot 相})]$$

$$(15-35)$$

式中　U——未加电压相的对地感应电压，V；

　　　$I_{\mathrm{L_1}}$——加电压相的电流，A。

同理可求得 $X_{\mathrm{ML_2}}$、$X_{\mathrm{ML_3}}$。

相互感抗测量接线如图 15-9 连接，线路末端三相短路接地。试验用单相接地电源，其容量根据线路的正序阻抗 X_1 与零序阻抗 X_0 确定

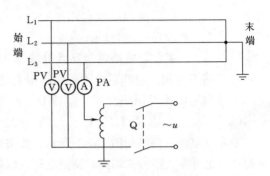

图 15-9　相间互感抗测量接线图

$$X_1 = X_{\mathrm{L}} - X_{\mathrm{M}} \qquad (15-36)$$

$$X_0 = X_{\mathrm{L}} + 2X_{\mathrm{M}} \qquad (15-37)$$

联解式（15-36）与式（15-37）得其自感抗 X_{L}，那么测量试验电流为

$$I = U/X_{\mathrm{L}} \quad (\mathrm{A}) \qquad (15-38)$$

测量试验容量为　　　　　$S = UI \times 10^{-3} \quad (\mathrm{kVA}) \qquad (15-39)$

式中　U——测量试验电压，V。

七、回路间互感抗测量

在平行的双回路线路中，若其中一回路中有不平衡电流流通，由于互感作用，则另一回路将有感应电压产生，它将对继电保护产生影响。测量原理与相间互感抗测量相同，其接线如图 15-10 所示。两回路的始末端各自三相短接，末端接地，于一回路加试验电压，并测其电流，用高内阻电压表测量另一回路的感应电压，并由下式计算互感阻抗

$$Z_{\mathrm{M}} = \frac{U}{I} \quad (\Omega) \qquad (15-40)$$

互感抗　　　　　　　　　$M = Z_{\mathrm{M}}/2\pi f \quad (\mathrm{H}) \qquad (15-41)$

式中　I——加压线路中电流，A；

　　　U——非加压回路中感应电压，V；

　　　f——电源频率，Hz。

测量试验电压一般是几百伏到几千伏，视线路长短和相互间距离而定。

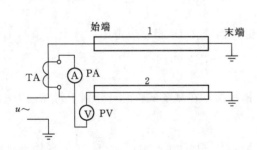

图 15-10　回路间互感阻抗测量接线图

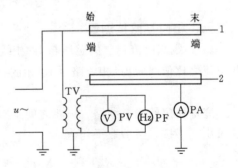

图 15-11　回路间耦合电容测量接线图

八、回路间耦合电容测量

平行的双回路之间除有磁的耦合外，同时存在电容耦合。当分析回路间的传递过电压时，需要有双回路间的耦合电容数据。

回路间的耦合电容测量接线如图 15－11 所示，回路 1、2 各自三相短路，对其中一回路（如回路 1）加电压，测量另一回路（如回路 2）经电流表的接地电流，根据电压与电流值按下式计算双回路间的耦合电容为

$$C_M = I \times 10^6 / 2\pi f U \quad (\mu F) \tag{15－42}$$

式中　U——实测试验电压，V；

　　　I——实测回路入地电流，A；

　　　f——实测电源频率，Hz。

试验电压根据双回路线路平行长度、相互间距离而定，一般不低于 10kV，以能读取电流数值为宜。

九、计算相间电容

在大多数情况下，高压输电线路都是经完全换位，三相对称的，各相相间电容与对地电容相等。三相对称电压作用下负载的中性点电位为零，即与三相导线对地电容的中性点等电位，其等值电容图如图 15－12 所示。

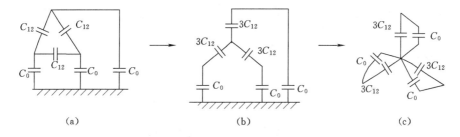

图 15－12　对称线路等值电容电路图

(a) 线路相间及相对地容；(b) Y—△ 变换等值电容；(c) 等值后三相对地电容

导线对地电容即为线路零序电容 C_0，各相导线对地的等值电容为线路正序电容 C_1，即

$$C_1 = 3C_{12} + C_0 \tag{15－43}$$

所以相间电容

$$C_{12} = \frac{1}{3}(C_1 - C_0) \tag{15－44}$$

利用所测得线路正序电容 C_1 与零序电容 C_0 代入即可计算得到相间电容。

十、测量试验注意事项

(1) 测量试验应有完善的组织措施，两端通信联络应方便，被试线路应由主管部门交付现场试验，确保线路上无人工作，验明不带电源并做好安全接地。

(2) 由于输电走廊中线路平行与线路端部变电站内电场的耦合，线路上常有感应电压产生。除了注意工作安全外，还应注意到感应电压对参数测量准确性的影响。

（3）线路短路接地并充分放电后，感应电压可大为降低。没有感应电压的线路参数测试，可用电源变压器中性点不接地或用隔离变压器给线路升压，以消除电源中的零序分量造成正序参数的测量误差。但对于有感应电压存在的线路参数测试，这种测量试验接线使感应电压不得衰减，其正负序分量对于正序参数测量的影响不容忽视。若采用中性点接地的电源，可以消除或降低感应电压对正序参数测量的干扰。在零序参数测量时，除电源必须接地外，还应适当地提高试验电压以提高测量的精度。

（4）试验设备与仪表应根据电压与有关数据事先进行估算与选择，仪表精确度一般不低于 0.5 级。线路长度在 200km 以上时，为了减少线路分布电容对测量的影响，在测量电抗时应在末端加接电流表；在测量电容时应在末端加接电压表，线路电流与电压应取其首末端的平均值进行计算。

（5）线路上的附属设备如阻波器应予短接，线路避雷器与电压互感器应予以拆除，电容式电压互感器或耦合电容器可不拆除，但应在参数计算中予以扣除。

测试目的：架空线路工频参数主要测试正序阻抗、零序阻抗、正序电容、零序电容及平行线路间的互感。测试的目的是为计算系统短路电流、继电保护整定、推算潮流分布与选择合理运行方式等工作提供实际依据。

十一、实例

某 110kV 架空线路，导线型号为 LGJ—240/30，长度 53.7km，其线路参数测试数据如表 15-1、表 15-2 所示。

表 15-1　　　　　　　　　线 路 参 数 测 试 数 据

项目	相别	U	V	W
感应电压（V）		3200	3700	2000

表 15-2　　　　　　　测量正序阻抗数据（双功率表）

电压（V）			电流（A）			功率（W）	
U_{UV}	U_{VW}	U_{UW}	I_U	I_V	I_W	P_{UV}	P_{WV}
198	192	188	11.8	5	10	1104	−576

经计算正序电阻 $R_1=0.1233\Omega/(km\cdot 相)$；正序阻抗 $Z_1=0.2320\Omega/(km\cdot 相)$；正序感抗值 $X_1=0.1965\Omega/(km\cdot 相)$；正序阻抗角 $\varphi=57.89°$。分析以上测量数据发现，正序电阻值基本正常，但正序阻抗、正序感抗值、正序阻抗角偏小。在现场将电源进行换相，对线路加压，分别测得数据如表 15-3 所示。

表 15-3　　　　　电源进行换相测量正序阻抗数据（双功率表）

电压（V）			电流（A）			功率（W）	
U_{UV}	U_{VW}	U_{UW}	I_U	I_V	I_W	P_{UV}	P_{WV}
280	280	278	6.5	7.6	11.8	−464	1016
294	283	290	7.2	8.4	2	200	−72

将表 15-2 和表 15-3 中的试验数据进行综合计算：$U_{\text{av}}=253.67$（V）；$I_{\text{av}}=7.81$（A）；$P_{\text{av}}=402.67$（W）。经计算：正序电阻 $R_1=0.1230\,\Omega/$（km·相），正序阻抗 $Z_1=0.3492\,\Omega/$（km·相），正序感抗 $X_1=0.3268\,\Omega/$（km·相），正序阻抗角 $\varphi=69.37°$。分析以上测量数据发现，正序电阻值、正序阻抗值、正序感抗值、正序阻抗角基本正常。

对比两组试验数据，其原因是受感应电压的影响，感应电压过高对测量及计算结果会造成很大的干扰。

第五节　长输电线路参数计算

在稳态正弦电压下，均匀长输电线路首末端电压 U_1 与 U_2 和电流 I_1 与 I_2 有如下关系

$$\dot{U}_1 = \dot{U}_2 \operatorname{ch} rl + \dot{I}_2 z \operatorname{sh} rl \tag{15-45}$$

$$\dot{I}_1 = U_2 \frac{\operatorname{sh} rl}{z} + \dot{I}_2 \operatorname{ch} rl \tag{15-46}$$

$$r = \sqrt{(R+\mathrm{j}\omega L)(g+\mathrm{j}\omega C)}$$

$$z = \sqrt{\frac{R+\mathrm{j}\omega L}{g+\mathrm{j}\omega C}}$$

式中　z——线路阻抗，Ω；

　　　r——传播常数；

　　　l——线路长度，km；

　　　R——线路单位长度的电阻，$\Omega/$km；

　　　L——线路单位长度的电感，H/km；

　　　g——线路单位长度的电导，S/km；

　　　C——线路单位长度的电容，F/km。

若线路空载阻抗为 z_0，短路阻抗为 z_K，则从式（15-45）与式（15-46）求得

$$z_0 = \frac{z}{\operatorname{th} rl} \tag{15-47}$$

$$z_K = z \operatorname{th} rl \tag{15-48}$$

联解式（15-47）与式（15-48）得

$$z = \sqrt{z_0 z_K} \tag{15-49}$$

$$\operatorname{th} rl = \sqrt{\frac{z_K}{z_0}} \tag{15-50}$$

将 z 与 r 代入式（15-49）与式（15-50）解得

$$(R+\mathrm{j}\omega L)l = \sqrt{z_0 z_K} \cdot \frac{1}{2} \ln \frac{1+\sqrt{\dfrac{z_K}{z_0}}}{1-\sqrt{\dfrac{z_K}{z_0}}} \tag{15-51}$$

$$(g+\mathrm{j}\omega C)l = \frac{1}{\sqrt{z_0 z_K}} \cdot \frac{1}{2} \ln \frac{1+\sqrt{\dfrac{z_K}{z_0}}}{1-\sqrt{\dfrac{z_K}{z_0}}} \tag{15-52}$$

从式(15-51)与式(15-52)可知,线路参数 R、L、g 与 C 由线路 z_0 与 z_K 决定。将式(15-51)与式(15-52)右边展开成级数,取前两项,则得

$$(R+\mathrm{j}\omega L)l=z_K\left(1+\frac{1}{3}\cdot\frac{z_K}{z_0}\right) \tag{15-53}$$

$$(g+\mathrm{j}\omega C)l=\frac{1}{z_0}\left(1+\frac{1}{3}\cdot\frac{z_K}{z_0}\right) \tag{15-54}$$

略去线路 R 与 g 对线路空载阻抗与短路阻抗的影响,即取

$z_K=\mathrm{j}\omega Ll$,$z_0=-\mathrm{j}\dfrac{1}{\omega Cl}$,$\omega=2\pi f=314$ $(1/s)$ 以及 $\dfrac{1}{\sqrt{LC}}=3\times10^5\,\mathrm{km}$(光速),

即得

$$1+\frac{1}{3}\frac{z_K}{z_0}=1-0.37\times10^{-6}l^2 \tag{15-55}$$

若略去 $\dfrac{1}{3}\dfrac{z_K}{z_0}=-0.37\times10^{-6}l$ 一项,得

$$(R+\mathrm{j}\omega L)l=z_K \tag{15-56}$$

由此可知,测量线路短路阻抗

$$(g+\mathrm{j}\omega C)l=\frac{1}{z_0}=y_0 \tag{15-57}$$

进行参数计算乃是短输电线路参数的近似计算,其误差为 $\dfrac{1}{3}\cdot\dfrac{z_K}{z_0}=-0.37\times10^{-6}l^2$。
该误差与线路长度的平方 (l^2) 成正比,只有当线路长度 l 较小时,才可用式(15-56)与式(15-57)计算。若线路长度 l 较大,考虑到分布参数的作用,则应采用式(15-53)与式(15-54)计算。实际上,若考虑到线路的有功损耗(R 与 g)以及大地的影响,其误差更大,尤其零序参数受到的影响更大。因此,通常当线路长度 $l<200\mathrm{km}$ 时,采用集中参数计算,即按式(15-56)与式(15-57)计算,已满足实际要求。当 $l>200\mathrm{km}$ 时,采用式(15-53)与式(15-54)更为合理。

第十六章 电 瓷 防 污

户外绝缘（主要是瓷绝缘）在设计时已考虑到各种过电压的作用，因此它的冲击和工频放电电压即使在雨下也比运行电压高好多倍。但在工业区、沿海与盐碱地区运行的绝缘子受到工业污秽与自然盐碱等物的污染，又逢毛毛雨、雾、雪等不利条件，表面污层受潮，电导增大，有可能在运行电压下发生闪络，这种闪络被称为污闪。污闪电压比表面干净时的闪络电压低得多，严重影响了电力系统的安全运行。污闪已成为电力系统运行中的头号困难，往往也是选择绝缘水平的决定因素。

污秽绝缘子的闪络与污秽性质、气象条件等有关，表 16 - 1 列出了某地区电力线路污秽闪络与污秽性质的关系，表 16 - 2 列出了污闪跳闸与气象条件的关系。从表 16 - 1 与表 16 - 2 可知，引起污闪的气象条件以雾、露、雪、毛毛雨为主。在各类污秽中，以化工污秽的影响最严重，水泥等次之。这就是说，污秽闪络与污秽的导电性能、污秽在绝缘子表面附着情况以及污秽受潮等因素有关。

表 16 - 1   污秽闪络与污秽性质的关系

污秽性质	化工	水泥	冶金	采矿	盐尘	煤烟	综合	一般
闪络百分数（%）	2.84	2.16	1.64	1.18	0.59	0.52	0.17	0.04

注 闪络百分数是指闪络串数占运行于该类污秽区的绝缘子串的百分数。

表 16 - 2   污秽跳闸与气象条件的关系

气象条件	雾	露	融雪	降雪	毛毛雨	中、大雨	阴天	不明	合计
跳闸百分数（%）	37.0	11.7	20.2	14.3	7.5	3.4	3.4	2.5	100

介质表面有湿润的半导体污秽时，沿面放电不再是一种单纯的空气隙的击穿现象，而是脏污表面气体电离与电弧发展及熄灭的过程。

第一节 影响脏污表面沿面放电因素

一、污秽性质与污染程度

使闪络电压降低最显著的是含有大量的可溶性盐类或酸、碱的积尘，这种污秽是由化工厂、炼铝厂与炼焦厂等化工厂排出的废气或海热盐雾珠集积在绝缘子表面形成的，在污层受潮时，其中所含可溶性盐类及酸碱等成分溶解于水中，使表面电导骤增，泄漏电流增大。大大降低了闪络电压。这种导电性高的尘埃即使污染程度仅为几毫克/厘米^3，都可能在工作电压下引起闪络。有一些粘附强的积尘，如水泥厂的飞尘，它沉积在绝缘子表面不易清洗掉，使绝缘子表面粗糙，更易积污，对绝缘子危害也是显著。

二、大气湿度的影响

干燥污秽的电阻很大，它并不降低绝缘子的干闪电压，一般如空气相对湿度小于50％～70％，沿面闪络电压不会迅速下降。运行也证明，绝缘子污闪都发生在露、雾、融雪与毛毛雨等高湿度的天气，因为在这种条件下积尘中水溶性的盐类溶解，使污秽层成为半导体层，大大增加了泄漏电流，降低了闪络电压。但是在大雨时，绝缘表面的积集的污秽易被雨水冲掉，表面仍有较高的电阻，绝缘子的绝缘水平不降低。

三、泄漏距离

污层电阻越大，泄漏电流越小，放电发展越困难，闪络电压也就越高。泄漏距离增加，污闪电压也增加，这是因为泄漏距离大，要形成闪络，局部电弧长度必很大，使较长的电弧不熄灭，就要较大的泄漏电流与较高的工作电压。

四、污秽等级划分及对单位泄漏距离要求

常用单位泄漏距离（泄漏比值），即每 1kV 最大线电压下外绝缘的平均泄漏距离来估计脏污条件下外绝缘的耐污性能。GB/T 16434—1996《高压架空线路与发电厂、变电所环境污区分级及外绝缘选择标准》规定：对于 Ⅰ 级污区即一般地区，设计绝缘子串或瓷横担采用单位泄漏距离不应小于 1.39cm/kV（相对原来的额定电压为1.6cm/kV）；对于环境较污地区，相应还有 Ⅱ、Ⅲ、Ⅳ 等 3 个等级，其最小单位泄漏比距分别为1.74、2.17、2.78（相对于原来额定电压而言，分别为2.0、2.5、3.2），具体规定见表 16-3。

表 16-3　　　　　　　　　　　　　单位泄漏距离 s 选择表

污秽等级	污湿特征	盐密度（mg/cm²）	单位泄漏距离 s（cm/kV）		
			线路		变电站
			220kV 及以下	330kV 及以上	
0	大气清洁地区及离海岸盐场 50km 以上无明显污染地区	≤0.03	1.39	1.45	—
Ⅰ	大气轻度污秽地区、工业区与人口低密集区、离海岸盐场 10～50km 地区，在污闪季节中干燥少雾（含毛毛雨）或雨量较多时	0.03～0.06	1.39～1.74	1.45～1.82	1.60
Ⅱ	大气中等污染地区、轻盐碱和炉烟污秽地区、离海岸盐场 3～10km 地区，在污闪季节中潮湿多雾（含毛毛雨），但雨量较小	0.06～0.10	1.74～2.17	1.82～2.27	2.00
Ⅲ	大气污染较严重地区、重雾和重盐碱地区、近海岸盐场 1～3km 地区、工业与人口密度较大地区、离化学污泥与炉烟污秽 300～1500m 的较严重污秽地区	0.10～0.25	2.17～2.78	2.27～2.91	2.50
Ⅳ	大气特别严重污染地区，离海岸盐场 1km 以内、离化学污源与炉烟污秽 300m 以内的地区	0.25～0.35	2.78～3.30	2.91～3.45	3.10

注　表中单位泄漏距离数值是对应于电力系统最高工作电压（即额定电压）计算的。

第二节　污秽绝缘子受潮工频闪络电压试验

当污秽绝缘子湿润时，在工频与操作冲击电压下的闪络电压显著降低，严重影响着电力系统的安全运行，因此通过模拟试验研究各种因素对脏污表面沿面放电的影响及相应的防污闪措施是非常有必要的。

一、自然污秽试验

自然污秽试验是在污秽地区设立试验站或利用污秽区电力网来鉴定绝缘子的耐污性能与防污闪络措施的有效性。其方法是在绝缘子上长期施加运行电压，根据绝缘子发生闪络的时间间隔（耐受电压多久才发生闪络）来衡量绝缘子的性能。由于在自然污秽条件下要使绝缘子闪络需要很长时间，因此，可以根据泄漏电流的大小及超过一定幅值的泄漏电流脉冲次数来评定绝缘子的优劣。

自然污秽试验花费时间长，在污秽量及受潮等试验条件方面不易控制。因此，即使是在同一地点，由于试验时间与安装位置不同，也会使试验结果有差别。

二、人工污秽试验

在绝缘子表面加上人工模拟污秽，再以人工方法使污秽受潮，从而获得绝缘子在污秽条件下的电气性能。人工污秽试验时，可以采用一定的秽量下的闪络或耐受电压或用一定电压下的极限污秽量来评定绝缘子的耐污性能。

对于人工污秽试验有一些基本要求：①等效性好。实验室模拟条件下，使得试验结果尽可能与实际情况相近；②重复性好。同条件下不同时间所得试验结果有良好的重复性，以便比较；③简单易行。遗憾的是这3个方面的要求互相之间有矛盾。

人工污秽试验与自然污秽试验两者是相辅相成的，常用人工污秽试验有结雾试验、湿污试验与盐雾试验3类。采用不同的试验方法所得结果往往不同，而且无法互相换算。因此要分析具体情况决定采用哪种试验方法。

三、污秽绝缘子受潮时工频闪络电压

几种国产绝缘子的工频耐压污闪性能见表16-4。

表16-4　　　　　　　几种国产悬式绝缘子的工频污闪性能

型　号	绝缘子型式与几何尺寸				与X—4.5型泄漏距离比值	不同附盐密度（mg/cm³）下的闪络电压（kV）				不同附盐密度（mg/cm³）下的污闪梯度（kV/cm）			
	高度 H (mm)	盘径 D (mm)	泄漏距离 L(mm)	形状系数 $d=L/H$		0.05	0.10	0.20	0.40	0.05	0.10	0.20	0.40
X—4.5	146	254	280	1.92	1.0	13.0	10.1	9.2	8.3	0.89	0.692	0.63	0.569
G210	146	254	320	2.20	1.14	14.0	12.5	12.0	8.5	0.959	0.856	0.822	0.582
XF9—4.5	146	254	400	2.74	1.43	16.8	13.0	10.9	8.5	1.15	0.891	0.746	0.582
XW₁—4.5	160	254	410	2.56	1.46	17.3	15.0	12.3	10.4	1.08	0.938	0.769	0.650
NF—4.5	170	254	430	2.53	1.53	17.5	15.4	12.0	8.1	1.03	0.906	0.706	0.476
C—104	190	270	460	2.42	1.64	18.5	15.6	14.2		0.974	0.821	0.748	

由表 16 - 4 可知，绝缘子的污闪电压随泄漏距离的增加而提高，但不同结构的绝缘子的污闪电压并不简单地与其泄漏距离成正比，还和其他造型有关。一般来说，深裙密棱结构不仅容易污秽，而且不便清扫，因而其泄漏距离也不能充分利用。有文献中指出，绝缘子闪络电压与绝缘子串长度呈线性关系；也有文献指出，污闪电压与串长度是否呈线性关系与试验方法有关。在洁雾升压法、盐雾法、湿污法等试验中，从加压开始直到闪络，绝缘子表面电阻一直较小，绝缘子电压分布比较均匀，因此闪络电压与串长呈线性关系。如果采用洁雾耐压法，而且受潮缓慢，以尽量模拟实际情况，则污闪电压与串长的关系将呈饱和现象，在这种情况下，绝缘在加压过程中逐渐由干燥状态转变为受潮状态。当绝缘子尚在干燥状态时，绝缘子阻抗是电容性，由于对地电容影响，长绝缘子串的电压分布不均匀。逐渐受潮后，绝缘子阻抗转为电阻性，容性阻抗可忽略不计。原承担电压较高的绝缘子发热较高，受潮较慢，表面电阻较大，因而绝缘子串电压分布仍不均匀，因此长绝缘子串的污闪电压呈饱和现象。

第三节　防止污秽闪络措施

绝缘子的污闪是影响电力系统安全运行的重要因素之一。为提高线路与变电站污秽环境下的绝缘水平，可以采取以下方法。

一、定期清扫

根据大气污秽程度、污秽的性质与容易发生污闪的季节定期进行清扫，可提高绝缘子的闪络电压。许多单位采取带电水冲洗法，效果也很好。对个别地段积尘不容易冲洗的绝缘子可以采用更换绝缘子的方法。

二、防尘涂料

在绝缘表面涂一层憎水性的脂状防尘涂料，使尘埃不易形成连续污层。在潮湿气候下，表面凝聚的水滴也不易形成连续水膜，这样，表面电阻大，泄漏电流小，放电不易发展，闪络电压就不会显著降低。常用的涂料有机硅脂、地蜡、涂料等。

三、加强绝缘与选用防污绝缘子

加强线路绝缘是增加串联盘形悬式绝缘子的片数，即增加单位泄漏距离，推荐采用防污绝缘子。防污绝缘子有以下特点：①伞形扩张较大，增加了泄漏距离；②一部分表面不容易被污染；③表面光滑，在下雨时脏污易冲洗掉，也便于清扫。

四、半导体釉绝缘子

半导体釉绝缘子具有表面电阻率为 $10^6 \sim 10^8$ 的半导体釉层。在正常运行电压下，半导体釉层通过电流发热，一方面对湿润半导体污层有烘干作用，另一方面可使绝缘子表面温度较周围温度高 $1 \sim 5 ℃$，因而污层不易吸湿，绝缘子表面污层中泄漏电流减少，其闪络电压就不会降低或降低较小。

五、合成绝缘子

它爬电距离大，耐污闪能力强，在 110kV、220kV 线路上使用。部分 500kV 线路也开始采用合成绝缘子，线路的耐污闪水平大大提高。

第十七章　电气绝缘安全工具与防护用具试验

电气绝缘安全用具指在带电的设备上或邻近地点工作时，用来防护人身安全所使用的一切器具。其作用是保证工作人员的人身安全，防止工作人员触电伤亡。

电气绝缘安全用具种类很多，一般分为带电作业绝缘工具与常用电气绝缘工具两类。带电作业绝缘工具指绝缘强度能长时间承受电气设备工作电压的安全用具，工作人员使用它可以直接接触带电设备，如带电作业用的绝缘棒、绝缘梯与带电清扫工具等。除此之外的其他绝缘安全用具属于常用电气绝缘工具。常用电气绝缘工具一般不直接用于带电作业，而是一些安全预防手段，如绝缘手套、绝缘鞋、绝缘靴、绝缘挡板、验电器、绝缘棒等。

国家电网公司于 2009 年 8 月执行的《电业安全工作规程》（变电部分）（简称《安规》）中对带电作业绝缘工具与常用电气绝缘工具电气试验作了规定。

第一节　带电作业工具试验

带电作业工具应定期进行电气试验及机械强度试验。电气试验周期为：预防性试验每年一次，检查性试验每年一次，两次试验间隔为半年。机械强度试验按《安规》规定进行，本书不作介绍。表 17 - 1 列出了带电作业绝缘工具电气试验项目及标准。

表 17 - 1　　　　　　　　　　带电作业绝缘工具的试验项目及标准

额定电压（kV）	试验长度（m）	1min 工频耐压（kV）		5min 工频耐压（kV）		15 次操作冲击耐压（kV）	
		出厂及型式试验	预防性试验	出厂及型式试验	预防性试验	出厂及型式试验	预防性试验
10	0.4	100	45	—	—	—	—
35	0.6	150	95	—	—	—	—
63（66）	0.7	175	175	—	—	—	—
110	1.0	250	220	—	—	—	—
220	1.8	450	400	—	—	—	—
330	2.8	—	—	420	380	900	800
500	3.7	—	—	640	580	1175	1050
750	4.7	—	—	—	780	—	1300
1000	6.3	—	—	1270	1150	1865	1695
±500	3.2	—	—	—	565	—	920
±600	—	—	—	820	745	1480	1345
±800	6.6	—	—	985	895	1685	1530

注　±500kV、±600kV、±800kV 预防性试验采用 3min 直流耐压。

一、预防性试验的基本要求

（1）试验前应检查工具的完整性及表面状况，如零件缺损应配齐更换后再试。被试品表面不应有裂纹、烧焦、脏污和老化等缺陷，发现不合要求者，应提出处理或停止使用的意见。

（2）试验时高压电极应使用直径不小于 30mm 的金属管，被试品应垂直悬挂。接地极的对地距离为 1.0～1.2m。接地极及接高压的电极连接处以 50mm 宽金属铂缠绕。试品间距不小于 500mm，单导线两侧均压球直径不小于 200mm，均压球距试品不小于 1.5m。

（3）操作波冲击耐压试验宜采用 250/250μs 的标准波，以无一次击穿、闪络及过热为合格。

（4）试品应整根进行耐压试验，不得分段。

（5）组合绝缘的水冲洗工具应在工作状态下进行电气试验。除按表 17-1 的项目与标准试验外（220kV 及以下电压等级），还应增加工频泄漏电流试验，试验电压见表17-2。泄漏电流以不超过 1mA 为合格，试验时间 5min。

表 17-2　　　　　　　　组合绝缘水冲洗工具及工频泄漏试验电压值　　　　　　　　单位：kV

额定电压	10	35	63（66）	110	220
试验电压	15	46	80	110	220

注　试验时水电阻率为 1500Ω·cm（适用于 220kV 及以下电压等级）。

二、带电作业绝缘工具检查性试验

绝缘工具的检查性试验条件是：将绝缘工具分成若干段进行工频耐压，每 300mm 耐压 75kV，时间为 1min，以无击穿、闪络及过热为合格。

工频耐压试验时的具体接线可参考有关章节及本章第二节内容。

屏蔽服、衣袖最远端点之间的电阻值均不得大于 20Ω。用 2500V 摇表或绝缘检测仪进行分段绝缘检测，阻值不低于 700MΩ。

第二节　常用电气绝缘工具试验

常用电气绝缘工具试验周期及标准见表 17-3。

表 17-3　　　　　　　　　常用电气绝缘工具试验周期及标准

名　称	电压等级（kV）	周　期	交流耐压（kV）	时间（min）	泄漏电流（mA）	附　注
绝缘棒	6～10	每年一次	44	5		
	35～154		四倍相电压			
	220		三倍相电压			
绝　缘挡　板	6～10	每年一次	30	5		
	35（20～44）		80			

续表

名　称	电压等级 （kV）	周　期	交流耐压（kV）	时间 （min）	泄漏电流 （mA）	附　注
绝缘罩	35 （20～44）	每年一次	80	5		
绝缘夹钳	35 及以下	每年一次	三倍线电压	5		
	110		260			
	220		440			
验电笔	6～10	每六个月 一次	40	5		发光电压不高于额定电 压的 25%
	20～35		105			
绝缘手套	高压	每六个月 一次	8	1	≤9	
	低压		2.5		≤2.5	
橡胶绝缘靴	高压	每六个月一次	15	1	≤7.5	
核相器电阻管	6	每六个月一次	6	1	1.7～2.4	
	10		10		1.4～1.7	
绝缘绳	高压	每个月一次	105/0.5m	5		

注　电压等级栏括号内的数字表示也属于这一电压等级内。

一、绝缘棒试验

绝缘棒常用于直接操作高压隔离开关和跌落式熔断器，装设或拆除临时接地线以及进行 35kV 以上电压设备验电测量或试验等工作。绝缘棒由三部分组成：工作部分、绝缘部分与握手部分。工作部分由金属制成，装在绝缘棒的顶部，可根据不同的需要制成各种不同式样。工作部分的下部边缘至握手部分的上部边缘为绝缘部分，绝缘部分以下为握手部分。

1. 试验方法

绝缘棒交流耐压试验接线如图 17-1 所示。试验时，在工作部分与握手部分之间施加试验电压。

2. 注意事项

（1）交流耐压试验前应对绝缘进行外观检查，绝缘棒表面应光滑平整，无裂纹，无划痕或烧灼痕迹，绝缘漆层应完好。

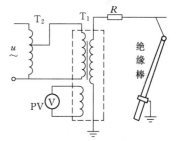

图 17-1　绝缘棒交流耐压
试验接线图

（2）可以同时对多根相同额定电压的绝缘棒进行耐压试验。若其中一根绝缘棒发生闪络或放电等，应立即停止试验，剔除异常的绝缘棒，对其余的继续试验，此时耐压需重新计时。

（3）对多根由多节串联的绝缘棒同时试验时，应使绝缘棒中间连接的金属部分相互对齐，防止不对齐试验时两金属部分间产生悬浮电位差造成放电。

（4）若试验设备额定电压低于所需施加试验电压，可以对绝缘进行分段试验。试验时用软铜导线将绝缘棒的绝缘部分分为 2～4 段，但不宜超过 4 段。分段试验耐压值按长度比例并增 20% 计算。如一绝缘棒绝缘部分长 2m，应施加电压 254V，分 4 段（每段长

0.5m）时，每段耐压为 $\frac{254}{4}+\frac{254}{4}\times20\%=76.2\text{kV}$。

（5）试验时间为 5min。

3．试验结果分析判断

（1）对外观进行检查，如发现零件不全、棒体缺损或棒面内外脏污、有裂纹等缺陷时，应进行修复且经试验合格后方可使用。

（2）耐压试验时，以不发生击穿、无闪络或过热为合格。试验后用手抚摸绝缘棒看是否有过热现象。如试验时发生击穿、闪络或过热现象，应根据原因确定能否修复，能修复处理的，修复后应再进行耐压试验，试验合格后方可使用。

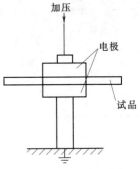

图 17-2 绝缘挡板，绝缘胶垫交流耐压试验示意图

二、绝缘挡板试验

绝缘挡板、绝缘胶垫等安全用具可按图 17-2 所示接线进行交流耐压试验。金属板电极的直径一般为 25mm，厚度 2.5mm，电极与试品直接接触，电压加到两电极上。凡绝缘挡板或绝缘垫的使用部分均应加压试验。试验时加压电极距绝缘挡板及绝缘垫的边缘部分应留有足够距离，防止试验时出现沿面放电，试验时间 5min。

三、绝缘手套、橡胶绝缘靴、绝缘罩试验

对绝缘手套、橡胶绝缘靴等进行交流耐压试验的示意图如图 17-3 所示。

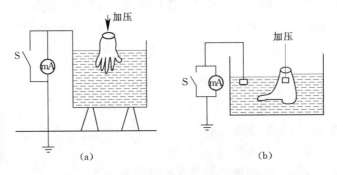

（a）　　　　　　（b）

图 17-3 绝缘手套、绝缘靴耐压试验示意图
（a）绝缘手套耐压试验；（b）绝缘靴耐压试验

试验应在特制的水箱内进行。试验时，水箱内装满水，水箱对地绝缘。若水箱为金属材料制品，地线可接至水箱壁，并串联一交流毫安表接地。将绝缘手套、绝缘靴内盛上水，置于水箱内。绝缘罩、绝缘手套、绝缘靴内外水面应低于这些绝缘工具端部一定距离。如绝缘手套内外水面不能高于手套口以下 5cm，绝缘靴内外水面不能高于绝缘靴端面部以下 5cm，而且要求露出水面的部分保持干燥清洁，防止加压时内外水面沿端部产生沿面放电。

耐压试验时，如绝缘罩、绝缘手套、绝缘靴被击穿，电流异常摆动或泄漏电流超过表 17-3 所示标准，即高压绝缘手套泄漏电流超过 9mA，低压绝缘手套泄漏电流超过 2.5mA，高压橡胶绝缘靴泄漏电流超过 7.5mA，应视为不合格，禁止再用作绝缘安全工具。

　　绝缘罩耐压时间 5min，试验周期每年一次，而绝缘手套、绝缘靴耐压时间为 1min，试验周期为每 6 个月一次。

四、绝缘夹钳试验

　　绝缘夹钳常用于带电安装与拆卸高压熔断器，放置绝缘罩与执行其他类似的带电工作是在 35kV 及以下电气设备上工作时常用的绝缘安全用具。在 35kV 以上电气设备上工作时，不准使用绝缘夹钳。绝缘夹钳的结构分为工作部分（铰夹）、绝缘部分与握手部分如图 17-4 所示，其各部分长度如表 17-4 所示。

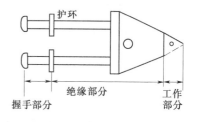

图 17-4　绝缘钳结构示意图

表 17-4　　　　　　　　　　　　**绝缘夹钳的最小尺寸**

电气设备额定电压（kV）	户内设备（mm）		户外设备（mm）	
	绝缘部分长度	握手部分长度	绝缘部分长度	握手部分长度
10	0.45	0.15	0.75	0.20
35	0.75	0.20	1.20	0.20

　　绝缘夹钳的交流耐压试验接线与绝缘棒相同，如图 17-1 所示。试验电压施加于工作部分（铰夹）与护环之间。外观检查与耐压试验结果的分析判断与绝缘棒一样。外观应无破损、裂纹、烧灼痕迹，耐压试验中应无闪络、无击穿或过热现象。

五、高压验电器试验

　　高压验电器有时也称为电压指示器或验电笔，主要用于判断设备是否带电。其型式有电容式、蜂鸣式等。6～35kV 常用电容式高压验电器，其结构示意图如图 17-5 所示。这种验电器在结构上分为指示部分与绝缘部分：从顶部工作触头至绝缘部分衔接处的接地端子为指示部分；由接地端子至护环为绝缘部分。这两部分都是用绝缘材料制成的空心管体。工作部分顶部装有金属制成的工作触头，管体内装有串接的氖气管与电容器，氖管的另一端与工作触头相连，电容器的另一端与接地端子相连。这种高压验电器的工作原理是：在接触或靠近带电体时，电容电流流经与电容器串联的氖管而使它发光，借以指示设备有电。

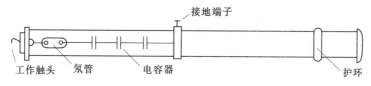

图 17-5　电容器式高压验电器结构图

　　使用验电器时，一般接地端子不需接地，仅在人体对地绝缘良好、接地端子不接地而不能明显指示时才予接地。验电时一般不需直接触及带电部分，仅需将触头逐渐靠近带电部分至氖气管发光为止。

　　1. 高压验电器的检查试验

　　（1）外观检查。主要检查绝缘管体有无破损、裂纹，金属触头是否正常，氖气管的玻璃罩是否完好，各段连接部件是否完整紧固等。如有异常，应修复并经试验，合格后方可使用。

（2）交流耐压试验。高压验电器交流耐压试验接线如图 17-6 所示。试验分两次进行：一次对指示部分；另一次对绝缘部分。对 6~35kV 电压等级的高压验电器的指示部分的耐压试验加压 25kV，历时 1min；绝缘部分的交流试验电压见表 17-3。

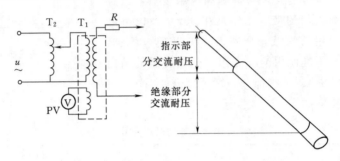

图 17-6 高压验电器交流耐压试验接线图

（3）发光电压的测定。试验接线如图 17-6 所示。试验时，试验电压的一端接于指示部分的工作触头，另一端接地，指示部分的握柄不需接地而是悬空，然后按一般耐压试验操作步骤调节调压器 T_2，徐徐升高电压，升至验电器氖气灯管清晰稳定发光为止。此时施加电压即为发光电压。

2. 检查试验的分析判断

（1）外观检查。如发现部件不全、指示部分管体有裂纹或破损、金属部件与氖管等不正常，即为不合格，不能继续使用。

（2）耐压试验时，应以无闪络、无击穿或过热为合格。若发生放电、闪络或击穿等现象，或耐压试验完毕用手抚摸试品有发热情况，均视为不合格，不能继续使用。

（3）高压验电器的清晰发光电压不得高于额定电压的 25%。

对于 330kV 及以上的电气设备无相应电压等级的专用验电器时，可使用相应电压等级的绝缘棒代替验电器，根据绝缘棒接触验电部位有无火花与放电噼啪声来判断有无电压。

第三节 防 护 用 具 试 验

一、绝缘服试验

1. 试验目的

绝缘服应具有较高的击穿电压、一定的机械强度、具耐磨、耐撕裂。对绝缘服进行检查和试验的目的是为了发现绝缘服存在的缺陷和绝缘隐患，预防人身事故的发生。

2. 试验仪器、设备的选择

（1）工频试验变压器。由于被试品电容量较小，一般只要有相应电压等级的工频试验变压器即可。

（2）选用单相自耦调压器，其容量与工频试验变压器相同。

（3）保护电阻一般取 $0.1\sim0.5\Omega/V$，并应有足够的热容量和长度。

（4）选用量程为 500V、0.5 级的交流电压表。

（5）选用额定电压 1000V 绝缘电阻表。

3. 危险点分析及控制措施

加电压时试验人员应与带电部位保持足够的安全距离。试验仪器的金属外壳应可靠接地，仪器操作人员必须站在绝缘垫上操作。

4. 试验前的准备工作

（1）了解被试设备现场情况及试验条件。查阅相关技术资料，包括该设备历年试验数据及相关规程等，掌握试品运行情况。

（2）试验仪器，设备准备可选择合适的试验电极、试验变压器、试验台、绝缘电阻表、测试线、温（湿）度计、放电棒、接地线、电工常用工具，试验临时安全遮栏、标示牌等，并查阅测试仪器、设备及绝缘工器具的检定证书有效期。

（3）做好试验现场安全和技术措施。向其余试验人员交代工作内容、带电部位、现场安全措施、现场作业危险点，明确人员分工及试验程序。

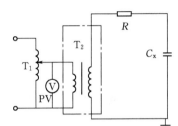

图 17-7　绝缘服工频耐压试验
原理接线图

T_1—调压器；T_2—试验变压器；
R—保护电阻；PV—电压表；
C_x—被试品

5. 现场试验步骤及要求

（1）试验接线。

1）绝缘服工频耐压试验原理接线如图 17-7 所示。

2）绝缘服层向工频耐压试验电极布置如图 17-8 所示。

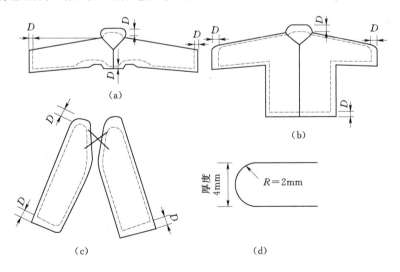

图 17-8　绝缘服层向工频耐压试验电极布置图

（a）绝缘披肩内电极分布；（b）绝缘上衣内电极布置图；（c）绝缘裤内电极布置图；（d）内电极边缘导角图

D—电极间距（65mm±5mm）；水的电阻率为 1000Ω·cm

（2）试验步骤。

1）外观检查。整套绝缘服，包括上衣（披肩）、裤子均应完好无损，无深度划痕和裂痕，无明显孔洞。

2）测试试品绝缘电阻应正常。

3）检查试验接线正确，调压器在零位后，将高压引线接上试品，接通电源开始升压，试验电压应从较低值开始上升并以大约 1000V/s 的速度逐渐升压，直至 20kV 或绝缘服发生击穿。试验时间从达到规定的试验电压值开始计时，并读取试验电压。时间到后（1min），迅速均匀降压至零，断开试验电源，并放电、挂接地线。

4）立即触摸绝缘表面，如出现普遍或局部发热，则认为绝缘不良，应处理后再做耐压试验。

5）耐压试验后，测试绝缘电阻应正常。

6. 试验注意事项

（1）试验应在环境温度 23℃±2℃ 的环境温度下进行。

（2）试验人员之间应分工明确，配合默契。

（3）升压必须从零开始，切不可冲击合闸。

（4）升压过程中应密切监视高压回路，试验设备仪表指示状态，监听被试品有无异响。

7. 试验结果分析

（1）试验标准及要求。根据 DL/T 976—2005《带电作业工具，装置和设备预防性试验规程》及 DL/T 878—2004《带电作业用绝缘工具试验导则》的规定：对绝缘服进行整衣层向工频耐压时，绝缘上衣的前胸、后背、左袖、右袖、披肩的双肩和左右袖，绝缘裤的左右腿的各部位均应进行试验，其电气性能应符合表 17-5 的规定。以无电晕发生、无闪络、无击穿、无明显发热为合格。

表 17-5　　　　　　　　　　绝缘服（披肩）的电气性能

服装（披肩）级别	额定电压（V）	1min 交流耐受电压有效值（V）
0	380	5000
1	3000	10000
2	10000	20000

（2）试验结果分析。

1）在升压和耐压过程中，如确定被试品的表面闪络是由于空气湿度或表面脏污等所致，应将被试品清洁干燥处理后，再进行试验，否则，认为被试品交流耐压试验不合格。

2）试验结果应根据试验中有无发生破坏性放电、有无发现绝缘普遍或局部发热及耐压试验前后绝缘电阻有无明显变化，进行全面分析后做出判断。

8. 案例

某次进行整衣层向工频耐压试验时，对 1 级绝缘服试验，施加工频电压 8500V 时发生放电现象，断开试验电源，检查发现绝缘服右肩部绝缘有破损。

二、绝缘垫试验

1. 试验目的

绝缘垫采用橡胶类绝缘材料制成,对绝缘垫进行检查与试验的目的是为了发现绝缘垫的缺陷和绝缘隐患,预防人身事故的发生。

2. 试验仪器、设备的选择

(1) 由于被试品电容量较小,一般只要有相应电压等级的工频试验变压器即可。

(2) 选用单相自耦调压器,其容量与试验变压器相同。

(3) 保护电阻一般取 $0.1 \sim 0.5 \Omega/V$,并应有足够的热容量与长度。

(4) 选用量程为 500V、0.5 级的交流电压表。

(5) 选用电压等级为 2500V 的绝缘电阻表。

3. 危险点分析及控制措施

加压时试验人员应与带电部位保持足够的安全距离。试验仪器的金属外壳应可靠接地,仪器操作人员必须站在绝缘垫上操作。

4. 试验前的准备工作

(1) 了解试验设备现场情况及试验条件。查阅相关技术资料,包括该被试品历年试验数据及相关规程等,掌握该试品使用情况。

(2) 试验仪器、设备准备。选择合适的试验电极、湿海绵、有机玻璃、试验变压器、控制台、电压表、保护电阻、绝缘电阻表、万用表、放电棒、接地线、电工常用工具、试验临时安全遮栏、标示牌等,并查阅测试仪器、设备及绝缘工具的检定证书有效期。

(3) 做好试验现场安全和技术措施:向试验人员交代工作内容、带电部位、现场安全措施、明确作业危险点,明确人员分工及试验程序。

5. 现场试验步骤及要求

(1) 试验接线。

1) 绝缘垫工频耐压试验原理接线,如图 17 - 9 所示。

2) 绝缘垫进行预防性试验时的交流耐压电极布置如图 17 - 10 所示。

3) 绝缘垫进行型式试验和抽样试验时试验电极布置如图 17 - 11 所示,有时因试验需要,需从绝缘垫上切取 5 个 150mm×150mm 试样,把试样固定在图 17 - 11 所示的金属电极之间并把整个装置浸泡在变压器油中,试样不应触及油箱壁。

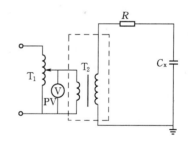

图 17 - 9　绝缘垫工频耐压试验原理接线图

T_1—调压器;T_2—试验变压器;R—限流电阻;C_x—被试品;PV—电压表

(2) 试验步骤。

1) 对绝缘垫进行外观检查。绝缘垫上、下表面均不应存在有害的缺陷,如小孔、裂缝、局部隆起、切口、夹杂导电异物、折缝、空隙等。应按相关标准进行厚度检查,在整个垫面上随机选择 5 个以上不同的点进行测量和检查。测量时,使用千分尺或同样精度的仪器进行测量。千分尺的精度应在 0.02mm 以内,测钻孔的直径为 6mm,平面压脚的直径为 3.17±0.25mm,压脚应能施加 0.83±0.03N 的压力,绝缘垫应平展放置以使千分尺

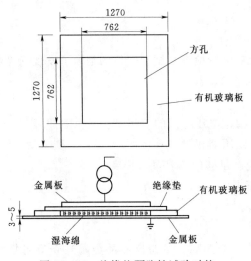

图 17-10 绝缘垫预防性试验时的
交流耐压电极布置图（单位：mm）

（1）进行绝缘试验时，被试品温度应不低于+5℃。户外试验应在良好的天气进行，且空气相对湿度一般不高于80%。

（2）工频耐压时，升压必须从零开始，切不可冲击合闸。

（3）升压过程中应密切监视高压回路、试验设备指示仪表状态，监听被试品有何异响。

（4）有时耐压试验进行了数十秒钟，中途因故失去电源，使试验中断，在查明原因，恢复电源后，应重新进行全时间的持续耐压试验，不可仅进行"补足时间"的试验。

7. 试验结果分析

（1）试验标准及要求。根据DL/T 976—2005《带电作业工具、装置和设备预防性试验规程》及DL/T 878—2004《带电作业用绝缘工具试验导则》的规定：

测量面之间是平滑的。

2）测试绝缘电阻应正常。

3）检查试验接线正确、调压器在零位后，将高压引线接上试品，接通电源，开始升压。试验电压从较低值开始上升，以1000V/s的速率逐渐升压至试验电压值，开始计时并读取试验电压。时间到后（1min）；迅速降压至零，然后断开电源，并放电，挂接地线。

4）立即触摸绝缘表面。如出现普遍或局部发热，则认为绝缘不良，应处理后再做耐压试验。

5）测试绝缘电阻应正常。

6. 试验注意事项

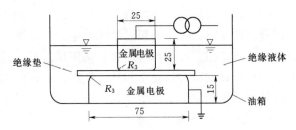

图 17-11 绝缘垫型式试验和抽样试验时
试验电极布置图

1）对绝缘垫进行预防性交流耐压试验时，加压时间保持1min，其电气性能应符合表17-6的规定，以无电晕发生，无闪络、击穿、明显发热为合格。

表 17-6　　　　　　　　　绝缘垫预防性试验的交流耐压值

级　　别	额定电压（V）	交流耐受电压（有效值V）
0	380	5000
1	3000	10000
2	6000，10000	20000
3	20000	30000

2）对绝缘垫进行型式试验和抽样试验交流耐压时，加压时间保持 3min，其电气性能应符合表 17-7 的规定，以无电晕发生、无闪络、击穿、明显发热为合格。

表 17-7 绝缘垫型式试验和抽样试验的交流耐压值

级别	交流耐受电压（有效值，kV）	级别	交流耐受电压（有效值，kV）
0	10	0	30
1	20	1	40

（2）试验结果分析。

1）在升压和耐压过程中，如发现电压表指针摆动很大，电流表指示急剧增加，调压器往上升方向调节、电流上升、电压基本不变甚至有下降趋势，被试品冒烟、出气、焦臭、闪络、燃烧或发出击穿响声（或断续放电声），应立即停止升压，降压停电后查明原因。这些现象如查明是绝缘部分出现的，则认为被试品交流耐压试验不合格。如确定被试品的表面闪络是由于空气湿度或表面脏污等所致。应将被试品清洁干燥处理后，再进行试验。

2）试验结果应根据试验中有无发生破坏性放电，有无出现绝缘普遍或局部发热及耐压试验前后，绝缘电阻有无明显变化，进行全面分析后作判断。

8. 案例

在一次绝缘垫预防性试验时，对一块级别为"2"的绝缘垫；进行 20000V、1min 工频交流耐压试验，当升压到 18000V 时被试绝缘垫发生击穿、放电。断开试验电源检查，发现绝缘垫中部有一被锐物刺伤的小孔。

三、遮蔽罩试验

1. 试验目的

遮蔽罩采用环氧树脂、塑料、橡胶及聚合物等绝缘材料制成。对它进行检查、试验的目的是为了发现它的缺陷和绝缘隐患，预防人身事故发生。

2. 试验仪器、设备的选择

参见"绝缘垫试验"的"试验仪器、设备的选择"。

3. 危险点分析及控制措施

参见"绝缘垫试验"的"危险点分析及控制措施"。

4. 试验前的准备工作

参见"绝缘垫试验"的"试验前的准备工作"。

5. 现场试验步骤及要求

（1）试验接线。

1）绝缘罩工频耐压试验原理接线，如图 17-12 所示。

2）遮蔽罩试验电极，如图 17-13 所示。图 17-13 中，尺寸值由下式确定

$$h = 40 \times (C + 1)$$

式中 C——遮蔽罩级别数。

试验电极应由不锈钢制成，表面及边缘应加工光滑，

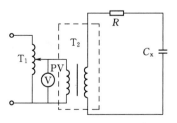

图 17-12 绝缘罩工频耐压
试验原理图
T_1—调压器；T_2—试验变压器；
C_x—被试品

其边缘曲率半径为1±0.5mm。内电极是高压电极，由不锈的金属棒（或金属管）和一翼状金属块组成，对于不同电压等级的遮蔽罩，对应的电极金属棒（或金属管）的直径如表17-8所示。

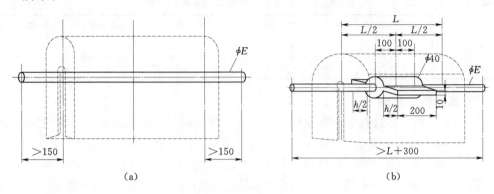

图17-13　遮蔽罩试验电极

外电极是接地电极，应用电阻率较小的金属材料制成，其表面电阻应小于100Ω（如导电纤维、金属箔或网眼宽度小于2mm的金属网）。电极边缘应圆滑并能与遮蔽罩很好套合，不会使外电极刺入或刺伤遮蔽罩。将外电极套在遮蔽罩的外表面，其边缘距内电极的距离应满足表17-9的要求。

表17-8		遮蔽带电部件的遮蔽罩的内电极直径 ϕ_E
级别	小电极直径（mm）	大电极直径（mm）
0	4.0	大电极的直径与遮蔽罩的级别无关，可选用下列数值：4.0、6.5、10.0、15.0、22.0、32.0、45.0
1	4.0	
2	4.0	
3	6.5	

表17-9	内外电极间的距离		
级别	内外电极间的距离（mm）	级别	内外电极间的距离（mm）
0	40	2	135
1	90	3	180

（2）试验步骤。

1）对遮蔽罩进行外观检查。遮蔽罩上、下表面均不应存在有害的缺陷，如小孔、裂缝、局部隆起、切口、夹杂导电异物、折缝、空隙、凹凸波纹等，尺寸应符合相关标准要求。

2）测试绝缘电阻应正常。

3）按图17-12进行接线，检查试验接线正确、调压器在零位后，将高压引线接上试品，接通电源、开始升压进行试验，试验电压从较低值开始上升，以1000V/s的速率逐渐升压至试验电压值，开始计时并读取试验电压。时间到后（1min），迅速均匀降压至零，然后断开电源，并放电，挂接地线。

4）立即触摸绝缘表面。如出现普遍或局部发热，则认为绝缘不良，应处理后再做耐压试验。

5）测试绝缘电阻应正常。

6. 试验注意事项

参见"绝缘垫的试验注意事项"。

7. 试验结果分析

（1）试验标准及要求。

根据 DL/T 976—2005《带电作业工具、装置和设备预防性试验规程》和 DL/T 878—2004《带电作业用绝缘工具试验导则》的规定：

对无遮蔽罩进行交流耐压试验时，加压时间保持 1min，其电气性能应符合表 17-10 的规定。以无电晕发生、无闪络、无击穿、无明显发热为合格。

表 17-10　　　　　　　　　　　　遮蔽罩的交流耐压值

级别	额定电压（V）	交流耐受电压（有效值）（V）
0	380	50000
1	3000	10000
2	6000～10000	20000
3	20000	30000
4	30000	50000

（2）试验结果分析。

1）在升压和耐压过程中，如发现电压表指针摆动很大，电流表指示急剧增加，调压器往上升方向调节，电流上升，电压基本不变甚至有下降趋势，被试品冒烟、出气、焦臭、闪络、燃烧或发出击穿响声（或断续放电声），应立即停止升压，降压停电后查明原因。这些现象如查明是绝缘部分出现的，则认为被试品交流耐压试验不合格。如确定被试品的表面闪络是由于空气湿度或表面脏污等导致，应将被试品清洁干燥处理后，再进行试验。

2）试验结果应根据试验中有无发生破坏性放电、有无出现绝缘普遍或局部发热及耐压试验前后绝缘电阻有无明显变化，进行全面分析后作出判断。

8. 案例

一次进行 10kV 遮蔽罩交流耐压试验时，当试验电压升至 1800V 时试品表面发生闪络，断开试验电源检查，发现试品表面有脏污，擦拭清洁后试验通过。

第十八章 油中溶解气体色谱分析

第一节 概 述

一、ppm 的含义

ppm 是 Patts Per Million 的缩写，意为百万分率。1ppm 就是百万分之一，即 1ppm＝10^{-6}，所以它是语言文字的分数词缩写，它不是单位名称，也不是数学符号。

对于油中溶解气体的含量等，我国常采用 ppm 表示。DL/T 596—1996 采用的是 10^{-6} 表示方法。例如，当油中溶解气体总烃含量大于 150×10^{-6} 时应引起注意，而不写成 150ppm。

二、油中溶解气体色谱分析结果的表示方法

目前国外多采用油量与气体量的比值来表示油中溶解气体的含量，主要方法有以下三种。

(1) mL/100mL 油。有畤用比值数乘以 10^{-6} 来表示。

(2) μL/L 油。通常用在比值数后标以 ppm 或乘以 10^{-6} 来表示。Q/CSG 10007—2004 采用 μL/L 表示方法。

(3) 油的体积的百分数（%）。三者的关系是：0.0001mL/100mL 油＝1ppm＝0.0001%（油的体积）。

我国多采用第二种方法表示。例如国家标准 GB 7252—2001《变压器油中溶解气体分析和判断导则》中，将油中溶解气体总烃含量注意值表示为 150ppm。

三、油中溶解气体色谱分析

(1) 定期试验是指例行的周期性的试验或者按制造厂或有关规程、标准的规定，运行到满足一定条件时必须做的试验。目前的 Q/CSG 10007—2004 对重要充油设备，如电力变压器、电抗器、电压互感器、电流互感器、套管的油中溶解气体分析都列为定期试验项目，而且对检测周期、注意值都作了详细、明确的规定，还把电力变压器、电抗器的油中溶解气体色谱分析放在显著地位，成为定期试验不可缺少的项目。

(2) 检查性试验是指在定期试验中发现有异常时，为进一步查明故障进行的相应的、必需的一些试验，也称为诊断试验或跟踪试验。当定期色谱分析发现设备异常时，要进行跟踪试验，用以查明异常原因。这时的色谱分析为检查性试验。运行变压器的轻、重气体继电器动作后，一般都要同时取油样及气体继电器里的气样做色谱分析，此时的色谱分析也属于检查性试验。

四、三比值法

用 5 种特征气体的三对比值来判断变压器或电抗器等充油设备故障性质的方法称为三比值法。在三比值法中，在相同的比值范围内，三对比值以不同的编码表示，其编码规则见表 18-1。

表 18-1　　　　　　　　　　三比值法的编码规则

特征气体的比值	比 值 范 围 编 码			说　　　明
	$\dfrac{C_2H_2}{C_2H_4}$	$\dfrac{CH_4}{H_2}$	$\dfrac{C_2H_4}{C_2H_6}$	
<0.1	0	1	0	例如：$\dfrac{C_2H_2}{C_2H_4}=1\sim3$ 时，编码为 1；
$0.1\sim1$	1	0	0	$\dfrac{CH_4}{H_2}=1\sim3$ 时，编码为 2；
$1\sim3$	1	2	1	$\dfrac{C_2H_4}{C_2H_6}=1\sim3$ 时，编码为 1
>3	2	2	2	

采用三比值法时应当注意的问题如下。

（1）对于油中各种气体含量正常的变压器等设备，其比值没有意义。

（2）只有油中气体各组分含量足够高（通常超过注意值），并且经综合分析确定变压器内部存在故障后才能进一步用三比值法判断其故障性质。如果不论变压器是否存在故障，一律使用三比值法，就有可能将正常的变压器误判断为故障变压器，造成不必要的经济损失。

（3）三比值法不适用于气体继电器收集到的气体分析判断。

（4）表 18-2 中，每一种故障对应一组比值，对多种故障的联合作用，可能找不到相对应的比值相组合，而实际是存在的。

表 18-2　　　　　　　　　　判断故障性质的三比值法

序号	故 障 性 质	比 值 范 围 编 码			典 型 例 子
		$\dfrac{C_2H_2}{C_2H_4}$	$\dfrac{CH_4}{H_2}$	$\dfrac{C_2H_4}{C_2H_6}$	
0	无故障	0	0	0	正常老化
1	低能量密度的局部放电	0*	1	0	含气空腔中的放电，这种空腔是由于不完全浸渍，气体过饱和、空吸作用或高温等原因造成的
2	高能量密度的局部放电	1	1	0	同上，但已导致固体绝缘的放电痕迹或穿孔
3	低能量放电[①]	1→2	0	1→2	不同电位的不良连接点间或者悬浮电位体的连续火花放电，固体材料之间油的击穿
4	高能量放电	1	0	2	有工频续流的放电。线圈、线饼、线匝之间或线圈对地之间的油的电弧击穿，有载分接开关的选择开关切断电流
5	低于 150℃ 的热故障[②]	0	0	1	通常是包有绝缘的导线过热

序号	故障性质	比值范围编码			典型例子
		$\dfrac{C_2H_2}{C_2H_4}$	$\dfrac{CH_4}{H_2}$	$\dfrac{C_2H_4}{C_2H_6}$	
6	150～300℃低温范围的过热故障③	0	2	0	由于磁通集中引起的铁芯局部过热，热点温度以下述情况为序而增加：铁芯中的小热点、铁芯短路、由于涡流引起的铜过热。接头或接触不良（形成焦炭）、铁芯和外壳的环流
7	300～700℃中等温度范围的热故障	0	2	1	
8	高于700℃高温范围的热故障④	0	2	2	

① 随着火花放电强度的增长，特征气体的比值有如下增长的趋势：乙炔/乙烯从0.1～3增加到3以上；乙烯/乙烷从0.1～3增加到3以上。
② 在这一情况中，气体主要来自固体绝缘的分解。说明了乙烯/乙烷的比值变化。
③ 在这种故障情况通常由气体浓度的不断增加来反映。甲烷/氢的值通常大约为1。实际值大于1与很多因素有关，如油保护系统的方式，实际的温度水平和油的质量等。
④ 故障温度较低时，油中气体组分主要是甲烷。随着温度升高，产气的顺序是甲烷→乙烷→乙烯→乙炔，乙炔含量的增加，表时热点温度可能高于1000℃。
＊ 乙炔和乙烯的含量均未达到应引起注意的数值。

（5）在实际中，可能出现没有包括在表18-2中的比值组合，对于某些组合的判断正在研究中。例如，121或122对应于某些过热与放电同时存在的情况；201或202对于有载调压变压器，应考虑切换开关油室的油可能向变压器的本体油箱渗漏的情况。

总之，由于三比值法还未能包括和反映变压器内部故障的所有形态，所以它还在发展及积累经验之中。

五、四比值法判断故障的性质

四比值法就是利用表18-3所示判断方法对故障进行判断。

比值法的表示方法是：两组分浓度比值大于1则用1表示；如小于1，则用0表示；在1左右，表示故障性质的中间变化过程；比值越大，则故障性质的显示越明显。若同时有两种性质的故障存在，例如图18-11，则可解释为连续电火花与过热。

表18-3　判断故障性质的四比值法

C_2H_4/H_2	C_2H_6/CH_4	C_2H_4/C_2H_6	C_2H_2/C_2H_4	判断结果
0	0	0	0	$CH_4/H_2<0.1$表示局部放电，其他表示正常老化
1	0	0	0	轻微过热，温度约小于150℃
1	1	0	0	轻微过热，温度约为150～200℃
0	1	0	0	轻微过热，温度约为150～200℃
0	0	1	0	一般导体过热
1	0	1	0	循环电流及（或）连接点过热
0	0	0	1	低能火花放电
0	1	0	1	电弧性烧损
0	0	1	1	永久性火花放电或电弧放电

六、电抗器可在超过注意值较大的情况下运行

这是因为编制国家标准 GB 7252—2001《变压器油中溶解气体分析和判断导则》时运行经验还欠丰富，近年来通过对 500kV 的 70 多台电抗器运行情况调查表明，油中总烃等气体含量超过注意值的比例远大于变压器，除了明显的局部缺陷，大多与电抗器固有的运行方式和结构特点有关。吊检发现以铁芯夹件因漏磁涡流发热引起较多。由于存在这种金属表面的低温过热，使有的电抗器总烃增长至数千 ppm 仍在运行中。研究分析和运行经验证明，还不致严重危及其安全运行，而这类毛病在现场处理又十分困难。据此，DL/T 596—1996 规定，电抗器可在超过注意值较大的情况下运行，并且也不像变压器那样进行短周期的跟踪检测。

电抗器低温过热故障的特征气体主要是 CH_4、H_2，如 C_2H_2 快速增长，说明过热比较严重，应予以重视。而 C_2H_2 是放电性故障的特征气体，一旦出现痕量（小于 5ppm），也应引起注意。运行中可配合测量局部放电进行观察和定位。

第二节　电 力 变 压 器

一、新变压器或大修后的变压器投入运行前，要进行色谱分析

当新变压器或大修后的变压器投入运行前，变压器油应进行真空过滤，滤油后采取一个油样进行色谱分析，以此作为变压器运行状态分析的基础数据。220kV 及以上的所有变压器和容量在 120MVA 及以上的发电厂的主变压器，在投运后第 4、10、30 天（500kV 增加投运后第一天），分别采取油样进行色谱分析，并将这些分析结果与投运前的分析结果进行比较。假如前后几次分析结果变化较小，而且绝对值均小于 Q/CSG 10007—2004 规定的注意值，无异常，可以认为变压器在运输、安装等各环节不存在问题，变压器可按正常检测周期进行检测。与此同时，应该建立变压器的综合技术档案，记载变压器历次色谱分析结果以及有关大、小修记录和运行情况，以便今后有利于故障的分析和诊断。

二、运行中的电力变压器及电抗器油中溶解气体色谱分析周期及要求的注意值

运行中的电力变压器及电抗器，电压等级不同、容量不同，其检测周期也不同。Q/CSG 10007—2004规定，对于 500kV 及以上的变压器和电抗器为 3 个月；220kV 变压器为 6 个月；120MkVA 及以上的发电厂的主变压器为 6 个月；110kV 及 35kV 及以上的变压器为一年。其他油浸式变压器可自行规定。

运行中，油中溶解气体含量超过下列任何一项值时，应引起注意。

（1）总烃含量大于 150ppm。

（2）H_2 含量大于 150ppm。

（3）C_2H_2 含量大于 5ppm（500kV 变压器为 1ppm）。

当烃类气体总和的产气速率达到 0.25mL/h（开放式）和 0.5mL/h（密封式），相对产气率大于 10%/月时，则认为设备有异常。

当设备有异常时，宜缩短检测周期，进行追踪分析。

三、判断主变压器过热性故障回路

主变压器过热性故障回路包括导电回路和磁回路。磁回路过热性故障判据如下。

在四比值法中，当 $CH_4/H_2=1\sim3$、$C_2H_6/CH_4<1$、$C_2H_4/C_2H_6\geqslant3$、$C_2H_2/C_2H_4<0.5$ 时，变压器存在磁回路过热性故障。实践表明，它对判断变压器回路过热性故障具有相当高的准确性。

例如，某变电站 180MVA 的主变压器投运以来，可燃性气体含量不断上升，几经脱气并吊钟罩检查也未彻底查清故障，其色谱分析结果见表 18-4。

表 18-4　　　　　　　　　　色 谱 分 析 结 果　　　　　　　　　单位：ppm

H_2	CH_4	C_2H_6	C_2H_4	C_2H_2	C_1+C_2	CO	CO_2
39	103	67	233	0.49	403.49	271	206.7

由表 18-4 中数据计算得

$$CH_4/H_2=2.64(1\sim3)$$
$$C_2H_6/CH_4=0.65(<1)$$
$$C_2H_4/C_2H_6=3.48(>3)$$
$$C_2H_2/C_2H_4=0.002(<0.5)$$

所以可判断为磁回路存在过热性故障。对该变压器返厂大修时，确认为铁芯过热性故障。

例如，某变电站一台 120MVA 主变压器的色谱分析结果见表 18-5。

表 18-5　　　　　　　　　　色 谱 分 析 结 果　　　　　　　　　单位：ppm

H_2	CH_4	C_2H_6	C_2H_4	C_2H_2	C_1+C_2	CO	CO_2
12	17.8	3.2	25.5	5.96	52.31	97	617

由表 18-5 中数据计算得

$$CH_4/H_2=1.48(1\sim3)$$
$$C_2H_6/CH_4=0.18(<1)$$
$$C_2H_4/C_2H_6=8(>3)$$
$$C_2H_2/C_2H_4=0.23(<0.5)$$

所以判断为磁回路过热性故障。通过空载、带各种负荷等不同运行方式的验证，也确认磁回路有过热性故障。

四、采用产气速率来预测变压器故障的发展趋势时，应注意的问题

判断变压器故障发展趋势的主要依据是考察油中故障特征气体的产生速率。当变压器内部故障处于早期发展阶段时，气体的产生比较缓慢，故障进一步发展时，产生气体的速度也随着增大。具体判断时注意以下几点。

1. 产气速率计算方法

由上述可知，计算产气速率有两种方法。对相对产气速率，由于它与第一次取样测得的油中某种气体含量 C_{i1} 成反比，所以若 C_{i1} 的值很小或为零时，则 γ_r 值较大或无法计算。

另外，由于设备的油量不等，同样故障的产气量也会出现不同的 γ_r 值，因此，不同设备的产气速率是不可比的。对绝对产气速率，由于它是以每小时产生气体的毫升数来表示，能直观地反映故障能量与气体量的关系，故障能量越大，气体量越多，故不同设备的绝对产气率是可比的。

2. 产气速率判断法只适用过热性故障

由述可知，变压器故障有放电性故障和过热性故障两种。对放电性为主的变压器故障，一旦确诊，应立即停运检修，不能要求进行产气速率的考察。考察产气速率只能适用于过热性为主的变压器故障，表 18-6 列出了某电力科学研究院的考察经验，仅供参考。

3. 追踪分析时间间隔

追踪分析的时间间隔应适中，太短不便于考察；太长，无法保证变压器正常运行，一般以间隔 1~3 个月为宜，而且必须采用同一方法进行气体分析。

表 18-6　　　　　　　　　考 察 结 果 判 断

判　据	变压器状态	判　据	变压器状态
总烃的绝对值小于注意值 总烃产气速率小于注意值	变压器正常	三倍的注意值大于总烃大于注意值 总烃产气速率为注意值的 1~2 倍	变压器有故障应缩短分析周期，密切注意故障发展
3 倍的注意值大于总烃大于注意值 总烃产气速率小于注意值	缓慢，可继续运行	总烃大于 3 倍注意值 总烃产气速率大于注意值的 3 倍	设备有严重故障，发展迅速，应立即采取必要的措施，进行吊罩检修

4. 负荷保持稳定

考察产气速率期间，变压器不得停运，并且负荷应保持稳定。如果要考察产气速率与负荷的相互关系，则可以有计划地改变负荷进行考察。

五、变压器油中气体单项组分超过注意值的原因及处理方法

变压器油中单项组分超标是指其 H_2 含量或 C_2H_2 含量超过 Q/CSG 10007—2004 规定的注意值。

变压器和套管中油的 H_2 含量单项超标，绝大多数原因是设备进水受潮所致。如果伴随着 H_2 含量的超标，CO、CO_2 含量较高，即是固体绝缘受潮后加速老化的结果。当色谱分析出现 H_2 含量是单项超标时，建议进行电气试验和微水分析。

如果通过测试证实了变压器进水，那么就要设法在现场除去或降低变压器油中含水量。由于固体绝缘材料含水量要比油中含水量大 100 多倍，它们之间的水分存在着相对平衡，因此，一般现场降低油中含水量所采用的真空滤油法不能长久地降低油中的含水量，它对变压器整体的水分影响很小，目前没有一种有效的去水法。为了确保设备安全运行和延长使用寿命，定时进行滤油是必要的，有条件的单位应对变压器内部固体绝缘进行干燥处理。

例如，某主变压器 1988 年 7 月 13 日色谱分析发现 H_2 含量单项超标（343.4mg/L），超过注意值的 2 倍以上，判断为主变压器内部进水。经微水分析（54mg/L）得以证实，7 月 30 日进行滤油含水量降为 18mg/L，H_2 含量也降至 7.4mg/L，但是只运行了半个月，

含水量又上升至 45mg/L，H_2 含量也上升至 134.8mg/L，CO、CO_2 含量也较高，是固体绝缘材料老化所致。

C_2H_2 的产生与放电性故障有关，应该引起重视。如果 C_2H_2 含量超标，但是其他的组分含量较低，而且增长速度较缓慢，很可能是变压器内有载调压开关油或引线套管油渗入本体所造的。这是因为 C_2H_2 注意值很低，总烃和 H_2 含量的注意值较高，只要有载调压开关油或者有故障的变压器套管的油渗入本体，C_2H_2 含量就会很快超标。

如果 C_2H_2 含量超标，而其他组分没有超标，但增长速率较快，可能是变压器内部存在放电性故障。这时，应根据三比值法进行故障判断。总之，对于 C_2H_2 单项超标，应结合电气试验和历史数据进行分析判断，特别注意附件缺陷的影响。当引起 C_2H_2 含量单项超标的原因确定后，应根据具体情况进行具体处理。

六、气体继电器动作的原因与判断方法

气体继电器保护是油浸式电力变压器内部故障的一种基本保护。最近几年，由于多种原因导致气体继电器频繁动作，引起运行、检修、试验人员高度重视，共同关心气体继电器的动作原因和判断方法，以避免误判断造成设备损坏或人力物力浪费。

气体继电器动作有 3 种原因：一是变压器内部存在故障；二是变压器附件或辅助系统存在缺陷；三是气体继电器发生误动作。

1. 变压器内部故障

当变压器内部出现匝间短路、绝缘损坏、接触不良、铁芯多点接地等故障时，都将产生大量的热能，使油分解出可燃性气体并向油枕（储油柜）方向流动。当流速超过气体继电器的整定值时，气体继电器的挡板受到冲击，使断路器跳闸，从而避免事故扩大，这种情况通常称为重瓦斯保护动作。当气体沿油面上升，聚集在气体继电器内超过 30mL 时，也可以使气体继电器的信号接点接通，发出警报，通常称为轻瓦斯保护动作。

例如：①某台 220MVA 主变压器瓦斯保护动作，经试验和吊芯检查判断为 35kV 侧 V 相绕组上部匝间绝缘损坏，形成层或匝间短路造成的；②某 220kV、60MVA 的主变压器轻、重瓦斯保护动作，经综合分析和放油检查确定为 63kV 侧 V 相套管均压球对升高座放电造成的，与推理吻合，避免了吊芯检查；③某台 35kV、4.2MVA 的主变压器轻瓦斯保护一天连续动作两次，色谱分析为裸金属过热，经测直流电阻为分接开关故障，吊芯检查发现分接开关的动静触点错位 2/3，这是引起气体继电器动作的根本原因。

2. 辅助设备异常

（1）呼吸系统不畅通。变压器的呼吸系统包括气囊呼吸器、防爆筒呼吸器（有的产品两者合一）等。分析表明，呼吸系统不畅或堵塞会造成轻重瓦斯保护动作，并大多伴有喷油或跑油现象。例如，某台 110kV、63MVA 主变压器投运半年后，轻重瓦斯保护动作，且压力阀喷油，但色谱分析正常。经检查，轻、重瓦斯保护动作的原因为变压器气囊呼吸堵塞。又如某台 220kV、120MVA 主变压器，在气温为 33～35℃ 下运行，上层油温为 75～80℃。在系统无任何冲击的情况下，突然重瓦斯保护动作跳闸。经试验和检查，证明是呼吸器堵塞，在高温下突通造成油流冲击，导致重瓦斯保护动作。

（2）冷却系统漏气。当冷却系统密封不严进入了空气或新投入运行的变压器未经真空脱气时，都会引起气体继电器的动作。例如某台主变气体继电器频繁动作，经分析是空气

进入冷却系统引起的,最后查出第7号风冷器漏气。

(3) 冷却器入口阀口关闭。冷却器入口阀门关闭造成堵塞也会引起气体继电器频繁动作。例如,某电厂厂用变压器大修后,投运一段时间,气体继电器突然动作,但色谱分析正常。经检查发现冷却器入口阀门造成堵塞,相当于潜油泵向变压器注入空气,造成气体继电器频繁动作。

(4) 散热器上部进油阀门关闭。散热器上部进油阀门关闭,也会引起气体继电器的频繁动作。例如,某220kV、120MVA主变压器冲击送电时,冷却系统投入,则发生重瓦斯保护动作引起跳闸。其原因是因为变压器#7散热器上部进油蝶阀被误关闭,而下部出油蝶阀处于正常打开位置,当装于该处的潜油泵通电后,迅速将散热器内的油排入本体,散热器内呈真空状态,本体油量增加时,油便以很快的速度经气体继电器及管路流向油枕,在高速油流冲击下,气体继电器动作导致跳闸。

(5) 潜油泵缺陷对油中气体有很大影响。其一是潜油泵本身烧损,使本体油热分解,产生大量的可燃性气体。例如,某110kV、75MVA的主变压器,由于潜油泵严重磨损,在一周内使油中总烃由786ppm增到1491ppm。其二是当窥视玻璃破裂时,由于轴尖处油流急速而造成负压,可以带入大量空气。即使玻璃未破裂,也有由于滤网堵塞形成负压空间使油脱出气泡,其结果气体继电器动作,这种情况比较常见。例如,某220kV、120MVA强油导向风冷变压器的气体继电器频繁动作,其原因之一就是潜油泵内分流冷却回路底部的滤网堵塞造成的。又如,某220kV、120MVA主变压器轻瓦斯保护动作,是由于潜油泵负压区漏气造成的。

(6) 变压器进气。运行经验表明,轻瓦斯保护动作绝大多数是由于变压器进入空气所致。造成进气的原因较多,主要有:密封垫老化和破损、法兰结合面变形、油循环系统进气、潜油泵滤网堵塞、焊接处砂眼进气等。例如某台220kV、120MVA的主变压器,轻瓦斯保护频繁动作,用平衡判据分析油样和气样表明,油中溶解气体的理论值与实测值近似相等,且故障气体各组分含量较小,故该变压器内部没有故障。经反复检查,最后确定轻瓦斯保护动作是由于油循环系统密封不良造成的。

(7) 变压器内出现负压区。变压器在运行中有的部位的阀门可能被误关闭。如:①油枕下部与油箱连通管上的蝶阀或气体继电器与油枕连通管之间的蝶阀;②安装时,油枕上盖关得很紧,而吸湿器下端的密封胶圈又未取下等。由于上述阀门被误关闭,当气温下降时,变压器主体内油的体积缩小,而缺油又不能及时补充过来,致使油箱顶部或气体继电器内出现负压区,有时在气体继电器中还会形成油气上下浮动。油中逸出的气体向负压区流动,最终导致气体继电器动作。例如,某220kV的主变压器由于在短路事故后关闭了油枕下部与油箱连通管上的阀门,投运后又未打开,使变压器主体内"缺油集气",造成轻瓦斯保护频繁动作。又如某35kV、5600kVA主变压器在两次大雨中均发生重瓦斯保护动作,就是因为夜间突然大雨使变压器急剧冷却,内部油位也随之下降。由于蝶阀关闭,油枕内的油不能随油位一同下降,在气体继电器内形成一个无油的负压区,使溶解在油中的气体逸出并充满了气体继电器,造成气体继电器的下浮桶下沉,引起重瓦斯保护动作。

(8) 油枕油室中有气体。大型变压器通常装有胶囊隔膜式油枕,胶囊将油枕分为气室和油室两部分。若油室中有气体,当运行时油面升高就会产生假油面,严重时会从呼吸器喷油或防爆膜破裂。此时变压器油箱内的压力经呼吸器法兰突然释放，在气体继电器管路产生油流，同时套管升高座等死区的气体被压缩而积累的能量也突然释放，使油流的速度加快，导致瓦斯保护动作。例如某电厂#2主变压器就是由于油枕油室中有气体受热时对油室产生附加压力所致。

（9）净油器的气体进入变压器。检修后安装净油器时，由于排气不彻底，净油器入口胶垫密封不好等原因使空气进入变压器，导致轻瓦斯保护动作。

另外，停用净油器时也可能引起轻瓦斯保护动作。例如，某110kV、31.5MVA的主变压器因为净油器渗漏而停用时，由于净油器上下蝶阀没有关死，变压器本体的油仍可以渗到净油器中，迫使净油器中的空气进入本体，集在气体继电器中造成主变压器发生轻瓦斯保护动作。

（10）气温骤降。对于开放式的变压器，其油中总气量约为10％，大多数分解气体在油中的溶解度是随温度的升高而降低的。但空气却不同，当温度升高时，它在油中的溶解度是增加的。因此，对于空气饱和的油，如果温度降低，将会有空气释放出来。即使油未饱和，但当负荷或环境温度骤然降低时，油的体积收缩，油面压力来不及通过呼吸器与大气平衡而降低，油中溶解的空气也会释放出来。所以，运行正常的变压器，压力和温度下降时，有时空气成为过饱和而逸出，严重时甚至引起瓦斯保护动作。例如，某35kV、5600kVA的变压器就发生过因气温骤降引起瓦斯保护动作的现象。

（11）忽视气体继电器防雨。气体继电器的接线端子有的采用圆柱形瓷套管绝缘，固定在继电器顶盖上的接线盒里，避免下雨时油枕上的雨水滴进接线盒内。该接线盒盖子盖好后；还应当用外罩罩住。某110kV、10MVA的主变压器的气体继电器既无接线盒的盖子又无防雨罩，以至于下大雨时，气体继电器的触点被接线端子和地之间的雨水漏电阻短接，使跳闸回路接通。当出口继电器两端电压达到其动作电压时，导致变压器两侧的断路器跳闸。显然，在上述条件下，若出口继电器的动作电压过低，就更容易引起跳闸。

3. 放气操作不当

当气温很高、变压器负荷又很大时，或虽然气温不很高，负荷突然增大时，运行值班员应加强巡视，发现油位计油位异常升高（压力表指示数增大）时，应及时进行放气。放气时，必须是缓慢地打开放气阀，而不要快速大开阀门，以防止因油枕空间压力骤然降低，油箱的油迅速涌向油枕，而导致重瓦斯保护动作，引起跳闸。

气体继电器动作后的判断方法如下。

气体继电器动作后，一方面要调查运行、检修情况；另一方面应取油样进行色谱分析，利用平衡判据等进行综合判断，确定变压器是内部故障还是附属设备故障；进而确定故障的性质、部位或部件，以便及时进行检修。图18-1给出了综合分析判断程序，仅供参考。

七、用平衡判据判别气体继电器动作的原因

变压器的气体继电器动作后，应该采取油样和气样进行色谱分析，根据色谱分析结果、历史情况和平衡判据法进行判断。平衡判据法可以判别气体继电器中气体是以溶解气体过饱和的油中释出，即是平衡条件下释出，还是由于油与固体绝缘材料突发严重的损坏事故而突然形成的大量裂解气体所引起的。

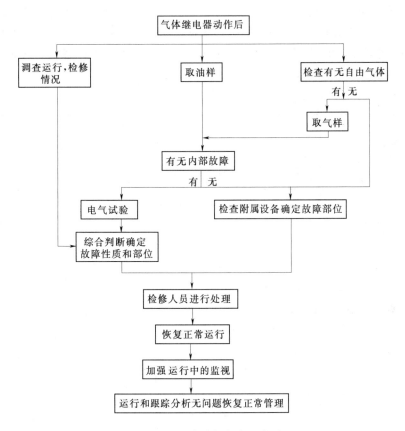

图 18-1　综合分析判断程序图

平衡判据的计算公式如下

$$q_i = C_{ig} \frac{K_i(T)}{C_{iL}}$$

式中　C_{ig}——气体继电器中气体某组分的浓度，mg/L；

　　　C_{iL}——油中溶解气体某组分的浓度，mg/L；

　　$K_i(T)$——温度为 T℃时某部分的溶解度系数。

根据现场经验，在平衡条件下释放气体时，几乎所有组分的 q_i 值均在 $0.5\sim2$ 的范围内；在突发故障释放气体时，特征气体的 q_i 值一般远大于 2。

若根据色谱分析和平衡判据判明变压器内部无故障，则气体继电器动作绝大多数是由于变压器进入空气所致。由上述可知，造成进气的原因主要有：密封垫破损、法兰结合面变形、油处理系统进气、油泵堵塞等。其中油泵滤网堵塞所造成的气体（轻瓦斯）继电器动作是近年来较为常见的。

在排除上述两种情况后，气体（轻瓦斯）继电器动作就是其本身的问题了。

为了防止变压器的气体继电器频繁动作，在变压器运行中，必须保持潜油泵的入口处于微正压，以免产生负压而吸入空气；应对变压器油系统进行定期检查与维护，消除滤网的杂质，更新胶垫，保证油系统通道的顺畅和系统的严密性；应加强对气体继电器的维护。

例如，某 500kV 变电站的一台主变压器 U 相在调试中发生轻瓦斯动作，取气样和油样进行色谱分析，其分析结果见表 18-7。根据平衡判据计算公式计算出的 q_i 值均远大于2.0，说明此变压器存在突发性故障。经检查发现该变压器的 3 只穿心螺钉的垫圈严重烧坏，并有很多铁粒。

表 18-7　　　　　　　　　　　　**色谱分析结果**

分析日期 （年.月.日）	气体组分（mg/L）							
	H_2	CH_4	C_2H_6	C_2H_4	C_2H_2	CO	CO_2	C_1+C_2
1985.11.27（油样）	310	790	120	498	800	1270	1920	2210
1985.11.27（气样）	216800	30200	720	32000	51200	10900	100	1141100
q_i	35.0	16.4	14.4	109.2	76.8	1.02	0.06	

例如：某变电站一台主变压器的气体（轻瓦斯）继电器曾频繁动作，色谱分析结果见表 18-8。根据平衡判据计算公式算出的 q_i 值，大部分在 0.5～2.0 的范围内，说明该变压器气体继电器中的气体是在平衡条件下释出的，变压器没有发生突发性故障。经过变压器检查发现，两台潜油泵滤网全部堵塞，有 5 台潜油泵在不同程度的堵塞，变压器本体未发现异常。分析认为，气体（轻瓦斯）继电器频繁动作是由于滤网堵塞，潜油泵入口形成负压吸入空气所致。CO，CO_2 高则是因固体绝缘材料老化所致。该变压器经滤油，并对潜油泵处理后投入运行，一直正常。

表 18-8　　　　　　　　　　　　**色谱分析结果**

分析日期 （年.月.日）	气体组分（mg/L）							
	H_2	CH_4	C_2H_6	C_2H_4	C_2H_2	CO	CO_2	C_1+C_2
1988.3.10（油样）	148.5	28.3	9.7	24.3	2.2	1560	13251	61.5
1988.3.10（气样）	75.2	76.2	3.7	12.8	无	11868	13138	92.7
q_i	0.03	1.2	0.9	0.9	0	0.9	0.9	

例如，某变电站一台主变压器的气体（轻瓦斯）继电器在 7 天内连续动作，色谱分析结果见表 18-9。根据平衡判据计算公式计算出的 q_i 值大部分在 0.5～2 的范围内，说明变压器内部没有故障。经分析认为气体（轻瓦斯）继电器频繁动作是由于油系统密封不良所致。

表 18-9　　　　　　　　　　　　**色谱分析结果**

分析日期 （年.月.日）	气体组分（mg/L）						
	H_2	CH_4	C_2H_6	C_2H_4	C_2H_2	CO	CO_2
1992.2.26（油样）	9	18.37	6.3	35.88	0.8	525.58	1164.24
1992.2.26（气样）	9	27.60	5.46	36.46	0.8	569.66	1034.88
q_i	0.05	0.47	1.56	1.42	0.9	0.13	0.89

变压器油系统密封不良进气包括：冷却器进气、潜油泵进气、焊接处砂眼及密封垫老化进气。所以立即对可能进气的油管道、油循环系统作了检查和紧固，但气体继电器仍然动作，并且动作间隔时间逐次缩短，说明变压器进气点仍然存在。接着在不停电情况下，又进一步紧固油循环管道以及冷却器、潜油泵、净油器等各处阀门，更换渗油的潜油泵和

耐油垫，补焊变压器下部的砂眼，并对冷却器加油检漏。又在停电情况下紧固变压器上部各处密封耐油垫，补焊变压器上部的砂眼，对变压器整体脱气，最后用真空脱气法处理变压器油。经处理投入运行，一直正常。

八、综合判断变压器内部的潜伏性故障

变压器油中溶解气体是由以下 3 个原因产生的：一是外来引入；二是绝缘材料的自然老化；三是变压器在故障时绝缘材料裂解。因此，在判断一台变压器是否存在潜伏性故障时，一定要把特征气体的浓度与变压器的运行状况、电气试验结果等综合起来分析，以获得正确可靠的判断结论。

通常采用的判断方法有以下 4 种。

1. 按油中可燃性气体含量判断的方法

此法可初步确定故障的严重程度。其原理是：故障产生的可燃性气体量是随着故障点的能量密度值的增加而增加的规律。对充油设备可用四比值法判断故障的性质所列数值判断。

若分析结果超出所列数值，表明设备处于非正常状态下运行，但这种方法只能是粗略地判断变压器等设备内部可能有早期的故障存在，而不能确定故障的性质和状态。

有文献根据国内、外运行经验和规定指出，当油中出现乙炔时，即使它小于"注意值"，也应引起注意，不能机械地视其浓度是否达到注意值而决定追踪分析。

2. 特征气体判断法

特征气体可反映故障点引起的周围油、纸绝缘的热分解本质。气体特征随着故障类型、故障能量及其涉及的绝缘材料不同而不同，即故障点产生烃类气体的不饱和度与故障源的能量密度之间有密切关系，见表 18-10。因此，特征气体判断法对故障性质有较强的针对性，比较直观方便，缺点是没有明确量的概念。

表 18-10　　　　　　　　　判断故障性质的特征气体法

故 障 性 质	特 征 气 体 的 特 点
一般过热性故障	总烃较高，$C_2H_2 < 5ppm$
严重过热性故障	总烃高，$C_2H_2 > 5ppm$，但 C_2H_2 未构成总烃的主要成分，H_2 含量较高
局部放电	总烃不高，$H_2 > 100ppm$，CH_4 占烃中的主要成分
火花放电	总烃不高，$C_2H_2 > 10ppm$，H_2 较高
电弧放电	总烃高，C_2H_2 高并构成总烃中的主要成分，H_2 含量高

当 H_2 含量增大，而其他组分不增加时，有可能是由于设备进水或有气泡引起水和铁的化学反应，或在高电场强度作用下，水或气体分子的分解或电晕作用而产生的。

实践证明，采用特征气体法结合可燃性气体含量法，可作出对故障性质的判断。要对故障性质进一步的探讨，预估故障源的温度范围等，还必须找出故障产气组分的相对比值与故障点温度或电应力的依赖关系及其变化规律，即组分比值法。目前常用的是 IEC 三比值法。

3. IEC 三比值判断法

首先求出 5 种特征气体的 3 对比值，其次根据比值确定比值范围编码，最后根据比值

范围编码查表 18-2 判断故障性质。

当比值为 0.22 时，故障指示为高于 700℃的热故障。为进一步求得具体的故障点温度，可按如下经验公式估算

$$T = 322 \lg \left(\frac{C_2 H_4}{C_2 H_5} \right) + 525$$

通过 200 台次不同程度故障变压器数据的分析对照，IEC 三比值法能较准确地判断出潜伏性故障的性质，同时对并发性的故障也可显示，见表 18-11。

表 18-11 用 IEC 三比值法对 200 台变压器故障判断的数据统计

故障类型	序号	IEC 三比值法分析		变压器台数		故障的实际情况
		比值范围	故障特征	台数	占同类型故障（%）	
分接开关及高低压引线故障	1	020	低温热点 150～300℃	4	4	引线焊接不良造成热损坏绝缘
	2	021	中温热点 300～700℃	23	24	
	3	022	高温热点 700℃以上	55	57	开关接触不良，触头烧毛或烧伤
	4	002	低温过热 150℃以下	5	5	
	5	121	热点伴有放电	4	4	导致毛刺或绝缘不良导致匝、层间放电
	6	122	热点伴有放电	5	5	
	7	201	低能放电	1	1	有载开关滴漏油
引线及匝层间短路故障	8	101	低能放电	3	10	引线短路，绕组匝层间短路烧伤绝缘，分接开关电弧烧伤
	9	102	高能放电	15	50	
	10	122	放电伴有过热	5	17	
	11	222	放电伴有过热	3	10	
	12	201	低能放电	1	3	
	13	202	高能放电	3	10	
铁芯及夹件故障	14	020	低温热点 150～300℃	6	13	层间短路烧伤绝缘铁芯多点接地致使铁芯局部过热、铁芯局部短路、烧坏
	15	021	中温热点 300～700℃	18	39	
	16	022	高温热点 700℃以上	14	30	
	17	001～2	低温过热 150℃以下	7	15	
	18	102	高能放电	1	2	
固体绝缘故障	19	001～2	低温过热 150℃以下	6	35	长时间在高温下运行或散热不良造成绝缘老化或焦化
	20	020	低温热点 150～300℃	3	18	
	21	021	中温热点 300～700℃	4	24	
	22	022	高温热点 700℃以上	4	24	
无故障	23	000	正常老化	10	100	

4. 故障产气速率判断法

检测出的潜伏性故障处于发展状态，单纯根据一次试验数据不能预测故障的发展趋势，而产气速率取决于故障点的功率、温度以及故障范围。对于某些发展状态的故障，求出其产气速率更是准确判断故障的重要环节。目前采用较多的是绝对产气速率法，它以每小时产生可燃气体组分的毫升数表示。另外还有相对产气速率计算法和单位负荷平均产气速率计算法。前者是以每月可燃气体组分增加原有值的百分数表示，后者的单位是以负荷电流平方与小时乘积对可燃气体增加的平均值表示。

对于无初始值的运行设备，可采取缩短取样测试周期连续监视的方法，以求出连续两次的产气速率值。

DL/T 596—1996 规定了下列两种方式（或其中任一种）来表示产气速率。

（1）绝对产气速率。每个运行小时产生某种气体的平均值，单位为 mL/h，计算公式为

$$r_a = \frac{C_{i2} - C_{i1}}{\Delta t} \cdot \frac{C}{d}$$

式中　r_a——绝对产气速率，mL/h；

　　　C_{i2}——第二次取样测得油中某气体含量，ppm；

　　　C_{i1}——第一次取样测得油中某气体含量，ppm；

　　　Δt——二次取样时间间隔中的实际运行时间，h；

　　　C——设备总油量，T；

　　　d——油的比重，t/m³。

（2）相对产气速率。每个月（或折算到每个月）某种气体含量增加原有值的百分数的平均值，单位为％/月

$$r_r = \frac{C_{i2} - C_{i1}}{C_{i1}} \cdot \frac{1}{\Delta t} \times 100\%$$

式中　r_r——相对产气速率，％/月；

　　　C_{i2}——第二次取样测得油中某气体含量，ppm；

　　　C_{i1}——第一次取样测得油中某气体含量，ppm；

　　　Δt——两次取样时间间隔中的实际运行时间，月。

Q/CSG 10007—2004 规定的绝对产气速率见表 18-12。当变压器和电抗总烃绝对产气速率达表 18-12 中数值时，则认为设备有异常。

表 18-12　　　　　　　　　　总烃产气速率限值

设　备　型　式	开　放　式	密　封　式
"DL/T 596—1996"产气速率（mL/h）	0.25	0.5
"Q/CSG 10007—2004"产气速率（mL/d）	6	12

以相对产气速率用来判断充油电气设备内部状况时，总烃的相对产气速率大于10％/月，则认为设备有异常。

由上分析可知，要正确使用气相色谱分析判断变压器等设备内部故障，应掌握两项关键技术：①气相色谱分析仪应提供准确的气体组分含量，因为数据是诊断的依据；②准确、及时地诊断变压器内部故障，决定变压器是否继续运行。

5. 电气试验与油色谱试验参照判断法

对于超高压大容量变压器的故障探测，虽然 IEC 三比值法可以作出故障性质和温度范围的判断，但是为了要在停电检查之前得到可靠的依据或确定是否退出运行，可通过选择与油中气体分析结果有直接关系的电气试验项目作对照验证。如色谱判断为裸金属过热故障，则可能是主回路各连接件及开关切换装置接触不良，可以选试直流电阻来验证。如

色谱鉴定为放电性故障，可能是层间短路引起的，可选试变压器变压比试验或测量低压励磁电流，辅以油中微量金属元素的原子吸收光谱分析等。

实践证明，将气体分析结果与其他试验综合判断对提高判断的准确率是很有帮助的。

在表 18 - 13 中所举例子充分证明了其他试验的必要性。表中分析的结论与实际情况具有一致性，它说明当气体组分中总烃较高时，油的闪光点可能会明显下降；当导电回路接触不良而引起过热故障时，直流电阻不平衡的程度可能会超过规定标准；当乙炔单独升高时，如预先判断为内部可能存在低能量放电故障，则可使用超声波局部放电检测仪进行测试，进一步查明预判断的准确性；如果 H_2 单独升高时，预测设备可能有进水受潮，必须进行外部检查、观察，是否存在受潮路径，同时还应对变压器本体和油作电气性能试验，对油作微水量测定。此外，当认为变压器可能存在匝间、层间短路故障时，可以另行升压，来测定变压器的空载电流。

表 18 - 13　　　　　　　　　　　变压器故障综合判断例

序号	特征气体	电气与化学试验结果	分析结果	故障真相
1	C_1+C_2（930ppm） CH_4（350ppm） C_2H_4（440ppm）	闪光点下降 5.5	过热	分接开关过热烧毛
2	C_1+C_2（160ppm） C_2H_2（136ppm）	直流电阻不平衡率大于 2%	过热	分接开关烧损
3	C_1+C_2（162ppm） C_2H_2（62ppm） H_2（81ppm）	在 U、V、W 三相高压套管升高座处用超声波测局放，分别为：850∶400∶300	低能量放电	U 相高压引线对穿缆导管内壁放电，多股铜线烧断数根
4	C_1+C_2（62ppm） H_2（250ppm）	绝缘电阻显著下降 泄漏电流明显增加	受潮	油箱底部有明显积水
5	C_1+C_2（30ppm） H_2（672ppm）	绝缘电阻下降甚多，介质损失角增加 4.5 倍	受潮	油箱底部有明显积水

但须说明一点，在很多情况下，当变压器内部故障还处在早期阶段时，一些常规的电气、物理、化学试验未必能发现故障的特征。这说明油的气体分析比较灵敏，但不能否定其他试验的有效性。

对于中、小型变压器，可采用下述的简易方法诊断其内部故障。

（1）测量直流电阻。用电桥测量每相高低压绕组的直流电阻，看其各相间阻值是否平衡，是否与制造厂出厂数据相符，若不能测相电阻，则可测线电阻，从绕组的直流电阻值即可判断绕组是否完整，有无短路和断路情况以及分接开关的接触电阻是否正常。若切换分接开关后直流电阻变化较大，则说明问题出在分接开关触点上，而不是绕组本身。上述测试还能检查套管导杆与引线、引线与绕组之间连接是否良好。

（2）测量绝缘电阻。用兆欧表测量各绕组间、绕组对地之间的绝缘电阻值和 R_{60}/R_{15}，根据测得的数值可以判断各侧绕组的绝缘有无受潮，彼此之间以及对地有无击穿闪络的可能。

（3）测量介质损耗因数 $tg\delta$。用 QS_1 型西林电桥测量绕组间和绕组对地的介质损耗因数 $tg\delta$，根据测试结果，可以判断各侧绕组绝缘是否受潮，是否整体劣化等。

（4）取绝缘油样作简化试验。用闪点仪测量绝缘油的闪光点是否降低，绝缘油有无炭粒、纸屑，并注意油样有无焦的臭味。如有气相色谱分析仪，则可测油中的气体含量。用上述方法判断故障的种类、性质等。

（5）空载试验。对变压器进行空载试验，测量三相空载电流和空载损耗值，以此判断变压器的铁芯硅钢片有无故障，磁路有无短路以及线圈短路故障等现象。

九、举出实例说明变压器缺陷的综合分析判断过程

（1）东北某台 110kV、31.5MVA 的变压器投运半年后，色谱分析发现各类气体都有所增加，其中氢、甲烷、乙烯、总烃等气体增加的幅度较大，总烃已达规定的注意值，具体数据见表 18-14。

表 18-14 色谱跟踪分析数据

| 序号 | 时间（年.月.日） | 各类气体含量（ppm） | | | | | | | | 备注 |
		H_2	CH_4	C_2H_6	C_2H_4	C_2H_2	CO	CO_2	C_1+C_2	
1	1986.8.20	23.2	2.0	36.0	14.0		67.8	173.1	52.9	投运前
2	1986.11.27	49.3	45.0	19.8	125.2	0.7	54.5	182.7	188.7	监视
3	1986.12.12	56.0	99.9	51.4	248.8	2.3	50.7	108.7	402.4	过热，跟踪
4	1987.1.1	91.7	191.1	92.4	470.8	5.1	40.1	274.0	759.2	过热，跟踪
5	1987.1.8	118.0	282.7	131.4	608.8	3.5	59.0	354.8	1026.4	过热，跟踪
6	1987.2.10	105.8	296.9	187.9	738.9		24.0	20.0	1223.7	第一次脱气
7	1987.2.11	15.7	174.7	134.7	393.0		2.26	3.8	951.7	脱气中跟踪
8	1987.2.12	4.9	42.8	45.9	165.8		29.2	365.2	254.5	脱气中跟踪
9	1987.2.13	4.3	15.9	18.0	79.9		17.5	1210.6	110.8	停止脱气
10	1987.2.15	13.6	46.5	45.0	116.1		52.1	1210.6	141.7	跟踪
11	1987.2.17	19.1	87.3	79.6	310.1		47.0	1070.2	477.0	跟踪
12	1987.3.27	50.9	122.9	105.1	471.8	1.0	62.1	920.3	696.5	第二次脱气
13	1987.4.1	17.8	48.8	50.0	282.9	0.5	40.1	706.7	382.2	跟踪
14	1987.4.3	29.9	24.1	34.3	92.5	0.8	30.4	486.1	151.7	停止脱气
15	1987.4.7	43.2	49.3	54.8	188.7	痕	29.5	618.8	292.8	跟踪
16	1987.4.18	34.9	60.8	63.0	293.1	1.4	54.5	639.7	418.8	跟踪
17	1987.4.30	81.9	78.3	77.8	120.4		94.9	919.6	576.5	跟踪
18	1987.5.14	148.0	239.0	113.0	878.0	4.0	134.0	944.8	1234.0	跟踪

初步认为产生的可能原因有以下 3 种。

1）内部放电。

2）内部有过热故障：①铁芯有短路；②铁芯多点接地；③分接开关接触不良；④引线及绕组接头部分接触不良；⑤层、匝间有短路故障。

3）带电补焊外壳。

为了查找内部过热，于 1986 年 12 月 15 日进行直流电阻测试，中、低压均合格，高

压侧数据见表 18-15。

由表 18-15 序号 3 可知，不平衡度为 0.16％，未超出规定值 2％。

对铁芯的绝缘电阻也做了测量，未发现异常。

为了更好地查明主变压器内部是否有故障，于 1987 年 2 月 10 日进行第一次脱气，将原有的特征气体脱掉，重新进行色谱跟踪分析。脱气后各类气体下降，至 1987 年 2 月 13 日停止脱气时总烃降到 110.8ppm。停止脱气后，继续进行色谱跟踪。2 月 13 日至 3 月 27 日间特征气体呈上升的趋势。由于时间紧张，未能吊罩检查，又于 1987 年 3 月 27 日进行第二次脱气，脱气后色谱跟踪情况见表 18-14。

表 18-15　　　　　　　　　　　几次直流电阻测试结果

序号	测试	相别	分 接 开 关 位 置					备 注
			I	II	III	IV	V	
1	出厂 试验	UO	0.5794	0.5670	0.5538	0.5404	0.5270	用双桥测定
		VO	0.5875	0.5739	0.5603	0.5466	0.5331	
		WO	0.5819	0.5684	0.5546	0.5407	0.5270	
		误差						
2	交接 试验	UO		0.564	0.550	0.536	0.519	用双桥测定
		VO	0.585	0.571	0.560	0.546	0.529	
		WO	0.575	0.565	0.549	0.536	0.521	
		误差	1.21％	0.88％	1.27％	1.3％	1.15％	
3	查找 故障 试验	UO			0.610			用 C_4 型 电流电压表 测定
		VO			0.611			
		WO			0.610			
		误差			0.16％			

由表 18-14 序号 12 以后的数据可知，经过第二次脱气后，特征气体不是逐渐减小，而是随时间继续增加，产气速率也很快，各类气体的绝对产气速率见表 18-16，三比值编码见表 18-17。

表 18-16　　　　　　　　各种气体绝对产气速率　　　　　　　单位：mL/h

H_2	CH_4	C_2H_6	C_2H_2	$C_1 + C_2$
3.4	1.2	1.0	9.2	11.5

表 18-17　　　　　　　　　　　三 比 值 编 码

$\dfrac{C_2H_2}{C_2H_4}$	$\dfrac{CH_4}{H_2}$	$\dfrac{C_2H_4}{C_2H_6}$	故 障 类 型
0	2	2	高于 700℃ 高温范围过热性故障

由表 18-16 和表 18-17 可以看出，产气速率很高，故障类型属高温过热，并伴随着放电和绝缘过热。

如上述初步分析，带电补焊外壳产气已为多次色谱数据所排除；铁芯不良也已排除。绕组部分是否存在接触不良是必须弄清的问题。

在 1986 年 12 月的直流电阻测试中已表明绕组尚未发现接触不良问题，如果这种缺陷存在，那么运行半年后，缺陷应有所发展，这种判断在 1987 年 5 月的直流电阻测量中得到了证实。测量结果发现 110kV 高压侧的直流电阻为 UO＝0.555Ω，VO＝0.615Ω，WO＝0.554Ω，不平衡度为 10.6％。

根据这次测量结果可分析出如下结论。

1) 认为故障在高压侧 V 相。

2) 根据分接开关 5 个挡柱的直流电阻规律看，故障不在分接开关，因为变动分接开关的挡柱对误差影响不大。若怀疑分接开关问题，也只能是动触头的问题，但可能性很小，所以判定为高压侧 V 相绕组或引线有严重接触不良的故障存在。

由于烃类气体发展迅速，对该变压器必须进行吊罩查找与处理。吊罩前的准备工作是充分的，并已确定故障部位是高压侧 V 相绕组，于 1987 年 5 月 22 日进行了吊罩，但吊罩后表面上看不到故障部位。为了进一步查找缺陷，必须进行分解测试。

高压绕组接线如图 18-2 所示（只画故障 V 相）。绕组分上、下两段，高压出线是从中间引出的，每段为双线同绕，每相绕组共 4 根铝线并联，原理如图 18-3 所示。

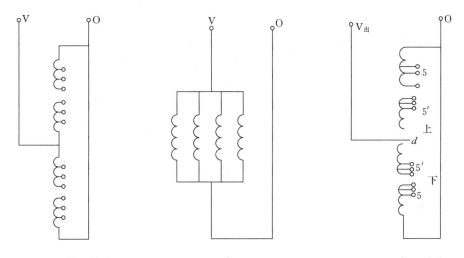

图 18-2　V 相绕组接线图　　　　图 18-3　绕组原理图　　　　图 18-4　绕组接线图

1) 查找故障在引线段绕组还是在中间段，分别测 O—5 和 O—5' 间电阻，分接开关放在空挡，接线如图 18-4，测得电阻见表 18-18。

表 18-18　　　　　　　　　　　　　　V、W 相上下段电阻值

测量线段	V 相（Ω）	W 相（Ω）	不平衡度（％）
O—5	0.2244	0.2252	0.35
V出—5'	0.4125	0.3300	22.2

从表 18-18 测得数据分析，V 相分接开关至高压引出线段间，有严重的接触不良故障。

2) 打开 d 点绝缘，测 V出—d 间电阻（见图 18-4），测得电阻为 0.0009232Ω，说明引线接触部分良好。

3）打开 d 点，分别测得 $V_{出}-5'_{下}$ 段间和 $V_{出}-5'_{上}$ 段间电阻（见图 18-4），测得结果见表 18-19。

从表 18-19 看出 V 相引出线侧上段绕组电阻比下段大 50.6%，说明故障在上段绕组内。

4）查故障在哪一环。在绕组中 9 个线饼有一个过渡环节，拆开其绝缘层，分环查，测得电阻值见表 18-20，从表 18-20 中结果可以看出，故障在第一环内。

表 18-19　分 段 的 电 阻 值

被测线段	电阻值（Ω）	不平衡度（%）
$V_{出}-5'_{上}$	1.094	50.6
$V_{出}-5'_{下}$	0.6519	

表 18-20　各 环 电 阻 值

测量部位	电阻值（Ω）	不平衡度（%）
$V_{出(上段)}-1环$	0.380	33.3
$V_{出(上段)}-2环$	0.217	

5）进一步查找故障在哪一饼。将换位过渡线的绝缘去掉，分别测其电阻，查出故障在第 39 饼绕组内（从上往下数），每个线饼共有 34 层线圈，拆开线圈后发现第 39 饼从里往外第三层线圈已烧断。

故障原因是由于接触不良产生过热，逐渐形成恶性循环，使故障日趋严重。根据故障点电阻可求得 $P=I^2R=130^2\times0.061=1030.9\text{W}$，相当于有 1000W 的电热在 V 相故障点处发热。若不吊罩处理，必将酿成变压器烧损的严重事故。

故障点找到后，立即进行修复，修复后高压侧直流电阻值见表 18-21。

表 18-21　　修复后高压侧直流电阻　　单位：Ω

分接开关位置	被 测 线 圈			不平衡度（%）	结论
	UO	VO	WO		
I	0.5994	0.5935	0.5995	0.35	合格
II	0.5815	0.5794	0.5804	0.35	合格
III	0.5675	0.5656	0.5665	0.35	合格
IV	0.5590	0.5520	0.5527	0.35	合格
V	0.5399	0.5382	0.5386	0.35	合格

由上可知，色谱分析配合电气试验不仅可以发现故障、确定故障性质，而且可以找出故障位置。

（2）华北某台 SFSZ—2000/10 型变压器，1987 年 6 月 22 日投运，投运后历次色谱分析数据见表 18-22。

表 18-22　　历次色谱分析结果

组分 ＼ 含量（ppm） ＼ 时间(年.月.日)	1987.5.16	1987.6.28	1987.6.28	1987.9.23	1987.12.12	1988.1.29	1988.2.3
H_2	0	痕	32	45	45	—	—
CO	22	110	76	243	120	250	178
CO_2	190	406	630	648	280	320	262
CH_4	0.39	3.6	10	17	28	58	67

续表

组分 ＼ 含量(ppm) ＼ 时间(年.月.日)	1987.5.16	1987.6.28	1987.6.28	1987.9.23	1987.12.12	1988.1.29	1988.2.3
C_2H_4	痕	6.4	8.2	37	68	137	150
C_2H_6	痕	3.3	0.8	5.7	5.7	11	12
C_2H_2	0	痕	57	0.86	1.6	5	4.8
总烃	0.39	13	74	61	93	210	230
注	投运前	投运后	有载油开关				

1) 从油中烃类气体诊断故障。从色谱分析中各气体组分的含量及各组分间比例关系可知，变压器内部有裸金属高温过热。由于在总烃含量中乙烯为主导，故可诊断为磁路部分局部过热。

2) 常规试验辅助判断故障部位。为了确定过热故障点的部位，做了单相空载试验，试验结果如下。①各项空载损耗数据 $P_{0ab}=20000W$；$P_{0bc}=18200W$；$P_{0ca}=30000W$。②各项损耗比：$P_{0ca}/P_{0ab}=1.5$；$P_{0ca}/P_{0bc}=1.65$；$P_{0ab}/P_{0bc}=1.099$。

从损耗测量数据及各项损耗比可诊断出故障点在铁芯的 a 相芯柱或靠近 a 相芯柱的铁轭处，此结果与色谱分析诊断完全一致。

3) 现场吊罩检查结果。在上述测试的基础上，在 1988 年 3 月 26 日进行了吊罩检查。经检查测试，发现故障点在下铁轭 ab 芯柱间穿芯螺栓的钢座套与铁芯之间。故障原因是由于钢座套与铁芯之间有金属异物搭桥而引起铁芯多点接地。在故障部位相对应的绕组端绝缘纸板及油箱底部发现有焦炭状的铜渣，在故障部位的座套和铁芯处均明显有烧伤痕迹。

故障处理后于 1988 年 4 月 5 日投入运行，至今运行正常。

十、变压器油色谱分析中会遇到的外来干扰及处理方法

电力变压器的内部故障是变压器油中气体含量增长的主要原因。根据我国有关单位的运行经验，某些外部原因也可能引起变压器油中气体含量增长，干扰色谱分析，造成误判断。常见的外部干扰如下。

1. 变压器油箱补焊

变压器在运行中由于上下层油循环，在顶盖下面的上层油面有一定波动现象（如果是强油导向冷却，波动现象更加严重）。由于变压器顶盖上密封，焊接部位很多，如果这些部位有不严的情况，那么在油层向上波动时会把变压器油挤出来，形成渗油。对渗油部位往往要带油补焊，这样可使油在高温下分解产生大量的氢、烃类气体。例如某变压器带油补焊前后氢、烃类气体的变化见表 18-23。

对于序号 1，补焊一周进行色谱分析未发现油中气体含量增高，其原因可能是：①所焊之处皆为死区，虽运行一周，油借助本身油温的上下层温差进行循环，温差不大，循环不剧烈，时间短，特征气体难于均匀遍于油中；②取样前，放油充洗量不够。

表 18－23 变压器带油补焊前后色谱分析结果

序号	取样原因	气体组分（ppm）						比值范围编码			可能误判
		H_2	CH_4	C_2H_6	C_2H_4	C_2H_2	C_1+C_2	$\frac{C_2H_2}{C_2H_4}$	$\frac{CH_4}{H_2}$	$\frac{C_2H_4}{C_2H_6}$	
1	周期（1989年8月3日）	14.67	3.68	10.54	2.71	0.20	17.13				放电兼过热
	补焊投运后一周（1989年9月28日）	14.2	4.40	13.95	2.48	0.37	21.21				
	周期（1990年10月2日）	97.9	103.3	31.6	131.3	19.7	285.8	1	2	2	
2	带油补焊前	10	3	痕	1.5	无	4.5				高于700℃高温范围热故障
	补焊14天后	45	85	32	188	1.7	307	0	2	2	
3	补焊前	6.21	12.34	1.23	9.10	2.23	24.9				高能量放电
	补焊后10天	20.24	19.21	2.83	25.11	6.29	53.44	1	0	2	
4	带油补焊后	450	1740	470	1850	3.8	4420	0	2	2	高于700℃范围的热故障

运行一年后，补焊时产生的气体仍在油中也大有可能，因一来未脱气；二来该主变压器储油柜为气囊式充氮保护，油中气体无法自行散出去。

对序号2、3、4，补焊后氢、烃也明显增加。

由表18－23可知，若仅采用三比值法进行分析，可能导致误判断。对于油箱补焊引起的气体含量增高，可以通过气体试验和查阅设备历史状况作深入综合分析。若电气试验结果正常，而有补焊史，且补焊后又未进行脱气处理，就可以认为气体增长是由于补焊引起的。为证实这个观点，可以再进行脱气处理，并跟踪监视。为消除补焊后引起的气体增长，对色谱分析的干扰可采用脱气法进行处理。

2. 水分侵入油中

在变压器运行过程中，由于温度的变化或冷油器的渗漏，安全防爆管、套管、潜油泵、管路等不严都可能使水分侵入变压器油中，以溶解状态或结合状态存在于油中的水分随着油的流动参与强迫循环或自然循环。其中有少量水分在强电电场作用下发生离解而析出氢气，这些游离氢又部分地被变压器油所溶解造成油中含氢量增加。有时水分甚至沉入变压器底部，水分的存在加速了金属的腐蚀。由于钢材本身含有杂质，铁与杂质间存在电位差，当水溶解了空气中的二氧化碳或油中的少量低分子酸后，便成了能够导电的溶液，这种溶液与其杂质构成了一个微小的原电池，其化学反应为

阴极（铁）　　　　　　　　$Fe-2e \Longrightarrow Fe^{2+}$

阳极（杂质）　　　　　　　$2H^+ + 2e \Longrightarrow H_2 \uparrow$

溶液中反应为

$$Fe + 2H_2O \Longrightarrow Fe(OH)_2 \downarrow + H_2 \uparrow$$

$$CO_2 + H_2O \Longrightarrow H_2CO_3 \Longrightarrow H^+ + HCO_3^-$$

铁失去电子生成Fe^{2+}后，与溶液中的OH^-结合成$Fe(OH)_2$；吸附在铁表面的H^+，在阳极获得电子，生成H_2放出氢气。例如某厂3号主变压器1988年7月油中氢气含量骤增至485ppm，微水含量50ppm，用真空滤油机对变压器油脱气、脱水处理，两个月后

含氢量又增至 321ppm, 微水含量为 44～68ppm。10 月换新油时, 吊罩检查未见异常及明显水迹。但 8 个月后油中氢气含量又增高至 538ppm。1990 年对该主变压器绕组进行真空加热、干燥处理后, 运行正常。

运行经验表明: 当运行着的变压器内部不存在电热性故障, 而油中含氢量单项偏高时, 油中含氢量的高低与微水含量呈正比关系, 而且含氢量的变化滞后于微水含量的变化。

当色谱分析出现 H_2 含量单项超标时, 可取油样进行耐压试验和微水分析, 根据测试结果再进行综合分析判断。

3. 补油的含气量高

对某主变压器 3 只高压套管进行油色谱分析, 发现 3 只套管总烃突然同时升高, 补油前后总烃值见表 18-24。

查运行记录发现, 这 3 只套管同时加过未经色谱分析的补充油。于是对尚未加进去的补充油进行色谱分析, 发现其总烃是较高的, 所以确认套管中油总烃增高是由于补油造成的。为避免此类现象发生, 在补油时, 除做耐压试验外, 还应做色谱分析。

表 18-24 补油前后总烃值　单位: ppm

相 别	补油前	补油后
U	28	84.29
V	31.4	92.6
W	34.6	86.6

4. 真空滤油机故障

滤油机发生故障会引起油中含气量增长。例如某变压器小修后采用 ZLY—100 型真空滤油机滤本体油 15h 后, 未进行色谱分析就将变压器投入运行。15d 后取油样进行色谱分析, 油中总烃含量达 656.09ppm。继此之后又运行一个月, 总烃高达 1313ppm。据了解, 其他单位采用该台滤油机也有过类似现象。

为分析油中总烃含量增高的原因, 采用该台 (ZLY—100型) 滤油机对密闭筒装有约 800kg 的变压器油进行循环滤油, 过滤前油中总烃为 7.10ppm, 经 2h 滤油后, 总烃上升到 167ppm; 继续滤油 14h 时, 总烃含量猛增到 4067.48ppm。显然, 油中总烃含量增加是滤油机造成的。事故后, 将滤油机解体发现: ① 部分滤过的油碳化; ② 滤油机的 SRY—4—3 型加热器有一支烧得严重弯曲, 加热器金属管有脱层现象, 由于加热器严重过热, 导致变压器油分解出大量的烃类气体。通过对比找出了原因, 避免了差错。

5. 切换开关室的油渗漏

若有载变压器中切换开关室的油向变压器本体渗漏, 则可引起变压器本体油的气体含量增高, 这是因为切换开关室的油受开关切换动作时的电弧放电作用, 分解产生大量的 C_2H_2 (可达总烃的 60％以上) 和氢 (可达氢总量的 50％以上), 通过渗油有可能使本体油被污染而含有较高的 C_2H_2 和 H_2。例如某电厂主变压器于 1982 年 11 月 24 日测得变压器本体油与切换开关室油中 C_2H_2 含量分别为 5.8ppm 和 19.4ppm; 1983 年 4 月 3 日, 测得变压器本体油内 C_2H_2 增长为 10.4ppm, 就是因为有载调压器切换开关室与变压器本体隔离得不严密而发生的渗漏引起的。为鉴别本体油中的气体是否来自切换开关室的渗漏, 可先向该切换开关室注入一特定气体 (如氦), 每隔一定时间对本体油进行分析。如果本体油中也出现这种特定气体并随时间而增长, 则证明存在渗漏现象。

经验表明，若 C_2H_2 含量超过注意值，但其他成分含量较低，而且增长速度较缓慢，就可能是上述渗漏引起的。如果 C_2H_2 超标而是变压器内部存在放电性故障，这时应根据三比值法进行故障判断。总之，对 C_2H_2 单项超标应结合电气试验及历史数据进行分析判断，特别注意附件特性的影响。

6. 绕组及绝缘中残留吸收的气体

变压器发生故障后，其油虽经过脱气处理，但绕组及绝缘中仍残留有吸收的气体，这些气体缓慢释放于油中，使油中的气体含量增加。例如某电厂 #5 主变压器曾发生低压侧三相无激磁分接开关烧坏事故，经处理（包括油），投入运行，处理前、后的色谱分析结果见表 18 - 25。

表 18 - 25　　　　　　　　#5 主变压器处理前、后的色谱分析

项　目	气 体 组 分（%）						比值范围编码	可能误判断
	H_2	CH_4	C_2H_6	C_2H_4	C_2H_2	C_1+C_2		
吊芯前	0.62	4.84	1.87	12.27	0.074	19.054	022	高于 700℃ 高温范围的热故障
吊芯后	0.018	0.17	0.085	0.64	0.0078	0.897		

由表 18 - 25 中数据可知处理前 H_2、C_2H_2、C_1 和 C_2 都超过正常值很多。后来将变压器油再进行真空脱气处理，色谱分析结果明显好转，所以对残留气体主要采用脱气法进行消除，脱气后再用色谱分析法进行校验。

值得注意的是，有的变压器内部发生故障后，其油虽然经过脱气处理，但绕组及绝缘材料中仍可能残留有吸收的气体缓慢释放于油中，使油中的气体含量增加。某台 110kV 电力变压器检修及脱气后的色谱分析结果见表 18 - 26。

表 18 - 26　　　　　　　　色 谱 分 析 结 果

取样原因及日期（年·月·日）	气 体 组 分（mg/L）						比值范围编码			可能误判断
	H_2	CH_4	C_2H_6	C_2H_4	C_2H_2	C_1+C_2	$\dfrac{C_2H_2}{C_2H_4}$	$\dfrac{CH_4}{H_2}$	$\dfrac{C_2H_4}{C_2H_6}$	
检修后未脱气（1984.5.14）	未测	10.3	3.8	11.4	41.9	67.4				
脱一次气（1986.5.14）	未测	1.8	1.2	3.5	8.9	15.4				
脱二次气（1986.5.14）	未测	0.9	0.1	1.0	1.0	3.0				
跟踪（1986.12.31）	9.2	2.7	1.1	4.0	3.7	11.5	1	0	2	高能量放电
跟踪（1987.5.4）	9.9	2.8	1.0	3.2	3.4	10.4	1	0	2	高能量放电

由表 18 - 26 可知，虽然在故障检修后二次脱气，但运行几个月后仍有残留的气体释放出来，若不掌握设备的历史状态，容易导致误判断。

7. 变压器油深度精制

深度精制变压器油在电场和热的作用下容易产生 H_2 和烷类气体。这是因为深度精制的结果去除了原油中大部分重芳烃，中芳烃及一部分轻芳烃，因此该油中的芳烃含量过低（约 2%～4%），这对油品的抗氧化性质是极为不利的。但是芳香烃含量的降低会引起油品抗析气性能恶化及高温介质损失不稳定，该油用于不密封或密封条件不严格的充油电力设备时就容易产生 H_2 和烷类气体偏高的现象。例如，某电厂 #2 主变压器采用深度精制的油，投入运行半年后，总烃增长 65.84 倍，甲烷增长 38.8 倍，乙烷增长 102.5 倍，氢增长 28.9 倍，对油质进行化验，其介质损耗因数 tgδ 为 0.111%，微水含量为 10.3ppm，可排除内部受潮的可能性。又跟踪一个月后，各种气体含量逐渐降低，基本恢复到投运时的数据，所以认为是变压器油深度精制所致。若不掌握这种油的特点，也容易给色谱分析结果的判断带来干扰，甚至造成误断。

8. 强制冷却系统附属设备故障

变压器强制冷却系统附属设备，特别是潜油泵故障、磨损、窥视玻璃破裂、滤网堵塞等引起的油中气体含量增高。这是因为当潜油泵本身烧损，使本体油含有过热性特征气体，用三比值法判断均为过热性故障，如果误判断而吊罩进行内部检查，会造成人力，物力的浪费；当窥视玻璃破裂时，由于轴尖处油流迅速而造成负压，可以带入大量的空气，即使玻璃未破裂，也会由于滤网堵塞形成负压空间而使油脱出气泡，其结果会造成气体继电器动作，并因空气泡进入时造成气泡放电，导致氢气明显增加。表 18-27 给出几个实例。

表 18-27　　　　　色谱分析结果

序号	取样部位及日期（年.月.日）	气体组分（ppm）						比值范围编码			可能误判断
		H_2	CH_4	C_2H_6	C_2H_4	C_2H_2	C_1+C_2	$\frac{C_2H_2}{C_2H_4}$	$\frac{CH_4}{H_2}$	$\frac{C_2H_4}{C_2H_6}$	
1	本体（1981.6.23）	45	46	13	99	0.6	159				
	本体（1981.9.15）	86	170	42	400	1.1	620	0	2	2	高于 700℃ 高温范围的热故障
2	本体（1991.11.21）	117	12.3	12.5	21.6	46	92.4				
	本体（1991.11.23）	107	14.2	13.8	23.4	48.2	99.6				
	本体（1991.11.26）	121	15.0	15.0	24.9	52.9	107.6	1	0	1	低能量的放电
	#5 潜油泵（1991.11.26）	80	9.5	8.7	15.3	29.4	62.9				
	#4 潜油泵（1991.11.26）	2186	418.6	83.5	1102.8	1964	3568.9				
3	本体 处理前	43.3	45.2	9.5	32.9	0	87.6	0	2	2	高于 700℃ 的范围的热故障
	处理后	5.4	13.7	4.2	11.6	0	25.6				

由序号 1 可知，变压器油总烃突增至 620ppm，达到正常值的 6 倍，连续跟踪 1 个月，其结果基本不变。然后停机吊罩检查，发现潜油泵轴承严重损坏。经化验，变压器油箱底部存油含有大量碳分，滤油纸呈黑色。

由序号 2 可知，主变压器油中气体含量出现异常。为查找异常原因采取对设备本体和附件分别进行色谱分析，见表 18 - 27。

分析结果表明，9 台潜水泵（只列出 5 号）与变压器本体的油色谱分析结果相近，而 #4 散热器潜油泵的色谱分析极为异常，经解体检查发现油内有铝末，转子与定子严重磨损，深度为 7mm，叶轮侧轴承盖碎成三段，该变压器经更换潜油泵及脱气处理后运行正常。

对序号 3，主变压器油中气体含量出现异常，经检查为潜油泵漏气，将潜油泵处理后恢复正常。

对于上述情况，可将本体和附件的油分别进行色谱分析，查明原因，排除附件中油的干扰，作出正确判断。

9. 变压器内部使用活性金属材料

目前，有的大型电力变压器使用了相当数量的不锈钢，如奥氏体不锈钢，它起触媒作用，能促进变压器油发生脱氧反应，使油中出现 H_2 单值增高，会造成故障征兆的现象。因此，当油中 H_2 增高时，除考虑受潮或局部放电外，还应考虑是否存在这种结构材料的影响。一般来说，中小型开放式变压器受潮的可能性较大，而密封式的大型变压器由于结构紧凑，工作电压高，局部放电的可能性较大（当然也有套管将军帽进水受潮的事例）。大型变压器有的使用了相当数量的不锈钢，在运行的初期可能使氢气急增，另一方面，气泡通过高电场强度区域时会发生电离，也可能附加产生氢。色谱分析时应当排除上述故障征兆假象带来的干扰。

10. 油流静电放电

在大型强迫油循环冷却方式的电力变压器内部，由于变压器油的流动而产生的静电带电现象称为油流带电。油流带电会产生静电放电，放电产生的气体主要是 H_2 和 C_2H_2。如某台主变压器在运行期间由于磁屏蔽接地不良，产生了油流放电，引起油中 C_2H_2 和总烃含量不断增加。再如，某水电厂 #1～#3 主变压器由于油流静电放电导致总烃含量增高分别为 30ppm 和 164ppm。根据对油流速度和静电电压的测定结果进行综合分析，确认是由于油流放电引起的。

目前，已初步搞清影响变压器油流带电的主要因素是油流速度，变压器油的种类、油温，固体绝缘体的表面状态和运行状态。其中油流速度大小是影响油流带电的关键因素。在上例中，将潜流泵由 4 台减少为 3 台，经过半年的监测结果，C_2H_2 含量显著降低，并趋于稳定，这样就消除了油流带电发生放电对色谱分析结果判断的干扰。

11. 标准气样不合格

标准气样不纯也是导致变压器油中气体含量增高的原因之一。

某主变压器于 1984 年 3 月及 5 月取样进行色谱分析，其结果见表 18 - 28 中。

表 18-28　　　　　　　　色 谱 分 析 结 果

检测日期 （年.月）	气 体 组 分 （%）				
	CH_4	C_2H_4	C_2H_6	C_2H_2	CO
1984.3	0.0027	0.017	0.00070	0	0.67
1984.5	0.0066	0.031	0.00074	0.00066	4.98

由表 18-28 可见，CO 含量显著提高，可能有潜伏性故障存在。于是在 5 月和 6 月分别取 3 次抽油样送江西省试研所分析，其结果是 CO 含量均在 5% 以下。为弄清差异的原因，对使用的分析器和标准气样等进行复查，检查结果是仪器正常而标准气样不纯，所以这种 CO 升高的现象是由标准气样不纯造成的。

标准气样浓度降低会使待测的气体组分增大，这是因为混合标准气的浓度是试样组分定量的基础。在进行试样组分含量的计算中，当待测组分 i 和外标物 s 为相同组分时，各待测组分浓度计算式为

$$ppm(i) = 0.929 \times \frac{C_s h_i}{h_s} \left(K_i + \frac{V_g}{V_L} \right)$$

式中　C_s——外标气体组分的浓度，ppm；

　　　h_s——外标气体组分的峰高，mm；

　　　h_i——待测组分的峰高，mm；

　　　K_i——油中气体溶解度浓度常数；

　　　V_g——待测油样脱出气体的体积，mL；

　　　V_L——待测油样的体积，mL。

从上式可以看出，当外标气体组分浓度降低时，因 C_s 是标定值，不变，变化的量只有 h_s（减小），结果造成待测组分必然增大。若试验人员在分析中忽视此问题，也会由于干扰引起误判断。

12. 压紧装置故障

压紧装置发生故障使压钉压紧力不足，导致压钉与压钉碗之间发生悬浮电位放电，长时间的放电是变压器油色谱分析结果中 C_2H_2 含量逐渐增长的主要原因。例如某台单相主变压器 1984 年投运，1990 年 2 月进行色谱分析发现，C_2H_2 为 5.24ppm，以后逐年增长，到 1991 年 2 月 C_2H_4 已达到 16.58ppm，占总烃含量的 38%。为查找原因，将该变压器空载挂网监视运行，开始趋于稳定后仍有增长趋势，而测量局部放电和超声波定位均未发现问题，1991 年 6 月 15 日吊罩检查发现是压紧装置故障所致。再如，某发电厂主变压器大修后色谱一直不正常，每月 C_2H_2 值上升约 3～5ppm，最大值达到 36.6ppm。后经脱气处理，排油检查均未发现问题，最后吊罩检查也是由于压紧装置松动造成的。

13. 变压器铁芯漏磁

某局有两台主变压器在运行中均发生了轻瓦斯动作，且 C_2H_2、C_2H_4 异常，高于其他的变压器。对其中的一台在现场进行电气试验吊芯等均未发现异常。脱气后继续投运且跟踪几个月发现油中仍有 C_2H_2，而且总烃逐步升高，超过注意值。根据三比值法判断为

大于700℃的高温过热，但吊芯检查又无异常，后来被迫退出运行。

另一台返厂，在厂里进行一系列试验、检查，并增做冲击试验和吊芯，均无异常，最后分析可能是铁芯与外壳的漏磁、环流引起部分漏磁回路中的局部过热。为进一步判断该主变压器是电气回路故障还是励磁回路问题，对该主变压器又增加了工频和倍频空载试验。工频试验时，为能在较短的时间内充分暴露故障情况，取 $U_s = 1.14 U_n$，持续运行并采取色谱分析跟踪，空载运行32h就出现了色谱分析值异常情况 C_2H_2、C_2H_4 含量较高，$C_1 + C_2$ 超过注意值。倍频试验时，仍取 $U_s = 1.14 U_n$，色谱分析结果无异常，这样可排除主电气回路绕组匝、层间短路、接头发热、接触不良等故障，进而说明变压器故障来源于励磁系统，认为它是主变压器铁芯上，下夹件由变压器漏磁引起环流而造成局部过热。为证实这个观点，把8个夹紧螺栓换为不导磁的不锈钢螺栓，使主变压器的夹件在漏磁情况下不能形成回路，结果找到了气体增高的根源。

14. 周围环境引起

例如，在电石炉车间的变压器，有可能吸入 C_2H_2 或电石粉，使油中 C_2H_2 含量大于10ppm。

15. 超负荷引起

例如，某主变压器色谱分析总烃含量为538ppm，超标5倍多。对该变压器进行电气试验等，均无异常现象。经负荷试验证明这种现象是由于超负荷引起的，当超负荷130%时，总烃剧烈增加。再如，某台主变压器在1991年10月14日的色谱分析中，突然发现 C_2H_2 的含量由9月7日的0增加到5.9ppm，由于是单一故障气体含量突增，曾怀疑是由于潜油泵的轴承损坏所致，为此对每台潜油泵的出口取样进行色谱分析，无异常，最后分析与负荷有关。测试发现，当该主压器220kV侧分接开关在负荷电流140A以上时，有明显电弧，而在120A以下时，电弧完全消失，所以 C_2H_2 的增长是由于开关接触不良在大电流下产生电弧引起的。

16. 假油位

某主变压器在施工单位安装时，由于油标出现假油位，致使该主变压器少注油约30t，因而运行时出现温升过高，色谱分析结果见表18-29。

表18-29　　　　　　　　　　　　色谱分析结果

项　目	气　体　组　分（ppm）								比值范围编码			可能误判
	H_2	CH_4	C_2H_6	C_2H_4	C_2H_2	CO	CO_2	$C_1 + C_2$	$\dfrac{C_2H_2}{C_2H_4}$	$\dfrac{CH_4}{H_2}$	$\dfrac{C_2H_4}{C_2H_6}$	
处理前	75.8	9.2	3.5	10.9	1.9	408.6	246.3	25.5	1	0	2	高能量放电
处理后	35.4	2.6	1.2	3.5	0.4	169.3	68.8	7.7				

由表18-29中数据可知，容易误判断为高能量放电，干扰对温升过高原因的分析。

17. 套管端部接线松动过热

某主变压器10kV套管端部螺母松动而过热，传导到油箱本体内，使油受热分解产气超标，其色谱分析结果见表18-30。

表 18-30 色 谱 分 析 结 果

项 目	气 体 组 分 （ppm）								比值范围编码			可能误判
	H_2	CH_4	C_2H_6	C_2H_4	C_2H_2	CO	CO_2	C_1+C_2	$\dfrac{C_2H_2}{C_2H_4}$	$\dfrac{CH_4}{H_2}$	$\dfrac{C_2H_4}{C_2H_6}$	
处理前	21.9	2896.0	106.9	831.6	0	118.3	323.9	1262.4	0	2	2	高于 700℃ 范围的热故障
处理后	0	3.1	2.1	13.6	0	8.9	236.2	18.3				

由表 18-30 数据可知，由于干扰，可能误判为高于 700℃ 高温范围的热故障，影响查找色谱分析结果异常的真正原因。

18. 冷却系统异常

现场常见的冷却系统异常包括风扇停转、反转或散热器堵塞，使主变压器的油温升高。表 18-31 列出了风扇反转的色谱分析结果。

表 18-31 色 谱 分 析 结 果

项 目	气 体 组 分 （ppm）								比值范围编码			可能误判
	H_2	CH_4	C_2H_6	C_2H_4	C_2H_2	CO	CO_2	C_1+C_2	$\dfrac{C_2H_2}{C_2H_4}$	$\dfrac{CH_4}{H_2}$	$\dfrac{C_2H_4}{C_2H_6}$	
修理前	3.6	1.0	1.4	1.1	0.1	5.1	110.0	3.6	0	0	0	正常老化
修理后	1.3	0.5	0.2	0.4	0	10.3	163.3	1.1				

由表 18-31 所列数据可知，可能误判为绝缘正常老化。其实这是一种假现象，干扰了对主变压器温度升高的真实原因的分析。对于这种情况，可采用对比的方式分析。

19. 抽真空导气管污染

对某台 110kV、160MVA 变压器进行色谱分析发现，主变压器套管油中氢气含量较高（在 76～102ppm 之间），因此决定对主变压器套管的油重新进行处理。处理后发现油中 C_2H_2 含量特高，色谱分析结果见表 18-32。

表 18-32 色 谱 分 析 结 果

项 目	气 体 组 分 （ppm）						
	H_2	CO	CO_2	CH_4	C_2H_6	C_2H_4	C_2H_2
U 相	110	41	1658	2	1	4	40
V 相		20	708	2	1	11	36
W 相		35	929	1	1	3	38

进一步查找，发现安装时，在对套管抽真空时，使用了 C_2H_2 导气管，从而使套管中混入 C_2H_2 气体，造成套管油污染。

对这种情况，若找不出真实原因，易误判断。

20. 混油引起

某台 SFSZ$_7$—40000/110 三绕组变压器投运后负荷率一直在 50% 左右，做油样气相色谱分析发现，总烃达 561.4ppm，大大超过 Q/CSG 10007—2004 规定的注意值 150ppm；

可燃性气体总和达 1040.9ppm，大于日本标准中的注意值。发现问题后，立即跟踪分析，通过近一个月的分析，发现总烃含量虽然有增加的趋势，最高达 717.5ppm，但产气速率却为 0.012mL/h，低于 Q/CSG 10007—2004 要求值。经反复测试与分析，最后发现变压器油到货时，有 #10 油与 #25 油搞混的情况，即变压器中注入的是两种牌号的油。换油后，多次色谱分析均正常，其总烃在 15～20ppm 之间，C_2H_2 含量基本为 0ppm。

综上述，可得出以下结论。

（1）电力变压器油中气体增长的原因是多种多样的，为正确判断故障，应采取多种测试方法进行测试，由测试结果并结合历史数据进行综合分析判断，避免盲目地吊罩检查。

（2）若氢气单项增高，其主要原因可能是变压器油进水受潮，可以根据局部放电、耐压试验及微水分析结果等进行综合分析判断。

（3）若 C_2H_2 含量单项增高，其主要原因可能是切换开关室渗漏、油流放电、压紧装置故障等。通过分析与论证来确定 C_2H_2 增高的原因，并采取相应的对策处理。

（4）对于三比值法，只有在确定变压器内部发生故障后才能使用，否则可能导致误判，造成人力、物力的浪费和不必要的经济损失。

（5）综合分析判断是一门科学，只有采用综合分析判断才能确定变压器是否有故障，故障是内因还是外因造成的以及故障的性质、故障的严重程度与发展速度、故障的部位等。

十一、用色谱分析法诊断电力变压器树枝状放电故障

（1）在 IEC 三比值法中增加 3 个编码。最近的试验研究表明，随着树枝状放电故障的发展，CH_4/H_2 编码由 1 向 0 变化，因此会出现 CH_4/H_2 的 0 编码。据此，有人建议在 IEC 三比值法中增加 112、102、212 等 3 个编码组合，以 112、102、212、202，4 个编码组合为依据，诊断电力变压器树枝状放电故障。也就是说，对油中溶解气体进行分析时，如果出现上述 4 个编码中的任何一个，就有理由怀疑电力变压器出现了树枝状放电故障。电力变压器主绝缘中树枝状放电故障对应的特征气体比值编码可能有两种变化过程，即

$$110 \longrightarrow 112 \begin{array}{c} \longrightarrow 102 \\ \longrightarrow 212 \end{array} \longrightarrow 202$$

电力变压器树枝状放电故障可能存在两种机制：一种是 110→112→102→202，即线圈与长垫块接触处的油膜中长期存在局部放电，然后局部放电导致第一油隙沿长垫块表面闪络，并进一步引起围屏纸板表面爬电的一个慢速发展过程；另一种是 110→112→212→202，即线圈与长垫块接触处出现局部放电后，在短时间内就发展成围屏爬电的快速发展过程。故障在哪个阶段爆发是随机的，故障在某一放电阶段存在的时间越长，故障能量越大，那么在该放电阶段爆发的可能性就越大。所以在故障爆发前能捕捉到前述 4 个数码中的哪一个编码也是随机的。东北电网数起 220kV 电力变压器树枝状放电故障色谱分析中已出现了 102、112、202 等 3 种编码。

（2）充分注意特征气体和总烃的产气速率。在故障诊断中，应充分注意特征气和总烃的产气速率。有关资料在初步研究的基础上，推荐特征气体和总烃产气速率参考注意值为：H_2O，400mL/h；CH_4，0.012mL/h；C_2H_6，0.01mL/h；C_2H_4，0.020mL/h；

C_2H_2，0.04mL/h；C_1+C_2，0.1mL/h。

十二、大型变压器油中 CO 与 CO_2 含量异常的判断指标

在变压器等充油设备中，主要的绝缘材料是绝缘油和绝缘纸、纸板等，在运行中将逐渐老化。绝缘油分解产生的主要气体是氢、烃类气体，绝缘纸等固体材料分解产生的主要气体是 CO 和 CO_2。因此，可将 CO 与 CO_2 作为油纸绝缘系统中固体材料分解的特征气体。变压器发生低温过热性故障，因温度不高，往往油的分解不剧烈，因此烃类气体含量并不高，而 CO 和 CO_2 含量变化较大。故而用 CO 和 CO_2 的产气速率和绝对值判断变压器固体绝缘老化状况，再辅之以对油进行糠醛分析，完全可能发现一些绝缘老化、低温过热故障。

东北电力试验研究院的研究表明，图 18-5 所示 CO 和 CO_2 的绝对值及其曲线的斜率可作为隔膜密封变压器的判断指标。当变压器油中 CO 和 CO_2 含量超过图 18-5 的值或产气速率大于曲线的斜率时，应该引起对设备的注意，了解设备在运行中有否过负荷，冷却系统和油路是否正常，绝缘含水量是否过高以及了解设备的结构，有否可能产生局部过热使绝缘老化。为了诊断设备是否存在故障，应当考察油中 CO 与 CO_2 的增长趋势，并结合其他检测手段（如测定油中糠醛含量等）对设备进行综合分析。

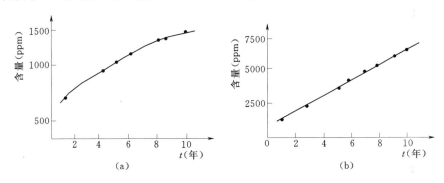

图 18-5　隔膜式变压器 CO 与 CO_2 含量的判断指标
(a) CO 年均含量与运行年的关系；(b) CO_2 年均含量与运行年的关系

例如，东北某电厂一台 240MVA 的升压变压器，正常运行负荷率为 90％ 左右，上层油温一般不超过 70℃。

1988 年以来，对该变压器进行糠醛分析，其结果见表 18-33。由表 18-33 可知，变压器绝缘有老化现象。色谱分析结果见表 18-34，其中 CO 与 CO_2 含量的变化曲线如图 18-6 所示。可见总烃并不高，而 CO 和 CO_2 的绝对值和增长率均比较高。经吊芯检查发现，U 相低压侧绕组单半螺旋绕组半螺旋处 1.5mm 油道已全部堵死，4.5mm 油道也仅能插入 1.4mm 纸板。由于段间油道堵塞，油流不畅，匝绝缘得不到充分冷却。经 10 年运行，匝绝缘严重老化，以致发糊、变脆，在长期电磁振动下，绝缘脱落，局部露铜，形成匝间（段间）短路。

表 18-33　　　　　　　　　　　糠 醛 分 析 结 果

年　份	1988	1989	1990	1991
糠醛值（mg/L）	1.67	1.41	1.38	1.79

表 18 – 34　　　　　　　　　　　色 谱 分 析 结 果

时间（年·月）	H_2	CH_4	C_2H_6	C_2H_4	C_2H_2	C_1+C_2	CO	CO_2
1992.4	24.0	27.8	24.4	30.0	无	82.2	1589.5	26395
1992.5	33.9	36.5	31.5	39.3	无	107.2	2412.0	47201

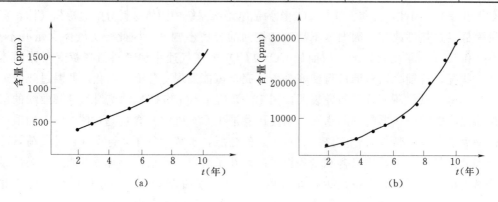

图 18 – 6　240MVA 变压器 CO，CO_2 变化曲线

（a）CO 随年运行年限的变化；（b）CO_2 随年运行年限的变化

应当指出，CO 与 CO_2 是绝缘正常老化的产物，也是故障的特征气体，两者之间的区别是绝缘老化，速度不同，即产气速率变化规律不同。图 18 – 7 给出正常变压器 CO 与 CO_2 的变化曲线，它与图 18 – 6 所示的故障变压器 CO 和 CO_2 变化曲线有明显差别。

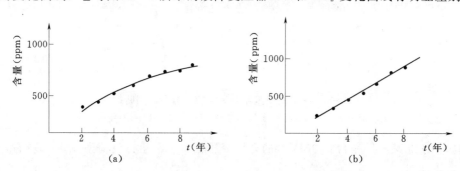

图 18 – 7　正常变压器 CO 与 CO_2 变化曲线

（a）CO 随年运行年限的变化；（b）CO_2 随年运行年限的变化

十三、诊断电力变压器绝缘老化的方法

诊断电力变压器绝缘老，并推断其剩余寿命的方法如下。

1. 利用气相色谱法测定 CO 与 CO_2 生成量

由于绝缘纸老化会分解出 CO 和 CO_2，所以测量 CO 与 CO_2 生成总量可以在一定程度上反映纸的老化情况。但是，绝缘油氧化，国产变压器中使用 #1030 或 #1032 漆在运行温度下都会分解出 CO 与 CO_2，这就给分析带来一定的困难，有时得不到明确的结论。

2. 测量绝缘纸的聚合度

测量变压器绝缘纸的聚合度（指绝缘纸分子包含纤维素分子的数目）是确定变压器老

化程度的一种比较可靠的手段。纸聚合度的大小直接反映了纸的老化程度，它是变压器绝缘老化的主要判据。当聚合度小于 250 时，应引起注意。然而这项试验要求变压器停运、吊罩，以便取纸样。因此，正在运行的变压器无法进行这项试验。

3. 测量油中的糠醛浓度

绝缘纸中的主要化学成分是纤维素。纤维素大分子是由 D—葡萄糖基单体聚合而成。当绝缘纸出现老化时纤维素历经如下化学变化：D—葡萄糖的聚合物由于受热，水解和氧化而解聚，生成 D—葡萄糖单糖；D—葡萄糖单糖很不稳定，容易水解，最后产生一系列氧化环化合物。糖醛是绝缘纸中纤维素大分子解聚后形成的一种主要氧环化合物，它溶解在变压器的绝缘油中，是绝缘纸因降解形成的主要特征液体。可以用高效液相色谱分析仪测出其含量，根据浓度的大小判断绝缘纸的老化程度，并根据糖醛的产生速率（ppm/年）可进一步推断，其剩余寿命。糖醛分析的优点如下。

（1）取样方便、用油样量少，一般只需油样十至十几毫升。

（2）不需变压器停电。

（3）油样不需特别的容器，保存方便。

（4）糠醛为高沸点液态产物，不易逸散损失。

（5）油老化不产生糠醛。

其缺点是：当对油作脱气或再生处理时，如油通过硅胶吸附时，则会损失部分糖醛，但损失程度比 CO 和 CO_2 气体损失小得多。

应当指出，油中糠醛分析对于运行年限不长的变压器，还可以结合油中 CO 与 CO_2 含量分析来综合诊断其内部是否存在固体绝缘局部过热故障。所以可以作为变压器监督的常规试验手段，Q/CSG 10007—2004 建议在以下情况检测油中糠醛含量。

（1）油中气体总烃超标或 CO、CO_2 过高。

（2）500kV 变压器和电抗器及 150MVA 以上升压变压器投运 2～3 年后。

（3）需了解绝缘老化情况。

通过对油中糠醛含量的检测可为下列情况提供判断依据。

（1）已知变压器存在内部故障时，该故障是否涉及固体绝缘材料。

（2）是否存在引起变压器绕组绝缘局部老化的低温过热。

（3）判断运行年久变压器等的绝缘老化程度。

油中糠醛含量的判据，Q/CSG 10007—2004 规定如下。

（1）糠醛含量超过表 18 - 35 中所列数值时，一般为非正常老化，需连续跟踪检测。跟踪检测时，注意增长率。

表 18 - 35　　　　　　　　变压器油中糠醛含量参考值表

运行年限	1～5	5～10	10～15	15～20
糠醛量（mg/L）	0.1	0.2	0.4	0.75

（2）测试值大于 4mg/L 时，认为老化已比较严重。变压器整体绝缘水平处于寿命晚期。此时宜测定绝缘纸（板）的聚合度，综合判断。

十四、有的运行年久的变压器糠醛含量不高

糠醛是绝缘纸劣化的产物之一，测定油中糠醛的浓度可以判断变压器绝缘的劣化程度。实践证明，随着变压器运行年限的增长，其油中的糠醛含量增高，这是因为变压器绝缘在运行中受温度等因素的作用会产生劣化，从而导致糠醛含量增高。

然而，有的变压器运行年限久，但其油中糠醛含量并不高，甚至很低。其原因如下。

1. 糠醛损失

测试经验证明，变压器油如果经过处理，则会不同程度地降低油中糠醛含量。例如，变压器油经白土处理后，能使油中糠醛含量下降到极低值，甚至测不出来，经过一段较长的运行时间后才能升高到原始值。在做判断时一定要注意这种情况，否则易造成误判断。

2. 运行条件

有的变压器绝缘中含水量少，密封情况好，运行温度低，有的变压器投运后经常处于停运或轻载状态，这也是导致变压器油中糠醛含量低的原因。

基于上述原因，对变压器油中糠醛含量高的变压器要引起重视，对糠醛含量低的变压器也不能轻易判断其是否老化，要具体情况具体分析。分析时还要认真调查研究变压器的绝缘结构、运行史、故障史、检修史等。

十五、变压器充油后甲烷增高的原因

某厂对 3 台电力变压器绝缘油进行色谱分析后发现如下问题。

（1）在未做任何电气试验的情况下，仅把新油（含甲烷不超过 1ppm）注入变压器后，就产生大量的 CH_4，其中含量最高的一台竟达到 573.4ppm。

（2）3 台变压器中的 CH_4 随时间的增长而逐渐减少，但仍然大大超标。

（3）换油后，变压器中的 CH_4 含量比换油前更高。

（4）从上部取油样，测得 CH_4 含量为 3.5ppm，从下部取油样，测得 CH_4 含量高达 300ppm。

检查设计图纸发现，油的取样管是从一个打了孔的橡胶板中穿出的，3 台变压器均是如此，这就怀疑是橡胶件有问题。

为证实这种看法，有关厂家对丁腈胶制品在变压器油中产生 CH_4 的机理进行了试验研究，通过对试验结果分析认为，丁腈在油中产生 CH_4 的本质是橡胶将本身所含的 CH_4 释放到了油中，而不是将油催化、裂化为 CH_4。

硫化丁腈橡胶向变压器中释放 CH_4 的主要组分是硫化剂，其次是增塑剂、硬脂酸、促进剂等含甲基的物质，释放量取决于硫化条件。

十六、目前变压器油中溶解气体的在线监测装置

我国目前变压器油中溶解气体的在线监测装置主要有两类。

1. 变压器油中氢气浓度在线监测装置

目前国内外已有多种形式的变压器油中溶解氢气监测仪。在国内，主要是利用钯栅场效应管作为变压器油中溶解氢气监测仪的传感元件，但由于该元件尚存在物理特性的缺陷和工艺问题，使得此类监测仪器在工作的稳定性、可靠性及寿命方面存在一些问题。基于此，电力科学研究院于 1995 年开发研制了 Dog—1000 型变压器油氢气浓度在线监测仪，

该仪器主要由带有氢敏元件的前置装置和智能化采集处理系统两大部分组成。采用催化燃烧测试技术，结合现代科技，通过检测油中氢气含量的变化，可发现充油高压电力设备早期故障，在实用性、经济性、可靠性 3 个方面比国内外现有的测试装置有显著的优点。

2. 变压器油中 C_2H_2 现场监测装置

通常认为，故障部位的温度能代表故障的程度。H_2 气体产生的起始温度最低，而 C_2H_2 产生的起始温度最高，大约有 750℃。一般认为，在故障诊断中，油中 C_2H_2 的浓度比 H_2 更为关键。基于此，上海电力学院研制出便携式智能型 C_2H_2 测定仪。它主要由脱气，C_2H_2 传感器、单片机（控制及数据处理），输出等部分组成。目前已使用该仪器检测出变压器故障。例如，某制造厂的一台 500kV 变压器在出厂试验时，发现有微量 C_2H_2，虽然其浓度只有 0.5ppm，但考虑到新注入的变压器油中 C_2H_2 的含量原为 0，而在试验时就出现 C_2H_2，即使是痕量也必须引起注意。于是，打开变压器油箱检查，果然发现有放电部位。

除上述外，本溪电业局还研制了变压器油色谱分析在线监测装置，它能够连续监测运行变压器油中的 CH_4、乙烷、乙烯、C_2H_2 等气体组分含量。目前该装置已安装于本溪电业局卧龙变电站 220kV、60MVA 的主变压器上试运行。

十七、绝缘油中水分来源以及存在形态

绝缘油中的水分主要来源于两个方面。一是外部侵入的水分。变压器等电力设备在制造过程中，绕组绝缘虽经真空干燥处理，但总难免还残有微量水分，特别是在安装、运输过程中，如保护措施不当，也会使绝缘再度受潮，一般新变压器内的水分含量往往可达绝缘低重量的 0.1% 左右；在变压器运行过程中，由于油具有吸潮性，所以呼吸系统如漏进潮气也会通过油面渗油内。油的吸潮性既随空气的相对湿度和油的增加而呈线性增长，又与油品的化学组成有关。油内芳香烃成分越多，其吸潮性越大。此外，油质老化后，其中的极性杂质将会增加，由此也会促使油的吸潮性迅速增大。二是绝缘油内部反应产生的水分。绝缘油在运行过程中由于内部汽化及热裂解作用而生成水分，在超温并有溶解氧存在的情况下，氧化作用加快，生成的水分也就较多。

一般来说，变压器在正常工作状况下，由于上述两种来源而造成绝缘油及绝缘纸每年增加的水分约为其绝缘纸重量的 0.1%～0.3%。

侵入充油电力设备的水分一般以溶解水分、乳化（悬浮）水分、游离水分及固体绝缘材料吸附水分 4 种形态存在，水分存在的形态在一定条件下，可以相互转换。例如，溶解水因温度等条件变化而发生过饱和时，可以从油中凝析出来成为乳化水，而乳化水在长期静止状态下或外力作用下可能聚合沉淀形成游离水；反之，游离水与所受外力搅动后会形成乳化状态，在较高的温度下，乳化水与游离水也可以部分汽化而溶解于油变成溶解水。

十八、微量水分对绝缘油特性的影响

绝缘油中的微量水分是影响绝缘特性的重要因素之一。绝缘油中微量水分的存在对绝缘介质的电气性能与理化性能都有极大的危害。水分可导致绝缘油的击穿电压降低，介质损耗因数 tgδ 增大，促进绝缘油老化，使绝缘性能劣化，而造成受潮，损坏设备，导致电力设备的运行可靠性和寿命降低，甚至于危及人身安全。

第三节　互 感 器、套 管

一、运行中的互感器和套管油中溶解气体色谱分析周期及要求的注意值

互感器和套管在投运前均应做油中溶解气体的色谱分析，作为以后分析的基础数据。投入运行后，对 66kV 及以上的互感器检测周期为 1～3 年，套管的检测周期自行规定。

互感器和套管油中溶解气体含量超过表 18-36 中规定的任一值时应引起注意。

表 18-36　　　　　　　　　　油中溶解气体含量的注意值

设备名称	气 体 组 分（$\mu L/L$）				备　注
	CH_4	学烃	H_2	C_2H_2	
电流互感器	—	100	150	1（220～500kV） 2（110kV 及以下）	新投运的互感器中不应含有 C_2H_2
电压互感器	—	100	150	2	
套　管	100	—	500	1（220kV～500kV） 2（110kV 及以下）	有的 H_2 含量低于表中数值，若增加较快，也应引起注意

套管的注意值用 CH_4 而不用总烃，是因为考虑到套管的故障属放电性居多，CH_4 比总烃的放电特征更明显。

二、少油设备氢含量增高的原因及处理方法

少油设备是指互感器和电容型套管等。近几年来，对国产带金属膨胀器的密封式互感器测试发现，氢含量偏高，如表 18-37 所示。通常认为造成互感器油中单值氢组分增高的原因是互感器进水受潮或在生产过程中干燥不彻底，在运输、存放及运行一段时间后潮气溶向油中，水分在电场作用下产生电解或水与铁起化学反应而产生氢。但测试表明，绝大多数密封式互感器油中含水量都比较低。所以氢气单值增高的原因不能简单地归结为进水受潮。常见的原因主要有如下几种。

表 18-37　　　　　　　　　LCWB$_5$—60 互感器油中氢含量测量结果　　　　　　　　单位：ppm

序　号	出厂日期 （年.月）	试验时间 （年.月.日）	氢含量
1	1989.3	1990.6.19 1991.4.24 1991.11.22	136.55 688.19 232.20
2	1989.3	1990.6.19 1991.4.24 1991.11.22	30 427.87 156.35
3	1989.2	1990.6.19 1991.4.24 1991.11.22	114.14 302.81 232.20
4	1989.3	1990.6.19 1991.4.24 1991.11.22	0 398.45 363.87

1. 加装金属膨胀器

研究表明，氢含量增高与加装金属膨胀器有关，某 L—110 型电流互感器 1991 年加装金属膨胀器前后的色谱分析结果见表 18 - 38。

表 18 - 38　　　　　　　　L—110 型互感器加装金属膨胀器前后色谱分析结果

采样时间（年．月）	H_2	CH_4	C_2H_4	C_2H_6	C_2H_2	CO	CO_2	C_1+C_2	H_2O
1989.10	无	无	无	无	无	85.8	1612.8	无	
1990.5	28.9	2.1	3.5	痕	无	86.4	1272.6	5.6	
1992.8	691.9	6.4	10.8	2.9	无	445.5	28190	20.1	15.8
1993.8	1144.9	6.8	8.7	2.2	无	525.6	2770.7	17.7	18.8

由表 18 - 38 中数据可知，改装后氢含量明显增高，这是因为金属膨胀器采用的金属是不锈钢等，它们在加工时吸附的氢未得到处理，在油的浸泡和电场的作用下释放出来了，而且释放的速度非常快。从表 18 - 37 中数据可明显看出互感器氢含量的变化规律：从投运前的一定量增长到最高量，然后逐渐下降，有的甚至达到零。这就是说，投运前由于油浸的原因产生一定量的氢，投运后在电场作用下，增长到最高量，然后不再增长而逐渐下降。有的互感器在投运前含有一定量的氢，投运行后并不增高，一直下降，这说明在投运前，在油浸下氢已经充分释放，达到了最高量，投运后在电场作用下，也不会释放了，故呈下降趋势。

2. 产品制造缺陷

如真空处理不彻底、装配不良、电屏错位或断裂等因素都可致使互感器在正常工作电压或过电压下产生局部放电，其累积结果导致油纸绝缘老化分解。此外，末屏接触不良，屏极电位悬浮，将产生严重局部放电、表面滑闪放电，甚至击穿。其产气特征除了 H_2 及 CO，CO_2 外，还可检出 C_2H_2。

3. 运行中零件松动

互感器内部一次连接夹板、螺杆、螺母等松动，接触电阻大，局部温升剧增，从而导致油的过热，分解出大量气体，它可使金属膨胀器伸长顶起上盖。此类故障在出厂检验时难以发现，只能靠严格的质量管理来保证。

4. 密封不良，产品受潮

特别是 20 世纪 70 年代前制造的 LCLWD$_3$—220，LCWD$_2$—110 和 JCC$_2$—110 型等产品，其密封多为带橡胶隔膜和装有吸湿器结构，易于进水受潮而使油氧化分解，水分侵蚀铁的氧化物也会产生氢气。

5. 检修不当

由于现场条件所限，换油后真空脱气不充分，油纸间隙中残存气泡，现场带油电焊补漏，吊芯干燥在一般烘房中进行，而未采取真空干燥工艺等，都是检修后新的致氢原因。

有的单位在电容型套管测试中也发现上述现象，电容型套管氢含量测量结果见表 18 - 39。这是因为含碳量高的金属也具有放氢特性。

当发现少油设备氢含量单值增高时，有的单位认为：对氢含量小于 1000ppm 时，可以不处理，仅适当缩短监测周期，只要氢含量不再增高，稳定下来过段时间自然会呈下降趋势，慢慢散发掉，个别设备氢含量达 1000ppm，应及时处理。

少油设备氢气含量增高的处理方法如下。

表 18－39　　　　　　　　　　　电容型套管氢含量测量结果

序号	型式	试验日期 （年．月．日）	氢含量 （ppm）	序号	型式	试验日期 （年．月．日）	氢含量 （ppm）
1	BRL$_3$/60	1990.6.27	136.16	6	DRDLW/220	1989.5.11	47.43
		1991.4.23	70			1990.5.8	51.36
		1992.4.20	0			1991.5.22	0
2	BRL$_3$/60	1990.6.27	47.58	7	BRWV$_3$	1989.9.23	331.96
		1991.4.23	140			1991.5	194.5
		1992.4.20	107.8			1992.4.13	0
3	BRL$_3$/60	1990.6.27	52.56	8	BRWV$_3$	1989.9.23	303.28
		1991.4.23	20.5			1991.5	140.2
		1992.4.20	0			1992.4.13	0
4	BRL$_3$/60	1990.6.27	210.25	9	BRWV$_3$	1989.9.23	299.58
		1991.4.23	150			1991.5	136.3
		1992.4.20	84.89			1992.4.13	0
5	DRDLW/220	1989.5.11	18.88	10	BRWV$_3$	1989.9.23	380.93
		1990.5.8	8.43			1991.5	200.34
		1991.5.22	0			1992.4.13	0

（1）对装有金属膨胀器的互感器，若油中出现单纯氢超标，而水分含量又在合格范围内，可进行一段时间的跟踪试验，待氢含量趋于稳定或下降后，则减少或取消跟踪试验。

（2）结合设备检修，对油进行真空脱气，效果很好。处理后，由于氢气浓度变小，引起化学平衡移动，投运后油中氢气可能还会有所增加，但要比处理前低得多。

（3）在运行中发现少油设备氢气含量增高后，应结合产品绝缘电阻值、介质损耗因数、局部放电量、油的油中微水含量、高温介质损耗因数及产气率等测量结果进行综合分析判断，确定故障的原因。

三、高压互感器投运前氢气超标的原因

运行部门对投运前高压互感器的油进行色谱分析表明，不少产品的氢含量明显增大，甚至严重超标，电容型套管氢含量测量结果见表 18－40。

表 18－40　　　　　　　　　电流互感器投运前油色谱分析值　　　　　　　　单位：ppm

产品号	检测值	H_2	CH_4	C_2H_6	C_2H_4	C_2H_2	CO	CO_2
110kV	出厂值	17.88	1.06	0	0	0	9.6	65.1
（♯1）	投运前	324	1.9	3.4	0.5	0	176	1083
110kV	出厂值	19.93	1.37	4.41	0	0	48.9	186
（♯2）	投运前	600	2.8	8.5	0.5	0	320	1200
220kV	出厂值	22.4	1.76	1.47	0	0	15.1	102
（♯3）	投运前	289	2	6	痕	0	351	995
220kV	出厂值	16.73	2.54	2.95	0	0	32.6	146
（♯4）	投运前	389	2	6	痕	0	339	4052

研究分析表明，产生这种现象的主要原因有以下几种。

（1）互感器在施加工频试验电压时，主绝缘中铝箔电屏边缘、一次绕组端部等都可能产生电晕放电；产品真空干燥、注油及脱气等工艺不完善时，油纸绝缘中残存气泡也可能游离；器身包绕或产品组装时卫生不良，悬浮于油中的尘埃微粒形成导电小桥。这些都将降低产品的局部放电水平，导致油的分解产气。

（2）互感器底箱及储油柜内壁涂刷的绝缘清漆干燥程度将影响油中含氢量。表 18-41 列出了 A30—11 型绝缘清漆的干燥时间和方法，对油中氢含量影响的试验数据，试验用 $\phi150\text{mm}\times180\text{mm}$ 金属筒刷漆作盛油容器。试验表明，漆膜干燥不良是一个重要的致氢源，而且不易清除。

表 18-41　　　　　　　　　绝缘清漆对油中含氢的影响　　　　　　　　　单位：ppm

试样	干燥情况	H_2	CH_4	C_2H_5	C_2H_4	C_2H_2	CO	CO_2
♯1	晾干 24h	925	10	53	痕	0	372	2131
♯2	晾干 48h	458	14	97	7	0	410	2111
♯3	晾干 72h	256	13	83	7	0	217	1603
♯4	烘干 48h	37	2	6	0	0	53	618

注　烘干时温度为 80℃。

（3）产品内部的不锈钢材料能吸附氢气，特别是用 $Ti_9Ni_{18}Cr$ 不锈钢薄板制成的金属膨胀器，在等离子焊接过程中会产生氢气，如不注意除氢工艺的处理，则膨胀器波纹片缝隙所藏存的氢气将带入互感器。

（4）变压器油的来源及其处理工艺也影响氢的含量。油中烷烃组分的热稳定性最差，易于热分解产生低分子的烯烃和氢气。不同厂家的变压器油的烯烃组分差异较大，兰州炼油厂的 ♯25 油含烷烃的 45%，而有的厂家高达 60%，因此油源的选择应受重视。

（5）互感器的器身在加热干燥处理时若过于靠近罐壁，将使以纸纤维为主的绝缘材料过热。温度过高将析出氢气。

（6）产品底箱带油补焊也会产生油的局部过热而析出氢气。表 18-42 是上述盛油试验容器，在烧焊前后的油色谱测试数据。它证实了带油补焊是不容忽视的致氢源，而且还有乙炔析出。

表 18-42　　　　　　　　　带油容器焊接前后油色谱数据　　　　　　　　　单位：ppm

试样	状况	H_2	CH_4	C_2H_6	C_2H_4	C_2H_2	CO	CO_2
♯1	焊前	81	2	6	0	0	4.8	4.6
	焊后	1219	2690	405	3593	123	2250	2325
♯2	焊前	37	2	6	0	0	37	53
	焊后	674	731	101	1178	66	674	1671
♯3	焊前	51	2	0	0	0	51	470
	焊后	783	783	80	865	34	330	4024
♯4	焊前	26	2	0	0	0	62	520
	焊后	6602	5321	1197	14571	475	190	1203

四、根据色谱分析结果正确判断电流互感器和套管的绝缘缺陷

1. 要高度重视 C_2H_2 的含量

这是因为 C_2H_2 是反映放电性故障的主要指标。正常的电流互感器和套管几乎不出现 C_2H_2 组分，一旦出现 C_2H_2 组分，就意味着设备异常。此时应当再进行检查性试验检出缺陷。所以 DL/T 596—1996 对这类设备 C_2H_2 的注意值（220～500kV 为 1ppm，110kV 及以下为 2ppm）提出严格要求；Q/CSG 10007—2004 一旦发现含有 C_2H_2，应立即停止运行，进行检查，这是可以理解的，因为稍有疏忽可能导致事故发生。例如，某台电流互感器的 C_2H_2 含量达 8.1ppm，在持续运行一个月内发生了爆炸。

应当指出，当 C_2H_2 含量较大时，往往表现为绝缘介质内部存在严重局部放电或 L_1 端子放电等。对于一次绕组端子放电，一般伴有电弧烧伤与过热的情况，因此通常会出现 C_2H_2 含量明显增长，且占总烃较大的比例。据此，对于电容型结构，一般应检查 L_1 端子的绝缘垫是否有电弧放电烧伤痕迹，对链形（8 字形）结构，则要检查一次绕组紧固螺帽是否松动引起放电。

2. 不能忽视 H_4 和 CH_4

因为这些组分是局部放电初期，低能放电的主要特征气体。若随着 H_4，CH_4 增长的同时，接着又出现 C_2H_2，即使未达到注意值也应给予高度重视。因为这可能存在着由低能放电发展成高能放电的危险。

判断时，对氢气的含量要作具体分析。有的互感器氢气基值较高，尤其是金属膨胀器密封的互感器，由于未进行氢处理，氢气含量较大。虽然达到注意值，如果数据稳定，没有增长趋势，且局部放电与含水量没有异常，则不一定是故障的反映。但是，当氢气含量接近注意值而且与过去值相比有明显增长时，则应引起注意。如某台 220kV 电流互感器，1983 年氢气含量为 75ppm，1984 年 12 月为 650ppm，1985 年 9 月在正常运行中爆炸，经检查为端部胶垫压偏，导致密封不良，在运行中进水所致。另外，有的氢气含量虽然没有达到注意值，但增长较快，则不能忽视。如一支 220kV 套管氢气含量为 25ppm（≪500ppm），而 $tg\delta$ 达 6%（≫0.8%），局部放电量为 200pC（≫20pC），这说明绝缘已存在缺陷，应当及时检查，找出原因。

五、对充油设备进行多次工频耐压试验后的色谱分析结果

对充油设备进行多次工频耐压试验后，其色谱分析结果会发生变化。目前，国家标准 GB/T 311—2002 虽然降低了工频耐压值，对减少油中可燃性气体的含量有益处，但经多次工频耐压试验后也会使充油设备中的可燃性气体含量成倍增长。

由表 18-43 可见，多次工频耐压试验后，可燃气体含量显著增加，而且还对固体绝缘有损伤，所以应尽量减少耐压次数。

表 18-43　　　　　　　　　　　**110kV 套管色谱分析结果**　　　　　　单位：ppm

项　目	气　体　组　分						
	H_2	CH_4	C_2H_6	C_2H_4	C_2H_2	CO	CO_2
耐压试验前	173	14.5	2.9	1.4	0	192	1860
多次耐压试验后	1170	205	35	8.1	3	1120	5409

第四节 工 程 实 例

一、变压器油的 tgδ 增大，绝缘下降

某台 220kV，120MVA 变压器，验收数据见表 18-44，秋季检修停电试验发现变压器绝缘下降，变压器油的 tgδ 高达 9.77%，见表 18-45。

表 18-44 验 收 数 据

方式	绝缘电阻（MΩ）				变压器油介质损耗（90℃）
	15s	60s	10min	k	
P—SE	3000	5000	10000	2.0	tgδ=6.38%
S—PE	3000	5000	11000	2.2	

表 18-45 秋 季 检 修 数 据

方式	绝缘电阻（MΩ）				变压器油介质损耗（90℃）
	15s	60s	10min	k	
P—SE	400	1240	1350	1.08	tgδ=9.77%
S—PE	700	2779	3990	1.22	

问题发生后，分析 tgδ 增大原因是油净化不够，有微生物污染。采用了吸附罐中装三氧化二铝高效吸附剂后，tgδ 就明显下降，绝缘电阻恢复正常见表 18-46。

表 18-46 处 理 后 数 据

方式	绝缘电阻（MΩ）			变压器油介质损耗（90℃）
	60s	10min	k	
P—SE	14000	32000	2.28	tgδ=0.42%
S—PE	1000	28000	2.8	

二、绝缘油的耐压

某变电所（35kV）有 DW_2-35 型多油断路器多台，测 tgδ。U 相电源侧为 6.0，负荷侧为 6.1；V 相电源侧为 6.7，负荷侧为 5.5，对地绝缘电阻 4000MΩ。大于规定的 6%，可能受潮。为此对断路器油进行耐压试验，油耐压 32kV，小于大修后的 35kV 要求。对油进行真空脱气，24h 后，发现滤油纸上有水迹，油耐压上升到 U 相 39kV，V 相 36kV，W 相 37kV。基本上达到要求。套管单独试验 tgδ 为 1.9%，小于 3.0%，正常。

第十九章 红 外 线 测 温

电气设备在运行中有关部位的缺陷将通过发热来表现出来。用红外线测温对带电设备的表面温度场进行检测和诊断，从而发现设备的缺陷和异常情况。为设备检修提供依据。在 1996 年版的 DL/T 596《电力设备预防性试验规程》中尚未对设备的红外测温作出规定，随着技术的发展，1999 年 DL/T 664—1999《带电设备红外诊断技术应用导则》已由国家经贸委发布，在一些地方电力系统新制定的预防性试验规定中对有关设备也作出了红外测温的规定。

第一节 红外热成像的基本知识

一、红外热成像的原理

红外热成像是利用红外探测器、光学成像物镜接收被测目标的红外辐射信号，经过光谱滤波、空间滤波使聚焦的红外辐射能量分布图形反映到红外探测器的光敏源上，对被测物的红外热像进行扫描并聚焦在单元或分光探测器上，由探测器将红外辐射能转换成电信号，经放大处理转换成标准视频信号，通过电视屏或监视器显示红外热像图，并推断被测目标表面的温度的一种技术。

二、测试目的

红外热成像技术引入电力设备故障诊断后，为电力设备状态维护提供了有力的技术支持。它能在不影响电力设备正常运行的情况下，准确有效地检测运行设备的温度状况，从而判断设备运行是否正常。它有着高效、快捷、准确、不受外界干扰正常运行等诸多优点。

三、测试仪器设备的选择

对红外热像仪主要参数选择如下：

（1）不受测量环境中高压电磁场的干扰，图像清晰、稳定、具有图像锁定、记录和必要的图像分析功能。

（2）具有较高的像素，一般不小于 240×340。

（3）测量时的响应波长，一般在 8～14μm。

（4）空间分辨率应满足实测距离的要求，一般对变电站内电气设备实测距离不小于 500m，对输电线路实测距离不小于 1000m。

（5）具有较高的测量精确度和合适的测温范围，一般精确度不小于 0.1℃；测温范围为 -50～600℃。

四、危险点分析及控制措施

1. **防止人员误触电**

应注意与带电设备的安全距离，移动测量时应小心行进，避免跌撞。红外检测人员在测量过程中不得随意进行任何电气设备操作或改变、移动、接触运行设备及其附属设施。当需要打开柜门或移开遮栏时，应在变电站站长（专责人）监护下进行。

2. **防止仪器损坏**

强光源会损伤红外成像仪，严禁用红外成像仪测量强光源物体（如太阳、探照灯等）。检测时应注意仪器的温度测量范围，不能把摄温探头随意长时间对准温度过高的物体。

第二节　红外线测温的测试方法

一、监测对象

在电力系统中，只要表面发出的红外辐射不受阻挡，都属于红外诊断技术的有效监测设备。例如：旋转电机、变压器、断路器、互感器、电力电容器、避雷器、电力电缆、母线、导线、绝缘子串、组合电器、低压电器及二次回路等。

二、基本要求

（1）检测仪器应操作简单、精确度高，抗干扰。可以用红外测温仪、红外热电视和红外热像仪进行检测。尤以红外热像仪为好。它可以在带电情况下进行检测，是一种非接触式诊断技术。

（2）对被检测设备，要求为带电设备；在保证人身和设备安全前提下，应打开遮挡红外线辐射的门或盖板；新设备选型时宜考虑进行红外检测的可能性。

（3）对检测环境。被测目标及环境温度不宜低于5℃。如果必须在低温下检测，应注意仪器自身的工作温度要求，同时还应考虑水气结冰使某些进水受潮的设备的缺陷漏检；空气湿度不宜大于85%。不应在有雷、雨、雪及风速超过0.5m/s的环境下进行检测，若风速有变化，应记录并加以修正；室外检测应在日出之前，日落之后或阴天进行，以免使测温受光线的影响；室内检测宜闭灯进行，被测物应避免灯光直射。

三、操作方法

先用红外热像仪对所有应测部位进行全面扫描，找出热态异常部位，然后对异常部位和重点检测设备进行准确测温。

四、注意事项

（1）针对不同的检测对象选择不同的环境温度参照体。

（2）测量设备发热点，正常相的对应点及环境温度参照体的温度值时，应使用同一仪器相继测量。

（3）正确选择被测物体的发射率（见DL/T 664—2008）

（4）作同类比较时，要注意保持仪器与各对应测点的距离一致，方向一致。

（5）正确引入大气温度、相对湿度、测量距离等补偿参数，并选择适当的测温范围。

（6）应从不同方位进行检测，求出最热点的温度值。

（7）记录异常设备的实际负荷电流和发热相，正常相及环境温度参照体的温度值。

五、判断方法及判据

1. 表面温度判断法

根据测得的设备表面温度值，对照 DL/T 664—2008 附录 A 的表 A.1，凡温度（或温升）超过标准者可根据超标程度、负荷率大小、重要性及承受机械应力大小来确定缺陷性质。

考虑到 DL/T 664—2008 中尚未给出负荷率的修正公式，本书中推荐用下式来修正。

$$T_{tc} = (T_{rt} - T_{ra})(I_m/I_r)^n + T_{ma}$$

式中　T_{tc}——修正后的总温度，℃；

　　　T_{rt}——总的额定温度，℃；

　　　T_{ra}——额定环境温度，40℃；

　　　I_m——测得的电流，A；

　　　I_r——额定电流，A；

　　　T_{ma}——测得的环境温度；

　　　n——指数（1.6～2.0），平均为 1.8。

计算所得数据 T_{tc} 与实测值作比较，当实测值高于 T_{tc} 时即说明有过热。有关表面温度允许值可详见 DL/T 664—2008 中附录。本书列出了日本标准（JEAC 5503）以供参考对比，见表 19-1。

表 19-1　　　　　　　电气设备有关部位最高允许温度（环境温度 40℃）

测量设备及部位		最高允许温度（℃）	测量设备及部位		最高允许温度（℃）
隔离开关	触头处	65	干式变压器	接线端子	75
	接头处	75		本体（绕组）	按绝缘耐温等级
电力熔断器	机械结构部分	90	电容器	接线端子	75
				本体	70
断路器	接线端子	75	母线接头	硬铜线	70
	机械结构部分	110		硬铜绞线	90
互感器	接线端子	75		硬铝线	90
	本体	90		耐热铝合金线	150
油浸变压器	接线端子	75	低压开关	触头处	65
	本体（油温）	90		接头处	75

2. 相对温差判断法

若发现导流部分热态异常，应进行准确测温，按下述公式算出相对温差值，并按表19-2规定判断设备缺陷性质。

$$\delta_c = \left(\frac{\tau_1 - \tau_2}{\tau_1}\right) \times 100\% = \left(\frac{T_1 - T_2}{T_1 - T_0}\right) \times 100\%$$

式中　　τ_1，T_1——发热点温升和温度；

　　　　τ_2，T_2——正常相对应点的温升和温度；

　　　　T_0——环境参照体的温度（环境参照体是用来采集环境温度的物体，它可能不是当时的真实环境温度，但具有与被测物相似的物理属性，并与被测物处在相似的环境之中）。

表 19-2　　　　　　　　　　　部分致热型设备的相对温差判据

设备类型	相对温度差值（%）		
	一般缺陷	重大缺陷	紧急缺陷
SF_6 断路器	≥20	≥80	≥95
真空断路器	≥20	≥80	≥95
光釉套管	≥20	≥80	≥95
高压开关柜	≥35	≥80	≥95
空气断路器	≥50	≥80	≥95
隔离开关	≥35	≥80	≥95
其他导流设备	≥35	≥80	≥95

注　一般缺陷指对近期安全运行影响不大的缺陷，可列入检修计划中消除；重大缺陷指缺陷较重大，仍可在短期内安全运行，但应在短期内消除，消除前应加强监视；紧急缺陷指设备已不能安全运行，随时可能导致事故或危及人身安全，必须尽快消除或采取必要的安全技术措施进行处理。

当发热点温升值小于 1.0K 时，不宜按表 19-2 确定缺陷性质。对负荷率小、温升小但相对温差大的设备，若有条件可增大负荷电流复测，若无条件可暂定为一般缺陷，并注意监视。

3. 同类比较法

在同一电气回路中，当三相电流对称和三相（或两相）设备相同时，比较三相（或两相）电流致热型设备对应部位的温升值，可判断设备是否正常。若三相同时出现异常，可与同回路的同类设备比较，若三相不对称时，应考虑负荷电流的影响。对于型号规格相同的电压致热型设备，可根据其对应点温升值的差异来判断设备是否正常。对此类设备的缺陷宜用允许温升或同类允许温差的判据确定，一般情况下，当同类温差超过允许温升值的30％时应定为重大缺陷。当三相电压不对称时应考虑工作电压的影响。

4. 热谱图分析法

根据同类设备在正常状态和异常状态下的热谱图的差异来判断设备是否正常。

5. 档案分析法

分析同一设备在不同时期的检测数据，找出致热参数的变化趋势和变化速率，判断设备是否正常。

第三节　红外线测温实例

一、变电站 2 号主变压器 110kV 侧避雷器三相红外成像图

变电站 2 号主变压器 110kV 侧避雷器三相红外成像图，U 相 26.5℃，V 相 25.6℃，W 相 25.5℃。通过分析，其 U 相与 V 相"相间温差"是 0.9℃，与 W 相"相间温差"是

第二十章 电除尘器试验

电除尘器的试验主要包括：高压硅整流变压器的试验，低压电抗器的试验，绝缘支撑及连接元件的试验和高压直流电缆的试验。电除尘器本体壳体对地网的连接电阻一般应小于 1Ω；其高低压开关柜及通用电气部分按有关章节执行。由于电除尘器是高压直流设备，工作环境条件较差，运行中直流电极之间可能频繁短路，因此，有必要加强试验监测。

第一节 测 试 方 法

一、高压硅整流变压器的试验

这种变压器一次侧接于交流电网，称为网侧；二次侧接硅整流器，称为阀侧。它和电力变压器有所不同。其不同点是：电流波形不是正弦波，为断续的近似矩形波；根据整流装置要求，其阀侧有多种接法，一般还带平衡电抗器（见图20-1），其作用是平衡非同期换相组之间的瞬变电位差，使输出的直流电压瞬时值取两组瞬时值的平均值。

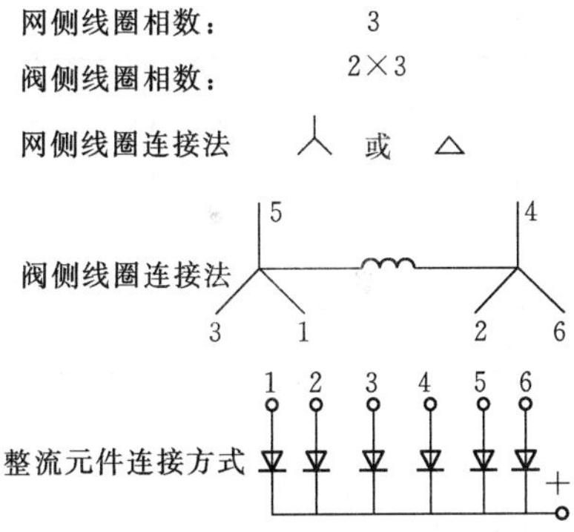

平衡电抗器也称为低压电抗器。它通常与整流变压器放在同一油箱内，而贯通式平衡电抗器则是干式电抗器，它不放在变压器油箱内。此外，当然有绝缘支撑和连接元件，为了作好试验，应对其有一个基本了解。

图 20-1 阀侧为双入带平衡
电抗器的接线

高压硅整流变压器的试验项目如下。

（1）测绝缘电阻。包括高压对低压绕组及对地、低压绕组、硅整流元件及高压套管对地的绝缘电阻，穿芯螺杆对地的绝缘电阻。

（2）高、低压绕组的直流电阻。

（3）电流、电压取样电阻。

（4）各桥臂正、反向电阻值。

（5）变压器油试验。

（6）油中溶解气体色谱分析。

（7）空载升压。

二、低压电抗器的试验

低压电抗器的试验项目如下。

(1) 测绝缘电阻。包括穿芯螺杆对地、绕组对地的绝缘电阻。

(2) 绕组各抽头的直流电阻。

(3) 变压器油击穿电压。

三、绝缘支撑及连接元件的试验

绝缘支撑及连接元件的试验项目如下。

(1) 绝缘电阻。

(2) 耐压试验。

为了节省篇幅，有关周期和要求可见 DL/T 596—1996《电力设备预防性试验规程》。

第二节　实　例　说　明

下面介绍高压硅整流变压器油色谱分析——硅堆过热烧损的实例。

某电厂对电除尘器的电场变压器按 DL/T 596—1996 要求进行了油色谱分析试验。该变压器最高电压是 80kV（直流电压是用高压硅堆倍压整流）运行电压 72kV。试验结果见表 20-1。

表 20-1　　　　　　　　　　　　色 谱 分 析 数 据　　　　　　　　　　单位：$\mu L/L$(ppm)

试验日期（年.月.日）	H_2	CH_4	C_2H_6	C_2H_4	C_2H_2	C_1+C_2	CO	CO_2
2003.2.21	202	2.1	4.5	7.5	45.8	60	129	905
2003.6.2	246	10.2	10.8	5.9	60.9	77	24	49.9
2003.12.29	547	132	22	240	700	1016	32	426
2004.1.7	438	137	29	360	1342	2869.16	11.55	1355

从表 20-1 中数据可见，C_2H_2（乙炔）逐月增长，从 2003 年 2 月 21 日的 45.8 增长到 2004 年 1 月 7 日的 1342[$\mu L/L$(ppm)]，总烃也由 60 增长到 2869.6[$\mu L/L$(ppm)]。实际上在 2003 年 2 月 21 日测试时总烃虽然未超过注意值，但 C_2H_2、H_2 都超过注意值很多倍。由于《导则》中对电除尘用变压器未作具体规定，当时未采取停运解体措施，而采用跟踪监测。一直到 2004 年 1 月 7 日乙炔增长刷增，三比值为 2、0、2（属高能放电），才停运解体检查，发现其中一个桥路的硅堆已过热，硅堆已烧损。对其他电场的变压器测试也均存在 C_2H_2，最大达 121[$\mu L/L$(ppm)]，在局、部未下发规定的情况下（预规中说明注意值自行规定），决定进行监测。

第二十一章　电气设备在线监测

第一节　电气设备在线监测的必要性

电气设备在电、热等环境或短路电流、过电压影响下，使电气设备绝缘逐渐劣化，当发展到一定程度，将发生绝缘击穿放电故障。随着电网电压的提高，为确保电力设备安全运行，研究与推广电气设备在线监测势在必行。

在运行状态下对高压电设备的绝缘状态进行监测是目前反映设备绝缘状态的有效而又灵敏的方法，这就是"在线监测"。"在线监测"即被测设备处于正常运行状态而不需停电，试验在运行电压下进行，它最能反映设备的实际绝缘状况。又由于试验无需改变设备的运行条件而随时进行，因此可随时掌握设备的绝缘状况。"在线监测"是绝缘监测技术的发展方向。

目前，"在线监测"技术发展较快，俄罗斯、美国、日本与一些欧洲国家已广泛开展了这项工作。国内从 20 世纪 80 年代开始研究"在线监测"技术。随着传感器技术、计算机技术的发展与应用，为该项技术翻开了新的一篇。"在线监测"的方法已逐渐从单独设备的带电测试向电气设备的集中型绝缘在线监测过渡。红外测温、气相色谱、超声波定位等技术也应用于绝缘在线监测。

一、预防性试验

长期以来，DL/T 596—1996《电力设备预防性试验规程》一直是电力生产实践及科学试验中一部重要的常用规程，为电力设备的安全运行发挥了积极的作用。我国电力系统一直运用绝缘预防性试验来诊断设备绝缘状况，起到了很好的效果，但由于预防性试验周期的时间间隔各自掌握的时间不同，以及预防性试验施加的电压低于设备额定电压，试验条件与运行状态相差较大，因此就不易诊断出被测设备在运行情况下的绝缘状况，也难以发现在两次预防性试验时间间隔之间发展的缺陷，这些都容易造成绝缘损坏故障。

绝缘"在线监测"的方法的出现，并不意味着传统的绝缘预防性试验已快寿终正寝，其原因如下：

（1）在今后一段相当长时间内，绝缘预防性试验仍是电气设备试验的主要手段。电气设备出厂试验，交接试验与许多特性试验都依靠预防性试验方法（DL/T 596—1996）与GB 50150—2006《电气装置工程电气设备交接试验标准》方法，"在线监测"方法是无法代替的。

（2）绝缘预防性试验的原理与方法是绝缘"在线监测"方法的基础。不掌握与熟悉绝缘预防性试验，没有预防性试验的实践与经验就难以掌握与提高绝缘在线监测方法。

（3）绝缘"在线监测"的试验，结果还需要停电试验方法去验证。

绝缘"在线监测"与绝缘"预防性试验"将长期共存，他们都是保证电力系统安全运行的重要手段，某种忽视绝缘预防性试验的倾向是不正确的。

二、状态检修

　　随着电力系统的快速发展和电力设备制造技术不断进步，新型结构和介质材料的电力设备不断出现，现场试验和检测新的方法和手段不断更新，DL/T 596—1996 已不能满足当前生产的实际需要、突出表现在以下几个方面。

　　（1）试验周期短、项目多，停电试验周期长，导致设备可用率低、陪试率过高。根据河北省南部电网统计，每年停电试验发现的各类缺陷只占被试设备的 2％左右，也就是说 98％的设备是陪试。过高的陪试率，不仅增加了设备停电时间和维护成本，还常会产生一些负面的影响。

　　（2）随着电力系统的发展，变电站和输电线路的数量增长迅速，在相当多的地区，由于试验工作量大，重点不突出，试验项目和执行效果难以得到保证。

　　（3）近年来投运行的一些新型设备和出现一些新的试验方法，缺乏参考依据。

　　为了适应新的形势，根据国家电网公司规范、指导系统内状态检修工作的要求，国家电网公司编制出版了 DL/T 393—2010《输变电设备状态检修试验规程》。制定的目的在于在保证设备安全的基础上，为开展状态检修工作的单位提供一个明确的依据，以改变以往不顾设备状态、一刀切的定期安排试验和检修的情况，纠正状态检修概念混乱、盲目延长试验周期的不妥当做法。状态检修规程的制定，将为国家电网公司状态检修工作的开展提供强有力的技术保证。

三、国外状态检测情况

　　状态监测在美国、加拿大等西欧国家发展较快，主要的原因有：

　　（1）欧洲的设备制造厂家生产的产品质量一致性较好，材质好，设备出现故障的概率很小。

　　（2）西欧国家劳动力价格高，如投入大量的试验人员进行预试，使试验费用等开支很大，相对来讲，投入设备的经费相对要低，因此发展在线监测就具有更大的意义。

四、状态检测项目有效性

　　通过国内预防性试验检测项目有效性统计分析，对设备绝缘缺陷反映较为有效的试验有介质损耗角 $tg\delta$、泄漏电流 I_c、全电流 I_g、泄漏电流的直流分量 I_R、局部放电测量及油中色谱分析等。通过大量的试验证明，只要准确测量介质损耗、局部放电和油中色谱组分，就能比较准确掌握设备的绝缘状况。目前国内在线检测 $tg\delta$、泄漏电流 I_c、全电流 I_g、泄漏电流的直流分量 I_R 已非常准确有效。设备局部放电在线测量也在不断研究和应用中。

五、状态检测的必要性

　　实施设备状态检修应具备三个方面的基本内容，第一是电气设备应具有较高的质量水平，也就是设备本身的故障率应很低；第二是应具有对监测运行设备状况的特征量的在线监测手段；第三是具有较高水平的技术监督管理和相应的智能综合分析系统软件。其中在线监测绝缘参数是状态监测的基本必备条件。

我国电气设备绝缘在线监测技术的发展已有十多年的历史，技术上日臻完善。然而由于种种原因使得某些技术问题未能得到彻底解决，它们或者影响测量的精度，或者影响对测量结果的分析判断，这在一定程度上影响在线监测技术的推广应用。这些技术问题有的是属于理论性的，例如在线监测和停电试验的等效性、测量方法的有效性、大气环境变化对监测结果的影响等。问题的解决是需要加强基础研究，积累在线监测系统的运行经验，并制定相应的判断标准。另一类则属于测量方法和系统设计方面的问题，例如通过传感器设计及数字信号处理技术提高监测结果的可信度，采用现场总线控制等技术提高监测系统的抗干扰能力，简化安装调试及维修工作等。妥善解决这些问题将有助于提高在线监测系统的质量与技术水平。随着计算机技术及电子技术的飞速发展、实现电气设备运行的自动监控及绝缘状况在线监测，并对电气设备实施状态监测和检修已成为可能，对保证电力设备的可靠运行及降低设备的运行费用都具有较大意义。

第二节　发电机在线监测

发电机"在线监测"的主要目的是，检查出发电机在初始阶段出现的缺陷，以便有计划地安排检修，减少强迫停机次数，避免事故发生，提高发电机的可用性。

目前世界上一些国家采用和正在研制的发电机"在线监测"与诊断系统内容比较广泛，主要有以下几个方面：

（1）定子绕组绝缘状况在线监测。

（2）发电机局部过热监测与诊断。

（3）定子绕组端部振动的监测。

（4）转子绕组匝间短路监测。

（5）氢冷发电机氢气湿度及漏气监测。

（6）汽轮发电机组自振监测与诊断。

目前我国已研制出适用于水轮发电机和汽轮发电机的局部放电在线监测装置、发电机局部过热在线监测装置等。

一、发电机局部放电特性

发电机的在线监测主要是进行局部放电监测来判断绝缘状况。

运行电压下发电机局部放电量较大，一般可达 5000～100000pC，由于发电机的电容器较大，发电机云母绝缘中的放电在停电测量时与加压时间关系较大，在线测量则是在运行工况下的实际数据，测得的局部放电数据没有电容效应的影响。发电机在线测量发现局部放电量较大时，就应停电进行分相测量，判断有缺陷绕组部位。

发电机如果由于绕组焊接不良或绝缘不良引起的放电一般在几个月后会导致故障，而线圈端部由于污秽造成的放电及端部电晕放电一般要 5～10 年才能导致故障，但槽口的绝缘损伤或由于水气等造成的表面放电会很快造成故障。

二、发电机在线监测系统

发电机局部放电在线测量系统一般采用高灵敏度固化传感器及抗干扰抑制单元，能有效地检测绝缘缺陷，同时对测取的信号作局部放电波形分析和检测诊断零序电流，通过智能化分析软件，分析发电机绝缘状况相关参数，分辨出各相放电电压、脉冲个数及放电能量，当超过设定值时启动报警并显示记录。通过发电机绝缘在线监测，能可靠地发现发电机定子绝缘的早期故障，避免在运行中突发故障。

三、发电机绝缘故障在线监测装置

1. 发电机绝缘过热监测装置

工作原理：仪器检测部分的气路与发电机本体构成密闭循环系统，发电机正常运行中，机内冷却气体在风扇压力作用下，流经涂有放射源的离子室，受到离心室内放射性物质所产生的 α 射线的轰击，使冷却气体发生电离，产生正、负离子，在直流电场作用下，形成极为微弱的电离电流，此电流经直流放大器放大后，由电流表指示。当运行中的发电机内部绝缘有局部过热时，过热的绝缘材料会发生热分解、产生冷凝核。冷凝核随冷气体进入离子室，由于冷凝核比气体分子的体积大而且重，负离子附在冷凝核上，使负离子运动速度降低，使电离电流减小，反映在电流表上的指示值下降。当电流下降到某一整定值时，监测装置即发出绝缘过热报警信号。通过取样分析，能初步判断发电机绝缘过热部位，以便采取措施防止因绝缘过热故障扩大而导致发电机烧毁的重大事故。

该装置在国外大容量发电机几乎均装设，我国 300MW 及以上发电机生产厂也配套供应。

2. 发电机射频监测仪

射频监测仪（RFM）是通过检测局部放电的射频信号，对运行中的发电机故障放电进行在线检测的装置。目前使用较多的监测系统是将一个特制的高频电流互感器串接于发电机中性点上，经同轴电缆连接到射频量仪上，对机内射频信号的脉冲电流进行检测，实现对发电机内部故障放电情况作定量的在线监测与报警。近年来，大型发电机定子绕组相间短路事故时有发生，其原因之一是绕组内股线断裂所致。

3. 光纤测振仪

它是用来测量运行中定子绕组端部振动的仪器。由安装在定子绕组端部上的光纤振动传感器与位于发电机外部的多通道监视器组成。光纤振动传感器将运行中定子绕组端部振动信号通过光纤电缆传送给多通道监视器，以监视定子的振动情况。由于振动信号的传送用了光纤电缆，振动测量不受电磁场的干扰，还解决了与定子绕组高电位区的电气绝缘问题。

第三节　变电设备的状态检修概述

一、主要检修方式的定义

电力系统中，对设备的检修是保证电力设备安全、健康运行的必要手段。它关系着设备的利用率、事故率、使用寿命以及人力、物力、财力的消耗等，对电力企业的整体效益的好坏起着举足轻重的作用。而在电力设备检修历史的发展过程中，主要采取的检修方式有以下几种。

1. 事故检修

事故检修也称故障检修，是最早的检修方式。这种检修方式以设备出现功能性故障为判据，在设备发生故障且无法继续运转时才进行维修。显然，这种应急维修需要付出很大的代价和维护费，不但严重威胁着设备和人身安全，而且维修不足。

2. 预防性检修

预防性检修经过多年发展，根据检修技术条件，目标的不同而出现以下几种检修方式。

（1）定期检修。定期检修在保证设备正常工作中确实起到了直接防止或延迟故障的作用，但这种不根据设备的实际状况，单纯按规定的时间间隔对设备进行相当程度解体的维修方法，不可避免地会产生"过剩维修"，不但造成设备有效利用时间的损失和人力、物力、财力的浪费，甚至会引发维修故障。

（2）以可靠性为中心的检修。该检修方式能比较合理地安排大修间隔，有效预防严重故障的发生，以最低的费用来实现机械设备固有可靠性水平。

（3）状态检修。状态检修也称预知性维修，这种维修方式以设备当前的实际工作状况为依据，通过高科技状态检测手段，识别故障的早期征兆，对故障部位、故障严重程度及发展趋势作出判断，从而确定各机件的最佳维修时机。状态检修是当前耗费最低、技术最先进的维修制度。它为设备安全、稳定、长周期、全性能优质运行提供了可靠的技术和管理保障。

二、检修方式发展的主要阶段

纵观变电设备检修策略发展的历史，检修体制的演变主要经历了三个阶段。

1. 事后检修阶段

20 世纪 50 年代以前，检修方式基本上是事后的，即故障检修方式，在设备发生了事故后才进行检修。因为那时候大部分设备都比较简单，设计裕度也比较大，设备比较可靠而且容易修复，且停机时间对经营活动影响不大，所以只进行简单的日常维护和检修，并没有开展系统的维修。

2. 定期检修阶段

20 世纪 60～70 年代，由于设备的生产效率越来越高，突发故障造成的损失也越来越大，因此，如何避免和减少损失就成为十分突出的问题，于是逐步形成了预防性维修系统。在原苏联主要发展了定期计划检修，截至目前，这种检修方式仍在我国电力系统中推广应用。

3. 状态检修阶段

20 世纪 80 年代以来，随着电网的飞速发展，新的设备监测技术得到广泛的应用，人们对故障模式及其影响进行了较深入的分析，企业对设备的可靠性，对检修成本效益比的要求也越来越高，随之产生了尽量掌握设备的状态，在设备发生实质性的故障之前及时进行检修的新方式，这就是状态检修。在这时期，计算机开始广泛应用于设备状态的监控与管理，并随着信息处理技术的发展，出现了各种诊断系统，而且其发展趋势是将几个不同的监测技术的诊断综合到一个系统中，对设备的状态进行综合的分析与判断，同时把诊断和检修管理结合起来，对检修工作进行成本效益分析，在此基础上安排合理的检修方式与检修时机。

三、状态检修的可行性和优越性

1. 电气设备状态检修的可行性

(1) 多年来，国产电气设备积累了大量的运行经验，其运行与维护技术日臻完善，这为实施状态检修工作奠定技术基础。同时，国产电气设备的质量有了很大提高，为状态检修提供一定的物质基础。

(2) 新型设备投入运行及新技术的应用监测手段的不断提高，使设备的安全运行有了很好的基础。如红外线成像技术在电力生产力应用，大型变压器油色谱分析在线系统的研制成功，变压器绕组变形探测技术的发展，电容型带电设备集中在线测试技术的投入使用等，使在运行电压下正确诊断设备状态有了可能。

(3) 随着传感技术、微电子、计算机软硬件和数字信号处理技术、人工神经网络、专家系统、模糊集理论等综合智能系统在状态监测及故障诊断中应用，使基于设备状态监测和先进诊断技术的状态检修研究得到发展成为电力系统中的一个重要研究领域。

2. 状态检修的优越性

(1) 状态检修之前的准备工作——状态管理，不仅减轻了原手工作业的劳动强度，提高了工作效率，更重要的是，能够充分利用已有的状态信息，通过多方位、多角度的分析，最大限度地把握设备的状态，依此制定合理的检修维护策略为提高设备运行可靠性提供了保障。

(2) 为实现设备的状态检修后，可以通过适当的维修来避免重要设备故障，同时又避免了不必要的维修作业，降低了由于不必要定期检修引起故障的可能性。

(3) 状态检修可以使检修人员现场定期试验和测量工作量减轻到最小，显然这是一种降低成本的好方法。特别是在对设备的寿命进行正确估计后，提高了设备的最大可用性，可以更有效地储存和安排设备备件，这样可以节省大量的备品经费。

(4) 通过设备的状态分析，可以发现问题于萌芽状态，限制问题向严重化的方向发展。对于预防类似事故、改进产品质量、提高设备监督管理水平具有重要的指导意义。

(5) 实现状态检修后，把临时性停电降低到最少，可增加售电收入，提高供电可靠性和用户满意度。

四、开展状态检修的难点

1. 开展状态检修的观点更新问题

开展设备的状态检修是一项艰巨而又复杂的系统工程，既要改变传统的思维方式，又要用变化的观念去解决管理和技术的问题。应该认识到在实施状态检修的过程中，不可能找到一种快速的、一次性解决所有问题的方法，这样的系统工程也不可能在短期内迅速完成。对电力设备实施状态检修管理，必须要从系统工程的角度去审视。首先，开展状态检修是管理体制，其重点在管理。开展状态检修要建立一套科学、完善、合理的状态检修管理体制，要组织协调好变电、检修、继电保护与自动装置、生产技术等各专业、各部门、各单位之间的分工、配合、衔接、实施等各项具体工作。因此，必须有相应的管理制度、实施细则、工作流程、考核办法、责任划分、事故处理等作为开展此工作的保障，以便这项工作顺利地开展。状态检修就要求所有的与生产有关的部门都能有机地联系在一起，各个环节都能各负其责，各尽其能。其次，从技术和设备的角度去考虑实施状态检修，必须根据设备在系统中的地位和重要程度，确定该设备的优化检修方式，同时又综合考虑经济性、可行性、可靠性、合理性，否则就可能事与愿违。实施以状态为基础的检修，就是要使检修任务和周期更多地建立在反映设备状态的基础上。

2. 开展状态检修需要考虑设备状态监测、监测技术的先进性和成熟性

开展状态检修，除了对运行中的设备加强常规测试，严格执行 Q/GDW 168—2008《输变电设备状态检修试验规程》中规定的试验项目外，还要配合采用先进的在线监测手段，及时掌握设备的技术状态。目前，绝缘油的色谱分析、用远红外测温、局放测试、容性设备在线监测等，氧化锌避雷器阻性电流监测等技术已经得到了推广和应用，并在实践中取得了一定的效果。

3. 开展状态检修需要信息系统和决策支持系统

在状态检修必须有一套用于状态检修的管理信息系统和决策支持系统，系统必须是以设备资产为核心，以设备安全可靠运行为主线，涵盖变电运行与检修、试验等专业，涉及变电站运行管理、设备铁陷管理、变电设备检修计划与管理等的计算机综合管理信息系统。系统中不仅包含与生产管理相关的运行、检修、试验及铭牌技术数据，而且还能利用系统所具有的分析和统计功能，为设备的状态检修提供比较高效的信息。例如断路器的切断短路电流的次数、变压器经受短路冲击的次数、设备检修时间、历次设备试验结果的发展趋势等。系统最好能根据在线和离线监测诊断数据、设备寿命预测数据、可靠性评价数据、设计参数、检修历次数据、同类设备统计数据等进行综合分析，并利用状态评价准则体系对设备状态变化趋势进行预测，运用决策模型给出检修什么和何时检修的建议，并制定检修计划。

4. 开展状态检修必须提高人员的素质

开展状态检修对于状态分析、故障诊断技术的立足点应首先是技术人员素质的提高。变电设备检修及故障诊断是一项跨多个专业的技术，缺少理论基础和丰富经验的积累，都无法很好胜任这项工作。检修人员除了要了解掌握设备的运行方式、运行特点及工况变化对设备的产生的影响外，还要掌握设备原理、结构、零件、材料、装配方法和离线监测、状态监测与故障分析手段，还要掌握设备的维修规律，综合评价设备的健康状况，直接参与检修决策和检修工作，优化检修计划内容、检修程序与工艺等。

五、开展状态检修工作的体系

1. 开展状态检修的管理体系

主要对各级状态检修工作组织机构的成立、职责分别，工作范围、工作内容、程序、方法、检查和考核等进行规定。主要依据包括《国家电网公司设备状态检修管理规定（试行）》、国家电网公司《输变电设备状态检修绩效评估标准》，国家电网公司《变电设备在线监测系统管理规范》、《国家电网公司资产全寿命管理指导性意见》等。

国家电网公司《变电设备在线监测系统管理规范》规定了输变电设备在线监测系统的全过程管理，包括在线监测系统的管理职责，设备选型和使用、安装与验收、运行，培训和技术文件的管理要求。

2. 开展状态检修的技术体系

技术体系是指支撑状态检修工作的一系列技术标准和导则，是开展状态检修的技术保证。主要包括 Q/GDW 168—2008《输变电设备状态检修试验规程》、国家电网公司《变电设备在线监测系统技术导则》、国家电网公司《输变电设备状态检修辅助决策系统建设技术原则（试行）》以及各类设备状态检修导则、状态评价导则、检修工艺和作业指导等。

国家电网公司《变电设备在线监测系统技术导则》规定了输变电设备在线监测参数的选取、监测系统的选型、试验和检验、现场交接验收、包装、运输和储存等方面的技术要求，强调监测系统的有效性和实用性。

3. 开展状态检修的执行体系

执行体系是包括组织机构在内的状态检修流程中各环节的具体实施，它包括设备信息收集，设备评价和风险分析、制定检修策略并实施、检修后评价和人员培训等。

在执行体系中，把握设备的状态是关键：①要控制设备的初始状态，要通过对设计、造型、制造、建设、交接等环节的技术监督，对设备初始状态有清晰、准确的了解和掌握；②要通过加强运行监视、认真开展设备检测、试验等工作，及时收集、归纳、处理设备运行信息，确切掌握设备运行状态；③要采取有针对性的设备维护、检修措施，及时处理设备缺陷与隐患，恢复设备健康水平，保持设备具有良好的运行状态。

执行体系的重点是落实人员的责任制，强化考核力度，坚决杜绝放任自流、主观臆断等现象的发生。

执行体系中另一个重要环节是加强对各级生产人员的培训和检测、试验装备的配置。

第四节　变压器在线监测

变压器的绝缘材料中存在着气隙和油隙，当介质的电场强度达到一定程度时，它们将被击穿而发生局部放电。局部放电逐步发展必将导致绝缘损坏、造成停电事故甚至变压器的解体，给国家带来巨大的经济损失。

变压器局部放电检测是在线检测有效的方法之一。变压器正常运行中局部放电量较小，近年生产的 110kV 及以上变压器出厂局部放电量都控制在 100pC 以下。当变压器发生绝缘劣化或绝缘击穿故障前期、变压器局部放电量会成十、成百的增加。利用廉价而简化的在线监测设备监测变压器局部放电量的变化并进行绝缘故障监测报警，如发现有报警后结合其他试验进行综合故障分析、准确分析变压器绝缘状况，有效地起到应有的监测作用。

一、在线监测测量原理

变压器局部放电在线测量时，为避免现场干扰信号的影响，监测采集所需信号在不改变原设备的运行接线状态下，将信号取样点选择在变压器铁芯接地引出线、中性点引出线和高压套管末屏引出线处，采用高频同轴电缆传送到监控室、经计算机控制幅值，脉冲鉴别仪器分析工频和高频信号，并根据设定的阀值进行记录，当故障信号超过设定幅值和脉冲频率时，即自动发出声和光的报警。

二、信号取样及干扰抑制

变压器局部放电脉冲信号一般是通线圈耦合取得的，因此线圈在设备接地末端串入，它不影响变压器设备的正常运行及保护。同时在检测阻抗上得到工频信号及局部放电高频信号，检测阻抗选用的材料能保证频率特性。

1. 铁芯采样的特点

变压器铁芯引出端串入线圈获得局部放电脉冲信号有较多的优点。首先铁芯对高、低压绕组有较大电容，因此，不管局部放电信号是产生于高压或低压绕组，在铁芯取样都有较好的响应。另外，还有利于抑制干扰，现场一般采用中性点作为平衡匹配信号，可起到较好的平衡抑制干扰的效果。

2. 干扰抑制

干扰信号主要包括载波通信等周期性干扰、外部放电、可控硅等脉冲型干扰。由于各种干扰的影响，会使测量灵敏度大为降低，因此，变压器局部放电在线测量，抑制干扰是关键问题之一。要有效地抑制这些干扰，检测出所需的局部放电信号必须采用数字信号处理方法。在实际测量中，对于电晕放电及载波调幅的干扰，常采用在线测量范围在 $40\sim120kHz$ 之间，可有效地抑制无线电调幅波干扰。

三、变压器器身振动在线监测

运行中变压器器身的振动是由于变压器本体（铁芯、绕组等的统称）的振动及冷却装置的振动产生的，国内外的研究表明，变压器本体振动的根源在于：①硅钢片的磁伸缩引起的铁芯振动；②硅钢片接缝处和叠片之间存在着因漏磁而产生的电磁吸引力，从而引起铁芯的振动；③当绕组中有负载电流通过时，负载电流产生的漏磁引起绕组的振动。

由于变压器在制造过程中已采取了必要的措施来减小冷却装置的振动，冷却装置的振动引起变压器器身振动可忽略不计，可以看出变压器器身表面的振动与变压器绕组及铁芯的压紧状况、绕组的位移及变形密切相关。因此，利用振动在线监测电力变压器的夹件、绕组、铁芯等松动故障是可能的。

四、变压器的其他在线监测技术

目前国内变压器开展的在线监测技术还有套管绝缘参数，铁芯对地电流的监测、对于套管绝缘参数的监测、其监测的参数和方法与电容性电流互感器一样，同属于容性设备的绝缘监测内容。对于铁芯、电流的监测，方法相对简单，即在铁芯入地回路中安装一穿心电流互感器即可实现。

第五节 少油式电气设备在线监测

电流互感器、电压互感器、变压器套管等是少油式设备。这类设备如果发生绝缘故障往往引起爆炸事故，影响电网安全运行。开展少油式设备的在线监测，能提高设备运行可靠性，减少设备的检修、预检停运时间。

一、带电检测仪工作原理

少油式电气设备带电检测仪定期对运行设备测量介质损耗等绝缘参数，可以及时发现绝缘劣化趋势和缺陷。便携式检测仪器，操作方便、快捷、安全，适合现场应用。

带电检测仪的测试电压是设备运行电压，与预防性试验相比，周围电磁环境有些差异，会导致在线测试结果与停电预防性试验结果之间有一些差别，但测试电压高于停电预防性试验电压，获得设备绝缘更加真实可靠，通过设备本身测量数据的纵向比较和相关设备测量数据的横向比较判断出运行设备的绝缘状况。对于绝缘完好的设备，一般在线测量与停电测量的数据差异不大，仍可用相关的预试标准判断。

少油式电气设备带电检测仪在进行带电测试时，一般采用母线电压互感器二次电压作为参考相位，用二次电压作为标准，测出的绝缘参数与停电测量值基本一致。但当母线上有断路器分开，设备没在同一母线上运行时或由于现场温度变化差异较大时，则选用多台同相试品相互作为参考标准电容测量，对比相互之间的绝缘参数的变化，因为多台设备的绝缘测试不可能同时、同程度发生一致的劣化。采用多台设备进行互为标准相关测量，利用相关关系、横向比较和本身的纵向比较，使判断效果比单台测量更为有效。

二、信号采集方法

为了减小变电站强电场的干扰影响，一般采样装置采用输入阻抗极低的电流传感器取样方式，信号采集方法一般有两种，具体如下。

1. 电容型设备末屏电流信号

传感器一次引线直接串接在被测设备末屏引出线采集信号。传感器采用高灵敏固化电流传感器，不改变设备的正常接线及运行方式，即可保证现场使用的安全，又不会影响信号的检测精度。

带电测量时，测试端子通过测量电缆与检测仪的电流输入端相连，测量电缆采用双绞双屏蔽电缆，防止电磁场干扰。对耦合电容器进行在线检测时，在耦合电容器与结合滤波器之间连接信号取样单元。

2. 标准电压取样信号

采用电压互感器二次电压信号作为标准比较源时，测定的数据可与停电时测量数据比较作为基准参数。电压互感器二次侧电压信号直接在测量绕组的非接地端串接取样电阻，通过电阻的电流信号引入取样端子箱。

取样电阻直接安装在电压互感器二次测量绕组的非接地端子上，即使信号引出线发生对地短路，也不会造成电压互感器二次绕组短路，比较安全。

三、电容型设备介质损耗在线测量

电容型设备主要包括电流互感器、套管及耦合电容器等并有电容屏的电气设备。电容量和介质损耗角正切值 $tg\delta$ 是反映电容性互感器最重要的电气参数，也是试验规程中规定的必试项目。在运行电压下如何获得真实的、准确的电容性互感器介质损耗角正切值 $tg\delta$ 一直是电力系统和国内外有关专家关注的焦点。在线测量电容型设备的介质损耗有两种测量方法。

1. 相对测量方式

现场有两个及以上的同相的电容型设备，根据测得的电容量比值及介质损耗值的变化趋势，来判断设备的绝缘状况，该测量方式能减弱因相间电场干扰造成的影响，可得到较为真实的测试结果。

2. 绝对值测量方式

电容型设备介质损耗在线测量需要准确测量设备的电容量 C_x 与介质损耗绝对值，采用电压互感器二次电压信号作为标准电压进行测量。

在线测量易受到现场强电场的干扰，测量系统采用数字采样、相关数字鉴相技术及频谱分析处理，有较强的自检校验功能，有利于排除现场干扰造成的影响。

第六节 避雷器在线监测

避雷器是变电运行、防止雷击事故的重要保护装置，而避雷器自身的好坏，也涉及变电站的运行安全。避雷器在线监测在电力系统应用比较成熟，并且应用效果好，通过在线监测及时有效发现避雷器的绝缘劣化缺陷。

一、阀式避雷器

阀式避雷器在线监测是测量交流电导电流，仅需测量多元件组成的阀型避雷的最下一节的电导电流。当任何一节避雷器发生并联电阻老化、变质、断裂或进水受潮等缺陷时，其电阻值将发生变化，从而使测量的交流电压下的电导电流发生变化。现场可以根据电导电流的大小、历次测量结果的变化以及三相间电流的差别来分析运行中避雷器的绝缘缺陷，或者决定是否应在停电的条件下进行常规的预防性试验。

二、金属氧化物避雷器（MOA）

金属氧化物避雷器（MOA）由于阀片老化或受潮所表现出来的电气特征均是阻性电流增大，因此测量运行电压下的交流泄漏电流是金属氧化物避雷器在线监测的主要内容，而测量其阻性电流是关键。

1. 测量全泄漏电流

目前国内运行单位多采用避雷器在线监测器，即毫安表与计数器为一体，串联在避雷器接地回路中。监测器中的毫安表用于监测运行电压下通过避雷器的泄漏电流峰值，有效地检测出避雷器内部是否受潮或内部元件是否异常等情况；计数器则记录避雷器在过电压下的动作次数。

2. 测量阻性电流

目前国内测量 MOA 避雷器阻性电流在线测量按其工作原理分有容性电流补偿法和谐波分析法两种。

（1）容性电流补偿法。MOA 中氧化锌电阻片的等值电路可表示为非线性电阻与电容并联，流经电阻片的总电流可分为阻性电流与容性电流两部分，而导致电阻片发热的有功损耗是阻性电流分量，容性电流分量产生的无功损耗不发热。因此，要有效地监视电阻片的老化情况就要监视泄漏电流中的有功分量——阻性电流的变化。带电测量阻性电流有同相电容试品电流信号和电压信号作标准两种，为同相电容试品电流信号作标准或电压信号作标准，在线检测 MOA 阻性电流。

（2）谐波分析法。由于运行电压是工频正弦波，MOA 在运行电压下其等值回路中的电阻为非线性电阻，所以其阻性电流不但含有基波，还含有三次、五次或更高次谐波，其中以三次谐波为主，而容性电流只含基波不含谐波量，所以阻性电的谐波量是总电流的谐波量。

3. 影响 MOA 泄漏电流测试结果的因素

金属氧化锌避雷器因自身电容量较小，相邻设备和线路的杂散电容会导致在线结果失真，影响 MOA 泄漏电流测试结果主要有以下因素。

（1）MOA 两端电压中谐波含量的影响。利用谐波法测量的阻性电流的数据偏大，利用容性电流补偿法的测量数据无明显影响。

（2）MOA 端电压波动的影响。电力系统的运行情况是不断发生变化的，特别是系统电压的变化对 MOA 的泄漏电流值影响极大。当系统电压向上波动 5% 时，其阻性电流变化一般增加 13% 左右。因此，在对 MOA 泄漏电流进行横向或纵向比较时，应记录 MOA 端电压值，这关系到能否精确反映 MOA 运行状况的重要指标，否则就失去了测试数据的纵向可比性。

（3）运行中三相 MOA 的相互影响。由于运行中三相 MOA（一字形排列），相邻相 MOA 通过杂散电容的影响，使得两边相 MOA 底部的总电流的相位发生变化。中间 B 相的避雷器受两个边相母线或线路的电场干扰基本相抵消，可得到正确的阻性电流测试结果。但两个边相的测试结果受相间干扰的影响，使 A 相测试结果偏大，B 相测试结果偏小。

（4）温度对 MOA 阻性电流的影响。MOA 避雷器中的 ZnO 电阻片在小电流区域具有负的温度系数，且 MOA 的内部空间较小、散热条件较差，有功损耗产生的热量会使电阻片的温度高于环境温度，这些都会使 MOA 的阻性电流增大。

（5）MOA 外表面污秽的影响。MOA 避雷器外表面的污染，除了对电阻片柱电压分布的影响而使其内部泄漏电流增加外，其外表面的泄漏电流对其测试精度的影响，也不可忽视。

4. 测试数据的判别

当全电流或阻性电流、有功损耗与出厂值和初始值有明显差别时应安排停电测试。

第七节　断路器在线监测

由于目前油断路器基本上已经淘汰，本书主要针对 66kV 及以上 SF$_6$ 断路器并结合国家电网公司颁布有关断路器状态检修的有关规程和导则，（如 Q/GDW 171—2008《SF$_6$ 高压断路器状态评价导则》和 Q/GDW 172—2008《SF$_6$ 高压断路器状态检修导则》）进行阐述。

一、断路器在线监测的项目和内容

断路器状态检修的关键在于如何及时、正确判断其性能和状态，利用在线监测技术，可以实时监测和预知断路器的运行状态，可以为断路器的状态检修提供最真实可靠的依据，这样就可以实现预警式检修，减少停电、操作和检修次数，降低检修和维护费用，彻底摆脱因无检测手段所呈现的不该修也修，该修不修和出事以后再修的盲目被动局面，将断路器的隐患控制在萌芽中，保证断路器始终处于完好状态。目前，断路器在线监测的项目和内容主要如下。

（1）灭弧室电寿命的监测与诊断动作次数，记录合、分次数，过限报警。

（2）断路器机械故障的监测与诊断。

1）合、分线圈电流波形监测，非正常报警。

2）合、分线圈回路断线监测。

3）监测行程、过限报警。

4）监测合、分速度，过限报警。

5）机械振动，非正常报警。

6）液压机构打压次数，打压时间、压力。

7）弹簧机构弹簧压缩状态，电动机工作时间。

8）关键部分的机械振动信号。

9）合、分闸线圈电流和电压波形的检测。线圈电流波形中包含着许多操作系统的信息，如线圈是否接通，铁芯是否卡涩、脱扣是否有障碍等。

10）合、分闸机械特性，即速度、过冲、弹跳、撞击等，这些信息也可从振动波形中有所反映。

11）控制回路通断状态监测。这对因辅助开关不到位或接触不良造成的拒分，拒合故障有很好的监视作用。

12）操动机构储能完成状况。

（3）绝缘状态的监测。绝缘状态的监测内容包括气体断路器气体压力，过限报警、闭锁、局部放电。

（4）载流导体及接触部位温度的监测。

（5）SF_6 其他成分的监测。主要通过测量 SF_6 分解物判断内部的放电情况。

二、断路器状态信息的收集

重视断路器运行，检修、试验数据的积累和分析，建立一套包括交接验收资料，运行情况资料、检修试验资料等在内完整的断路器档案，并最好实行设备档案的动态电脑化管理，是开展断路器状态检修工作的基础和首要任务。依据 Q/GDW 171—2008《SF_6 高压断路器状态评价导则》与 Q/GDW 172—2008《SF_6 高压断路器状态检修导则》，SF_6 高压断路器状态信息必备的资料如下。

1．原始资料

原始资料主要包括铭牌参数，型式试验报告、订货技术协议、设备监造报告，出厂试验报告、运输安装记录、交接验收报告等。

2．运行资料

运行资料主要包括运行工况记录信息、历年缺陷及异常记录、巡检情况、不停电检测记录等。

3．检修资料

检修资料主要包括检修报告、例行试验报告、诊断性试验报告、有关措施执行情况，部件更换情况，检修人员对设备的巡检记录。

4. 其他资料

其他资料主要包括同型（同类）设备的运行、修试、缺陷和故障的情况，相关反措执行情况，其他影响断路器安全稳定运行的因素等。

第八节　电力电缆在线监测

电缆的状态检修工作主要是收集运行中信息、巡视检查（设施、电缆头、外观）及带电测试（温度）的信息，以及分析定期试验数据。

一、在线监测技术在电力电缆状态检修中的应用

电力电缆在线监测的主要项目包括绝缘监测和温度监测。绝缘监测的内容主要有绝缘电阻、介质损耗、局部放电；温度监测主要是利用红外热像仪或温度传感监测本体、附件在运行状态下的温度，因此相比绝缘监测更容易和方便。通过开展电缆的在线监测可以实时掌握电缆的绝缘受潮、老化、内部放电、过热等故障信息，为准确判断电缆的运行状态和选择检修策略提供依据。

二、电力电缆状态信息的收集

电力电缆状态信息收集可以参考"断路器状态信息的收集"内容。

第九节　油中溶解气体在线监测

电力变压器在运行过程中，其绝缘油在过热、放电、电弧等作用下会产生故障特征气体，故障特征气体的成分、含量及增长速率与变压器内部故障的类型及故障的严重程度有密切关系。因此，通过监测变压器油中溶解的故障特征气体，可以实现对变压器内部在线监测。

油中溶解气体在线监测，能够连续监测油浸式变压器内部绝缘油中所溶解的氢，油分解气体和水的含量，及时发现变压器的绝缘状况，早期故障和其发展趋势从而减少或避免非计划停电和灾难性事故的发生，为设备检修提供科学依据。油中溶解气体在线装置能够连续监测运行变压器油中的甲烷、乙烷、乙烯、乙炔等气体组分的含量，并可实现自动点火，在线自动脱气，自动控制操作程序等技术，自动化程度高，分析速度快，用油量少，便于维护。

一、油中溶解性气体的现场脱气方法

在现场实际应用中，油中脱出气体的方法目前应用较多的主要有两类。

（1）利用某些合成材料薄膜，如聚烷亚胺、聚四氟乙烯、氟硅橡胶等的透气性或利用热虹吸原理使油中的气体经氟硅橡胶膜透出，对变压器油中所溶解的气体经过此薄膜透析到气室里进行气体组分分析。

（2）采用小泵对油样吹气，经过一定时间后，油面上的某些气体的浓度与油中该气体的浓度达到徘徊状态，将原溶于油中的气体替换，进行气体组分分析。

二、气体定量检测方法

溶解气体经脱气从油中分离后，对其定量检测的方法主要有如下两类。

（1）采用色谱柱将不同气体分离开，利用 PIFE 毛细管束从变压器油中萃取因变压器过热、冲击等原因而形成的氢气，乙炔、乙烯、一氧化碳、甲烷、乙烷、氧气等气体的混合气体。通过自动气体进样模块，气体随着载气一起进入色谱柱内，在色谱柱内完成混合气体的分离，最终送入传感器进行定量检测。这种检测方法可定期监测油中氢气、乙炔、乙烯、一氧化碳、甲烷、乙烷气体成分的含量，实时分析并诊断变压器的工作状态；通过油中气体组分的三比值法计算对变压器进行综合判断。

（2）不用色谱柱，采用仅对某种气体敏感的传感器进行定量检测，主要是油中氢气和水分进行定量检测，它易于制成可携带型。

油浸式电力变压器的所有故障都的产生氢气，其在绝缘油中的含量是变压器各种故障的可靠标志，氢气在油中的低溶性和高扩散性使它在较低浓度时就被检测到。绝缘油中的水分含量是评价其绝缘性能的主要指标，当其含量超过正常值时，会引起绝缘性能的严重恶化乃至引起事故。溶解氢和水的在线监测，检测器连续和全面的接触变压器油，及时的检测油中溶解的氢和水，能提供最早的故障预警，从而防止设备故障并延长变压器寿命。

三、油中溶解气体在线监测系统

油中溶解气体在线监测系统由色谱数据采集器、数据处理器、应用软件、载气及通信电缆等组成。监测系统在微处理器的控制下，进行气体采集、流路切换与清洗，柱箱和检测器的恒温控制、样气的定量与进样、基线的自动调节、数据采集与处理、定量分析与故障诊断等分析流程，并定期进行自动校准。其工作原理如下：

溶解在变压器油中的故障特征气体经特制的油气分离装置分离后，在内置微型气泵的作用下，进入电磁六通阀的定量管，定量管中的故障特征气体在载气作用下流过色谱柱，然后气体检测器按气体出峰顺序分别将油中组分气体变换成电压信号。色谱数据采集器将采集到的电压信号上传给安装在控制室的数据处理器，数据处理器根据仪器的标定数据进行定量分析，计算出各组分和总烃的含量以及各自的增长率，再由故障诊断专家系统对变压器故障进行诊断，从而实现变压器故障的在线监测。

第二十二章 常用仪器仪表

第一节 静电电压表的使用

一、静电电压表的基本原理和结构

静电电压表的输入阻抗极高，电源频率、大气条件、外界磁场干扰等对其测量几乎没有影响。

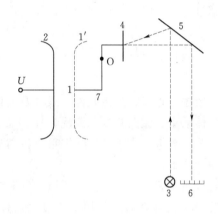

图 22-1 Q4—V 型静电电压表测量原理图
1—可动电极；2—固定电极；1′—保护电极；
3—灯泡；4—可动反光镜；5—固定大反光镜；
6—标尺；7—曲杆；O—转轴

静电电压表是根据两电极间电场力的平均值来指示电压的。静电电压表的形式较多，结构也有所不同，但其基本工作原理大致相同。现以图 22-1 所示的 Q4—V 型静电电压表为例说明其测量原理。

图 22-1 中所示静电电压表主要由一个可动电极 1 和另一个固定电极 2 组成。可动电极 1 安置在保护电极 1′ 中部的小窗口处，与其另一端的可动反光镜 4 通过曲杆 7 相连，并都固定在扭动时有弹性的张丝上（图 22-1 中未画出）。可动电极 1 与可动反光镜 4 可以绕转轴 O 转动。

当固定电极与可动电极间加上电压 U 时，由于静电引力的作用，可动电极发生移动，带动可动反光镜 4 绕转轴 O 转动，且电压越高，电极间电场越强，静电引力越大，可动电极移动的距离越大，从而带动反光镜 4 转动的角度也越大。当张丝制动力矩和可动电极的力矩达到平衡时，通过固定大反光镜 5 反射到标尺 6 上的光线也就稳定下来，这样通过标尺上的反射光线位置，就可直接读得试验电压值（标尺上直接标出不同位置所反映的测量电压大小）。

由于静电电压表是通过可动电极的机械移动反映测量电压大小的，因此它只能测量电压有效值或平均值。静电电压表可测量直流高压和交流高压。

二、静电电压表量程的选择

根据现场测量需要，可选取不同准确等级和测量范围的静电电压表，通常它的测量电压范围为 7.5～300kV，准确度为 1 级。

三、使用方法及注意事项

（1）使用前应将静电电压表放置平稳，调成水平位置，将反射光线调在刻度尺的零位，并牢固地竖立在平整的地面上，防止倾倒。

（2）检查电源电压是否满足光源电压的切换位置，以免烧坏光源灯泡。

（3）静电电压表标尺刻度不均匀，应准确选用表计的量程，使被测电压值在刻度尺的一半左右，并严禁超压使用，以免将仪器损坏，并注意表面的清洁和干燥。

（4）注意防止现场杂散电场、微小振动、风吹等因素带来的误差。

（5）将静电电压表底座良好接地。

（6）将被测高压引线与静电电压表顶端均压球牢固连接，并与接地线保护足够的安全距离。

（7）检查各部位接线无误后，即可进行测量。如测交流电压，将测量表计挡位置于交流电压挡，如测量直流电压，将测量表计置于直流电压挡。

（8）加载高压，严格注意操作安全距离，确保操作安全，并记录数据。

（9）测量完毕后，降压直到仪表显示为 0，放电后方可拆除试验线路。

（10）静电电压表极间电容很小，为 5～50pF，测量大电容的被试品及在低频电压下使用，准确度较高；当被试品电容量较小或在高频、冲击电压的情况下测量时有一定误差。

第二节　数字式自动介损测试仪

数字式自动介损测试仪由于引入计算机控制技术，实现了测量过程自动化，且使用方便，测量数据人为影响较小，精度及可靠性高，故目前得到普遍应用。

一、数字式自动介损测试仪的基本原理和结构

（一）基本原理

目前数字式自动介损测试仪的测量原理大多应用矢量电压法，其原理接线如图 22-2 所示，即利用 2 个高精度电流传感器，把流过标准电容器 C_n 和试品 Z_x 的电流信号 I_{Cn} 和 I_x 转换为计算机测量的电压信号 U_n 和 U_x，经过模数转换，A/D 采样将模拟信号变为数字信号，通过数字运算，分别求出 2 个电压信号的实部和虚部分量，从而得到被测电流信号 I_{Cn} 和 I_x 的基波分量及夹角，进一步求出试品的电容量 C_x 和介损 $tg\delta$。

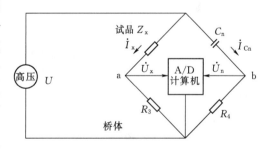

图 22-2　数字式自动介损测试仪原理接线图

（二）基本结构

数字式自动介损测试仪基本结构大致相同，下面以某型号数字式自动介损测试仪为例做简单介绍，其原理结构框图如图 22-3 所示。

测量电路：傅里叶变换、复数运算等全部计算和量程切换、变频电源控制等。

控制面板：打印机、键盘、显示和通信中转。

变频电源：采用 SPWM 开关电路产生大功率正弦波稳压输出。

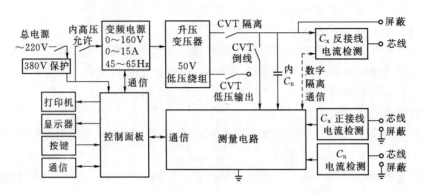

图 22-3　数字式自动介损测试仪原理结构框图

升压变压器：将变频电源输出升压到测量电压。

标准电容器：内 C_n，测量基准。

C_n 电流检测：用于检测内/外标准电容器电流。

C_x 正接线电流检测：只用于正接线测量。

C_x 反接线电流检测：只用于反接线测量。

反接线数字隔离通信：采用精密 MPPM 数字调制解调器，将反接线电流信号送到低压侧。

二、数字式自动介损测试仪测试接线

用数字式自动介损测试仪测量 tgδ 时，常用的接线方式有以下几种。

1. 正接线方式

如图 22-4 所示，测量时介损仪测量回路处于低电位，操作安全方便，因不受被试品对地寄生电容的影响，测量准确。适用于被试品对地绝缘（如电容式套管、耦合电容器、带末屏的电流互感器等）的测量。

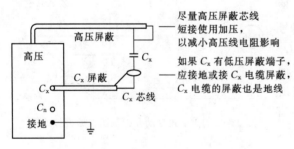

图 22-4　数字式自动介损测试仪正接线方式　　图 22-5　数字式自动介损测试仪反接线方式

2. 反接线方式

如图 22-5 所示，测量时介损仪测量回路处于高电位，操作不安全、不方便，因被试品接地，故现场应用较广（如变压器、不带末屏的电流互感器 tgδ 的测量）。

3. 电容式电压互感器接线

用于测量电容式电压互感器，应根据不同情况进行接线。

（1）C_1 由 $C_{11}\sim C_{14}$ 多节电容组成时，测 C_{11} 可用高压屏蔽，屏蔽其他电容。中间几节电容可用一般正、反接线测量，如图 22-6 所示。

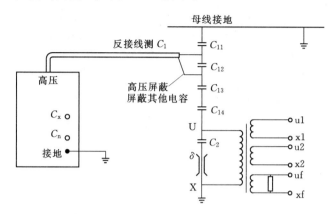

图 22-6 数字式自动介损测试仪测试电容式电压互感器接线图

（2）用自激法测量 C_{12} 的接线如图 22-7 所示。用自激法测量 C_2 时，将高压芯线与 C_x 线对调。

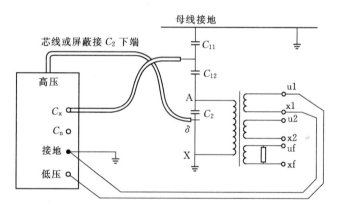

图 22-7 数字式自动介损测试仪测试电容式电压互感器自激法测 C_{12} 接线图

三、操作步骤及注意事项

（一）操作步骤

（1）仔细阅读仪器使用操作说明书，对各类现场接线和操作方法必须掌握后方可使用，必要时请厂家技术人员现场指导。

（2）使用前对介损仪进行必要的检查。包括仪器带电自检、测试高压电缆线、信号线及各接线端口的外观检查，特别注意对高压电缆线的检查，必要时进行绝缘或耐压测试。

（3）根据现场试验条件、试品类型，正确选择接线方式，选择内高压标准电容器及外高压标准电容器。在选择外高压标准电容器时，正确输入外高压标准电容器各项参数，并合理安排布置试验设备、仪器仪表及操作人员位置和安全措施。

（4）严格按照介损仪操作说明进行操作。

（5）测量完毕后，仪器自动降压、切断高压后，再读取测试数据。

（二）测量注意事项

目前各类介损测量仪品种繁多，接线、使用各不相同，但都应注意以下几点。

（1）试验应在良好的天气，试品及环境温度不低于＋5℃的条件下进行。

（2）因介损测试仪内有高压部分，禁止现场工作人员擅自打开仪器外壳，若有故障建议返厂或请专业人员进行维修。

（3）为保证测量数据准确及测试人员安全必须将仪器可靠接地，接地不良会引起仪器保护或数据严重波动。

（4）测试接线必须牢固、可靠，测试过程中虽高压线可拖地使用，但人员应禁止在高压线旁或高压线上下。

（5）数字式介损仪若使用变频法消除干扰时，可选择 45/55Hz 自动变频。

第三节　绝缘电阻表的使用

一、用途

绝缘电阻表俗称兆欧表，它是一种专门用来测量电气设备绝缘电阻的直读式指示仪表。目前使用的绝缘电阻表有两类：一类是机电式绝缘电阻表，俗称绝缘摇表；另一类是电子式绝缘电阻表。

二、基本工作原理和结构

绝缘电阻表主要由直流高压发生器、测量回路、显示三部分组成。以电子式绝缘电阻表为例，图 22-8 所示为电子式绝缘电阻表面板结构图。其面板部分的功能说明如表 22-1 所示。

表 22-1　　　　　　　　　　　电子式绝缘电阻表功能介绍表

序号	名　　称	功　　能
1	地端（EARTH）	接于被试设备的外壳或地上
2	线路端（LINE）	高压输出端口，接于被试设备的高压导体上
3	屏蔽端（GUARD）	接于被试设备的高压护环，以消除表面泄漏电流的影响
4	双排刻度线	上挡为绿色：500V/0.2～20GΩ 1000V/0.4～40GΩ 2500V/1～100GΩ 5000V/2～200GΩ 下挡为红色：500V/0～400MΩ 1000V/0～800MΩ 2500V/0～2000MΩ 5000V/0～4000MΩ
5	绿色发光二极管	发光时读绿挡（上挡）刻度
6	红色发光二极管	发光时读红挡（下挡）刻度
7	机械调零	调整机械指针位置，使其对准∞刻度线

续表

序号	名 称	功 能
8	波段开关	可实现输出电压选择，电池检测，电源开关等功能
9	充电插孔	外接充电
10	测试键	按下开始测试，按下后如顺时针旋转可锁定此键
11	状态显示灯	可显示高压输出，电源工作状态，充电状态等信息

电子式绝缘电阻表基本原理是采用高频开关脉冲宽度调制（PWM）产生高压，经内部倍压整流输出负极性直流高压，由仪表线路端（LINE）产生的高压经过负载电阻 R_x，流回仪表地端（EARTH），经 V/I 转换驱动指针表头，测量出电气设备的绝缘电阻。

三、测量前的准备

（一）选择适当的仪表

1. 绝缘电阻表的类型

常用的绝缘电阻表按其电源产生的高电压分为 500V、1000V、2500V、5000V 几种，按绝缘电阻表的准确度等级分一般分为 1.0 级或 1.5 级。

2. 绝缘电阻表的选择

一般被测设备的额定电压在 500V 以下时，要选用 500V 或 1000V 的绝缘电阻表；在 500V 以上时，则要选用 1000V 或 2500V 的绝缘电阻表。

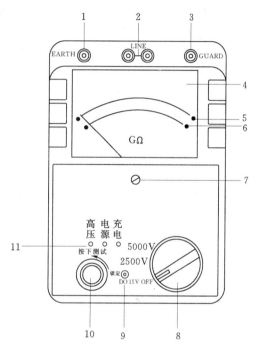

图 22-8 电子式绝缘电阻表面板结构图

特别要注意的是，不要用输出电压过高的绝缘电阻表去测低压电气设备，否则就有可能把设备的绝缘击穿。

绝缘电阻表测量范围的选择原则：不要使绝缘电阻表的测量范围（量程）超出被测电阻的阻值太大，以免产生较大的读数误差。

（二）其他准备工作

（1）测试前必须将被测设备的电源切断、做好相应的安全措施，并接地短路 2～3min。绝不允许用绝缘电阻表测量带电设备（包括电源切断了，但未接地放电）的绝缘电阻。

（2）对有可能感应出高电压的设备，在未消除这种可能性之前，不得进行测量。例如测量线圈的绝缘电阻时，应将该线圈所有端钮用导线短路连接后，再测量。

（3）用干净的布或棉纱将被测物表面擦干净，保持测量触点与仪表接触良好，以保证测量结果的准确性。

四、具体操作步骤

1. 电子式绝缘电阻表

电子式绝缘电阻表种类较多，具体操作可见其说明书。但须注意以下几个方面。

（1）测试前应检查仪表显示屏所显示的内部电池信息，确定电池电压在允许的范围内。若电池电压在操作电压下限以下，不能保证精确度。

确定测试线绝缘良好，并插入相应的端口。

（2）将波段开关切换到相应的电压量程范围内。

（3）接地线连接被测设备的接地端，测试线连接被测设备端，屏蔽线连接被测设备需要屏蔽的部位，按下测试按钮。测量中，间歇地发出蜂鸣声音。

（4）表屏 LCD 显示测量值，测量后显示值不变。

（5）电子式绝缘电阻表一般配备自动放电功能，因此，测量完成后，请勿立即取下测试线，应先放开测试开关，让表计自动释放测试时产生的电压，直至表屏上电压监视器的显示是"0V"。

（6）移开测试线，断开被测电路，将波段开关切换到"OFF"位置，取下测试线，将被测设备对地放电。

2. 机电式绝缘电阻表

下面以 ZC-7 型绝缘电阻表操作为例，简单介绍机电式绝缘电阻表。

（1）绝缘电阻表应远离大电流导体和外磁场，并应放在平稳的地方。以免摇动手柄时，因绝缘电阻表晃动而影响读数。

（2）未接被测绝缘电阻前，应对表计进行校准，顺时针摇动发电机手柄到额定转速，看指针能否指到"∞"处。若指不到，对于装有"无穷大"调节器的绝缘电阻表，则可调节绝缘电阻表上的"无穷大"调节器，使指针指到"∞"处；再将"L"和"E"两个接线柱短路，缓慢摇动手柄，看指针是否回零。

（3）将被测绝缘物与绝缘电阻表连接。

一个绝缘电阻表有三个接线柱："线路"接线柱 L、"地"接线柱 E 和"屏蔽"接线柱 G。对测量有屏蔽层和屏蔽端的设备时，应接"屏蔽"接线柱 G。

1）作一般绝缘测量时，可将被测物的两端分别接在绝缘电阻表的"L"和"E"两个接线柱上，如图 22-9（a）所示。

2）作对地测量时，将被测物的一端接绝缘电阻表的"L"端，而以良好的地线接于"E"端，如图 22-9（b）所示。同样，测电机绕组绝缘电阻时，将电机绕组接于绝缘电阻表的"L"端，机壳接于"E"端。

3）进行电缆线芯对缆壳的绝缘电阻测量时，除将被测线芯导体接于绝缘电阻表的"L"端、缆壳接于"E"端外，还应将电缆壳与线芯导体之间的内层绝缘物接屏蔽端钮"G"，如图 22-9（c）所示，以消除因表面泄漏电流的影响。另外，在进行图 22-9（b）和图 22-9（c）所示测量，绝缘电阻表"L"端应接被测物，"E"端应接地（或电缆外壳），不能接反。

（4）由慢到快顺时针转动发电机手柄，直到 120r/min 左右的恒速，根据指针指在绝缘电阻表标尺上的位置，读取被测绝缘电阻的数值。

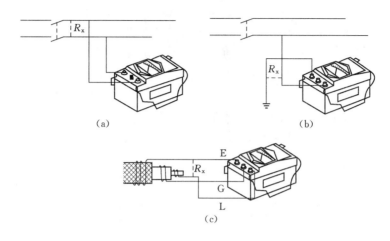

图 22-9　绝缘电阻表测量绝缘电阻的正确接线

（a）测量导线间的绝缘电阻；（b）测量电路与地间的绝缘电阻；（c）测量电缆的绝缘电阻

绝缘电阻随着测量时间长短的不同而不同，一般采用 1min 以后的读数为准，遇到电容量特别大的被测物时，应等到指针稳定不动时方可读数。

摇动手柄时，切忌忽快忽慢，以免指针摆动不停，影响读数。如发现指针指零时，不许继续用力摇动，以防损坏绝缘电阻表。

（5）测量完毕，须待绝缘电阻表停止转动和被测物放电后方可拆线，以免触电。如被测物电容量很大，必须先将 L 端拆离被测物，再停止绝缘电阻表的转动，以免电容器对绝缘电阻表放电而损坏绝缘电阻表，然后还必须对被测物充分放电。

最后还要注意，禁止在雷电时或在附近有高压带电导体的场合用绝缘电阻表测量，以防发生人身或设备事故。

五、日常维护事项

（1）将绝缘电阻表及测试线整理好放入箱包中。

（2）仪表在不使用时应放在固定的地方，环境温度不宜太热和太冷，切勿放在潮湿、污秽的地面上。并避免置于含腐蚀作用的空气附近。

（3）对于电子式绝缘电阻表仪表长期不使用时，应确保电源开关关闭。并且每 1～2 个月进行一次充电维护。

第四节　QS₁ 型 西 林 电 桥

一、QS₁ 型西林电桥的主要部件及参数

（一）主要部件

QS₁ 型西林电桥包括桥体及标准电容器、试验变压器 3 大部分。现以图 22-10 所示的 QS₁ 型电桥为例，分别介绍该电桥各部件的作用。

1. 桥体调整平衡部分

电桥的平衡是通过调节 C_4、R_4 和 R_3 来实现的。R_4 是电阻值为 3184Ω（＝10000/

$\pi\Omega$)的无感电阻。C_4 是由 25% 无损电容器组成的，可调十进制电容箱电容（$5\times0.1\mu F+10\times0.01\mu F+10\times0.001\mu F$），$C_4$ 的电容值（μF）直接表示 tgδ 的值；C_4 的刻度盘未按电容值刻度，而是直接刻出 tgδ 的百分数值。R_3 是十进制电阻箱电阻（$10\times1000\Omega+10\times100\Omega+10\times10\Omega+10\times1\Omega$），它与滑线电阻 ρ（$\rho=1.2\Omega$）串联，实现在 $0\sim11111.2\Omega$ 范围内连续可调的目的。由于 R_3 的最大允许电流为 0.01A，为了扩大测量电容范围，当被试品电容量大于 3184pF 时，应接入分流电阻 R_N（$R_N=100\Omega$，包括 $\rho=1.2\Omega$ 在内），接入 R_N 后与 R_3 形成三角形电阻回路如图 22-11 所示。

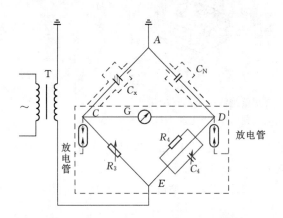

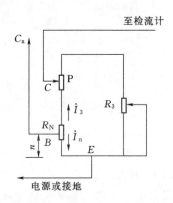

图 22-10　QS$_1$ 电桥反接线测量原理图　　　　图 22-11　QS$_1$ 型电桥接入分流电阻
　　　　　　　　　　　　　　　　　　　　　　　　　　　　测量原理图

被试品电流 $\dot{I}_x$ 在 B 点分成 $\dot{I}_n$ 与 $\dot{I}_3$ 两部分

$$\frac{\dot{I}_n}{\dot{I}_3}=\frac{R_N-R_n+R_3}{R_n}\qquad \dot{I}_x=\dot{I}_3+\dot{I}_n$$

可得

$$\dot{I}_3=\dot{I}_x\frac{R_n}{R_n+R_3}$$

因为 $R_3\gg R_n$，所以 $\dot{I}_3\ll\dot{I}_x$，保证了流过 R_3 的电流不超过允许值，而且在转换开关 B 的压降就很小，避免分流器转换开关接触电阻对桥体的影响，保证了测量的准确性。

2. 平衡指示器

桥体内装有振动式交流检流计 G 作为平衡指示器，当振动式检流计线圈中通过电流时，将产生交变磁场。这一磁场使得贴在吊丝上的小磁钢振动，并通过光学系统将这一振动反射到面板的毛玻璃上，通过观察面板毛玻璃上的光带宽窄，即可知电流的大小。面板上的"频率调节"旋钮与检流计内另一个永久磁铁相连，转动这一旋钮可改变小磁钢及吊丝的固有振动频率，使之与所测电流频率谐振，检流计达到最灵敏，这就是所谓的"调谐振"。"调零"旋钮是用来调节检流计光带点位置的。检流计的灵敏度是通过改变与检流计线圈并联的分流电阻来调节的。分流电阻共有 11 个位置，其值的改变，通过面板上的灵敏度转换开关进行，可以从 0 增至 10000Ω。当检流计与电源精确谐振，灵敏度转换开关在"10"位置时，检流计光带缩至最小，即认为电桥平衡。

检流计的主要技术参数如下。

（1）电流常数不大于 $12 \times 10^{-8} \mathrm{A/mm}$。

（2）阻尼时间不大于 0.2s。

（3）线圈直流电阻为 40Ω。

3. 过电压保护装置

在 R_3、R_4 臂上分别并联一只放电电压为 300V 的放电管，作过电压保护。当电桥在使用中出现试品击穿或标准电容器击穿时，R_3、R_4 将承受全部试验电压，可能损坏电桥，危及人身安全，故采取了在 R_3、R_4 臂上分别并联放电管的过电压保护措施。

4. 标准电容 C_N

QS₁ 型电桥现多采用 BR—16 型标准电容，内部为 CKB50/13 型的真空电容器，其工作电压为 10kV，容量量 50 ± 10pF，介质损耗 $\mathrm{tg}\delta \leqslant 0.1\%$。真空电容器的玻璃泡上的高低压引出线端子间无屏蔽，壳内空气潮湿时，表面泄漏电流增大，常使介质损耗较低的试品出现负 $\mathrm{tg}\delta$ 的测量结果。标准电容器内有硅胶，需经常更换，以保证壳内空气干燥。

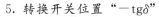

当用正接线测量试品 $\mathrm{tg}\delta$ 需要更高电压时，需选用工作电压 10kV 以上的标准电容器。

5. 转换开关位置"$-\mathrm{tg}\delta$"

电桥两板上有一转换开关位置"$-\mathrm{tg}\delta$"，一般测量过

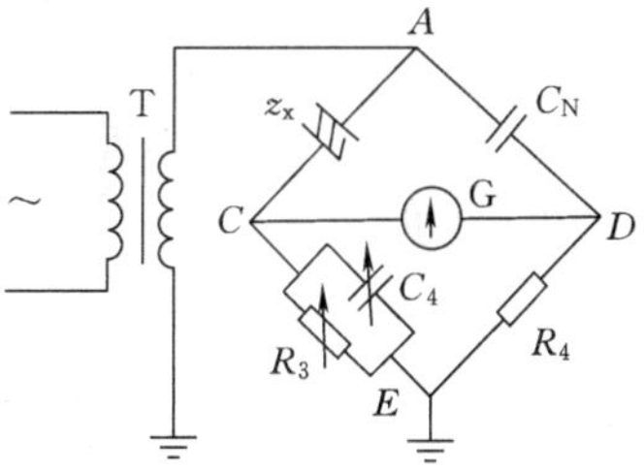

图 22-12 "$-\mathrm{tg}\delta$"测量原理图

程中当转换开关在"$+\mathrm{tg}\delta$"位置不能平衡时，可切换于"$-\mathrm{tg}\delta$"位置测量，切换电容 C_4 改为与 R_4 并联，如图22-12所示。

电桥平衡时，$z_x z_4 = z_N z_3$，将 $z_x = \dfrac{R_x}{1+j\omega C_x R_x}$、$z_N = \dfrac{1}{j\omega C_N}$、$z_3 = \dfrac{R_3}{1+j\omega C_4 R_3}$ 和 $z_4 = R_4$ 代入，求解得

$$C_x = \frac{R_4}{R_3} C_N$$

$$\mathrm{tg}\delta_r = \frac{1}{\omega C_x R_x} = \omega R_3(-C_4) \times 10^{-6} \qquad (22-1)$$

式中　$\mathrm{tg}\delta_r$——实际试品的负介质损失角的正切值；

　　　$-C_4$——桥臂。

"$-\mathrm{tg}\delta$"为测量值，即"$-\mathrm{tg}\delta$"读数。应当指出"$-\mathrm{tg}\delta$"没有物理意义的，仅仅是一个测量结果。出现这样的测量结果，意味着流过电标 R_3 的电流 $\dot{I}_x$ 超前于流过电桥 z_4 臂的电流 $\dot{I}_N$。这既可能是 $\dot{I}_N$ 不变，而电流 $\dot{I}_x$ 由于某种原因超前 $\dot{I}_N$；也可能电流 $\dot{I}_x$ 不变，而由于某种原因使 $\dot{I}_N$ 落后于 $\dot{I}_x$；还可能是上述两种原因同时存在的结果。

"$-\mathrm{tg}\delta$"的测量值，并不是试品实际的介质损失角的正切值，即"$-\mathrm{tg}\delta$"测量值不是实际试品的 $\mathrm{tg}\delta$ 值。测量中得到"$-\mathrm{tg}\delta$"时，首先应将式（22-1）换算为实际试品的负介质损失角的正切值，即

$$\text{tg}\delta = \omega R_3(-C_4) \times 10^{-6} = 314 R_3(-C_4) \times 10^{-6}$$

$$= \frac{10^6}{3184} R_3(-C_4) \times 10^{-6} = \frac{R_3}{R_4}(-C_4)$$

$$= \frac{R_3}{R_4}(-\text{tg}\delta)$$

为了计算方便，一般令

$$\text{tg}\delta_r = \left(\frac{R_3}{R_4}\right)|-\text{tg}\delta| \tag{22-2}$$

如一试品在"$-\text{tg}\delta$"测得 $R_3 = 500.4\Omega$；$R_4 = 3184\Omega$，$\text{tg}\delta$（%）$= -1.2$ 代入式（22-2）得

$$\text{tg}\delta_r = \left(\frac{R_3}{R_4}\right)|-\text{tg}\delta| = \frac{500.4}{3184}|-12| = 1.88$$

接入分流电阻后，换算公式为

$$\text{tg}\delta_r = \frac{100 R_3}{(100 + R_3)R_4}|-\text{tg}\delta|$$

由于出现"$-\text{tg}\delta$"必须倒相测量，上述换算值可作为倒相的一个测量值计算。

"$-\text{tg}\delta$"产生的原因主要有以下几个。

（1）强电场干扰。如图 22-13 所示，当干扰信号 $\dot{I}_g$ 叠加于测量信号 $\dot{I}_x$ 时，造成叠加信号流过电桥第三臂 R_3 的电流 $\dot{I}'_x$ 的相位超前 $\dot{I}_N$，造成"$-\text{tg}\delta$"值（$\text{tg}\delta_m < 0$），这种情况把切换开关置于"$-\text{tg}\delta$"时，电桥才能平衡。

（2）$\text{tg}\delta_N > \text{tg}\delta_x$。当标准电桥真空泡受潮后，其 $\text{tg}\delta_N$ 值大于被试品的 $\text{tg}\delta_x$ 值，如图 22-14 所示。由于 $\dot{I}'_N$ 滞后 $\dot{I}_x$，故出现 $-\text{tg}\delta(\text{tg}\delta_m < 0)$ 测量结果。

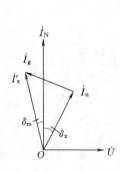

图 22-13　电场干扰下
产生的"$-\text{tg}\delta$"的相量图

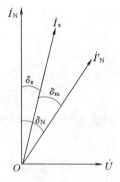

图 22-14　标准电容器，$\text{tg}\delta_N > \text{tg}\delta_x$ 时
产生"$-\text{tg}\delta$"的相量图

（3）空间干扰。如图 22-15 所示，测量有抽取电压装置的电容式套管时，套管表面脏污，测量主电容 C_1 与抽取电压的电容 C_2 串联时的等值介质损失角的正切值时，抽取电压套管表面脏污造成的电流 $\dot{I}_R$，使得 $\dot{I}'_x$ 超前于 $\dot{I}_N$，造成"$-\text{tg}\delta$"测量结果。

另外，若出现接线错误等其他情况时，也会出现"$-\text{tg}\delta$"测量结果。

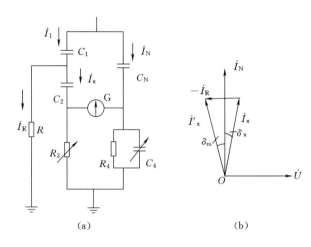

图 22-15 测量有电压抽取装置的电容式套管时原理接线图

(a) 原理接线图；(b) 相量图

（二）QS₁ 西林电桥主要技术参数

1. 高压 50Hz 测量时 QS₁ 西林电桥的技术参数

（1）tgδ 测量范围为 0.005～0.6。

（2）测量电容量范围为 $0.3×10^{-3}～0.4μF$。

（3）tgδ 值的测量误差：当 tgδ 为 0.005～0.3 时，绝对误差不大于 ±0.003；当 tgδ 为 0.03～0.6 时，相对误差不大于测定值的 ±10%。

（4）电容量测量误差不大于 ±5%。

2. 低压 50Hz 测量时，QS₁ 电桥的技术参数

（1）tgδ 测量范围及误差与高压测量相同。

（2）电容测量范围，标准电容为 0.001μF 时，测量范围为 $0.3×10^{-3}～10μF$，标准电容为 0.01μF 时，测量范围为 $3×10^{-3}～10pF$。

（3）电容测量误差为测定值的 ±5%。

二、QS₁ 西林电桥的使用

（一）QS₁ 西林电桥接线方式

QS₁ 西林电桥接线方式有 4 种：正接线、反接线、侧接线（见图 22-16）与低压法接线（见图 22-17），最常用的是正接线和反接线。

1. 正接线

试品两端对地绝缘，电桥处于低电位，试验电压不受电桥绝缘水平限制，易于排除高压端对地杂散电流对实测测量的结果的影响，抗干扰性强。

2. 反接法

该接线适用于被试品一端接地，测量时电桥处于高电位，试验电压受电桥绝缘水平限制，高压端对地杂散电容不易消除，抗扰性差。

反接线时，应当注意电桥外壳必须妥善接地，桥体引出的 C_x，C_N 及 E 线均处于高电

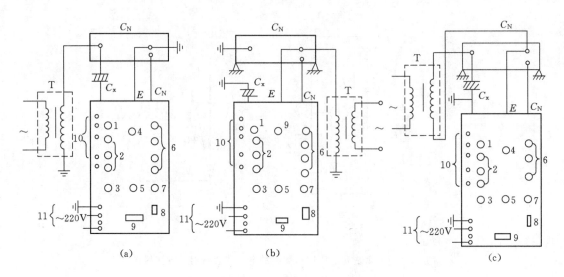

图 22-16　QS₁ 西林电桥的三种接线方式

(a) 正接线；(b) 反接线；(c) 侧接线

位，必须保证绝缘，要与接地体外壳保持至少 100～150mm 的距离。

3. 侧接法

该接线适用于试品一端接地，而电桥又没有足够绝缘强度，进行反接线测量时，试验电压不受电桥绝缘水平限制。由于该接线电源两端不接地，电源间干扰与几乎全部杂散电流均引进了测量回路，测量误差大，因而很少被采用。

4. 低压法接线

在电桥内装有一套低压电源与标准电容，接线如图 22-17 所示。标准电容由两只 $0.001\mu F$、$0.01\mu F$ 云母电容器代替，用来测量低电压（100V）、大容量电容器特性。标准电容 $C_N = 0.001\mu F$ 时，试品 C_x 的范围是 $30pF \sim 10\mu F$；$C_N = 0.01\mu F$ 时，C_x 的范围为 $3000pF \sim 100\mu F$。这种方法一般只用来测量电容量。

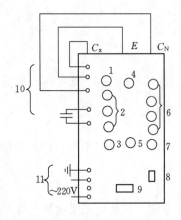

图 22-17　QS₁ 西林电桥

低压法接线

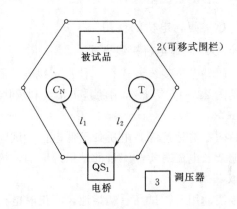

图 22-18　测量 tgδ 时的设备布置图

（二）QS₁ 型西林电桥操作步骤

tgδ 测量是一项高压作业，加压时间长，操作比较复杂的试验。各种接线方式的操作步骤相同，操作步骤如下。

（1）根据现场试验条件、试品类型选择试验接线，合理安排试验设备、仪器、仪表及操作人员位置与安全措施。接好线后应认真检查其正确性。一般接线布置如图 22 - 18 所示。标准电容 C_N 与试验变压器 T 离 QS₁ 电桥的距离 l_1，l_2 应不小于 0.5m。

（2）将 R_3、C_4 及灵敏度等各旋钮均置于"零"位，极性开关置于"断开"位置，根据试品电容量大小接表确定分流位置。

（3）接通电源，合上光源开关，用"调零"旋钮使光带位于中间位置，加试验电压，并将"tgδ"转至"接通Ⅰ"位置。

（4）增加检流计灵敏度，旋转调谐旋钮，找到谐振点，使光带缩至最窄（一般不超过 4mm），这时电桥即达平衡。

（5）将灵敏度退回零，记下试验电压，R_3、ρ、C_4 值及分流位置。

（6）记录数据后，再将极性开关旋至 tgδ "接通Ⅱ"位置。增加灵敏度至最大，调节 R_3、ρ、C_4 至光带最窄，随手退回灵敏度旋钮置零位。极性转换开关至"断开"位置，把试电压降为 0 后再切断电源，高压引线临时接地。

（7）如上述两次测得的结果基本一致，试验可告结束，否则应检查是否有外部电磁场干扰等影响因素，若有，则需采取抗干扰措施。

三、QS₁ 型交流电桥可能发生的故障，产生的原因，及其检查，消除方法（见表 22 - 2）

表 22 - 2　　　　　QS₁ 型电桥发生的故障、产生原因及检查、消除方法

故障特征	可　能　原　因	检　查　及　消　除　方　法
一、接通"灯光"开关时，在刻度上没有出现光带	1. 电桥接线柱上没有电压	1. 用 220V 的检查灯泡或电压表检查电桥接线柱上有无电压存在
	2. 变压器一次绕组电路或绕组本身有断线	2. 断开短接线，检查电桥相应接线柱之间有否断路（用兆欧表，欧姆表检查）
	3. 变压器二次绕组电路有断路	3. 打开电桥用 7～10V 的电压表检查光照设备小灯泡接入处有否电压
	4. 光照设备小灯泡烧坏	4. 更换小灯泡
	5. 光照设备的光线不落到检流计的透镜上	5. 要是检流透镜未被照到，不要除去屏，白槽内看一看并校正光照设备的位置
	6. 反射光线落到镜子上	6. 用一张小纸来寻找反光，相应地移动整个镜子（向上或向下）
	7. 刻度上无光带	7. 检查轴上的镜子
	8. 光线落在检流计的透镜上，但是完全没有反光	8. 重新检查透镜是否被照明，用一张小纸在暗处仔细寻找反光是否落在边上；如果落到上面或下面很远的边上，应校准检流计本身的位置，如果反光还是找不到，就说明检流计本身有毛病，需打开平面板上圆板，取出检流计的导管修理

故障特征	可能原因	检查及消除方法
二、接通后检流计光带狭窄，当电阻 R_3、C_4 分流器灵敏度调整器及检流计频率调整转换开关的旋钮在任何位置时，光带不扩大	1. 线路没有高压	1. 用电压指示器检查试验变压器，被试品及标准电容器端子有否高压
	2. 检流计电路断路或短路	2. 断开高电压，把电桥与线路分开，检查电桥"C_x"及"C_N"线间的电阻（电桥 C 及 D 点间），参见图 22-10，把 R_3 放到最大值上（11110Ω），而把灵敏度转换开关放到 10，测得的电阻应在 30～50Ω 的范围内。若测得的电阻低于 30Ω，说明检流计的电路短路；若测得的电阻有几千欧姆，说明检流计的电路断路。（C 及 D 点之间的电压不可大于 50mV，否则检流计可能损坏），在这两种情况下要打开电桥，并分别检查电路，如果检流计内部有损坏，要打开检流计并修理
	3. 检流计不能与线路频率谐振	3. 拆开电桥，在检流计线路上加 6～12V 交流电压，用附加电阻及分路电阻来限制直接通过检流计的电流使不超过 5×10^{-7}A，同时旋转频率调节旋钮。如仍不能使光带扩大，就应打开检流计并修理
	4. 滑线电阻电刷松开或脱开	4. 拆开电桥，自内板上部除下滑线电阻屏，然后修理电刷
三、接通电桥后，光带扩大，但把 R_3 自0调节到其最大值时，光带的宽度仍不改变	1. R_3 电桥臂电阻或连接线断线	1. 除去高压，在电桥外面将 R_4 桥臂短路，把电桥导线"C_N"及"E"互相连接起来。重新接通高压，在 R_3 从零改变到最大时，检查光带的情况，如果这时光带的宽度不改变，就需重新除去高压，把电桥与线路分开，在极性转换开关放在中间位置时，查电桥"C"及"E"点之间的电阻（导线"C_x"及"E"间）。若该电阻无限大（大于 11110Ω），就要打开电桥，在 R_3 桥臂上寻找断线并消除
	2. R_3 电桥臂短路	2. 同前面一样，把 R_4 桥臂短路，若无论 R_3 为多大光带仍狭窄时，将极性转换开关调至中间位置，电桥线路不必分开，除去电压，测量电桥"C"及"E"点间的电阻。若该电阻近于零，要寻找损坏的地方，逐渐分开试品，屏蔽导线与其他元件，如果电桥外所有元件都拆除后不能消除短路，就要打开电桥
	3. R_3 电桥臂断线	3. 将 R_4 电桥臂短路后，R_3 电阻从 0 改变到最大时，光带宽度从最狭改变到最大，检查时，若把极性转换开关放到中间位置，除去电压，把电桥与线路分开，再测量电桥"D"及"E"点间的电阻（"C_N"及"E"导线之间）。如发生故障，此电阻等于很大或比 184Ω 大得多，应打开电桥，寻找与消除故障
四、光带随着 R_3 的增加而不断地扩大	1. R_4 电桥臂短路	1. R_4 桥臂短路的检查是在消除去高压时测量电桥 E 点与 D 点间的电阻，但电桥不与线路分开（这时极性转换开关在中间位置）。如果测量得电阻近于 0，就应逐渐分开标准电容器，屏蔽导线等，同时找出损坏的地方。如果内部损坏，就应打开电桥
	2. C_N 电桥断臂断线	2. 将 R_4 桥臂短路，这时光带的宽度扩大一些（R_3 为任何值时），应仔细检查自电桥到标准电容器的屏蔽导线是否良好，并仔细检查标准电容器上的电压是否存在，最后打开标准电容器检查引出线"低压"是否与极板相连

故障特征	可 能 原 因	检 查 及 消 除 方 法
五、光带扩大、当 R_3 增加时，只窄一点	"C_x"电桥臂断线	检查试品的电压是否存在，检查自电桥到试品的屏蔽导线是否良好，并检查导线端头与试品的电极间的接触是否良好
六、光带不稳定，有时扩大，有时窄（原因不定）	屏蔽层脱开	仔细检查所有屏蔽的连接处，并把没有屏蔽的所有部分屏蔽起来。如果这样没有效果，可能试品或标准电容有部分放电，接触不稳定，此时最好与其他标准电容一起重复测量
七、在 R_3 为不正常的大值时，电桥平衡	1. C_x 电路连接的导线断线	1. 检查自电桥到试品的屏蔽导线是否良好
	2. R_3 电桥臂电阻被分路	2. 检查 R_3 桥臂电阻，若阻值降低，应打开电桥检查分流器转换开关
八、在 R_3 为不正常的小值时，电桥平衡	1. 在 C_N 支线上连接导线断线	1. 检查自电桥到标准电容器极板的屏蔽导线是否完整
	2. R_4 电桥臂电阻短路	2. 检查 R_4 桥臂电阻，若电阻减小，应打开电桥进行修理

附　　录

附录一　介质损失角正切温度换算系数参考值

试验温度 （℃）	绝缘油	油浸式电压互感 器及电力变压器	套　管		
			电容型	混合物充填型	充油型
1	1.54	1.60	1.21	1.25	1.17
2	1.52	1.58	1.20	1.24	1.16
3	1.50	1.56	1.19	1.22	1.15
4	1.48	1.55	1.17	1.21	1.15
5	1.46	1.52	1.16	1.20	1.14
6	1.45	1.50	1.15	1.19	1.13
7	1.44	1.48	1.14	1.17	1.12
8	1.43	1.45	1.13	1.16	1.11
9	1.41	1.43	1.11	1.15	1.11
10	1.38	1.40	1.10	1.14	1.10
11	1.35	1.37	1.09	1.12	1.09
12	1.31	1.34	1.08	1.11	1.08
13	1.27	1.31	1.07	1.10	1.07
14	1.24	1.28	1.06	1.08	1.06
15	1.20	1.24	1.05	1.07	1.05
16	1.16	1.20	1.04	1.06	1.04
17	1.12	1.16	1.03	1.04	1.03
18	1.08	1.11	1.02	1.03	1.02
19	1.04	1.05	1.01	1.01	1.01
20	1.00	1.00	1.00	1.00	1.00
21	0.96	0.97	0.99	0.98	0.99
22	0.91	0.94	0.98	0.97	0.97
23	0.87	0.91	0.96	0.95	0.96
24	0.83	0.89	0.95	0.93	0.94
25	0.79	0.87	0.94	0.92	0.93
26	0.76	0.84	0.93	0.90	0.91
27	0.73	0.81	0.92	0.89	0.90
28	0.70	0.79	0.91	0.87	0.88
29	0.67	0.76	0.90	0.86	0.87
30	0.63	0.74	0.88	0.84	0.86
31	0.60	0.72	0.87	0.83	0.84
32	0.58	0.69	0.86	0.81	0.83
33	0.56	0.67	0.85	0.79	0.81
34	0.53	0.65	0.83	0.77	0.80
35	0.51	0.63	0.82	0.76	0.78
36	0.49	0.61	0.81	0.74	0.77
37	0.47	0.59	0.79	0.72	0.75
38	0.45	0.57	0.78	0.70	0.74
39	0.44	0.55	0.76	0.68	0.72

续表

试验温度 （℃）	绝缘油	油浸式电压互感 器及电力变压器	套　　管		
			电容型	混合物充填型	充油型
40	0.42	0.53	0.75	0.67	0.70
41	0.40	0.51	0.73	0.65	0.68
42	0.38	0.49	0.72	0.63	0.67
43	0.37	0.47	0.70	0.61	0.65
44	0.36	0.45	0.69	0.60	0.63
45	0.34	0.44	0.67	0.58	0.62
46	0.33	0.43	0.66	0.56	0.61
47	0.31	0.41	0.64	0.55	0.60
48	0.30	0.40	0.63	0.53	0.58
49	0.29	0.38	0.61	0.52	0.57
50	0.28	0.37	0.60	0.50	0.56
52	0.26	0.36	0.57	0.47	0.53
54	0.23	0.32	0.54	0.44	0.51
56	0.21	0.30	0.51	0.41	0.49
58	0.19	0.28	0.48	0.38	0.46
60	0.17	0.26	0.45	0.36	0.44
62	0.16	0.25	0.44	0.33	0.42
64	0.15	0.23	0.39	0.31	0.40
66	0.14	0.22	0.37	0.28	0.39
68	0.13	0.20	0.35	0.26	0.37
70	0.12	0.19	0.32	0.23	0.36
72	0.12	0.18	0.30	0.21	0.34
74	0.11	0.17	0.28	0.19	0.33
76	0.10	0.16	0.27	0.17	0.31
78	0.09	0.15	0.26	0.16	0.30
80	0.09	0.14	0.25	0.15	0.29

附录二　各种温度下铝导线直流电阻温度换算系数 K_t 值

温度（℃）	换算系数 K_t	温度（℃）	换算系数 K_t	温度（℃）	换算系数 K_t	温度（℃）	换算系数 K_t
−9	1.134	4	1.070	17	1.012	30	0.961
−8	1.129	5	1.065	18	1.008	31	0.957
−7	1.124	6	1.061	19	1.004	32	0.953
−6	1.119	7	1.056	20	1.00	33	0.950
−5	1.114	8	1.050	21	0.996	34	0.946
−4	1.109	9	1.047	22	0.992	35	0.942
−3	1.104	10	1.043	23	0.982	36	0.939
−2	1.099	11	1.038	24	0.983	37	0.935
−1	1.094	12	1.034	25	0.980	38	0.932
0	1.089	13	1.029	26	0.976	39	0.928
1	1.084	14	1.025	27	0.072	40	0.925
2	1.079	15	1.021	28	0.968		
3	1.075	16	1.017	29	0.965		

附录三　各种温度下铜导线直流电阻温度换算系数 K_t 值

温度 (℃)	温度换算 系数 K_t	温度 (℃)	温度换算 系数 K_t	温度 (℃)	温度换算 系数 K_t	温度 (℃)	温度换算 系数 K_t
−9	1.128	4	1.067	17	1.012	30	0.962
−8	1.123	5	1.063	18	1.007	31	0.959
−7	1.118	6	1.058	19	1.004	32	0.955
−6	1.113	7	1.054	20	1.000	33	0.951
−5	1.109	8	1.049	21	0.996	34	0.947
−4	1.103	9	1.045	22	0.992	35	0.945
−3	1.099	10	1.041	23	0.988	36	0.941
−2	1.094	11	1.037	24	0.985	37	0.937
−1	1.090	12	1.032	25	0.981	38	0.934
0	1.085	13	1.028	26	0.977	39	0.931
1	1.081	14	1.024	27	0.973	40	0.927
2	1.076	15	1.020	28	0.969		
3	1.071	16	1.016	29	0.965		

附录四　绝缘电阻的温度换算

1. B 级绝缘发电机绝缘电阻的温度换算

任意温度 t 下测得的 B 级绝缘发电机的绝缘电阻 R_t 可用下式换算成 75℃时的绝缘电阻

$$R_{75} = \frac{R_t}{2^{(\frac{75-t}{10})}} = R_t / K_i \quad （K_i \text{ 系数值参考附表 } 4-1）$$

2. A 级绝缘材料绝缘电阻的温度换算

任意温度 t 下测得的 A 级绝缘材料的绝缘电阻 R_t 可用下式换算为 75℃时的绝缘电阻

$$R_{20} = \frac{R_t}{10^{(65-t)/40}} = R_t / K_t \quad （K_t \text{ 系数}）$$

A 级绝缘材料电阻的系数 K_t 值见附表 4−2。

附表 4-1 　　　　　　　　　　　　B 级绝缘发电机的绝缘电阻的 K_t 值

℃	K_t	℃	K_t	℃	K_t	℃	K_t	℃	K_t	℃	K_t	℃	K_t
1	170	13	73	25	32	37	13.9	49	6.1	61	2.64	73	1.147
2	158	14	69	26	30	38	13.0	50	5.7	62	2.46	74	1.072
3	147	15	64	27	28	39	12.1	51	5.3	63	2.30	75	1.00
4	137	16	60	28	26	40	11.3	52	4.9	64	2.19	76	0.932
5	128	17	56	29	24	41	10.6	53	4.6	65	2.00	77	0.872
6	120	18	52	30	23	42	9.9	54	4.3	66	1.860	78	0.813
7	112	19	49	31	21	43	9.2	55	4.0	67	1.740	79	0.757
8	105	20	46	32	20	44	8.6	56	3.70	68	1.624	80	0.707
9	95	21	42	33	18	45	8.0	57	3.5	69	1.515		
10	90	22	39	34	17	46	7.5	58	3.3	70	1.414		
11	85	23	37	35	16	47	7.0	59	3.03	71	1.320		
12	79	24	34	36	15	48	6.5	60	2.80	72	1.230		

附表 4-2 　　　　　　　　　　　　A 级绝缘材料绝缘电阻的系数 K_t 值

℃	K_t	℃	K_t	℃	K_t	℃	K_t	℃	K_t	℃	K_t	℃	K_t
1	70.8	13	35.4	25	17.77	37	9.15	49	4.46	61	2.24	73	1.112
2	67.0	14	33.45	26	16.78	38	8.41	50	4.21	62	2.16	74	1.060
3	63.1	15	31.60	27	15.85	39	7.95	51	3.98	63	1.993	75	1.00
4	59.5	16	29.80	28	14.95	40	7.50	52	3.76	64	1.880	76	0.944
5	56.2	17	28.20	29	14.10	41	7.08	53	3.54	65	1.770	77	0.915
6	53	18	26.60	30	13.33	42	6.70	54	3.345	66	1.678	78	0.841
7	50	19	25.10	31	12.53	43	6.31	55	3.16	67	1.585	79	0.795
8	47.3	20	23.70	32	11.88	44	5.95	56	2.98	68	1.495	80	0.750
9	44.6	21	22.40	33	11.12	45	5.62	57	2.82	69	1.410		
10	42.1	22	21.60	34	10.60	46	5.30	58	2.66	70	1.330		
11	39.8	23	19.95	35	12.00	47	5.00	59	2.51	71	1.258		
12	37.6	24	18.80	36	9.44	48	4.73	60	2.37	72	1.188		

3. 静电电容器绝缘电阻的温度换算

任意温度 t 下测得的静电电容器的绝缘电阻 R_t 可用下式换算为 20℃时的绝缘电阻

$$R_{20} = \frac{R_t}{10^{\left(\frac{60-3t}{100}\right)}} = R_t / K_t$$

静电电容器绝缘电阻的系数 K_t 值见附表 4-3。

附表 4-3 　　　　　　　　　　　　静电电容器绝缘电阻的系数 K_t 值

℃	K_t	℃	K_t	℃	K_t	℃	K_t	℃	K_t	℃	K_t	℃	K_t
1	3.712	7	2.452	13	1.620	19	1.070	25	0.708	31	0.468	37	0.309
2	3.465	8	2.290	14	1.513	20	1.000	26	0.660	32	0.436	38	0.288
3	3.235	9	2.140	15	1.411	21	0.933	27	0.616	33	0.407	39	0.260
4	3.020	10	1.990	16	1.318	22	0.970	28	0.575	34	0.380	40	0.242
5	2.820	11	1.860	17	1.230	23	0.813	29	0.537	35	0.355		
6	2.630	12	1.738	18	1.145	24	0.758	30	0.501	36	0.331		

4. 浸渍纸绝缘电缆绝缘电阻的温度换算

任意温度 t 下测得的浸渍纸绝缘电缆的绝缘电阻 R_t，可用下式换算为 20℃时的绝缘

电阻

$$R_{20} = R_t K_t$$

式中　K_t——系数值，见附表 4-4。

附表 4-4　　　　　浸渍纸绝缘电缆的绝缘电阻的系数 K_t 值

℃	K_t	℃	K_t	℃	K_t	℃	K_t	℃	K_t	℃	K_t	℃	K_t
1	0.494	7	0.62	13	0.79	19	0.98	25	1.18	31	1.46	37	1.76
2	0.510	8	0.64	14	0.82	20	1.00	26	1.24	32	1.52	38	1.81
3	0.530	9	0.68	15	0.85	21	1.037	27	1.28	33	1.56	39	1.86
4	0.560	10	0.70	16	0.88	22	1.075	28	1.32	34	1.61	40	1.92
5	0.570	11	0.74	17	0.90	23	1.100	29	1.36	35	1.66		
6	0.590	12	0.76	18	0.94	24	1.140	30	1.41	36	1.71		

附录五　直流泄漏电流的温度换算

1. B 级绝缘发电机定子绕组直流泄漏电流的温度换算

任意温度 t 时测得的 B 级绝缘材料发电机定子绕组直流泄漏电流 I_t 可用下式换算为 75℃时的泄漏电流

$$I_{75} = I_t \times 1.6^{(75-t)/10} = I_t K_t$$

系数 K_t 值参见附表 5-1 所示。

2. A 级绝缘材料直流泄漏电流的温度换算

任意温度 t 时测得的 A 级绝缘材料直流泄漏电流 I_t 可用下式换算为 75℃时的泄漏电流

$$I_{75} = I_t e^{\alpha(75-t)/10} = I_t K_t$$

其中，$\alpha = 0.05 \sim 0.06/℃$，当 $\alpha = 0.55$ 时，系数 K_t 值参见附表 5-2。

附表 5-1　　　　　B 级绝缘发电机泄漏电流的 K_t 值

℃	K_t	℃	K_t	℃	K_t	℃	K_t	℃	K_t	℃	K_t	℃	K_t
1	32.4	13	18.4	25	10.05	37	5.95	49	3.39	61	1.93	73	1.10
2	30.9	14	17.5	26	10.00	38	5.70	50	3.24	62	1.84	74	1.005
3	29.4	15	16.6	27	9.55	39	5.44	51	3.10	63	1.75	75	1.00
4	28.1	16	15.9	28	9.13	40	5.20	52	2.94	64	1.66	76	0.95
5	26.8	17	15.1	29	8.65	41	4.95	53	2.81	65	1.59	77	0.91
6	25.5	18	14.4	30	8.25	42	4.70	54	2.68	66	1.51	78	0.87
7	24.4	19	13.8	31	7.90	43	4.50	55	2.56	67	1.44	79	0.86
8	23.3	20	13.2	32	7.52	44	4.28	56	2.44	68	1.38	80	0.79
9	22.2	21	12.6	33	7.18	45	4.10	57	2.33	69	1.32		
10	21.2	22	12.1	34	6.85	46	3.90	58	2.22	70	1.26		
11	20.1	23	11.5	35	6.54	47	3.71	59	2.12	71	1.20		
12	19.3	24	11.0	36	6.10	48	3.55	60	2.02	72	1.15		

附表 5 - 2　　　　　A 级绝缘材料泄漏电流的系数 K_t 值 （$\alpha = 0.055$）

℃	K_t	℃	K_t	℃	K_t	℃	K_t	℃	K_t	℃	K_t	℃	K_t
1	58.5	13	30.2	25	15.60	37	8.07	49	4.18	61	2.163	73	1.116
2	55.5	14	28.6	26	14.80	38	7.65	50	3.96	62	2.045	74	1.057
3	52.5	15	27.1	27	14.00	39	7.23	51	3.74	63	1.928	75	1.00
4	49.2	16	25.5	28	13.25	40	6.84	52	3.54	64	1.831	76	0.948
5	47.0	17	24.3	29	12.55	41	6.48	53	3.37	65	1.734	77	0.897
6	44.2	18	22.9	30	11.85	42	6.14	54	3.17	66	1.638	78	0.850
7	42.0	19	21.75	31	11.23	43	5.81	55	3.00	67	1.552	79	0.803
8	39.9	20	20.55	32	10.60	44	5.50	56	2.84	68	1.469	80	0.760
9	37.6	21	19.50	33	10.05	45	5.21	57	2.69	69	1.391		
10	35.5	22	18.45	34	9.50	46	4.93	58	2.545	70	1.316		
11	33.75	23	17.45	35	9.00	47	4.65	59	2.407	71	1.246		
12	32	24	16.50	36	8.49	48	4.41	60	2.280	72	1.180		

附录六　阀型避雷器电导电流的温度换算

任意温度 t 时测得阀型避雷器电导电流 I_t 可用下式换算为 20℃时的电导电流

$$I_{20} = I_t \left(1 + K \frac{20 - t}{10} \right) = I_t K_t$$

式中　K——温度每变化 10℃时电导电流变化的百分数，一般情况下，$K = 0.03 \sim 0.05$。

当 $K = 0.05$ 时，系数 K_t 值参见附表 6 - 1。

附表 6 - 1　　　　　阀型避雷器电导电流的 K_t 值 （$K = 0.05$）

℃	K_t	℃	K_t	℃	K_t	℃	K_t	℃	K_t
1	1.095	9	1.055	17	1.015	25	0.975	33	0.935
2	1.090	10	1.050	18	1.010	26	0.970	34	0.930
3	1.0850	11	1.045	19	1.005	27	0.965	35	0.925
4	1.080	12	1.040	20	1.000	28	0.960	36	0.920
5	1.075	13	1.035	21	0.995	29	0.955	37	0.915
6	1.070	14	1.030	22	0.990	30	0.950	38	0.910
7	1.065	15	1.025	23	0.985	31	0.945	39	0.905
8	1.060	16	1.020	24	0.980	32	0.940	40	0.900

附录七　常用高压硅堆技术参数

常用高压硅堆技术参数见附表 7 - 1 及附图 7 - 1。

附表 7-1 　　　　　　　　　常用高压硅堆技术参数

型　　号	反向工作峰值电压 U_r（kV）	反向泄漏电流（25℃）I_r（μA）	正向压降（V）	平均整流电流 I_{av}（A）	外形尺寸（mm）		
					L	D	M
2DL—50/0.05	50	≤10	≤40	0.05	150	15	30
2DL—100/0.05	100	≤10	≤120	0.05	300	15	30
2DL—150/0.05	150	≤10	≤120	0.05	400	22	30
2DL—200/0.05（浸油）	200	≤10	≤180	0.05	600	25	40
2DL—250/0.05（浸油）	250	≤10	≤200	0.05	800	25	35
2DL—50/0.1	50	≤10	≤50	0.1	150	15	30
2DL—100/0.1	100	≤10	≤120	0.1	300	25	30
2DL—150/0.1	150	≤10	≤120	0.1	400	22	30
2DL—200/0.1（浸油）	200	≤10	≤180	0.1	600	25	40
2DL—250/0.1（浸油）	250	≤10	≤200	0.1	800	25	35
2DL—50/0.2	50	≤10	≤80	0.2	150	15	30
2DL—100/0.2	100	≤10	≤120	0.2	300	25	30
2DL—150/0.2	150	≤10	≤120	0.2	400	22	30
2DL—200/0.2（浸油）	200	≤10	≤180	0.2	600	25	40
2DL—250/0.2（浸油）	250	≤10	≤200	0.2	800	25	35
2DL—300/0.2（浸油）	300	≤10	≤240	0.2	800	25	35
2DL—50/0.5	50	≤10	≤40	0.5	300	20	55
2DL—100/0.5	100	≤10	≤70	0.5	400	20	60
2DL—50/1	50	≤10	≤55	1.0	400	25	70
2DL—100/1	100	≤10	≤80	1.0	450	25	80
2DL—50/2	50	≤10	≤35	2.0	400	30	75
2DL—100/2	100	≤10	≤80	2.0	450	30	80
2DL—20/3	20	≤10	≤25	3.0	300	110	22
2DL—20/5	20	≤10	≤25	5.0	350	180	22

注　1. 环境温度为 $-40\sim+100$℃。

　　2. 湿度：温度为 40℃±2℃ 时，相对湿度 95%±3%。

　　3. 最高工作频率：3kHz。

　　4. 硅堆均用环氧树脂封装。

　　5. 2DL 型为 P 型硅堆。

　　6. 硅堆浸于油中使用时，整流电流数值可能有所增加。

　　7. 高压硅堆的电气参数为纯电阻性负载的电气参数，在容性负载中使用时，额定整流电流却降低 20%。

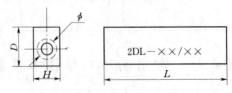

附图 7-1　高压硅堆外形尺寸图

附录八　球接地时的球隙放电电压表

[IEC（1960 年公布）大气压力 101.3kPa，即 760mmHg；气温 20℃]

附表 8－1　球隙的工频交流、负极性冲击、正负极性直流放电电压（幅值）　　单位：kV

间隙距离 d(cm)	球径D(cm) 2	5	6.25	10	12.5	15	25	50	75	100	150	200	间隙距离 d(cm)
					(195)	(209)	244	263	265	266	266	266	10
						(219)	261	286	290	292	292	292	11
						(229)	275	309	315	318	318	318	12
							(289)	331	339	342	342	342	13
							(302)	353	363	366	366	366	14
							(314)	373	387	390	390	390	15
							(326)	392	410	414	414	414	16
0.05	2.8						(337)	411	432	438	438	438	17
0.10	4.7						(347)	429	453	462	462	462	18
0.15	6.4						(357)	445	473	486	486	486	19
0.20	8.0	8.0											
0.25	9.6	9.6					(366)	460	492	510	510	510	20
								489	530	555	560	560	22
0.30	11.2	11.2						515	565	595	610	610	24
0.40	14.4	14.3	14.2					(540)	600	635	655	660	26
0.50	17.4	17.4	17.2	16.8	16.8	16.8		(565)	635	675	700	705	28
0.60	20.4	20.4	20.2	19.9	19.9	19.9							
0.70	23.2	23.4	23.2	23.0	23.0	23.0		(585)	665	710	745	750	30
								(605)	695	745	790	795	32
0.80	25.8	26.3	26.2	26.0	26.0	26.0		(625)	725	780	835	840	34
0.90	28.3	29.2	29.1	28.9	28.9	28.9		(640)	750	815	875	885	36
1.0	30.7	32.0	31.9	31.7	31.7	31.7	31.7	(665)	(775)	845	915	930	38
1.2	(35.1)	37.6	37.5	37.4	37.4	37.4	37.4						
1.4	(38.5)	42.9	42.9	42.9	42.9	42.9	42.9	(670)	(800)	875	955	975	40
									(850)	945	1050	1080	45
1.5	(40.0)	45.5	45.5	45.5	45.5	45.5	45.5		(895)	1010	1130	1180	50
1.6		48.1	48.1	48.1	48.1	48.1	48.1		(935)	(1060)	1210	1260	55
1.8		53.0	53.5	53.5	53.5	53.5	53.5		(970)	(1110)	1280	1340	60
2.0		57.5	58.5	59.0	59.0	59.0	59.0	59.0	59.0				
2.2		61.5	63.0	64.5	64.5	64.5	64.5	64.5	64.5	(1160)	1340	1410	65
										(1200)	1390	1480	70
2.4		65.5	67.5	69.5	70.0	70.0	70.0	70.0	70.0	(1230)	1440	1540	75
2.6		(69.0)	72.0	74.5	75.0	75.5	75.5	75.5	75.5		(1490)	1600	80
2.8		(72.5)	76.0	79.5	80.0	80.5	81.0	81.0	81.0		(1540)	1660	85

续表

间隙距离 d(cm)	球径 D (cm) 2	5	6.25	10	12.5	15	25	50	75	100	150	200	球径D (cm) 间隙距离 d(cm)
3.0		(75.5)	79.5	84.0	85.0	85.5	86.0	86.0	86.0	86.0			
3.5		(82.5)	(87.5)	95.0	97.0	98.0	99.0	99.0	99.0	99.0	(1580)	1720	90
											(1660)	1840	100
4.0		(88.5)	(95.0)	105	108	110	112	112	112	112	(1730)	(1940)	110
4.5			(101)	115	119	122	125	125	125	125	(1800)	(2020)	120
5.0			(107)	123	129	133	137	138	138	138	138	(2100)	130
5.5				(131)	138	143	149	151	151	151	151		
6.0				(138)	146	152	161	164	164	164	164	(2180)	140
												(2250)	150
6.5				(144)	(154)	161	173	177	177	177	177		
7.0				(150)	(161)	169	184	189	190	190	190		
7.5				(155)	(166)	177	195	202	203	203	203		
8.0					(174)	(185)	206	214	215	215	215		
9.0					(185)	(198)	226	239	240	241	241		

注　1. 本表不适用于测量 10kV 以下的冲击电压。

　　2. 对球间距离大于 0.5D 的球隙，括号内数字的准确度较低。

附表 8-2　　　　正极性冲击放电电压（kV，幅值）

间隙距离 d(cm)	球径 D (cm) 2	5	6.25	10	12.5	15	25	50	75	100	150	200	球径D (cm) 间隙距离 d(cm)
					(215)	(226)	254	263	265	266	266	266	10
						(238)	273	287	290	292	292	292	11
						(249)	291	311	315	318	318	318	12
							(308)	334	339	342	342	342	13
							(323)	357	363	366	366	366	14
							(337)	380	387	390	390	390	15
							(350)	402	411	414	414	414	16
0.05							(362)	422	435	438	438	438	17
0.10							(374)	442	458	462	462	462	18
0.15							(385)	461	482	486	486	486	19
0.20													
0.25							(395)	480	505	510	510	510	20
								510	545	555	560	560	22
0.30	11.2	11.2						540	585	600	610	610	24

续表

间隙距离 d(cm)	球径D(cm) 2	5	6.25	10	12.5	15	25	50	75	100	150	200	球径D(cm) 间隙距离 d(cm)
0.40	14.4	14.3	14.2					(570)	620	645	655	660	26
0.50	17.4	17.4	17.2	16.8	16.8	16.8		(595)	660	685	700	705	28
0.60	20.4	20.4	20.2	19.9	19.9	19.9							
0.70	23.2	23.4	23.2	23.0	23.0	23.0		(620)	695	725	745	750	30
								(640)	725	760	790	795	32
0.80	25.8	26.3	26.2	26.0	26.0	26.0		(660)	755	795	835	840	34
0.90	28.3	29.2	29.1	28.9	28.9	28.9		(680)	785	830	880	885	36
1.0	30.7	32.0	31.9	31.7	31.7	31.7	31.7	(700)	(810)	865	925	935	38
1.2	(35.1)	37.8	37.6	37.4	37.4	37.4	37.4						
1.4	(38.5)	43.3	43.2	42.9	42.9	42.9	42.9	(715)	(835)	900	965	980	40
									(890)	980	1060	1090	45
1.5	(40.0)	46.2	45.9	45.5	45.5	45.5	45.5		(940)	1040	1150	1190	50
1.6		49.0	48.6	48.1	48.1	48.1	48.1		(985)	(1100)	1240	1290	55
1.8		54.5	54.0	53.5	53.5	53.5	53.5		(1020)	(1150)	1310	1380	60
2.0		59.5	59.0	59.0	59.0	59.0	59.0	59.0	59.0				
2.2		64.0	64.0	64.5	64.5	64.5	64.5	64.5	64.5	(1200)	1380	1470	65
										(1240)	1430	1550	70
2.4		69.0	69.0	70.0	70.0	70.0	70.0	70.0	70.0	(1280)	1480	1620	75
2.6		(73.0)	73.5	75.5	75.5	75.5	75.5	75.5	75.5		(1530)	1690	80
2.8		(77.0)	78.0	80.5	80.5	80.5	81.0	81.0	81.0		(1580)	1760	85
3.0		(81.0)	82.0	85.5	85.5	85.5	86.0	86.0	86.0	86.0			
3.5		(90.0)	(91.5)	97.5	98.0	98.5	99.0	99.0	99.0	99.0	(1630)	1820	90
											(1720)	1930	100
4.0		(97.5)	(101)	109	110	111	112	112	112	112	(1790)	(2030)	110
4.5			(108)	120	122	124	125	125	125	125	(1860)	(2120)	120
5.0			(115)	130	134	136	138	138	138	138	138	(2200)	130
5.5				(139)	145	147	151	151	151	151	151		
6.0				(148)	155	158	163	164	164	164	164	(2280)	140
												(2350)	150
6.5				(156)	(164)	168	175	177	177	177	177		
7.0				(163)	(173)	178	187	189	190	190	190		
7.5				(170)	(181)	187	199	202	203	203	203		
8.0					(189)	(196)	211	214	215	215	215		
9.0					(203)	(212)	233	239	240	241	241		

注　括号内的数据为间隙大于 0.5D 时的数据，其准确度较低。

附录九　小母线新旧文字符号及其回路标号

序号	小母线名称	原编号		新编号	
		文字符号	回路标号	文字符号	回路标号
			（一）直流控制、信号和辅助小母线		
1	控制回路电源	+KM、−KM	1、2、101、102；201、202；301、302；401、402	+、−	
2	信号回路电源	+XM、−XM	701、702	+700　−700	7001、7002
3	事故音响信号（不发遥信时）	SYM	708	M708	708
4	事故音响信号（用于直流屏）	ISYM	728	M728	728
5	事故音响信号（用于配电装置）	2SYMⅠ、2SYMⅡ、2SYMⅢ	727Ⅰ、727Ⅱ、727Ⅲ	M7271、M7272、M7273	7271、7272、7273
6	事故音响信号（发遥信时）	35YM	808	M808	808
7	预告音响信号（瞬时）	1YBM、2YBM	709、710	M709、M710	709、710
8	预告音响信号（延时）	3YBM、4YBM	711、712	M711、M712	711、712
9	预告音响信号（用于配电装置）	YBMⅠ、YBMⅡ、YBMⅢ	729Ⅰ、729Ⅱ、729Ⅲ	M7291、M7292、M7293	7291、7292、7293
10	控制回路断线预告信号	KDMⅠ、KDMⅡ、KDMⅢ、KDM	713Ⅰ、713Ⅱ、713Ⅲ	M7131、M7132、M7133、M713	
11	灯光信号	（−）DM	726	M726（−）	726
12	配电装置信号	XPM	701	M701	701
13	闪光信号	（+）SM	100	M100（+）	100
14	合闸电源	+HM、−HM		+、−	
15	"掉牌未复归"光字牌	FM、PM	703、716	M703、M716	703、716
16	指挥装置音响	ZYM	715	M715	715
17	自动调速脉冲	1TZM、2TZM	717、718	M717、M718	717、718
18	自动调压脉冲	1TYM、2TYM	Y717、Y718	M7171、M7172	7171、7172
19	同步装置越前时间	1TQM、2TQM	719、720	M719、M720	719、720
20	同步合闸	1THM、2THM、3THM	721、722、723	M721、M722、M723	721、722、723
21	隔离开关操作闭锁	GBM	880	M880	880
22	旁路闭锁	1PBM、2PBM	881、900	M881、M900	881、900
23	厂用电源辅助信号	+CFM、−CFM	701、702	+701、−701	7011、7012
24	母线设备辅助信号	+MFM、−MFM	701、702	+702、−702	7021、7022
25	同步电压（运行系统）小母线	TQM'_a、TQM'_c	A620、C620	L1′−620、L3′−620	U620、W620

续表

序号	小母线名称	原　编　号		新　编　号	
		文字符号	回路标号	文字符号	回路标号
		（二）同步电压、交流电压和电源小母线			
26	同步电压（待并系统）小母线	TQM$_a$、TQM$_c$	A610、C610	L1－610、L3－610	U610、W610
27	自同步发电机残压小母线	TQM$_j$	A780	L1－780	U780
28	第一组（或奇数）母线段电压小母线	1YM$_a$、1YM$_b$（YM$_b$）、1YM$_c$ 1YM$_L$、1S$_c$YM、YM$_N$	A630、B630（B600）、C630 L630、S$_c$630、N600	L1－630、L2－630（600）、L3－630、L－630、L3－630（试）、N－600（630）	U630、V630（V600）、W630、L630、（试）W630、N600（630）
29	第二组（或偶数）母线段电压小母线	2YM$_a$、2YM$_b$（1YM$_b$）、2YM$_c$ 2YM$_L$、2S$_c$YM、YM$_N$	A640、B640（B600）、C640 L640、S$_c$640、N600	L1－640、L2－640（600）、L3－640、L－640、L3－640（试）、N－600（640）	U640、V640（V600）W640、L640、（试）W640、N600（640）
30	6～10kV备用线段电压小母线	9YM$_a$、9YM$_b$、9YM$_c$	A690、B690、C690	L1－690、L2－690、L3－690	U690、V690、W690
31	转角小母线	ZM$_a$、ZM$_b$、ZM$_c$	A790、B790（B600）、C790	L1－790、L2－790（600）、L3－790	U790、V790（V600）W790
32	低电压保护小母线	1DYM、2DYM、3DYM	011、013、02	M011、M013、M02	011、013、02
33	电源小母线	DYM$_a$、DYM$_N$		L1、N	
34	旁路母线电压切换小母线	YQM$_c$	C712	L3－712	W712

注　1. 表中交流电压小母线的符号和标号，适用于电压互感器（TV）二次侧中性点接地，括号中的符号和标号，

　　　　适用于（TV）二次侧 V 相接地。

　　2. 水电小母线符号

　　　控制小母线：新＋WC，－WC；老＋KM，－KM；

　　　合闸小母线：新＋WCL，－WCL；老＋HM，－HM；

　　　信号小母线：新＋WS，－WS；老＋XM，－XM；

　　　事故音响信号小母线：新 WFA；老 SYM；

　　　预告信号小母线：新 WPA；老 YBM；

　　　闪光信号小母线：新（＋）WFL；老（＋）SM；

　　　同期小母线：新 WSTC$_u$，WSTC$_w$；老：TQM$_a$，TQM$_c$，YM$_b$；

　　　同期合闸小母线：新：1WSOB，2WSO；老：1THM，2THM。

参 考 资 料

［1］ GB 50150—1991《电气装置安装工程电气设备交接试验标准》.

［2］ GB 50150—2006《电气装置安装工程电气设备交接试验标准》.

［3］ DL/T 596—1996《电力设备预防性试验规程》.

［4］ Q/CSG 10007—2004《电力设备预防性试验规程》.

［5］ 原水电部（1985 年版）《电气设备预防性试验规程》.

［6］ GB 755—2000《旋转电机、定额和性能》.

［7］ GB/T 7064—2002《透平型同步电机技术要求》.

［8］ GB/T 7894—2009《水轮发电机基本技术条件》.

［9］ GB 6451—2008《油浸式变压器技术参数和要求》.

［10］ GB 1094.1～2—1996、GB 1094.3—2003、GB 1094.5—2003《电力变压器》.

［11］ GB/T 7252—2001《变压器油中溶解气体分析与判断导则》.

［12］ GB 4703—2007《电容式电压互感器》.

［13］ GB 311.1—1997《高压输变电设备的绝缘配合》.

［14］ DL 474.1～6—2006《现场绝缘试验实施导则》.

［15］ GB/T 16927.1～2《高电压试验技术》.

［16］《国家电网公司十八项电网重大反事故措施》.

［17］ Q/GDW 168—2008《输变电设备状态检修试验规程》.

［18］《防止电力生产重大事故的二十五项重点要求》. 2000.

［19］ GB/T 7595—2008《运行中变压器油质量标准》.

［20］ GB 11032—2000《交流无间隙金属氧化物避雷器》.

［21］ GB 8905—1996《六氟化硫电气设备中气体管理和检测导则》.

［22］ GB 8564—2003《水轮发电机组安装技术规范》.

［23］ DL/T 817—2002《立式水轮发电机检修技术规程》.

［24］ DL/T 751—2000《水轮发电机运行规程》.

［25］ DL/T 507—2003《水轮发电机组启动试验规程》.

［26］ DL/T 664—2008《带电设备红外诊断技术应用导则》.

［27］ JB 6204《大型高压交流电机定子绝缘耐电压试验规范》.

［28］ DL/T 878—2004《带电作业用绝缘工具试验导则》.

［29］ DL 408—1991《电业安全工作规程（发电厂与变电所电气部分）》.

［30］ DL 409—1991《电业安全工作规程（电力线路）》.

［31］ 国家电网公司［2009］664 号文《国家电网公司电力安全工作规程（变电部分、线路部分）》

［32］ 国家电网公司［2003］389 号文《国家电网公司重特大生产安全事故预防与应急处理暂行规定》.

［33］ DL/T 572—2010《电力变压器运行规程》.

［34］ DL/T 727—2000《互感器运行检修导则》.

［35］ DL/T 499—2001《农村低压电力技术规程》.

［36］ GB 4109—1999《高压套管技术条件》.

［37］ GB/T 1029—2005《三相同步电机试验方法》.

［38］ GB/T 1032—2005《三相异步电机试验方法》.